广东省社会科学院
广东海洋史研究中心　主 办

中文社会科学引文索引（CSSCI）来源集刊

【第十五辑】

海洋史研究

Studies of Maritime History Vol.15

广东省社会科学院广东海洋史研究中心
成立十周年纪念专辑

李庆新 / 主编

社会科学文献出版社
SOCIAL SCIENCES ACADEMIC PRESS (CHINA)

目　录

学术述评

专题笔谈

海洋史研究（第十五辑）
2020 年 8 月　第 3～10 页

《海洋史研究》：对其过去与将来的一些看法

普塔克（Roderich Ptak）*

一

　　不久前，一些同行鼓励我对《海洋史研究》写一篇简短而全面的评论。他们告诉我，这样一份评述还应包括对其未来发展的一些建议。在这方面，我能提供的建议并不多；即便如此，我还是着手收集了一些随机的观察数据，这些数据可能在某种程度上是有用的。

　　《海洋史研究》创办于 2009 年。截至目前，包括本卷在内，总共有 15辑，大约刊发了 250 篇学术文章，此外还有不少其他类型的投稿。显然，在一篇论文或笔谈中评述该刊发表的所有论文，这是不可能的。而且，很明显，评论应是审慎严谨的，应在正负两面之间取得平衡；但从局外人的角度来看，试图提供这样一种平衡在此情况下是不太合适的。原因很简单：一个人的知识水平有限，不应该假装是每件事的专家；忽视这一原则是极其无礼及愚蠢的。

　　除此之外，人们易于对与自己研究领域相关的书籍和期刊持批评和否定态度，这几乎适用于全世界所有的出版物。然而，在大多数情况下，这种批

---

　　* 作者普塔克（Roderich Ptak），德国慕尼黑大学汉学研究所汉学教授；译者罗燚英，广东省社会科学院海洋史研究中心副研究员。

评涉及小问题，而且批评往往是极其主观的。因此，暴露印刷的小错误或夸大其他琐碎问题的重要性毫无意义。此外，我必须承认，就《海洋史研究》而言，或者更确切地说，就我在《海洋史研究》上读过并试图用于本人研究的文章而言，没有什么可批评的。坦率地说，我努力试着发现该刊的错误及其可能的缺点并没有任何结果。总之，毫不夸张地说，我对我所看到的《海洋史研究》的印象是完全正面的。无疑，我通过这本学术集刊学到了很多新的东西，并且总是觉得它可以提供给人很多东西。

首先，我要确认，《海洋史研究》是一份重要的集刊，在广东甚至全中国乃至国际上都享有良好的声誉。迄今为止，我尚未遇到过一个学者告诉我相反的情况，或者说他或她不曾从阅读这本集刊中获益。相反，在私下谈话、正式会议或教学中，人们的反应过去是，现在仍然都是很热烈的。在此补充一点，这也适用于该刊中文翻译的质量。研究中国海洋史的欧洲学界是一小群人，当然，我们当中许多人彼此都有联系；这些同行对《海洋史研究》的看法总是积极的，无一例外。

当然，有人会问为什么会这样？《海洋史研究》的优点是什么？我们如何解释一本相当新的集刊如此之快就被对海洋史感兴趣的读者所接受？这是因为主要文章所涵盖的主题、版面编排、编辑及其团队的组织能力，还是我们应该将这一集刊的成功归因于几个因素？此处容我赘述一句，作为一个局外人，我当然只能从远处看问题。的确，我也向《海洋史研究》投了数篇论文，但这些多是泛泛而论之作。因此，当论及该集刊的表现，特别是关乎其未来的"事业"，我不能说我熟悉所有可能重要的不同方面。

尽管如此，总体感觉，我认为《海洋史研究》在适当的时候登上了学术舞台，它的主编及其团队是承担这项勇敢任务的合适人选。2005年，中国纪念郑和第一次下西洋六百周年。当时，对中国海洋历史感兴趣的当地学者活跃在山东、江苏、福建、台湾和许多其他地方。他们的文章发表在专业期刊如《郑和研究》和《海交史研究》，或名为《中国海洋发展史论文集》年刊（台湾出版）（此处仅提及两三种），也有文章发表于概论或专门研究中国和世界历史不同领域（但不限于海洋领域）的期刊。这也适用于广东（特别是广州）的许多专家，包括一些研究香港和澳门历史的专家；他们也在这些期刊上发表他们的作品。

在《海洋史研究》创刊后，情况开始改变。广东省社会科学院推开了一扇新的大门，来自广东和其他地方的学者现在可以利用一个新增的且非常有效的平台来传播他们的研究成果。这一作品萃集丰富了海洋史的领域，特别是中国海洋史的研究。显然，结果之一是地方一级和国家一级的机构和期刊之间的竞争加剧。这完全没问题。我们中的许多人认为，竞争是非常健康的，因为它可能带来质量的提高和/或多样化。据推测，这不仅适用于经济领域，而且似乎也适用于学术界，在普遍层面上，适用于许多学术领域。

当然，新产品必须要有一个"市场"。如前所述，在 2010 年前后，公众和学者对中国海洋史的兴趣非常浓厚。这种兴趣继续快速增长，几乎不受限制。的确，这方面的预测肯定是积极的：古老的"海上丝绸之路"以新的形式复兴，这确保了中国和其他亚洲国家的学者愿意探索遥远的过去。这也意味着，当《海洋史研究》在 2009 年创刊时，它有一个长远的眼光，换句话说，它是有所依托的。那么，或许可以说，《海洋史研究》的创办满足了许多学者的期望和希望。

然而，承担学术责任和应对学术竞争并非易事；作者和编辑尤其肩负着沉重的责任。如果一个机构在支持一个新项目上犹豫不决，那么各种问题都有可能出现。当我首次到访广东省社会科学院时，我的印象是，当时从事海洋史研究的学者们（大多是一群年轻的学者）决心全力以赴。换言之，着手创办该集刊的团队很清楚，它必须提供新的想法，提交高质量的论文，并且必须吸引各地的作者提交更多的文章。很明显，该团队在这方面非常合格，否则就不会取得如此成功。在我看来，从最初到现在，这些有利条件一直以生动的方式存在着。一言以蔽之，过去有连续性，现在仍然有连续性……

创造新事物的决心和激烈的竞争可能导致其他机构的衰落。在学术界，这是人们希望避免的事情。这就引出了另一个观点：有时编辑必须像外交官一样，期刊必须保持开放的心态（但要清楚自己想要什么）。《海洋史研究》在创办初期就满足了这些标准，同样，它们至今仍然有效。至少这是我过去几年的经历。作为一份杂志曾经的合作编辑（即使只是短短的三到四年），我得出结论，认真管理人际关系确实是一个至关重要的问题。许多活跃在历史领域的中国机构和期刊之所以取得成功，其秘诀之一可能就在于这种情况。

二

不过，我们在此应该转向另一个问题。对有兴趣于中国海洋、亚洲海洋和其他海洋领域的历史学家而言，他们可以撰写的主题五花八门。如果几份具有相似学术视野的期刊同时存在，它们的编辑可能会决定处理同一领域的"竞争"期刊很少涉及（甚至忽略）的主题。显然，《海洋史研究》的编辑们已经意识到了这一点。例如，他们发表了大量的与海南、雷州半岛、北部湾以及现在的越南地区有关的文章。综合起来看，这些论文也触及琼州海峡以及诸如钦州甚至涠洲岛等地的历史，涠洲岛被称为海盗所用的偏远岛屿，活跃在珍珠贸易领域。例如，在《海洋史研究》第2、4、9、12辑中，可以找到与这些地区相关的论文，有时还可以找到与这些地区的考古全景有关的论文。

《海洋史研究》还刊登了数量惊人的文章，内容涉及澳门和香港。在此，我们可以想到汤开建的一篇关于古代葡萄牙属地和中国东南地区黑人的论文，或者金国平的文章，仅举几个有代表性的例子。这些论文载于《海洋史研究》第5、8、12等辑。对这两位学者在中葡主题上所做的详尽而重要的研究工作，澳门历史学家们皆表示十分钦佩。尤其是精通多种欧洲语言的金国平，一再关注《海洋史研究》，这无疑极大地提高了该集刊的声誉和国际知名度。

一些研究关注的另一个领域是中国的神灵、宗教传统和地方崇拜。这与妈祖信仰有关，妈祖信仰已成为海洋史上一个反复出现的热门话题。我们都知道，在中国各地，现在有许多协会和活动致力于宣传这一神灵。其中一些活动具有某种社会甚至政治功能，当然，它们与文化认同亦有关。这可以成为更多研究的出发点，包括一些小问题、单个寺庙、历史文献，以及涉及其他文化中类似神灵的比较主题。

不过，《海洋史研究》并不局限于妈祖信仰。在该集刊上讨论的不太知名的地方崇拜中，有所谓的海南"兄弟公信仰"。李庆新在《海洋史研究》第10辑中发表了一篇关于这个主题的非常详细的长文章。事实上，这些研究是非常有用和有价值的。其他涉及海洋主题的期刊很少为这类专门文章提供如此大的空间。或可补充说，"兄弟公信仰"之所以重要，是因为它涉及当地渔民，尤其是文昌渔民以及定期航行到南海中部海域的渔民。

显然，这一论题牵涉到各式各样、各个时代的航海作品，尤其是清末民初所谓的《水路簿》或《更路簿》。这些文献提供了许多关于西沙群岛和南沙群岛的数据，尽管关于后者的学术文章和书籍数以百计，但总有一些新的发现，而诸如《海洋史研究》这样的期刊是研究这类主题的理想平台。这也适用于穿越东海、南海以及东南亚许多地区的地图和海上航线。最近，许多新书提供了相关材料，这肯定会对《海洋史研究》的潜在投稿者有所帮助。

《海洋史研究》反复讨论的另一个主题涉及海盗和海盗行为。人们可以区分公海和沿海地区不同形式的非法活动。这涉及各种类型的犯罪组织、社会诸多阶层、穷人和富人，就像不同类型的政府反应一样。也可能存在区域差异，特别是第 9 辑和第 12 辑，其中有许多关于这类主题的优秀文章，它们主要处理远东的情况。不过，它们偶尔提出的一些问题也触及中国以外的世界。事实上，亦有一篇文章着眼于地中海的舞台。

我们对倭寇和其他非法组织的历史知之甚详，但对环境变迁的研究却相对较少。直到最近二三十年，历史学家才意识到一个不可否认的事实，即环境变化影响了沿海社会的发展和海洋交流。人们在此可能会想到反复的火山活动、气温的上升或下降、港口和河流的逐渐淤塞、沿海地区的填海造地等等，特别是海峡和河流三角洲受到自然力量的影响。我们往往会忘记，并错误地认为这些区域的地貌在几百年甚至几千年里都没有发生任何变化。诚然，在许多情况下，我们可以把自然条件看作稳定的长期因素，但也有例外。珠江三角洲的地形就是一个著名的例子。古时香山仍是一个独立的岛屿，那里有复杂的通往广州的通道系统。事实上，香山的人口和经济增长与地形条件的变化有很大关系。这对澳门的发展也很重要。除此之外，还可以把一个地区的自然地理与政府机构的分布和海防问题联系起来。《海洋史研究》上的一些文章论述了所有这些观点。在这方面，该刊第 8 辑中吴建新、袁海燕、黄士琦的论文特别有用。显然，为了理清伶仃洋周围和中国海岸其他部分的各个海岸遗址的复杂历史和作用，还需要进行更多的研究。在许多情况下，我们才刚刚开始了解地形因素的重要性。在这里，我相信，《海洋史研究》仍然可以取得很大成就。

许多与海洋史有关的课题涉及考古学家所发现的器物的研究。尽管如此，在考察过去时，大多数历史学家倾向于关注文本来源。然而，在研究早期历史时，我们不能没有陆上、海岸带以及水下发现的宝藏。我的印象是，未来考虑考古调查的结果将变得越来越重要。显然，《海洋史研究》的许多撰稿人都意识到了这一趋势。可以说，考古学研究目前正经历着巨大变化。通过自然科学家开发的工具和方法，专家们可以了解古代遗址人口的详细情况，了解遥远过去的日常生活，包括消费模式、疾病和其他灾害，甚至了解动植物的分布情况。所有这一切都可能告诉我们一些关于某个特定地点的社会结构和外部联系的情况。海洋史的研究逐渐吸收了这些新技术的一些成果，而这反过来又可能带来关于过去历史的新形象。在这方面，正如环境问题研究一样，《海洋史研究》最终可能为新的研究分支打开大门。

三

行文至此，读者肯定注意到，我已经从《海洋史研究》过去的表现转向其现状和未来的发展方向。无疑，这本集刊建立在一个良好且非常积极的基础之上，但也会出现几个问题：一份关于海洋的集刊，尤其是关于中国海洋历史的集刊，是否应该优先考虑一系列具体的主题？举例来说，集中研究清朝的中国沿海地区发展是否可取？这一时期尚有许多资料和文献是学者们从未探索过的。事实上，人们可能会想到与那个时期有关的各种话题——中外历史学家很少触及的话题。或者，更好的做法是引入一个强大的区域焦点，比如说广东、海南和南海？还是应该提倡比较研究的主题，多写一些中国以外的文章，甚至把重点放在东南亚、印度洋和其他海域？在此，我必须礼貌地承认，作为一个局外人，我不得不从远处观察事物（没有能力谈论其他海洋史专业期刊可能希望做出的决定），我发现很难提出适当的建议。这些建议可能是对的，也可能是错的；有些读者会喜欢，有些人则会以充分的理由强烈反对。

不过，一些通用规则还是有效的。质量是一个重要的方面。到目前为止，《海洋史研究》能够发表结构严谨、内容丰富、结论良好的文章。从与朋友和同行的谈话中，我可以看出，几乎每个人都认同这一观点。然而，正如要一直在甲级联赛踢球并不容易那样，要在几十年内保持出色的业绩水平，就必须付出巨大的努力。迄今为止，目前的团队以令人钦佩的方式完成了这项艰巨的任务；因此，我们应该祝贺李庆新及其辛勤工作的团队。

谈到质量控制，人们可能会想到所谓的"同行评审"制度。一些学术期刊在决定是否接受稿件发表时，往往会依赖外部"审稿人"的意见。事实上，他们高度赞扬这种制度，告知潜在的投稿者，同行评审将保证匿名性和客观性。笔者本人对这种评价的经验好坏参半；坦率地说，我并不真正相信这些评价；没有完美的客观性，实话实说，许多期刊偏离了它们假装遵循的高标准。的确，在这方面我可能太保守了，但我认为最好是有一个小而高效的编辑团队。条件是团队成员必须能够分配相当多的时间从事编辑工作，他们必须愿意熟悉新主题和新想法，而且他们不应受到不必要的财政和其他压力的影响。因此，我希望《海洋史研究》能够在没有太多压力的情况下，以一种宽松的方式沿着既定路线前进。

对于与集刊相关的许多形式方面，还有更多要说的。其中一个方面涉及语言本身，或与特定主题相关。日本学者早就已经开始研究那些与日本关系不大甚或毫无关系的遥远地区的海洋问题。他们在这方面相当成功。今天，由于存在语言障碍，中国、欧洲和美国的学者很少阅读他们的文章。与此同时，欧洲学者自身也存在这样的语言障碍；这意味着，"西方"学者经常忽视英语以外的其他语言的出版物。对中国人来说，情况应该更加乐观，有庞大的读者群和庞大的学术群体可以很好地处理中文文本。换言之，在未来几十年里，中文作为一门国际语言在人文学科中的接受程度可能会提高。因此，《海洋史研究》可以尝试推出更多关于非中国主题或者部分涉及中国维度的主题的中文文章，例如关于太平洋历史的文章。在这方面，我也可能判断有误，但我的猜测是，这将最终加强该集刊的国际地位。

中国的许多历史学家仍然梦想着用英语撰写书稿和文章。然而，使用非母语写作几乎总是导致糟糕的结果，这是人们希望避免的。因此，另一个建议是，《海洋史研究》应该以中文出版，而且只应以中文出版。关于英语摘要，最好由以英语为母语的人撰写，以此确保语言质量。或者，为了避免错误，该集刊可能更倾向于提交中文摘要。

翻译问题是一个相关的问题。一些中国学者仍然对北美和欧洲发表的研究成果印象深刻，他们认为许多外国研究成果值得翻译成中文。虽然本人也从这种态度中获益良多，但必须诚实地问一问，翻译这么多作品是否真的值得。在文章的注释中引用不同的语言来源可能是一个更好、更简单的解决方案。此外，翻译以理论为中心的论文极其困难；只有在作者和译者都有足够时间共同完成任务的情况下，这一方法才能很好地发挥作用。同样，直至目前，《海洋史研究》在这方面是非常有效的，我们应该感谢罗燚英、周鑫和其他译者所进行的出色翻译，但考虑到译出好的、可读的译稿需要大量投入，人们也许会问：这种政策还能持续多久？什么时候会达到饱和状态，届时翻译变得多余？我的猜测是，这可能会发生在不久的将来，甚至可能在未来十年；倘或如此，那么《海洋史研究》不妨只翻译新的文稿，并将这种翻译限于国际学界从未处理过或仍然不为人知的主题上。

一般而言，关于历史的学术文章种类繁多。有些论文涉及资料来源本身，试图解释旧文本中的事实、个别术语、地名和短语，或者比较不同文本版本和原始记录中相互矛盾的数据。另一些论文则提供宏大的概述。此外，作者经常提出问题，使用模型或理论来解释问题，然后给出某种结论。在我看来，目前英语世界的许多期刊更倾向于有坚实理论基础的文章。然而，过于关注假想的维度很容易使作者的兴趣远离原始资料和真实事实，这是编辑应该尽量避免的事情。此外，理论和模型大多来自"西方"世界。它们往往反映了一种在亚洲不常见的思维方式。《海洋史研究》从来都不是一份偏向理论问题的集刊，也没有必要仿效外国标准。我们应该做的，不是将外国模式应用于东亚地区，而是推广真正的中国模式，这种模式可以用来进行比较分析，也可以应用于外部世界，或者有助于更好地理解专门涉及中国的海洋主题。

上述某些问题涉及《海洋史研究》的"概况"。时至今日，该集刊已经发表了大量的与各种主题有关的文章，其中很多期都包含以特定主题或区域为重点的组稿。这种安排有一定的灵活性；编辑可以决定接受几乎每种主题的好文章，同时他们可以为特定主题设定一个框架。这样的版式使《海洋史研究》有别于那些从不提供特定分类的期刊，也有别于那些不开放给意外主题的来稿的期刊。我的建议是，《海洋史研究》应努力遵循其目前的轨道。编辑们不妨考虑另外一点：将每期的书评版式标准化是否有意义？《海洋史研究》中有几篇有趣的书评，但它们的篇幅和格式各不相同。假设每期刊载 10～12 篇中文书评，篇幅统一为 3～4 页，主要是国外出版的外文书籍的书评；我相信，这将大大提高《海洋史研究》作为一份国际集刊的形象。

至此，我将结束我的观察。如前所述，我对《海洋史研究》的印象是非常积极的，我提出的批评意见是自大的，且根本没有必要这样做。当然，我的建议是直截了当、肤浅且非常主观的；它们也许并不正确，但或许可以作为一种鼓励，让这本精彩的集刊延续至未来几十年。

（执行编辑：徐素琴）

海洋史研究（第十五辑）
2020 年 8 月　第 11～27 页

《尼德兰时刻》与大西洋史研习进路的思索

张烨凯[*]

　　过去半个世纪以来，国内外历史学界的发展日新月异，历史研究往往十年即可称为"一代人"的时间跨度。《海洋史研究》作为一本始创于 2009 年的集刊，在一代人的时间内就发展成专家、学生心目中的重要学术集刊。曾有来自中国内地、先后就学于台湾地区与美国知名高校的研究生向笔者表示把《海洋史研究》"每一辑都翻过"。本辑刊除发表国内优秀学者及在中国从事研究工作的滨下武志、范岱克（Paul A. Van Dyke）、安乐博（Robert Antony）等国外学者的文章，也刊发了苏尔梦（Claudine Salmon）、欧阳泰（Tonio Andrade）、朱迪丝·卡梅伦（Judith Cameron）等海外知名学者的论文。可以说，《海洋史研究》在东亚海洋史、中西海交史的专家学者间形成了国际影响力，成就斐然。

　　展望未来，过去十年间打下的坚实基础令《海洋史研究》能够自信地开拓进取，开辟包括大西洋史（Atlantic history）在内的新研究领域。为抛砖引玉，笔者在本文中述评一部近年来优秀的大西洋史著作并结合此书提出若干研习方法的反思，以就教于方家。

一　《尼德兰时刻》书讯

　　《尼德兰时刻：十七世纪大西洋世界的战争、贸易与殖民》（*The Dutch*

---

　　* 作者张烨凯，美国布朗大学历史学系博士生。

Moment：*War*，*Trade*，*and Settlement in Seventeenth-century Atlantic World*）① 是荷兰裔近代早期尼德兰史与大西洋史家威姆·克娄斯特（Wim Klooster）的作品，由康奈尔大学出版社于 2016 年出版。其姊妹篇《夹缝求存：大西洋世界中尼德兰势力的再度延续》（*Realm between Empires*：*The Second Dutch Atlantic*，*1680 - 1815*）② 由克娄斯特与另一位荷兰史家赫特·欧斯滕迪（Gert Oostendie）合著，两年后亦由康奈尔大学出版社推出。

　　《尼德兰时刻》关注尼德兰共和国在 17 世纪大西洋世界中的活动，并提出了三大核心论点。首先，尽管大西洋史学者对 17 世纪尼德兰共和国的殖民扩张关注相对较少，但尼德兰共和国在该世纪中叶向大西洋大举进军并产生了深远的国际影响，这在荷兰史上“前无古人，后无来者”，因此这一时期可谓大西洋史的“尼德兰时刻”。③ 其后作者提出，当前欧美学界对尼德兰共和国在近代早期大西洋中的活动已有许多专题研究，但仍缺乏一部全景式的著作，而本作就意在鸟瞰尼德兰共和国在大西洋“建立海外社群、开展跨越帝国边疆的经济行动和寻求建立某种形式的帝国”④ 的举措。其中，以往常被忽视的尼德兰属巴西（Dutch Brazil）为作者所高度重视——此即本书第三大核心论点。克娄斯特认为，尽管地处北美、坐拥新阿姆斯特丹（New Amsterdam，即后来的纽约）的新尼德兰（New Netherland）更为人所熟知，但不论从联省议会（States General；荷兰语：Staten - Generaal）和西印度公司（West India Company；荷兰语：West - Indische Compagnie）的高层政治史料还是从当时的印刷文献看，其重要性远不及尼德兰属巴西。尽管尼德兰共和国的巴西殖民地存在不足 30 年（1630 ~ 1654），但它“对大西洋世界产生了深远的影响”，也是理解西印度公司兴衰与尼德兰共和国帝国扩张成败的关键区域。⑤

　　除引言和余论，本书共分 7 章，描绘了大西洋史中“尼德兰时刻”的

---

① Wim Klooster, *The Dutch Moment*：*War*，*Trade*，*and Settlement in the Seventeenth-century Atlantic World*, Ithaca, NY：Cornell University Press, 2016.

② Wim Klooster and Gert Oostendie, *Realm between Empires*：*The Second Dutch Atlantic*，*1680 - 1815*, Ithaca, NY：Cornell University Press, 2018.

③ Wim Klooster, *The Dutch Moment*：*War*，*Trade*，*and Settlement in the Seventeenth-century Atlantic World*, p. 2.

④ Wim Klooster, *The Dutch Moment*：*War*，*Trade*，*and Settlement in the Seventeenth-century Atlantic World*, p. 7.

⑤ Wim Klooster, *The Dutch Moment*：*War*，*Trade*，*and Settlement in the Seventeenth-century Atlantic World*, pp. 7 - 9.

起落及其不同侧面。第一章"猛狮出闸"（The Unleashed Lion）在西欧列国
在大西洋殖民扩张与尼德兰起义（the Dutch Revolt；荷兰语：de Nederlandse
Opstand）① 的背景中勾勒了联省共和国向大西洋进军的最初岁月。联省共和
国建立（1579 年乌德勒支同盟）、南北分野成形后，受到葡、西、英殖民扩
张刺激的尼德兰人迅速西进大西洋，与各方商贸及殖民团体合作，在加勒比
海域、巴西与非洲建立贸易联系、开展殖民活动以猎取经济果实。② 很快，

---

① 国内学界多称"尼德兰革命"。笔者译作"尼德兰起义"主要有两大考虑。第一是尊重荷
兰语原始表述及其英译。第二个原因是希望在用语上厘清概念内涵。国内多认为"尼德兰
革命"是欧洲第一场资产阶级革命，但这种概括不仅过于单一，而且缺乏实证研究的充分
支持。据荷兰与英美史家的研究成果，起义前的尼德兰或低地国家经济虽然十分倚重手工
业与商业，但起义的重心在争取民族独立与完整、政治与宗教自由和废除西班牙哈布斯堡
王朝的沉重赋税。这些内涵需要一个更宽泛而可行的概念来概括，而"尼德兰起义"更为
适当。战争中最后组成尼德兰联省共和国的是以荷兰为核心、信仰加尔文宗的北方诸省，
而南尼德兰（今比利时一带）则仍留在哈布斯堡王朝统治下并依旧信仰天主教。起义前，北
方经济远落后于坐拥经济枢纽安特卫普的南方，甚至无一名重要商人；而战争爆发后南方
尤其是安特卫普繁荣的经济被战火摧毁，资本的北上逃亡反而成就了阿姆斯特丹与联省共
和国的经济崛起。于是，经济与起义的因果关系间便出现了一个"资产阶级革命"论无法
解释的矛盾：工商业落后的地区反而更具革命性与战斗意志，工商业繁荣的地区却选择了
保守服从；是起义对南方的经济冲击造就了联省共和国的工商业繁荣，而不是北尼德兰的
工商业资本主义发展推动一场革命。荷兰学者马约莲·德哈特（Marjolein't Hart）也指出，
尼德兰联省共和国成立后，战争与国家财政的资本化、商业化是为应对漫长而艰苦的战事
所采取的措施（而非经济自身的发展），见 Marjolein't Hart, *The Making of a Bourgeois State*：
War, Politics and Finance during the Dutch Revolt（Manchester：Manchester University Press，
1993）；Marjolein't Hart, *The Dutch Wars of Independence*：*Warfare and Commerce in the
Netherlands, 1570–1680*（London：Routledge, 2014）。所以"资产阶级革命"一说对起义
原因的解释力是不足的。荷兰史学家佩派因·布兰顿（Pepijn Brandon）认为尼德兰起义是
一场资产阶级革命，但他的切入点仍在战后工商业的发展与商界寡头的崛起，且也援引马
克思的论著说明"商业化本身与向资本主义的转型并不等同"。见 Pepijn Brandon, The
Dutch Revolt：A Social Analysis, *International Socialism*：*A Quarterly Review of Socialist Theory*，
116（October 2007），http：//isj. org. uk/the – dutch – revolt – a – social – analysis/。关于尼德
兰起义的综合性研究以及其他专题研究，除较早的彼得·黑尔（Pieter Geyl），当代史学家
可参考杰弗里·帕克（Geoffrey Parker）、乔纳森·伊斯雷尔（Jonathan Israel）、阿莱斯代
尔·杜克（Alastair Duke）、本杰明·J. 卡普兰（Benjamin J. Kaplan）、安德鲁·佩特格里
（Andrew Pettegree）、朱迪丝·珀尔曼（Judith Pollmann）、亨克·范尼洛普（Henk van
Nierop）、马丁·范赫尔德伦（Martin van Gelderen）、彼得·阿尔纳德（Peter Arnade）、马
约莲·德哈特、赫伯特·罗恩（Herbert Rowen）、詹姆斯·D. 特雷西（James D. Tracy）等
人的作品。关于起义的复杂面相与 20 世纪 90 年代以前的史学史探讨，见 Herbert H. Rowen,
The Dutch Revolt：What Kind of Revolution?, *Renaissance Quarterly*, Vol. 43, No. 3（Autumn
1990），pp. 570 – 590。

② Wim Klooster, *The Dutch Moment*：*War, Trade, and Settlement in the Seventeenth-century Atlantic
World*, pp. 11 – 25.

尼德兰人也效仿拥有强大私掠船队（privateers）的英格兰，在加勒比、西非和南美各海域以英格兰和各原住民部族为盟友，开展对伊比利亚半岛劲敌的袭扰和小规模殖民战争。[①] 因此，尼德兰联省共和国在大西洋的殖民扩张从一开始就带有双重面相：一是工商业资本因起义北迁后继续自发向海外寻求贸易（包括三角贸易）、原材料与利润，二是为抗击哈布斯堡王朝自主开辟海外战场。

联省共和国在大西洋世界的活动直至 17 世纪 20 年代才进入全面扩张的阶段，但其辉煌在延续不过半个世纪后便落幕。这是本书第二章"帝国扩张"（Imperial Expansion）与第三章"帝国衰落"（Imperial Decline）关注的内容。这一时期，涉及尼德兰海外扩张成败的核心机构是西印度公司，最重要的战略区域则是以伯南布哥（Pernambuco）为核心的巴西殖民地。与哈布斯堡西班牙的"十二年停战"（Twelve Years' Truce，1609 – 1621）到期后，共和国各省皆要求为大西洋殖民扩张专设特许公司，尼德兰西印度公司遂应运而生。公司的运作横跨政商两界，与联省议会关系密切，因此也深受国家的政治意志影响。克娄斯特写道："政府对短期内快速获得投资回报并不感兴趣。只要对西战事重启后与之相关的若干战略目标能够实现，它便乐于等待（在更长的时间内收回成本）。"西印度公司高层也"更倾向于作战而非贸易，且他们指出，由于存在伊比利亚敌人的殖民地，在加勒比海域和中美、南美大陆开展贸易几无可能"。[②] 随后，克娄斯特介绍了西印度公司侵夺伊比利亚半岛殖民地的"大战略"（Grand Design；近代早期荷兰语：Groot Desseyn）。尽管加勒比战事并不顺利，尼德兰人仍旧夺取了并长期保有库拉索（Curaçao）等殖民地并进一步发展了非洲殖民贸易。更为重要的是，西印度公司成功建立并稳固了新尼德兰殖民地，且大举攻略了葡萄牙在巴西的近一半殖民领地。[③] 西印度公司的殖民战争对西欧列强在大西洋世界

---

① Wim Klooster, *The Dutch Moment: War, Trade, and Settlement in the Seventeenth-century Atlantic World*, pp. 25 – 32. 这一时期尼德兰人的海外袭扰对象也包括葡萄牙。1580 年王位继承危机后，葡萄牙接受了哈布斯堡王朝国王菲利普二世的联合统治，失去外交与对外作战自主权，直至 1640 年葡萄牙光复战争（Portuguese War of Restoration，葡萄牙语：Guerra da Restauração）胜利后才重新取得独立地位。这六十年间，葡萄牙也卷入了哈布斯堡王朝对尼德兰的八十年战争，其殖民地亦成为联省共和国的觊觎对象。

② Wim Klooster, *The Dutch Moment: War, Trade, and Settlement in the Seventeenth-century Atlantic World*, pp. 34 – 35.

③ Wim Klooster, *The Dutch Moment: War, Trade, and Settlement in the Seventeenth-century Atlantic World*, pp. 57 – 73.

乃至欧洲本土的力量对比产生了深刻影响。首先，这在相当大程度上实现了尼德兰联省共和国削弱西班牙帝国海外财源以纾欧陆战事之困的战略目标，也更便于共和国的远洋交通。① 对尼德兰人已站稳脚跟的殖民地，衰落中的哈布斯堡王朝也无力乃至无意卷土重来。克娄斯特分析称，所谓伊比利亚人欲重夺库拉索的指称不过是当时的政治流言和后来的史家讹误。② 到 17 世纪 30 年代末尼德兰人在巴西成功抵御伊比利亚舰队的反击后，"西班牙人已无力扭转对联省的战事"。③ 不仅如此，海外殖民战争的重挫也动摇了伊比利亚半岛内部的政局，进一步推动了葡萄牙人推翻"西班牙之轭"（Spanish yoke）的决心。④ 第三方面的影响则是英荷竞争的加剧。尼德兰海上力量的崛起不仅令以英格兰为核心的英伦联统王国警觉，更因殖民地领土声索的纠纷双方出现实质性矛盾。⑤ 虽如此，至 1642 年，尼德兰的大西洋帝国到达极盛，⑥ 已显现海上霸主的锋芒。

　　然而，联省共和国在大西洋世界的辉煌只如流星般短暂。本书第三章"帝国衰落"叙述并深入分析了这一过程。丢失巴西殖民地是尼德兰大西洋帝国衰落的核心因素。1645 年，由原住民、黑奴和葡萄牙裔种植园主发动的起义席卷尼德兰属巴西全境，除殖民地首府累西腓（Recife）的少数据点，绝大多数领土重为葡萄牙人所得。⑦ 丢失巴西令联省共和国失去糖业基地，重创其海外经济，同时也令其黑奴需求骤降，使以卢安达（Luanda）为首的安哥拉殖民地政治经济皆陷入困顿。新生的葡萄牙布拉干萨王朝趁此

---

① Wim Klooster, *The Dutch Moment: War, Trade, and Settlement in the Seventeenth-century Atlantic World*, pp. 62, 70.

② Wim Klooster, *The Dutch Moment: War, Trade, and Settlement in the Seventeenth-century Atlantic World*, p. 61.

③ Wim Klooster, *The Dutch Moment: War, Trade, and Settlement in the Seventeenth-century Atlantic World*, p. 69.

④ Wim Klooster, *The Dutch Moment: War, Trade, and Settlement in the Seventeenth-century Atlantic World*, p. 69.

⑤ Wim Klooster, *The Dutch Moment: War, Trade, and Settlement in the Seventeenth-century Atlantic World*, p. 62.

⑥ Wim Klooster, *The Dutch Moment: War, Trade, and Settlement in the Seventeenth-century Atlantic World*, p. 72.

⑦ Wim Klooster, *The Dutch Moment: War, Trade, and Settlement in the Seventeenth-century Atlantic World*, pp. 77 – 81.

于 1648 年二度占领卢安达。① 接连而至的打击使成本回收慢、扩张投入过
多的西印度公司资金链脆断，让许多投资者损失惨重、殖民地居民被迫迁
徙；公司因此在共和国内饱受批评，也迫使联省议会接管其运作。② 此后联
省共和国虽仍占有累西腓，但"失去巴西令尼德兰人至少在大西洋世界已
无力进一步追求帝国伟业"③。此后三次英荷战争，尽管尼德兰共和国以沉
重代价力拒英格兰甚至在大西洋殖民竞争中有所起色，但这无法掩盖帝国衰
落的事实。作者在本章末写道，至 1678 年，共和国在大西洋世界已"再也
不能扮演军事强国的角色"。④

　　此后四章，克娄斯特采取局部乃至微观的视角，勾勒了尼德兰大西洋帝
国的不同侧面。第四章"饥与剑之间"（Between Hunger and Sword）展现了
尼德兰帝国阵中普通士兵及其家庭的境遇，其中不仅有尼德兰人，也有来自
神圣罗马帝国和英格兰等地的异族雇佣军。这些士兵人数众多却默默无闻，
他们背后的家庭也要承受分离与死伤之苦和相关经济后果。即使他们有负伤
或战死的抚恤金，但这些补偿并不总是及时发放，有些伤兵仍被迫继续服
役。军饷以外，他们也在作战之余从事零散贸易以补贴生计。西印度公司军
法严格但给养缺乏，所以不堪重负的士兵也时有逃亡或哗变。作者认为，尼
德兰共和国的大西洋扩张计划虽密但野心过大，且财政紧张、指挥不力，因
此普通士兵才是为帝国弊政付出代价的真正牺牲者。⑤ 第五章"跨帝国贸
易"（Interimperial Trade）勾勒了共和国在大西洋的贸易网络。尼德兰与西
班牙、葡萄牙、法国、英格兰的殖民地以及美洲原住民互市，即便战时，许
多尼德兰商人也企图绕过本国与敌国官方禁令及西印度公司的垄断与对方殖
民地交易，这在与英格兰和西班牙的军事冲突间表现得尤为明显。盐、鲸油
和糖是尼德兰大西洋帝国最重要的大宗商品，残酷奴隶贸易也是其殖民经济

---

① Wim Klooster, *The Dutch Moment*: *War*, *Trade*, *and Settlement in the Seventeenth-century Atlantic World*, pp. 81 – 83.

② Wim Klooster, *The Dutch Moment*: *War*, *Trade*, *and Settlement in the Seventeenth-century Atlantic World*, pp. 84 – 85, 91 – 94.

③ Wim Klooster, *The Dutch Moment*: *War*, *Trade*, *and Settlement in the Seventeenth-century Atlantic World*, p. 90.

④ Wim Klooster, *The Dutch Moment*: *War*, *Trade*, *and Settlement in the Seventeenth-century Atlantic World*, pp. 96 – 112.

⑤ Wim Klooster, *The Dutch Moment*: *War*, *Trade*, *and Settlement in the Seventeenth-century Atlantic World*, pp. 113 – 145.

体系重要一环。①

　　此后两章侧重于尼德兰共和国及其殖民地间的人口流动以及不同族裔间的互动。克娄斯特在第六章"迁徙与殖民"（Migration and Settlement）分析了尼德兰人殖民迁徙的特征。② 尽管西印度公司积极鼓励国内平民向殖民地迁徙，但其在大量穷困单身男性出洋冒险以改变命运的背景下限制单身女性的迁徙自由，因此殖民地人口因性别比失衡、婚配及生育率低而难以增长。虽然如此，母国移民的迁入依旧向殖民地带去了与尼德兰本土的经济与家庭联系，以及文化、制度和宗教信仰。第七章"异族的臣民"（The Non‐Dutch）展现了尼德兰殖民帝国中英格兰人、瓦隆人、各地犹太人以及美洲原住民和黑奴活动与境遇。③ 联省共和国在欧洲大陆本就以宗教宽容闻名，其殖民地更是有过之而无不及。所以，尽管各殖民地间宗教宽容程度不一、尼德兰官方的宗教宽容也远非鼓励信仰多元而只是从实用主义角度对此现状做出和平共存的安排，尼德兰殖民帝国成为欧洲大陆许多异见者的精神归宿。④ 对于美洲原住民，尼德兰殖民者虽在军事与经济方面努力与之维持相对和平的关系，但其极为热烈且具压迫性的传教活动却激起了许多武装冲突，最终难免失败。生活在殖民帝国最底层的黑奴面临的则是最悲惨的物质境遇和殖民者的优越感与猎奇心态。

　　克娄斯特在余论中总结了本书的要义，这也是余论副标题的四个关键词：战争、暴力、奴隶制与自由。大西洋史中的"尼德兰时刻"与联省共和国"大战略"的起落密不可分。作者强调，尼德兰殖民帝国既缘战火而成，也因兵戈而败。"大战略"看似宏伟周密，实则过于乐观。⑤ 其中微观层面的暴力（如捣毁圣像）与尼德兰人的加尔文宗信仰息息相关，而宏观

① Wim Klooster, *The Dutch Moment: War, Trade, and Settlement in the Seventeenth-century Atlantic World*, pp. 146 – 188.
② Wim Klooster, *The Dutch Moment: War, Trade, and Settlement in the Seventeenth-century Atlantic World*, pp. 189 – 214.
③ Wim Klooster, *The Dutch Moment: War, Trade, and Settlement in the Seventeenth-century Atlantic World*, pp. 214 – 251.
④ Wim Klooster, *The Dutch Moment: War, Trade, and Settlement in the Seventeenth-century Atlantic World*, pp. 228 – 230. 另见 Benjamin J. Kaplan, *Divided by Faith: Religious Conflict and the Practice of Toleration in Early Modern Europe*, Cambridge, MA: The Belknap Press, 2007。
⑤ Wim Klooster, *The Dutch Moment: War, Trade, and Settlement in the Seventeenth-century Atlantic World*, pp. 251 – 253.

上，对西班牙的战事也是尼德兰商贸与政治自由的基石。① 但是，他们在与哈布斯堡王朝斗争过程中所追求的自由也意味着"奴役他族的自由"，是建立在黑奴不自由基础上的自由。②

二　《尼德兰时刻》评议

《尼德兰时刻》问世后在欧美学界广受赞誉。发表在著名期刊上的书评皆对本书的整体视角、扎实论证深表嘉许，一位学者旗帜鲜明地写道，本书证明"整体大于部分之和"。③ 从视角、考辨、源流和史料等方面考察，《尼德兰时刻》多法并举、长于稳健，堪称一部优秀的汇通性著作。

汇通性史著要在有限空间内处理并呈现大量信息，对作者的视角以及与之相关的叙事与分析技艺提出了较高的挑战。在此情形下，克娄斯特较好地平衡了整体与局部、帝国与平民间的关系。对于前一组问题，重整体轻局部易显得流于记事，重局部轻整体又有不见全貌之虞，但本书做到二者互见、相辅相成。其中最优秀的案例是作者对尼德兰属巴西的处理。他对这一大片殖民领土的分析有力地填补了学界现有研究的薄弱环节，但对尼德兰人在巴西以外的殖民活动并不偏废，使读者既能了解尼德兰殖民帝国的整个版图，也能在更广阔的历史背景中理解巴西殖民地对于尼德兰联省共和国的重要战略意义。

此外，作者将历史研究中"自上而下看"的高层政治决策、跨国商贸网络和"从下往上看"的社会史、新战争史、移民史、大众宗教文化等子

---

① Wim Klooster, *The Dutch Moment：War，Trade，and Settlement in the Seventeenth-century Atlantic World*，pp. 254 - 261.

② Wim Klooster, *The Dutch Moment：War，Trade，and Settlement in the Seventeenth-century Atlantic World*，p. 262.

③ Martina Julia van Ittersum, The Dutch Moment：War，Trade，and Settlement in the Seventeenth-Century Atlantic World（Wim Klooster. Ithaca：Cornell University Press，2016），*Renaissance Quarterly*，Vol. 71，No. 1（2018），pp. 307 - 308；Christian Koot，Wim Klooster，The Dutch Moment：War，Trade，and Settlement in the Seventeenth - Century Atlantic World（Ithaca，N Y：Cornell University Press，2016），*American Historical Review*，Vol. 123，No. 1（2018），pp. 187 - 188；Donna Merwick，The Dutch Moment：War，Trade，and Settlement in the Seventeenth - Century Atlantic World（Ithaca：Cornell University Press，2016），*Journal of American History*，Vol. 104，No. 4（2018），pp. 999 - 1000；Deborah Hamer，The Whole is More than the Sum of its Parts，*Reviews in American History*，Vol. 47，No. 1（2019），pp. 12 - 16.

题并置，为读者提供了在比照中反思历史中的权力以及这两种史学类型的机会。近半个世纪以来的欧美学界，社会文化史的兴盛令多数史学家的视野逐渐从老派的政治史、经济史①转移开来，着重于中下层人民的研究。这在欧美近代史、殖民史、奴隶史②等领域汗牛充栋的研究产出中有极为明显的体现。但在此过程中，新研究取向与老派史学并未相互促进。③ 克娄斯特本作上下互见，较好地避免了这一问题。一方面，帝国争雄的宏伟视角更有力地展现了普通士兵、海员、妇女和奴隶的身世飘零。当我们明白尼德兰人的殖民扩张计划周密却败于野心过大、执行不力，而绝大多数负担都为属下阶层所背负，这时才能更深刻地理解：哪怕政策制定者无意为之，失败的决策与执行同样能使生灵涂炭；在历史中的某些瞬间，属下阶层几乎完全不能掌握自身命运。因此，相比于许多作者将欧洲列强的行为简单地化约为"结构"、"压

---

① 这里指更侧重计量方法与西方经济理论的经济史，而非当前较流行的经济文化史或奴隶资本主义（slavery capitalism）史等研究分支。经济文化史的案例可参考英格兰近代史家基斯·莱特森（Keith Wrightson）和克雷格·马尔德鲁（Craig Muldrew）等人的研究。关于奴隶资本主义，参见 Walter Johnson, *River of Dark Dreams: Slavery and Empire in the Cotton Kingdom*, Cambridge, MA: The Balknap Press, 2013; Sven Beckert, *Empire of Cotton: A Global History*, New York, NY: Alfred A. Knopf; Edward Baptist, *The Half Has Never Been Told: Slavery and the Making of American Capitalism*, New York, NY: Basic Books, 2014; Sven Beckert and Seth Rockman, eds., *Slavery's Capitalism: A New History of American Economic Development*, Philadelphia, PA: University of Pennsylvania Press, 2016。关于对沃尔特·约翰逊（Walter Johnson）、斯文·贝克特（Sven Beckert）与爱德华·巴普蒂斯特（Edward Baptist）三部专著的史学批评（尤其是史料选裁上的缺陷），见 Alan L. Olmstead and Paul W. Rhode, Cotton, Slavery, and the New History of Capitalism, *Explorations in Economic History*, Vol. 67 (2018), pp. 1 – 17。

② 欧美近代史领域的研究中，群众运动、书籍史、大众文化、中下层宗教文化等分支皆属此类，这里不赘述。殖民史、奴隶史方面近年来的优秀案例可参见 Jill Lepore, *The Name of War: King Philip's War and the Origins of American Identity*, New York, NY: Alfred A. Knopf, 1998; James Axtell, *Natives and Newcomers: The Cultural Origins of North America*, Oxford: Oxford University Press, 2000; Inga Clendinnen, *Ambivalent Conquests: Maya and Spaniard in Yucatan, 1517 – 1570*, 2nd ed., Cambridge: Cambridge University Press, 2003; Stephanie E. Smallwood, *Saltwater Slavery: A Middle Passage from Africa to American Diaspora*, Cambridge, MA: Harvard University Press, 2007; James H. Sweet, Domingos Álvares, *African Healing, and the Intellectual History of the Atlantic World*, Chapel Hill, NC: The University of North Carolina Press, 2011; Andrew Lipman, *The Saltwater Frontier: Indians and the Contest for the American Coast*, New Haven, CT: Yale University Press, 2015。

③ 一个案例是英格兰近代史学界由基斯·莱特森引领的"新社会史"潮流与 17 世纪不列颠政治史之间疏离的关系。相关史学史回顾见 John Walter, "Kissing Cousins: Social History/Political History before and after the Revisionist Moment," *Huntington Library Quarterly*, Vol. 78, No. 4 (Winter, 2015), pp. 703 – 722。

迫"与"他者化"再加以批判，克娄斯特以政治史、帝国史的手法梳理殖民帝国高层运作的肌理，更能启发读者"从殖民者自身的点滴理解殖民扩张对被殖民者和殖民方属下阶层的巨大破坏力"。另一方面，属下阶层的悲惨遭遇则为读者批判地审视尼德兰殖民帝国政策制定的合理性、国家机器运转的有效性以及帝国争雄的沉重代价提供了更生动、细致的证据。作者若单论巴西殖民地得而复失，便失去了这等深远的批判意蕴。所以，本书视角远近层叠，利于读者在阅读文本之外进一步思考尼德兰在大西洋殖民活动中的复杂面相。

克娄斯特对若干具体问题的考辨也为《尼德兰时刻》增色。近半个世纪以来，英美史学界日益强调史论、淡化考辨，因而若干作品虽论点独到，但论据处理与论证过程未必令人信服。尽管本书是汇通性著作，作者仍在有限空间内考辨了若干问题的各家学说与史料因素以得出相对合理的结论。除了对1636年西班牙帝国是否企图重夺库拉索的讨论，作者还更详细地考察了尼德兰人在加勒比海地区糖业发展中的作用。通过对尼德兰的史料记载、商船行为模式与西印度公司垄断的分析，他指出该海域英法殖民地糖业的发展更应归结于英格兰而非尼德兰殖民者的活动，支持约翰·麦卡斯克（John McCusker）和拉塞尔·梅纳德（Russell Menard）的结论。[①] 尽管克娄斯特意在为读者再发现以往多被忽视的尼德兰大西洋帝国，但仍仔细分辨各种证据与论点，不过高估计研究对象的历史作用。这种相对扎实的考辨态度为新一代学者树立了典范。

克娄斯特对现代研究与一手史料的征引也展示了《尼德兰时刻》较为扎实的研究基础。本书尾注多达134页，约占全书篇幅的1/3，可见本书引用文献之丰富。现代研究方面，作者兼采荷兰语和英语文献，涵盖了各领域的代表性作品和优秀博士学位论文。他对现代研究的征引有一突出特点即时间跨度大，约翰·哈尔托赫（Johan Hartog）、查尔斯·伯克瑟（Charles Boxer）等老一辈史学家乃至彼得·黑尔这样的先驱，都有所涉猎。这种宽广的学术史视野在当前颇为强调史论易代的美国学界是宝贵而不多见的。作者的史料征引也门类齐全，涵盖官方馆藏档（多为手稿）、17世纪印刷品史料、私人通

① Wim Klooster, *The Dutch Moment: War, Trade, and Settlement in the Seventeenth-century Atlantic World*, pp. 167 – 169. 关于麦卡斯克与梅纳德的研究，参见 John J. McCusker and Russell R. Menard, "The Sugar Industry in the Seventeenth Century: A New Perspective on the Barbadian 'Sugar Revolution'," in Stuart B. Schwartz, ed., *Tropical Babylons: Sugar and the Making of the Atlantic World, 1450 – 1680*, Chapel Hill, NC: The University of North Carolina Press, pp. 289 – 330。

信、日记与回忆录等。官方档中既有联省议会和西印度公司等中央档案，也有荷兰省（尤其是阿姆斯特丹）、泽兰省乃至加勒比海域各殖民地的地方档案。私人档不仅限于政治、文化精英的通信与回忆，也有普通民众的私人记录。史料种类的多样、齐全是本作得以提供全面视野乃至考证细节的基础。

当然，世间难有完美的史著。笔者以为本书在两方面仍有提升空间。首先，作者对1645年巴西殖民地起义的缘由语焉不详。作者在分析起义的经济解释时说"大量葡萄牙种植园主的债务窘境无法解释精英阶层以外的广大居民为何支持起义"。① 然而，作者在批判了经济解释后再无深入，继而介绍起义的领导者若昂·费尔南德斯·维埃拉（João Fernandes Vieira）与累西腓殖民领导层对起义"毫不意外"的反应。诚然，社会秩序崩溃的原因往往错综复杂，但史家亦有职责梳理其中各种因素。若尼德兰殖民政府对起义的发生不感意外甚至采取规避措施，这说明他们也深知巴西殖民地社会现状之不稳。既然如此，作者不更应该深究起义的原因，拨开历史迷雾吗？其次，相比于在副题与余论中的强调，作者在正文中对黑奴的介绍稍显薄弱。他主要关注殖民者看待黑奴的观念以及奴隶贸易在宏观政治经济体系中的作用，但近年来的优秀奴隶史作品说明，更细致地展现黑奴在殖民体系中的体验与境遇是完全可行的。② 因此，作者若能进一步挖掘史料，像研究尼德兰士兵与海员一般呈现黑奴自身的境况，本书或能更上一层楼。但总体而言，瑕不掩瑜。这样一部杰出的汇通性作品，对于海洋史、欧洲史的专家与研究生都有较高的阅读价值。

三　从史著到史法：大西洋史研习进路的反思

反思优秀作品要突破著作本身，更宽广地思考历史知识与研究方法，才

① Wim Klooster, *The Dutch Moment: War, Trade, and Settlement in the Seventeenth-century Atlantic World*, p. 77.

② Stephanie E. Smallwood, *Saltwater Slavery: A Middle Passage from Africa to American Diaspora*; James H. Sweet, *Domingos Álvares, African Healing, and the Intellectual History of the Atlantic World*. 另见 Sasha Turner, "Home-grown Slaves: Women, Reproduction, and the Abolition of the Slave Trade, Jamaica, 1788 – 1807," *Journal of Women's History*, Vol. 23 (2011), pp. 39 – 62; Caitlin Rosenthal, "Slavery's Scientific Management: Masters and Managers," in Sven Beckert and Seth Rockman, eds., *Slavery's Capitalism: A New History of American Economic Development*, pp. 62 – 86。

能见微知著、充分发挥作品的价值。因此，本节基于对《尼德兰时刻》的述评做两个层次的思考：其一是本书在欧洲史领域为国内学界带来的新信息；其二是研习在方法上需注意的问题。

在历史知识方面，《尼德兰时刻》为我们认识欧洲近代史的若干关键问题提供了重要指南。其中最基本的是近代早期西欧列强争雄背景下尼德兰共和国的国家实力问题。一般认为，尼德兰人是商贸强而军事弱的"海上马车夫"，先受制于西班牙帝国，后因军力不济而被三次英荷战争所击垮，为英格兰人所取代。这种印象得不到当今欧美学界主流研究成果的支持。[1] 克娄斯特这部著作则从大西洋帝国争雄的角度提供了有力的驳论。与西班牙帝国苦战半个多世纪后，尼德兰共和国还能在国内步入尼德兰黄金时代（Dutch Golden Age），在海外一度鲸吞巴西、蚕食加勒比、进据西非，开启大西洋史中的"尼德兰时刻"，没有在当时标准下一流的本土防御和远洋军事调动能力是做不到的。巴西殖民地的得失应是我们理解联省共和国兴衰的关键。尼德兰人并非没有军事扩张的实力和意愿，但他们获得广阔的殖民地后不能守成，[2] 因此在日后连年欧陆战事中缺乏广阔的经济腹地作为基础，只能坚守而不能反击。所以，他们不是作为"海上马车夫"而战事不利，旋踵跌落王座，是在于战事不利而无奈成为"海上马车夫"，以故缓慢衰朽。与之相关的自然是我们对不列颠崛起的评估。英格兰 1588 年击败"无敌舰队"后虽使西班牙帝国进入衰落周期，但其自身面临许多内部问题以

---

[1]　参见本文前面关于尼德兰起义的脚注所引作者与其他相关研究。围绕尼德兰起义与尼德兰黄金时代展开以梳理近代早期尼德兰共和国政治史、经济史、思想史脉络的权威著作，参见 Jonathan Israel, *The Dutch Republic: Its Rise, Greatness, and Fall, 1477-1806* (pbk ed., Oxford: Oxford University Press, 1998)。关于三次英荷战争中战事与内政外交的专著可见 J. R. Jones, *The Anglo-Dutch Wars of the Seventeenth Century* (Abingdon: Routledge, 1996); Gijs Rommelse, *The Second Anglo-Dutch War* (1665-1667): *Raison d'état, Mercantilism and Maritime Strife* (Hilversum: Verloren, 2006)。据伊斯雷尔、琼斯、隆梅尔斯与克娄斯特在《尼德兰时刻》中的梳理，三次英荷战争中尼德兰共和国尽管在第一次战争中受到较大挫败，但此后两战并不处于下风。尽管 1672 年尼德兰共和国遭遇"灾难之年"（Year of Disaster; 荷兰语: Rampjaar），但这是内政混乱加上法国、不列颠以及神圣罗马帝国中的明斯特与科隆联合夹击造成的结果。单论其中的第三次英荷战争，查理二世政府也未取得实质性战果。商贸方面，不列颠直到 18 世纪才能取代尼德兰共和国成为海上贸易霸主。相关研究参见伊斯雷尔上引书及 David Ormrod, *The Rise of Commercial Empires: England and the Netherlands in the Age of Mercantilism, 1650-1770* (Cambridge: Cambridge University Press, 2003)。

[2]　这也应从殖民地内政、经济与母国的政策制定与落实等方面切入，而非对外战事。毕竟丢失巴西之祸起于尼德兰殖民地萧墙之内，而不在葡萄牙先声夺人。

致在 17 世纪中叶陷入内战，很长一段时间内尚无力动摇伊比利亚与尼德兰的海上力量。① 所以大英帝国早期的发展也不如一般想象的顺利。第三点则是士兵、海员、原住民和奴隶等属下阶层。本书为我们在尼德兰殖民帝国的背景下了解这些人打开了一扇窗口。

　　本书也为国内海洋史研究者考察当今欧美学界大西洋史研究提供了优秀范本。作为本领域中的代表性辑刊，《海洋史研究》对西半球海域展现的浓厚兴趣既显示出对南海及其周边地区丰厚研究基础的自信，也表明了开拓研究新边疆的进取心。大西洋史在过去三十年间的美国学界可谓极盛，相关著作一时洛阳纸贵。② 高校学者录用也深受此潮流影响。③ 但对于国内学界，这仍是全新的领域。④ 《尼德兰时刻》又能在研习方法上给我们

---

① 关于伊丽莎白一世晚年的国内矛盾，见 Jim Sharpe, "Social strain and social dislocation, 1585 – 1603," in John Guy, ed., *The reign of Elizabeth I: Court and Culture in the Last Decade*, Cambridge: Cambridge University Press, 1995, pp. 192 – 211; John Guy, *Elizabeth: The Forgotten Years*, New York, NY: Viking, 2016。关于斯图亚特王朝早期的诸多矛盾，英美学界研究极丰，此不赘述；近年来优秀的汇通性作品可阅 Tim Harris, *Rebellion: Britain's First Stuart Kings, 1567 – 1642*, Oxford: Oxford University Press, 2014。

② 若干史学史论著可参见 Bernard Bailyn, *Atlantic History: Concepts and Contours*, Cambridge, MA: Harvard University Press, 2005; Alison Games, "Atlantic History: Definitions, Challenges, and Opportunities," *The American Historical Review*, Vol. 111 (2006), pp. 741 – 757; Bernard Bailyn, "Introduction: Reflection on Some Major Themes," in Bernard Bailyn and Patricia L. Denault, eds., *Soundings in Atlantic History: Latent Structures and Intellectual Currents, 1500 – 1830*, Cambridge, MA: Harvard University Press, 2009, pp. 1 – 43; Jack P. Greene and Philip D. Morgan, "Introduction: The Present State of Atlantic History," in idem., eds., *Atlantic History: A Critical Appraisal* (Oxford: Oxford University Press, 2009), pp. 3 – 34; David Armitage, "Three Concepts of Atlantic History," in David Armitage and Michael Braddick, eds., *The British Atlantic World, 1500 – 1800*, 2nd ed., Basingstoke: Palgrave MacMillan, 2009, pp. 13 – 29, 297 – 301; Nicholas Canny and Philip Morgan, "Introduction: The Making and Unmaking of an Atlantic World," in idem., eds., *The Oxford Handbook of The Atlantic World, 1500 – 1800*, Oxford: Oxford University Press, 2011, pp. 1 – 19.

③ 关于大西洋史潮流对高校历史院系录用年轻学者的影响，2016 年举办于华盛顿特区的北美英国研究论坛（North American Conference on British Studies）曾有针对在读研究生的学术工作申请专场指导讨论组进行特别说明。本讨论组笔者全程参与。出席讨论组的指导学者分别是：克莉斯塔·凯塞尔林（Krista Kesselring）、彼得·曼德勒（Peter Mandler）、苏珊·佩尼巴克（Susan Pennybacker）、詹姆斯·弗农（James Vernon）与基斯·莱特森。见 North American Conference on British Studies, Washington Marriott Georgetown, November 11 – 13, 2016, Annual Meeting Program, p. 1。

④ 汉语译介可参考施诚《方兴未艾的大西洋史》，《史学理论研究》2015 年第 4 期，第 58 ~ 64 页。施文有若干问题需指出。第一，作者并未认真审视艾莉森·盖姆斯（Alison Games）的著作在史料辨析与结论方面的缺陷——笔者在本文最后一个脚注中有讨论。第 （转下页注）

何种启发？

第一，全面、广博、扎实地掌握本领域内各代史学家的研究，尤其重视近年学术成果的整理与积累。梳理近年学术成果不仅是追踪研究潮流的需要，更是过去半个世纪欧美史学界生态演变的必然。如雅克·戈德肖特（Jacques Godechot）、R. R. 帕尔默（R. R. Palmer）、伯纳德·贝林（Bernard Bailyn）等先辈学者研究的局限正是由后续若干代学者所填补的。同时，学术人口膨胀、研究领域细化与研究手段数字化造成各子领域皆有专家专著的局面。这些作品是否杰作或未可知，但其对专门问题的贡献及作为史料信息渠道的价值却令远离学术研究与史料聚集中心的域外学者无法忽视。《尼德兰时刻》之所以能在学界广受赞誉，也在于克娄斯特对现有研究成果极为全面的掌握。因此，熟稔学术史脉络才能为研习大西洋史并产出高质量成果打下坚实基础。

第二，极其重视国别史、政治史等基础研究分支。毫无疑问，大西洋史的跨国特征令研究者不能将视野局限于一国内部，其中涉及经贸、移民、物质文化、信仰碰撞以及原住民和黑奴自身的各种问题也超越政治史范畴。然而，两个因素使我们必须以退为进。一方面，只有透彻地理解国别史，我们

（接上页注④）二，作者认为欧美史学家多认同伯纳德·贝林的定义，这种概括大而化之且有失片面。一方面，"大西洋史"作为一个宽泛的概念为欧洲史、殖民史、奴隶史、非洲史等领域的研究者所用，但未在定义上展开激烈讨论。另一方面，大西洋史的其他源流也在施文所引盖姆斯发表于《美国历史评论》的史学史回顾中有所呈现。第三，作者认为大西洋史"表现出强烈的'欧洲中心论'色彩"，这与该领域的研究现状是极为不符的；相关研究可参见本节与上一节的注释。最后，将托马斯·本杰明（Thomas Benjamin）的教材《大西洋世界：欧洲人、非洲人、印第安人及其共享的历史，1400～1900 年》（The Atlantic World: Europeans, Africans, Indians and their Shared History, 1400 - 1900）视为研究大西洋世界中各民族冲突与互动的代表性专著，这有待商榷。替代性文本可参见本文前面提及的关于欧洲近代殖民史、奴隶史的相关作品以及 Neal Salisbury, Manitou and Providence: Indians, Europeans, and the Making of New England, 1500 - 1643 (Oxford: Oxford University Press, 1982); James Axtell, The Invasion Within: The Contest of Cultures in Colonial North America (Oxford: Oxford University Press, 1985); Nicholas Canny and Anthony Pagden, eds., Colonial Identity in the Atlantic World, 1500 - 1800 (Princeton, NJ: Princeton University Press, 1987); Bernard Bailyn and Philip D. Morgan, eds., Strangers within the Realm: Cultural Margins of the First British Empire (Chapel Hill, NC: The University of North Carolina Press, 1991); Karen Ordahl Kupperman, America in European Consciousness, 1493 - 1750 (Chapel Hill, NC: The University of North Carolina Press, 1995); Karen Ordahl Kupperman, Indians and English: Facing Off in Early America (Ithaca, NY: Cornell University Press, 2000); Colin G. Galloway, New Worlds for All: Indians, Europeans, and the Remaking of Early America (2nd ed., Baltimore, MD: Johns Hopkins University Press, 2013).

才能掌握近代欧洲列强海外扩张的条件、动机、建制、行为方式，并合理评估其各种后果。以尼德兰联省共和国及其殖民帝国的两个侧面为例：我们只有掌握尼德兰起义后低地国家或尼德兰地区的南北分治及其经济、政治后果（见本文第一部分"尼德兰起义"的注释及相关研究），才能理解阿姆斯特丹资本市场对于尼德兰向大西洋扩张的重要性①和共和国高层"以殖养战、战先于商"的策略；只有掌握联省共和国的宗教信仰及其境内关于宗教宽容的安排，才能理解尼德兰殖民地宗教多元化的性质和传教士与原住民的信仰冲突。

　　另一方面是对政治史的重视。其中一个原因是熟稔一国的政治制度、政治文化、意识形态、派系斗争、中央与地方权力关系，才能更好地解剖海洋史的各个方面。比如，克娄斯特就是基于对西班牙、尼德兰两方的政治文化、心态、流言与尼德兰中下层民众的记录，才能对"1636 年伊比利亚人企图收复库拉索"的观念提出合理质疑。这与透彻理解国别史的意义相近，上文书评也有明确体现，此不赘述。第二个原因涉及史料出处与分析。布朗大学历史系教授蒂姆·哈里斯回忆，美国史名家戈登·S. 伍德（Gordon S. Wood）在表达对大西洋史的保留态度时曾说："你要去哪找大西洋史的史料呢？总不能到大西洋底去找吧！"此虽戏言，却道出了问题实质：尽管大西洋史属跨国研究，但史料的生产与保存在很大程度上依赖于近代以来西欧民族国家的政治体制与官僚。知晓什么机构或人物产生了可以分析什么问题的哪种史料，如今保存于何地，包括大西洋史在内的海洋史与跨国史研究才能有的放矢。譬如，尼德兰西印度公司由联省议会特许设立并受其节制，所以除了荷兰国家档案馆（Nationaal Archief, the Netherlands, 缩写"NAN"）的新旧西印度公司档（Oude West - Indische Compagnie, 缩写"OWIC"；Nieuwe West - Indische Compagnie, 缩写"NWIC"），许多关于该公司的国家决议与高官信函都必须查阅联省议会档（Staten - Generaal, 缩写"SG"）。对于属下阶层的研究更是如此。不论是殖民国群众抑或美洲原住民和黑奴，其自身因权力微薄很难在历史中留下踪迹，因此与之相关的史料也需从欧洲国家官方档中（如西班牙宗教裁判所档案）摸索并结合殖民者的意识形态、

---

① Wim Klooster, *The Dutch Moment: War, Trade, and Settlement in the Seventeenth-century Atlantic World*, p. 18.

政治文化乃至情感加以分析。① 因此，只有坚实的国别史、政治史基础，大西洋史的研习才能占据较高的起点。

第三，在打好上述两点基础的前提下论而有据。谨慎论证与广博涉猎并不矛盾，这在克娄斯特《尼德兰时刻》的材料征引与问题辨析中有鲜明体现。更宽泛地说，大西洋史作为较新的、具有跨国性质的历史研究分支，其对研究者提出的两大挑战是值得国内学界利用好后发优势，审慎应对的。首先，跨领域研究方向往往需面对多组史料史论关系，先天地对史学家判断各种因素的权重提出了较高要求。其次，作为 20 世纪后 20 年崛起于美国并扩散至欧洲的新领域，大西洋史以中生代与新生代学者为研究主力，也受这几代人的学术文化影响，强调观念创新而难免时有过度推论。与《尼德兰时代》相对的反例是，英美学界一些大西洋史家对"英格兰/不列颠大西洋世界"（English/British Atlantic world）的整体性，尤其是 1640 年以前英伦三岛向大西洋世界移民总量及其在外向移民（emigration）总量中的比重，做出了过高估计。这与话题内外学术研究掌握不全、相关材料辨析不够细致和过度推论有莫大关系。② 这并不意味着不可发表新论，而是应在全面审视大量材料、仔细梳理各种因素后下合理结论。克娄斯特在《尼德兰时代》中对巴西殖民地的讨论便是典范。

---

① 关于殖民史、奴隶史中的史料与历史叙述问题，见 Michel‐Rolph Trouillot, *Silencing the Past*: *Power and the Production of History*, New Foreword ed., Boston, MA: Beacon Press, 2015。关于深入辨析殖民史料以呈现属下阶层境遇的优秀案例，见 James H. Sweet, *Domingos Álvares*, *African Healing*, *and the Intellectual History of the Atlantic World*; James H. Sweet, "Mistaken Identities? Olaudah Equiano, Domingos Álvares, and the Methodological Challenges of Studying the African Diaspora," *The American Historical Review*, Vol. 144 (2009), pp. 279 ~ 306; Ann Laura Stoler, *Along the Archival Grain*: *Epistemic Anxieties and Colonial Common Sense*, Princeton, NJ: Princeton University Press, 2009。

② 见作者未刊稿 *Seventeenth-century British Atlantic World in Perspective*: *Migration and the Problem of Centre and Periphery*. 本注仅举一例，即作者在文中质疑的著作之一 Alison Games, *Migration and the Origins of the English Atlantic World* (Cambridge, MA: Harvard University Press, 1999)。作者着眼点在于艾莉森·盖姆斯忽略更广的时代背景，以有限材料作过广结论（以只能支撑特称肯定命题的材料作全程肯定命题）。对于其微观层面上史料选材与辨析的问题，英美学者在知名刊物有批评，参见 Barbara MacAllan, "Migration and the Origins of the English Atlantic World," by Alison Games (Cambridge, Mass/London: Harvard U. P., 1999), *English Historical Review*, Vol. 115 (2000), pp. 1301 - 1302; Aaron Spencer Fogleman, "Migration and the Origins of the English Atlantic World," by Alison Games, Harvard Historical Studies, 133 (Cambridge, Mass., and London: Harvard University Press, 1999), *The William and Mary Quarterly*, Vol. 57 (2000), pp. 664 - 669。

总而言之，威姆·克娄斯特的《尼德兰时刻：十七世纪大西洋世界的战争、贸易与殖民》是一部值得阅读的、史论俱佳的汇通性著作。藉述评此书、反思史法，笔者希望能抛砖引玉，为《海洋史研究》与国内史学界进军大西洋史研究献上绵薄之力。在此亦祝愿《海洋史研究》在下一个十年内为国内外研究者呈现杰出的研究成果，挺进大西洋世界并开创海洋史研究的"中国时刻"。

（执行编辑：王一娜）

专题论文

海洋史研究（第十五辑）
2020 年 8 月　第 31～36 页

国家、区域与全球视野下的
近代早期中国海洋历史

王国斌[*]

　　近代早期的中国海洋经济既可被视为明清政治经济的固有部分，也可看作亚洲区域海洋贸易网络的关键部分，更是全球贸易的重要部分。作为一个庞大的农耕商业帝国，近代早期中国的政治经济涵括了多样的经济与环境。以经济而言，江南人口甲天下，种植稻米、棉花，生产手工制品；这些农产品经由高度发达的区域市场进入商业流通，并通过"富而有礼"的儒商等商人网络贩卖到各地。中国西北和西南较为贫瘠，远逊于江南、珠江三角洲及其他灌溉便利、能够种植稻米和沿河转运的地区。18 世纪，随着市场经济的蓬勃兴盛，政府在国内经济中表现活跃。不过，这种市场经济并非由官员自上而下，相反是由百姓自下而上组织和管理的。也就是说，18 世纪中国的海洋经济实际是一种民间贸易主导的市场经济。政府对海洋的关注，较少聚焦于经济繁荣，而是聚焦于其作为边界的地缘政治安全。因此，从政治经济视野来看，18 世纪的中国海洋是一个商贸带来经济繁荣的地缘政治边界。

　　近代早期的中国海洋历史也是更大的亚洲海洋贸易历史的组成部分。这

---

　* 作者王国斌，加州大学洛杉矶分校历史系教授。译者方圆，厦门大学人文学院历史系博士研究生；周鑫，广东省社会科学院海洋史研究中心副研究员。校者陈博翼，厦门大学人文学院历史系副教授。
　英文原稿 China's Maritime History in Domestic, Regional and Global Perspectives，初稿曾提交 2019 年 3 月 29 日至 4 月 1 日厦门大学召开的"海洋与中国研究"国际学术研讨会。

一研究领域成果丰硕，很多贡献来自中国以外的学者。如安东尼·瑞德（Anthony Reid）呈现了中国参与的 15～17 世纪中叶繁盛的东南亚海洋贸易①。滨下武志（Hamashita Takeshi）则勾画了自"东南亚的贸易时代"开始，18～20 世纪亚洲海洋自东北亚至东南亚的多元商业路线；这一多元商业路线塑造了亚洲海洋内部特有的商业流通模式，二者互动创造出极具活力的海洋贸易经济。在滨下和瑞德的培养下，几代学者都在他们开创的领域继续耕耘。每位学者都仔细考量了中国在亚洲海洋历史中的角色，承认中国在政治和经济上的重要性。瑞德和郑扬文合编的《协商不对称：中国在亚洲的位置》（Negotiating Asymmetry：China's Place in Asia，2009）展示了近代早期亚洲国家同中国发展关系的诸多形式。滨下也同样研究到亚洲海洋贸易受中国朝贡体系的外交模式所型塑的种种形式。这些研究不仅指明了中国在亚洲的政治声望，而且为我们提供了思考中国同其他亚洲国家在亚洲海洋贸易中的经济活动如何被组织这一问题的方式。

对比海洋中国在自亚洲区域迈向全球化的两个世纪进程中的地位，可以简约为从 18 世纪区域世界的一部分转为 19 世纪世界区域的一部分。这一简约表述突出了海洋中国在全球化下同域外关系最主要的变化。变化的导因是日趋自信的大英帝国在 19 世纪有能力改变 18 世纪航海而来的欧洲国家同中国缔结的关系。我们可以说，16～18 世纪，作为外来者的欧洲国家闯入亚洲海洋世界，他们主要根据在各个港口所遇的强国力量消长调适其存在。由此，18 世纪中国政府才能创建欧洲国家来华贸易的"一口通商"制度，在1757～1842 年极力将他们限定在广州一口进行贸易。在此期间，进入亚洲海洋世界的欧洲国家同时运用经济目标和政治手段彰显其存在。其中最成功的当属 17 世纪的荷兰和 18 世纪的英国。两国的海洋商人都由特许公司（chartered companies）组织起来。这种特许公司有时也被视为现代公司的前身。它们不仅组织本国商人开展所有自认为合法的亚洲海洋贸易，而且被授予其后被认为是主权国家专属的特权，如动用军力、铸造货币和建立殖民地等。故此，东印度公司在近代早期的亚洲海洋兼具经济和政治权力。

早期西方学界都将荷兰与英国的商业成就视为欧洲权力与财富持续增长

---

① Anthony Reid, *Southeast Asia in the Age of Commerce*, *1450 – 1680*, Vol. 1: *The Lands Below The Winds*, New Haven: Yale University Press, 1988; Vol. 2: *Expansion and Crisis*, New Haven: Yale University Press, 1995; Takeshi Hamashita, *China*, *East Asia and the Global Economy*, London: Routledge, 2008.

的先兆，由英格兰 19 世纪早期的工业化所引领，并为其 19 世纪的卓越海军力量所延续。但从亚洲内部看，它们进入近代早期亚洲海洋世界之初，得到的待遇明显是天壤之别。当时，中国有能力在欧洲人重点采买的丝绸、瓷器和茶叶等中国商品上制定规则。这些规则与 1842 年开始的不平等条约时代中国与西方海洋强国签订的贸易条款形成鲜明对照。出现变化的关键因素，据欧阳泰（Tonio Andrade）在《火药时代》（The Gunpowder Age：China, Military Innovation, and the Rise of the West in World History，2016）中所讲，当是中国在 18 世纪享有的"军事均势"（military parity）。它防止了西欧强国迫使中国港口依照外国人制订的条款接纳欧洲商人。欧阳泰认为这种军事均势类似于彭慕兰（Kenneth Pomeranz）在《大分流》（The Great Divergence，2000）中提出的著名的 19 世纪以前经济均势（economic parity）。当然在以上两个案例中，我们应该清楚，均势突出的是诸多类型的相似性，这些相似性还需要进一步从差异性上进行辨析。彭慕兰强调，英国的差异性在于拥有便宜的煤与大量种植棉花的美国殖民地，这些棉花构成工厂工业化初期阶段的重要商品：纺织品的原料。其他学者对此也有解释，比如英国尽管工资很高，但科技进步使其国内生产代替印度棉纺织业也能获取利润。欧阳泰也不认为，中国与欧洲的国家政治议程之间、国家支持或剿灭的军事势力之间存在鸿沟。这一比较或能补充军事均势的相似性中某些重要的差异性。

中国沿北部边境为防御内亚人群派驻了诸多戍军。通常认为，他们卷入了中亚边地定居或半游牧族群的种种争斗。中国尤其是在入关前就与蒙古族、藏族建立联系的满族统治下，同其内亚邻居交往时无论敌友都颇为强势。沿华南边境，尽管中国军队曾在 1762～1769 年失败的征缅之役中跨过缅界，但沿边的戍军大都只是守土固边。而在沿海地带，清军在 1683 年收复了郑成功 1661 年驱逐荷兰并建立政权的台湾。18 世纪中国政府对沿海的关注与其从地缘政治角度关注北疆相异，更与欧洲海洋强国考虑的政治经济议程（political and economic agenda）不同。其重点是防范外来威胁，保卫国家自身安全，而非加强控制新领土或前往新大陆。

15 世纪末，欧洲舰队就开始越过大西洋。16 世纪，西班牙、葡萄牙在今墨西哥及更南的地方成功建立殖民地。17 世纪，英国、荷兰与接踵而来的法国、苏格兰、瑞典纷纷加入这一行列。18 世纪，德国、法国和西班牙在北美扩建殖民据点，但占据主导权的是英国。其北美殖民地在 1776 年取得独立，构成美利坚合众国的最初各州。白人定居者在美洲殖民的过程，同欧洲人从非洲贩卖奴隶到美洲、强迫他们主要从事种植农业的进程互为补充。同一时期，欧洲海商前往亚洲购买商品。这些商品成为西北欧消费革命的重要一环。马克赛因·伯格（Maxine Berg）论及，17世纪末至18世纪，英国从亚洲进口消费品促进其国内通过制造业新模式努力开发替代品。从全球化的视野看，这种开发清晰显示：亚欧贸易是更大的包括非洲和美洲在内的世界区域关系的一部分。[①] 对诸如在亚洲开展贸易的欧洲政治经济议程的了解，是从全球历史的角度理解海洋中国的重要背景。

就近代早期的全球历史而言，中国的瓷器、丝绸和茶叶等货物都是经由海洋中国运往海外。为满足对中国货物不断增长的需求，欧洲商人日益倾向于使用白银进行交易。白银增加了中国的货币供应，有助于扩大中国的国内贸易和田赋由粮食实物转为货币缴纳。因此，我们可以观察到这种交换是如何对中国人和欧洲人产生不同的影响。对中国人来说，贸易促进了国内商业经济的繁荣，容许国家财政政策更容易利用这些经济变化。而对欧洲人来讲，贸易推动了消费者习惯的改变，并创造了一种欧洲企业家通过国内制造业与亚洲生产者重新竞争的需求。二者不同的影响与彼此迥异的政治经济若合符节。如本文第一段所述，作为一个农耕商业国家，中国的政治经济主要通过鼓励增加社会的物质财富来推行王朝教化，进而实现人所共知的古典时代理想的宏图。而欧洲的政治经济则致力于诸国之间开展财富与权力的竞争，这种竞争将它们带到世界的其他区域，在美洲争夺殖民地，在亚洲争夺贸易。如果没有西班牙在美洲开采白银及其他欧洲国家为获取亚洲商品交换白银，19世纪全球的政治经济发展便更加难以想象。

19世纪海洋中国同西方的关系发生戏剧性的转变。概言之，（上文论及的）政治经济发展对中国的意义自不待言。中外历史学者对此已有深入的研究。但对于它们给19世纪中国带来的是正面还是负面的影响，学者们至今仍争论不休。笔者在此只提出三点给海洋中国带来的转变。第一，政治上的变动导致通商口岸的开辟与外国商人、传教士、官员及后蹑者在通商口岸纷至沓来。政治变动确实创造了中国人和西方人之间不同于以往的诸多新型关系。不过，这些新型关系并非政治上的殖民统治。人们都注意到中国人和西方人之间同殖民地民众和西方殖民者之间的关系在社会、文化、经济上有

---

① Maxine Berg, "In Pursuit of Luxury: Global History and British Consumer Goods in the Eighteenth Century," *Past and Present*, No. 182 (Feb., 2004), pp. 85 - 142.

某些相似，这很容易让我们忽视 19 世纪中国的人口规模是大英帝国直到 20 世纪初最鼎盛之时才企及的；它们都统治了大约 4 亿人，合计约占当时世界人口的 40%。一般来说，西方人在政治上参与通商口岸事务，必然会给中国政府带来如何统治的新挑战。但 1900 年前后数十年海洋中国同西方人的政治关系并没有产生那种在殖民地常见的不对称的权力关系。殖民地常见的是，本地的外国人统治构成国家权力的政治基轴。第二，19 世纪随着交通运输技术的提升、船运费用的降低，海洋中国同西方的国际贸易增长，引领了 19 世纪 70 年代肇始的工业资本主义下的第一个全球化时代。贸易的构成进一步扩展，不仅一个世纪前的中国外贸商品继续出口，而且已形成工业品进口与农产品出口的反差之势。海洋中国还提供关键的容身之地，使得中国可以引进外国技术并建立他们最初的工业。到 20 世纪 30 年代中期，海洋中国涵盖了这个国家大多数的现代工厂工业，中外资本家同时为其注入资本和进行管理。第三，1912 年清朝覆灭前夕，选拔人才的科举制度废罢，逐渐被现代教育所取代。就推行现代教育的学校选址及其学生的地域出身而言，海洋中国明显比内地更占优势。

海洋中国在亚洲海洋贸易中的地位也是从 19 世纪开始转变的。西方公司东来扩张其在亚洲的贸易，使中国商人在亚洲海洋贸易中相对不那么重要。但这并不意味着中国的商品和商人不再是亚洲海洋贸易的重要组成部分。何况在海洋中国和东南亚国家，不少中国企业顽强地存活了下来。它们不仅创造了 20 世纪仍继续演化的社会经济网络，甚至还部分奠定了 20 世纪末至今中国在亚洲的经济关系的基础。而在政治上，19 世纪海洋中国在亚洲海洋的关系从朝贡体制转为西方支配下的外交条约关系。这种转变并非简单的替代过程，但似乎容易引起那些不明就里的联想。如晚清重臣李鸿章为解决日本在朝鲜扩张、危及中朝传统关系的东北亚危机，便曾利用西方国家与朝鲜的条约来进行抵抗。尽管李的失败无须置评，但 19 世纪末中国能够依照朝贡体系的原则与西方外交的公约、形式来构想和表达它在亚洲的政治关系，却让我们可以重新看待其后中国与亚洲邻国的政治关系。因为上文提及的近代早期的政治权力不对称现象，时至今日仍能见到。

从中国历史的视野看，19 世纪海洋中国亦步入转变。19 世纪 30 年代以后，英国凭借其军事优势，逐渐将同西方关系的挑战和机遇都强加给中国。这改变了中国几百年来内政先行的传统政治议程。外交日益重要，也与内政更加不同。这些转变还包括资金从先前国家政策受惠地区的基础设施建设流向沿海，因重新制订涉外制度和政策而产生各种新事务等。彭慕兰在 2000 年引爆"大分流"之前，曾在所做的华北研究中举过转变的代表案例：中央政府此前拨给华北修治黄河的资金被挪到夷务上。[①] 经济上也有重大转变，部分是因为日益增长的中国海洋贸易被整合进西方人打造的全球贸易。而从国内看，海洋中国的主要地区与帝国其他区域的商业联系不再那么紧密。中国自江南到东南沿海的粮食原先主要仰赖于长江上游的输入，但 19 世纪输入量开始下降。国际的粮食贸易此前很早便已日渐兴盛，19 世纪 70 年代之后更加稳定。随着上游地区农耕经济的多元化，更多从事手工业和种植经济作物，其本身的粮食需求与日俱增，可供长江中下游购买的粮食自然此消彼长。到 19 世纪下半叶，海洋中国利用的经济机会更加易行，内陆地区面临的环境挑战和资源局限却更加严峻，二者的经济差异便愈发明显。

20 世纪后期开始的经济改革再次显示，相较国内其他区域，海洋中国与国际贸易金融的联系更为息息相关。但今天中国政府已能更有利有节地同西方利益集团协商经济关系的条款。政府也能更好地利用经济整合带来的技术可能性，进行国家的工业转型，并创造国家当前面临的挑战与机遇，实现打好脱贫攻坚战、全民齐奔小康和经济可持续发展、全民共享红利的双重承诺。本文从政治、经济角度重点讨论过去五个世纪海洋中国的历史，正好可以通过中国、亚洲和全球历史视野下的观察得到正确的评价。

（执行编辑：王潞）

[①] Kenneth Pomeranz, *The Making of a Hinterland*: *State*, *Society*, *and Economy in Inland North China*, *1853 – 1937*, Berkeley, Hos Argales. Qxford: University of California Press, 1993.

海洋史研究（第十五辑）

2020 年 8 月　第 37~61 页

13~17 世纪东亚的海上贸易世界

万志英（Richard von Glahn）[*]

16 世纪之交，葡萄牙海员闯入亚洲海域冒险时，惊讶地发现繁荣的贸易网络横跨从印度到中国的海洋。当时，马六甲（Melaka）——马来半岛上一个小小的伊斯兰苏丹国，连接印度和中国航线的十字路口——是这个海上贸易世界的重要枢纽，因此成为葡萄牙帝国缔造者眼中最贵重的战利品。在 1511 年葡萄牙人占领这座城市后不久，抵达该城的托梅·皮雷斯（Tomé Pires）写报告给他的赞助人葡萄牙国王，惊呼"人们无法估计马六甲（Malacca）的价值，因为它太广大和有利了。马六甲是一个为商品而设的城市，比世界上任何其他的城市都要适宜"[①]。从马六甲开始，葡萄牙人一路东进，于 1513 年抵达中国沿海；此后在东亚便不再攻城略地，转向经商逐利。

在接下来的几个世纪里，欧洲人在东亚海上的存在虽然对贸易结构造成

---

[*]　作者万志英（Richard von Glahn），加州大学洛杉矶分校历史系教授；译者陈博翼，厦门大学人文学院历史系副教授。
　　本文经万志英教授授权翻译，谨致谢忱。英文原稿载于 Tamara H. Bentley ed. , *Picturing Commerce in and from the East Asian Maritime Circuits*, *1550 – 1800*, Amsterdam: Amsterdam University Press, 2019, pp. 55 – 82。

[①]　Tomé Pires, *The Summa Oriental of Tomé Pires and the Book of Francisco Rodrigues*, London: Hakluyt Society, 1944, Ⅱ, p. 286. 中译文参照皮列士著《东方志：从红海到中国》，何高济译，江苏教育出版社，2005，第 220 页。

冲击，但并未使其完全改变。① 相反，他们主动融入几个世纪以来已经成型的海上贸易和跨文化交流之中。② 葡萄牙人（及其他接踵而来的欧洲人）的商业成功，取决于他们依照亚洲君主制订的贸易条件同本土对手竞争的能力。然而，成功并非易事。到 17 世纪，荷兰人就不再依循这种在自由市场中通过竞争取得成功的商业模式，而是将发展出一种依赖暴力征服、垄断控制生产中心和贸易路线的新模式。

东亚海上贸易网络的一个显著特点是以"国际贸易的主要商品中心（emporia）"为核心的"港口政体"（port polities）的突出地位。这些商品中心更像是商人而非王公的城堡。王公们通常都在远离市场喧嚣的地方安居，他们从商业中获利丰厚，却很少直接介入。商业主要由跨族群、国别、语言和宗教的商人管理。商业中心则是这些商人的跨国飞地（multinational enclaves），故呈现出独特的多元和世界主义特征。在被葡萄牙人攻占之前，马六甲是"港口政体"的商品中心典型。欧洲人尤其是其兼具殖民统治者和商贸企业两种角色的特许贸易公司，建构了一个新的管理海上贸易的框架：贸易港口（entrepôts）。贸易港口预设在全球范围组织商品的生产、运输和交付，因此通常要依赖殖民体制来控制贸易条件。荷兰东印度公司1618 年在爪哇建立的巴达维亚城是其最初模型。③

一　东亚海上贸易的第一阶段：10～13 世纪

公元 900～1300 年，整个欧亚大陆都是一派经济繁荣、贸易兴盛的景象。适宜的气候、飞跃的农业生产、城市的发育、激增的货币供应及商业网络与更复杂的金融、商业机构的进步，都促进了经济发展。经济扩张最早在地中海东部的伊斯兰地区和中国出现，但很快蔓延到欧洲、印度洋海岸、东南亚大陆和群岛及日本。东亚海上贸易世界形成的主要催化剂是中国宋朝（960～1276）的经济大转型。南方稻米经济的兴起和丰富资源的开采提高

---

① 笔者对"海上东亚"的定义比通常地理意义上的中、日、朝"东亚"更为宽泛，还包括西起马六甲海峡、东至爪哇和加里曼丹环南海和暹罗湾的陆地与海域。

② 关于这个故事平允的摘要，参见 François Gipouloux, *The Asian Mediterranean: Port Cities and Trading Networks in China, Japan and Southeast Asia, 13th – 21st Century*, London: Edward Elgar, 2011。

③ 关于商品中心与贸易港口的区别，参见前注，第 102～106 页。

了农业生产力，促进了人口大爆炸，刺激了新技术和产业的面世。茶叶、瓷器、丝绸、铁制品、纸张、书籍、糖以及大米、大豆和小麦等主食成为区域、国家乃至国际市场上交易的主要商品。南方的常绿针叶林则为造船业提供了关键原材料。而造船业正是诸多历经重大技术改进的行业之一。深龙骨的船只（deep-keeled ships）、船尾舵（stern-post rudders）和航海指南针的运用增强了中国水手在海外冒险的能力。①

宋代的政治气候进一步鼓励了这种冒险。由于敌国占领了陆上丝绸之路，宋朝政府和民间商人均转向海上贸易，将其作为大宗商品和贵重商品的来源。国家财政前所未有地依赖贸易和消费的间接税，商业税和关税成为国家收入的重要来源。海外贸易也因跨国商业网络的形成而得以拓展，这种网络将东亚和东南亚主要的海上商品中心连为一体。② 不少来自波斯湾的阿拉伯商人和来自印度南部的泰米尔人在中国的南方港口定居。但中国与东南亚的许多生意都是由中国水手打理，他们通常以伙伴关系的方式合伙投资和分摊海外贸易远行的风险。整个 11 世纪，福建泉州取代了更南的广州成为中国主要的海上贸易港口。根据一通 1095 年撰写的碑铭，"舶商岁再至，一舶连二十艘"，自"南海"达泉州。③ 但到 13 世纪，泉州作为中国国际贸易主要门户的光芒被长江口附近的宁波（明州）所掩盖。宁波的崛起来自其附近的杭州重获的帝国资本及其巨大的消费需求、对日本和高丽而非东南亚海外贸易的重新定位，以及宁波商人在建立海外社区和网络方面取得的成功，这使其与福建相比更有竞争优势。④

从 12 世纪下半叶开始，中日贸易迅猛增长。它主要是由日本国内不断

---

① 宋代中国的经济发展，参见拙著 Richard von Glahn, *The Economic History of China from Antiquity to the Nineteenth Century*, Cambridge：Cambridge University Press, 2016, pp. 208 - 278。
② 该时期东南亚海上贸易，尤其是其与中国的贸易，参见 Geoff Wade, "An Early Age of Commerce in Southeast Asia, 900 - 1300 CE," *Journal of South East Asian Studies*, Vol. 40, No. 2 (2009), pp. 221 - 265。
③ 引自苏基朗 Billy K. L. So, *Prosperity, Region, and Institutions in Maritime China：The South Fukien Pattern, 946 - 1368*, Cambridge：Harvard University Area Center, 2000, p. 40。
④ Richard von Glahn, "Chinese Coin and Changes in Monetary Preferences in Maritime East Asia in the 15th - 16th Centuries," *Journal of the Economic and Social History of the Orient*, Vol. 57, No. 5 (2014), pp. 629 - 668; Richard von Glahn, "The Ningbo - Hakata Merchant Network and the Reorientation of East Asian Maritime Trade, 1150 - 1300," *Harvard Journal of Asiatic Studies*, Vol. 74, No. 2 (2014), pp. 251 - 281.

扩大的农业生产和商品流通尤其是货币需求所驱动的。日本统治者在 10 世纪初已停止铸币，转以大米和丝绸等为一般等价物。但是，商业和金融急需一种更有效的支付手段。特别是对王公贵族、寺庙神社和崛起的武士家族这些统治阶层而言，他们寻求将其遥远的庄园产出的财富转运到其在京都、镰仓（Kamakura）的府邸。大量的宋钱出口到日本，1226 年镰仓幕府正式承认宋钱为其通行货币。此外，日本精英们渴望获得中国的丝织品、瓷器、书籍、笔墨纸砚及各类手工艺品等名贵商品，它们统称"唐物"（karamono）。日本的手工艺品包括剑、盔甲、扇子和漆器，在中国也备受欢迎。但在 12 世纪，日本出口中国的主要产品是黄金和硫黄、木材、水银等大宗商品。博多（Hakata）［今福冈（Fukuoka）］被日本朝廷指定为对外开放的唯一港口。它成为宁波商人和船运代理商的飞地，中国商人的数量甚至超过本地人。①

二　14 世纪东亚海上贸易的重整

1276 年蒙古对南宋的征服以及忽必烈汗在 1274 年、1281 年两次进攻日本中断了东亚海上贸易，不过其影响却很短暂。蒙古人热切地推动商业，在其庇护下，中国与印度洋世界和日本的海上交流迅速反弹。但东亚海上贸易世界的结构和组织都发生了重大变化。在东南亚，13 世纪吴哥（Angkor）对占婆（Champa）的征服及其后吴哥王国的衰落，与三佛齐制海权（Srivijaya thalassocracy）在苏门答腊、马来半岛的丧失，摧毁了旧的政治和商业霸权中心。与此同时，新的海上贸易模式出现。中日贸易在 14 世纪继续繁盛。但随着明朝（1368～1644）定鼎，新的政治和经济秩序在中国建立，严重破坏了整个东亚海上贸易。

伴随三佛齐马六甲海峡商业霸权的衰落，一系列新的港口政体兴起，包括苏门答腊北部的南浡里（Lambri）和苏木都剌（Samudra），马六甲海峡的吉打（Kedah）、淡马锡（Temasek）（今新加坡）和马六甲，以及马来半

---

① Richard von Glahn, "Chinese Coin and Changes in Monetary Preferences in Maritime East Asia in the 15th – 16th Centuries," *Journal of the Economic and Social History of the Orient*, Vol. 57, No. 5 (2014), pp. 629 – 668; Richard von Glahn, "The Ningbo – Hakata Merchant Network and the Reorientation of East Asian Maritime Trade, 1150 – 1300," *Harvard Journal of Asiatic Studies*, Vol. 74, No. 2 (2014), pp. 251 – 281.

岛东海岸上的单马令（Tambralinga）、吉兰丹（Kelantan）和彭亨（Pahang）。① 三佛齐诸港口在很大程度上充当了中国和印度洋市场交流的商品中心，新兴的港口政体主要出口当地商品：胡椒和其他香料，香货（aromatics），藤材和沉香（gharu）、乌木等优质木材，药品以及有异国情调的热带动物产品。②

　　13 世纪末，满者伯夷（Majapahit）和暹罗两个新的地区强权开始对海上贸易施加霸权影响。满者伯夷王国直接统治爪哇和巴厘岛，经不断扩张，掌控通往香料群岛和南苏门答腊的贸易航线。满者伯夷采用宋钱作为官方货币，中国铜钱取代当地金银砂成为整个爪哇的主要通货。③ 暹罗能崛起为昭披耶（Chaophraya）河三角洲的强权，同其首都阿瑜陀耶（Ayudhya）的战略位置息息相关。阿瑜陀耶将富裕的农业腹地与暹罗湾连接起来。其作为一支海上力量的成功应归功于那里定居的庞大华商社区。事实上，暹罗首任国王乌通王（Uthong）（1351~1369 年在位）是一位与世居权贵通婚的华商。④

①　译者案："彭亨"在这一时期另有称法。元代《岛夷志略》作"彭坑"；明代《星槎胜览》作"彭坑"，《郑和航海图》作"彭杭"，《东西洋考》作"彭亨"，此处用后来通用名。

②　王添顺 Derek Heng, *Sino - Malay Trade and Diplomacy from the Tenth through the Fourteenth Century*, Athens, OH: Ohio University Press, 2009, pp. 95 - 100, 191 - 217。关于 14~15 世纪东南亚海上贸易的新发展，参见 Anthony Reid, *Southeast Asia in the Age of Commerce*, *1450 - 1680*: *Expansion and Crisis*, New Haven: Yale University Press, 1993; Michel Jacq - Hergoualc'h, *The Malay Peninsula*: *Crossroads of the Maritime Silk Road* (*100 BC - 1300 AD*), Leiden: Brill, 2002; Craig A. Lockard, " 'The Sea Common to All': Maritime Frontiers, Port Cities, and Chinese Traders in the Southeast Asian Age of Commerce, ca. 1400 - 1750," *Journal of World History* 21.2, 2010, pp. 219 - 247; Kenneth R. Hall, "Revisionist Study of Cross - Cultural Commercial Competition on the Vietnamese Coastline in the Fourteenth and Fifteenth Centuries and its Wider Implications," *Journal of World History*, Vol. 24, No. 1 (2013), pp. 71 - 105。译者案：沉香木一般以南亚语系习用的 "agarwood" 称呼， "aloeswood" 则为来自希伯来和希腊语源的称呼；印尼和马来群岛称为 "gaharu"，所以也有 "gharuwood" 的称法。

③　Robert S. Wicks, *Money, Markets, and Trade in Early Southeast Asia*: *The Development of Indigenous Monetary Systems to AD 1400*, Ithaca, NY: Cornell University Southeast Asia Programs Publications, 1998, pp. 290 - 297.

④　阿瑜陀耶作为主要商品中心的兴起，参见 Craig A. Lockard, " 'The Sea Common to All': Maritime Frontiers, Port Cities, and Chinese Traders in the Southeast Asian Age of Commerce, ca. 1400 - 1750," *Journal of World History*, Vol. 21, No. 2 (2010), pp. 239 - 245, Kasetsirit 1999。译者案：昭披耶河一般作 "Chao Phraya"，中文俗称湄南河，来自泰语的 "河流"（แม่น้ำ；"Ayudhya" 一般作 "Ayutthaya"），华人习称为 "大城"。乌通王即拉玛铁菩提一世（Ramathibodi Ⅰ），其为华人的依据来自一份 17 世纪荷兰人菲利茨（Jeremias Van Vliet）的记录，言其航海到暹罗湾，以商贸发家然后统治暹罗湾海滨小镇碧武里/佛丕（Phetchaburi），再北上阿瑜陀耶。

元代（1271～1368），中国水手的航海范围扩展到印度洋沿岸。在蒙古族人的统治下，公共经济和私人经济领域之间的区别在很大程度上被抹去：蒙古贵族通过代理商深深地卷入贸易；主要由西域色目商人组成的斡脱（ortoq）商人时或享有垄断海上贸易的特权；强大的商人家族经常获封官职，包括担任市舶使。政府官员自己组织和派遣海外贸易船只。与私商的竞争间歇性地激起政府对私人海上贸易的（短期）禁令。但总体而言，元代国家政策对海上贸易持赞许态度。①

在进攻日本期间和失败之后，元朝和镰仓幕府互存敌意。尽管如此，日本精英对"唐物"的欲望（更不用说日本市场对中国铜钱的渴望）仍未消退。② 到1300年，中日贸易已然恢复。与此前相若，贸易航程主要由中国水手管理，但日本投资者越来越多地主动投身海外冒险。③ 1318年，一艘日本商船在温州附近搁浅，据说有"本国客商五百余人……意投元国庆元路市舶司，博易铜钱、药材、香货等项"④。京都和镰仓最伟大的禅宗佛教寺院都对前往中国贸易和朝圣有特别浓厚的兴趣。新安沉船（Sinan shipwreck）恰好证明了宗教虔诚和商业利益相交织的双重目的。这艘日本商船载满陶瓷及其他船货，还有28吨中国铜钱，于1323年从宁波返回日本途中在朝鲜海岸沉没。它受1319年罹遭大火的京都东福寺（Tōfukuji）委托，从中国博取钱币和货物，以筹措重建资金。其在宁波的发货实际是由扎根在

---

① 关于元代海贸政策，参见四日市康博 Yokkaichi Yasuhiro. "Chinese and Muslim Diasporas and the Indian Ocean Trade Network under Mongol Hegemony," in Angela Schottenhammer, ed., *The East Asian "Mediterranean"*: *Maritime Crossroads of Culture, Commerce, and Human Migration*, Wiesbaden: Harrassowitz Verlag, 2008, pp. 73 – 102; Derek Heng, *Sino - Malay Trade and Diplomacy from the Tenth through the Fourteenth Century*, pp. 63 –71；榎本涉『東アジア海域と日中交流：九～一四世紀』吉川弘文館、2007、106～109頁。从贸易货品和物质文化角度观察元代中国海上贸易的研究，参见四日市康博编著『モノから見た海域アジア史：モンゴル——宋元時代のアジアと日本の交流』九州大学出版会、2008。
② 有一个估计认为，在13～14世纪的高峰期，日本进口了1000多吨的中国钱币，参见饭沼贤司「中世日本の銅銭輸入の真相」村井章介編『日明関係史研究入門：アジアのなかの遣明船』勉诚出版、2015、86頁。
③ 村井章介有说服力地指出，这些贸易社区的跨国性质令商人是中国人还是日本人的问题并无实际意义，村井章介「寺社造営料唐船と見なおす：貿易、文化交流、沈没」村井章介編『港町と海域世界』青木书店、2005、113～143頁。
④ 邓淮修、王瓒、蔡芳纂《（弘治）温州府志》卷十七《遗事·海防》，弘治十六年刻本，第23页a。

博多的中国商人代理寺庙经营的。①

　　然而从 14 世纪 30 年代开始，中日贸易驶向越来越动荡的水域。后醍醐（Go‑Daigo）天皇试图恢复皇权，这终结了镰仓幕府，但也引发了两个对立的皇室朝廷之间的分裂，并为新的幕府将军足利（Ashikaga，1338～1573）的脱颖而出铺平了道路。尽管如此，日本的政治动荡似乎并没有打断前往中国贸易的航程。不过，随着孛儿只斤·妥欢帖睦尔（Toghon Temür，1333～1370 年在位）继登大宝，在中书右丞相伯颜（Bayan）的建言下，元朝对日本采取严厉的态度并暂停贸易。这至少部分根除了宁波（庆元）市舶司官员的贪污腐化恶行。日本商人拒绝进入宁波，转而劫掠沿海城镇，引爆了对臭名昭著的"日本海盗（倭寇）"的大恐慌。1340 年伯颜罢职，中日贸易关系一度得以恢复，但 1348 年后中国自身又陷入内乱。随着贸易机会的消失，水手们铤而走险。14 世纪 50 年代，倭寇开始捕掠渤海湾的商船及从江南向元大都（北京）运送粮食和其他货物的漕船。这些"倭寇"的确切起源和身份模糊不清，但最近的研究表明他们是发端于朝鲜南部、九州北部及二者之间主要岛屿济州（Jeju）、壹岐（Iki）、对马（Tsushima）的跨国水手集团。②

　　尽管元末最后几十年充满动荡，但明朝第一位皇帝洪武帝（1368～1398 年在位）的统治才标志着东亚海上贸易的决定性破坏。洪武帝决心消除他认为是蒙古风俗的侵蚀污染，并恢复儒家经典崇奉的农业社会制度和价值观。在如此行事中，洪武帝不仅否定了蒙古遗产，还否定了元朝统治下继续繁荣的强大的市场经济。洪武帝的政策虽然在他三十多年的统治下有所演变，但其基本目标始终不变：恢复儒家学说理想化的自给自足的乡村经济，并尽量减少市场经济及其造成的不平等。为了实现这一目标，皇帝亲自制定了财政政策，其根本是恢复对国家的单向实物支付、征募劳役和实施自给自足的军屯，以及向官员、士兵发放实物而非金钱。③ 洪武帝发行了一种新的不能兑换的纸币——宝钞，同时禁止使用金银（甚至一段时间内包括国家

----

① 川添昭二「鎌倉末期の対外関係と博多：新安沈没船木簡・東福寺・承天寺」大隅和雄編『鎌倉時代文化伝播の研究』吉川弘文館、1993、301～330 頁。译者按：一般认为新安沉船为中国商船。

② 榎本渉『東アジア海域と日中交流：九～一四世紀』、106～175 頁。

③ 有关洪武经济和财政政策的摘要，参见拙著 Richard von Glahn, *The Economic History of China from Antiquity to the Nineteenth Century*, Cambridge：Cambridge University Press, 2016, pp. 285 - 289。

发行的铜钱）作为货币。不过，宝钞事后证明是一次惨败。至 1425 年，宝钞的价值仅为其面值的 2%，并且基本上不再具备货币功能。① 此外，明代国家无法铸造出足量的铜钱，在 15 世纪 30 年代初完全暂停铸币。国内商业大幅萎缩，民众采用未经铸造的白银作为主要交易手段。

洪武帝还贬低对外开展国际贸易和文化交流的益处。他建立了一个高度形式化的朝贡外交体系以提升中国皇帝的礼仪霸权，并迫使外国君主尊重顺从。根据朝贡体系的规定，外国使团只允许进行三种交换：（1）贡赋，上贡本国出产的异宝等，得赏大批明帝国的慷慨回赐；（2）官方贸易，陪使团来朝的外商按照明朝官员决定的价格同官府交易其带来的商品；（3）私人贸易，外商的余货还可以通过官府指定的牙商卖给中国商人。因此，明朝政府插手了朝贡贸易的各个方面。1374 年，洪武帝禁止中国商人出海，并在严格管理的朝贡体系下限制所有对外贸易。②

禁止私人海上贸易持续到 1567 年，这有效地扼杀了宋元时期繁盛的海外贸易。虽然朝贡体系提供了一些重要的交流机会，但中国的出口急剧减少。这一断裂最明显的证据是中国陶瓷在同东南亚的海外贸易中突然无影无踪。明朝一立国，中国陶瓷在沉船货物中所占的比例便剧降。它们在郑和下西洋结束后的 15 世纪 30 年代几乎完全不见。15 世纪最后十年，当禁令暂时放松时，中国陶瓷重新大量出现在沉船中，但在 16 世纪前半叶再次消失，直到 1567 年禁令废止。③ 东南亚陶瓷贸易中的"明代断裂"（Ming Gap）不仅反映了明朝海禁的有效性，也折射出明代头 100 年中国民间瓷器烧制的大滑坡。④

三 15 世纪东亚海上贸易的复兴

尽管受到明帝国朝贡体系的限制，15 世纪东亚海上贸易还是缓慢恢复。日本以及与明朝建立外交关系的其他国家都试图利用朝贡体系提供的贸易通

---

① 拙著 Richard von Glahn, *Fountain of Fortune: Money and Monetary Policy in China, 1000 – 1700*, Berkeley: University of California Press, 1996, pp. 70 – 73。

② 对明朝海禁最全面的研究是檀上宽，他强调对国防（对倭寇）的关注而不是经济动机，檀上宽『明代海禁＝朝貢システムと華夷秩序』京都大学学術出版会、2013。

③ Roxanne Maude Brown, *The Ming Gap and Shipwreck Ceramics in Southeast Asia: Towards a Chronology of Thai Trade Wares*, Bangkok: The Siam Society, 2009.

④ Yew Seng Tai, "Ming Gap and the Revival of Commercial Production of Blue and White Porcelain in China," *Bulletin of the Indo – Pacific Prehistory Association*, Vol. 31 (2011), pp. 85 – 92.

道。中国水手慢慢鼓起勇气绕开海禁法令，向琉球和东南亚走私。到 15 世纪 16 世纪之交，越来越多的走私商人对禁令置若罔闻，引发中国官员新的安全担忧，并最终导致明朝与新一代倭寇之间的武装冲突。

足利幕府将军义满（Yoshimitsu，1358～1408）①早年寻求恢复与中国的关系并重获中国市场和商品，尤其是已经成为日本国内经济命脉的铜钱。但洪武帝对日本的外交姿态反应冷淡。1386 年，由于不满幕府没有采取更强有力的措施来遏制倭寇掠夺，洪武帝暂停了与义满的联系。然而，义满得到了永乐帝（1402～1425 年在位）更积极的回应。在从洪武帝指定的继任者手中夺取帝位之后，永乐帝开始奉行一套完全不同的外交政策。这是受蒙古世界帝国憧憬启发的政策，也是被他父亲所否定的政策。永乐帝试图通过在 1407 年攻打北越来创造自己的世界帝国。他多次出征蒙古，并派遣其心腹郑和将军统帅大规模的舰队下西洋。郑和在 1405～1433 年七次远航，远至阿拉伯和非洲海岸，为明朝的朝贡臣属花名册增添了数十个新的番国。②永乐帝还恢复了与日本的外交关系，于 1404 年授予义满"日本国王"称号并欢迎朝贡使团每年一次入京。

1408 年义满去世，其子义持（Yoshimochi，1386～1428）接任幕府将军。但义持接任不久，突然停止向中国派遣贡使，这激起国内贵族的反对。1432 年当足利幕府又恢复对华朝贡时，明朝却已从永乐帝的热情外交政策中回撤。朝贡关系变得越来越一厢情愿。日本使节和商人热切渴求（明朝已不再铸造的）铜钱、丝布、纱线和各类"唐物"。对华朝贡是幕府的重要收入来源，幕府将贸易特许权租让给富裕的寺庙神社和武士家族。但明廷受自身财政困难所扰，几乎没有欲望去贴补朝贡贸易。1453 年来华的日本朝贡使团多达 9 艘海船、1200 名船员，大大超过以往。这促使明廷削减使团规模：十年一贡，每次不超过 3 艘贡船。此外，明廷只象征性地赏赐了若干铜钱，进一步削弱了使团的商业价值。③

受此拖累，日本崛起的地区统治者——大名（daimyō）武士家族开始

① 义满在明朝成立的 1368 年正式成为幕府将军，其时十岁，并于 1394 年正式退位。然而，即使在退位后他仍继续控制政府，直到 1408 年去世。
② 关于郑和及其行程，参见 Edward L. Dreyer, *Zheng He: China and the Oceans in the Early Ming Dynasty, 1405–1433*, New York: Pearson/Longman, 2007.
③ 关于明日朝贡关系的综合研究，见村井章介等编『日明関係史研究入門：アジアのなかの遣明船』。

探索获得中国商品的替代方案。机会留给了统治琉球群岛的琉球王国。明朝立国之初，琉球分裂为三个独立的酋长国，每个都被明朝承认为朝贡国。1429 年，琉球王国的尚巴志（Shō Hashi）击败对手，"并而为一"。尚氏与明廷建立了密切关系。琉球一共向中国派遣了 171 次朝贡使团，仅次于朝鲜，几乎是其他国家的两倍。这些使团让琉球能与中国人进行广泛的商业交流。中国水手还经常违反海禁令前往琉球贸易。在明朝缩减日本朝贡使团规模后，日本商人涌向琉球，以获得中国的铜钱和其他商品。①

琉球本地除了马匹，并无多少可供贸易的产品。不过，其主要港口那霸（Naha）却成为中日贸易绝佳的商品中心和中日获取南海商品的重要供应地。中国铜钱（此时主要是由福建和琉球商人仿照宋钱私铸）仍然是中日贸易的主要内容。那霸坐落在一个优质天然海港中间的大岛上。作为一个跨国商人的飞地，兴盛起来的那霸港被划分为毗邻码头和天使馆、盖有围墙的华人社区久米（Kumemura），与较远处日本商人、本地岛民居住的若狭町（Wakasamachi）。一条筑堤将那霸同腹地和王宫首里（Shuri）连接起来。首里建在五公里外的悬崖上，俯瞰整个海港。②

琉球作为中国和东南亚商品的进口通道，其重要性引起日本一流大名之间激烈的竞争。在应仁之乱（Ōnin War，1467～1477）及接踵而至的足利幕府权力衰颓后，细川（Hosokawa）氏在京都掌握大权。前往日本的琉球船只数量急剧下降。获得细川氏许可的堺（Sakai，今大阪）商人接管了琉日贸易。但细川氏垄断外贸的努力遭到日本西部大名大内（Ōuchi）氏的挑战。16 世纪初，大内氏及受其委托的博多商人在同琉球、明朝的贸易关系中占据上风。大内氏和细川氏之间的斗争在 1523 年达到高潮。他们在这一年针锋相对地同时向明朝派遣朝贡使团。这两个使团在宁波登陆后爆发暴力冲突，促使明廷切断与日本的一切朝贡关系。1539 年，大内氏又派遣使团前往宁波，重获朝贡贸易协议。但到那时，变革风潮已经席卷了整个东亚海上世界。③

①　滨下武志 Hamashita Takeshi，"The Rekidai hōan and the Ryukyu Maritime Tributary Trade Network with China and Southeast Asia, the Fourteenth to the Seventeenth Century," in Wen - Chin Chang and Eric Tagliacozzo, eds., *Chinese Circulations: Capital, Commodities, and Networks in Southeast Asia*, Durham: Duke University Press, 2011, pp. 107 - 129.

②　上里隆史 Uezato Takashi，"The Formation of the Port City of Naha in Ryukyu and the World of Maritime Asia: From the Perspective of a Japanese Network.," *Acta Asiatica*, Vol. 95 (2008), pp. 57 - 77.

③　有关细川氏和大内氏对外贸易竞争的摘要，参见村井章介等编『日明関係史研究入門：アジアのなかの遣明船』、12～18 頁。

四　16 世纪东亚海上世界的转型

16 世纪中叶，三个新的发展从根本上重塑了东亚的国际经济：一是中国国内经济的勃发刺激了商业化，并增强了对白银作为货币媒介的需求；二是葡萄牙人的到来，因亚洲、欧洲和西班牙美洲殖民帝国的连接而形成的全球经济；三是"港口政体"商品中心的出现，其经济繁荣和政治独立来自海上贸易而非农产品和农业税。这些发展对贸易网络、商业社区、商品生产和政治权力、文化交流都产生了深远的影响。巨大的贸易诱惑极大地冲击着明朝的朝贡贸易体系。明朝强力推行海禁的努力引发暴力对抗，并促使葡萄牙人带来的火药武器迅速传播。最后在 1567 年，明朝被迫开禁。大量流入中国的日本和美洲白银重整了贸易网络，催生了新的国际贸易机制。"港口政体"一跃而起抓住这些变局带来的经济、政治机会，一段时间内至少提供了中国官僚统治的农业帝国政治模式之外的另一种道路。

中国只是缓慢地从洪武帝的反市场政策的衰退影响中恢复过来。但到 16 世纪中叶，农业和手工业生产的兴盛促进了城乡交流、区域专业化、帝国范围内主要市场的形成（最引人注目的是棉纺织品这个全新产业）、新金融机构和商业组织的诞生，以及壮观的城市繁荣。不过，宝钞或铜钱都已无力维持，明朝经济亦已开始依赖未经铸造的白银来促进商业流通。而日本在本州（Honshu）西部岩见（Iwami）发现了丰富的银矿，又从中国引入水银精炼技术炼银。16 世纪 20 年代以降，其采矿业突飞猛进。可在朝贡贸易体系的限制下，这些白银很少能够运抵中国。在向中国私贩白银一本万利的蛊惑下，"倭寇"活动进入新阶段。与 14 世纪掠夺性海盗相比，新的倭寇团伙主要由出没于日本南部港口或浙江沿海岛屿之外的跨国水手集团组成。至少从其首领看，他们大多数是中国人。16 世纪 40 年代后期，朝廷打击走私的行动升级为明朝和倭首之间的全面战争。

16 世纪头十年，葡萄牙人到达东亚海域。这使得明朝消灭倭寇和走私贸易的努力目标变得更难实现。在与明朝谈判贸易特权的初步尝试被拒绝后，葡萄牙人同倭首们缔结同盟，以获得丰厚的日本白银贸易份额。他们还通过引进舰炮、火枪等"奇技淫巧"的火药武器，来改变诸方势力之间的平衡。1543 年随着在日本列岛的失败，葡萄牙人开始寻求与九州地区大名做生意的机会。1549 年，耶稣会传教士沙勿略（Francis Xavier）受到大友宗麟（Ōtomo Sōrin，1530～1587）在其九州东北海岸首府丰后府内（Bungo Funai）的热烈欢迎。府内是一繁华的国内贸易中心，可以很容易获得白银（图1）。但次年，九州西部的松浦（Matsura）大名允许葡萄牙人在平户（Hirado）港建立商馆。平户港实际早已成为倭寇商人的据点，为日本沿海的白银产区提供了更便捷的通道。① 明朝则在1557年允许葡萄牙人在澳门居留贸易，以此离间葡萄牙人与倭寇的关系。

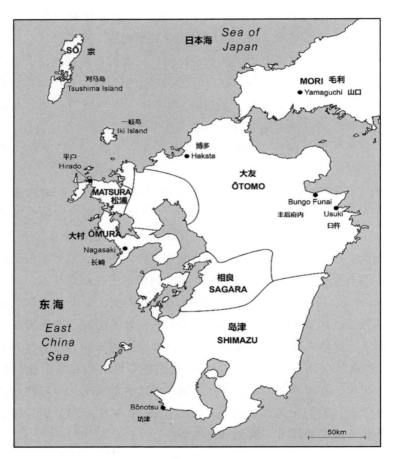

图1　1580年前后九州及其主要港口

① 关于大友氏和松浦氏的外贸活动，分别参见伊藤幸司「大内氏の外交と大友氏の外交」鹿毛敏夫编集『大内と大友－中世西日本の二大大名』東京勉誠出版、2013、479～514頁；外山幹夫『松浦氏と平戸貿易』国書刊行会，1987。译者案：此处的松浦大名指松浦隆信（Matsura Takanobu）。

　　虽然葡萄牙人至此已能合法地将日本白银贩至中国（换取中国出口日本商品 80% 的丝绸、棉布），但中国的需求远远超过葡萄牙商人的能力。越来越多的中国水手罔顾朝廷的禁海令。福建月港据说是拥有一两百艘远洋商船的母港，其居民"数万家，方物之珍，家贮户峙。东连日本，西接暹球，南通佛郎"。① 华南沿海的地方精英厌倦倭寇掠夺且自身渴望从外贸中获利，吵着要求开禁。最后在 1567 年，福建巡抚说服朝廷放开海禁，同时制定了一系列贸易新规：出海的中国船长必须先领到船引，商品数量根据配额确定；禁止出口硫、铜、铁等战略物资；中国商人必须在一年内回国。最重要的是，朝廷保留禁止与日本直接贸易的禁令。

　　尽管存在诸多限制，但无论是东亚海上的还是全球的贸易，新时代已经开启。除日本白银，美洲白银也开始从欧洲流入亚洲并最终流向中国。1571 年，西班牙人在马尼拉建立贸易据点，开辟了跨太平洋航路，将秘鲁、墨西哥的白银投放中国市场。虽然马尼拉如同澳门，名义上是一个遥远的欧洲贸易帝国的殖民前哨，但到 1600 年其绝大多数居民都是中国移民，他们实际垄断了马尼拉与华南的贸易。欧洲消费者热切渴望瓷器、丝绸等中国手工艺品。但是向中国贩卖白银所赚的利润，却是创建第一个真正的全球贸易体系的主要动力。②

　　在贸易全球化带来的东亚海上贸易转型过程中，既有赢家，也有输家。新秩序中最大的输家是琉球王国。15 世纪下半叶，日本船只接管琉球群岛和日本港口之间的贸易，琉球在商业和航运方面的优势就已开始下滑。货币流通的变化反映出其经济日益依赖日本。琉球商人已不再向日本市场供应明朝铜钱，而是购买 15 世纪下半叶开始在九州南部激增的仿照中国铜钱铸造的劣钱。1534 年访问琉球的中国使节在报告中说，其居民仅使用日本铸造的只有标准铜钱价值十分之一的小型无文（mumon）钱——空白的、无任何铭文的私铸硬币。③ 1567 年明朝开禁后，琉球作为中日贸易中间商的角色

①　引自拙著 Richard von Glahn, *Fountain of Fortune*: *Money and Monetary Policy in China*, *1000 - 1700*, p. 117。译者案：该句为朱纨《增设县治以安地方事》的截取引文，以"民居数万家"开始，句末还有"彭亨诸国"。"暹球"即是"暹罗"。

②　Dennis Flynn and Arturo Giráldez, "Born with a Silver Spoon: World Trade's Origins in 1571," *Journal of World History*, Vol. 6, No. 2 (1995), pp. 201 - 222.

③　陈侃：《使琉球录》，国立北平图书馆善本丛书第一集影印明嘉靖刻本，第 32 页 a。参见拙文 Richard von Glahn, "Chinese Coin and Changes in Monetary Preferences in Maritime East Asia in the 15th - 16th Centuries," pp. 644 - 647, 653 - 655。译者案：陈侃《使琉球录》载"通国贸易，惟用日本所铸铜钱，薄小无文，每十折一，每贯折百，殆如宋季之鹅眼、縋贯钱也。曾闻其国用海巴，今弗用矣；然与其用是钱，孰若用海巴之犹涉于贝哉！"

很快就遭淘汰。琉球在东亚海上贸易的边缘化也破坏了其政治独立。1609年，九州南部的岛津（Shimazu）大名实际控制了琉球，最终导致琉球王国被并入日本民族国家。

随着越南中部沿海的会安（Hội An）作为新的中日贸易商品中心的出现，琉球商品中心的贸易消亡也进一步加速。16 世纪 20 年代，大越（Đại Việt）王国因权臣争斗而分裂，莫登庸（Mạc Đăng Dung）篡夺王位并在越南北部的东京（Tonkin）建立莫朝（1527～1592）。王国中部、南部则在阮氏（Nguyễn）和郑氏（Trịnh）领主的军事支持下，名义上仍然由黎（Lê）王统治。1558 年，阮、郑联盟解体，阮氏自立为王，建都富春（Phú Xuân）[今顺化（Huế）附近]。1592 年，郑氏打败莫氏，夺回东京，后将黎王降为傀儡。阮氏和郑氏的内战持续到 1673 年，之后双方进入冷战。

与东京广阔的冲积平原相比，沿越南崎岖中部海岸伸展的阮氏疆土不适合水稻农业。鉴于缺乏根本的农业基础，阮氏采取重商主义战略，鼓励外贸，以广开财源。距离富春下游约 10 公里的会安被宣布为自由港，向所有商人开放。16 世纪 90 年代初，阮氏朝廷以中国商人为中间商，向"日本国王"发出信件，寻求建立贸易关系。① 虽然这些姿态没有得到回应，但到 17 世纪初，会安已成为中日贸易的主要枢纽，继承了此前那霸的商业中心角色。② 1601 年日本德川幕府成立后，会安成为"朱印船"（red seal ships）的主要目的地。这些海外贸易商得到幕府的正式特许。会安也像那霸那样成为跨国商人的飞地，主要由日本和中国商人居住（图 2）。

1617～1622 年，居住在富春的一位耶稣会士描述会安道：

> 有两个城镇，一个是中国人的，另一个是日本人的；他们都有自己
> 的街区间隔和几个地方主管，并以自己的方式生活；也就是说，中国人

---

① 参见最近发现的日本九州国立博物馆藏的 1591 年『南国副都堂福義侯阮書簡』，见九州国立博物馆编『ベトナム物語』2013、TVQ 九州放送、105 页、图版 79。

② 岩生成一『南洋日本町の研究』岩波书店、1966、20～84 页；菊池誠一「ベトナムの港町：『南洋日本町』の考古学」深沢克己编『港町のトポグラフィ』青木书店、2006、193～217 页；Craig A. Lockard, "The Sea Common to All: Maritime Frontiers, Port Cities, and Chinese Traders in the Southeast Asian Age of Commerce, ca. 1400 – 1750," *Journal of World History*, Vol. 21, No. 2 (2010), pp. 234 – 239。Craig A. Lockard 一文回顾了西方学界研究会安的学术史。

**图 2　"朱印"船到达会安，出自 17 世纪初茶屋新六（Chaya Shinroku）
从长崎到会安航行绘画手卷**

根据自己的法律和习俗，而日本人则用他们自己的。①

1633 年"朱印船"贸易中止，荷兰人取代日本人，会安商品中心的贸易继续繁盛。

正如我们所看到的，15 世纪下半叶，足利幕府将与中国的朝贡贸易特权交予强大的大名。应仁之乱后的几十年间，细川大名及受其委托的堺商人垄断了朝贡贸易，但到 16 世纪初，他们被控制主要国际贸易港口博多的大内氏取而代之。随着 16 世纪 40 年代倭乱的加剧，九州地区的统治者包括大友、相良（Sagara）、岛津、松浦等大名，竞相与浪人、葡萄牙人和明朝开展贸易往来。"唐人町"（Tōjinmachi）居住的不仅是航海贸易商，还有在博多、平户、五岛（Goshima）、丰后府内、臼杵（Usuki）和其他九州港口迅速增加的工匠、医生和零售店主等。

---

① Cristoforo Borri，*Cochin - China：Containing Many Admirable Rarities and Singularities of that Country*，London：Robert Ashley，1633，第八章，无页码。这一时期东亚海上华商社区的情况，参见钱江 James Chin，"The Junk Trade and Hokkien Merchant Networks in Maritime Asia，1570 - 1760，" in Tamara H. Bentley，ed.，*Picturing Commerce in and from the East Asian Maritime Circuits，1550 - 1800*，pp. 83 - 112。

大友宗麟可能是日本最有雄心从海上贸易中博取政治利益的大名。宗麟努力使丰后府内成为日本对外贸易的中心，这是他一统日本的霸业宏图的一部分。大友家族长期以来一直参与博多的对外贸易。他们为声名狼藉的1453 年朝贡使团提供过一艘海船。1544 年，宗麟的父亲大友义鉴（tomo Yoshiaki，1502～1550）大胆地派出使臣到达宁波。但由于缺乏合理的凭据，其请求被拒。义鉴其后派遣的两个使团亦是同样的结局。1551 年，宗麟继位。当时大内大名遭家臣暗杀，在宗麟的运作下，其弟大内义长（Yoshinaga）继任家督。[1] 趁此良机，1553 年宗麟和义长向中国派遣了一个声称代表"日本国王"的联合使团。但这次还是被拒于门外。1557 年宗麟向宁波派遣的另一艘船也因被怀疑是海盗船而遭扣押、焚毁。宗麟继续另觅他途。他允许耶稣会士在丰后府内建立使团和医院，后皈依基督教。这个决定肯定有政治动机。1579 年，他甚至派遣使团与暹罗建立贸易关系。但是宗麟的霸业宏图转头空。1586 年，岛津氏占领丰后府内，将其焚烧一空。惨败的宗麟向丰臣秀吉（Toyotomi Hideyoshi）求援。1587 年，丰臣秀吉征伐九州，降伏岛津氏和大友氏。这也扼杀了日本列岛港口政体独立的最后一丝可能。[2]

1586 年被岛津武士焚毁后，丰后府内作为国际贸易中心遽兴遽亡。宗麟志得意满之时，丰后府内的跨国性质反映在其地理布局上："唐人町"位于城市中心的大名府邸附近，与基督教堂和西边的主要寺庙神社相邻（图3）。大名府邸正对面的大宅被认为是商人仲屋宗悦（Nakaya Sōetsu）的家。[3] 时人描述，宗悦的父亲出身卑微，早在冒险进入海外贸易前便因从事清酒生意而大发其财，成为"日本西部最富有的人"。宗悦与广阔的中国商人、工匠网络关系颇深，据说是同来府内贸易的外国商人洽谈价格的主脑。他自己的海外贸易投资远至柬埔寨。仲屋家族还在大阪、堺和京都设有分支机构，以便利其汇款、融资和商品推销活动。[4] 最近的考古发掘出土大量实用的越南、暹罗和缅甸陶

---

① 译者案：大内义长原名大友晴英，1544 年被大内家收养为义子，次年被送回。
② 伊藤幸司「大内氏の外交と大友氏の外交」鹿毛敏夫編著『大内と大友：中世西日本の二大大名』，479～514 頁。
③ 坪根伸也「南蛮貿易時代の豊後府内：出土遺物様相からみた国際貿易都市豊後府内の評価」鹿毛敏夫編著『大内と大友：中世西日本の二大大名』，181～218 頁。
④ 鹿毛敏夫「十六世紀九州における豪商の成長と貿易商人化」鹿毛敏夫編著『大内と大友：中世西日本の二大大名』，141～178 頁。

瓷以及精美的中国、朝鲜瓷器，证实丰后府内与海外市场的广泛联系。① 有证据表明，大友氏灭亡后，府内居民继续从事对外贸易。如一份 1617 年合同记录，中国投资商向府内的一名日本商人借出 1.1 贯目（*kanme*）（41 公斤）白银，用作前往会安的贸易航程的担保金。② 但是从 1635 年开始，德川幕府的对外贸易限制彻底终结了府内作为国际港口的命运。

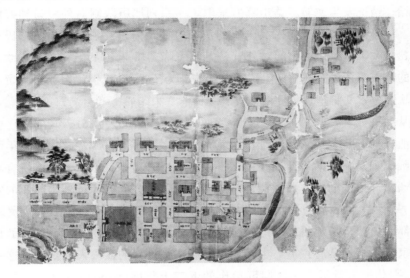

图 3　16 世纪末丰后府内
（含大友院、"中国町"、耶稣会使团处、上市街、国际码头）

16 世纪，像丰后府内和越南、爪哇等海上东亚的诸多跨国商人社区构成的港口政体，在政治动荡和经济波动的"创造性破坏"中茁壮成长。但整个 17 世纪，复兴的农业国家吞并了这些港口政体，并使海上贸易受到更严格的政治控制。

五　17 世纪的东亚海上贸易世界

16 世纪 17 世纪之交，东亚各地海上贸易壁垒日渐消融。随着荷兰、西

---

① 参见西田浩子 Hiroko Nishida，"The Trade Activities of Sixteenth-century Christian Daimyo Ōtomo Sōrin," in Tamara H. Bentley，ed.，*Picturing Commerce in and from the East Asian Maritime Circuits，1550 - 1800*，pp. 113 - 126。

② 「豊後屋庄次郎拋銀証文」福岡県『福岡県史資料』Ⅵ、1936、163～164 頁。

班牙以及葡萄牙商人的到来，接踵而至的贸易扩张加速，所有人都渴望从中国对白银无止境的需求中获利。虽然丰臣秀吉一统日本扼杀了日本列岛独立港口政体的前景，但日本的新统治者，特别是德川幕府（1601～1868）的创始人德川家康（Tokugawa Ieyasu）也认识到对外贸易的财政、战略和技术效益。三十年来，海上贸易上升到前所未有的水平。但从 17 世纪 30 年代中期开始，情况发生逆转。德川幕府采取了一系列严厉限制对外贸易和接触的政策。1644 年明朝覆灭，羽翼未丰的清朝对在台湾建立独立基地的郑氏采取的惩罚性政策，致使中国的对外贸易急剧下降。16 世纪下半叶，影响欧洲和中国的经济萧条也对外贸产生了负面影响。为了追溯 17 世纪东亚海上贸易兴衰的轨迹，本文将重点关注两个故事：日本“朱印船”和台湾郑氏。

从一开始，德川幕府第一代将军德川家康（1601～1616 年在位）就追随其前任的脚步，寻求与东亚其他海域的外交和商业联系。在 1601 年发给越南阮氏和马尼拉西班牙船长的信件中，德川家康坚持认为，只有持有其政府所颁发许可证的日本船才能在其港口进行贸易，同时保证外国船只的安全通行。[①] 所有在日本的船只（包括日本船和外国船）离港前往海外贸易冒险，都必须获得指定目的地的“朱印状”。[②] 大多数“朱印状”发给了日本商人家族，不过幕府官员、中国商人和居住在日本的欧洲人也获得了这些许可证。[③] 如表 1 所示，在该制度运作的近三十年间（1604～1635），越南港口是“朱印船”的主要目的地（超过总数的三分之一），但它们也经常光顾暹罗、马尼拉和柬埔寨。[④]

表1　“朱印船”许可证（1604～1635）

目的地	“朱印状”	占总数比例(%)
交趾(会安)	75	21
暹罗(阿瑜陀耶)	55	16
马尼拉	54	15

① 加藤栄一「オランダ連合東インド会社日本商館のインドシナ貿易：朱印船とオランダ船」田中健夫編『前近代の日本と東アジア』吉川弘文館、1995、234～250 頁。
② 岩生成一『朱印船貿易史の研究』（弘文堂、1958）仍然是对“朱印”许可证制度未被超越的研究。译者案：“朱印”许可证即“朱印状”，译文有时对引号和“许可证”灵活处理为“朱印状”以适应中日文书写习惯。
③ 在 1611 年被禁止进行此类航行之前，九州大名也积极参与“朱印”贸易。
④ 表格包括存在目的地信息的所有航程；“朱印状”实际的总数更高。

续表

目的地	"朱印状"	占总数比例（％）
安南（东京）	47	13
柬埔寨	44	12
台湾	36	10
澳门	18	5
北大年（马来半岛）	7	2
占婆	6	2
其他	11	3
总　数	353	

资料来源：岩生成一『朱印船貿易史の研究』、147 頁、表 4。

　　"朱印船"的航程描绘了一个新的贸易网络，它将日本与更广阔的东亚海洋世界连接起来。由于日本商人仍然被禁止与中国直接贸易，他们转而利用会安、东京、马尼拉甚至阿瑜陀耶等港口与中国同行进行贸易。在所有这些港口中（正如我们所看到的会安例子），"唐人町"和"日本町"（Nihonmachi）看起来彼此相邻（图 4）。

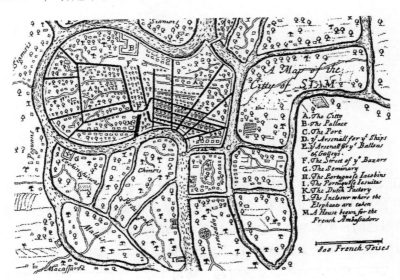

图 4　17 世纪晚期阿瑜陀耶地图

　　图片说明文字：商人飞地以原国籍划分（包括中国人、日本人、葡萄牙人和马来人）被置于暹罗首都以外（底部）。

17 世纪 20 年代，多达 3000 名日本人和 20000 多名中国人定居在马尼拉，相较而言西班牙人只有区区数百人。[①] 在"朱印船"贸易后期，以台湾为基地的西班牙、荷兰和中国商人也成为引人注目的贸易伙伴。然而，琉球却没有出现在这一新的贸易航线中。在为长崎角屋（Kadoya）商人家族准备的日文版葡萄牙航海图上，虚线表示角屋的船在会安航程中使用的贸易路线完全绕过琉球穿过台湾海峡（图 5）。

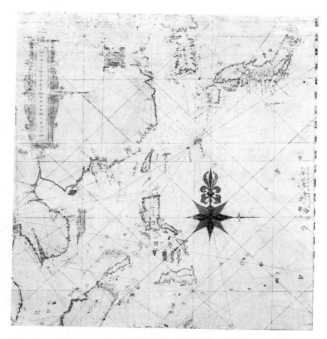

图 5　名古屋角屋商人家族航海图

德川幕府还重建了日本与外部世界的海上联系。如前所述，在 16 世纪 60 年代，平户取代了丰后府内成为前来日本的葡萄牙商人的中心，但平户很快被附近的长崎所取代。长崎最初是一个小渔港，围绕当地迅速兴起的基督徒皈依社区发展壮大。1570 年，当地大名（他本人是一名皈依者）允许葡萄牙人将长崎作为锚地。从这时起，葡萄牙商人完全依靠长崎作为其进入日本市场的门户。丰臣秀吉于 1588 年颁布新规定，重申了中央政府对涉外

① Birgit Tremml‐Werner, *Spain, China, and Japan in Manila, 1571–1644: Local Comparisons and Global Connections*, Amsterdam: Amsterdam University Press, 2015, pp. 303, 310.

贸易的垄断权，并将长崎置于其直接控制之下。在德川幕府治下，长崎仍由幕府直接管理。尽管受到种种限制（例如幕府代理人可优先购买中国丝绸商品），长崎的商业蓬勃发展，在"朱印船"航海的鼎盛时期，长崎城市人口（包括葡萄牙和中国居民在内）达到了 25000 人。①

事实证明，德川幕府促进对外贸易是一个福音，对荷兰人而言尤其如此，1602 年荷兰东印度公司成立后，荷兰人成为亚洲贸易的一支重要力量。1609 年，德川家康允许荷兰东印度公司在平户建立其贸易据点。不过，平户最初更多的是充当海盗的巢穴，为劫掠葡萄牙和中国船只的荷兰船提供避风港，而不是作为贸易中心。② 日本的保护提供了关键的帮助，使荷兰东印度公司得以在亚洲海洋贸易中立足；例如，1615 年，一艘荷兰东印度公司船只（实际这是一艘由荷兰人抢占并重新命名的葡萄牙船）从平户驶往暹罗，船上载有大量的日本武士以及白银、武器和盔甲等船货。③ 不过，在 1624 年之前，荷兰东印度公司未能在日本市场取得太大进展，当时荷兰在台湾南部建立了热兰遮城（Fort Zeelandia），并通过在福建经营的商人（包括郑氏家族）获得中国商品。

1615 年，德川幕府最终在日本群岛取得了无可争议的政治霸权。政治上的巩固缓解了幕府的军事和财政压力，削弱了对外贸易作为收入和补给来源的价值。1616 年德川家康辞世后，德川幕府领导层通过强制执行严格的、受规则约束的地位秩序，重新集中精力维护社会稳定。这种政治观点越来越认为，商业财富的集中是对武士霸权的诅咒。基督教社区也是如此，它们将自己与日本社会的其他部分区分开来。17 世纪 30 年代，越来越多的人认为外国人是破坏稳定的力量，这促使幕府采取越来越多的限制措施将日本与外界隔离开来。到 1641 年，德川幕府废除"朱印"贸易特许，并禁止日本人到海外冒险；驱逐葡萄牙人，严厉执行针对基督徒的长期禁令；将荷兰商人和中国商人迁移到唯一的港口长崎（他们被限制在城市边缘、类似监狱的地方）；并且通过强迫外国商人与指定的日本商人组成的同业公会开展业

---

① 对于长崎葡萄牙人定居点的起源及该城在丰臣秀吉统治下作为国际港口的发展，请参见长崎县史编集委员会『長崎県史：対外交渉篇』吉川弘文館、1985、36～70 頁。

② 英国人也于 1613 年在平户建立了一个交易据点。但英国的冒险未能盈利，该据点遂于 1624 年被遗弃。

③ 加藤栄一『オランダ連合東インド会社日本商館のインドシナ貿易：朱印船とオランダ船』。

务，建立对中国生丝进口的垄断。虽然这些所谓的"锁国"令（seclusion edicts）（一个 18 世纪创造的术语）主要是为了维护国内秩序，然其亦显示出继续对外贸易的愿望，尽管这是在幕府控制之下并以有利于幕府的条件进行。① 不过，通过取消对荷兰商人和中国商人的竞争，这些法令无意中增加了他们在商业谈判中的筹码。

在锁国令生效后，中国台湾成为日本进口中国商品的主要来源地。自 17 世纪 20 年代以来，台湾一直是荷兰人、西班牙人和中国人争夺的目标，到 1642 年，台湾基本上已被荷兰人控制。荷兰东印度公司开始将台湾发展成殖民基地，种植甘蔗（使用中国移民劳动力），并与原住民交换鹿皮，这两种产品都是出口到日本的商品。但在 17 世纪 50 年代中期，荷兰东印度公司对台湾的控制受到郑氏家族的挑战，最终导致 1662 年荷兰人被驱逐出境。②

郑氏家族是这个时代跨国商人集团的典范。③ 郑芝龙（卒于 1661 年）出生于泉州，曾在澳门和台湾担任通事，后为平户华商李旦的随从，他在平户娶了一位日本妻子。郑芝龙因走私被明朝海军抓住后，提出协助明朝清剿日中之间的秘密非法贩运（clandestine traffic）。明朝末年，郑芝龙成为沿海边陲的最高军事指挥官，同时还在安海和厦门建立强大的商船队。虽然郑芝龙于 1646 年向清朝投降，但他的儿子郑成功（1624～1662）拒绝投降，并在福建沿海建立了独立的统治。在 17 世纪 40～50 年代，郑氏商船队主导中日贸易：1654 年，在长崎港的 56 艘中国船里，有 41 艘来自郑家的安海港；1658 年，在抵达长崎的 47 艘中国船中，有 28 艘为郑氏所派。④

1661 年，新兴的清廷满族统治者（曾在 1655 年颁布禁止海外贸易的法令）下令将福建和广东的沿海人口内迁（在沿海建立 18～30 公里

① 外贸及许多外交交流与被德川视为朝贡的主题被委托给边境的大名政府：萨摩（与琉球）、对马（与朝鲜）和松前［与虾夷地（Ezochi），即北海道和其他北部岛屿］。
② 关于荷兰在台湾的统治，见 Tonio Andrade, *How Taiwan Became Chinese: Dutch, Spanish, and Han Colonization in the Seventeenth Century*, New York: Columbia University Press, 2008。
③ 关于郑氏家族及其商业帝国，见 Xing Hang, *Conflict and Commerce in Maritime East Asia: The Zheng Family and the Shaping of the Modern World, c.1620-1720*, Cambridge: Cambridge University Press, 2015。
④ 岩生成一「近世日支贸易に関する数量的考察」『史学雑誌』第 62 编第 11 号、1953、995 页。译者案：郑芝龙为李旦的义子甚或"契弟"，不只是普通随从；郑芝龙所娶太太即平户藩士田川七左卫门之女田川氏，平户传说其名为"松"；另外，郑芝龙系被明朝招安，并未曾被明军擒获。

的无人带），以努力阻止沿海与郑氏的秘密接触。这一行动迫使郑氏迁往台湾，在那里他们驱逐了荷兰人，并重建其与日本、马尼拉和东南亚的海上贸易。在郑成功之子郑经的领导下，郑氏家族控制了长崎与马尼拉的商业贸易。①但在 1683 年，清军占据上风，收复台湾，并摧毁了郑氏家族及其商业企业。不过，这场胜利之后，清朝立即恢复了自由贸易。中国商人蜂拥前往长崎，1685 年就有 85 艘中国船只抵达，这令德川幕府惊慌不已。从 17 世纪 60 年代末开始，德川幕府对中国生丝价格飙升感到震惊，于是采取一系列措施以坚决阻止白银外流。日本银币贬值，更重要的是，中国经济萧条（即所谓 1660～1695 年的“康熙大萧条”）的爆发，使中国对日本白银的需求大幅减少，到 1700 年，日本的白银出口已经停止。②

因此，17 世纪下半叶标志着东亚海洋史进入了一个新阶段。中日两国新政权的政治统一再次证明了农业官僚国家作为政治经济典范的优势。清朝和德川幕府都恢复了明代朝贡主权和外交模式，但与明朝不同的是，贸易特权与朝贡关系脱钩。虽然 1757 年清政府将欧洲贸易商限制在广州一个港口，但随后几十年对外贸易的增速更快。正如我们所见，限制日本对外贸易的不是 17 世纪 40 年代颁布的锁国令，而是德川幕府从 1668 年开始实施的保护主义政策。

到 1700 年，在著名的东亚海上“贸易时代”（1400～1650）蓬勃发展的港口政体几乎消失殆尽。琉球和九州大名领地已被霸权主导的德川幕府政治秩序所吸收；清廷收复了台湾，并从其海洋边缘清除诸如倭寇这样的劫掠贩子；1672 年，在与郑氏休战后，越南阮氏政权将其注意力转向南进，向湄公河三角洲扩张，并发展以水稻种植为中心的农业经济基础。18 世纪末，阮氏统治者将抹去其作为海港政体的起源，并彻底接

---

① 山脇悌二郎『長崎の唐人貿易』吉川弘文館、1964；Xing Hang, *Conflict and Commerce in Maritime East Asia*, pp. 163 - 175, 188 - 209.

② Kazui Tashiro, "Foreign Trade in the Tokugawa Period – Particularly with Korea," in Akira Hayami, Osamu Saitō, and Ronald P. Toby, eds., *The Economic History of Japan: 1600 - 1990*, Vol. 1, *Emergence of Economic Society in Japan, 1600 - 1859*, Oxford: Oxford University Press, 2003, pp. 105 - 118. 关于中国的康熙萧条，参见 Kishimoto - Nakayama Mio, "The Kangxi Depression and Early Qing Local Markets," *Modern China*, Vol. 10, No. 2 (1984), pp. 226 - 256；萧条对中国海外贸易的影响，参见拙文 Richard von Glahn, "Cycles of Silver in Chinese Monetary History," in Billy K. L. So, ed., *The Economic History of Lower Yangzi Delta in Late Imperial China: Connecting Money, Markets, & Institutions*, London: Routledge, 2013, pp. 39 - 44。

受中国农业官僚国家的模式，将自己重塑为统治复兴的大越帝国的帝制王朝。

　　跨国商人团体随着滋养它们的港口政体一起消失了。在"朱印船"鼎盛时期，在海上东亚生发的"日本町"也凋零了。长崎象征着新的秩序，那里的中国和荷兰贸易商被限制在单独的围墙内，被禁止与日本居民混杂。这种旨在允许贸易但排除文化交流的遏制模式后来被清政府在1757年实施的"广州体制"（Canton system）所复制。18世纪，跨国商人团体在欧洲殖民飞地（如马尼拉）以及东南亚海域的港口城镇中持续存在，这些港口城市在1740年前后开始出现中国移民，之后中国移民大量涌入。19世纪，在欧洲殖民国家建立的新制度秩序下，东亚海上贸易的重组也产生港口城市的新范式，诸如新加坡、香港和上海等贸易港口，同时培育出一种新的世界主义。

The Maritime Trading World of East Asia from the Thirteenth to the Seventeenth Centuries

Richard von Glahn

Abstract：A distinguishing feature of the East Asian maritime trade network was the prominence of "port polities" centered on the major emporia of international trade. These emporia were citadels of merchants more than princes; the latter often resided at a safe remove from the tumult of the marketplace and interfered little in the commerce that yielded them substantial revenues. Comprised of multinational enclaves of merchants who conducted business across ethnic, national, linguistic, and religious boundaries, the emporia exhibited a distinctively pluralistic and cosmopolitan character. Before it fell to the Portuguese Melaka was the quintessential example of the "port polity" emporium. Europeans—and especially their chartered trading companies, which acted as colonial rulers as well as commercial enterprises—fashioned a new framework for conducting maritime trade：the entrepôt. Designed to organize the production, mobilization, and delivery of commodities on a global scale, the entrepôts often relied on colonial political domination to control the terms of trade. The transformation of maritime East Asia wrought by the globalization of trade networks produced both winners and losers. Chief among the casualties of the new order was the Ryūkyū kingdom. The demise of Ryūkyū's emporium trade also was accelerated by the emergence of a new emporium for Sino – Japanese trade at Hội An, along the central coast of Vietnam. Port polities such as Bungo Funai and their multinational merchant communities had thrived amid the convulsive "creative destruction" of political instability and economic change that erupted in many parts of maritime East Asia in the sixteenth century, including Japan, Vietnam, and Java. Over the course of the seventeenth century, however, resurgent agrarian states absorbed these port polities and subjected maritime trade to tightening political control.

Keywords: Port Polity; Emporium; Entrepôt; Maritime East Asia; Ryūkyū; Bungo Funai; Hội An

（执行编辑：王一娜）

海洋史研究（第十五辑）

2020 年 8 月　第 62～74 页

Maritime Trade Organisation in Late Ming and Early Qing's China: Dynamics and Constraints

François Gipouloux（吉浦罗）[*]

Introduction

In 1567, Emperor Longqing lifted the ban on maritime activities (*haijin* 海禁). Until the collapse of the Ming Dynasty (1644), China's maritime trade enjoyed unprecedented growth. This liberalization had long-lasting consequences: it broke the limitations imposed by the tributary trade, favoured the influx of silver, and accelerated the monetarization of the Chinese economy. A growing number of merchants from Fujian but also from Zhejiang, engaged in long-distance trade.

Merchants hail from all regions, sea routes are prosperous, large trees are used to buildlarge ships, trade is divided along two routes, east and

---

* 作者 François Gipouloux（吉浦罗），法国国家科学研究中心世界研究学院荣誉研究主任。

west; Every year, all sorts of valuable goods that cannot be made out of the picture are packaged and loaded on ships. Surely, the benefits of this trade amount to several hundred thousand taels and pieces of copper. [1]

Gu Yanwu (1613 – 1682) noted the growing monetarization of the Chinese economy in the seventeenth century:

> More people are involved in the trade and less attention is paid to land ... The land is not a constant mainstay.

As a result of the single whip tax reform (*yitiaobian fa* 一条鞭法), rich merchants become reluctant to invest in land ownership. Yuegang (Zhangzhou), the only port authorized to trade with foreigners becomes the first port of Fujian. In 1589, the Imperial Administration fixed the number of ships that could leave Yuegang for the Western Seas (44) and for the Eastern Seas (44). [2]This provision is far from satisfying the merchants, who ask for exit permits for 110 ships a year. But the distance to reach the countries in the western seas is long, and the ships leave this road to turn to Manila, and the shipping of silver. Most of Yuegang's ships are thus "sucked up" by trade with Manila. Structured by the Manila galleon and the Fujian merchants, an axis Acapulco – Manila – Yuegang is clearly outlined at the end of the sixteenth century.

I   The overall impact of China's seaborne trade

Five years after the opening of Longqing (1567) one year after the takeover of Manila by the Spaniards, the establishment of the Yuegang – Manila axis firmly inserts China in international trade. While Chinese ships leave Fujian with a permit for the Southern Seas, as we have seen, they actually go to Manila, where they

---

[1]   Zhou Qiyuan, *Xu*, in Zhang Xie, *Dongxi Yang Kao* (张燮:《东西洋考》), Beijing: Zhonghua book company, 1981, p. 17.

[2]   *Ming Shenzong Shilu* (《明神宗实录》), juan 210, Taipei: Institute of History and Philology, Academia Sinica, p. 6a.

engage in a much more lucrative trade. At the beginning of the 17th century, 300 ships leave Yuegang each year. The merchants operate overseas and trade with 47 countries in an area stretching from Manila to Nagasaki, Siam, Banten, Patani,[①] from Champa (central and south of present-day Vietnam) to the Sulu archipelago. [②]From their Asian settlements—Macao, Manila, and soon Batavia— Portuguese, Spanish, and Dutch were also involved in these exchanges between Banten, an important transit port in Southeast Asia that rivals Makassar, and Malacca and Yuegang.

In addition to traditional luxury goods, consumer goods and textiles were commonly traded. Is this a change in nature in the conduct of China's foreign trade? How was trade organized?

Let's first notice the importance of the involvement of local officials in smuggling, from which they derive considerable benefits. This is not new. In 1548, Zhu Wan (1494 – 1550), the chief coordinator of coastal defenses in the provinces of Fujian and Zhejiang, wrote:

> Getting rid of foreign pirates (*waiguodao* 外国盗), is easy, but getting rid of Chinese pirates is not easy. Getting rid of Chinese pirates operating along the coast is easy, but getting rid of pirates in robes and hats (*yiguanzhidao*, i. e. officials 衣冠之盗) is particularly difficult. [③]

He also wrote:

> The local officials in Zhangzhou and Quanzhou treat the people from high and behave very authoritatively towards the petty administration... When a ship [who went to trade abroad] returns with goods [bought overseas], they repay first the initial loan, then subtract the interest corresponding to the capital borrowed, and finally divide the rest of the diverted goods. The

---

① Patani, a Malay tributary of Siam, located in the south of present-day Thailand.
② Zhang Xie, *Dongxi Yang Kao*.
③ *Mingshi* (《明史》), juan 205, Beijing: Zhonghua Book Company, 1974, pp. 5404 – 5405.

transactions extend over several years and concern a very large number of families. [1]

Trade is impossible without the blind eye or even the active participation of local customs. In fact, local customs were often controlled by "mafia gangs" (*guanba* 关霸) in which the local elite played an important role. The smugglers thus corrupt the administration to pass the customs without hindrance, or pretend to be pilgrims. To facilitate their passage the smugglers often even use false flags and seals of the administration.

Dinghai Customs has turned a blind eye to these traffic. The port of *Taohuadu* allowed boats to be built. The local administration and sailors were involved in these operations. [2]

Collusion is evident between corrupt customs officials, bureaucrats, and merchants. Their actions discovered, noted Wang Zaijin, the smugglers sought the support of the local authorities.

II The actors of the maritime trade and their economic functions

The Chinese historian Fu Yiling outlined a typology of the great merchants of the Ming period. [3] The investors and operators of the maritime trade can be classified into finer categories: Shipowners, shippers, charterers, financiers, to which must be added to the crowd of small merchants (*qunshang* 群商, *sanshang* 散商).

---

① Zhu Wan, *Piyu Zaji*, juan 5.
② Wang Zaijin, *Yue Juan* (王在晋：《越镌》), juan 21, p. 19a.
③ Fu Yiling, *Mingqing Shidai Shangren ji Shangye Ziben* (傅衣凌：《明清时代商人及商业资本》), Beijing: Zhonghua Book Company, 2007, p. 137.

（1） The investor （*caidong* 财东）

Maritime trade is not within the reach of everyone. Profits are huge, but trade has long been in the hands of rich people. The investor is part of what is known as the local elite: landowners, wealthy merchants, scholars, degree holders, high-ranking military, but also, although more rarely, small employees of the administration （*xuli* 胥吏）.

A source in Xiamen says that only wealthy merchants can build an ocean-going junk and buying the cargo. Although they own the cargo, they do not travel with their goods for most of the time. It is entrusted to people of trust, adoptive children, or partner merchants who take part in the trip.

For the fitting of a ship and the purchase of the goods, relatives of the same clan （*zongqin* 宗亲） who will take care of the cargo during the voyage are called upon. Another common practice is to jointly build a ship, buy it and acquire the cargo: "When several people associate to build a ship, they let go itinerant merchants from all over to take their goods."

In Xiamen, "They are pooling capital to build a vessel, and call it 'xing jin' （姓金, literally 'name ［of the participants］ – capital'）", which shows that it is a joint operation. ①

In Fuzhou,

> Merchants gather several people, the funds assembled thus constitute the debt ［the most important part of the capital］, then each merchant raises a portion of the capital, builds an ocean-going junk. They then recruit sailors, and are going to trade. ②

This type of arrangement continued under the Qing Dynasty. John Barrow

---

① Zhou Kai, *Xiamen Zhi* （周凯：《厦门志》） juan 15, Xiamen: Lujiang publication, 1996, p. 515.

② Zhang Weiren ed. , *Zhongyang Yanjiuyuan Lishi Yuyan Yanjiusuo Xiancun Qingdai Neigedaku Yuancang Mingqing Dangan* （张伟仁主编：《"中央"研究院历史语言研究所现存清代内阁大库原藏明清档案》）, Vol. 28, Taipei: Linking Publishing Co. , Ltd. , p. B16068.

（1764 – 1848）, a British administrator attached to the first Embassy of Lord Mac Cartney in China, reported that it is very rare for a ship to have a single owner.

There are usually 40 to 50, and that number can even be as high as 100. The ship is divided into as many parts as there are merchants, and everyone knows exactlywhich slot is allotted to him on the ship. Each cares for his own property or entrusts it to an adopted child or a member of his clan, and it is very rare that the goods are entrusted to someone who has no clan affiliation with the principal. ①

This last remark shows how personal relationships are fundamental in asset management. This is very different from what happened in Europe, with the bill of lading and the transfer of ownership of the goods to the captain of the ship. In Genoa or Venice, negotiable financial instruments were quickly developed, in order to rise funds efficiently. The figure of the capitalist, if it remains prominent, is also supported by a crowd of small bearers, barbers, clerks, etc. ②

（2） The shipowner （*chuanshang* 船商）

The shipowner is also called *chuanzhu* （船主）, *bozhu* （舶主）. One also finds, to designate the one who fit the ship, the expressions "*nada*" （哪哒）, "*laha*" （喇哈）, "*nanheda*" （南和达）, which according to Kobata Atsushi and Fu Yiling, would come from Persian *nakhuda* or Malay *nakhada*. ③A source from the Qing era repored that "those who are responsible for an ocean-going ship are called *nada* （哪哒）". ④The shipowner must be distinguished from the captain, called *chuanzhang* （船长）, or *chuantou* （船头） in Japanese

① John Barrow, *A Voyage to Cochinchina in the Years* 1792 *and* 1793, London: Cadell and Davies, 1806, p. 42.

② Cf. Michel Balard, *Gênes et l'outre-mer*, Vol. Ⅰ, *Les Actes de Caffa du Notaire Lanmberto di Sambuceto*, 1289 – 1290, Paris: Mouton & Co. , p. 41.

③ Kobata Atsushi, Chûsei Nantô Tsûkô Bôeki Shi No Kenkyû （小葉田淳『中世南島通交貿易史の研究』）, Tokyo: Nippon Hyôronsha, 1939. Quoted from Fu Yiling, *Mingqing Shidai Shangren ji Shangye Ziben*, pp. 121 – 122.

④ Huang Qiong, *Xijin Shi Xiaolu* （黄邛:《锡金识小录》）, juan 6, p. 8a.

sources. It must also be distinguished from the subcargo (*shangzhu* 商主) although this distinction is not always made in Chinese sources. It is often a merchant or the representative of the shipowner. The owner has enough capital to build the ship and recruit the crew. He solicits the merchants who will take part in the voyage overseas, assembles the cargo, and launches the expedition. But in other cases, he is content to rent the vessel to a merchant who will organize the expedition overseas, and to charge a commission on all the commercial operations carried out. This type of commission, called *shangjin* (商金), is paid to the owner of the ship. The relations between the recruiters and the shipowner are therefore based on commissions.

(3) The shipper (*chuanshang* 船商, *chuanzhu* 船主, *shui shou* 水手)

The term *chuanzhu* (船主), designates the owner of all or part of the goods shipped, has in Chinese a very broad meaning. In the case of an overseas operation, the shipper can even invest funds and conduct commercial operations. The one who steers the ship, which carries goods overseas is called *chu hai* (出海), it is also called *chuanzhu* (船主), literally, "the one that goes to sea". ①

(4) The charterer (*fan chuan* 贩船)

The charterer is the one who builds the ship and rents it thereafter. He rents his ship to merchants for overseas trade, and then shares the profit made in commercial operations with the merchants he has partnered with, usually taking a quarter of the profits.

Initially, *chuanzhu*, *fanzhu* (贩主), *chuanhu* (船户) do not refer to the same person. Subsequently, as the relations were very close between *chuanshang* and *chuanzhu*, these two appellations designate the same person. This point would indicate that the function of the investor and that of the operator are merged. The transport functions and commercial functions are not distinguished in China in the late Ming, while maritime trade was flourishing.

① Zhou Kai, *Xiamen Zhi*, juan 15, p. 512; juan 5, p. 139.

(5) The merchant official (*shenshang* 绅商, *guanshang* 官商)

In some of the cases reported earlier, Wang Zaijin wrote:

> The scholar (*shengyuan* 生员) Shen Yunfeng entrusted his capital to his servants (or adoptive children: they bear the same name) Shen Laizuo and Shen Laixiang and sent them to Haicheng business, then Laixiang goes directly to Manila (Lüsong) to sell the goods there, and promises to hand over the profits to his master. ①

It is necessary to specify here the economic role of the dependents. They may be people who have not been able to repay the money they have borrowed and become enslaved. "Enslaved merchants" (*pushang* 仆商), dependents (*puren* 仆人), adoptive sons (*yangzi* 养子, *yinan* 义男), are all linked by strong relationships with the owners of the vessel or the investors. Associations with dependents or adoptive children for commercial reasons are common. He Qiaoyuan, in his *Book of Fujian* (*Minshu* 闽书), mentions the case of a native of Haicheng:

> There are children of very poor families and abandoned children (*qier* 弃儿) who raise themselves and study for a long time the language and customs of foreigners, and who endure and overcome many difficulties in doing business. ②

Ultimately, this acquisition of equity makes them adoptive children (or "loyal sons", literally) and thus creates bonds of allegiance and obligation with the shipowners.

Fujian people, including those who already have children, adopt several children. When they grow up, they send them to trade overseas. Those

---

① Wang Zaijin, *Yue Juan*, juan 21, p. 22b.
② HeQiaoyuan, *Minshu* (何乔远:《闽书》), juan 38, p. 10a.

who earn money must be established with several wives to keep them in the family, and that the inheritance remains in the family. ①

And also :

Most rich and powerful families go into the offshore business, but do not want their own kids to take that risk. The "brothers by contract" (*qidi* 契弟), if they are competent, should be considered as adopted children. One can give them important capital, send them abroad to trade, and if they earn a lot, they share the gains with the rich family own children... ②

(6) Traveling merchants (*sanshang* 散商, *keshang* 客商)

Itinerant merchants play a big role in the circulation of goods in China and abroad. Small merchants who do not have the financial means to build, rent, or buy a ship, can only embark as itinerant merchants, on the junks of large traders. They may also lease the vessel's master a slot to store their goods. They are called *sanshang* (散商), the sea peddlers, as opposed to the great traders of the maritime adventure, the official-merchant (*guanshang* 官商), or the landowners-merchant onshore. Their situation is not enviable：

A merchant who faced storms and stormy seas, who was barely gaining enough to live in the sea trade, luckily made a profit, and thought of his native land. Happy, he passed another generation as life in the homeland was very far away, now he leaves to continue his life, the corrupt (*mo* 墨) want to capture his profits, the cunning (*xia* 黠) and the haves (*hao* 豪)

---

① Zhou Kai, *Xiamen Zhi*, juan 15, p. 517. See also Liao Dake, *Fujian Haiwai Jiaotongshi*, Fuzhou: Fujian People's Publishing House, 2002, p. 401.
② Defu, *Minzheng Lingyao* (《闽政领要》), juanzhong, reserved in Fujian Normal University Library. See also Wang Zhenzhong, *Xiuzhong donghai yibian kai* (王振忠：《袖中东海—编开：域外文献与清代社会史研究论稿》), Shanghai: Fudan Daxue Chubanshe, 2015, p. 39.

extort their earnings by any means possible, which is particularly distressing. [1]

On a ship their number can reach hundreds, and each one specializes in different products. Itinerant merchants experienced all kinds of constraints and vexations. On the ship, they are subject to a double control: that of the subcargo (*shangzhu* 商主) which allowed them to participate in the expedition, and secondly that of the captain or owner of the ship (*chuanzhu* 船主) to whom they have to, obey.

III   The lack of evolution of partnership and the question of profit outcomes

Apart from some very rich merchants who are often landowners, most merchants are small traders who have to set up partnerships to embark on an overseas commercial expedition. This system is hardly different from that practiced under the Song. This way of distributing profits does not seem to exhibit any significant progress, in legal terms, compared to what was the rule in the 12th century. Moreover, this type of operation does not distinguish the transport function from the trade function. Why was there no evolution? The Conservatism of Chinese merchants, extreme caution in their methods? Institutional constraints stemming from relations with the bureaucracy, the landowners, the usurers? While in the Mediterranean world, the transition from *commenda* to *compania* was done quite quickly. What are the elements that would indicate the transition to a more formal status in the business organization?

Is Chinese maritime trade a marker of the emergence of capitalism? In the 1960s and early 1980s Many Chinese historians (Fu Yiling, Wu Chengming, and Li Jinming, among others), have spotted the " sprouts of capitalism" in the Ming Dynasty. Their response is generally negative, and for two reasons: firstly, China has never been a great maritime power, on the other hand China is an

---

[1]   Zhang Xie, *Dongxi Yang Kao*, p. 135.

essentially agricultural country, and the maritime trade has had only a minor impact on economic development.

The monetary wealth accumulated through maritime trade fails to transform into productive capital. Unable to invest the sphere of production, the wealth reverts to the acquisition of land or is lent through loans at usurious rates, or dilapidated in corruption, or lavish lifestyle.

Conclusion

For many Chinese historians, the maritime trade reinforces the "feudal" structure of Chinese society in the sense that only landowners, large commissioned merchants, and rich scholars can embark on the adventure of maritime commerce. This argument, elaborated by Fu Yiling, is echoed by He Pingdi, [1] and more recently by researchers in Xiamen University, like Lin Renchuan, Nie Dening or Liao Dake. But they also insist that maritime trade promotes the development of capitalism. The picture is actually more complex: the two economies (feudal and capitalist), therefore appear entwined, as noted by Harold Berman in the case of the medieval economy[2]. The great dynamism of maritime commerce in China in the middle of the Ming Dynasty is undeniable. But paradoxically, we would look in vain for several institutional arrangements that could make transactions predictable and lead to the sustainability of a company:

1. How is the responsibility of the captain formalized, and the distinction between his role and the shipowner? The bill of lading (huodan 货单), attested for the first time in a contract drafted in Marseille in 1127, is in fact a transfer of property from the shipper to the captain, who is authorized to throw the cargo overboard if the circumstances (storm, imminent sinking) require it. It is because of its absence that the itinerant merchants are present on the Chinese ship.

2. Marine insurance. How to put a cost on a risk? How to diffuse risks?

---

[1]　编者注：疑应为 Ping-ti Ho（何炳棣）。

[2]　Harold Berman, *Law and Revolution*, *I : The Formation of the Western Legal Tradition*, Harvard University Press, 1983.

Chinese sources are very rare on this issue. No trace of any contracts by which an insurer commits himself to pay an insured person to compensate for the shipwreck of the loss of cargo as a result of the realization of risk at sea. An interesting testimony is provided by the Chinese Repository, a newspaper published in Canton between 1832 and 1851, which provides valuable information about the organization of the Chinese overseas trade. Chinese junks carrying rice to China were usually built in Siam. These high-sea vessels were called "white-bow vessels" (*baitouchuan* 白头船) . With a carrying capacity of 260 to 300 tons their crews consisted of Chaozhou sailors:

> The major part of these junks is owned, either by Chinese settlers at Bangkok or the Siamese nobles. The former put on board as supercargo, some relative of their own, generally a young man, who has married one of their daughters; the latter take surety of the relatives of the person, whom they appoint supercargo. If anything happens to the junk, the individuals who secured her are held responsible, and are often, very unjustly, thrown into prison. [1]

These lines were written in 1832, while China's maritime trade had more than a thousand years of experience. Apparently, a mechanism that would allow the transfer of risk does not exist in Chinese overseas trade practices. Neither a distinction between the legal responsibilities of the shipowner and the captain.

3. Rigorous accounting methods, without which it is almost impossible to monitor the evolution of the investment and the capital account. One can notice the appearance, in the Chinese sources, of the distinction between the capitalist and the manager, and we can note the sophistication of the operations of pooling of capital. However, without the capital account, the perpetuation of partnerships is problematic.

4. How does the legal separation of responsibilities between the owner and the

---

[1]   Rev. Charles Gutzlaff, "Journal of a Residence in Siam, and of a Voyage along the Coast of China to Mantchou Tartary," *The Chinese Repository*, Vol. 1, No. 2 (June 1832), p. 56.

manager occur in the case of Chinese maritime trade? This distinction has been the basis of the trading company in Europe? The company or a provision that goes beyond the partnership（合伙 *hehuo*）is certainly attested from the Song for the maritime trade and continues until the late nineteenth century. There has been no legal improvement as in the case of the *commenda*. Why? So far, this question has not been answered.

明末清初中国的海上贸易组织：
活力与局限

吉浦罗

　　摘　要：隆庆开海后，中国的海上贸易迅速扩张，对中国和世界经济都影响深远，具有无可否认的活力。但是通过分析海上贸易的人员构成，包括投资者、船只所有者、货物托运人、承租船只者、官商、散商等，可以发现宋代以来海上贸易中的合伙关系没有什么发展，海上贸易积累的财富也无法通过投资转化为生产资本。我们找不到让交易变得可预测并支持公司永续经营的制度安排。这些局限包括：船长的法律责任没有得到明确并与船只所有者相区分，缺乏类似海运保险这样的风险转移机制，没有细致的会计方法，以及缺乏相应的法律改进。

　　关键词：明末清初　贸易组织　制度安排

（执行编辑：申斌）

海洋史研究（第十五辑）
2020 年 8 月　第 75 ~ 96 页

华人与 18 世纪的中国海域

包乐史（Leonard Blussé）[*]

引　言

　　20 年前，《行程》（Itinerario）的编辑和费尔南·布罗代尔约好在人文科学研究所（La Maison des Sciences de l'Homme）进行一次访谈。[①] 布罗代尔教授和他的妻子葆儿（Paule）先带我们外出午餐，之后，我们被邀请到他们位于布里亚·萨瓦兰街（Rue Brillat - Savarin）的公寓面谈。在我们刚刚安装好录音机的麦克风时，电话响了，是美国《新闻周刊》杂志社，他们也想对这位享誉全球的历史学家进行一次访谈。这让我们清楚意识到，在其大作《15 ~ 18 世纪的物质文明、经济和资本主义》于 1979

---

　*　作者包乐史（Leonard Blussé），荷兰莱顿大学人文学院历史研究所荣休教授；译者闫强，广州大学历史系讲师；校者蔡香玉，广州大学历史系、岭南文化艺术研究院广州十三行研究中心副教授。
　　原文（英文）Chinese Century. The Eighteenth Century in the China Sea Rejion, *Archipel*, Vol. 58, L'horizon nousantarien. Mélanges en hommage à Denys Lombard（Volume Ⅲ），1999, pp. 107 - 129. 本文的翻译系 2018 年国家社科基金项目 "17 世纪荷兰对华贸易研究"（18BZS168）的阶段性成果。
　①　这则轶事参见我为后书撰写的导言。Leonard Blussé, Frans - Paul van der Putten and Hans Vogel, eds., *Pilgrims to the Past*, *Private Conversations with Historians of European Expansion*, Leiden：CNWS, 1997.

年出版之后，我们并不是唯一想要访问这位大师的人。就在我们面前，布罗代尔对其简略地答复说："不了，先生，我已经接受了《行程》学刊的访谈！"

为何会有这次在布罗代尔的住所进行的采访，需要简单解释一二：想要对布罗代尔夫妻一起进行访谈是我们偶然产生却又挥之不去的想法，因为莫里斯·艾马尔（Maurice Aymard）教授告诉我们，布罗代尔夫人已经在幕后扮演过而且仍然继续扮演着助理的角色。她不但校订并仔细审阅其丈夫的所有论著，并且编辑甚至据说是重写别人投稿给《年鉴》杂志的作品。我们仍在寒暄时，为了加快采访速度，直奔主题，亨克·魏瑟林（Henk Wesseling）不经意地向布罗代尔提到我，说包乐史虽然名不见经传，但费尔南·布罗代尔在他的上述著作"世界时间"一卷中引用了我的文章。当谈到中国海域时，魏瑟林补充说我实际上正在写一篇关于17世纪初中国海域（标题有些不同，但更加准确）的博士学位论文。①

这番话点燃了布罗代尔的兴趣。他立刻开始了一场冗长而又热烈的谈话，想要说明中国南海仍然是一个被许多文明包围的"地中海式的海洋空间"（Mediterranean Seeraum），那里的人们生活在一起，并在同一个时间节奏下同呼吸，共命运。尽管他特别提到并赞同我提出的观点，即从16世纪末开始，在中国人的"经济世界"（économie monde）旁边，日本人的"经济世界"正在形成，但他还是认为中国人的"经济世界"在这个海域空间里占据了支配性的地位。在魏瑟林和我试图将谈话的主题引入另一个方向之前，我们一直礼貌地聆听着布罗代尔的独白，可所有转换话题的努力收效甚微，直到葆儿·布罗代尔夫人看出了我们明显失望的表情，她用尖锐的声音喊道："但是费尔南，你应该让年轻人说话！"她猛地起身，离开房间去拿茶的时候，无意中踢到了放在他们所坐沙发前的麦克风。在接下来的两个小时里，费尔南·布罗代尔夫妇跟我们说了很多有关他们对学术的激情以及彼此之间的合作。这位杰出的历史学家解释到，他会大声地向他的妻子朗读他写的任何作品，而后者则斜靠在房间另一边的雷卡米耶夫人样式（Recamier）的躺椅上聆听。不论何

---

① Leonard Blussé, "Le 'Modern World System' et l'Extrême - Orient: Plaidoyer Pour un Seizième Siècle Négligé," in L. Blussé, H. L. Wesseling and G. D. Winius, eds., *History and Underdevelopment*, Leiden: Center for the History of European Expansion, 1980, pp. 92 - 103. 我必须承认，我的论文最后写了另外一个主题。

时，只要布罗代尔夫人不能准确理解他所念的内容，他将不得不重写那一具体段落。布罗代尔还跟我们谈及他曾经有一个野心勃勃的计划，即和威廉·麦克尼尔（William MacNeill）合作，共同向美国新一代历史学家介绍年鉴学派。1968 年 4 月末，他带着这一计划飞往芝加哥，刚到达，巴黎学生运动就爆发了，为此他被召回学校以维持秩序。如此，这个美好的法美合作计划还在萌芽状态就被掐断了。他关于设立"人文科学之家"的叙述具有强烈的吸引力，包括共同的筹划、隐蔽的策略以及布罗代尔和他的可靠盟友克莱蒙·海勒（Clemens Heller）将反对者像烤煎饼一样彻底翻转的高潮时刻。

回到荷兰后的一天，我仍然在为挖掘出布罗代尔夫妇精彩的生活故事并把它们保存在三盒磁带中以留给后人而感到巨大的喜悦，但当我发现布罗代尔夫人的脚确实踩灭了我们吸引人的对话时，我的心情很快就变得糟糕了。在她的"空手道踢腿"（karate kick）踢中麦克风之后，没有任何一盘磁带发出可以被理解的声音……

20 年之后的今天[①]，在这份献给德尼·龙巴尔（Denys Lombard，一位对中国海区域了解得比任何人都多的学者）的纪念刊物里探讨中国南海，并将它描述成亚洲地中海也许意味着向布罗代尔教授表达虔诚的敬意。但这是不必要的，因为 1997 年龙巴尔和普塔克（Roderich Ptak）已就这个主题举办过一次非常成功的会议。因此，我不会像布罗代尔那样，从地域、时间和历史三个方面构建分析框架，把中国海的历史看作一个整体加以处理。相反，我更愿意把目光聚焦于 18 世纪中国人在中国南海的活动，因为对德尼·龙巴尔来说，这一主题尤其重要。在很多言论和著述中，唐宋元明时期的中国海外贸易都被认为是大规模的，正如许多热心的历史学同行所指出的，几乎所有王朝都存在像克里斯托弗·哥伦布这样的英雄人物。事实上，传统的中国海外贸易和海运是在清代才到达它的顶峰，但这似乎并没有引起研究海洋中国的历史学家的注意。这一忽视相当奇怪，因为在田汝康（T'ien Ju-k'ang）的提示下，许多像卡尔·托洛克基（Carl Trocki）、安东尼·瑞德（Anthony Reid）、石井米雄（Ishii Yoneo）、吴振强（Ng Chin Keong）、詹妮弗·库什曼（Jennifer Cushman）和我自己这样的东南亚历史学家，都通过某种方式，记述了在

---

① 译者注：此指本文发表时的 1999 年。

1683 年清朝平定台湾以及改变海禁政策之后，带有中国世界秩序的大规模海外贸易扩展至东南亚地区的情况。①

亚洲历史中的 18 世纪

关于亚洲历史中的 18 世纪的讨论存在一个有趣的系谱。② 著名的剑桥大学历史学家约翰·西利爵士（Sir John Seeley）在他两次有关英国扩张的系列演讲中首次提出了这一主题。在 100 多年前的 1883 年，这些演讲内容以书籍形式得到出版，并被冠以同一个标题"英国的扩张：两次演讲课程"。这一论著在超过 50 年的时间中不断再版，对于今天的许多历史学家而言，它仍然是灵感之源。

在他的第一次系列演讲中，西利揭示出英国如何向西和向东扩张，以及它又如何失去和成为一个帝国。美洲（殖民地）的丢失，得到的不是法国人，而是美洲的（英格兰）殖民者本身。③ 在第二次系列演讲中，西利把目光集中于英国人在孟加拉的收获，他指出，与其说印度是被英国军队征服

---

① L. Blussé, *Strange Company*：*Chinese Settlers*，*Mestizo Women and the Dutch in VOC Batavia*，（Verhandelingen KITLV 122），Leiden，Dordrecht，Holland/Riverstone，USA：Foris Publications（second imprint 1988）；J. W. Cushman，*Fields from the Sea*：*Chinese Junk Trade with Siam during the Late Eighteenth and Early Nineteenth Centuries*，Ithaca，New York：Cornell University，1993；Ishii Yoneo ed.，*The Junk Trade from Southeast Asia*：*Translations from the Tosen Fusetsu-gaki*，*1674 – 1723*，Singapore：ISEAS，1998；Ng Chin-keong，*Trade and Society*：*The Amoy Network on the China Coast 1683 – 1735*，Singapore：Singapore University Press，1983；A. Reid，"An Age of Commerce in Southeast Asian History"，in *Modern Asian Studies*，Vol. 24，No. 1（1990），pp. 1 – 30；田汝康：《十七世纪至十九世纪中叶中国帆船在东南亚洲航运和商业上的地位》，《历史研究》1956 年第 8 期，第 1 ~ 21 页；田汝康：《再论十七至十九世纪中叶中国帆船业的发展》，《历史研究》1957 年第 12 期，第 1 ~ 12 页；T'ien Ju-k'ang，"The Chinese Junk Trade：Merchants，Entrepreneurs，and Coolies 1600 – 1850"，in Klaus Friedland，ed.，*Maritime Aspects of Migration*，Köln：Böhlau，1989，pp. 381 – 389；C. A. Trocki，*Prince of Pirates*：*The Temenggongs and the Development of Johor and Singapore*，*1784 – 1885*，Singapore：Singapore University Press，1979.

② 最近尝试在比较语境中探讨 18 世纪的论文集可以参见 Leonard Blussé and Femme Gaastra，eds.，*On the Eighteenth Century as a Category of Asian History*，*Van Leur in Retrospect*，Brookfield，Vt.：Ashgate，1998。

③ 此句系指美国独立战争（1775 ~ 1783）一事。1781 年，在法国人的军事协助下，北美新英格兰地区的十三个英国殖民地打败了英军，摆脱了宗主国英国的控制，获得独立，建立美利坚合众国。可见事实上得到北美殖民地的是新英格兰人（即英国的美洲殖民者），而非殖民美洲的法国人。——译者注

的，不如说是她征服了自己。随着欧洲武器和军队纪律的引进，印度事务发生了戏剧性的变化。

西利的结论是，18 世纪后半期印度正在发生的历史进程被来自欧洲的竞争对手利用了，由此形成了一段欧洲历史的延伸。上述观点经过修改，为荷兰历史学家何代·摩尔斯伯赫（Godée Molsbergen）的印尼史全部借用，他将这篇有关 18 世纪的长篇论文投稿给 F. W. 斯塔波尔（F. W. Stapel）抱负不凡的《荷属东印度史》（Geschiedenis van Nederlands Indië）。[①] 他借用了西利的部分结论，并把它们应用到印尼群岛历史，却没有留意英国历史学家的警告，即在没有考虑印度次大陆独立存在且又具有动态变化的个性特征的情况下，是不能理解其历史的。何代·摩尔斯伯赫不仅忽视了爪哇人社会内部的动态变化，他还建议把 18 世纪的印尼群岛作为荷兰相当乖僻的"假发时代"（Pruikentijd）的延伸来加以研究。他相信，这可以解释荷兰东印度公司，即 VOC 及其亚洲附属国的衰落。

何代·摩尔斯伯赫的论文发表不久，年轻的历史学家范勒尔（J. C. van Leur）就在他著名的评论性文章《印尼史中作为范畴的十八世纪》中毫不客气地抨击了何代·摩尔斯伯赫的观点。[②] 为了证明他较早主张的亚洲中心史观的解释具有真实性，范勒尔拒绝接受《荷属东印度史》"十八世纪"一卷中的基本原则，即它主要是为加强东南亚地区荷兰历史地位的合法化而写作的。在范勒尔看来，把"十八世纪"或"假发时代"作为一个有意义的或可资利用的范畴应用到印尼或亚洲史的分期中，基本上是没有意义的。它仅仅是一个"从西欧或北美史中借用来划分历史时期的范畴"。换句话说，他从整体上否认了何代·摩尔斯伯赫的根本性论题。

和何代·摩尔斯伯赫争论后不久，范勒尔死于 1942 年 2 月的爪哇海战。作为对他的贡献的称颂，莱顿大学欧洲扩张史中心于 1992 年邀请了许多亚洲历史学家在瓦森纳（Wassenaar）荷兰高等研究所（NIAS, the Netherlands Institute for Advanced Study）举办了一场专题讨论会，以评议和反思范勒尔

---

① E. C. Godée Molsbergen, "De Nederlandse Oostindische Compagnie in de Achttiende Eeuw," in F. W. Stapel, ed., *Geschiedenis van Nederlandsch Indië*, Amsterdam: Joost van den Vondel, 1939.

② 参见 J. C. Van Leur, *Indonesian Trade and Society. Essay on Asian Social and Economic History*, The Hague: W. van Hoeve Ltd., 1955, pp. 269 - 289。

关于 18 世纪的论述。

在结集出版的会议论文的绪论中，① 编者们指出，范勒尔在其开拓性的论文中对亚洲历史的连续性和欧洲 18 世纪出现的新发展做了比较，其有关连续性的认识主要是基于两个相当不同的观念。一方面，他设想传统的亚洲社会是建立在"封闭且自足的乡村社区"之上。这一观点似乎是在重复兰克学派所说的"停滞的"或"不变的东方"等陈词滥调，现在这些观点广为人知，且已被完全抛弃，但在范勒尔生活的时代，这些都是流行的观点。另一方面，范勒尔花费了很多心血，想要证明荷兰在 18 世纪苦恼于衰退和腐败的特殊时期，亚洲却充满了活力，并持续成为一个"能动且强大的东方"，这一点在欧洲人的扩张以及对此历史过程的追溯中都很少被触及。范勒尔认为，荷兰东印度公司在印尼的地位之所以如此虚弱，是因为相比于他们的欧洲背景，公司的雇员们更多受到其亚洲背景的影响。他指出，当荷兰的公司主管们成为衰退和腐败的典型代表时，公司的海外职员们一点也没有出现传统史著中所描写的虚弱征兆。

考虑到范勒尔倾向于淡化欧洲在 18 世纪对海洋亚洲的影响，这对于强调欧洲人出现于印度洋海域的重要性的荷兰高等研究所与会者来说，是一个沉重的打击。与之相反的是，相对于中国人、日本人和暹罗人对海洋亚洲的贡献——就中国海域发生的贸易行为而言，所有与会者都认为同一时期的欧洲人在其中只扮演了微不足道的角色。在这些区域，欧洲人仅被看作商人，前提是他们能够遵守中国人、日本人和泰国人把自身的世界秩序强加给外商的制度化规定，即使这种经历是痛苦的。中国和日本的儒家世界秩序并不像通常所想象的那样排斥对重商主义的兴趣，罗威廉（William Rowe）就在其卓有贡献的中国贸易网研究中指出，② 在中国内陆地区存在一次巨大的贸易网络的扩散，并产生了新的组织形态。我希望在这篇文章中表明，同样的事情也发生在中国的海外贸易中。

在我们关注 18 世纪的中国海上贸易之前，马士（Morse）、德尔米

---

① Leonard Blussé and Femme Gaastra, eds., *On the Eighteenth Century as a Category of Asian History*, Van Leur in Retrospect.

② William T. Rowe, "Interregional Trade in Eighteenth Century China," in Leonard Blussé and Femme Gaastra, eds., *On the Eighteenth Century as a Category of Asian History*, Van Leur in Retrospect, pp. 173 – 192.

尼（Dermigny）、乔杜里（Chaudhuri）等人的不朽研究都提及，他们是把 18 世纪中国海的商业贸易作为欧洲人的现象来加以描绘的。[1] 所有这些令人印象深刻的论著都受到同一个因素的制约，即利用数量庞大的西方档案进行研究，其结果就是，在欧洲人的历史追溯中，中国海的商业贸易只被看作印度洋贸易的延伸，这也与东印度公司和港脚商人不同。从这种观点出发，中国海只是一个荒僻的区域。如果确实存在一个亚洲的地中海世界（借用布罗代尔的术语）需要处理，那么分为东西两半的印度洋区域庶几近之，它的伊斯兰和非伊斯兰地区以及中国海则可视为类似于黑海这样的区域。在这种情况下，这一地区的各种参与者要争相控制可以通向它的战略性航道就不再是达达尼尔海峡，而是新加坡海峡。[2]

18 世纪的中国海地区

一旦我们意识到中国海地区的帆船贸易在中国 1683 年的开海政策之后取得了一次飞跃式的发展，那么在面对这种来自帆船贸易的激烈竞争时，各国东印度公司除了保留与广州的直接贸易——就荷兰而言，只保留了与日本的直接贸易，都退出了中国海的商业贸易。毫无疑问，中国海地区在 18 世

[1] Hosea Ballou Morse, *The Chronicles of the East India Company Trading to China 1635 – 1834*, Taipei: Ch'eng Wen Publishers, 1979 (Reprint, First ed., Oxford, 1926 – 1929); Louis Dermigny, *La Chine et l'Occident*, *Le Commerce à Canton au XVIIIe siècle*, *1719 – 1833*, Paris: École Pratique des Hautes Études, VIe Section, Centre de Recherches Historiques, SEVPEN (Service d'Édition et Centre de Publications de l'Éducation Nationale), 1964; K. N. Chaudhuri, *The Trading World of Asia and the English East India Company*, *1660 – 1760*, Cambridge, New York: Cambridge University Press, 1978; Christiaan Jörg, *Porcelain and the Dutch China Trade*, The Hague: Martinus Nijhoff, 1982.

[2] 参见 Niels Steensgaard, "The Indian Ocean Network and the Emerging World Economy c. 1500 – c. 1750," in Nitschke August, ed., *Actes: Grands Thèmes*, *Méthodologie*, *Sections Chronologiques*, *Tables Rondes*, *Organismes Affiliés et Commissions Internes. International Congress of Historical Sciences*, Stuttgart, 25 August – 1 September 1985, 1986. K. N. Chaudhuri, *Asia before Europe*, *Economy and Civilisation of the Indian Ocean from the Rise of Islan to 1750*, Cambridge, New York: Cambridge University Press, 1990; K. N. Chaudhuri, *Trade and Civilisation in the Indian Ocean*, *An Economic History from the Rise of Islam to 1750*, Cambridge, New York: Cambridge University Press, 1985.

纪发生了一些特殊的事情。①

　　如果承认还存在另一种与之相伴的航运侵入——上述研究对此没有给予足够的关注——东南亚海域闯入者的到来，他们决定要和中国的海外商人进行贸易，那么这种印象会被强化。在所谓的港脚商人对于中国"经济世界""和平渗透"（pénétration pacifique）到东南亚群岛的回应之外，另一个反应可以在东南亚本土的各阶层商业团体中觉察到，他们立即抓住了提供给他们的这个机会。我注意到两个非常不同的人群，控制着新加坡海峡地区、定居在廖内的布吉人（Bugis），当然，另一个令人敬畏的海洋国家就是苏禄王国。

　　正如安东尼·瑞德（Anthony Reid）和其他学者已经指出的，对于环中国南海地区而言，18世纪是一个特殊而又集中的国家形成时期。认为这一国家形成也许直接与中国海外贸易的大量增长和扩张相关，或许不太算牵强附会。这里且引述移居印支半岛的华裔历史学家陈荆和的观点："这一时期一个史无前例的现象是中国移民群体运动的盛行，这些移民帮助本地统治者开垦了大量处女地，并以地方管理者的身份向统治者们提供服务，他们还建立了自己的伴有自治机构的定居点，甚至以一个独立国家的方式进行运转。"这样的殖民活动是海外华人事业规模扩张的明显迹象，也标志着他们有序集中的管理运作方式在东南亚世界的出现。②

　　一般认为，东南亚具有战略性地位的沿海地区形成国家的过程为区域内海洋贸易的增长、强化以及多样性所推动，它们紧随着域外地区如印度洋、欧洲和位于北方的东亚经济对于热带物品的需求空前提高而发生。③河口地区许多马来人政治组织的出现是由于它们与出口商品的生产和分装紧密相关。换言之，因为地方经济的运行已经融入"世界贸易"，当地的民众就不

①　Leonard Blussé, "No Boats to China, The Dutch East India Company and the Changing Pattern of the China Sea Trade, 1635 – 1690," in *Modern Asian Studies*, Vol. 30 (1996), part 1, pp. 51 – 76; P. W. Klein, "The China Seas and the World Economy between the Sixteenth and Nineteenth Centuries: The Changing Structures of Trade," in C. A. Davids et al., *Kapitaal, Ondernemerschap en Beleid: Studies over Economie en Politiek in Nederland, Europa en Azië van 1500 tot heden*, Amsterdam: NEHA, 1996, pp. 385 – 408.

②　Chingho A. Chen, "Mac Thien Tu and Phraya Taksin, A Survey on Their Political Stands, Conflicts and Background," in *Proceedings of the Seventh IAHA Conference*, 22 – 26 August 1977, Bangkok: Chulalongkorn University Press, 1979, Vol. II, p. 1534.

③　A. Reid and L. Castles, *Pre – Colonial State System in Southern Asia*, Kuala Lumpur: MBRAS Monographs 6, 1975.

得不像他们的生产模式一样，去调整他们的政治结构以适应这种形势。

自相矛盾的是，东南亚社会的历史学家们渴望证明该地区的内部动力占据首要地位，直到今天仍很少关注外部的影响。或许可以将这种狭隘的态度部分地解释为是对殖民史家的回应，因为后者在其著作中，习惯于夸大欧洲"旧制度"下贸易公司的经济活动对这一地区的影响，旨在给凌驾于殖民地之上的宗主国特权提供一个历史性的基础。即使有人支持约翰·斯梅尔（John Smail）对于自主的东南亚历史的要求，他也会想知道，在接受外国影响的能力方面所展现出的适应力是否构成了这一文化区真实的独特性。^① 在这一语境下，近来一些有关荷兰东印度公司经济与政治地位诸多方面、18世纪在东南亚占据优势的西方权势的研究引人注目，这表明，位于印尼群岛的荷兰东印度公司应被视为东南亚场景中的一个不可或缺的参与者而加以研究，它能在有意或无意之间造成本地政治平衡发生重要转变，而不是像殖民史家所认为的那样，将其视为一个强有力的、对本地统治者单方面行使权力的外在因素，也不像大多数东南亚学者更愿意描述的那样，认为其在地区生活中只扮演一个微小且次要的角色。

在欧洲"旧制度"的势力正逐渐融入东南亚政治文化的这一假定场景中，其相对持久而稳定的政策甚至让这一政治文化更加牢固，奇怪的是，这一地区的另一股势力，公认更为分散且更少记载的外来经济势力却很少得到关注，这就是将中国东南的沿海省份与东南亚的商业中心连接在一起的华人商业网络。如果说有外来行家可以不声不响地以地方规则玩转当地的游戏，那将会是中国人，他们是通过环境的力量而不是依赖任何军事手段做到这一点的。

在西方，历史学家们几乎是在欧洲人海外扩张之初，就习惯于花费大量的努力去书写这一现象。他们总是有这样一些问题，例如"贸易是如何发展的？""基督教信仰是如何传播的？""西方的制度又是怎样输出的？"以及"当它们在输出时，一些制度又是如何被创造出来的？"将之概括一下，就是"海外帝国是怎样形成的？"这给我们带来一个问题，即站在反对"上帝、黄金和荣耀"这一论述的背景下，我们是否应该同意王赓武提出的观点，他认为"华商"，即近代早期旅居东南亚的中国人本质上是"没有帝国

---

① John R. W. Smail, "On the Possibility of an Autonomous History of Modern Southeast Asia," *Journal of Southeast Asian History*, Vol. 2, No. 2（1961），pp. 72 - 102.

的商人"。①

关于近代早期西方的扩张对于东南亚国家形成的影响已有研究，但是中国人的商业扩张对于同一地区的冲击却鲜为人知。② 当然，要想在这篇论文内对这些内容广泛的问题做出完满的审断也是不可能的。我们将不得不略过许多事实，例如东南亚国家形成过程中受伊斯兰教在该地区发展的影响而逐渐发生改变的事件。在这里，我将概述中国人的商业扩张如何将其自身与东南亚社会联结起来。这可以很好地揭示出，中国人的扩张不只是一个自发的过程，而且它事实上也受到了东南亚政治组织的欢迎和利用。虽然如此，但不能否认，恰恰是因为中国参与者的成功，西方的殖民统治者才会竭尽所能地招揽中国人，或是与之联合，有时最终会把中国人的贸易网络纳入他们自己的殖民经济体系中（比如在爪哇）。

本土的国家形成与华人的非正式帝国

总的说来，华侨们不得不在三种政治经济体中谋求生存：

a）新兴的西方贸易聚集地，如马尼拉、巴达维亚、新加坡——应该注意，这些定居点是因为中国人的参与才可能出现；

b）位于河海口岸地区，具有不同形态结构的各类王国；

c）大陆和爪哇的低地水稻平原国家。③

西方殖民地城市和其他两个本土的政治体系一样，都面临着劳动力相对缺乏的问题。在这一地区，相对于领土所有权，劳动力更是政治权力的基础。像巴达维亚和马尼拉这种殖民城市的出现就依赖于中国市民，他们可以通过与中国家乡省份的贸易联系来提供劳动力。

---

① Wang Gungwu, *China and the Chinese Overseas*, Singapore: Times Academic Press, 1991, pp. 70 - 101.

② 就我所知，关于中国人对东南亚社会的贡献，仅有苏尔梦（Claudine Salmon）写了一篇开创性的论文。Claudine Salmon, "The Contribution of the Chinese to the Development of Southeast Asia: A New Appraisal," *Journal of Southeast Asian Studies*, Vol. 21, No. 1 (1981), pp. 260 - 275.

③ D. G. E. Hall, *A History of Southeast Asia*, London: Macmillan, 3rd ed., 1968, (first ed., 1955); J. C. Van Leur, *Indonesian Trade and Society*, *Essay on Asian Social and Economic History*, The Hague, W. van Hoeve Ltd., 1955; D. Lombard, *Le Carrefour Javanais*, *Essai d'Histoire Globale*, Paris: Éditions de l'École des Hautes Études en Sciences Sociales, 1990, 3 vols.

典型的马来国家或港口国一般都位于河口，对于外国商人来说扮演着货物中转地的角色，他们会来此购买这条河流所带来的货物。国家的形成与出口产品的处理紧密相关，统治者的关注点不在于贸易的必要性，而在于政治层面的财富。财富可以使"拉吉"（raja）维持更多的侍从，并增加他的亲信人数。马来国家的人口统计具有转瞬变化、并不稳定的特征，因为"拉吉"的臣民们经常用脚投票，一旦不同意统治者的政策，他们就会离开。

如果说马来家世富有的私商是"很少见的人物"（rara avis），那恰恰是因为他会被看作对"拉吉"权力基础的一个威胁。在一个马来政体中，外商受到鼓励以本土商人为代价去开发自己的资源。管理外国人贸易的港主们（Shahbandars）或港口负责人，经常是从外国贸易团体中招募的，这来源于港口贸易的繁荣。华侨们发现自己处于这样一个位置，即以其名义小心地调节和征收贸易税，就可以为"拉吉"的财富和权力做出相当大的贡献。把管理者的职位摊派给外国人，并不会打破权力的平衡和侵犯马来统治精英的决定。在港口国，当地的华人首领经常通过改变自身的文化来寻求安全，并维持与统治者的友好关系。他们能够在统治者和来访的华商之间扮演中间人的角色。① 这种合作形式的叠加优势在于，当华商发现可以在"拉吉"的充分保护之下从事他们自己的商业营生时，"拉吉"也提高了他在统治阶层成员关系中的地位。

低地水稻平原国家

在较大的水稻平原型国家，例如爪哇的马塔兰（Mataram）或暹罗，华侨们却发现自己处于一个略有不同的环境中。这里的农业生产模式，以及为象征性的行政中心收集剩余产品，是以强迫劳役和实物支付的方式组织起来的，由此建立起一种动态的垂直庇护关系和水平协同合作共同构成的金字塔形结构。不过，马塔兰的统治者建立起一种惯例，他们私自将华人安置在港口的行政职位上，并让这些管理者直接对自己负责。他们的目标是明确的：通过授予来自不同华人群体的部分成员重要的征税职位，他就可以越过复杂

① R. L. Winzeler, "Overseas Chinese Power, Social Organisation and Ethnicity in Southeast Asia: An East Coast Malayan Example," in Raymond Lee, ed., *Ethnicity and Ethnic Relations in Malaysia*, Northern Illinois University, Occasional Paper No. 12, 1986, p. 143.

的、总是会降低农业国家产出的传统社会结构的层级。通过这番策略，Susuhunan（爪哇梭罗国王，译者注）获得更多直接汇集的收入，由此见证其金融地位得到加强。

在暹罗王国，国王通常会赞助对外交易中相当大的一部分。在早期约定中，他们依靠穆斯林、中国人甚至是欧洲商人的服务来对这种贸易进行实际的管理。为国王提供服务也好，或为自己也好，中国商人开始渗透进出口商品的供应网络，例如森林产品和来自暹罗南部省份的锡。存在于暹罗与中国之间的朝贡贸易构架在 1683 年平定台湾之后急剧好转，这使得中国企业家可以在负责涉外事务和商贸的 phrakhlang 部门中巩固自身的地位。如同马来的政府（kerajaan）一样，雇用外国人并不是新方法。港主这一职位的暹罗版是 kromtha，它可以分成两个部分：一部分位于华人官员（choduk ratchasethi）的监管之下，另一部分则由穆斯林官员（chula ratchamontri）监管，但毫无疑问的是，18 世纪以来，暹罗朝廷中越来越多的华人官员提高了声望，潜在地使"摩尔人"黯然失色。[1]

爪哇的情形则相当不同。与暹罗国王的所为相比，马塔兰的统治者从没有以与之相同的方式或花费去投资外海贸易。但是，他们仍决心从北岸（Pasisir）的口岸贸易中征集尽可能多的预付款和税收。随着华人岛屿间贸易的扩散，许多华侨随着其线路到达爪哇的北部海岸地区。他们介入北岸地区的税收承包，并促进了马塔兰口岸产业的货币化。早在 17 世纪 80 年代，海岸地区的关卡和港口就被马塔兰的统治者出租给中国人经营。那些屡次出价竞标包税的人支付了两倍或三倍的租约价格，是因为这份租约为他们提供了交易其他商品的途径。[2] 这一时期铺展开的基础结构使得此后数十年间中国商人的大规模移民更加便利。

"欧洲人"的殖民城市

不论西班牙人与荷兰人在环绕东方海域的任何地方安顿下来，他们都明

---

[1]　Dhiravat na Pombejra, "Ayutthaya at the End of the Seventeenth Century: Was there a Shift to Isolation?," in A. Reid, ed., *Southeast Asia in the Early Modern Era, Trade, Power, and Belief*, Ithaca: Cornell University Press, 1993, p. 260.

[2]　P. Carey, "Changing Javanese Perceptions of the Chinese Communities in Central Java, 1755 – 1825," *Indonesia*, Vol. 37 (1987), p. 8.

确地意识到，其所在地都是中国人通往东南亚主航线的一部分。葡萄牙人最初和中国人进行贸易是在马六甲，但在发现通往中国海岸的航路并于 1557年在澳门长久驻扎之后，他们开始把到访马六甲的中国帆船看作其刚刚形成的中国海域网络的竞争对手。结果是中国帆船不再驶向马六甲，而在东南亚其他地方发展出新的转口贸易，比如爪哇的万丹和马来半岛东部海岸的北大年。

　　殖民城市马尼拉建立于 1571 年，是东南亚地区中西方商人建立的港口定居点的第一个范例。受每年从墨西哥输入白银的吸引，大量的中国人成群聚集在位于马尼拉旧城中心之外的涧内区（Parian quarter），不久就充当起城市中产阶级的角色。看到这一经济时机，许多移民也开始从事农业以便为这个城镇提供食物，他们中的大多数都来自福建晋江地区的四个小镇。马尼拉实际上象征着福建人的经济领先地位，正像它当时的别称"福建人的第二故乡"所暗示的。① 这个城镇作为华人的前哨站，通过它可以获得墨西哥的白银，同时作为人们收集热带商品的主要地区，这里有香料、玳瑁和食用燕窝，这些都是为了满足中国的消费而从摩鹿加群岛和苏禄群岛买来的。而西班牙当权者和中国移民的关系，则从最初的和谐退化到彼此憎恨。对于西班牙征服者（conquistadores）来说，了解和承认这一点并不容易，与其说他们利用了作为殖民者的优势，不如说他们自身为华人的经济世界秩序这股更强的力量所利用。尽管在 1603 年、1639 年、1686 年和 1763 年发生了大屠杀事件，华人中产阶层仍然是西班牙殖民地居民中的骨干力量。华人从事农业、渔业、零售业，并承包了殖民政府的所有税收。他们在持续为中国的沿海经济建立桥头堡的同时，也为菲律宾殖民经济的初步发育打下了基础。

　　在两个荷兰殖民港口（即亚洲公司总部所在的巴达维亚和台湾的热兰遮城）的移民中，中国移民占据着优势地位，它们是为荷兰东印度公司的远东贸易做出主要贡献的地方。对比于马尼拉这个范例，荷兰殖民城市巴达维亚（建立于 1619 年）则取得更进一步的发展。荷兰人和中国人共同居住于吧城之内，对华人的管理最初较好地纳入荷兰人的殖民统治。一位华人甲必丹（Kapitein China），即中国人的首领，受命处理其同胞的民政事务，并征收用

---

① T'ien Ju-k'ang, "The Chinese Junk Trade: Merchants, Entrepreneurs, and Coolies 1600 - 1850," in Klaus Friedland, ed., *Maritime Aspects of Migration*, p. 382.

来免除华人在城市民兵组织中服务的人头税。直到 1666 年，才有一两位首领代表华人坐上城市法官的席位。笔者已经在别的论著中指出，巴达维亚社会可以界定为热带地区的华人殖民城市，也可以看作西方人的殖民定居点。①

在台湾，荷兰东印度公司疲于应付岛屿西部平原地区没有头领的猎人村落社会，这种情形与此前截然不同。起初，荷兰人并没有领土方面的野心，在与残酷的猎人冲撞之后，公司深感有必要采取一些措施以便与最近的乡村实现和平。1636 年，公司驻台湾长官第一次将所占领的土地出租给汉人承包者或是"头家"（cabessas），他们会运送自己的契约劳工来耕作这块土地。一年以后，蔗糖种植园提炼的糖产量就达到了 300000～400000 斤。

荷兰东印度公司招揽福建生意人以及引进出口作物——公司对其拥有专买权——种植的政策，为来自福建的汉人定居者提供了新机遇，但是最终的结果就人命而言是代价昂贵的。除了狩猎范围，世居人群持续不断地骚扰汉人耕作的土地，而针对大约 10000 名种植园工人征收的高额人头税则加剧了他们的困境。

台湾的殖民经验展示了一种此后会在巴达维亚重复出现的模式。只要荷兰人和中国商人在海外贸易中牵扯在一起，他们就会相互补充，也能够找到进行合作的方式。然而，一旦华人开始对内陆地区的种植事业发生兴趣，并开始反对公司基于高额税收和低价收购的管理压迫，许多事情就开始失去控制。

17 世纪末，此前 50 年中国南海贸易的权力平衡彻底地改变了。荷兰东印度公司不再被认为是东亚海域的主要力量。荷兰人被迫归还了台湾，退出了与柬埔寨和东京（Tonkin）的直接贸易，并眼睁睁看着他们与日本的商业联系被德川幕府（bakufu）1685 年制定的政策所截断。

一个新时代的开始

在中国海外贸易的扩张掀起新一轮浪潮的前夕，随着 1683 年中国海外贸易自由化和制度化的开始，中国南海海域为中国人的创业精神提供了更加

---

① L. Blussé, *Strange Company: Chinese Settlers, Mestizo Women and the Dutch in VOC Batavia*, KITLV 122, Leiden, Dordrecht, Holland/Riverstone, USA: Foris Publications, 1986, pp. 73 – 96.

广阔开放的空间。① 这一次，中国南部其他港口的水手也涌入了这一浪潮。来自潮州地区的商人和企业家开展与暹罗的直接贸易，在那里他们可以建造帆船，并为中国市场购买大米、锡、香木和毛皮。② 驶向暹罗的潮州船因运回大米而变得非常有利可图，另一方面，它也为来自广东和福建内陆地区的客家移民劳工提供了一种运输方式，当家乡的矿物储量开始耗尽的时候，他们在海外的采矿作业中看到了新的工作机会。通过这种方式，一个平行于福建人的新网络铺展开来，有时会替代它，但更多的时候则是将自己的特产加进这一网络之中。

　　西方历史学家通常把 1700 年之后的一段时期看作广州体制时代，只有在这一体制的管理之下，欧洲商人才被准许到中国贸易。然而，广州体制只是一个更复杂的、为了管理流动的中国对外贸易而设计的体系的一部分。连同厦门、汕头、上海、镇海（在浙江省）等港口一起，广州（Canton）港也是一个重要的、为东南亚帆船贸易提供服务的海关中心。

　　起初是长崎和巴达维亚当局不得不忍受中国海外的商业活动浪潮所带来的冲击，随之而来的就是对商船和移民数量的强加限制。在长崎，中国人最后被安置在一个小岛，以便将其与日本的城镇居民隔离开来。

　　巧合的是，巴达维亚因为在 1683 年吞并了附近的敌对者万丹，其城镇的内陆地区由此进入被开发的过程。中国劳动力在这里受到欢迎，他们可以增援尚无经验的农业部门，以使其能够为波斯市场生产蔗糖。城郊地区的逐步开发，蔗糖专卖者荷兰东印度公司压迫性的价格垄断，以及合作管理体系最终被打破，都是华人 1740 年发动反抗荷兰人统治的起义根源。作为报复，当时这一城市几乎所有的华人在长达一周的大屠杀中遭到屠戮，这一丑陋的恶行沿着华人网络形成的冲击波遍及爪哇各地，显示出华人融入爪哇社会的程度。在北岸的每一处地方，华人都在反抗。从 1740 年延续到 1743 年的华人战争（Perang Cina），甚至最终导致了马塔兰统治者的倒台。③

---

① Ng Chin-keong, *Trade and Society*: *The Amoy Network on the China Coast 1683 - 1735*, Singapore: Singapore University Press, 1983.

② J. W. Cushman, *Fields from the Sea*: *Chinese Junk Trade with Siam during the Late Eighteenth and Early Nineteenth Centuries*, Ithaca, New York: Cornell University, 1993; Sarasin Viraphol, *Tribute and Profit*: *Sino - Siamese Trade*, *1652 - 1853*, Cambridge Mass.: Harvard University Press, 1977.

③ W. G. J. Remmelink, *The Chinese War and the Collapse of the Javanese State*, *1725 - 1753*, Leiden: KITLV Press, 1994.

　　与此同时，东南亚出现了一些重要的发展，最终对中国人海外贸易的多样化有所贡献。首先，所谓的欧洲港脚商人在中国南海的出现，以及新加坡海峡周边地区布吉人地位的提升，对于 18 世纪后半期群岛地区新的贸易方式的生成是重要的催化剂。① 面对巨大的竞争，马六甲的荷兰人失去了对邻近的吉打、雪兰莪和丁加奴统治者的掌控，不得不撤回到不干涉政策。

　　为了满足中国对黄金、锡和胡椒的需求的增长，中国帆船像蜜蜂一样成群地在中国南海穿梭。到 18 世纪 20 年代，已有上千户中国家庭定居在马来半岛末梢的柔佛，他们在那里种植销往中国市场的胡椒。而从柔佛通向其他地区也有着巨大的贸易量。同样的故事也发生在丁加奴：其一半人口是中国移民，他们从事胡椒种植、黄金采掘，或是沿海运输，以便与暹罗、柬埔寨、东京和加里曼丹等沿海地区的分点（subsidiary depots）进行贸易。②

　　到 18 世纪 30 年代，中国的农业劳动者已在廖内群岛（位于新加坡和东苏门答腊之间）定居，并开垦这些岛屿的山坡以种植黑儿茶。加里曼丹西北部的文莱居住着大量中国移民，他们的胡椒种植园非常兴盛，并向内陆地区延伸出数英里。这里还有可以停泊 500～600 吨船只的码头，能为帆船运输提供服务。托马斯·福里斯特（Thomas Forrest）1776 年访问这里，对文莱和中国之间的繁荣商业留下了深刻印象，并把它比作欧美之间的贸易。当他到访霹雳这个穆斯林州时，对中国文化的巨大影响力——苏丹都穿着中国样式的服装——同样感到惊奇。③

　　在马来半岛和邦加岛的其他地方，中国矿工（主要是客家人）使锡矿的开采更加发达。在过去 10 年的一次短暂市场饱和之后，中国对锡的需求又在 18 世纪 70 年代出现增长，吉兰丹、霹雳以及稍晚时候的雪兰莪（19 世纪 20 年代）的地方统治者纷纷招募中国矿工。④ 西加里曼丹（婆罗洲）

---

① Dianne Lewis, "The Growth of the Country Trade to the Straits of Malacca, 1760 – 1777," *JMBRAS*, Vol. 43, No. 2 (1970), pp. 114 – 129.

② D. K. Bassett, "Changes in the Pattern of Malay Politics 1629 – 1655," in S. Arasaratnam, ed., *International Trade and Politics in Southeast Asia 1500 – 1880*, *Journal of Southeast Asian History* (Special Issue), Vol. 10, No. 3 (1969), pp. 429 – 452.

③ Thomas Forrest, *A Voyage to New Guinea and Moluccas from Balambangan Including an Account of Magindano, Sooloo and Other Islands… during the Years 1774 – 76*, London: J. Robson, 1779, p. 27.

④ B. Andaya Watson, *Perak, the Abode of Grace, A Study of an Eighteenth – Century Malay State*, Kuala Lumpur, New York: Oxford University Press, 1979, p. 325; J. M. Gullick, *A History of Selangor, 1792 – 1957*, Singapore: D. Moore for Eastern U. P., 1960, p. 44.

的三发和坤甸也存在同样的情况。甚至早在 18 世纪 50 年代，那里的马来统治者就找来潮州人和客家矿工在内陆地区开采金矿。中国人寻找香料和森林产品并视之为重要商品的时代已经过去了。

18 世纪末，每年移民到西加里曼丹的新人（orang baru）估计已达 3000 名之多。在文莱，淘金热甚至冲击了当地的华人团体。他们任由种植园里的胡椒疯长，反而全部投身于沙捞越金矿的开采。[①]

起初，来到西加里曼丹的华人对土地并没有野心。在马来统治者的任命下，他们在采金上发了大财，当然，他们也需要获得足够的食物供应。为了满足其需求，农业生产者第一次结群组成兄弟般的行业组织，称为"会"，以便共同决定食物价格。天地会是这些组织中的一个，它变得如此暴虐，以致矿工们起来反抗并要打破其垄断。矿工们将人数不同的劳动人口组织起来，其多少依赖于矿区的范围，就此建立了各种各样的联盟。这些或小或大的公共伙伴关系——所谓"公司"（gongsi，在殖民文献中"kongsi"这一拼法更加知名，符合客家人的发音）——的起源表明，客家人按照他们在中国的采矿业中已经发展起来的组织结构进行布局，在国内，他们也是作为矿工在多山地区工作，周围环绕着土生土长的部落人口。在加里曼丹，他们发现彼此之间的联系被当地的达雅人（Dayaks）隔断了，马来沿海地区的统治者并不能为他们提供任何保护。为了耕作，这些"公司"不久就在很大程度上转变为武装起来的自治团体，并按照自身的法律进行管理。当华人在东南亚遇到新的挑战时，为了生存，他们形成了新的回应模式。加里曼丹的大型"公司"们甚至最终将地方统治者置于他们的保护之下，目的则是确保这些统治者地位的稳定，这对于持续和平的定居是一个必要的条件。[②]

1790～1830 年出现的中国人淘金热，对于西方观察者的想象具有强烈的吸引力。矿工们的"共和国"不同于早期的中国移民，就此意义而言，它们可以使中国移民进入多样化的农业领域，当协作方案不起作用时，还可以相应地在当地发挥自治势力的作用。但是，由于马来统治者保持着对河口的控制，他们仍然可以从华人的进出口运输所提供的税收中得到大量的利润。

---

① John M. Chin, *The Sarawak Chinese*, Kuala Lumpur, Oxford, New York, Melbourne: Oxford University Press, 1981, p. 8.

② Yuan Bingling, *Chinese Democracies. A Study of the Kongsis of West Borneo*, PhD., Leiden University, 1998.

研究马来群岛的锡矿矿工社区和"港主"定居点的 J. M. 胡力克
（J. M. Gullick）指出，即使这些方案是在当地"拉吉"较为严密的控制之下
运行的，它们也倾向于忽视而不是去了解马来的政治经济。一个明显的理由
是，华人的采矿活动聚集在马来人并没有占用的地区，正因如此，他们仍是
华人经济网络的一部分。"马来人（就他们而言）似乎只是把华人看作外国
人，就像看不起其他外地人一样，这些人都是由他们按自己的方式去运转
的。"①

事实上，正如安东尼·米尔纳（Anthony Milner）所揭示的，马来的
"拉吉"感到，有比华人更重要的事情需要关注。来自东方的中国势力和来
自西方的伊斯兰教原教旨主义，在 19 世纪早期均对马来人生活方式的真正
基础形成挑战，处于这一夹缝中的马来"拉吉"们，越来越认同伊斯兰教。
他们不像华人，不会为了自己的目的而攒钱。在他们和有进取心的移民之
间，存在一条无法跨越的哲学鸿沟。马来人在意的是名声、地位和威望，认
为勤奋不懈的华人比较缺乏这些概念。②

根据卡尔·托洛克基（Carl Trocki）所说，1795~1818 年，华人在群岛
形成了自身的政治机构和经济控制："华人的到来不但代表着另一种自治势
力，给已经衰弱的马来政治组织造成压力，而且发展出政治机构，从而使他
们进行基于持久独立的实质管理成为可能。"③

似乎只有柔佛的天猛公（Temenggung）易卜拉欣（Ibrahim，1825 -
1862）及其继任者阿布·巴卡尔（Abu Bakar，1862 - 1895）对中国移民组
成公司进行了必要的管理安排。他们通过引入"港主"制度，有效地重组
其权力基础。在这一制度下，他们传统上的崇拜者——马来的航海家和商
人，被来自中国的农业劳动者所取代。字面上是"河流归属人"之意的制
度，允许中国人组织河流上游的移民种植胡椒和黑儿茶。天猛公们"变成
了官僚，正在学习如何管理一个中国农业系统的收入"。④

---

① J. M. Gullick, *Malay Society in the Late Nineteenth Century*：*The Beginning of Change*，London，
Kuala Lumpur，Hong Kong：Oxford University Press，1987，pp. 13，64.

② A. C. Milner,*Kerajaan*：*Malay Political Culture on the Eve of Colonial Rule*，Tucson：University of
Arizona Press，1982，pp. 12，105.

③ C. A. Trocki，*Prince of Pirates*：*The Temenggongs and the Development of Johor and Singapore*，
1784 - 1885，p. 32.

④ C. A. Trocki，*Prince of Pirates*：*The Temenggongs and the Development of Johor and Singapore*，
1784 - 1885，p. xix.

　　中国与东南亚之间交易的增长和热带地区接踵而至的移民对暹罗和爪哇农业社会的结构产生了更为普遍的冲击。在泰国和爪哇的乡村风景中，都存在中国征税人的熟悉身影。一个几乎不可能的巧合是，在缅甸入侵者被击败之后，一位祖籍潮州的男子达信在 1782 年（达信建立吞武里王朝是在 1767 年——译者注）成为泰国新王朝的建立者。曾经是税收承包人的达信，为了保护王国的南部边疆，转而任命华人作为税收承包人、省长以及军事指挥官。①

　　达信实际上并不看重这一区域的地方贵族，而是把郑天赐视为他的最大竞争者，与他一样，郑天赐也是一位华裔混血，并统治着大量中国侨民的港口——河仙。直到达信洗劫河仙，消灭其竞争对手，他才能够去建立一个新的泰国国家机构。在此之后的年月里，暹罗开始确立的货币化过程产生了极为深远的影响，使得原本取决于传统王朝藩属保护制度（nai-phrai system of clientship）的泰国社会组织因基于现金支付的非正式关系而受到威胁。华人的影响可见于泰国社会的各个层面。

　　1755 年吉扬提（Giyanti）和平条约签订之后，正是国家开始形成的阶段。1808 年，日惹（Yogyakarta）的统治者依靠当地的华人在关卡和市场实行高效的包税制度，40% 的财政返还表明这是王国一项重要的收入来源。②只要包税人依旧直接向日惹王权负责，即使他们的越轨行为频繁出现，也可以得到相当的容忍。当他们的地位更加稳固时，基于其在当地的影响和权势，华人半自治式的税收机构在荷兰人殖民统治的大帝国范围内，发展成为小型的封地，这一过程在詹姆斯·拉什（James Rush）有关爪哇鸦片专卖的研究中有着非常详细的描述。③

　　在 18 世纪 70 年代和 80 年代，荷兰人试图将中国的帆船贸易限制在巴达维亚和马六甲的努力遭遇惨败。华人在东南亚的贸易网络可以使其免受西方人的干涉。至 18 世纪 80 年代，华人在廖内的黑儿茶种植、文莱的胡椒培植、西加里曼丹的采金以及邦加、吉兰丹和普吉岛的锡矿挖掘都得到了发

---

① Chingho A. Chen, "Mac Thien Tu and Phraya Taksin, A Survey on Their Political Stands, Conflicts and Background," in *Proceedings of the Seventh IAHA Conference*, 22 – 26 August 1977, Vol. II, pp. 1534 – 1575.

② P. Carey, "Changing Javanese Perceptions of the Chinese Communities in Central Java, 1755 – 1825," *Indonesia*, Vol. 37（October 1987）, p. 19.

③ James R. Rush, *Opium to Java*, *Revenue Farming and Chinese Enterprise in Colonial Indonesia*, *1860 – 1910*, Ithaca: Cornell University Press, 1990.

展。当在群岛遇到新挑战时，他们向马来半岛的各处散布，并发展出新的应对模式。

当此之时，英国人尝试将其资源与华商在群岛的网络连接起来。1786年弗朗西斯·莱特（Francis Light）对槟榔屿的占领是英国人第一次试图在东南亚融入华人的网络。正如 1619 年库恩总督（Jan Pietersz. Coen）使用"正义和非正义"的手段使万丹附近的华人移居于巴达维亚一样，莱特也试图诱使马六甲的华人去往槟榔屿。① 对于英国人来说，槟榔屿在许多方面起着试验场的作用，他们可以在那里熟悉一个华人交易团体的实际管理。问题在于，这个港口并不是实现上述目的的理想地方。中国帆船更愿意驶向较易进入的目的地。

18 世纪的历史就像布罗代尔所描述的 16 世纪一样，是一个"漫长的 18世纪"。直到 19 世纪 20 年代，东南亚的华人世纪才到达它的顶峰。当托马斯·斯坦福·莱佛士爵士（Sir Thomas Stamford Raffles）在 1819 年占领新加坡，使之成为一个港口，并按照自由贸易原则和最低限度的管理介入运行时，目标终于达到了。在这里，华人发现宽松的政策有助于他们的商业活动，相对于印度次大陆和中国来说，这个自由港更容易接近，因此其自建立之初，就立刻获得了巨大的成功。

在这里不能追述从新加坡的早期历史到大量苦力输送的兴起，以及其在南洋群岛中充任分销中心的作用。这里要指出的重点是，莱佛士从西班牙人和荷兰人对马尼拉和巴达维亚的失败统治中吸取了经验，在其建立的贸易港，在英国殖民统治不干涉政策的支持下，他给予了中国企业家发展事业的完全自由。通过兼并群岛地区的华人贸易网络，英国人打开了在该地区进行零售贸易的渠道。至此，西方人的帝国主义政策和中国人的贸易扩张彻底地开始相互影响。

结 论

中国人航向东南亚并发展出有弹性的网络，使他们有机会获得其所需要的热带商品，并在交换中提供自己想要出口的产品。不论在哪里，中国商人

---

① V. Purcell, *The Chinese in Southeast Asia*, London, Kuala Lumpur, Hong Kong：Oxford University Press, 1965, p. 97.

都可以得到其所需要的，他们乐意遵守马来王国当地传统的、给予外国商人相对安全的贸易规则。尽管港口王国的华侨在早期就出色担当过"港主"这样的职位，但这些王国并不是那种华人影响可以带来社会变迁的社会。外国商人所提供的服务在柔性协作的"王国"（kerajaan）制度体系中得到了很好的利用，但是在马来王国设计的政治共同体中并没有华侨的位置。当客家矿工受当地"拉吉"之邀在内陆地区开发矿产时，这些后来者并没有在那里运用任何有影响的最高统治权，他们发现自己处于这样一种境地，即为了能够保护自身不受达雅人以及互相之间的伤害，他们不得不创造新的政治组织形式。

实际上，在大型的农业国家，华人的势力几乎遍及各处，他们不得不渗入这里。为了获得沿海地区没有的商品，他们被迫冒险走向内陆，并且不得不在陆上延伸他们的网络。对于华人来说，税收承包的联合运作以及岛内的远距离运输最终都变得有利可图。对于泰国和爪哇宫廷方面而言，等于也产生了一个新的、稳定的收入来源，因此，他们把华人的包税制网络变成了本地管理结构中必需的一部分。

只要海外华侨能够实现他们的追求，只要当地的管理在外人待遇方面是可以忍受的，那么他们愿意在殖民城市外国人的保护下生活。在讨论 19 世纪英国企业在南美洲各共和国的经营时，罗纳德·罗宾森（Ronald Robinson）杜撰了"非正式帝国"的概念。他指出，为了英国人的工业利益，控制当地市场而无须承担管理花费是适当的。① 也许人们能在海外华人中发现同样的情况，并进一步观察到，他们甚至能从忍受当地的管理中获得利益。

在欧洲殖民国家进入 19 世纪早期之前，中国农业社会较为先进的经济组织（为消耗农业剩余产品而设计的）的某些特征已经慢慢渗入东南亚社会当时的政治结构。仅仅在清朝统治者 1683 年允许其臣民驶向南洋群岛之后的 100 多年间，中国世界秩序的经济扩张已经延伸到中国南海海域的所有国家。事实上，如果想要给中国面向海洋——我们并非完全偶然地称之为"中国海"——扩张的这个特殊的王朝时期贴上一个标签的话，人们也许会称之为"华人世纪"。

---

① Ronald Robinson and Jack Gallagher, "The Imperialism of Free Trade," in W. M. Roger Louis, ed., *The Robinson and Gallagher Controversy*, New York: New Viewpoints Publishers, 1976.

Chinese and the China Sea Region of
The Eighteenth Century

Leonard Blussé

Abstract：The Chinese sailed to Southeast Asia developing resilient networks that gave them access to the tropical commodities they needed and that in exchange provided them with outlets for their products. Overseas Chinese sojourners were willing to live under foreign tutelage in colonial cities as long as they could carry out their own pursuits and as long as the local administration was tolerably just in its treatment of foreigners. Certain features of the relatively advanced economic organization of Chinese agrarian society insinuated themselves into the existing political structure of Southeast Asian society before the European colonial state stepped in the early nineteenth century. Only a hundred years after the Manchu authorities had allowed their Chinese subjects to sail to the islands of the Nanyang in 1683, the economic expansion of the Chinese world order had extended to all shores of the South China Sea. Indeed, if one wanted to attach a label to this particularly dynamic period of Chinese overseas expansion into the sea which we, not altogether by chance happen to call the China Sea, one might well call it the Chinese Century.

Keywords：Chinese；The Eighteenth Century；The China Sea Region

（执行编辑：罗燚英）

海洋史研究（第十五辑）
2020 年 8 月　第 97～109 页

龙脑之路

——15～16 世纪琉球王国香料贸易的一个侧面

中岛乐章（Nakajima Gakusho）[*]

龙脑是马来群岛上赤道附近的野生龙脑树（Dryobalanops aramatica）的树脂凝结而成的一种天然结晶体，香气浓郁，自古便被当作名贵香药备受珍视。龙脑的产地主要在婆罗洲岛北部的沙捞越－浡泥地区、马来半岛东岸、苏门答腊岛西岸的巴鲁斯（Barus）国，婆罗洲北岸是最大的产地。龙脑在印度和西亚等地除作为焚香香料，也被当作涂抹在身体上的化妆香料、涂抹神像的香油香料以及饮食香料，需求广泛。此外，中国自古以来在将龙脑作为香料使用的同时，也将其作为眼药、强心剂、兴奋剂、防虫剂中的最高级药材使用。[①]

古代日本亦从中国进口龙脑。天宝元年（742），鉴真和尚东渡日本时，其船上所备物品中便有龙脑香。天平胜宝四年（752）的正仓院文书中也有与其他香料一起购入龙脑香的记录。[②] 此后，通过日宋、日元贸易，龙脑也

---

[*] 作者中岛乐章（Nakajima Gakusho），日本九州大学文学部东洋史研究室准教授；译者吴婉惠，广东省社会科学院海洋史研究中心助理研究员。

[①] 山田憲太郎『東亜香料史研究』中央公論美術出版、1967 年、37～72 頁；『南海香药谱：スパイス・ルートの研究』法政大学出版局、1982 年、500～547 頁；Roderich Ptak, "Camphor in East and Southeast Asian Trade, c. 1500. A Synthesis of Portuguese and Asian Sources," in Roderich Ptak, *China, Portuguese, and the Nanyang: Oceans and Routes, Regions and Trade（c. 1000 - 1600）*, Aldershot: Ashgate, 2004, pp. 142 - 166.

[②] 山田憲太郎『東西香薬史』福村書店、1956 年、324～333 頁。

得以输入日本。11 世纪的藤原明衡在《新猿乐记》中谈及海外输入品（唐物）时也列举了龙脑。龙脑除了被皇族、贵族等用作香料、药品，也被作为密教仪礼的"五香"之一，备受重视。①

14 世纪末，明朝实施海禁政策，中断了民间华人海商将包括龙脑在内的南海产品输入日本的合法途径。14 世纪初期，日明朝贡贸易开启，日本的遣明船将中国以及南海的商品带入日本市场。此后的日明贸易断断续续，到 15 世纪后半期，被限制为十年一次，仅靠这样的朝贡贸易根本难以满足日本市场的需求。取而代之，成为南海产品供给东亚路径的，是众所周知的琉球王国的中转贸易。龙脑也是琉球中转贸易中输出的主要南海商品之一。关于琉球中转贸易具体情况，学界讨论尚不充分。本文聚焦于龙脑，藉此考察琉球王国所进行的南海产香料、药品的中转贸易。

一　15 世纪东亚及东南亚海域的龙脑贸易

15 世纪后半期的五山禅僧、15 世纪末时任建仁寺主持的天隐龙泽，在堺港的日本医师清隐搭乘遣明船前往明朝时，赠其七言绝句一首，诗文前有如下记述：

> 亲泉南清隐翁讳友派，以医为业。救人之急，不求其报，世亦以之为善也。常叹曰："吾学卢扁之伎者久矣。然药有陈新，方有古今。……人参、甘草、麝香、龙悩［脑］之类不产吾土，待南舶用之。苟无南信，则抽手于急病之傍，岂不慨唱乎。吾今附贡船，入大明国求药材。今吾邦之人沐大明皇帝惠民之德，则如何。"余曰："善莫大于此。夫作相不济民者，作医以济人。跻斯民于仁寿之域者斯一举乎。"……②

按照清隐的说法，日本不出产人参、甘草、麝香、龙脑等高级药材，仰给于"南舶"，如果此途断绝则别无获取之法。因此，清隐搭乘"贡船"渡海至明，试图获得这些药材。

---

① 関周一『中世の唐物と伝来技術』吉川弘文館、2015 年、11 頁、83～84 頁。
② 以心崇伝『翰林五鳳集』卷三十三「雑和部」、『大日本仏教全書』第 145 册仏書刊行会、1915 年、679～680 頁。参见小葉田淳『中世南島通交貿易史の研究』日本評論社、1939 年、28～29 頁。

　　清隐搭乘的是哪一年的"贡船"即遣明船尚不明确。永享三年（1431），10岁的天隐龙泽成为建仁寺的僧童；应仁元年（1467）开始，为躲避战乱，他辗转于建仁寺、近江、播磨、因幡之间；文明十四年（1482）起，天隐龙泽担任建仁寺住持，明应九年（1500）去世。[①] 文明九年（1477）后，遣明船从原来的兵库改由堺港出发。因此可推测，清隐搭乘遣明船的时间应为应仁二年（1468）、文明十六年（1484）或明应四年（1495）中的某一年。

　　此外，小叶田淳在介绍这段史料时认为，清隐所说的"南舶"，按照"当时的用法应是指遣明船"。但是该史料的后文中，将遣明船称为"贡船"，这似乎又和"南舶"有所区分。另一方面，小叶田淳指出，由于15世纪初开始便定期来航兵库港的琉球王国的使节船，在应仁之乱后中断，因而可判断依靠琉球船输入南海产品也一并中断，因此造成日本最大的消费市场——畿内市场的严重供给不足。[②] 人参、甘草、麝香等中国药材，除了十年一次的日明贸易，完全依赖从琉球进口。这样看来，"南舶"应为琉球王国的使节船，或者是来自琉球的堺港商人的船。

　　那么，琉球王国本身又是从何处进口龙脑等南海产药材，然后再运往堺港的呢？众所周知，15世纪后半期，琉球王国主要派遣贸易船前往马六甲王国和大城王朝，展开交往，尤其是马来群岛最大的商品集散港——马六甲。

　　1511年，葡萄牙人占领马六甲，设置要塞和商馆。翌年，成为马六甲商馆员的多默·皮列士（Tome Pires）在其《东方全志》中，详细讲述了以马六甲为中心的海上贸易情况。如上文所述，龙脑的产地主要在婆罗洲岛北岸、马来半岛东岸、苏门答腊岛西岸。皮列士书中描述苏门答腊岛西岸的巴鲁斯王国称，"这是黄金、生丝、安息香、大量的龙脑、沉香、蜜蜡、蜂蜜"等的中转港口，每年有1~3艘来自印度西北部古吉拉特的船。古吉拉特人收购"大量的黄金、生丝，许多的安息香、沉香，两种龙脑——多数用于食用——还有大量的蜂蜡和蜂蜜"。[③] 如此来看苏门答腊产的龙脑主要由古吉拉特商人带到印度和西亚。苏门答腊岛东北岸的阿路地方，也产出

---

①　玉村竹二『五山禅僧伝記集成』思文閣、2003年、476~478頁。

②　小葉田淳『中世南島通交貿易史の研究』、26~35頁。

③　Armando Cortesão, trans. and ed., *The Suma Oriental of Tomé Pires and the Book of Francisco Rodrigues*, Vol. I, London: The Hakluyt Society, 1944, p. 161.

"大量的食用龙脑"。①

　　此外，皮列士文中还记载了从浡泥到马六甲的商人，"他们每年运去两个或三个巴哈尔的贵重龙脑。每一卡提龙脑，大小不同而价格各异。根据种类和品质，值 12 个到 30 个乃至 40 个克鲁扎多不等"。② 可见，浡泥商人从龙脑最大的产地婆罗洲岛北部，运送大量的龙脑到马六甲。皮列士在列举从马六甲运往广东的商品时，提及胡椒等各种南海商品的同时，也记载了华商"大量购买""许多的浡泥龙脑"。③

　　同时，皮列士在列举从孟加拉到马六甲的商人运载的商品时，首先便提到"婆罗洲的龙脑"和胡椒，并附言这两种商品销售量颇大。④ 再者，同时代在印度西南海岸的坎纳诺尔的商馆从事贸易的杜阿尔特·巴波萨（Duarte Barbosa），也有关于婆罗洲产品的记述："在此可以找到大批食用龙脑，备受印度人珍视，其价值相当于同一重量的白银。他们将其研磨成粉末，装入竹筒后运到那罗信伽（Narasinga）、马拉巴尔、德干。"⑤ 可见，除了华商将浡泥的龙脑经由马六甲供给中国市场，孟加拉等商人也从马六甲将龙脑运往印度市场。

　　然而，皮列士在记载马来半岛东岸的港市时却基本没有提到龙脑。这些港市大多数从属于大城王朝，皮列士谈到从马六甲输往暹罗输的商品时，说的是"婆罗洲的龙脑"。⑥ 可见，当时马来半岛东岸的龙脑生产量有限，其在贸易市场的重要性也相对较低。

　　16 世纪初，龙脑的两大产地为婆罗洲岛北岸和苏门答腊岛西岸。前者从浡泥运往马六甲，再提供给中国市场。后者由古吉拉特商人带到印度和西

---

① Armando Cortesão, trans. and ed., *The Suma Oriental of Tomé Pires and the Book of Francisco Rodrigues*, Vol. Ⅰ, p. 148.

② Armando Cortesão, trans. and ed., *The Suma Oriental of Tomé Pires and the Book of Francisco Rodrigues*, Vol. Ⅰ, p. 132.

③ Armando Cortesão, trans. and ed., *The Suma Oriental of Tomé Pires and the Book of Francisco Rodrigues*, Vol. Ⅰ, p. 123.

④ Armando Cortesão, trans. and ed., *The Suma Oriental of Tomé Pires and the Book of Francisco Rodrigues*, Vol. Ⅰ, p. 93.

⑤ Mansel Longworth, ed. and annot., *The Book of Duarte Barbosa: An Account of the Countries Bordering on the Indian Ocean and their Inhabitants*, Vol. Ⅱ, Hakluyt Society, 1918, pp. 207 – 208.

⑥ Armando Cortesão, trans. and ed., *The Suma Oriental of Tomé Pires and the Book of Francisco Rodrigues*, Vol. Ⅰ, p. 108.

亚。皮列士在书中记载，琉球人从马六甲运回"和华人一样的商品"。① 这些商品中也许亦包括婆罗洲产的龙脑。当时的海域亚洲存在"龙脑之路"。婆罗洲产的龙脑除了由浡泥商人运送到马六甲，然后提供给中国市场，也由琉球船运往那霸，再由堺港商人提供给畿内市场。

二　运往朝鲜的龙脑路线与动向

在以琉球为结节点，连接东亚、东南亚的"龙脑之路"上，朝鲜是比日本更为重要的消费市场。日本对龙脑的需求，主要在于佛教仪式和香薰物的使用。而朝鲜则更多是在药用方面。在高丽王朝时期，龙脑已被尊为珍贵药材。例如在 13 世纪前期，重臣李奎报患眼疾之际，"医云非龙脑难理"，然"此药非人间所常得也"。权臣晋阳公崔怡特地"赐以千金难觅之药"的龙脑，李奎报的眼疾最终得以痊愈。为此，李奎报特意作七言诗三首，向崔怡深表谢忱。其中一首云："龙脑真为百药王，人间处处觅难轻。一朝得受千金赐，未启缄封眼已明。"② 可见在当时，龙脑是朝廷高官也不易得到的高贵药材。

龙脑作为调制各种高级药物不可或缺的成分，一直到朝鲜王朝时期都深受重视。例如，正统五年（1440），承政院就市场上充斥着品质低劣药材的问题，做出以下建言：

> 凡用药治病之法，随证投药，乃得其效。世人不察病根，若患急病，则皆用清心圆，有违用药之法。……近来议政府六曹承政院义禁府等各司年年剂作，家家蓄之，病家因缘求用。因此乃于惠民局、典医监，买之者甚少，一年所剂，未毕和卖，陈久不用。若未得龙脑，则用小脑剂之，殊失药性，有害无益……且苏合圆、保命丹，亦是贵药。京外各处，非徒轻易剂造，至于市井之辈，不精剂造见利，亦为未便。又况苏合圆方内，或用龙脑，或用麝香。今各处未得龙脑，则用小脑剂之，有违本方，反为有害。请自今京外公私各处清心圆剂作，一皆禁

---

① Armando Cortesão, trans. and ed., *The Suma Oriental of Tomé Pires and the Book of Francisco Rodrigues*, Vol. I , p.130.

② （高丽）李奎报：《谢晋阳公送龙脑及医官理目病》，《东国李相国后集》卷九，载《影印标点韩国文集丛刊》第 11 册，景仁文化社，1988，第 487 页。

断，加惠民典医监剂数。其价酌量差减，大小病家，并皆买用苏合圆、保命丹，则若未觅龙脑，勿用小脑，须用麝香。①

当时，清心丸、苏合丸、保命丹等药品原本应由惠民局、典医监制造，然而由于政府各机关和民间的滥造及其在市场的广泛流通，惠民局和典医监的制药滞销。并且，原本需龙脑调配的药品，多以小脑（樟脑）调配，以致低劣品居多。为此，承政院提议禁止惠民局和典医监以外的机构或个人调配相关药品，并且严禁用小脑等代替龙脑。

那么，朝鲜王朝是通过何种路线获得龙脑的呢？朝鲜王朝实录中不乏从海外进口胡椒的记录。首先，有明朝通过南海诸国的朝贡贸易获得龙脑，再提供给朝鲜的方式。宣德七年（1432），礼曹判书的启本中有记："朱砂、龙脑，虽曰贵药，求之中国，则犹可得也。沉香则虽中国，未易得之。"可见和沉香不同，龙脑可以从中国输入。② 例如永乐元年（1403），朝鲜国王太宗派遣使节前往明朝之时，为了治疗父王太祖的疾病，上奏"需龙脑、沉香、苏合香油诸物，赍布求市"。对此请求，永乐帝就"命太医院赐之，还其布"。③ 又明年"朝鲜国王缺少药材，差臣来这里收买"，皇帝再次交予"龙脑一斤"等药材。④ 洪熙元年（1425）、成化十七年（1481）、成化十九年（1483），应朝鲜国王要求，明朝遣使朝鲜时便带去皇帝赏赐的龙脑。⑤

成化十七年，正使左议政韩明烩在北京的玉河馆逗留期间，曾向太监姜玉请求龙脑和苏合油。对此姜玉回答："此皆药肆所无。纵或有之，皆赝品也，非真也，最未易得者也。"几天后，姜玉再次造访玉河馆，将龙脑和苏合油赠予韩明烩，并告知："予入侍清燕，伺间奏宰相（韩明烩）求药之意，外间难得之状。帝曰：'然则吾当与之矣。'今朝，帝急召玉，出内帑药授之，曰：'汝往赍老韩。'"⑥ 可见，即便在京城市场也很难购买到高品质的龙脑。韩明烩也是通过太监的协助，才得以获赐收藏于内廷的龙脑。

① 《世宗实录》卷九十一，正统五年十一月辛酉条。
② 《世宗实录》卷五十八，宣德七年十月乙巳条。
③ 《海东释史》卷三十六，交聘志四，成祖永乐元年四月条。
④ 《太宗实录》卷八，永乐二年十一月己亥条。
⑤ 《世宗实录》卷三十，洪熙元年十一月壬寅条；《成宗实录》卷一百二十九，成化十七年十二月癸未条；《成宗实录》卷一百五十七，成化十九年八月辛未条。
⑥ （高丽）李承召：《三滩集》卷十一序，载《影印标点韩国文集丛刊》第1册，景仁文化社，1990，第228页。

从上述的情况可推测，通过朝贡使节从中国获得龙脑的方式并非主流，最为重要的方式还是与东亚诸国的海上贸易。早在15世纪初期，东南亚诸国通过华人海商得以直接与日本、朝鲜展开交往。永乐四年（1406），发生了爪哇国的使节沈彦祥在朝鲜近海的郡山岛遭受倭寇袭击，船上所载龙脑等南海商品被夺事件。① 琉球王国自15世纪末开始便向朝鲜王朝派遣使节，展开直接交往。这些使节们正式进献的物品中是否含有龙脑，暂无法确认。但是琉球船有可能将龙脑作为交易的商品而非进献物品输出海外。并且朝鲜王朝实录中也记载了博多和对马等九州北部的诸势力，在向朝鲜输出胡椒等南海商品外，也输出龙脑。永乐十九年（1421）对马的左卫门大郎、永乐二十一年（1423）筑州管事平满景和对马的宗贞盛，都曾向朝鲜国王进献龙脑。② 宣德二年（1427），壹岐的源重和松浦的源昌明等也进献过龙脑。③

进入15世纪中期，虽然找不到日本人来进献龙脑的记载，但实际上，对马和博多等地的"兴利倭人"会定期向朝鲜输出龙脑。例如弘治七年（1494），日本人就抗议输出商品的官方购买价格比民间价格低太多。对此，户曹向成宗建议提高购买价格，但不应允许其与民间商人直接交易。但是成宗认为"余物不须贸之，如龙脑、大波皮、沉香，皆切于国用，问其直以贸焉"，龙脑、沉香等为朝廷不可或缺之商品，指示户曹接受价格谈判。④

这些和朝鲜交往的日本人们，通过什么样的路线获得龙脑呢？15世纪初期，像1406年那次的爪哇船事件一样，通过袭击来自东南亚的船只掠夺商品，或者通过贸易获得龙脑，或将和明朝的朝贡贸易中输入的龙脑进行再输出等都有可能。但是之后，前往东亚的东南亚船一度中断，和明朝的朝贡贸易也断断续续。可推测，此时日本人向朝鲜输出的大部分龙脑，都是先从琉球输入的。萨摩的岛津氏，自14世纪末开始便通过琉球获取南海商品，再进献给朝鲜王朝。⑤ 15世纪中期以后，博多商人也为朝鲜提供南海商品，有力推动了琉球和朝鲜的贸易。他们或委托琉球王国遣往朝鲜的使者，或假

① 《太宗实录》卷十二，永乐四年八月丁酉条。
② 《世宗实录》卷十一，永乐十九年八月丁酉条；《世宗实录》卷十九，永乐二十一年五月甲午条。
③ 《世宗实录》卷三十五，宣德二年一月壬寅条。
④ 《成宗实录》卷二百九十一，弘治七年六月癸酉条；同丁酉条。
⑤ 関周一『中世の唐物と伝来技術』、38~46頁。

装成琉球使者渡航朝鲜。① 龙脑也通过上述方式，作为南海商品的一种提供给朝鲜市场。15 世纪出现了"浡泥—马六甲—那霸—坊津—博多—对马—三浦"的"龙脑之路"。

三　16 世纪东亚、东南亚海域的变动和龙脑之路

连接"浡泥—马六甲—那霸—坊津—对马—三浦"的"龙脑之路"，在 16 世纪初期迎来大转机。首先，1510 年，朝鲜发生了三浦之乱；其后经由对马的日朝贸易大幅度削减。② 紧接着 1511 年，葡萄牙的第二代印度总督阿方索·德·阿尔布克尔克（Afonso de Albuquerque）率舰占领马六甲王国。这一年，琉球王国派往马六甲的贸易船在翌年年初，即葡萄牙占领后不久才抵达马六甲开展贸易。此后再也没有去往马六甲。③ 16 世纪第一个十年间，从马六甲经琉球，再抵达朝鲜的南海商品输出航路，由于航路两端都动荡不安，龙脑贸易也自然难以稳定。

然而，龙脑作为珍贵药材对朝鲜而言不可或缺。三浦之乱后，一时骤减的经由对马的朝鲜贸易慢慢开始恢复。虽然不及 16 世纪初期最盛期时的繁荣状态，但也逐渐复苏，南海商品的供给量也随之增加。嘉靖二年（1523），领事南衮向中宗上疏：

> 高荆山云："倭人赍来金银、龙脑等物，不为私贸易，而尽为公贸易，则虽尽庆尚道绵布，不能为也。"然此乃国王所送，若不从，则无交邻之道。既不从许和之请，又不许贸易，则不可也。④

户曹判书高荆山称日本使节带来的金银、龙脑，全部想要通过官方贸易而非民间贸易的形式由政府购买。这样的话即使用尽庆尚道全部棉布也不足以抵资。但是，既然对方是日本国王使节也不能拒绝贸易。这一年的日本国

---

① 田中健夫『中世海外交渉史の研究』東京大学出版会、1959 年、35～65 頁；橋本雄『中世日本の国際関係：東アジア通交圏と偽使問題』吉川弘文館、2005 年、153～182 頁等。
② 荒木和憲『中世対馬宗氏領国と朝鮮』山川出版社、2007 年、257～277 頁。
③ 中島樂章「マラッカの琉球人：ポルトガル史料にみる」『史淵』第 154 輯、2017 年、11～12 頁。
④ 《中宗实录》卷四十八，嘉靖二年六月丁卯条。

王使者一鹗东堂，实际上是对马宗氏假借足利义晴的名义派遣的伪使。① 针对这种情况，中宗也说"交邻以信，宜待以厚。贸易之事，不可废也。然皆以公贸易，则安知明年又有来也，将不可支矣"，指出今后继续全面维持官方贸易十分困难。

1525 年，大内氏果然又以日本国王足利义晴的名义向朝鲜国王派遣使节。② 礼曹判书对此次日本使节说："日本使持来胡椒九千九百八十斤、朱红一千八百八十斤、沉香二千一百八十八斤、龙脑二十八斤等物，命公贸三分之一。"日本使节带来大量的南海商品，如胡椒近 1 万斤，龙脑也有 28 斤，所以礼曹告之政府只能收购三分之一。但是日本使节反对这一处理方式。为此，领议南衮向中宗呈报：

> 臣亦闻，户曹公贸倭物三分之一，而馀皆私贸。倭使曰："若然则赍来商物，当全还于国。"若使全还则于国体埋没，请自上处之。③

日本使节称若政府只购三分之一，那他们将带走全部的商品。因此南衮不得不向中宗请示妥善的处理之法。对此，成宗指示说"此兴常倭异矣。可贸者，其许贸"，表示在可能的范围内购买。④

到了 16 世纪 20 年代，以日本国王名义的使节又开始带着包括龙脑在内的大量南海商品到达朝鲜。这减轻了对马每年派遣的贸易船只减少的影响，也意味着经由日本进口一定量的南海商品对朝鲜而言是不可或缺的。

这一时期，胡椒、沉香、龙脑等南海商品是通过何种路线购买？沉香的主要产地是中南半岛，从大成王朝输出到琉球的沉香，通过博多商人等再输入到日本。琉球王国和马六甲交往中断后，和马来群岛的大泥展开交往。大泥是马来半岛产胡椒的重要输出港，同时也是苏门答腊、爪哇岛产胡椒的中转港。⑤ 琉球有可能主要是在大泥采购胡椒，再经由日本输出到朝鲜。

问题就在于龙脑。1512 年以后，只有大城王朝、大泥与琉球有交往记

---

① 橋本雄『中世日本の国際関係：東アジア通交圏と偽使問題』、196～197 頁。
② 橋本雄『中世日本の国際関係：東アジア通交圏と偽使問題』、220～223 頁。
③ 《中宗实录》卷五十五，嘉靖四年八月丙午条。
④ 《中宗实录》卷五十五，嘉靖四年八月丙午条。
⑤ 中島楽章「胡椒と仏郎機：ポルトガル私貿易商人の東アジア進出」『東洋史研究』第 74 卷第 4 号、2016 年、118～119 頁。

录。大泥虽是龙脑的产地之一，但如上文所述其生产、输出量皆有限。而大城王朝本身就需从马六甲输入浡泥产的龙脑，并不是龙脑的输出国。然而实际上，琉球王国的有些贸易对象国，也有可能并未记录在《历代宝案》中。

葡萄牙占领马六甲后，众多穆斯林海商从马六甲离散至周边的伊斯兰系港市。与此同时，大泥和浡泥作为南海海域的新兴贸易港繁荣起来。[①] 1521年，麦哲伦舰队进入浡泥是欧洲人抵达浡泥的最早记录。1526年，葡萄牙人也开辟了从马六甲经浡泥再到摩鹿加群岛的航路。[②]

费尔南·洛佩斯·德·卡斯塔内达（Fernão Lopes de Castanheda）的编年史《葡萄牙人发现和征服印度史》（*História do descobrimento e conquista da Índia pelos portugueses*）中，关于浡泥航路的开拓的相关描绘如下：

> 这个城市（浡泥）非常大，到处可见红砖墙壁和气派的建筑。最重要的建筑是这个岛的国王的居所，里面有着许多的豪华品。这些（浡泥以外的）港市中，以劳埃（Laue，译者注）和汤加普拉（Tanjapura，译者注）最为重要，各种各样的商品在那里装船。无论是哪一个港口都住着许多富有的商人。他们和中国、琉球（Laquea）、暹罗、马六甲、苏门答腊以及周围其他岛屿进行贸易。他们将龙脑、钻石、沉香、食品等从这里运向其他地方。[③]

由此可见，浡泥等婆罗洲岛诸港的大商人们，除了和中国以及东南亚的主要港市进行贸易，也和琉球进行贸易。

16世纪前半期，琉球和浡泥有着交往关系，这在当时西班牙制成的世界图中也有体现。葡萄牙人地图制作者迪奥戈·里贝罗（Diogo Ribeiro）在

---

① Kenneth H. Hall, "Coastal Cities in an Age of Transition: Upstream – Downstream Networking and Societal Development in Fifteenth-and Sixteenth – Century Maritime Southeast Asia," in Kenneth H. Hall, ed., *Secondary Cities and Urban Networking in the Indian Ocean Realm*, c. 1400 – 1800, Lanham, Md.: Lexington Books, 2008, pp. 183 – 188.

② Roderick Ptak, "The Northern Trade Route to the Spice Islands: South China Sea – Sulu Zone – North Moluccas, (14th to early 16th century)," in Roderick Ptak, *China's Seaborne Trade with South and Southeast Asia* (1200 – 1750), Aldershot: Ashgate, 1999, pp. 36 – 47.

③ Fernão Lopes de Castanheda, *História do Descobrimento e Conquista da Índia pelos Portugueses*, Lisboa: Lello & Irmão, 1979, Vol. II, livro VIII, capitulo XXI, p. 595.

16 世纪 20 年代曾为西班牙王室绘制了许多世界图和海图。1525 ~ 1529 年制成的四幅世界图迄今尚存。① 其中，1527 年的世界图里，里贝罗根据麦哲伦舰队的航海报告，在广东以南的南海（Mare Sinarum）海域中，绘制了菲律宾中南部的岛屿和婆罗洲岛北岸。地图虽然没有绘出琉球本身，但是在婆罗洲岛的北边方位上附记如下文字："这个浅滩上，有琉球人渡航至 balarea 和其他各地的航路。"（estos baxos tienen canales por donde van los lequios a balarea & a otras partes）。② 这里的 balarea 和 balanea 应该为同一地，指的都是婆罗洲。

里贝罗 1529 年制作的世界图（梵蒂冈图书馆藏）中，沿着中南半岛东岸，在应该为西沙群岛的沙洲状的各岛屿和婆罗洲北岸之间，再次注记"在这个浅滩上，有琉球人渡航至 boino 和其他各地的航路"（Estos baxos tienẽ canales por donde van los lequjos a boino & otras partes）。③ 1529 年，里贝罗制成的另一幅世界图（图林根州魏玛地域图书馆藏）中，在西沙群岛和婆罗洲北岸之间，附注"在这个浅滩上，有琉球人渡航至 borneo 和其他各地的航路"（Estes baxos tienẽ canales por donde van los lequios a borneo & otas partes）一句。④

明代前往东南亚的航路分为"西洋"和"东洋"。"西洋"航路从福建、广东出发，经过海南岛海域，沿着中南半岛南下南海，然后抵达暹罗湾、马六甲海峡、爪哇海。"东洋"航路则从福建出发，经过台湾海峡，沿着吕宋岛西岸南下南海，从巴拉望岛朝浡泥，或者从苏禄海岛到摩鹿加群岛。⑤《历代宝案》中记录的琉球王国的交往国全部属于"西洋"航路，完全没有琉球王国和"东洋"诸国交往的记载。但是实际上，琉球王国也有可能向"东洋"航路派遣贸易船，开展不以汉文文书为媒介的贸易。

---

① Armando Cortesão e Avelino Teixeira, *Portugaliae Monumenta Cartographica*, Coinmbra: Universidade de Coinmbra 1960, Vol. I, pp. 87 - 94.

② Armando Cortesão, *Cartografia e Cartógrafos Portugueses dos Séculos XV e XVI*, Lisboa: Seara nova, 1935, Vol. I, p. 144.

③ Armando Cortesão, *Cartografia e Cartógrafos Portugueses dos Séculos XV e XVI*, p. 149.

④ Armando Cortesão, *Cartografia e Cartógrafos Portugueses dos Séculos XV e XVI*, p. 158.

⑤ Roderich Ptak, "Jotting on Chinese Sailing to Southeast Asia, Especially on the Eastern Route in Ming Times," in Roderich Ptak, *China, Portuguese, and the Nanyang: Oceans and Routes, Regions and Trade* (*c. 1000 - 1600*), pp. 106 - 109.

　　例如多默·皮列士关于来航马六甲的琉球人就有如下记载："琉球人到日本去需航行七八天，带去上述（马六甲购买的）商品，用以交换金和铜。……琉球人和日本人做吕宋布以及其他商品的买卖。"① 琉球人不仅向日本输出在马六甲购买的南海商品，也输出吕宋产棉布等等。从琉球经过台湾附近海域，较容易抵达吕宋岛。再者，从吕宋岛西岸，沿巴拉望岛北岸南下的话，再经由陆路便可抵达浡泥。可以推测，葡萄牙占领马六甲以后，琉球商人为获得龙脑等婆罗洲产商品，航行至浡泥的可能性非常大。

　　再者，皮列士关于华商的南海贸易亦有如下记载："最近他们开始从中国向浡泥航海。他们说，渡海十五天就能到那里。又说这应该是近十五年来的事情。"② 皮列士在1515年前后写完《东方全志》，由此可知，华人海商在葡萄牙人占领马六甲的十年前，即1500年前后就已经开始直接渡海至浡泥开展贸易。很可能随着中国国内的龙脑需求的逐渐扩大，华人海商不仅经由马六甲向中国转口婆罗洲的龙脑，也开拓了直达浡泥的航路，开始直接进口婆罗洲的龙脑。

　　可以推测，开拓这一条新贸易航路的主要是福建海商。他们可能以漳州湾的月港等走私贸易港口为据点，利用经由台湾、菲律宾的"东洋"航路往返浡泥，进口以龙脑为主的婆罗洲的产品。同时，福建海商在琉球王国的海外贸易中也扮演了重要角色。住在那霸港的"久米村"的福建人后裔，在与明朝和东南亚诸国的外交和贸易中，扮演了领航员和通事等重要角色。不仅如此，福建的私人海商也往返于月港等港口和那霸港之间，进行着走私贸易。尤其是从15世纪后期开始，随着明朝的海禁逐渐弛缓，福建和琉球之间的走私贸易也持续增加。

　　1511年葡萄牙人占领马六甲，随之琉球中止向马六甲派遣商船。为了满足日本和朝鲜对龙脑的需要，很可能琉球与福建海商结合，开始经由"东洋"航路渡海而至浡泥，直接进口以龙脑为主的婆罗洲产品，再向日本、朝鲜等市场转口。总之，16世纪初以后，琉球重新开拓了和浡泥的贸

---

① 在 Armando Cortesão 的《东方全志》英译本中，将"panos lucoees"（吕宋布）误写为"panos lucões"（渔网），并称琉球人从吕宋向日本输出渔网，这一说法并不正确。见 Armando Cortesão, trans. and ed., *The Suma Oriental of Tomé Pires and the Book of Francisco Rodrigues*, Vol. I, p. 131。

② Armando Cortesão, trans. and ed., *The Suma Oriental of Tomé Pires and the Book of Francisco Rodrigues*, Vol. I, p. 123.

易，并通过"浡泥—那霸—种子岛—土佐冲—堺港"，或者"浡泥—那霸—坊津—博多—对马—三浦"航路，为日本近畿市场和朝鲜市场提供龙脑，形成了新的"龙脑之路"。

The Road of Borneol: An Aspect of the Spice Trade of Ryukyu Kingdom in the 15th and 16th Century

Nakajima Gakusho

Abstract: The two main producing areas of borneol were the north coast of Borneo and west coast of Sumatra. In the 15th century, there was a road of borneol in maritime Asia. The borneol produced in Borneo was transported to Malacca by brunei merchants and then provided to the Chinese market, and the borneol produced in Sumatra was transported to India and west Asia by Gujarat merchants. The borneol transported to Malacca was also transported to Naha by Ryukyu merchants, and then provided to Kinai market by Sakai merchants. Korea was a more important market for borneol than Japan. Korea got borneol through three ways: from Ming who obtained borneot via tributary trade with southeast Asian countries, from Chinese merchants in southeast Asian countries and from Japanese merchants in Tsushima and Hakata who obtained borneol from Ryukyu merchants. As the Sanpo Japanese Rebellion in Korea and the occupation of Malacca by Portugal, the borneol trade between Malacca and Korea via Ryukyu broke off. From the early 16th century, the Ryukyu merchants opened up new routes to conduct the borneol trade with Brunei, by which Korea and Kinai market gain borneol. The new road of borneol was formed.

Keywords: Borneol; Ryukyu merchant; Malacca; Brunei

（执行编辑：申斌）

海洋史研究（第十五辑）
2020 年 8 月　第 110~132 页

郑氏政权与德川幕府

——以向日乞师为讨论中心

白蒂（Patrizia Carioti）*

　　郑氏政权与日本德川幕府的关系是郑氏集团悠久历史的重要组成部分。同时这一关系也影响到了郑氏集团的方方面面，如集团本身（经济、政治、军事）、个人、家族乃至郑芝龙、郑成功父子的文化背景。因此，当我们研究一些有关郑氏集团让人啧啧称奇的历史事件时，我们必须考虑到日本与郑氏集团的这重关系，并将其置于 17 世纪东亚复杂多变的国际历史图景下进行阐释。郑成功通过他的船（日本文献称为国姓爷船）可以直接影响长崎进出口市场的流通，进而影响到日本的国内市场，可以认为一定程度上也影响了整个日本经济。郑氏与荷兰东印度公司（VOC）在东亚海域持续展开激烈较量，这种冲突同时也在长崎进行，并给日本市场造成了严重的后果。郑氏海上集团将强大的商业影响力作为政治手段，向幕府施压，使其介入明清鼎革，给明朝效忠者提供军事援助。

　　事实上，这样的政治交往在郑氏集团与德川幕府领导层长期而又复杂的交往中具有非常重要的意义。为获得德川幕府的军事援助，或至少使幕府在

---

　　* 作者白蒂（Patrizia Carioti），意大利那不勒斯东方大学亚洲、非洲与地中海系教授；译者阮戈，复旦大学历史地理研究中心博士生。
　　本文译自 Patrizia Carioti，"The Zheng Regime and the Tokugawa Bakufu：Asking for Japanese Intervention，" in Tonio Andrade and Xing Hang，eds.，*Sea Rovers，Silver，and Samurai Maritime East Asia in Global History，1550－1700*，Honolulu：University of Hawai'i Press，2016，pp. 156－180。该文是作者"16～17 世纪的长崎华侨：一项初步调查"项目的研究成果，作者感谢日本国际交流基金的资助。

抗清势力向清朝进行反攻时能提供资金支持，郑氏集团与其他抗清者付出了无数的努力。这是 17 世纪中叶东亚的国际竞争中非常具有代表性的一个关键要素。此时，江户的幕府虽面对来自郑氏及其他抗清集团的无数乞师请求，但他们对明清战争的政治立场是模棱两可和前后矛盾的。尽管幕府从未派出士兵去支援明朝的效忠者，但他们不止一次通过非官方渠道向郑氏集团提供药品、资金、金属矿物及武器。

　　而长崎因其在国际上扮演的角色和对中国人的重要意义，成为郑氏政权与德川幕府间的天然桥梁。向日本发出的乞师请求多由中国船只（唐船）送达日本，其中主要是郑氏船只。而且这些作为传信人的中国商人也与郑氏集团保有密切关系。当唐船抵岸后，相关信件会被传递到当地管治者手中。信件会经由掌管来往货物的中国翻译官员（唐通事）及由城镇长老担任的负责监管整个入港事务的日本官员（町年寄）查核。其后，日本官员会将信件递交到长崎最高地方官员（长崎奉行）手中，经过长崎奉行检视后的信件会被尽可能快地呈递到江户。而分驻于江户的长崎奉行，自然而然地扮演了长崎与幕府高级官僚（老中）间沟通者的角色。信件经翻译后［这一任务常常由学者林罗山（1583～1657）来完成］，最终会呈递到幕府将军处。幕府对此的回应会再次送到长崎奉行处，由其转交给中国的传信人。因此，长崎在郑氏集团与德川幕府的双边关系中扮演了重要的角色，在日本整个对外关系中也相当重要。

一　长崎

　　在 17 世纪 40 年代，当郑氏集团和其他明朝的效忠者向江户发出请求时，长崎已成为"锁国之窗"，即锁国政策下四个开放"窗口"之一。（此说未必准确，但这个政策通常被翻译为"关闭的国家"或者"国家的隔离"）。①

---

① 日本历史学家荒野泰典曾深入地研究德川幕府的对外政策，他在研究中驳斥了"锁国"一词以及传统史学研究上对该词的推断。参见荒野泰典『江戸幕府と東アジア』吉川弘文館、2003 年；貴志俊彦、荒野泰典、小風秀雅編『「東アジア」の時代性』溪水社、2005 年；荒野泰典、石井正敏、村井章介編『アジアのなかの日本史』東京大学出版会、1992 ～1993 年。亦见加藤栄一、山田忠雄編『鎖国』有斐閣、1981 年；荒野泰典『近世日本と東アジア』東京大学出版会、1988 年；永積洋子『近世初期の外交』創文社、1990 年；Ronald Toby, *State and Diplomacy in Early Modern Japan*, Princeton: Princeton University Press, 1984。亦见中村質『近世長崎貿易史の研究』吉川弘文館、1988 年；山脇悌二郎『長崎の唐人貿易』吉川弘文館、1964 年；山本紀綱『長崎唐人屋敷』謙光社、1983 年。

　　早在成为港口城市之初，长崎就已显露出它的国际性特质。日本第一个基督徒大名大村纯忠，曾授权葡萄牙人1571年在长崎登陆，不久之后的1580年，他又允许耶稣会士出入长崎港。① 一个小渔村突然间一跃成为东亚海洋网络中最重要的国际性十字路口。根据居住者的国籍，长崎被分成四个不同区域（一小部分的海外华人已在此长期定居且从事贸易活动），大村纯忠则被任命为奉行。②

　　然而葡萄牙人独享特权并没有多长时间。1588年丰臣秀吉发动九州征伐，从耶稣会士手中收回了长崎，并将城市置于其直接管辖之下（直辖地）。③ 长崎被分为六个管理区域，或者叫内部区域（内町）。④ 在接下来的数年里，城市被重新规划，也增加了更多的区域（增加了17个或者18个外部区域，或者叫外町）。长崎奉行的办公地设在本博多町，此外还增加了代官（一种高级地方官员），城市的长老还有年行司（年长的官员）等职位。同时，当局增设了一名长崎奉行，令其驻于江户，并直接接受将军的领导。原来的渔村此时实现了巨大的发展。至迟到1699年，城市中的长老和年行司两个职位被合并成了总长一职（可以理解为拥有总体职能的官员）。

　　德川幕府关于国际贸易的决策则更为深刻地影响了长崎接下来经济运行的走向。德川家康于1616年去世，第二任幕府将军德川秀忠（生于1579年，执政年限为1605～1623年，1623～1632年德川秀忠成为"大御所"即卸任将军）将贸易限制在平户和长崎两个港口，并于同年的晚些时候设置了银座。1635年长崎成为唐船和相关货物唯一可以停靠的港口。由于来自中国的进口货物大量流入，特别是丝绸的进口，日本的一些贵金属（银、铜、金）极其过量地流出。第三任幕府将军德川家光（生于1604年，执政年限为1623～

①　安野真幸『港市論——平戸・長崎・横瀬浦』日本エディタースクール出版部、1992年、179～182頁。在前一年即1570年，作为大名的大村拒绝将长崎交给葡萄牙人。事实上，据日本的史料，经过大村和有马晴信（1567～1612）交涉，以及和大友宗麟可能的交涉，大村才允许葡萄牙人登陆长崎。
②　山本紀綱『長崎唐人屋敷』、30～50頁。更一般的背景，参见山脇悌二郎『長崎の唐人貿易』。
③　与许多情况相同，第一部反基督教的法律在1587年颁布，同一年丰臣秀吉还出台了海盗禁令；1587～1588年太阁收回了长崎。参见满井録郎、土井進一郎編『新長崎年表』長崎文献社、1974、186～188頁。亦见藤木久志『豊臣平和令と戦国社会』東京大学出版会、1985年。
④　满井録郎、土井進一郎編『新長崎年表』、149～151頁。关于长崎，参见中村質『近世長崎貿易史の研究』。

1651 年）为保护日本的金融免受这种贵金属流出的影响，在日本列岛上制定了保护性的贸易政策。德川家光于 1633～1639 年制定了被称为"锁国"的法令。他还关闭了荷兰在平户的中转站，将其移到长崎出岛（出岛是位于长崎港的一个人工岛，起先为外国人而设，由葡萄牙人使用，后转由荷兰人使用，用于居住和贸易）。由此，长崎成为"锁国之窗"，是日本列岛上唯一有外国人的地方，如荷兰东印度公司的代表在出岛，在山上则有中国移民。而郑氏集团则利用在长崎的华人对德川幕府产生了相当大的影响。①

自丰臣秀吉时代始，日本当局就非常关注来自中国的贸易者和移民。太阁②非常注意在日活动的中国人，还曾尝试将九州各处的中国人集中到长崎。丰臣秀吉期望以此控制中国商人的商业活动并利用他们作为情报来源，以帮助他在朝鲜的军事远征（1592 年、1598 年）。③ 1592 年，丰臣秀吉制定了"三箇所商人"（三个城市的商人）制度，在这个制度下，携带丰臣秀吉印信的日本船只遍航东亚和东南亚海域，其后建立了朱印船制度。④

第一任德川幕府将军德川家康同样深刻地意识到对华海上贸易对日本的重要性。事实上，德川家康细心地监督着以朱印船制度为代表的一系列海洋政策。同时推行一些欢迎欧洲人和中国人来日的政策（例如，许多人持续定居在长崎）。⑤ 然而，自丰臣秀吉时代以来，为保护日本的金融，幕府严

---

① 这些法令在 1633～1639 年颁布了五次（分别在 1633 年、1634 年、1635 年、1636 年还有 1639 年），除了个别条例变动，基本的内容没有改变。条例涉及以下内容，从第一条到第三条，条例禁止日本人出国；从第四条至第八条，条例禁止基督教；从第九条到第十七条，条例详细制定了对外贸易规则。可以看到，十七条条例中的五条与基督教相关；其余的条例均与海贸活动的监管相关，其中包括关于在国内市场销售进口商品的规定。

② 这个称号仅给予了丰臣秀吉，文学资料显示这是一种"高级的帝国顾问"的职位，辞典中将这种职位定义为"帝国顾问之父"。

③ 山本紀綱『長崎唐人屋敷』、45 頁。

④ 为了给国家的统一打下坚实的基础，潜在的日本海洋力量也必须在丰臣秀吉的指挥下发挥作用。1592 年，太阁投资了堺、京都、大阪三地的日本商人，同时还颁给他们官方印鉴（三箇所商人），并派他们以日本政府的名义前往东南亚进行贸易。日本的船只从长崎、京都还有堺驶向越南、柬埔寨、泰国、台湾、澳门、菲律宾等地（他甚至计划去攻击菲律宾）。这就是朱印船制度的前奏。参见"Kenryoku kyoka no hoshiki to Chōsen shuppin"，『平戸藩』，『長崎県史・藩政編』吉川弘文館、1973 年、397～403 頁。

⑤ 1614～1624 年，大多数朱印执照的中国配额都授予了李旦和他的集团。正是在 17 世纪的第一个十年这段时间，我们认识到一种存在于中日两国的集权式海上活动。在日本，这种集权是由中央政府指导和推行的。在中国，则是几股海盗集团自发地统一在一起。从 1625 年起，先是统一在李旦麾下，其后是在郑芝龙麾下。值得注意的是，日本大名和欧洲的代表（特别是荷兰和英国）对中国海上商业活动的投资，是郑氏集团崛起的决定性（转下页注）

格地控制与管理海上贸易，这埋下了日本的海上商人从国际海洋贸易的舞台上最终消失的种子。就像我们所知道的，锁国法令命令海外日本人立即归国，也禁止他们出国，标志着朱印船制度的终结。[①]

然而，一旦执行这种保护性的政策和减少贵金属的开发，就意味着在长崎的中国人也必须被置于严格的管理之下。但除了少部分通过荷兰东印度公司在出岛进口货物取得的收入，中国人对日进出口商业活动所产生的收益构成了日本政府最基本的收入。1635 年，幕府限制唐船只能以长崎为唯一的抵岸港口，同时也对海外华人采取了更为严苛的政策，例如禁止他们与日本女人通婚，所有的商业交易由幕府垄断。在日的永久居住权变得非常难以获得，且在长崎的中国移民逐渐被集中到长崎靠山的地方居住，并与日本人居住区分隔开。而那些只来日本进行短暂交易的中国人只被允许在码头暂住。1689 年幕府完成了这一过程，并且正式修筑了“唐人屋敷”（中国人区域）。[②]

对德川幕府来说，在其他方面保持对中国移民的严格控制也是必需的。在当时，由于清朝的威胁，大量因明朝灭亡而逃离的难民如流水般进入日本。这对日本造成了一系列的问题。1635 年，德川幕府为了控制在长崎的中国人社区，在居民中间维持秩序和法律，在当地任命六个中国人为唐年行司（中国人中年长的监管者）。[③]

德川幕府与日本华侨的互动依赖唐通事。这一准官员的首要且基础的职能就是将日文、中文、荷兰语这三种语言相互转译（在 17 世纪的第一个十年他们仍然使用葡萄牙语）。唐通事借此在幕府与欧洲人的关系中扮演了重要的角色，唐通事也因此获得了巨大的影响力。唐通事还有一项重要的任务

（接上页注⑤）因素。参见 Patrizia Carioti, "The Zheng's Maritime Power in the International Context of the 17th Century Far Eastern Seas: The Rise of a 'Centralised Piratical Organisation' and Its Gradual Development into an Informal 'State'," in Paolo Santangelo, ed., *Ming Qing Yanjiu*, Naples: Dipartimento di Studi Asiatici, Istituto Universitario Orientale, 1996, pp. 29 – 67。亦见山本紀綱『長崎唐人屋敷』、58～68 頁；Patrizia Carioti, *Cina e Giappone Sui Mari Nei Secoli XVI e XVII*, Naples: Edizioni Scientifiche Italiane, 2006, pp. 1 – 34。

①　关于朱印船，参见永積洋子『朱印船』吉川弘文館、2001 年。

②　Patrizia Carioti, *Cina e Giappone*, pp. 1 – 34; Matsui Yōko, "The Legal Position of Foreigners in Nagasaki during the Edo Period," in Haneda Masashi, ed., *Asian Port Cities*, *1600 – 1800*: *Local and Foreign Cultural Interactions*, Singapore: NUS Press in association with Kyoto University Press, 2009, pp. 24 – 42.

③　滿井録郎、土井進一郎編『新長崎年表』、232 頁。

是检查文本，并发现其中有关基督教的词句。而保持唐人社区、中日民众间的稳定和秩序则是唐通事另外一个重要而又微妙的任务。此外，在由城中长老担任的日本检查员（町年寄）面前检查抵达长崎的中国货船的商品，同样是唐通事最重要的任务之一。这给予唐通事巨大的经济权力。[①]

与此同时，唐通事也是幕府非常重要的信息来源。唐船带来外部世界的消息，唐通事会根据这些来自中国船只的消息向幕府介绍海外正在发生的事情。来自唐船船员的见闻和报告被汇集起来，编辑成"唐船风说书"（来自中国船只的报告）。这些材料现已变成历史学家重要而又详细的研究资料。这些风说书中最闻名的是由林罗山父子编写的《华夷变态》。[②] 我们可以这样认为，唐通事在幕府与欧洲人关系及幕府与长崎华侨社区的互动方面都扮演了直接中介人的角色。

17 世纪 40 年代以后，对幕府来说，获得长崎中国人的准确情报变得更为重要。此时，逃到长崎的中国政治难民非常活跃，并可以依赖日本知识分子中间的同情者。在当时，整个日本的上流阶层都倾向于重新发现中国文化，因而中国文人备受尊敬和钦佩。就像我们将看到的，献身复明事业的著名文人，如朱舜水（1600～1682）、黄宗羲（1610～1695）都与长崎各方面保持联系。由于郑氏的船只可以进入长崎港，郑氏和其他明朝的支持者才得以向日本发出乞师请求。许多中国僧侣同样通过郑氏的船只逃到了日本，这使得长崎的四座中国庙宇可能参与到秘密的政治活动之中。在德川幕府的眼中，这一状况正日趋危险。这也使得幕府对这些活动施加的管控越来越严格。

明清鼎革一事让日本政府十分警觉，幕府的情报机构对中国情况持续地保持关注，幕府也未排除插手中国事务的可能。那么，幕府对当时中国动荡局面的真实态度如何呢？就像我们将看到的，幕府给出的答案是模糊的，他

---

① Patrizia Carioti, "Focusing on the Overseas Chinese in Seventeenth - Century Nagasaki: The Role of the Tōtsūji in the Light of the Early Tokugawa Foreign Policy," in Nagazumi Yōko, ed., *Large and Broad: The Dutch Impact on Early Modern Asia*, Tokyo: Tōyō Bunko, 2010, pp. 62 - 75; 宫田安『唐通事家系論攷』長崎文献社、1979、1～4 頁；Aloysius Chang, "The Nagasaki Office of the Chinese Interpreters in the Seventeenth Century," *Chinese Culture*, Vol. 13, No. 3 (1972), pp. 1 - 16. 在 1603～1604 年，德川家康任命了第一个唐通事。当时几乎马上就需要增加更多翻译人员。

② 在讨论郑氏集团和其他明朝效忠者给幕府发出的请求时，我们将多次引用此书。林春勝、林信篤編『華夷変態』東方書店、1981 年。关于"唐船风说书"，我们不能忽略 Ishii Yoneo, *The Junk Trade from Southeast Asia: Translations from the Tōsen Fusetsu-gaki, 1674 - 1723*, Singapore: Institute of Southeast Asian Studies, 1998。

们（德川氏的领导层）与郑氏集团（更宽泛地说，还包括整个明朝的拥护者）的交往过程展露出幕府的政策取向一直是模棱两可的。

二　向日乞师的历程

第 1 次请求：隆武元年十二月

1644 年北京陷落后，隆武帝（生于 1602 年，执政期间为 1645 ~ 1646 年）统治着明朝的残余疆域。隆武帝派遣他忠诚的将军崔芝执行一项微妙的使命。他通过崔芝向德川幕府请求为南明抗清斗争提供军事援助。① 崔芝曾是郑芝龙麾下的官吏。② 因为没有更加原始的材料来进行查验，我们并不清楚被递送到江户的两封信件，是隆武帝亲自书写的还是崔芝自己代表南明皇帝写的。我们可以知道的是，信件中请求日本以派遣兵士和提供武器的方式来为明朝军队提供援助。信件由中国使节林皋递交，信件中具体要求运送三千名日本士兵和两百件火炮前往大陆以支持隆武帝。林皋将信件递交至长崎奉行山崎权八郎正信处，山崎权八郎立即将信件转交到江户。在江户，信件经林罗山翻译后转交给第三任幕府将军德川家光与当时的老中（长老）松平信纲。

经过一系列的商议后，幕府的决策层为了能够获得足够的时间，以找到一个实际上完全正当的理由来拒绝南明的请求，他们决定给出一个模棱两可的答案。1646 年（1 月 12 日）在江户的长崎奉行马场利重及大目付（一种高级监管者和督查）井上政重（1585 ~ 1661）还有上文提到的长崎奉行山崎权八郎正信联合做出了回答。③ 回答中先是回顾了两国中断已久的官方交

① 笔者按照时间顺序将请求编了号。来自日本、荷兰还有中国这几个国家的材料中，都可找到明朝对日乞师的相关信息。这些材料本身或与郑氏有关，或与日本对外政策有关，又或与从抵达长崎的唐船那里收集的中国信息有关。因此，它们之间既不相互吻合，也不记载同一个信息。

② 林春勝、林信篤編『華夷変態』第一册、11 ~ 15 頁。亦见木宫泰彦『日華文化交流史』冨山房、1989 年、640 ~ 641 頁；石原道博『明末清初日本乞師の研究』冨山房、1945、1 ~ 11 頁；小宫木代良「『明末清初日本乞師』に対する家光政権の対応」『九州史学』第 97 号、1990 年 5 月。据猜测，崔芝和周鹤芝（就像我们看到的，乞师请求的传递者）是同一个人。他听命于郑芝龙。然而日本历史学家石原道博对此提出了一些疑问，他严肃地认为他们是两个不同的官员。参见石原道博『明末清初日本乞師の研究』、11 ~ 14 頁。无论怎样，关于此次任务，日本文献中只记载了崔芝的名字。

③ 林春勝、林信篤編『華夷変態』第一册、13 ~ 14 頁。

往，中国商人只能通过非正式渠道来到长崎进行贸易，而此时明朝提出军事援助的请求也让幕府感到意外（意指不甚合适）。此外，因为呈递给幕府将军的乞师文本并未尊重给将军文书所需的格式和表达，所以请求不可能转交给江户的最高领导层。再者，根据日本的法令，武器的出口是被禁止的。

日本第一次拒绝签订官方协议只是策略性的做法，暗示允许提出其他的要求。另外，关于武器出口的禁令只是一个借口。因为，幕府将军曾在1627年后金军队第一次进攻朝鲜半岛后于1628年往朝鲜派出一支军队，这早已违反了武器出口的禁令。德川家光希望有更多时间以掌握更多有关中国混乱局势的信息，他并不能断定这些来乞师的人能否代表明朝，又或者说这些来请求的人又是代表哪一股明朝势力。在令人迷惑和前后矛盾的信息之外，从中国传到日本的信息似乎表明，已经出现了众多篡位者。当时，郑芝龙由于其在法律边缘游走的商业活动而闻名于幕府。但他并不为人所信赖。① 在这个过程中，德川家光试图通过安插线人来寻求问题的答案。当时，每一股势力都拥有独占的交流渠道，如通过朝鲜的对马岛宗氏家族，通过琉球王国的萨摩藩岛津家族，还有通过中国商人和难民的长崎奉行。② 而德川幕府的情报系统也非常有效。拥有庞大中国人社区的长崎对收集情报非常重要，特别是考虑到那里有大量避难的文人，就不难理解这种重要性了。③

然而在幕府官方回答的同一天（1月12日），板仓重宗（1586～1657）另外写了一封信秘密寄给板仓重炬（1617～1673）。其中包含了一个入侵中国的秘密计划：

① 关于郑芝龙首次在日本的活动，参见 Leonard Blussé，"Minnan-jen or Cosmopolitan? The Rise of Cheng Chih – Lung Alias Nicolas Iquan," in E. B. Vermeer, ed., *Development and Decline of Fukien Province in the 17th and 18th Centuries*, Leiden：Brill, 1990, pp. 245 – 264；Patrizia Carioti, "The Zheng's Maritime Power in the International Context of the 17th Century Far Eastern Seas：The Rise of a 'Centralised Piratical Organisation' and its Gradual Development into an Informal 'State'," pp. 29 – 67。
② 日光東照宮編『德川家光公伝』日光東照宮、1963、111～124 頁；Ronald Toby, *State and Diplomacy in Early Modern Japan*, pp. 138 – 139.
③ 就像我们所看到的，在这方面唐通事扮演了重要角色。参见 Patrizia Carioti, "Focusing on the Overseas Chinese in Seventeenth – Century Nagasaki：The Role of the Tōtsūji in the Light of the Early Tokugawa Foreign Policy," pp. 62 – 75。

舰队正驶向大明；建立军队的前哨；军队持续保持警戒状态；当进攻的时候，壕沟应该提前挖好……那些占领大明的人应该得到丰厚的礼物和财产……他们登陆大明的领土后，如果发生不好的事情，运输船必须留下待命，他们应该保持开火……当你阅读完之后应该尽快将信烧毁。以上。①

这封信件提到了应为往大陆派出两万名士兵做好安排。

根据日本学者此前的研究，德川家光本人就是这项秘密动议的发起人。② 然而近来更多的学者争论道，这个计划仅仅是板仓重宗的个人倡议，与德川家光没有任何关系。③ 更有趣的是日期上惊人的巧合：江户方面经历长时间的争论后，两封信都在 1646 年 1 月 12 日送出。无论在何种情况下，以"占领大明"为目的而向中国大陆派遣士兵的打算都可以清楚地从信件的内容中推断出来。我们可以推断这个远征并非打算援助而是要攻击明朝的拥护者和郑氏集团。值得一提的是，尽管日本非常清楚中国正在发生的事情，但这封信件中并未提到清朝。甚至在清朝完全征服中国南方以前，日本人就认为清朝可以通过朝鲜半岛进攻日本，这无疑对日本列岛构成了一个长久存在的威胁，就像 13 世纪的蒙古人那样。④ 因此，德川家光的真实想法究竟是什么呢？目前这个问题仍然无法回答，德川家光担任幕府将军时从未实行这些计划。

第 2 次求援：隆武元年冬季

隆武帝再次尝试从日本获得军事援助，这一次水军提督周鹤芝（他可能和崔芝是同一个人，但是一些日本学者对此提出了疑问）被派往萨摩。他们计划利用强有力的萨摩大名岛津氏作为中间人间接联系幕府。周鹤芝由于他自己的海贸和海盗活动早已与岛津氏建立了关系，他也因此与岛津氏领导层非常熟络并对岛津氏有深入的了解。为了回应周氏的请求，岛津氏很快

---

① 日光東照宮編『德川家光公伝』、111～124 頁。（编者注：此处是作者译文，非史料原文）
② 辻善之助『海外交通史話』内外書籍株式会社、1942 年、640～659 頁；小倉秀貫「德川家光支那侵略の企図」『史学雑誌』第 2 編第 15 号、1891 年。
③ Ronald Toby, *State and Diplomacy in Early Modern Japan*, pp. 138 – 139.
④ 关于德川家光，参见藤井譲治『德川家光』吉川弘文館、1997 年、179～183 頁。亦见小宮木代良「明清交替期幕府外交の社会的前提」中村質編『鎖国と国際関係』吉川弘文館、1997 年、236～268 頁；和石原道博『明末清初日本乞師の研究』、1～19 頁。

承诺会在明年（1646 年 4 月）向中国大陆派出三万名士兵。①

非常有意思的是，岛津氏作为外样大名（在外部的大名）与德川家光不能忽视的假想敌，却立刻同意介入明清战争，更决定组织一支实际存在的军事先遣队。我们很自然会问岛津氏为何会如此渴望派出他们的军队。我们将会在接下来的章节中讨论这个问题。②

总之，周鹤芝此次可以带着岛津氏将在数月后派出士兵的承诺回福建向隆武帝复命。③

第 3 次请求：隆武二年四月

为了确认岛津氏能够履行承诺和签署协议，周鹤芝派出参谋林崟舞前往萨摩。尽管双方早已达成协议，但林崟舞到长崎后被告知协议取消了。④ 这一突然的变化无疑是非常有趣的。数月里究竟发生了什么使事情发生了逆转？我们完全有理由推测，是幕府强行否决了萨摩派出军队参加明清战争一事。就像我们看到的，德川家光非常关心中国的事况，他也曾严肃地考虑了日本进行军事干预的可能性。我们甚至可以假设，家光想走得更远，比如大胆地想象日本出兵征服中国的情况。

可以确定的是，德川家光不允许岛津氏私自站在明朝一方参与明清战争。德川家光不会冒着风险让岛津氏重组强大的军队，这仍然对新建立的德川政权非常危险。任何有关干涉中国的倡议，都比协同入侵中国的计划更能反映德川幕府时期中央与地方的斗争。萨摩岛津氏及他的同盟者，毕竟都是被武力征服的。德川家康在 1600 年秋天在关原取得他著名的胜利后，曾试图缓解紧张的局势，如允许岛津氏保留所有的领土。尽管如此，在德川家光统治时期，德川政权仍在某种程度上依托于忠于德川氏的大名和他们潜在的敌人间的微妙权力平衡。

如我们考虑到周鹤芝所提出的请求和岛津氏接到请求后立即决定在数月内组织一支三万人的军队，就不难理解德川幕府感到的威胁了。⑤ 因

---

① 木宫泰彦『日華文化交流史』、641 頁。

② 关于萨摩藩与幕府间关系的有趣分析，参见 Robert K. Sakai, "The Satsuma – Ryukyu Trade and the Tokugawa Seclusion Policy," *Journal of Asian Studies*, Vol. 23, issue. 3（May 1964）, pp. 391 – 403；木宫泰彦『日華文化交流史』、627 ~ 646 頁。

③ 这个请求也被黄宗羲的《日本乞师记》所记载。木宫泰彦『日華文化交流史』、641 頁。我们将在以下几页中讨论到黄宗羲。

④ 木宫泰彦『日華文化交流史』、641 頁。这个请求同样被黄宗羲的《日本乞师记》所记载。

⑤ 但是必须考虑到文献中所隐含的夸大因素。

为岛津氏很可能会用这支军队去反对德川幕府，而不是攻击和占领中国。考察士兵的数量同样具有重要意义。据我们所知，按照德川家光的秘密计划，可能会向中国派出两万名士兵，而对比属于岛津氏一家的三万名士兵，很明显幕府所能控制的军队并不具有压倒性优势。这也是为何我们有理由推测德川家光认为允许萨摩派出属于他们的军队对幕府统治来说太过危险。[1]

最后，岛津氏并没有履行对周鹤芝的承诺，萨摩藩没有向大陆派出他们的军队。

第 4 次请求：隆武二年八月

但不久之后，郑芝龙派两位致力于挽救明朝的忠臣黄征明、康永宁作为特使在隆武二年八月向将军递交了另一次请求。[2] 他们携带了八封信件。[3] 郑芝龙和隆武帝签署了其中的六封信件：分别给日本的天皇、幕府将军、长崎奉行，每人两封。还有两封是郑芝龙的私人信件，分别寄给幕府将军和长崎奉行。郑芝龙希望取得幕府的许可，将留在日本的妻子田川松和他的儿子七左卫门接回福建安海的基地。[4] 就像我们所知道的，根据锁国法令，日本人是禁止前往海外的。现存的日文文献中没有留下幕府对郑芝龙的回答，但我们知道田川松离开日本去了安海，但七左卫门并未离开日本。[5]

这次请求最终在十月被送抵江户。尽管前面提到德川家光曾有入侵中国的秘密计划，但这一次他严肃地考虑了组织军队帮助明朝支持者进行抗清的事项。德川家光召集了老中和一些最具代表性的大名来讨论日本军队介入明清战争的可能性。只考虑浪人（失业的武士）的话，他们总共有一万人。

---

① Robert K. Sakai，"The Satsuma – Ryukyu Trade and the Tokugawa Seclusion Policy," pp. 391 – 403.

② 林復斎『通航一覧』国書刊行会、1912～1913 年、395～397 頁；林春勝、林信篤『華夷変態』第一册、11～15 頁。

③ 据木宫泰彦研究，因为可怕的风暴，黄征明失去了他的船，只能委托两个忠诚的官员负责将乞师请求带去长崎。参见木宫泰彦『日華文化交流史』、641～642 頁。

④ 木宫泰彦『日華文化交流史』、641～642 頁；林春勝、林信篤『華夷変態』第一册、17～20 頁。

⑤ 关于此事的日期仍存争议。根据中文文献，田川松在 1645 年到达安海，她也在 1646 年死于安海。甚至她的死亡还存在一些谜团。《出岛日志》同样提到了郑芝龙关于接回妻子的请求，时间是 1645 年。然而日文的记录将此事记在 1646 年。

在大大小小所有大名的参与下，士兵的数量至关重要。① 这次讨论持续了几天，伴随着激烈的争论，出现了以下情况：家光和一些德川家的分家（尤其是水户藩和尾张藩）非常支持日本军队介入中国，然而反对者们认为介入非但不能获得好处，反而会树立更多的敌人。② 在讨论进行的过程中，隆武政权灭亡的消息传到了江户。长崎奉行向家光报告，隆武帝已经被清军俘获后处决，福州陷落，郑芝龙也投降了清朝。③ 我们曾经推测，家光曾考虑以入侵和征服中国为目的，让日本军队介入明清战争。现在看来家光在此时放弃了这个想法，并决定不再推动这项动议。我们可以推测，事实上在整个明清鼎革时期，德川幕府并不确定何种决策是最佳选项，无论是支持明朝，还是抓住机会征服中国，抑或是仅仅忽略大陆上动荡的局面。

　　在郑芝龙与清朝达成协议前不久，显然幕府已经针对这些请求做了一些准备。在郑芝龙投降后，日本方面没有留下其他决定。日本不会介入明清战争。

第 5 次请求：永历元年二月

　　先前曾得到岛津氏允诺的周鹤芝，虽然最后没有成功请得日本的援兵，此时再次尝试从萨摩藩领导层那里取得军事援助。他为了使岛津氏同意他的请援，派了很可能是他义子的林皋前往萨摩。但是请求遭到拒绝。我们可以猜测，此事是由于幕府明确命令岛津氏不能支持明朝的效忠者及介入明清战争。④

　　我们已经讨论过德川幕府阻止萨摩岛津氏提供军事援助的动机。尽管离德川家康赢得关原合战（1600 年 10 月）已过去多年，即便第三任将军德川家光执政后，德川幕府在日本建立统治的时间并不算久，地位也并未完全稳固。事实上，在 1635 年家光为了防止大名间组成联盟或者采取军事行动来反对德川幕府的统治地位，将参勤交代制度正式法令化。⑤

第 6 次请求：永历元年三月

　　1647 年 2 月，周鹤芝委托他的义子林皋携带请援信件去日本求援。但

---

①　石原道博『明末清初日本乞師の研究』、2~7 頁。

②　木宫泰彦『日華文化交流史』、641~642 頁；辻善之助『海外交通史話』、640~659 頁。亦见 Ronald Toby, *State and Diplomacy in Early Modern Japan*, pp. 138-139。

③　此前关于郑成功的研究，参见 Patrizia Carioti, *Zheng Chenggong*, Naples：Istituto Universitario Orientale, 1995, pp. 66-71。

④　木宫泰彦『日華文化交流史』、631~635、642 頁。

⑤　木宫泰彦『日華文化交流史』、642 頁。

仍然没有成功。对于这次乞师我们无法知道更多。

第 7 次请求，永历元年六月

明朝御史冯京第随南明水师都督黄斌卿之弟黄孝卿前往长崎向德川幕府乞师。但是到了长崎的黄孝卿沉溺在日本妓女怀中，完全忘记了此行的任务。他甚至可能没有将请求递交给长崎奉行。①

冯京第曾是一名积极的复社成员，他还是一名忠贞不屈的明朝效忠者。他与黄宗羲一同在张名振（1654 年去世）将军的麾下为南明皇位的有力竞争者鲁王（1618～1661）办事。②

就像我们所知道的，在漫长的抗清过程中，明朝文人在军事上所发挥的重要贡献是毋庸置疑的，尽管这些努力最后都是徒劳。

第 8 次、第 9 次请求：永历二年

关于第 8 次和第 9 次求援，至今还有一些疑问尚未解决。根据历史学家石原道博的研究，尽管在日本的档案中只发现了对郑氏集团请求的一份回答，但当时长崎奉行实际收到了两封不同的信件，分别来自郑彩和郑成功（这是郑成功第一次单独向日本发出乞师请求）。③ 此时郑成功和郑彩正在争夺郑氏集团的领导权，双方都想单独控制郑氏集团。郑鸿逵（郑芝龙的兄弟）的儿子④郑彩试图获得郑氏集团领导权时，郑成功仅 24 岁。⑤ 因此对于郑彩来说，将自己作为郑氏抗清集团的领导人介绍给幕府是非常重要的。出于同样的原因，郑成功也需要外界承认其郑氏集团领导人的地位，因此他将德川幕府作为国际交往中一个合适的外交对象。

郑彩向长崎当局递交信件是为了用中国药材和丝绸交换日本的武器。⑥ 郑成功的信件则被日本文献保存了下来，但现在仅存用片假名写就的抄本。⑦ 此后，水户藩的历史学者川口长孺（1772～1835）将郑成功的信翻译

---

① 木宫泰彦『日華文化交流史』、642 頁；Lynn A. Struve, *The Southern Ming, 1644 – 1662*, New Haven: Yale University Press, 1984, p. 119.

② Lynn A. Struve, *The Southern Ming, 1644 – 1662*, pp. 114 – 115. 在清朝入关后，冯、黄二人都曾组织民兵保卫浙江。然而因为冯京第保持独立，他并未参加张名振的队伍。作为教育学者的冯京第，他的能力有时会在与士兵打交道和指导作战的时候产生反作用。

③ 石原道博『明末清初日本乞師の研究』、15～21 頁。

④ 译者注：郑彩实际与郑芝龙、郑鸿逵一族没有血缘关系。原文有误。

⑤ Patrizia Carioti, *Zheng Chenggong*, pp. 87 – 91.

⑥ 林春勝、林信篤『華夷変態』第一册、11～15 頁。亦见木宫泰彦『日華文化交流史』、643 頁。

⑦ 林春勝、林信篤『華夷変態』第一册、29～30 頁。

成中文。①

　　两人的请求虽都被延迟递交，但两份请求最终同时被送到了江户的幕府。结果，幕府似乎将这两份请求视作同一个请求。但不管怎样，他们的请求都被拒绝了。②

第 10 次请求：永历三年十月

　　次年，即 1649 年，郑彩再次尝试以药材换取士兵的方式取得日本援助。但此次他通过琉球王国来传递请求，希望琉球可以在他与德川幕府之间充当中间人。③ 利用琉球与德川幕府之间现有的秘密关系，郑彩希望能够以此成功地获得幕府的军事和经济援助。④

　　此时琉球王国的角色和位置是极其微妙和有趣的。事实上，在过去的几个世纪中，琉球王国一直是中日交流的桥梁。在 1609 年岛津氏入侵琉球后，琉球人对明朝隐瞒了其向幕府臣服的事实。⑤

　　如做进一步的思考，我们可以想起郑经的军队曾在 17 世纪 70 年代扰乱清朝与琉球王国间的官方交往。在漫长、复杂的明清鼎革过程中，琉球王国扮演的角色及其与日本的联系还有待进一步探究。⑥

第 11 次请援：永历三年

　　其他抗清势力同样非常积极地尝试从日本获得援助。像上文曾提到的两个文人冯京第和黄宗羲，他们在 1649 年前往长崎，希望说服幕府站在抗清者一边介入明清战争。曾是东林党人的黄宗羲在当时非常有名，他也是一名非常积极的抗清者。在清朝占领南京数年后，鲁王前往福建并在舟山群岛⑦建立了政权，黄宗羲在那里加入了鲁王政权，他被任命为左副都御史并派至

---

① 川口长孺：《台湾郑氏纪事》，台北：台湾银行经济研究室，1958，第 25 页；石原道博『明末清初日本乞師の研究』、50 頁。
② 石原道博『国姓爺』吉川弘文館、1959 年、38～39 頁；石原道博『明末清初日本乞師の研究』、49～54 頁；Lynn A. Struve, *The Southern Ming, 1644–1662*, pp. 118–120.
③ 木宮泰彦『日華文化交流史』、643 頁。
④ 林春勝、林信篤『華夷変態』第一冊、25～34 頁。
⑤ 实际上，日本的领导层似乎也容忍了这种默契，甚至还为了教琉球游客和商人如何隐藏琉球与日本的关系，而专门为他们编写了手册，以免明朝官员和代表在琉球贡使到明朝贡时发现日琉间的隐藏关系。由于琉球的斡旋，这种模棱两可的做法很可能起了作用，也让中日贸易得以继续。参见 Robert K. Sakai, "The Satsuma–Ryukyu Trade and the Tokugawa Seclusion Policy," pp. 391–403。
⑥ 川勝守『日本近世と東アジア世界』吉川弘文館、2000 年、187～218 頁。
⑦ 译者注：原文如此，实际舟山不在福建。

任都督的张名振麾下任职。尽管黄宗羲赋予日本援助以大义名分，但幕府再次拒绝介入。① 黄宗羲因此深感受挫，而且似乎由于日本拒绝援助中国，黄宗羲最终脱离了军事和政治，返家隐居。就像我们所知道的，黄宗羲的许多作品都具有非常重要的意义，尤其是在哲学与史学方面。②

许多中国知识分子都对明朝极为忠诚，因此其中许多人都选择逃亡以免向清朝屈服。而长崎因有巨大的华人社区并且与日本地方政府有密切的联系，成为天然的避难所。但德川幕府也意识到了这一点，因而非常关注在长崎留居的效忠明朝的华人。③ 经过上文的讨论可知，幕府花费了巨大的精力在长崎建立了精细而又高效的制度以管理这个城市。幕府通过唐通事和唐年行司在中国移民中间实行一系列的互保制度，将居住在长崎的华人置于严格的控制之下。中国人中的上层阶级和文人在这一制度中出色地发挥了作用，就像他们所代表的中国地方士绅在中国所做的一样。

当然，由于日本的上层阶级非常敬仰中华文明，中国文人在他们中间有一定影响力。效忠明朝的抗清者也由此在日本学者和显赫人物中间获得了许多同情。在幕府眼中，这种友好的中日关系无疑是危险的。他们将其视为联合政治活动的潜在源头。在下文中，我们将会详细探讨与明朝抗清运动直接相关的知名学者朱舜水。

第 12 次请求：永历三年

拥戴鲁王的御史俞图南为了递交新的乞师请求来到日本。现存的资料中没有留下更多的信息。④

第 13 次请求：永历三年十一月

佛教僧侣湛微成功地说服了鲁王，令鲁王相信德川幕府不肯援助明朝是因为没有向江户和长崎当地政府送去贵重的礼物与合适的捐赠。湛微劝说鲁王将摄政王的母亲⑤捐赠给普陀寺的观音像⑥赠送给长崎的佛教寺庙。不过湛微到长崎后将这尊观音像进行兜售以攫取私利。鲁王见湛微一去了无音讯，再次向长崎派去使者以搜集有关讯息。抵日后，鲁王的使节探知湛微被

---

① 木宫泰彦『日華文化交流史』、643 頁。
② 黄宗羲：《赐姓始末》，台湾银行经济研究室，1958。
③ 许多中国文人尝试发起一次支持明朝的运动并试图改善同幕府的关系，就像我们将在下文看到的，一位著名的中国学者朱舜水在这一方面确实十分重要。
④ 木宫泰彦『日華文化交流史』、643 頁。
⑤ 译者注：实际此处不是摄政王的母亲，而是万历的母亲慈圣李太后。
⑥ 译者注：另外有文献说是佛经而非观音像。

视为罪犯和不受欢迎的人，此前已因为他的改宗被驱逐出日本。不过，在次年夏天，鲁王从日本获得了数百吨的谷物。①

作为最重要的宗教机构，中国寺庙已经成为长崎华人的生活核心区域，而佛教僧侣是其中最重要的顾问。中国寺庙不可避免地参与到了秘密政治活动中，这使得寺庙与抗清运动以及向日本乞师的中国文人保有联系。所有的华人居民都在寺庙的档案中登记了自己的出生、结婚和死亡的日期。（事实上，正是仍保留在长崎历史文化博物馆中的历史档案才使得重建华人人口状况成为可能。）寺庙成为会面、交谈以及做出重要决定的日常场所。偷偷进入日本的明朝效忠者也会躲在寺庙里以逃避幕府，但要从幕府制定的中国人口管理机制中逃脱是非常困难的。佛教僧侣非常清楚难民在不断地流入长崎。②

第 14 次请求：永历五年

郑成功在支持永历皇帝取得军事胜利后，他与张名振并肩作战，并获得了郑氏集团的领导权。郑成功此刻正处于权力的巅峰。郑氏集团与清朝之间的战争结果也看起来对郑氏集团和抗清运动非常有利。③ 而江户的德川幕府也持续对明清战争的消息保持关注。对郑成功来说，此时似乎是个合适的时机以尝试再向德川幕府请求援助。④ 在郑成功攻克漳浦（12 月 15 日）后，郑成功向长崎派出了他的使者。⑤

在郑成功的信中，他提到了他生于日本与自己的日本血统，还简要地介绍了清朝入关后的一系列事件，他在信末请求日本军事介入。这一次，郑成功听从属官冯澄世（死于 1664 年）的建议，不仅请求获得士兵和武器的援助，还要求得到一些商品以销往东南亚市场。藉此，郑成功可以获得相当的经济收入来为他的军队提供必要的补给。如果石原道博的研究是准确的，郑成功最终从日本获得了武器和金属矿物。⑥

此时德川幕府的立场看起来十分倾向于郑成功。这样的政治立场主要是

---

① 林春勝、林信篤『華夷変態』第一册、44～46 頁。这个请求也被黄宗羲的《日本乞师记》记载，参见木宫泰彦『日華文化交流史』、643 頁。
② 关于长崎中国庙宇的组织和所扮演的角色，参见山本紀綱『長崎唐人屋敷』、146～193 頁。
③ Patrizia Carioti, *Zheng Chenggong*, pp. 87 – 101.
④ 石原道博『国姓爺』、39 頁；石原道博『明末清初日本乞師の研究』、50～51 頁。
⑤ 杨英：《从征实录》，台湾银行经济研究室，1958，第 24 页。
⑥ 石原道博『国姓爺』、39 頁；石原道博『明末清初日本乞師の研究』、49～54 頁。

由于郑氏贸易船对长崎的日本进出口市场乃至整个日本经济的影响力。① 在明朝的效忠者具有战胜清朝可能性的情况下，日本政府并不想去指责一个强大的贸易伙伴和重要的政治对话者。②

第 15 次请求：永历十二年六月

1658 年，郑成功的数艘船装载 417 名船员并满载货物前往长崎销售③。船上同样携带了礼物和郑成功乞师的信件。这封信件早已不存，但我们可以清晰地从《出岛日志》（*Boucheljon*）1658 年 7 月 25 日的记载中找到其存在的证据。④

> 早晨，翻译人员告诉我，帆船带来了国姓爷派去幕府将军处的重要使节。使者带来了总共价值六万两的一套巨大的家具和精美的丝绸面料，但是并未带来给幕府的顾问和高级地方官员的信件。他仅仅带来了一封给将军的信件，信上写着"国姓爷给日本将军的信"，没有任何的敬意，这直接违反了日本的法律。⑤

荷兰文献持续描述了日本地方官员的尴尬，考虑到郑成功低贱的出身和他对官方协议的违反，没有人知道应该怎样接待郑氏的使节。"郑氏的使节就在他的住处安静地等待来自江户的决定……几天后带来的礼物被卸下，存放在唐通事的仓库中。"⑥

国姓爷的使节在 7 月 24 日抵达并于 9 月 26 日离开："那个 7 月 24 日从中国坐船而来的国姓爷使节没有达成任何目的就返回了……他甚至没有被当

---

① 关于到达长崎的郑氏船只的数量，参见杨彦杰《1650～1662 年郑成功海外贸易的贸易额和利润额估算》，《郑成功论文选续集》，厦门大学出版社，1984，第 221～235 页；永积洋子『唐船輸出入品数量一覧 1637～1833 年復元唐船貨物改帳帰帆荷物買渡帳』創文社、1987年。

② Patrizia Carioti, "17th Century Nagasaki, Entrepôt for the Zheng, the VOC and the Tokugawa Bakufu," in François Gipouloux, ed., *Gateways to Globalisation：Asia's International Trading and Finance Centres*, Cheltenham：Edward Elgar, 2011, pp. 51 – 62.

③ 译者注：有资料显示是一艘船，147 人。

④ 林春胜、林信篤『華夷変態』第一册、45 页；石原道博『国姓爺』、39 页；石原道博『明末清初日本乞師の研究』、49～54 页。

⑤ Cynthia Viallé and Leonard Blussé, eds., *The Deshima Dagregisters*, XII：1650 – 1660, Leiden：Institute for the History of European Expansion, 2005, pp. 354 – 355.（编者注：此处是作者译文，非史料原文。）

⑥ Cynthia Viallé and Leonard Blussé, eds., *The Deshima Dagregisters*, XII：1650 – 1660, p. 356.

地的最高地方官员接待或者得到机会介绍他的诉求。我们将会继续了解国姓
爷被拒绝后的反应……我们相信这应该不会对公司造成危害。"① 幕府没有
回应这封信件并且命令将礼物退回给郑成功的使节。

第 16 次请求：永历十二年

同一年，日本的文献显示郑彩②传递了一封来自郑经的信件给长崎奉
行。③

第 17 次请求：永历十二年

日本的史料简洁地记载了中国文人朱舜水克服重重困难向幕府递交乞师
请求的事件。④

朱舜水出生于一个浙江的学者家庭（他的父亲与祖父都是明朝官员）。
在清朝占领北京（1644）和南京（1655）后，清朝反复以高官厚禄邀请朱
舜水加入新建立的清朝。但是作为一名忠贞不屈的明朝效忠者，朱舜水对这
些邀请通通拒绝。出于同样的原因，在同一年，朱舜水被迫离开中国逃到了
日本。朱舜水自然积极地希望恢复明朝，1649 年便从日本回国参加抵抗运
动。1658 年，他返回了长崎，尽管当时他面临着经济困难。他结识了一位
学者型武士安东守约（1622~1701）。安东帮助朱舜水，并将微薄的年薪分
给朱氏。更重要的是，由于安东的帮助，朱舜水得到日本官方的许可，得以
在长崎永久居住。这对朋友都对中华文明有着真挚而又深切的热情。从那一
刻开始，朱舜水开始在日本居住，但在下一节中我们可以看到，他的生活将
会再次发生变化。⑤

第 18 次请求：永历十四年七月

军队的指挥官⑥张光启抵达长崎，他再次尝试获得日本对明朝抗清行动
的援助。张氏带来了一封郑成功给朱舜水的信件。郑成功希望朱舜水可以作
为中间人帮助郑氏取得日本的援助。⑦ 在 1664 年，德川光圀（1638~1674）

---

① Cynthia Viallé and Leonard Blussé, eds. , *The Deshima Dagregisters*, Ⅻ：*1650 - 1660*, p. 366.

② 编者注：根据所引文献，不是郑彩，而是郑泰。

③ 木宫泰彦『日華文化交流史』、644 頁。

④ 石原道博对郑成功与朱舜水二人的关系已做了大量的研究。参见石原道博『国姓爺』、40
~41；石原道博『明末清初日本乞師の研究』、443~458；石原道博『朱舜水』吉川
弘文館、1961 年。亦见木宫泰彦『日華文化交流史』、644 頁。

⑤ 关于朱舜水在日本生活的时期，参见石原道博『朱舜水』、101~124 頁。

⑥ 译者注：实际是兵官。

⑦ 历史学家石原道博出版了这些保存在水户，由郑成功寄出的信件。事实上，当时朱舜水已
从长崎迁到了水户，朱舜水在那度过了他的余生。石原道博『国姓爺』、40~41 頁。

命儒家学者小宅生顺（1638～1674）前往长崎。小宅所接受的迫切任务是联系居住在长崎的中国文人。德川光圀计划发起一个重要的文化项目：建立水户的学校并开始编写令人印象深刻的史学及哲学作品。小宅一到长崎，就对朱舜水留下了深刻的印象，并邀请他前往水户。对朱舜水来说，这是一个非常好的机会。在水户，德川光圀给予了朱舜水极大的尊重，还将一个有声望的项目委托给他，让朱舜水担任编写《大日本史》一书的顾问。从这时开始，朱舜水开始接触日本最重要的儒家学者，并常常被邀请到江户。①

　　日本的文献对这次请援没有一致的记载。但是根据石原道博珍贵而详尽的研究，郑成功由于朱舜水的帮助，从幕府得到了武器、军事装备还有矿物原料。②

第 19 次、第 20 次求援：大约在永历十七年和不确定的年份

　　可以看到郑经曾向江户两度发出求援的请求，但对这两次请求我们知之甚少，虽然郑经给长崎奉行寄了信。③ 同一年，郑经由于清荷联军的进攻，失去了在中国大陆的基地金门。对郑氏集团来说，这是第一次被彻底驱赶出福建海岸，并完全地撤退到了台湾。

第 21 次求援：永历二十八年

　　杨英（死于 1681 年）给长崎奉行送了一封信，尝试引起日本人对正在发生变化的中国政治局势的兴趣。1674 年，郑经为了加入吴三桂（1612～1678）发动的三藩之乱，从台湾重返中国大陆。杨英的信件被《华夷变态》记录下来。④ 这一次幕府决定间接干预，批准向三藩之一的耿精忠（死于1681 年）出售硫黄。同时，幕府也让其情报机构保持对新信息的关注。⑤

第 22 次求援：康熙二十五年

　　张斐通过联系水户藩的德川光圀，以提升幕府对明朝的关注度和帮助力度。张斐还尝试在长崎的华人中间组织复明运动，但他所有的努力最终都徒劳无功。⑥ 鉴于提出此次请求的三年前，清朝已经收复台湾，三藩之乱也早已平定，张斐的失败就不让人意外了。

---

① 石原道博『朱舜水』、124～181 頁。
② 石原道博『国姓爺』、40～41 頁；石原道博『明末清初日本乞師の研究』、443～458 頁。
③ 林春勝、林信篤『華夷変態』第一冊、46～48 頁；石原道博『明末清初日本乞師の研究』、80～112 頁；川勝守『日本近世と東アジア世界』、187～218 頁。
④ 林春勝、林信篤『華夷変態』第一冊、73～74 頁。
⑤ 川勝守『日本近世と東アジア世界』、187～218 頁。
⑥ 木宮泰彦『日華文化交流史』、644 頁。

三　德川幕府的政策取向

尽管到了德川和平时期，德川家光在 1645～1646 年仍然非常关注中国的事态。就像我们所能看到的，德川家光严肃地考虑了向中国派出军队干涉明清战争一事。很难断言德川家光真实的想法是什么，我们只能知道 1646 年郑芝龙投降清朝后，他放弃了所有进行军事干涉的想法。

1647～1649 年，明朝的效忠者向日本发出了多次请求，其中包括直接来自郑氏集团和其他明朝势力的来信。清朝入关之后，中国陷入了连年的战乱。在明朝效忠者不断提出希望日本提供援助的请求后，可以推断出日本的领导层曾有计划介入明清战争。就如我们所看到的，郑彩和郑成功两人在 1648 年都向长崎发出了求援请求。郑彩打算用中国的药材和丝绸换取日本的武器。而郑成功在第一次寄给德川幕府的信中，则要求雇用数万士兵来抗击野蛮的清兵。两份请求都被幕府拒绝，这样的结果是让人失望的。

随后的 1649 年，郑彩再次尝试对前来进贡的琉球贡使施压，要求其上级充当中间人协调他与幕府的关系，以鼓动日本向中国派出军队和提供武器。如此通过第三方去影响幕府决策的尝试并不新颖，周鹤芝早已尝试过一次相似的行动，即数年前周氏与萨摩藩的岛津氏接洽。当然，幕府再次拒绝了郑彩的要求。

对德川幕府来说，允许强大的岛津氏募集并派出他们的军队确实非常危险，这样的做法会鼓励其他大名效仿。尽管 1600 年的关原合战已经过去多年，但德川幕府的政权仍属新立，还需经常重申权力，小心地维护自己的权力。正是第三任将军德川家光对幕府架构进行了改革和重组，才提升了幕府的实力和效率。改革过程中的一个重要政策就是于 1635 年正式出台参勤交代制度，该制度的目的是防止大名们在地方上重新武装或者相互结成联盟以反抗德川幕府。萨摩藩岛津氏任何私自参与明清战争的活动都会被视为极具挑衅性的行动。[1]

郑成功在 1651 年再次尝试获得日本的援助。此时，郑成功在与郑彩的竞争中取得优势，并取得了郑氏集团的指挥权。郑成功的军队也从清朝手中收复了几处城池，南明的抗清运动在永历朝廷的领导下也接连取得数场军事

---

[1]　藤井讓治『德川家光』。

胜利，这似乎表明南明在明清战争中取得了一些优势。当时，郑氏的船只在日本市场上拥有巨大影响力，相对荷兰东印度公司拥有绝对优势。由于郑氏集团采取的经济策略，日本列岛饱受压力。① 幕府无法忽视这种影响，因而决定给郑成功提供金属矿物和武器。

根据《出岛日志》的记载，随着郑成功在 1658 年发动的攻势完全失败，郑成功派出的使节甚至没有受到合适的接待。然而两年后，通过朱舜水的说情，成功地让幕府自愿为郑成功提供了一些帮助。当时，日本经济仍然依赖长崎的对华进出口贸易，而郑氏集团与荷兰东印度公司间的冷战也到达巅峰。甚至在政治上，荷兰因与郑氏集团为敌，选择向清朝靠拢。但为了取悦郑氏集团而收紧对荷关系对江户幕府非常不利。荷兰东印度公司在出岛的基地是日本与欧洲唯一的联系渠道，且当时兰学（荷兰研究）对日本列岛已变得非常重要。因此对于幕府来说，即使他们已经知道郑成功收复了台湾，但还是认为秘密地帮助郑成功更为合适。② 荷兰的代表们也尝试尽可能多地获得有关郑氏集团与清朝之间战争的讯息。我们从《出岛日志》中找到了几处提到明清战争的记载："戎克船也带来了国姓爷与鞑靼人在厦门爆发战争的消息，国姓爷的人击败了三千鞑靼人还俘获了不少鞑靼人的战船。国姓爷在战争中胜负不定。这是一场旷日持久而又异乎寻常的战争，带到这里的信息常常变幻莫测。"③

此后发给日本的请求既为时已晚，也不合时宜。郑成功于 1662 年突然去世后，在康熙帝统治下，尽管发生了规模浩大的三藩之乱，但清朝的统治逐渐稳固。于是日本对杨英在 1674 年发出的请求视而不见。德川幕府此时也成功地限制了出口，摆脱了依赖对华海上贸易的经济体制，实现了自给自足。日本国内的丝绸生产不断增长，从中国进口的丝绸产品只提供给宫廷和高级官僚使用。

1686 年德川光圀收到的请求是明朝势力最后一次对日乞师，我们可以进一步讨论此事。在长崎的国际世界中，中国文人和日本的知识分子分享着同

---

① Henriette Bugge, "Silk to Japan: Sino Dutch Competition in the Silk Trade to Japan, 1633 – 1685," *Itinerario*, Vol. 13, No. 2 (1989), pp. 25 – 44; Patrizia Carioti, "17th Century Nagasaki, Entrepôt for the Zheng, the VOC and the Tokugawa Bakufu," pp. 51 – 62.

② Tonio Andrade, *Lost Colony: The Untold Story of China's First Great Victory over the West*, Princeton: Princeton University Press, 2011.

③ Leonard Blussé and Cynthia Viallé, eds., *The Deshima Dagregisters: 1661 – 1670*, Leiden, Netherlands: Institute for the History of European Expansion, 2011, p. 422.

样的思想且尊重着同样的原则。他们都崇拜中国的文明，而宋明理学则是日本思想界的主流。朱舜水的故事清楚表明了中日知识分子之间共同的文化和兴趣。然而，清朝于 1684 年重新制定了海洋政策①，这个政策却近乎矛盾地使长崎市场走向衰败。可以自由航向海外和登陆日本海岸的中国海上贸易者正在涌入长崎港。因而从 17 世纪最后一个十年到 18 世纪第一个十年，幕府对中国进入日本船只数目的限制越来越多。此外，唐人屋敷也于 1689 年落成。

四　最后的一些思考

22 次向日乞师中的 12 次都发生在 17 世纪 40 年代后期，即清朝占领北京（1644 年）和南京（1645 年）后。这并不难理解，因为当时整个中国的文人、官僚、士绅还有上层社会都在为抗击势如破竹的清朝而努力。当时，效忠明朝的军队在中国各处十分活跃，但他们从未被组织起来协同作战。到了 17 世纪 50 年代，对德川幕府的乞师请求变少了。但郑成功在此时进入抗清队伍，在他筹备对南京等中国的核心地带发动最后的攻势期间，他与清朝在军事冲突和尝试对话之间来回摇摆。此时是复明运动勃兴的年代。此后直到 17 世纪 60 年代初，仍可看到一些对日乞师的行动。尽管郑成功已在 1661 年登陆台湾，并于次年 2 月将荷兰东印度公司驱离台湾。但郑氏集团仍防守着在金门、厦门的基地。但是他们的防守是徒劳的，1663 年清荷联军发动攻势，将郑氏政权驱离中国大陆。17 世纪 70 年代，中国大陆上战火重起。三藩之乱冲击了新建立的政权，郑经在重占厦门后再次尝试向德川幕府求援。就像我们所看到的，因为当时（至少像我们所知道的那样）政治和军事背景的剧烈变化，1686 年的最后一次乞师让人觉得是意料之外的也是完全不现实的。

郑氏集团与其他案例中的一些明朝效忠者，通常都是直接或间接地向德川幕府乞师。在这一问题上，文人在向日乞师的过程中确实扮演了非常重要的角色，尽管成果并不显著（例如黄宗羲和朱舜水）。另外，我们必须注意到郑成功本身曾在南京国子监接受传统的儒家教育，尽管这段经历为战争所中断。正是通过中国文人（和更广泛意义上的明朝效忠者）的活动，在长崎的海外华人所发挥的桥梁作用才得以成为明朝效忠者发起抵抗运动时的关键因素。郑氏的船只也将许多从清朝逃出，希望在日本避难的忠于明朝的佛

① 译者注：开海政策。

教僧侣送到长崎。我们可以推测，这些人在政治上并不中立，还曾在长崎的华人社区中发挥过一些微妙的作用，甚至试图在一些政治上的中间人与日本知识分子中间取得支持，并发起政治运动以组织军队介入中国动荡的局面。德川幕府对居留在日本的明朝拥护者组织的政治运动，尤其是长崎的那些运动，持怀疑和忧虑的态度。幕府认为这样的活动是危险且不稳定的。最终，幕府给出了清楚的答案，1689 年唐人屋敷完成了。

The Zheng Regime and the Tokugawa Bakufu
—Asking for Japanese Intervention

Patrizia Carioti

Abstract：From 1645 to 1686, the anti-Qing resistance powers sent requests to Japan, both *bakufu* and local leader, as many as 22 times. Such actions should be comprehended in the East Asian maritime economic network. Generally speaking, the Tokugawa *bakufu* kept a cautious attitude toward Ming-Qing conflict. However, they tended to give ambiguous and contradictory replies in consider of Zheng regime's economic influence over Japanese economy. Nagasaki served as a window for both sides. The Zheng regime used the local leaders as intermediary to contact the *bakufu*, while the *bakufu* get oversea information from here. As the Qing's governance became more stable and Japanese economy became more independent, the *bakufu*'s supervision over Chinese in Nagasaki became much stricter.

Keywords：Zheng Regime; Southern Ming; Tokugawa *Bakufu*; Military Interference

（执行编辑：申斌）

海洋史研究（第十五辑）
2020 年 8 月　第 133～164 页

法船"安菲特利特号"远航中国所绘
华南沿海地图初探（1698～1703）

杨迅凌*

　　1698～1703 年法国商船"安菲特利特号"（L'Amphitrite）先后两次远航中国，抵达澳门、广州。① 这是法国对华直接贸易的起点，是早期中法关系史和中西交通史上的重要事件。法国汉学家伯希和（Paul Pelliot）较早对相关资料进行系统整理和研究。② 中国学者张雁深、耿昇等也都细致探讨了这一事件的经过及前因后果。③ 但此次航行所绘制的华南沿海系列地图却鲜有人关注。就目前所知，这些地图是欧洲国家第一次以较大比例尺对华南沿海进行精确实测的地图，意义重大。

　　笔者参与的澳门科技大学图书馆"全球地图中的澳门"项目组在对法国国家图书馆、法国国家档案馆、葡萄牙阿儒达图书馆等欧洲机构进行调研

＊　作者杨迅凌，澳门科技大学图书馆助理馆长、澳门科技大学社会和文化研究所国际关系博士研究生。本文写作得到金国平教授的指导，在此表示感谢。

①　"L'Amphitrite"除译作"安菲特利特号"，还有"安绯得里底号""安菲特里特号""海后号""海洋女神"等中文译名。

②　Paul Pelliot, L'Origine des relations de la France avec la Chine. Le premier voyage de "l'Amphitrite" en Chine, Mâcon, Paris：P. Geuthner, 1930. 伯希和先后于 1928 年、1929 年在期刊 Journal des savants 上连载发表了同名文章，并在 1930 年集结成书出版。本文引用的是 1930 年出版的图书。

③　张雁深：《中法初期关系之研究（续完）》，《中国学报》1944 年第 1 卷第 3 期，第 73～82 页；耿昇：《中法文化交流史》，云南人民出版社，2013，第 368～381 页。

时，发现了这两次航行多位亲历者所绘制的地图，对其进行整理、复制和建库。① 本文即对这批地图的绘制、内容、版本开展初步梳理、分类和解读，以就教于方家。

一　历史背景

早在 1684 年清朝解除海禁、设立粤海关等管理海外贸易的次年，法国国王路易十四（Louis XIV）就向中国派遣 6 位耶稣会士。但由于葡萄牙对航线的垄断，这些神父无法从澳门进入中国。于是，其中 5 位神父洪若翰（Jean de Fontaney）、白晋（Joachim Bouvet）、李明（Louis Le Comte）、张诚（Jean‐François Gerbillon）、刘应（Claude de Visdelou）乘坐中国商船从暹罗前往中国，1687 年在宁波登陆入京。他们以"国王的数学家"的身份得到康熙的信赖和委任。1692 年，为招募更多的西方科学家，康熙派遣白晋以"钦差"身份返回欧洲。作为"天朝上国"的帝王，康熙未能像西方君主对待平等国家那样授予白晋呈给法国国王的"国书"，所以白晋难以说服路易十四派御船把新招募到的传教士送往中国。而此时的法国因连年征战造成国库空虚，已无力派遣舰队直航中国。但法国君臣巧妙地把军方的船只租赁给私营公司，鼓励后者发展海外贸易和探险，以坐收其利。白晋便说服一名叫儒尔丹（Jean Jourdan）的玻璃富商，由他出面向法国海军租来 500 吨级轻型三桅船"安菲特利特号"，并设法帮助他获得法国东印度公司的授权，可以连续两次派船直接赴华贸易。这便是"安菲特利特号"来华的直接动因。

当然，"安菲特利特号"来华实际有着多重目的。大航海时代早期，罗马教廷授予葡萄牙保教权，规定葡萄牙为前往亚洲的传教士提供船只和一定的旅费，并为传教士在殖民地的传教事业提供经费；葡萄牙由此也获得了支配远东传教事业的权力，包括要求前往远东的传教士必须经里斯本搭乘葡萄牙的船只，而且必须向葡萄牙国王效忠。② 但随着葡萄牙国力的衰落，特别是 1641 年马六甲被荷兰人攻占后，葡萄牙的东方航线被切断，前往远东的

---

① 这些地图复制件都已在澳门科技大学图书馆"全球地图中的澳门"网络资料库中公开，读者可登录网址 http://gmom.must.edu.mo 检索查阅。

② 顾卫民：《"以天主和利益的名义"：早期葡萄牙海洋扩展的历史》，社会科学文献出版社，2013，第 343～344 页。

传教士无法得到葡萄牙的有效庇护。以法国传教士为首的欧洲传教士急需找
到通往中国的新途径。对白晋而言，他的直接目的是运送新招募的法国耶稣
会士到中国，扩大法国耶稣会士在清廷的影响力和传教事业的成果；对商人
儒尔丹而言，是把其制作的玻璃等大宗商品卖到中国，并从中国采购瓷器、
织物等货物赚取高额利润；而对路易十四而言，则是希望开辟法船直达中国
的航线和收集各类情报，特别是航海图等测绘资料以及中国的贸易情况和风
俗民情，为发展法中贸易做好准备，进而扩大法国在远东地区的影响力。这
从路易十四给"安菲特利特号"首航时船长拉罗克（Chevalier de la Roque）
的谕令中可以窥见一二：

> 汝应细心认识所过中国海岸线之各处，毋有遗漏，并打听该海岸各
> 时季之风汛、潮汐、水流，及其他关于停泊起船之适当时间；如为可
> 能，并应搜集该国之埠口、碇泊所及海岸之地图，与中国人之航海记
> 录，于返国时立奏于朕。……于该国勾留时，应打听该国如何与亚洲及
> 欧洲诸国家贸易，以便于返国时作精确之记录，以为将来对该国贸易之
> 准绳。……又于中国各埠口停泊时依各当地之风俗习惯应若何行动，亦
> 应探听，以免将来船舶至其地发生任何错误或与总督、官宪，或其他当
> 地当局发生意外之事。[1]

1698 年 3 月 7 日，"安菲特利特号"从法国拉罗歇尔（La Rochelle）港
启碇。船员包括船长拉罗克、大副弗罗热（François Froger de la Rigaudière，
1676～c.1715）、执旗官拉格朗日（Louis de La Grange – Chancel，1678～
1747）等；乘客则包括白晋神父及其新招募的 7 名耶稣会士翟敬臣
（Charles Dolzé）、南光国（Louis Pernon）、利圣学（Charles de Broissia）、马
若瑟（Joseph – Henry – Marie de Prémare）、雷孝思（Jean – Baptiste Régis）、
巴多明（Dominique Parrenin）、颜理伯（Philibert Geneix），1 名修士建筑雕
塑家卫嘉禄（Charles de Belleville），1 名意大利画家聂云龙（Giovanni
Baptista Gherardini）[2]。6 月 10 日，该船抵达好望角，耶稣会士孟正气（Jean

① 张雁深：《中法初期关系之研究（续完）》，第 73～74 页。张先生翻译的法国国王谕令资料
即来自伯希和的整理稿。
② 柯兰霓：《耶稣会士白晋的生平与著作》，李岩译，张西平、雷立柏审校，大象出版社，
2009，第 28 页。

Domenge）、卜纳爵（Ignace - Gabriel Baborier）登船。8 月 18 日，"安菲特利特号"抵达苏门答腊岛西北端的亚齐，后停靠马六甲。

10 月 5 日，在历经整整七个月后，该船抵达中国广东的上川岛。白晋组织传教士们拜谒了那里的沙勿略墓。其后，白晋从广海由陆路前往广州，"安菲特利特号"则沿海路继续前行。10 月 24 日上午 11 时，"安菲特利特号"抵达澳门，与从广州前来的白晋会合，并在澳门港停泊了 5 天左右。其间，船长拉罗克和白晋前往青洲拜访了暂住在那里的第一任南京教区主教罗历山（Bishop Alessandro Ciceri，1639 ~ 1703）。11 月 2 日，在白晋带来的两名中国领航员的帮助下，"安菲特利特号"从珠江驶入广州，停泊在距离广州城 3 里格的江面上。① 刘应和葡萄牙籍耶稣会士苏霖（José Soares，1656 ~ 1736）受康熙皇帝的派遣，于 1699 年 1 月 26 日到达广州迎接他们进京。② 在进京的途中，白晋在扬州和淮安之间大运河的御船上见到南巡的康熙帝。康熙则在金山岛上接见了五位新来华的传教士。"安菲特利特号"及其船员则留在广州港贸易，在那里逗留了 14 个月。1700 年 1 月 26 日"安菲特利特号"返航，8 月 3 日回到法国路易港。船上的货物销售一空，获利甚丰。

1701 年 3 月，在首航成功的鼓舞之下，"安菲特利特号"第二次远航中国。此次航行的船长是弗罗热·德·拉·里戈迪埃（Froger de la Rigaudière）。伯希和起初断言，此弗罗热就是首航时的大副弗罗热，但又随后提出疑义。③ 弗罗热家族是法国的海军世家，起源于诺曼底，分为里戈迪埃和埃吉勒（Éguille）两个支系。笔者通过地图手稿上的证据发现，他们并非同一人，故把其分别记以"弗罗热"和"里戈迪埃"。详细论证见后文。

"安菲特利特号"二航中国时，船上的耶稣会士由第一次返欧归来的洪若翰带领，其中法国耶稣会士 8 人，分别是卜文气（Louis Porquet，1671 ~ 1752）、沙守信（Emeric de Chavagnac，1670 ~ 1717）、戈维里（Pierre de Goville，1668 ~ 1758）、顾铎泽（Eienne Joseph le Couteulx，1667/9 ~ 1731）、杜德美（Pierre Jartoux，1668 ~ 1720）、汤尚贤（P. V. Du Tartre，1669 ~ 1724）、龚当信（Cyr Contancin，1670 ~ 1733）、陆伯嘉（Jacques Brocard，1664 ~ 1718），意大利耶稣

---

① 此处根据弗罗热《法船首航中国报告》的记载。马若瑟信件记为 19 日，又说 6 日、7 日夜间。

② 耿昇：《中法文化交流史》，第 376 页。

③ Paul Pelliot, *L'Origine des relations de la France avec la Chine. Le premier voyage de "l'Amphitrite" en Chine*, pp. 7 - 8.

会士 1 名即方记金（Jérôme Franchi，1667～1718）。①

"安菲特利特号"第二次来华从路易港出发，仅用不到四个半月，于 7 月 29 日到达距离澳门两天航程的地方。但在接下来长达三个月的航程里，这艘船却遭遇多次风暴，辗转流离在上川、澳门和电白之间的海域，最后在放鸡山附近海域才暂时脱离险境。洪若翰在中国官员的允许和帮助下，为"安菲特利特号"在距离广州 100 多里格的广州湾找到一处安全的停泊驻冬之所。② 1701 年 11 月 16 日"安菲特利特号"抵达广州湾，并在那里逗留六个月。次年 5 月 26 日，"安菲特利特号"终于来到广州城外，在黄埔港下锚停泊。1702 年 11 月 1 日，"安菲特利特号"驶离广州，12 月 5 日离开澳门，1703 年 8 月 17 日返回到法国布雷斯特（Brest）港。③

有关"安菲特利特号"两次远航中国的一手资料，此前学者主要利用的是首航的船长拉罗克④、大副弗罗热⑤、海军军官拉格朗日⑥、画家聂云龙⑦的记录和白晋、刘应、马若瑟、汤尚贤、沙守信、洪若翰等耶稣会士的信件⑧。笔者则搜集到首航的弗罗热、拉格朗日、耶稣会士翟敬臣和二航船

---

① 费赖之：《明清间在华耶稣会士列传 1552～1773》，梅乘骐、梅乘骏译，天主教上海教区光启社，1997，第 497、674～715 页；荣振华：《在华耶稣会士列传及书目补编》，耿昇译，中华书局，1995，第 90 页。荣振华书中将陆伯嘉（Jacques Brocard，1664－1718）归为搭乘第二次远航中国的"安菲特利特号"的入华传教士之一，入华日期为 1701 年 9 月 9 日；费书则记为 1701 年 9 月 7 日来华，未说明陆伯嘉是否搭乘"安菲特利特号"。"方记金"在荣振华书中作"方全纪"，在费赖之书中作"方记金"，费赖之又注据薛孔昭记其华名为"樊记金"、1724 年石碑上称"方全级"。

② 杜赫德编《耶稣会士中国书简集·中国回忆录》（上），郑德弟、吕一民、沈坚译，大象出版社，2005，第 338～341 页。

③ Paul Pelliot, *L'Origine des relations de la France avec la Chine. Le premier voyage de "l'Amphitrite" en Chine*, p. 8.

④ Chevalier de la Roque, *Abrégé du journal du voyage de la Chine que j'ay fait commandant l'Amphitrite l'année* 1698. 根据伯希和的整理，拉罗克的航海日志原件已经丢失，他认为目前在法国国家档案馆中藏有一份拉罗克删减过的 13 页手稿（Mar. 477，129，pièce 3）。

⑤ François Froger, *Relation du premier voyage des François à la Chine fait en 1698, 1699 et 1700 sur le vaisseau "L'Amphitrite"*. Edited by Herausgegeben von E. A. Voretzsch. Leipzig：Verlag der Asia Major，1926. 手稿共 187 页，原件藏于葡萄牙阿儒达图书馆。

⑥ Louis de Chancel de LAGRANGE, *Le premier volume des voyages curieux faits dans diverses provinces, de France, d'Espagne, de Flandres et de Loraine lespaces de cinquante ans par messre*. Louis de Chancel de Lagrange ancien officier de la marine chevalier de l'ordre royal et militaire ... ［manuscript］. N. p, n. d.［after 1740］.

⑦ Giovanni Baptista GHERARDINI, *Relation du Voyage fait à la Chine sur le Vaisseau L'Amphitrite, en L'Année 1698*, Paris：Nicolas Pepie，1700. 共 94 页。

⑧ 杜赫德编《耶稣会士中国书简集·中国回忆录》（上），第 129～150、168～202、300～341 页。

长里戈迪埃等 4 人绘制的地图。这些地图包括 7 张迥然不同的手稿地图，加
上草图底稿与抄本，总数在 15 张以上。其主要表现的是华南沿海或其局部
的航道、海岸、岛礁地理水文等。从地图绘制的先后顺序及其所表现的地理
范围看，它们可以分为 5 类：（1）用于航海定位的岛屿及海岸对景图；（2）表
现广州水道的从上川岛至广州城航海图；（3）澳门港城平面图；（4）澳门
及其周边水域图；（5）表现华南沿海的从雷州半岛至广州城航海图。下节
将根据这 5 种类型的划分逐次进行分析。

二　所绘华南沿海地图的种类及其内容

（一）岛屿及海岸对景图

在人类解决经纬坐标的精确测量和定位问题之前，海上航行充满了各种
不确定性和危险。这种情况下，航海图中的岛屿及海岸对景图是一种行之有
效的传统导航工具，常常用于近海航行。中西方皆是如此，如中国的《郑
和航海图》、章巽考释的《古航海图》等。葡萄牙阿儒达图书馆所藏的《法
船首航中国报告：呈给蓬查特兰侯爵大人》（*Relation du premier voyage des
Français à la Chine présenté à Monseigneur le comte de Pontchartrain*）手稿记录
了"安菲特利特号"首航中国的全过程。[①] 该书作者署名"F. Froger"，即
"安菲特利特号"首航的大副弗罗热的名字缩写。弗罗热全名法兰索瓦·弗
罗热·德·拉·里戈迪埃（François Froger de la Rigaudière，1676～171?）。
目前所知弗罗热的资料十分有限，存在许多疑问。[②] 比较确定的是，他出身
于法国海军世家，自幼热爱探险事业，尤其擅长绘图与数学。1695 年，年
仅 19 岁的弗罗热就参加海军前往南美东岸探险。探险船队原本计划前往秘
鲁，但强烈的风暴阻挡了他们通过麦哲伦海峡的行程，探险不得不以失败告
终。在这次探险结束后的第二年，弗罗热就根据他在旅途中的记录出版了一

[①]　F. Froger, *Relation du premier voyage des Français à la Chine présenté à Monseigneur le comte de
　　Pontchartrain*，手稿，馆藏号 52 - XIV - 23。该报告提交的对象蓬查特兰侯爵 1683～1699 年
　　任法国海军大臣，1699～1714 年出任大法官。

[②]　François Froger, dans Louis - Gabriel Michaud, *Biographie universelle ancienne et moderne*：
　　*histoire par ordre alphabétique de la vie publique et privée de tous les hommes avec la collaboration de
　　plus de* 300 *savants et littérateurs français ou étrangers*, 2ᵉ édition, 1843 - 1865.

本名为《1695、1696、1697 年航行日记》（*Relation d'un voyage fait en 1695，1696 et 1697 aux côtes d'Afrique*，détroit de Magellan，Brésil，Cayenne et isles Antilles，par une escadre des vaisseaux du roi）① 的书。书中附有多张海岸与港口的地图，展现出年轻的弗罗热在绘制地图方面的天赋，以及丰富的历史与博物知识。该书出版受到了市场的欢迎，并数次再版。

1698 年，22 岁的弗罗热成为首航中国的"安菲特利特号"大副。其《法船首航中国报告》手稿共 288 页，第 257～288 页是"安菲特利特号"首航中国的航行数据，记录了从 1698 年 3 月 7 日至 1701 年 8 月 3 日每天的航向、里程以及经纬度等信息。重要岛屿和位置则绘制有清晰的对景图，例如好望角、亚齐、马六甲等。第 281～282 页是从"昆仑岛"（Pol Condor）② 到虎门之间航线上大小 11 组重要岛屿的对景图，真实还原了当时航行中领航员所见的海面岛礁地形。见图 1。

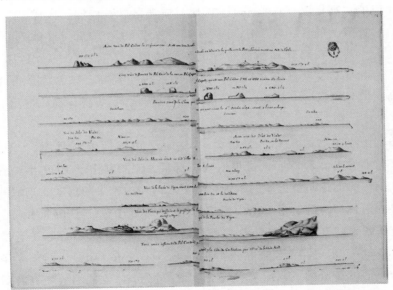

图 1　弗罗热《法船首航中国报告》所绘华南沿海岛屿及海岸对景图，葡萄牙阿儒达图书馆藏

---

① F. Froger，*Relation d'un voyage fait en 1695，1696 et 1697 aux côtes d'Afrique，détroit de Magellan，Brésil，Cayenne et isles Antilles，par une escadre des vaisseaux du roi*，commandée par M. De Gennes，Chez les Héritiers d'Antoine Schelte：Amsterdam，1699。

② 今越南昆仑岛（越南文 Côn Đảo，今马来文 Pulo Condore），即《郑和航海图》中的"昆仑山"。

　　1698 年 10 月 5 日的对景图标题中记有距离海岸 4 里格的地方首次看到中国的陆地，其中标注了"上川"（Sanciam）、"下川"（Sanchuën）及东侧的"乌猪"（Ou-tchu），并标记各岛偏离观测点的方向。乌猪是上川岛东侧的乌猪岛，古称"乌猪山"，是当时商船往来"西洋"与闽粤之间必经的重要望山。①

　　此图之后是被葡萄牙人称为"鹿岛诸岛"（Isles des Viados）的对景图。图右侧绘出"牛角岛"（Nieou-co，今荷包岛），其西南侧为"牛角湾"；左侧则是"小襟岛"（Siäo - Ken），从岛屿大小和形状看，实际上应该是"大襟岛"；两岛之间绘有数个岛礁，标记为"Pai - Ka"，并注明"或称巫师岛"（ou les Sorciers），在后来英国人绘制的地图中这些岛礁被称为"Wizards"，即今天真正的"小襟岛"和"三杯酒岛"②。

　　其中有一张"距海岸 8 里格之澳门诸岛"的对景图。从左至右分别绘制与注记了"高栏"（Caö-lan）、三灶、横沥岛、石栏洲、大横琴、路环、小蒲台、黄茅、东澳、小万山、南亭门、"大万山"（Isle des Larrons）、竹洲等岛屿。其中在路环和小蒲台、黄茅诸岛的上方标记了一个名称"Ma-tchong"。比照后文翟敬臣《珠江口诸岛图》可以判断，该名称是指今天的路环岛，但为何是这个名字，还需要考证。此外，还有伶仃岛、虎门等对景图。

　　法国国家图书馆藏有一张题为"Macaö"的澳门城对景图。③ 见图 2。其右下角亦署名"F. Froger"。根据该馆目录，该图制作于 1699 年。图中绘制了从南湾海面远眺澳门城的景观，可见澳门城内密集的房屋、东侧的城墙及主要的炮台和防御工事。图中用字母 A 至 F 排序标注了 6 个地点，依次是圣方济各修院（St. Francisco）、圣奥斯定堂（St. Augustin）、圣老楞佐堂（St. Laurent）、东望洋圣母炮台（Fort de nre Dame de Guia）、西望洋圣母堂（Nre. Dame de Penhe）、马（妈）港角（Pte. du port），并注明在其背后有守卫内港入口的兵营。其标注的圣奥斯定堂的位置是澳门城中最显眼的高地，对比前后荷兰人和法国人绘制的同一视角的澳门城景图，疑似是将大炮台误记为圣奥斯定堂。

---

①　向达校注《两种海道针经》，中华书局，1982。

②　广东省国土厅、广东省地名委员会编《广东省县图集》，广东省地图出版社，1990，第 116 页。

③　F. Froger, *Macaö*, 1699, BnF: GE SH 18 PF 179 DIV 12 P 2/1（2）D。

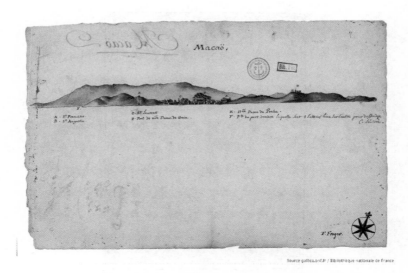

图 2　弗罗热《澳门城景图》，法国国家图书馆藏

（二）从上川岛至广州城航海图

弗罗热《法船首航中国报告》第 116 页是一幅名为《广州水道图》（*Carte de L'entrée de Canton*）的彩色手稿海图。见图 3。弗罗热题名下用法文注释："确切标出从上川岛出发，经澳门到广州城的所有锚点、海岸、礁石和难以辨认的险要之处。"与相近年代的荷兰东印度公司制图师布劳（John Blaeu，1596～1673）和英国制图师索顿（John Thornton）所绘羊皮纸华南沿海图相比，该图高度还原了从上川岛至广州城之间水域的大部分海岸轮廓、岛屿形状与位置分布，已经相当接近真实地理情况。见图 4、图 5。

弗罗热《法船首航中国报告》之《广州水道图》绘有 5 里格比例尺，每格即 1 里格。1674～1793 年的 1 里格为 3898 米，5 里格约为 19.5 公里。图上的航行路线以数字标出，这是由于航行中水手随时测量水深，查看是否适合船只通行，并将测得数值标记在地图相应的位置上。结合地图与弗罗热的航行记录，可以非常真实生动地再现此段航程。[1] 图中上川岛正南约 20公里处绘有锚点，表明"安菲特利特号"在此处停泊。接着航线指向上川

---

[1]　François Froger and Saxe Bannister, *A Journal of the First French Embassy to China, 1698 - 1700*, New York: Cambridge University Press, 2012, pp. 92 - 122.

图 3　弗罗热《法船首航中国报告》之《广州水道图》，
葡萄牙阿儒达图书馆藏

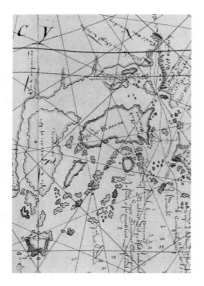

图 4　荷兰东印度公司布劳所
绘华南沿海图局部，1677 年

图 5　东印度公司索顿所绘华南
沿海图局部，1701 年

（Sanciam），还标记了几处上川岛的地名，包括沙勿略墓、村庄等。离开上川后，航线分为两条，一条向北到达广海，这是白晋离开"安菲特利特号"，由广海经陆路前往广州；另一条则沿海岸线经前文所述"鹿岛诸岛"、浪白滘（Lampacaö）、三灶（Sancho）来到距离澳门约 15 公里的海面上。在这里，他们看到"老万山"（Isle des Larrons）和路环（弗罗热的地图与航海书中均记作 Matchong），两岛之间的海岸边停泊着超过 200 艘渔船。然后船只北上，在路环东南侧外的"澳门水道"停泊。① 在十字门处画出一个锚点，并在图例中注明英国、荷兰船只在此驻冬。此后它们停泊在澳门港（Port de Macaö）。地图上的澳门半岛简要绘制出澳门城内炮台、房屋与城墙。澳门半岛西北侧绘出一个红顶白墙的房屋，标记为"白房子"（La caze blanche），即前山寨；东北侧海岸绘出大大小小九个小岛，用法文注记"九个岛屿"（les neuf Isles），即"九星洋"（今珠海九洲）。下来是从澳门东侧经内伶仃岛（Linten）、虎门（Bouche du Tigre）进入广州港的航线，用图例的方式标记沿岸四个高塔，其中东侧离岸较远的塔应是东莞的鳌洲塔，剩下三个依次是狮子塔（Tour du Lion）、琶洲塔和赤岗塔，它们是船只从珠江口进入广州港最重要的三个望塔。广州城则用红色绘出，并用网格画出新旧城区的范围与布局，用字母标出城内外重要的建筑与防御工事。

　　该图还标绘出纬度。澳门北端绘在北纬 22°15′，广州城北顶部绘在北纬 23°08′。澳门北端的实际纬度约为北纬 22°13′00″，广州城北镇海楼的实际纬度约为北纬 23°08′26″。两地的纬度误差在 2′以内。对比布劳和索顿绘制的华南沿海图中两地的纬度误差超过 20′，弗罗热所绘的纬度测量明显大幅改进。

　　法国国家图书馆则藏有一张未署名的《广州水道图》单色草图手稿。见图 6。该图以黑色墨水和铅笔绘制，左上角记有地图的标题。从标题文字、绘制内容和书写笔迹看，墨水绘制部分内容与弗罗热《法船首航中国报告》之《广州水道图》几乎完全一致，应该是出自一人之手。当然，个别还是有增删之处。例如，在《广州水道图》单色草图中黄埔东岸绘有一栋房屋，但未有文字标注；而《法船首航中国报告》的《广州水道图》手稿中，则将该房屋标注为"海关"（Douane），应是定稿时所增补。再如，《广州水道图》单色草图手稿中在广海城位置上方同时标记"Couang-hai"和"Quanghai"两个名

---

① "澳门水道"其后的英国海图记为"Macao Road"。

称，显示作者尚不确定该地名的注记形式；而《法船首航中国报告》的《广州水道图》中只注记为"Couang-hay"，当是定稿时审定。

图6　《广州水道图》单色草图手稿，法国国家图书馆藏

《广州水道图》单色草图手稿的铅笔绘制部分非常值得关注。首先，用铅笔绘出了经纬网方格，以网格计算澳门城的经度为东经134°05′，应是当时法国制图常用的以耶罗岛（Isle de Fer）为本初子午线计得的数值。其次，用铅笔在澳门城左侧的网格上同时标出另一个经度坐标，可算出澳门城的经度为东经131°25′。这说明制图者对澳门城的经度进行了多次测算。而无论是哪种经度，都与《法船首航中国报告》中文字记录经度东经134°56′参差。可能是制图者无法确定准确的经度，定稿时就删去经度，保留了相对较为准确的纬度。再次，还用铅笔绘出香山岛的轮廓，并在三个位置同时标记"香山县"（Hiamxan），显然绘图者对香山县治的方位很不确信，因此香山县治亦未出现在定稿上。综上所述，《广州水道图》单色草图手稿当是《法船首航中国报告》之《广州水道图》的底稿。

法国国家图书馆还藏有至少3张未署名的《广州水道图》彩色手稿。

它们与上述两图内容几乎一致，都是绘制从上川经澳门到广州的航道、岛屿和海岸。不仅如此，图中航道标记水深的数字及其位置也完全相同，说明这些图都是《法船首航中国报告》之《广州水道图》定稿后的抄本。不过，有 2 张地图《广州水道图》彩色抄本 A、《广州水道图》彩色抄本 B 采用的方位是上西下东，而非《广州水道图》彩色抄本 C 常见的上北下南。见图 7、图 8。① 《广州水道图》彩色抄本 C 是 18 世纪法国最著名的制图师和地理学家唐维勒（Jean‑Baptiste d'Anville，1697~1782）的藏品。见图 9。② 杜赫德《中华帝国全志》的附图绝大多数就是由唐维勒绘制的。但通过对比，可以发现唐维勒在绘制《中华帝国全志》广东省图时基本依据的还是康熙《皇舆全览图》，而非弗罗热《法船首航中国报告》之《广州水道图》，仅在上川岛北端添绘“沙勿略之墓”。这个传统至少可以追溯到法国制图师桑松（Nicolas Sanson，1600~1667）绘制的中国地图。

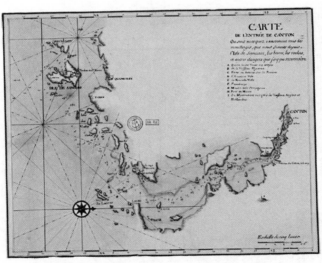

图 7 《广州水道图》彩色抄本 A，法国国家图书馆藏

① 图 7 Anonymous, *Carte de l'entrée de Canton ou sont marquez exactement tous les mouillages que nous fimes depuis l'isle de Sanciam, les bancs, les roches et autres dangers que j'ay pu remarquer*, BnF: GE SH 18 PF 179 DIV 9 P 11 D; 图 8 Anonymous, *Carte de l'entrée de Canton ou sont marquez exactement tous les mouillages que nous fimes depuis l'isle de Sanciam, les bancs, les roches et autres dangers que j'ay pu remarquer*, BnF: GE SH 18 PF 179 DIV 9 P 11/1 D。

② Anonymous, *Carte de l'entrée de Canton ou sont marquez exactement tous les mouillages que nous fimes depuis l'isle de Sanciam, les bancs, les roches et autres dangers que j'ay pu remarquer*, BnF: GE DD‑2987 (7236 B)。

图 8　《广州水道图》彩色抄本 B，法国国家图书馆藏

图 9　《广州水道图》彩色抄本 C，法国国家图书馆藏

　　"安菲特利特号"首航时的执旗官拉格朗日也绘有一幅《上川岛到澳门与珠江及其周边图》。[①] 见图 10。该图未采用经纬坐标，虽有比例尺，但岛屿大小、比例、形状轮廓与真实情况偏差很大，岛屿和平面图也均为示意性，可推测制图者并未受过专业的测绘训练。地图下半部分绘有 3 个 32 向的罗经花。罗经花以马耳他骑士团的纹章为主体，象征法国的鸢尾花指向正北。拉格朗日把上川岛绘成上下分离的两个岛屿：上面的岛屿西北侧海角上标记"沙勿略之墓"（tombeau st. Xavier），下面的岛屿注记为"上川岛"（Isle de Sancien）。见图 11。在西方早期绘制的华南沿海图中，常常把上川岛错绘为两个分离的岛屿。1786 年英国人拉金斯（Larkins）绘制的《上川至老万山之间南部沿海图》便是如此。[②] 19 世纪英国东印度公司制图师霍斯伯勒（James Horsburgh，1762～1836）起初在 1811 年绘制的地图中沿袭这

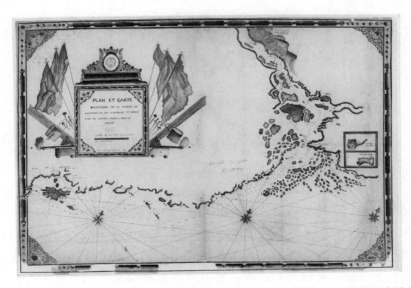

图 10　拉格朗日《上川岛到澳门与珠江及其周边图》全图，法国国家图书馆藏

①　Louis de La Grange – Chancel, *Plan et carte particulière de la rivière de Cantong et ses environs et depuis l'isle de Sancien jusque à celle de Makao*, 1698, BnF: GE SH 18 PF 179 DIV 9 P 1. 澳门科技大学图书馆"全球地图中的澳门"复制件，http: //lunamap. must. edu. mo/luna/servlet/s/8xn522。

②　John Pascal Larkins, *Chart of the southern coasts of the Islands between St. Johns and the Ladrone*, 1786, BnF: GE SH 18 PF 179 DIV 3 P 9 D. 澳门科技大学图书馆"全球地图中的澳门"复制件，http: //lunamap. must. edu. mo/luna/servlet/s/o8j2bk。

一谬见。① 但他后来在 1823 年的地图中进行了修正。② 霍斯伯勒在编写的实测航海指南中解释说，由于上川岛两座高山之间浅湾相连，故常常被误认成两个岛屿。③ 但实际上，弗罗热在 1699～1700 年绘制的《广州水道图》手稿中就已经正确绘出上川岛。

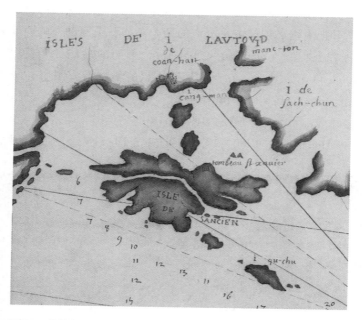

图 11　拉格朗日《上川岛到澳门与珠江及其周边图》上川岛局部

　　尽管拉格朗日所绘地图的准确度不高，但仍提供了较为丰富的细节，生动形象地表现了西方人眼中的中国城市。他在地图中以夸张的比例绘出广州城平面图。见图 12。图中可见广州城内外密布的房屋、珠江岸边麕集的船只、沿江分布的主要炮台与岛礁；城内有两座风格迥异的高塔，应是"光塔"与"花塔"。

① James Horsburgh, *China Sea*, Sheet Ⅰ, London, 1811，哈佛大学图书馆藏，G9237. S6P5 1811. H6。澳门科技大学图书馆"全球地图中的澳门"复制件，http：//lunamap. must. edu. mo/luna/servlet/s/it3891。

② James Horsburgh, *China Sea*, Sheet Ⅱ, London, 1823, 1848，哈佛大学图书馆藏，G9237. S6P5 1823. H6。澳门科技大学图书馆"全球地图中的澳门"复制件，http：//lunamap. must. edu. mo/luna/servlet/s/lx9r1v。

③ James Horsburgh, *The India Directory*, ed. 5, Vol. 2, London：WM. H. Allen and Co. , 1843, p. 371.

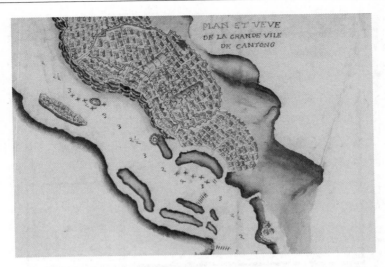

图 12   拉格朗日《上川岛到澳门与珠江及其周边图》广州城内外

（三）澳门港城平面图

弗罗热在 1699 年还手绘了彩色《澳门港城平面图》（*Plan de la ville et port de Macao*），现藏法国国家图书馆。[①] 见图 13。该图以法文注记 10 个地点，依次是大炮台、东望洋炮台、西望洋炮台、烧灰炉炮台、圣地亚哥炮台、妈阁、望厦村、关闸、青洲岛、对面山，注明青洲岛上有澳门耶稣会士居住，对面山下有船坞。右下角署名 "Froger"。绘制的澳门港城，则有澳门半岛及其与对面山之间的内港水道、两处泊地，澳门半岛内主要高地、城墙与主要工事及从澳门城内经三巴门通往关闸的道路。对澳门城内的建筑与街道仅是象征性描绘。

弗罗热《法船首航中国报告》中有一幅地图与上图几乎一致。见图 14。法国国家图书馆另藏有一幅未署名的彩色手绘澳门港城平面图。[②] 见图 15。其题目、内容也几乎相同，亦为竖排，图例置于左上角。结合题目、内容、形式加上笔迹，这幅未署名的澳门图当出自弗罗热之手。

---

① François Froger，*Plan de la ville et port de Macao*，1699，BnF：GE SH 18 PF 179 DIV 12 P 2/1 (1) D. 澳门科技大学图书馆 "全球地图中的澳门" 复制件，http：//lunamap. must. edu. mo/luna/servlet/s/ka9ps1。

② Anonymous，*Plan de la ville et port de Macao*，BnF：GE SH 18 PF 179 DIV 12 P 2 D. 澳门科技大学图书馆 "全球地图中的澳门" 复制件，http：//lunamap. must. edu. mo/luna/servlet/s/5thk42。

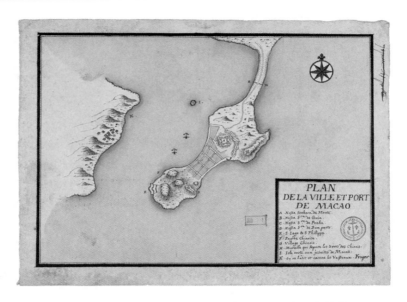

图 13　弗罗热《澳门港城平面图》，法国国家图书馆藏

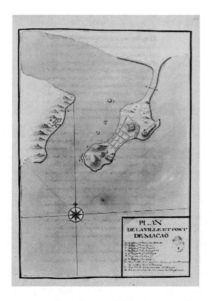

图 14　弗罗热《澳门港城平面图》，
阿儒达图书馆藏

图 15　佚名《澳门港城平面图》，
法国国家图书馆藏

（四）澳门及其周边水域图

"安菲特利特号"首航时随行的耶稣会士翟敬臣留有一份《珠江口诸岛图》（*Carte des isles qui sont à l'entrée de la Rivière de Canton*）手稿，现藏法国国家图书馆。① 见图 16。翟敬臣，字慎中，1663 年生于法国梅斯（Metz），1681 年加入耶稣会，1698 年随白晋来华。他是"一个才智出众、秉性诚朴、热忱超群的人"，到中国后积劳成疾，水肿病加重。尽管康熙皇帝派御医为他诊治，但久病不愈。最后被送至塞外养病，1701 年去世，葬于北京。②

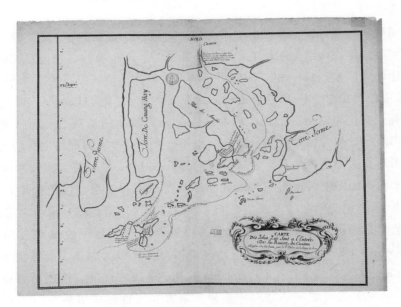

图 16　翟敬臣《珠江口诸岛图》，法国国家图书馆藏

该手稿为一单色地图，没有经度和比例尺，左侧绘出纬度，右下角涡卷纹饰内用法文题记曰："珠江口诸岛图，耶稣会神父翟敬臣现场绘制。"图

---

① Charles Dolcé. *Carte des isles qui sont à l'entrée de la Rivière de Canton*，BnF：GE SH 18 PF 179 DIV 9 P 2 D. 澳门科技大学图书馆"全球地图中的澳门"复制件，http：//lunamap. must. edu. mo/luna/servlet/s/u09a8x。

② 费赖之：《明清间在华耶稣会士列传 1552～1773》，第 585 页；荣振华等：《16～20 世纪入华天主教传教士列传》，第 131 页；杜赫德编《耶稣会士中国书简集：中国回忆录》（中），郑德弟、朱静等译，大象出版社，2001，第 30 页；吴梦麟、熊鹰：《北京地区基督教史迹研究》，文物出版社，2010，第 93 页。

中绘有"安菲特利特号"的行程路线和日期，在上川岛、澳门及去往广州的水道上有比较集中的法文注记。其重点是澳门及其周边水域。在澳门半岛上绘出关闸，城内标为"澳门城"（Ville de Macao），用圆圈标出东望洋山炮台和妈阁炮台，标记"要塞"（forteresse）；右下方用法文注明"澳门锚地"（Rade de Macao，指澳门沙沥）；左上方绘出青洲，注明有耶稣会的房子；最上方用大字标注"内港"（Port）。对应氹仔、路环的两个小岛，分别注记"alsippas""gorge Ribro"。氹仔为什么要标记为"alsippas"，尚俟考证。"gorge Ribro"则是"Jorge Ribeiro"的异写形式，是葡萄牙人早期对路环的称呼。①

翟敬臣《珠江口诸岛图》所绘的珠江口轮廓与当时荷兰人布劳、英国人索顿手绘的华南沿海图相似，明显有所参考。但也有修订，他不仅把索顿图中标记为"澳门岛"和"浪白滘"的两个最大的岛屿更正为"Anção"岛（是香山的葡语对音）和"Couang Hay"（广海），把"Lampacao"（浪白滘）标记在广海以南、上川岛以北的一个相对较小的岛屿上；而且更准确地绘出澳门城与香山岛之间及氹仔、路环与大小横琴、南屏岛之间的对应位置、距离和大小比例关系。值得一提的是，在1698年之前以澳门及周边水域为主题的地图中，该图的清晰度和准确度都首屈一指，仅葡萄牙人在16世纪末17世纪初绘制的两张羊皮纸《澳门与珠江口诸岛图》可与之媲美。②

笔者在法国国家档案馆还发现一幅未署名的彩色手绘《珠江口诸岛图》。③ 见图17。该图与翟敬臣《珠江口诸岛图》极为相似。两图题名都是法文 Carte des isles qui sont à l'entrée de la Rivière de Canton，绘制内容也基本相同。不过，二者之间还是有些差异。未署名《珠江口诸岛图》不仅用颜色区分陆地和海域，而且用铅笔绘制经纬网格，每5′为一格；更在澳门半岛最东端位置（应是马交石）用铅笔画一圆圈，旁边注记"Macao 22°12′14″ 133°53′45″ | 56°15″ | 131°23′45″ou 26′15″″"的坐标。绘者对澳门的经度进行了四次测算。马交石今天的坐标为北纬22°12′13″，东经113°33′26″，可见该图中澳门的纬度已经相当准确；但经度误差很大。图中经度采用的应是以耶罗岛为本初子午线的经度。马交石的东经113°33′26″是以今天

---

① Marques Pereira, J. F., *Ta-ssi-yang-kuo*（大西洋国），Lisboa Antiga livraia Bertrand, succesor J. Bastos, 1899, p. 118.

② 现藏葡萄牙国家图书馆，馆藏号 D - 89 - R、D - 90 - R。

③ Anonymous, *Carte des isles qui sont à l'entrée de la Rivière de Canton*, AnF: 6JJ74 P14.

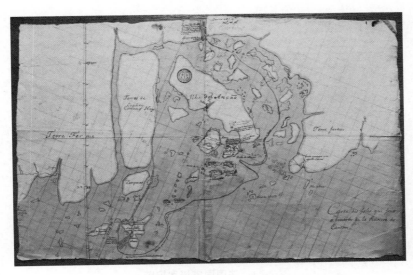

图 17　未署名《珠江口诸岛图》，法国国家档案馆藏

通行的格林威治本初子午线计算的，换算为耶罗岛经度约是东经130°22′14″，这仍与图中注记的四组经度都存在1°～3°的差距，可见当时的经度测量还有较大误差。

除了色彩与经纬网格，两幅地图间还存在其他的差异。首先，未署名《珠江口诸岛图》使用了两种颜色的墨水进行绘制和注记：黑色墨水作法文注记、绘图，红色墨水作葡萄牙文注记、绘图；翟敬臣《珠江口诸岛图》只使用了一种黑色墨水作法文注记、绘图。经比对，红色注记是对黑色注记的补充和改正。如黑色墨水在关闸处注记"关闭半岛的城墙"，红色墨水则注记"关闸"（porta da Serco）；又如，红色墨水几乎把原图的澳门半岛轮廓重新勾勒一遍，画出黑色墨水没有绘出的南湾、下环等地，澳门城墙及城内的主要建筑、高地等；东望洋山画有小山、建筑、十字，标记"gia"；青洲岛放大，更接近实际的比例；等等。由此可见，红色墨水的使用者更加熟悉澳门及其周边的情况。其次，二者使用黑色墨水标绘的内容也不尽一致。未署名《珠江口诸岛图》在凼仔、路环两个小岛上分别用黑色墨水注记"Alsyppas""Jorge Ribro"，翟敬臣《珠江口诸岛图》则记为"alsippas""gorge Ribro"，而且未署名《珠江口诸岛图》还使用红色墨水将凼仔注记为"a taipa"，对两岛的形状轮廓进行全面修正。见图18、图19。

因此，未署名《珠江口诸岛图》很可能原本是翟敬臣《珠江口诸岛图》

图18　未署名《珠江口诸岛图》中的澳门诸岛及大小横琴，
法国国家档案馆藏

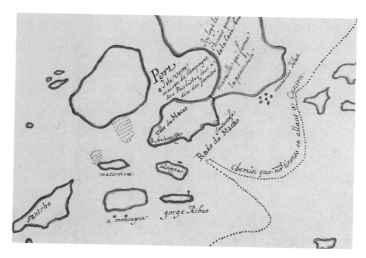

图19　翟敬臣《珠江口诸岛图》的澳门诸岛及大小横琴，
法国国家图书馆藏

的草图或其抄本，但在翟敬臣《珠江口诸岛图》定稿后被人使用红色墨水进行大量的修改。到底何人何时所加呢？未署名《珠江口诸岛图》背面有四处手写笔迹。第一处中线、第二处右上角用铅笔注明该图的标题，但右上角的铅笔字迹似被擦去，铅印很淡。第三处在似被擦去的铅笔字下方，用黑色墨水写有"珠江口岛屿"（Isles à l'entrée de la rivière de Canton ｜ 12，17. ）。"12，17. "可能是指完成该图的日期 12 月 17 日，此时翟敬臣等已抵达广州。第四处亦用黑色墨水写成，但字迹潦草，无法辨认，下有一串数字，也不明其意。见图 20。相关问题尚待研究。

图 20　未署名《珠江口诸岛图》背面的注记，法国国家档案馆藏

笔者还在罗马耶稣会档案馆见过一份未署名、无标题的地图。[①] 其主要内容与上述两图基本一致，用红色墨水绘制陆地轮廓，黑色墨水书写文字注记，但文字内容更加简略。该图没有绘出"安菲特利特号"的航行路线，在顶部仅示意性绘制广州城的样子。其红色墨水修正的内容与未署名《珠江口诸岛图》较为接近，可能是根据该图重绘的摹本。

（五）从雷州半岛至广州城航海图

法国国家图书馆藏有 2 张名为《从海南经澳门至广州水道图》的实测手绘海图，内容基本相同。[②] 一张题为 *Carte des côtes de la Chine depuis le Canal d'Aynam jusques a Canton*，为墨线和铅笔勾勒的草稿，见图 21；另一张题为 *Carte des côtes de Chine depuis île de Hainan jusqu'à Canton*，是用淡墨晕染并以红色墨水绘出重要城镇的定稿，见图 22。两图都绘有经纬网格，虽然标题中都有海南，但实际绘制范围却是从雷州半岛的东海岛到广州之间的海域。

法国国家图书馆藏目录皆将两张地图系于弗罗热名下，应当有误。就在

---

① 罗马耶稣会档案馆，馆藏号 Jap. Sin. 123。

② *Carte des côtes de la Chine depuis le Canal d'Aynam jusques a Canton*，BnF：GE SH 18 PF 179 DIV 3 P 5/1；*Carte des côtes de Chine depuis île de Hainan jusqu'à Canton*，BnF：GE SH 18 PF 179 DIV 3 P 5。澳门科技大学图书馆"全球地图中的澳门"复制件，http：//lunamap. must. edu. mo/luna/servlet/s/00xt5t。

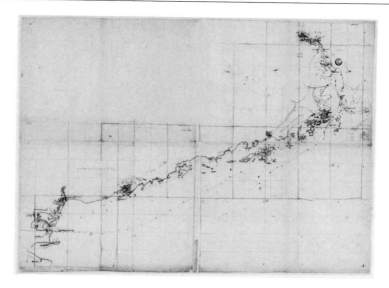

图 21 《从海南经澳门至广州水道图》草稿，法国国家图书馆藏

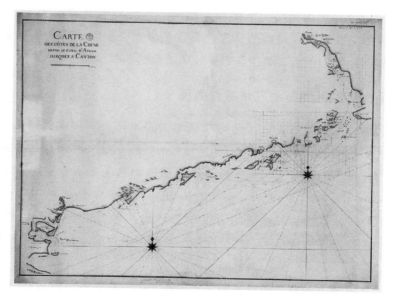

图 22 《从海南经澳门至广州水道图》定稿，法国国家图书馆藏

《从海南经澳门至广州水道图》定稿底部有一签名"La Rigaudière Froger"，其应是"安菲特利特号"二航时的船长里戈迪埃。见图23。这一签名较为潦草，与首航时弗罗热工整的签名"F. Froger"迥异。见图24、图25。

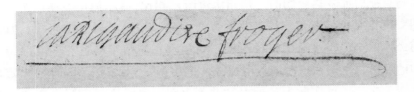

图 23　《从海南经澳门至广州水道图》定稿中的签名

图 24　大副弗罗热在报告手稿中的签名

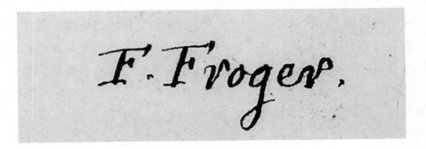

图 25　大副弗罗热在地图手稿中的签名

　　法国国家图书馆尚有一幅弗罗热绘制的法国西北角罗斯科夫海港（Port de Roscoff）平面图。[①] 此图右下角图例末尾题曰："1702 年 1 月 7 日于罗斯科夫港绘制。"该签名与首航时大副弗罗热签名几乎一致，绘图风格与图例注记显然出自这位弗罗热之手。但 1702 年 1 月"安菲特利特号"还停泊在广州湾驻冬，弗罗热如果就是船长里戈迪埃，他不可能同时出现在法国的罗斯科夫港。因此可以断定，"安菲特利特号"二航时的船长里戈迪埃不是首航的大副弗罗热。

---

① François Froger, *Port de Roscoff*, 1702, BnF：GE SH 18 PF 45 DIV 5 P 3 D. https：// gallica. bnf. fr/ark：/12148/btv1b531531850.

　　与首航时弗罗热绘制的《广州水道图》相比，《从海南经澳门至广州水道图》无论是草稿还是定稿某些地方都呈现"知识衰退"的问题。如《从海南经澳门至广州水道图》的草稿、定稿都在澳门半岛莲花茎北部绘出一深凹的海湾，草图在该海湾顶端标注"前山寨"（la Caze blanche），定稿则删去相关文字。可实际上这处海湾并不存在。弗罗热《广州水道图》便没有绘制该海湾，并正确绘出前山寨。又如弗罗热《广州水道图》依次标绘出进入广州的鳌洲塔、狮子塔、琶洲塔和赤岗塔四座望塔，第一座当是鳌洲塔。但在《从海南经澳门至广州水道图》定稿中，并未绘出此塔；而在初稿中却用墨水笔将狮子塔标记为"首个出现的塔"（premierr Tour），并以铅笔在鳌洲塔位置注记"高塔"（Tour haute）。这也更加确证，"安菲特利特号"首航时大副弗罗热并非二航时的船长里戈迪埃。《从海南经澳门至广州水道图》是里戈迪埃的作品。

　　总体而言，《从海南经澳门至广州水道图》的知识内容明显要比"安菲特利特号"首航留下的地图精细。尤其是"安菲特利特号"第二次远航时在华南沿海遭遇多次风暴，在澳门、上川与电白之间的海域多次往复。他们对这些海域的航道水深进行重新测量和标记，对许多岛屿及其周边暗礁也详细勘察和记录，自然对这一海域的认识更加深入。以澳门为例。如图26、图27所示，航道水深测数密布，较准确绘出上、下十字门及航道附近的暗礁和浅滩，新标注出"大横琴"（Montania）、"氹仔"（Tepec quebrade）。"Tepec"应是氹仔名"Typa"的对音。氹仔岛东西分布，岛上大潭山、小潭山原本是分离的两座小岛，因泥沙淤积逐渐相连，涨潮时又被海水分隔。"quebrade"是葡语"断裂""破裂"之意，传神呈现出当时氹仔的情形。这些新知识实际上都是"安菲特利特号"第二次来华在华南沿海航行的产物。

　　而在上川岛及其周边海域，则详细标绘出下川岛（I. Monkuo）、㳄洲、礜石（Islet，即荷兰海图上的"Mandarin"）、铜鼓角（Pointe Taöo）、大镬（I. Ta-houa）、二镬、虎仔、南鹏岛、黄程山、大碰、海陵岛（I. Taïlen）、双山岛、大树岛、树尾、双鱼所（Soneu）、青洲、大竹洲、西峃礁、莲头山（Lantaö）、白担石、电白（Tiempa）、大洲、小放鸡、大放鸡（I. Fang - Ki-chan）、晏镜岭（Han-kin-lin）等。这些岛屿的轮廓也与实际情况大致相符，表现出制图者对这一海域的水文地形已较为熟悉。

　　对东海岛至吴川段，特别是广州湾及其附近海域的航道、主要岛屿、暗

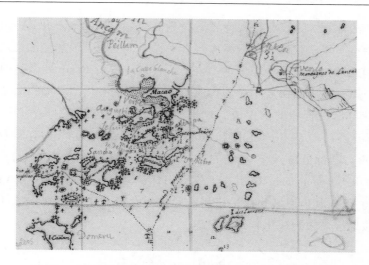

**图 26　《从海南经澳门至广州水道图》草稿澳门周边局部，
法国国家图书馆藏**

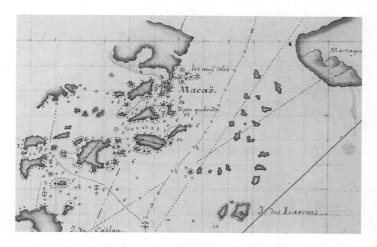

**图 27　《从海南经澳门至广州水道图》定稿澳门周边局部，
法国国家图书馆藏**

礁、浅滩、河流等也有颇多描绘。见图 28。"广州湾"（Baye de Quang-tchou-van）标绘在南三岛与东海岛之间东侧的海域，中间绘有"安菲特利特号"航线。东海岛被标注为"I. Hou-lou-y-can"，其东北角绘有一小山，即东海岛地形最高点"龙水岭"（Montagnes de Na-choui-lin），山北绘有一小水潭，注明这里有"淡水"（Eau douce）。南三岛被画成一河相隔的东西

两岛，东边注记"'安菲特利特号'驻冬之地"（Hivernage de l'Amphitrite），
其南端绘有一塔状建筑，外侧海面绘有一锚地，表明是该船停泊之所。此即
后世法国人所绘广州湾地图中的"花丘"（Morne du Bouquet）①，但该图并
未标注。南三岛上绘出若干村落，注明"有牛的村庄"（village des baeufs）。
龚当信在写给洪若翰的信中说，这里"四个法郎就能买一头牛"②。此外，
《从海南经澳门至广州水道图》还标绘出南三岛周边的"有木材的岛"
（I. au bois，今特呈岛）、"有鹿的岛"（I. aux cerfs，今东头山岛）、"新门
江"（R. de Sin-men-Kian），并把对岸霞山标记为"集市的村庄"（Village du
marche）。但与其他海域相比，广州湾的描绘并没有更加详细，可见当时法
国人对该地区尚未表现出特别的兴趣。

**图 28　《从海南经澳门至广州水道图》定稿中的广州湾，
法国国家图书馆藏**

　　《从海南经澳门至广州水道图》草稿墨水绘制部分与定稿内容基本一
致，但铅笔绘制的海岸线轮廓和文字注记更像是他人在草稿完成后的补充。
见图 29。这位补充者对当地的地名和方位看起来更为熟悉，但其知识似乎
并非来自"安菲特利特号"的实测，而是此前荷兰人或者葡萄牙人的资料。
证据有二。一是铅笔所绘广海、香山、大屿山、南沙等岛屿轮廓特别是将广
海绘成一座大岛，明显是受荷兰人、葡萄牙人的影响。二是铅笔注记更多的

---

① Le Service géographique de l'Indo‑Chine, *Kouang‑Tchéou‑Wan*, 1908. Bibliothèque nationale
de France, département Cartes et plans, GE D‑8167, https：//gallica. bnf. fr/ark：/12148/
btv1b53019716c.

② 杜赫德编《耶稣会士中国书简集·中国回忆录》（上），第 340 页。

地名都是葡萄牙人早期对这些岛屿的命名。如香山注记为"Yamcam ou Ancam"，其西北角标绘一城镇并注记为"香山"（Yamçan）；澳门西侧对面山上标绘两圆点，上一圆点注记为"圣奥斯定会"（Augustin S.），下一圆点注记为"耶稣会"（Jesuite）[1]；小横琴标记为"Macareira"，路环标记为"Jorge Ribro"等。

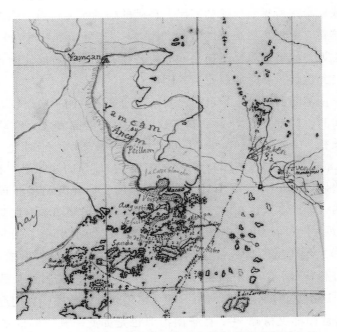

图 29　《从海南经澳门至广州水道图》草稿中的香山县及澳门周边，法国国家图书馆藏

　　值得一提的是，里戈迪埃船长还绘有其他地图。他在 1704 年得到晋升，被任命为"亚马逊舰队"指挥官前往塞内加尔，在 1705 年绘制了一张塞内加尔圣路易城平面图。[2] 该图也被制图师唐维勒所收藏，今亦保存在法国国家图书馆。但法国国家图书馆目录依旧将其作者误植为首航的大副弗罗热。

---

[1]　此"耶稣会"当指南屏银坑村，因这里有耶稣会士的墓地，参见金国平《容闳故乡"Pedro lsland"（彼多罗岛）为何岛？——兼考"Lapa"之词源》，《澳门研究》2019 年第 2 期，第 74~91 页。

[2]　Froger, *Plan du fort Saint - Louis*, 1705, BnF：GE DD - 2987（8127 B）. https：//gallica. bnf. fr/ark：/12148/btv1b53052986v.

三　华南沿海地图的影响与意义

“安菲特利特号”两次远航中国所绘华南沿海地图为研究这一早期中法关系史和中西交通史上的重要事件提供了一手史料和生动注解。特别是详细的航行路线和沿途所见、所测的海岸、岛礁的地理水文资料，能够帮助人们对整个远航建立起更具历史感的空间和距离。“安菲特利特号”第二次来华时在上川附近海域遭遇风暴时描绘的岛屿名称和方位，就能让读者可以身临其境地感受到遭遇风暴时的航行及其困难。

其对华南沿海的测绘也是目前已知西方国家最早的一次以较大比例尺进行的精确实测。17 世纪中叶，专制王权的法国凭借国家之力推动制图学发展，经过桑松、亚伊洛（Hubert Jaillot，1632～1712）、卡西尼（Giovanni Domenico Cassini，1625～1712）等人的努力，其倡导的制图学“科学主义”的优势开始显现。1672 灾难年时，荷兰东印度公司首席制图师布劳的地图工坊毁于战火，他本人也在第二年辞世。从此，法国制图学取代荷兰站在欧洲制图学的顶峰，涌现出许多杰出的制图师代表与地图作品。当时的法国制图远胜荷兰、英国。正如马若瑟神父在给拉雪兹神父的信中所描述的那样，在“安菲特利特号”首航中国经过马六甲时，“我们的法国驾驶员是靠自己努力认识了这条水道的，他们利用一切空闲绘制海峡地图，它们远比已有的该海峡所有地图都更精确”[1]。在华南沿海也是如此。其绘制的华南沿海地图准确度全面超越荷兰。而此时英国的航海图绘制还没有起步。弗罗热与里戈迪埃所绘就比英国第一个水道测量局制图师达林普（Alexander Dalrymple，1737～1808）的地图早 60 年，比库克船队绘制的《十字门与澳门》草图早 84 年，比受英国东印度公司之命系统测绘华南沿海的罗斯（Daniel Ross，1780～1849）更是早了 100 多年。

这批地图对后世欧洲绘制华南沿海地图影响深远。杜赫德在他的《大中华帝国志》中便完全复制弗罗热的《广州水道图》。[2] 一大批法国制图者踵武其后，大量绘制澳门到广州的航道图，推动更多的西方船只远航中国，

---

① 杜赫德编《耶稣会士中国书简集：中国回忆录》（上），第 133 页。

② Du Halde, Jean - Baptiste, *Description géographique*, *historique*, *chronologique*, *politique et physique de l'empire de la Chine et de la Tartarie chinoise*, Paris：P. G. Lemercier，1735，Vol. I，pp. 222 - 223.

又为欧洲绘制相关的广州水道图提供了更多的机会和数据。1764 年，弗罗热的澳门港城平面图被法国海军部地图处首席水文地图师贝林（Jacques Nicolas Bellin，1703～1772）几乎原样照搬，仅增绘前山寨并补充若干文字注释，收入其编绘出版的《袖珍航海图集》（*Le petit atlas maritime*）中。[①]《袖珍航海图集》也成为流传最广的澳门港城平面图之一。

这批地图亦为明晰当时华南沿海的海岛与地名提供了新的佐证。如"柳渡"的所在。明代中后期的中文地图之间彼此抵牾。万历九年（1581）刊刻的《苍梧总督军门志》之《全广海图》和万历二十三年（1595）成书的《虔台倭纂》之《万里海图》把"三洲"与"柳渡"画成相连的岛屿。宋应昌万历十九年（1591）辑成的《全海图注》中，则在上川岛的西南角绘出一"柳渡湾"，并在"柳渡湾"与"高冠"之间海面记曰："可泊飓风，至广海一百里。"志书亦寥寥数语，语焉不详。万历四十年（1612）序刊的瞿九思《万历武功录》记载，为剿灭海盗梁本豪，明官军部署兵力，其中"牛思弼引兵六百人备三州柳渡湾"[②]。崇祯《肇庆府志》也只是说："自大澳而东北即新宁，界中有柳渡、三洲、大金门、上下川，皆倭夷停泊处。"[③] 清代志书大都剿袭成说。而在弗罗热《广州水道图》系列地图中，上川岛南岸便明确标出一处地名"Leaötou"，即"柳渡"粤语对音的法文书写。弗罗热《法船首航中国报告》更明确记载，"安菲特利特号"抵达上川外海域停泊后，他们并不知道自己的确切位置，于是白晋神父找到一当地渔民，这位渔民告诉他们停船的地方就是"Leaötou"。[④] 结合《全海图注》中标记的"柳渡湾"位置，可以确认"柳渡"就在上川岛南端。

当然，通过对"安菲特利特号"两次远航中国所绘地图的分析还可以发现，制图者在不同背景知识和测绘数据的影响下，对华南海岸水文地理情况的认知也不尽相同，他们绘制的华南沿海地图呈现出千姿百态的样貌。这也提醒我们今天在研究古地图时应注意，不能简单地认为某一张地图所传达出的认知实际反映当时的人们或制图者的普遍想法。

---

① Bellin, J - N., *Le petit atlas maritime, recueil de cartes et plans des quatre parties du monde*, Paris, 1764, Vol. 3, p. 57. 澳门科技大学图书馆"全球地图中的澳门"复制件，http: //lunamap. must. edu. mo/luna/servlet/s/9m4y1v。

② 瞿九思：《万历武功录》卷三，天津图书馆藏明万历刻本，第 129 页。

③ 崇祯《肇庆府志》卷八，崇祯六年至十三年刻本，第 1005 页。

④ François Froger, *Relation du premier voyage des Français à la Chine présenté à Monseigneur le comte de Pontchartrain*, p. 118.

A Preliminary Study on the South China Coastal Maps Created in the Voyage of the French Ship "L'Amphitrite" (1698 −1703)

Yang Xunling

Abstract: From 1698 to 1703, the French ship *Amphitrite* sailed to China twice and arrived in Macao and Guangzhou, which was the starting point of direct trade of French with China, as well as played a great significance role in the history of early Sino-French relations and the history of Sino-Western communications. Scholars have already presented achievements on the journey of the *Amphitrite* to China and its causes and consequences, but they paid little attention to the series of maps created in this voyage. In fact, it was the first time we currently know that the western mapmakers had accurately surveyed along the coast of South China at a relatively large scale, which greatly influenced many of the later western maps of this area. This paper classifies these maps and interprets the mapping, contents, and versions of them, revealing the multi-faceted research values and their impacts, in order to draw the attention of the academic community to these precious historical primary sources.

Keywords: L'Amphitrite; Coastal Maps of China; History of Cartography; History of Sino − French Relations

（执行编辑：罗燚英）

海洋史研究（第十五辑）
2020 年 8 月　第 165～195 页

满载中国乘客的船只

——1816～1817 年"阿米莉娅公主号"从伦敦到中国的航行

范岱克（Paul A. Van Dyke）*

1816～1817 年，英国东印度公司（EIC）的"阿米莉娅公主号"从伦敦前往中国，这条船上搭载着 380 名"乘客"身份的中国水手。而这 380 人的"经历"，关系到 18 世纪中后期亚洲海上新航线的开辟，东南亚地区欧洲商船对中国帆船贸易的侵蚀，欧洲垄断贸易巨头的衰落，中国水手在世界各地的兴起等全球性事件。

港脚船上的中国水手

早在 18 世纪 80 年代，中国水手就已经活跃在全球商业中。他们乘坐中国帆船在亚洲海域已经活跃了数百年，并且和以马尼拉和澳门为据点的葡萄牙人和西班牙人的船只保持着密切关系。我们也知道有许多中国水手受雇在来往于印度和中国之间的港脚船上工作。[1] 试举几例。

在 1751 年，一位瑞典的博物学家写道：

---

* 作者范岱克（Paul A. Van Dyke）系中山大学历史系教授，译者张楚楠系广东省社会科学院历史与孙中山研究所硕士研究生。

[1] "港脚船"指在亚洲港口之间航行的私人船舶。前往中国的港脚船通常来自印度，而且通常由英国或法国船长指挥。但他们可能是受了印度当地的商人，诸如穆斯林、亚美尼亚人、巴斯人的委托。

一名英国人，如果他的手下在他停留中国的时候逃跑，他可能会很难找到足够多的中国水手来将船开往东印度群岛，哪怕他保证会第一时间送他们回来。①

1776年10月17日，驻在广州的英国东印度公司职员提到，有"属于某艘港脚船的一名中国水手"告诉他们，他们的船只很快将会接受测量。1776年在黄埔港有许多港脚船，其他船上恐怕也有中国水手在工作。1786年，私人航海家约翰·蒲柏曾提到有中国人在他们的船上。② 反映中国水手经常受雇于往来印度、中国之间的港脚船的例子还有很多，以上只是其中一些。

本研究并不拟讨论那些更早时候的中国水手，而是讨论在18世纪80年代出现的中国人到英国、荷兰、丹麦、法国、美国等外国船舶上工作的现象。这些水手大多受雇于外国船只离开中国之前。尽管欧洲船需要不断地补充新的船员来替代已经死去的人，但在18世纪80年代之前他们都没有成功招募到中国人来填补这些空缺。③ 为了理解这种变化，我们有必要把注意力放在新航路的开辟上，新航路的开辟给东南亚的中国帆船贸易造成巨大冲击，这才引起了中国水手到外国船舶上工作的变化。

通往中国的新航线和中国帆船贸易的衰落

18世纪80年代前后，中国水手开始到其他西方船只上寻找工作，且其数量急剧上升。到1800年，世界上几乎没有哪个港口看不到中国水手的身影。下面讨论的"阿米莉娅公主号"上的380名中国水手，就是全球劳动力与移民潮流末端的一部分。

故事要从18世纪中期通往中国的新航线的开辟说起。18世纪50年代

---

① Peter Osbeck, Olof Torren and Charles Gustavus Eckeberg, *A Voyage to China and the East Indies*, trans. John Reinhold Forster, London: Benjamin White, 1771, p. 1: 272.

② Anne Bulley, *Free Mariner: John Adolphus Pope in the East Indies 1786－1821*, London: British Association for Cemeteries in South Asia（BACSA）, 1992, p. 78.

③ 在17世纪80年代之前，就有中国人乘坐西方船只前往欧洲。他们或者是前往欧洲学习教义的基督徒，或者是欧洲军官的仆人，或者仅仅是旅行者。例如，1775年的伦敦，就有一位名叫黄亚东（Whang At Ting）的22岁的中国旅行者，来自广州。参见"Hints Respecting the Chinese Language," *The Bee or Literary Weekly Intelligencer*, Vol. 11, pp. 50－52。基本上，17世纪80年代以后，中国海员才开始在英国、荷兰、丹麦或法国的船只上工作。

以前的中欧贸易受到季风的严重制约。绝大多数开往中国的船只要通过马六甲或巽他海峡，然后沿东北方向经过柬埔寨和越南南部的海岸、海南岛，最后到达澳门。他们在 7 月到 9 月顺着西南季风到达那里，11 月到次年 2 月再借着东北季风离开。

　　18 世纪初期，一些法国船只通过南美洲，跨越太平洋来到中国。西班牙船只当然早就经常在太平洋上航行，他们往来于美国和菲律宾的港口，却很少像法国人那样直接开往中国。由于风向相反，在春季是不可能从西边到达中国的。如果船从东面前往中国，他们就可以在一年中的任何时候到达。比如，在 1713 年，从秘鲁来的法国船"西班牙大皇后号"（Grande Reine d'Espagne）于 5 月 31 日到达黄埔港。但这些法国船跨太平洋的航行，最终还是在 1714 年停止了，此后绝大多数法国船只改由西边开往中国。①

　　18 世纪 40 年代，那些法国船长们开始探索一条新的能够使他们沿着巴拉望岛和菲律宾群岛的西海岸到达澳门和黄埔（广州的河流入海口）的航线。这条航线如地图 1 中所示，通常被那些在季风季迟到的船只所采用②。法国船"杰森号"（Jason）的船长 Alain Dordelin 是这条路线上最早的一批先行者之一。③ 1740 年 9 月，他在海南岛附近遭遇逆风，无法向东前进。但他没有在那里停留等待季风转向，而是决定转往巴拉望来绕过逆风。

　　当"杰森号"于 10 月中旬抵达黄埔时，那些在广州的欧洲人很快意识到采用新航线给他们带来的成功，于是其他船长也开始模仿"杰森号"的做法。④ 地图 1 展示了英国私人船只"路易莎号"（Louisa）的航行路线，该船在 1774 年 10 月中旬通过这条航线到达了黄埔。当船长们逐渐熟悉了新的航线，就发现多年来他们实际上都可以通过这条航线最晚于 12 月到达中国，这为他们省去了在马六甲或海南岛停泊的几个月时间。随着越来越多的船长使用这条海上航线，他们就开始在沿线港口停靠以便寻找能够在中国出售的货物。

---

① Susan E. Schopp, "The French in the Pearl River Delta: A Topical Case Study of Sino – European Exchanges in the Canton Trade, 1698 – 1840", 澳门大学历史系 2015 年博士学位论文。
② 19 世纪初由 J. W. Norie 和 Co. 编制的海图装订本。澳大利亚国家图书馆：PMB Film No. 214, Doc. 149。
③ Susan E. Schopp, "The French in the Pearl River Delta," p. 84.
④ 在广州的英国人和荷兰人注意到"杰森号"利用这条新航线设法到达了中国。British Library (BL): India Office Records (IOR) G/12/86, 1740.10.02, p. 40; and the National Archives, The Hague (NAH): VOC 8718, *dagregister*, 1740.10.13, p. 223.

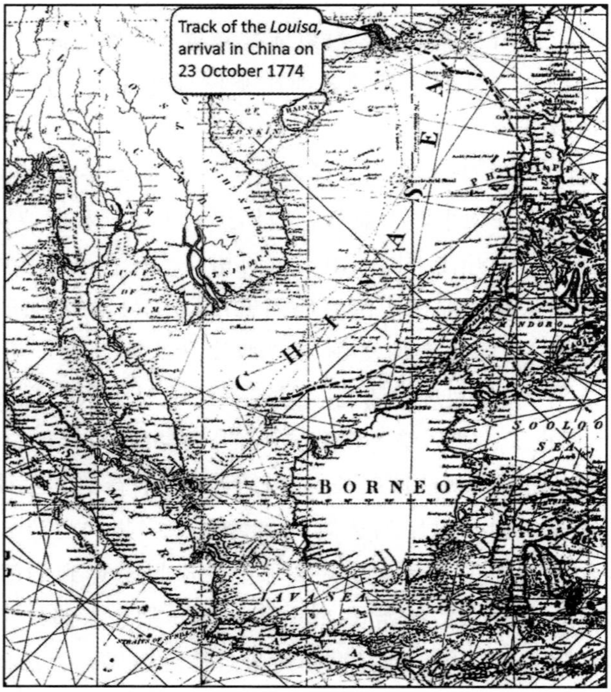

地图1　1774 年英国私人船只"路易莎号"从马来西亚到中国的航海图

18 世纪 50 年代，英国的船长们也开始探索能让他们穿越香料群岛和菲律宾群岛东部的航线。地图 2 展示了英国东印度公司的"沃伦哈斯丁号"（Warren Hastings）在 1787~1788 年所采用的航线①。这条航线比那些穿过中国南海的航线要长很多，但可以让船舶绕开季风在任何时候抵达中国。

几年之内，所有参与对华贸易的欧洲人都开始使用这些新海路。② 当他们途经这一地区的许多岛屿时，他们会在各个港口寻找新鲜的补给品，当然，还有能够在广州出售的商品。不久，船主们就开始在东南亚购买槟榔、胡椒、丁香、肉豆蔻、各种木材、草药、植株、鸟类的羽毛、燕窝、西米、

---

① Robert Laurie and James Whittle, *The Complete East - India Pilot*, *Oriental Navigator*, 2 vols, London: Printed for the East India Company, 1799. Vol. 1, Chart 37, map entitled "The Indian and Pacific Oceans".

② 1800 年以前，有 200 艘外国船只使用这些新航线到中国，参见 Paul A. Van Dyke, "New Sea Routes to Canton in the 18th Century and the Decline of China's Control over Trade,"《海洋史研究》第 1 期，社会科学文献出版社，2010，第 57~108 页。

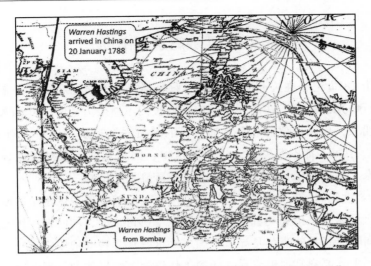

地图 2　1787~1788 年间英国东印度公司"沃伦哈斯丁号"
沿菲律宾群岛东部驶往中国的航海图

贝类、鱼干、海生植物、海生动物、树根、油料、染料等产品。这些物品都是传统的中国帆船贸易的组成部分。① 随着越来越多欧洲船利用这些新航线，传统的中国帆船贸易影响开始被削弱。② 1784 年后，美国船只也开始横跨太平洋去往中国，它们当中一些船只会中途停靠在澳大利亚和东南亚的港口以寻求可在中国交易的物品。

　　对于中国帆船来说，和东南亚地区进行贸易是他们的主要业务，理解这一点是很重要的。他们需要保证所掌握的货物的利润率以便维持航行顺利。然而对外国商船来说，东南亚货物只是用来减少航行成本的一点返程载货。他们的主运货物是在中国购买的茶、丝、陶瓷等出口品。这样，外国商人就可以压低中国船主的叫价，从而影响中国帆船的航行收益。③

---

① 18 世纪中国帆船在东南亚购买并进口到中国的商品有 80 种。参见 Paul A. Van Dyke, *Merchants of Canton and Macao：Politics and Strategies in Eighteenth Century Chinese Trade.* Vol. 1, Hong Kong：Hong Kong University Press，2011，Appendix 4J。

② 有关这些新航线的地图，参见 Paul A. Van Dyke，"New Sea Routes to Canton," pp. 57 - 108。

③ 外国档案中有许多资料，是关于 18 世纪末 19 世纪初，在东南亚挑选商品运往广州销售的船只的信息。我正在整理一份更为完整的在广州贸易的所有外国船只的清单，这需要花费几年的时间。利用这份新的清单，将更加清晰地了解到哪些船只访问了东南亚的港口，还可以将这些船只的进口货物与英国、荷兰档案中的相关记录比对。例如，参照大英图书馆的货物清单（IOR G/12/1 - 291 series and NAH：Canton and VOC collections），可以了解到被外国船只带到中国的东南亚商品。

中国的亚洲籍水手市场

整个 18 世纪，在广州贸易的欧洲商船都需要不断地雇用水手来代替那些在航行中死去的人。在离开中国前，船长们不遗余力地吸引其他水手加入他们的船只，以保证他们能有足够数量的船员安全返航。但是直到 18 世纪 80 年代，中国人都不愿意加入这些船员中，因为他们不想被困在外国海港无法回家。又或者他们为中国帆船效力能赚到更多的钱。①

在 18 世纪 80 年代，我们开始看到一艘又一艘载着中国水手的欧洲船离开中国启程返航。正如笔者在另一篇研究中所讨论的，同时期中国与东南亚地区之间帆船贸易的衰落是导致中国水手这一观念转变的原因之一。被解雇的中国水手需要到其他地方寻找新的工作机会，然后他们发现在欧洲船上工作也是一个可行的选择。② 与此同时，广州的外国贸易也开始发生变化，随着私商贸易的急剧增加，东印度公司的贸易活动开始衰退。③

大多数大型的公司船舶需要多达 100 ~ 150 名船员，取一个保守的平均值，大约 120 人。在去中国的路上减员 10 ~ 20 人乃至 30 ~ 40 人都很平常。一些人生病了，不得不在前面的港口被放下，以便恢复。另一些人在途中死亡并被海葬。几乎对所有开往中国的船只来说，减员都是一个问题。当公司船只的船员降低到每艘 100 人以下，他们就不得不补充新人。④

在船只停泊在黄埔港装卸货物的三四个月里，他们并不需要这么多船员。但随着越来越多的私人商船到广州贸易并将货物运回欧洲，那些东印度公司——特别是英国东印度公司——开始想办法节约成本。一个方法是，在黄埔下锚时仅保持核心成员，然后临到离开中国时才雇用新成员。船员也可能只被聘作单程的航行，如从中国到印度。在印度，这些临时船员将会被解雇，然后有更多的欧洲水手被雇来进行返回欧洲的航行。当那里没有足够的欧洲水手时，就用亚洲水手来充数。

在澳门雇用亚洲籍水手（通常是拉斯卡人或中国人，也有马来人、菲

---

①　Paul A. Van Dyke, "Operational Efficiencies," pp. 223 – 246.

②　Paul A. Van Dyke, "Operational Efficiencies," pp. 223 – 246.

③　Paul A. Van Dyke and Maria Kar-wing Mok, *Images of the Canton Factories 1760 – 1822*, Hong Kong: Hong Kong University Press, 2015, Chapter 6 "Rise of the Private Traders 1790 – 1799".

④　Paul A. Van Dyke, "Operational Efficiencies," pp. 223 – 246.

律宾人和其他亚洲人）的好处就是他们能够雇作单程航行。拉斯卡人和中国人也会在其他如圣海伦娜、好望角、印度的许多港口、满剌加等港口受雇，然后在船只到达澳门时再被解雇。这个方法既可以确保安全航行的足够人手，又可以减少在黄埔停泊时的成本。为了比越来越多的参与中国贸易的私人商船更有竞争力，这样做是十分必要的。①

对中国人来说，当他们在中国登陆时当然不需要再去寻求什么营生，因为他们可以和家人待在一起。拉斯卡人在澳门也设有招募海员的中介（ghaut serangs）来为他们提供服务和寻找新工作。② 但在黄埔没有这样的服务，因为在那里外国人不被允许在港口居留，而必须随船离开。所以，到了1800 年，在黄埔港解雇拉斯卡人确实成为一个问题。那些人找不到提供食物和居住的地方，中国官员们也不希望有水手在城内闲逛引发事端。英国东印度公司因此规定，那些被船长解雇的水手在找到新工作之前的停留时间里依然可以获得报酬。③ 需要指出的是，并不只有英国东印度公司的船只，而是所有在中国贸易的外国船只都面临着同样的问题。例如，我们可以在《华差报》（Chinese Courier）中找到以下这份发布于 1833 年的告示。

布　告

鉴于荷属殖民地的船总是在停驻的时期里将随船的日本人或马来人放下或解雇，他们每日四处寻找食物用品，必将使问题滋生，故特此布告，命令荷属殖民地的船必须在停驻期内，为这些被解雇的人提供生活所需，或将他们送回上船的地方。

M. J. SENN VAN BASEL

中国的 Neth. 相关咨询事宜负责人。

澳门，1833 年，8 月 7 日。（华差报，1833.09.14）

考虑以上各点，我们就会发现 18 世纪 80 年代及以后，西方船舶上中国水手数量增加的原因。这些船只搭载着亚洲水手去往中国，到了澳门就将他

---

① 例如，一艘 1200 吨的典型的东印度公司船只的吨/人比例约为 9∶1。而一艘 500 吨的美国船只的吨/人比例约为 16∶1。参见 Paul A. Van Dyke, "Operational Efficiencies," p. 237。

② Carl T. Smith and Paul A. Van Dyke, "Muslims in the Pearl River Delta, 1700 to 1930," *Review of Culture*, International Edition. No. 10（April 2004）, pp. 6 – 15.

③ BL: IOR G/12/131, p. 11, paragraphs 28 – 29.

们解雇，只带着一班核心成员溯河流而上，进行货物的装卸，再回到下游的三角洲，雇用澳门附近的中国水手或拉斯卡水手来充实船员群体，然后才返航回家。那些被中国帆船解雇的中国水手现在更加迫切地想要到外国商船上去工作。并且他们接受单程的航行或一直随船去欧洲。在中国，没有足够的欧洲水手来填补他们的空缺。直到船只到达印度、好望角（Cape Hope）或圣海伦娜等港口，船长们才能招到更多的欧洲水手。那些中国水手将会在这些港口被解雇，并在这里等待下一趟去往东方的船只。

这些中国人有时会发现，当他们被扔在一个港口后，很难获得受雇于另一艘返程船只的机会。1824 年 12 月，准备开往黄埔港的英国东印度公司的"坎宁号"（Canning）中途在新加坡停靠。船长同意让 10 名中国水手在他们船上一边工作一边随他们去中国。① 他们并没有作为船上成员被雇用，也没有工资拿，只是用劳力来换取免费搭船回国的机会。他们于次年 1 月 20 日到达零丁岛（伶仃岛），这说明确实存在没机会受到雇用也能搭船回来的方法。

英国东印度公司船只上的中国水手

表 1 是 1816 年在英国登上东印度公司"阿米莉娅公主号"的 380 名中国人抵达英国所乘船只列表。他们分别跟着 19 艘不同的英国东印度公司商船来到英国。这些人是典型的在船只前往亚洲途中为了填补那些死去的海上劳力的空缺而被雇用的船员。相比冒险带着数量不足的船员航行，支付维持中国人在英国生活和送他们回家的附加费用要好得多。

表1　1816 年 7 月 11 日在格雷夫森德登上"阿米莉娅公主号"的
380 名中国乘客抵达英国所乘船只*

序号	抵英所乘船只	中国人数目	船只在中国停留的年份
1	Alnwick Castle	30	1815
2	Atlas	23	1815
3	Bridgewater	19	1815
4	Ceres	29	1815
5	Charles Grant	18	1815

---

①　BL：IOR L/MAR/B/23D.

续表

序号	抵英所乘船只	中国人数目	船只在中国停留的年份
6	Cuffnells	5	1815
7	David Scott	18	1815
8	General Harris	14	1815
9	Hope	26	1815
10	Inglis	18	1815
11	Lowther Castle	22	1815
12	Marquis Camden	11	1815
13	Princess Amelia	36	1815
14	Royal George	15	1815
15	Vansittart	27	1815
16	Walmer Castle	20	1815
17	Warley	17	1815
18	Warren Hastings	31	1815
19	Wexford	1	1814
	1816 年 7 月 11 日在格雷夫森德接收到的人数	380	
	在海上去世的人数	1	
	小计	379	
	1816 年 11 月 30 日在巴利下船的人数	154	
	小计	225	
	1817 年 2 月 2 日在伶仃岛下船的人数	225	
	剩余人数	0	

注：由于当时英国东印度公司的船舶中并没有单命名为 Camden 的船，所以这里把 Marquis Camden 号与 Camden 号的记录放在一起。除了 Marquis Camden 号，还有 Earl Camden 号和 Lord Camden 号。然而，后两艘 1816 年已经不再服役。见 Farrington 的《目录》。

资料来源：BL: IOR L/MAR/B/36 – O Princess Amelia 1817。

　　大约 1805 年以前，这些水手都只是在英国下船，然后自己到其他船上去寻找工作。在那时，船长们仍然允许雇用被解雇的亚洲籍水手作为船员出海航行。例如，1782 年 2 月，从英国开出的"安特洛普号"（Antelope Packet）上就有 12 名中国水手。当这艘船于 1783 年 6 月抵达澳门时，船长亨利·威尔森向驻广州的英国东印度公司理事会作了以下报告。

　　1783 年 6 月 9 日：船长亨利·威尔森向我们报告说，整个航程他都需要雇用这些中国人在安特洛普号工作，因为船上人手实在不够，所以这是有必要的，同时将他们推荐给我们。故此我们同意给他们每人 20 元的酬劳（12 人共 240 元），并且给予每人 2 元，作为两个月的短期津贴（24 元）。我们希望尊贵的董事会（Hon'ble Court）能同意这一支出，根据船长威尔森关于他们表现优异以及航行漫长、程度艰难的表述，我们认为这些待遇是他们应得的。有一个人表现很差，没有得到酬劳。对于那些表现良好的作为水手的公司职员（27 人），我们仍然给予每人 2 元的两月短期津贴共计 54 元。①

"安特洛普号"只是用来运送邮件的小型船只，因此它的船员组只有 39 名，其中中国人占三分之一。并不是所有船长对中国水手都像威尔森那么慷慨。如以下英国东印度公司驻广州理事会记载的事例所示，有时那些船长会试图拒绝付工资给他们。

> 1785 年 8 月 10 日：我们接到一份来自 32 名中国水手的申请，说他们乘坐"洛克号"（Locko）从英国来，然后在这里（中国）被船长贝尔德（Baird）解雇，船长拒绝付给他们任何工资，致使他们陷入贫困，无钱养家，因此请求公司看在他们曾在船上工作过，给予他们一点补偿。基于上述原因，和鼓励中国水手们在需要他们时能来我们船上工作，我们决定在原来的基础上给他们每人增加 4 元工资，并特别地用现金来支付。②

如果英国东印度公司没有合理偿付中国水手服务的报酬，相关的不满会很快传播出去。这可能会导致中国人拒绝到他们船上工作或要求在上船之前支付全额工资。之后的情况对船长来说有很大风险，因为中国水手可能会怠工或带着全部的工钱离船逃走（见下文）。

1787 年船长贝尔德和"洛克号"再次回到中国时，又需要更多人来填补船员的缺额。离开中国前，船在澳门停下并搭载了 19 名中国水手。③ 如果英国东印度公司没有如上例所说的那样支付给中国水手工资，按照他的信誉，船长贝尔德可能会很难招募到这些人。

如果有中国人在海上死去，那么英国东印度公司就会把工资交给他们在船上的亲戚或朋友，后者将会返回他们在中国的家中。比如，下面这条

---

① BL：IOR G/12/77，1783.06.09，p. 43.

② BL：IOR G/12/79，1785.08.10，pp. 33 - 4.

③ BL：IOR L/MAR/B/457E，1788.02.25.

1784 年 10 月 27 日的英国东印度公司的广州日志就写道：

> 1784 年 10 月 27 日：支出①
> 尊重的董事会（Hon'ble Court）的主管决定，分别给予下列在"埃塞克斯号"（Essex）上去世的人员的亲友如下金额：
> St. 33186 英镑……………………101.775 两白银
> 名叫　　Awang　　　　7，13，6 英镑
> 　　　　ATum　　　　 7，15，—
> 　　　　AChow　　　　8，10，6
> 　　　　AChoie　　　　9，19，6
> 　　　　　　　　　　　33，18，6 英镑

　　在中国招募中国水手时，经常需要多支付给他们一些工资。如下面这条记录所示，船长们通常以中国的买办为寻找中国水手的中介人，由他们安排把招来的人秘密地送到船上。

> 　　1785 年 3 月 3 日：据庇古（Pigou）先生汇报，船长戈尔（Gore）在澳门的街道上给了他 200 银元，作为他介绍中国水手的中介费。这是特殊情况，根据记录，理事会同意贷给"拿骚号"（Nassau）的所有者这笔钱。②

　　在 1781~1800 年，英国东印度公司的船舶 361 次航行中有 51 次都是派往中国并且搭载了中国水手。这约等于总数的 14%，或者意味着每 7~8 艘船中就有 1 艘是这样的情况。记载表明有 921 名中国水手参与了这 51 次航行，平均每次有 18 人。③ 他们当中很多显然连续多年都是同一人。在某几

① BL: IOR G/12/80，1784.10.27，p. 43，see also G/12/79，1784.10.27，p. 84.
② BL: IOR G/12/79，1785.03.03，p. 9.
③ BL: IOR L/MAR/B/46E，172G，356G，438 - O，441A，443A，41A - B，86B，308H，390 - I，455A，490D，507G，458G，563A，332A，346A，457E，107B，203A，205A，149B，170A，179B，181A，215J，287L，288D，351D，410H，91F，182C，205B，398B，107D，351E，8G，86 - I，149C，150 - O，168B，178B，179C，181B，182D，212A，215K，267C，288E，341D，349E. 中国的东印度公司船舶的数量，参见 Anthony Farrington，*Catalogue of East India Company Ships' Journals and Logs 1600 - 1834*，London：British Library，1999。

年里，只有 2～3 艘船在中国雇用了中国水手，总数约 50 人。其他年份，如 1797 年，则有 9 艘船返回欧洲前在中国招募了多达 182 名中国人。^① 因此，在 1781～1800 年雇用的这 921 人，可能只代表两三百名水手。到了 19 世纪初，英国东印度公司商船雇用的中国人比例仍在上升。

我们可能会问，这些中国人在船上睡在哪里？答案是和其他船员差不多的吊床。1806 年，英国东印度公司的"孟买城堡号"离开中国之前，在 2 月 27 日招募了 36 名中国水手。^② 为了在船上安置他们，船长在 2 月 25 日购买了 4 匹马尼拉帆布来建造为中国人准备的吊床。^③

随着英国船只上的亚洲籍水手越来越多，新的管理问题开始在英国出现。他们不仅抢走了本土水手的工作，还会在长期居留英国期间引发社会问题。英国东印度公司对于这些问题曾做出如下答复。

有关拉斯卡人、中国人及其他亚洲人的备忘录
（1812 年 3 月 5 日）

将拉斯卡人和中国人用港脚船送回家并不属于公司业务，他们在英国停留和返回本国的费用由其雇主支付。船舶的赴欧许可规定，如果雇主忽略或拒绝支付这些费用，公司可以代为执行，并向其收取相应费用。然而，即使有这样的警告，还是经常发现被遗弃在伦敦或外港的拉斯卡人，到处游荡，他们被带往东印度公司办事处，由于对他们语言理解上的困难，很难确定带他们来的船只的名称；而他们在英国居留和回去的费用则落在了公司头上，总计约 500 英镑。^④

由于这些航行结束后所产生的保留中国水手的费用，英国东印度公司要求船长们在雇用中国人上船工作之前，必须获得广州专责委员会的许可。但是从"阿米莉娅公主号"的例子可以看出，专责委员会的大班往往默许船长们招募更多的人。他们经常对停泊在黄埔港的东印度公司船只上的水手进行重新分配，使得每艘船上船员数量相等。如果没有足够的人员可供分配，

---

① BL：IOR L/MAR/B/410H，351D，288D，287L，149B，170A，179B，181A and 215J.
② Greenwich，National Maritime Museum（NMM）：HMN 45 Bombay Castle Expense Book 1806，p. 36.
③ NMM：HMN 45 Bombay Castle Expense Book 1806，p. 34.
④ BL：IOR L/MAR/C/902 Papers on Lascars 1793－1818，ff. 38r－v.

他们就会让他们的中介人寻找中国水手来补充。

因为中国人登陆外国船只及在船上工作违反了中国的法令，所以这些交易必须在远离省城的地方如下三角洲（珠江三角洲虎门以南地区）和澳门秘密进行。① 1780 年后，想要通过中介招到任何数量的中国人都非常容易。并且有许多地点可以让中国人上到未经检查的船只中。当他们回到中国时，他们会在船只沿珠江上溯到达黄埔之前，在下三角洲下船，这样就可以避免被中国官吏发现。

将中国水手作为乘客遣返的做法事实上要早于 1812 年。不过在早些年里，这样的做法时断时续。例如，在 1783 ~ 1784 年，英国东印度公司的"福尔斯号"（Foulis）曾将 10 名拉斯卡人和 10 名中国人当作乘客遣返。② 1789 年，英国东印度公司的"诺丁汉号"将 12 名中国人以乘客的身份遣返，他们于 2 月 2 日在伦敦上船，9 月 17 日在澳门登陆。③

负责下一次遣返任务的是英国东印度公司的"契约者号"（Contractor），它于 1798 年 3 月 25 日在格雷夫森德接收了 20 名中国乘客。其中 9 名在到达中国前就已离船。剩下的 11 人于 12 月 1 日在澳门上岸。包括这些中国人在内，这艘船还送了 50 名拉斯卡乘客回到印度，和 17 名马尼拉乘客到巴利附近的阿拉斯海峡。④ 从这年起，遣返的中国水手人数激增。几乎每年都有上百名乘客被送回中国。如表 1 所示，那样的数值持续了很长时间。19 世纪头 10 年中期，每年都有超过 300 名中国水手被遣返。这意味着英国东印度公司的船只上正雇用着约 600 名不同的中国水手，是 1800 年以前雇用人数的 3 倍左右。

本文只对那些开往中国的船只的船员进行了分析。毫无疑问，东南亚地区的海外华人水手也会受到美国和欧洲船舶的雇用，但他们不在本研究讨论范围之中。而且，如果船只并非开往中国，笔者也将无法追踪到那些人。但

① 例如，1833 年，在美国船上当木匠的一名中国海员被一名中国官员抓住了。（参见 Phillips Library, Peabody Essex Museum（PEM）: MH – 219 B4 F1 5th Voyage 1833 – 34。）蒂尔顿（Tilden）怀疑他离开时被检查出"外国船上有瓷器"而被施以竹刑且被驱逐。（参见 Tilden's typewritten manuscript, p. 856。）海员波普（Pope）在澳门时记录了如下内容："我们船上有几个中国人，我们被迫在澳门卸货。你必须解雇船上所有中国人的原因是，所有的移民都是被严厉禁止的。因此，如果中国人被发现从国外返回，他很可能掉脑袋，因此被迫秘密上岸。"（参见 Bulley, Free Mariner, 78. On 30 October 1786。）
② BL: IOR L/MAR/B/455A，参见前文乘客列表。
③ BL: IOR L/MAR/B/287H, 1789.02.02 and 1789.09.17.
④ BL: IOR L/MAR/B/319H, 1798.12.01，亦见前文乘客名单。

是笔者已经检索了上百趟去往中国的船舶航程，得知中国人在船舶离开之前受雇并再次回到澳门附近的新现象始于 18 世纪 80 年代，此前极少有这样的例子。

1816 年运载着 380 名中国水手到达英国的 19 艘船里，有 18 艘曾在 1815 年到过中国。其中一艘名叫"韦克斯福德号"（Wexford）的船曾在 1814 年到过中国，但是直到 1815 年夏季才回到英国。像"阿米莉娅公主号"的事例所表明的，大多数中国水手是在中国上的船。

"阿米莉娅公主号"先后五次于 1809 年、1811 年、1813 年、1815 年和 1816 年到达中国。船上的日志、购买的书籍和收支账簿都显示出这艘船在上述各年当中都雇用了中国水手，也搭载了乘客返回中国。在 1809 年的那次航行中，"阿米莉娅公主号"离开澳门前，于 1810 年 3 月 5 日搭载了 25 名中国水手。他们当中有两名死在航行途中，而剩下的人显然都在英国登陆了（资料中没有记载上岸的具体地点与时间）。1810 年 12 月 4 日，这艘船搭载了 31 名中国乘客，其中有 15 名是乘坐"阿米莉娅公主号"来到英国，其余的是通过另外 7 艘英国东印度公司的船只来的。这些人有一名在海上去世，剩下的水手则于 1811 年 12 月 28 日抵达中国。在 1812 年 3 月 4 日船只离开澳门前不久，船长又另外招募了 35 名中国人作为船员返回英国。①

1812 年 11 月 28 日，依照英国东印度公司主管们的指令，"阿米莉娅公主号"搭载着 64 名中国乘客从格雷夫森德返回中国。1813 年 7 月下旬到达槟城时，有 22 名中国乘客被放下。剩下的 42 人于 10 月 21 日在珠江下游的三角洲下船。随后这艘船就溯流而上到达黄埔进行货物装卸。1814 年 2 月 17 日，它再次顺流而下，在伶仃岛招募了 36 名中国水手为返航做准备。这些人 8 月 20 日在朗芮上岸。9 月 22 日，这 36 人获得了参与这次航行的报酬。②

1815 年，"阿米莉娅公主号"带着 15 名中国乘客从英国来到中国。船上的日志没有记录这些人是什么时候离开这艘船的，但很可能是 9 月 7～9 日他们在下三角洲的时候。9 月 10 日"阿米莉娅公主号"经过河流的入海口虎门。进入中国后，中国人将不被允许待在外国船只上，因此他们恐怕只能提前下船（见下文）。

---

① BL：IOR L/MAR/B/36K – L.
② BL：IOR L/MAR/B/36JJ（2）and 36M.

　　1815 年 12 月 6 日，"阿米莉娅公主号"满载货物并开始顺流而下经过虎门。12 月 8 日在澳门外面的莱德隆群岛下锚时，这艘船秘密地搭载了 36 名中国水手。这些人于 1816 年 5 月 14 日在布莱克沃尔登陆。他们获得了在船上工作 5 个月零 6 天的工资。1816 年 6 月 15 日，这 36 名中国水手再次登上了"阿米莉娅公主号"，只不过这次是作为乘客。期间他们在格林尼治港内的生活都由所在船只负责维持。他们是表 1 所示 380 名中国乘客中的一部分。其余 344 名于 7 月 14 日登船。这 36 名水手的薪资记录在这艘船 1815 ~ 1816 年的支付账单上，而所有 380 人的姓氏（没有名字）都可以在航行日志中找到。①

　　因为"阿米莉娅公主号"是在季风季以外的时间航行，它选择了沿着爪哇南面的航线，向北穿过巴利附近的阿拉斯海峡，然后再从菲律宾群岛东面到达澳门。这艘船在巴利停留补给，并向当地的统治者致以问候。1816 年 11 月 30 日在巴利，有 154 名中国乘客离船。船舶的航行日志并没有解释他们离开的原因，但上面的例子暗示，那些马尼拉水手就是在阿拉斯海峡被解雇的。由于船只将从这里继续向东航行，巴利是他们离开并搭乘中国帆船或葡萄牙船只返回菲律宾的最佳地点。否则他们就要一直跟到澳门再找船带他们回马尼拉，那将使他们多花费几周的时间在路上。

　　一名乘坐"阿米莉娅公主号"的中国乘客死于途中，而剩下的 225 人于 1817 年 2 月 2 日在伶仃岛登岸。船只溯流而上，装卸货物之后，在 3 月初离开黄埔。没有记载表明这艘船在 1817 年 3 月 11 日离开澳门前曾接收更多的中国水手。②

　　"阿米莉娅公主号"只是表 1 所示 19 艘船中的一个例子。其他船只也沿袭着相似的模式，即返回欧洲时在下三角洲搭载中国水手，然后在离开欧洲时再带着中国乘客出发。

　　在另外一些例子中，中国乘客也会走其他路线。1802 年 1 月 21 日，英国东印度公司的"博达姆号"（Boddam）在伶仃岛附近招募了 16 名水手以便船只返航回国。次日当船到达澳门南边的大莱德隆列岛时，上来了两名中国乘客——安东尼厄斯·唐（Antonius Thun）和斯特凡努斯·谢（Stephanus Sie）。6 月那些中国水手和这两名乘客都在格雷夫森德下船登岸。

---

① BL: IOR L/MAR/B/36KK（1 - 2）and 36N.
② BL: IOR L/MAR/B/36 - O.

英国职员的中国人助手经常作为乘客在中国登上东印度公司的船只，所需的费用由雇主支付。但是在唐（Thun）和谢（Sie）的案例中，并没有提到他们是助手。就我们所知，他们只是出于某种原因自行前往英国旅行。①

在其他案例中，从中国乘坐英国东印度公司的船只出去的中国乘客是英国海外殖民地的早期华人移民。例如，1812 年 1 月 17 日，"卡夫诺尔号"（Cuffnells）在伶仃岛附近搭载了 12 名中国乘客，6 月 7 日他们在圣海伦娜登陆。船上航行日志的乘客列表中有如下记载："从中国前往圣海伦娜的乘客。12 位中国船坞工。"② 他们必定擅长操作某类机械，他们和圣海伦娜岛需要的 1810 年 1 月上岛的中国工人算在一起。圣海伦娜岛需要 50 名中国劳工，其中包括 4 名木匠、4 名石匠、4 名渔夫、2 名铁匠和 2 名砖瓦匠或制陶工。运送他们到圣海伦娜的费用由英国东印度公司承担。③

要求将居留英国的中国水手无偿送回中国的政策也在圣海伦娜得到推行。1807 年 7 月 1 日，英国东印度公司的"阿尔弗雷德号"在圣海伦娜搭载了 20 名中国乘客，然后于 1808 年 2 月 9 日在澳门将他们放下。他们被记作"中国租约乘客"，表示旅行费用由东印度公司承担的意思。这些人大概是作为水手被东印度公司的"恒河号"（Ganges）带到圣海伦娜的。④ 他们在圣海伦娜的登陆是十分幸运的，因为 1807 年 5 月 29 日"恒河号"就在加勒比海的圣文森特岛附近失事。⑤

关于中国人从中国上船后到圣海伦娜登岸的例子还有许多。1809 年 3 月"澳尔滨号"（Albion）在离开中国前夕搭载了 10 名中国水手，并于 5 月 25 日在圣海伦娜放下他们。⑥ 1811 年 3 月 18 日，英国东印度公司船只"安尼克堡号"（Alnwick Castle）在下珠江三角洲接收了 22 名中国乘客，并于 7 月 13 日让他们在圣海伦娜上岸。与此同时，另外 14 名中国水手在这里登上了船只，成为全体船员中的一部分。在 1812 年到中国的航行中，"安尼克堡

①　BL：IOR L/MAR/B/351F，参见前面的乘客和船员名单，以及 1802.01.21 - 2 条内容。前面的乘客名单还显示，1801 年 1 月 13 日，15 名中国乘客在格雷夫森德登上了"博达姆号"。途中有 5 人死亡，7 人在槟城逃跑，其余 3 人于 1801 年 9 月 24 日在澳门登陆。

②　这 12 名中国乘客/机械师的名字分别为 Amu, Amung, Assam, Assu, Aye, Assah, Apat, Shap Lok, Shap Sat, Shap Yat, Shap Yu and Shap Sam. BL：IOR L/MAR/B/178F, see passenger list at the end of the journal。

③　BL：IOR G/12/168, 1810.01.05, p.163, G/12/171, 1810.02.06, p.81。

④　BL：IOR L/MAR/B/140L，参见后面的船员和乘客名单。

⑤　BL：IOR L/MAR/B/86M.

⑥　BL：IOR L/MAR/B/81J，参见前面的乘客名单。

号"在离开中国之前再次雇用了 14 名中国水手。他们也是作为船员的一部分在船上生活。①

1811 年 3 月 19 日,英国东印度公司船只"广州号"在二道滩停泊时,接收了 23 名中国乘客,一人在途中死亡,剩下 22 人于 7 月 13 日在圣海伦娜登陆。除了这些人,3 月 28 日这艘船离开中国前,还在下三角洲招募了 36 名中国水手。后者被算作船员的一部分并在英国上岸。②

1815 年 4 月 1 日,英国东印度公司广州日志中有如下记载:"运送中国人到圣海伦娜 500 (银元)。"③ 在 1816 年 10 月 14 日,另一条记录写道:"预付给圣海伦娜岛的中国劳工 5100 银 (元)。"④ 显然他们是在广州招募了这些人,然后以预付工资的办法来鼓励他们去圣海伦娜岛成为移民和工人。

如大多数案例所示,中国人通常没有在虎门以上的珠三角地方离开或登上过外国船只。之所以会有这种情况,是因为船只到达虎门必须接受检查,同时会有两名海关巡吏随船,他们会在船上待到船只返回离港的驻地为止。⑤ 如果那些中国水手被这些海关官吏发现,那他们就会受到拘留罚款的惩处,因为他们搭乘外国船只离开或到达这里是违法的。显然,"广州号"的船长并没有预料到会有任何问题。他或许贿赂了海关巡吏让中国水手留在船上,也可能采取了某种办法将他们伪装成了外国水手,或者是将他们作为中国工人和修船工带进来,后者通常在他们离开中国前被雇用来修理船只。⑥ 无论如何,当时的情形可能是,"广州号"的船长在虎门以上的泊地招募这些人时似乎很少遇到麻烦,像鸦片走私一样,这表明了不同海关机构之间的差距。

到 19 世纪初,中国人乘坐外国船只进出已如此普遍,以至于虎门的海关巡吏和岗哨已经无力阻止他们。结果,海关官吏只好让获得许可的中国中介人和引水人 (带领船舶沿河流上下行的人) 负责汇报他们在外国船只上发现的中国人。如果发现外国船只上有中国人,那么为该船舶作保的行商也会受罚。比如,1805 年 1 月,英国东印度公司的船只"沃尔默堡号"

① BL: IOR L/MAR/B/189E and 189F,参见前面的船员名单。
② BL: IOR L/MAR/B/288－I,参见前面的船员和乘客名单。
③ BL: IOR G/12/192, 1815.04.01, p.108.
④ BL: IOR G/12/204, 1816.10.14, p.44.
⑤ Paul A. Van Dyke, *The Canton Trade: Life and Enterprise on the China Coast, 1700－1845*, Hong Kong: Hong Kong University Press, 2005. Reprint, 2007, pp.21－23.
⑥ Paul A. Van Dyke, *The Canton Trade*, p.62.

（Walmer Castle）在顺流而下离开以前，就在二道滩搭载了 25 名中国水手。很明显这些人就是雇来补充船员人数以确保安全返航的。然而，要么是没有给够海关官吏们贿赂，要么是让海关监督或地方总督得知有中国人在船上，结果他们都被强制离船。不论是哪一种情形，这些人都受到了拘捕，而保商佩官（浩官的另一个商名，原名伍秉鉴）也因为疏于阻止这一情况的发生而被罚款。而驻广州的英国东印度公司的主管们则被要求勒令他们属下的船长只能在下三角洲让中国人上下船，以避免与海关官员发生冲突。①

英国东印度公司为了有足够船员来保证航行安全而持续招募中国水手，故而可以设想，在之后的年份里他们也同样面临着被抓捕的风险。比如，在 1819 年，广州的东印度公司管理委员会向公司船只的船长们发布了以下命令：

> 1819 年 8 月 27 日：清朝官员们威胁称，他们将向引水员收缴一笔钱，如果后者在他被委派到的船只上发现中国人，又没有及时向驻守虎门港的官员禀报。因此我们建议你们在伶仃岛放下船上所有从英国或其他地方带来的中国人，因为一旦在沿河航行时被发现在你们的船上，他们将受到严厉的惩罚，而你们的中介人和引水员也很可能要缴纳巨额罚款——这将给船只货物的装卸带来一些麻烦，我们要求你们和各位船长能够在接到通知后认真遵守上述事项。②

大多数英国东印度公司的船长都了解这些情况并一直遵守这一命令——只在虎门下游方向的地方遣散或招募中国水手。比如说，1817 年 1 月 9 日，东印度公司的"温德姆号"（Windham）就在下三角洲接收了 20 名中国乘客。他们还提供了"20 张吊床和每人两套衣物"。"据贵公司档案记载"，这 20 人于 3 月 20 日在圣海伦娜上岸。③

另外一些船长则不愿意遵守这一政令。在黄埔待了三四个月乃至五个月之后，职员和船员们都迫切希望尽快开展工作。在他们眼中，大清律法中禁止中国人在外国船只上工作纯粹就是脱离现实的做法。现在每年都有数百名

---

① BL：IOR G/12/148，1805.01.01-02，pp. 47-53.
② BL：IOR G/12/216，1819.08.27，p. 96.
③ BL：IOR L/MAR/B/230-I．"20 个吊床和每人两套衣服"记录在 1817.01.09 的条目下，"鸿宝公司账户"的记录在 1817.03.20 的条目下。

广东籍水手被外国船只所雇用，而清政府对此几乎无能为力。因此，为了避免在下三角洲停靠而致航行延期，东印度公司的船长们反而会违反指令，在二道滩将中国水手偷运上船。1805年后，几乎在每一年里，都能找到东印度公司船只在虎门上游的地方接收和放下中国水手和乘客的航行记录。①

需要说明的是，以上绝大多数活动都是从18世纪80年代开始的。作为上述案例的补充，下面还会提供更多的例证。笔者将1700～1800年保存下来的760份英国东印度公司船只的航行日志全部浏览了一遍，发现在1780年以前，只有一份日志提到了中国水手，那就是1711年的"斯金格号"。这艘船急需人手，因此在离开中国前，船长于12月11日把船停靠在了澳门。他通过葡萄牙人招募到了5名中国水手。他们被预付了两个月的工资。这位船长实际上雇用了6名中国人，但其中1人改变了主意，在出海之前离开了船只。② 许多外国船只迫切需要水手，船长们为扩充船员不择手段，包括悬赏招募从其他船上下来的水手。然而在18世纪80年代以前，绝大多数中国水手并不愿意去应聘这些岗位，无论是哪家欧洲公司需要他们。③ 正如笔者在另一篇论文中所示，有迹象表明如果这些人为中国帆船工作大概能获得更高的工资。但是当18世纪后期19世纪初期中国帆船贸易走向衰退时，他们就被迫离开，并且变得更加愿意去外国船只上寻找工作的机会。④

丹麦亚洲公司船舶上的中国水手

18世纪80年代初，丹麦亚洲公司（DAC）也开始雇用中国水手。丹麦亚洲公司档案是我们所拥有的最完善档案中的一部分，其中显示了他们为什么受到雇用以及到达欧洲之后的情形，因为这样的案例只是少数，所以笔者会在下面对它们进行重建。这些记录使我们对这些孤身一人在国家间巡回流动的水手们有了更好的理解。

笔者通读了现有的1734～1833年有关丹麦亚洲公司去往中国的131次

① BL：IOR L/MAR/B/230F，189C，149F，201C，288-I，215Q，48G，and 39A.
② BL：IOR L/MAR/B/688B-C，1711.12.22.
③ 在游博清的文章中，有更多中国人登上东印度公司船舶的例子，参见游博清《十九世纪前期在伦敦和圣赫勒拿岛生活的华人》，刘石吉、王仪君等编《旅游文学与地景书写论文集》，高雄中山大学人文研究中心，2013，第1～28页。
④ Paul A. Van Dyke，"Operational Efficiencies，" pp. 223-246.

航行的 116 份航海记录。第一条关于中国人受雇的记录是在 1783 年 2 月 14
日。那一天，驻广州的公司职员们送给"夏洛特·阿米莉娅公主号"的船
长彼得森一封信，其中提到在船只到达伶仃岛时他们会安排 35 名中国水手
上船。2 月 22 日上午 10 点，这艘船来到九洲岛附近并下锚。船长放了两轮
八响的大炮后，很快就有三条舢板从岸边驶来，将 47 名中国水手送到了船
上。这位船长把他们全部作为船员接收下来，并预付了他们 6 个月的工资。
这艘船于 1783 年 11 月 8 日抵达哥本哈根。①

从下文例子我们可以看到，提前支付给水手们这么多工钱并不明智。如
果他们在 6 个月未满时就跳船离开，船长将会损失剩下期限的那部分酬金。
然而，有时候预付大量工资是吸引那些人成为船员的唯一途径。

笔者查看了所有丹麦亚洲公司的账簿（skibsprotocoler），藉以了解这 47
名中国水手到达哥本哈根后的情况，对他们可能会搭乘其他船只返回中国的
预测得到了证实。1784 年 4 月 17 日，丹麦亚洲公司的"火星号"在哥本哈
根搭载了 24 名中国水手。这艘船于 1785 年 7 月 30 日抵达澳门。到达的次
日，23 名中国水手就拿到了他们的工资并被解雇，另 1 人则是在马六甲离
船的。数月后，当这艘船离开中国时，没有再搭载任何中国人。②

在 1783 年 11 月回到哥本哈根后，"夏洛特·阿米莉娅公主号"就迅速
地为再次前往中国做准备。1784 年 4 月 19 日，这艘船接收了 21 名早些年由
它从中国带来的中国水手。1785 年 7 月底这艘船抵达澳门，这些人就在领
取了 15 个月（1784 年 4 月到 1785 年 7 月）工资后被解雇了。③

这两个例子讲述了 1783 年到达哥本哈根的 47 名中国水手中 45 人的情
况。至于另外 2 人到底什么情况，还无法得知。显然，这 45 人在 1784 年离
开时已经在哥本哈根停留了 5 个月。当时的丹麦大约处于冬季，他们需要食
品、衣物和可以睡觉的温暖地方。下面的例子表明，他们在港口内的时候，
食宿费用是由丹麦亚洲公司支付。

"夏洛特·阿米莉娅公主号"准备离开中国时，那些丹麦职员们决定带

---

① Rigsarkivet（National Archives），Copenhagen（RAC）：Ask 948, 1783.02.14, pp. 100r – v,
1783.02.22, pp. 104r – v, and Ask 1073. See also RAC：Ask 236, letters dated 1783.01.11
and 1783.02.17.

② RAC：Ask 957, 1784.04.17, pp. 2r – v, 1785.07.30 – 1, p. 56v. 他们工资支付的记录在
1785.08.24, p. 59v.

③ RAC：Ask 959, 1784.04.19, p. 1v, *Capitainens Extra Expencer*, p. 96r and Ask 1199,
1785.07.29, p. 66v.

上他们的中国厨师阿泰（Attey）。他们在广州的商行里居住时大概是由他来做饭，现在他们想要继续聘用他。1785 年 12 月 31 日的记录表明阿泰（Attey）登上了这艘船。他每月可以获得 6 西班牙银元作为工资。① 这些工资是由丹麦亚洲公司支付还是由这些丹麦职员私下给予尚不清楚。笔者在丹麦亚洲公司档案中没有找到其他有关阿泰（Attey）的记载，因此也无法获知他到达哥本哈根之后的情况。

之后直到 1797 年的记录，笔者才再次发现其他有关中国水手被丹麦亚洲公司雇用的记载。在这一年的 1 月 12 日，丹麦亚洲公司的"夏洛特·阿米莉娅公主号"离开中国前夕，在澳门雇用了 7 名欧洲水手和 14 名中国水手。这些欧洲水手被预付了 3 个月的工资，而中国水手们则被预付了 5 个月的工资。1797 年 10 月 2 日和 1798 年 2 月 21 日的两份船舶账单中的集体名单，表明这 14 名中国水手是全体船员的一部分。但 1798 年 4 月 10 日的集体名单则显示只剩下 8 名中国水手。有 6 人似乎在某个时候离开了这艘船。留下的 8 人则很明确是随船去了哥本哈根，并于 5 月到达。②

1798 年 6 月初，"丹麦国王号"（King of Denmonk）正在哥本哈根做前往中国的航行前的最后准备，显然有中国水手参与了这些准备活动，因为 6 月 18 日的一条记录表示有一名中国水手在船上去世。③ 笔者后来在 6 月底船只离开哥本哈根时的船舶账单中发现，这艘船携带了 17 名中国水手，其中 8 人大概是从"夏洛特·阿米莉娅公主号"转移过来的，另外 9 人来历不明。在 1797 年的中国有许多丹麦私人船只，他们可能也会雇用一些中国水手。"丹麦国王号"的船长在他们去中国的路上，途经巴达维亚时，又另外捎上了 2 名中国水手。1799 年 2 月 11 日，总计有 19 名中国人在虎门正南面的龙穴岛领取了工资后被解雇，其中来自哥本哈根的 17 人获得了 7 个月的工资，而来自巴达维亚的 2 人则得到了 1 个月的工资。④

① RAC：Ask 959，1785.12.31，p.93r.
② RAC：Ask 972，1797.01.12，p.186v，188v，and Ask 973，1797.08.17，p.360r，1797.10.02，pp.269r－v，1797.11.18，p.78r，1797.02.21，pp.300r－v，1798.04.08，pp.305r－v，p.320v.
③ RAC：Ask 976，1798.06.19，p.6r，and Ask 1096，1798.06.18－19，p.3r.
④ RAC：Ask 976，1799.02.11，p.88v－89v. 这 17 名海员的音译名字在这些页面上都有，有趣的是，与其他许多中国海员的记录不同，这些人名都没有前缀"A"。参见 RAC：Ask 976，1799.04.21，p.150r，*Udgifter*，pp.151r－152r，1799.06.29－07.05，pp.160v－162r，164v，and *Omkostnings Regning*，p.183v－184r，197r，*Aparte Udgifter*，p.219r，and 231r.

　　1799 年 4 月 21 日，"丹麦国王号"准备离开中国时，在伶仃岛附近招募了 19 名中国水手。我们无法确定这是否与 2 月被解雇的那些人是同一批人。他们被预付了 3 个月的工资，有 2 人在航行到苏门答腊的安耶港（Anjer）以前就去世了，因此只有 17 名中国人完成了这次旅程，抵达哥本哈根。他们抵达的时间是 1800 年 5 月 1 日。[①] 这些例子表明，只有在中国才需要预付工资给中国人。返程的时候，预付是没有必要的，这大概是因为这些人急于回家。

　　对这些中国水手来说，他们的到达十分及时，因为在 1800 年 5 月初，"丹麦号"正在哥本哈根准备开始前往中国的航行。这 17 名 5 月 1 日到达的中国人显然转乘了"丹麦号"。船舶账本中 5 月 8 日和 10 日的记录显示，他们购买了供中国船员生活使用的大豆、大米、猪肉和其他用品。[②] 这条记录暗示，这些人的配给可能与欧洲水手不一样。然而，后面的其他记录又表示，丹麦亚洲公司雇用的中国水手所获得的配给与欧洲水手是相同的，所以上述供应物品或许只是作为船上已有的和欧洲船员相同的配给品的额外补充。这 17 人于 5 月 13 日在哥本哈根上船，7 个月后于 12 月在澳门拿到工资并被解雇。[③]

　　1798 年 12 月 5 日，14 名中国水手在哥本哈根登上了丹麦亚洲公司的船只"克朗普林森号"（Cron Prinsen）。他们当中 7 人是被临时雇来协助进行启航前的最后准备的。12 月 31 日，船只购入为中国人准备的给养物品。看起来，这 14 人似乎全都作为乘客返回了中国。1799 年 9 月 29 日，当船只到达澳门时这些人就被解雇了，并且因为他们所提供的优秀服务而获得了 3 个月工资作为小费。按照船舶账簿（skibsprotocoler）上的记载，他们的身份都是乘客。如果他们在这次到中国的航行中是受雇的，那么他们应该得到 8 个半月的全额工资。

　　除了来自本土的中国人，这艘船还于 1798 年 12 月 8 日停泊在哥本哈根时，招募了 2 名马来西亚人和 1 名来自爪哇的中国水手。这 3 人在巴达维亚

---

① RAC：Ask 976, 1799.04.21, p. 150r, *Udgifter*, pp. 151r－152r, 1799.06.29－07.05, pp. 160v－162r, 164v, and *Omkostnings Regning*, p. 183v－184r, 197r, *Aparte Udgifter*, p. 219r, and 231r.

② RAC：Ask 979, 1800.05.08－10, pp. 8v－9r.

③ RAC：Ask 979, 1800.05.13, pp. 10－11, 1800.12.12－13, p. 112－14, 1801.03.06, p. 224.

领取工资并被解雇。到达中国后，这些丹麦人与他们的中国中介人阿九（Akau）联系，想要招募 14 名以上的中国水手来完成回国的航行。阿九（Akau）曾提到，这些人是 1782 年受雇于丹麦亚洲公司并通过"夏洛特·阿米莉娅公主号"到达哥本哈根的那些人当中的一部分。1800 年 1 月 11 日，当船还停泊在黄埔港时，有 10 名中国水手上了船。另外 4 人的情况则不得而知。①

这一回在离开广州前，丹麦人与这些人订立了正式的合同，并记录在船舶的账簿内。笔者将合同中的 4 款翻译并分段排列如下。

合　同

我们认为有必要按照以下待遇和条件，为"克朗普林森号"（Cron Prinsen）船聘用 10 名中国人。

1. 作为过磅员聘用的中国人每月工资 6 安南银元，包括中国到哥本哈根的往返航程在内，而作为不需要专业训练的甲板工聘用的中国人每月工资为 5 安南银元。

2. 他们的花销和住宿（包括船上的住处和在哥本哈根的住宿）由公司支付，直到他们获得再次登船的机会。同时，负责为公司提供卸货等工作的人，将获得和其他水手相当的日结工资。

3. 他们在船上的配给与欧洲水手相同。

4. 直到船只卸载完毕，他们都将一直待在船上，其月薪将持续到一切结束之时。

"克朗普林森号"于 1800 年 1 月 17 日。Aggersborg（大班），J. Holm（船长）。②

这份合同保证了中国水手能够被送回中国，并且当他们在哥本哈根等待其他船只时能得到膳宿供应。他们的工资待遇与其他水手相同，包括与欧洲水手一样的配给。"克朗普林森号"抵达哥本哈根是在 1801 年 4 月。③

---

① RAC：Ask 977，pp. 1v、2r、6r、10v、55r、93r–v、98v、160r–161r，Ask 1097，pp. 2v、68r，Ask 1213 pp. 36r–37r，Ask 1214，1799.09.29，p. 12r–v，1799.10.11–2，pp. 17v–18v，1800.01.11，p. 59v.

② RAC：Ask 977，1800.01.17，pp. 161v–162r.

③ RAC：Ask 978.

1801 年 12 月 4 日，上述 10 名中国人中的 6 人从哥本哈根登上了"丹麦国王号"。到了 12 月 7 日，又有 1 人加入了他们的行列。这些水手显然都已经在哥本哈根停留了 7 个月以上。1802 年 10 月 26 日，他们在澳门领工资离开。①

我们无法对每一名为丹麦亚洲公司工作过的中国人进行准确记述。他们当中的一些人似乎在哥本哈根待了数个航行周期的时间。例如，"路易斯·奥古斯塔王子号"的船舶账簿中，1802 年 11 月 23 日的一条记录写道："中国人阿发（Afoa）登船，我们在 8 月 22 日雇用他作为船上的水手。"② 丹麦亚洲公司档案中此前唯一有关中国人到达哥本哈根的记录是 1801 年 4 月的"克朗普林森号"。如果阿发（Afoa）是乘着这艘船到达的，那我们就不知道他在登上"路易斯·奥古斯塔王子号"之前的 18 个月里都在做什么了。可能他在哥本哈根为丹麦亚洲公司工作，也可能被我们尚未发现记载的某艘私人船只所雇用。

最后要列举的丹麦亚洲公司档案中的例子来自 1804～1805 年。在 1804 年 2 月 2 日，13 名中国人在哥本哈根登上了"克朗普林森号"。1804 年 12 月 15 日他们在澳门领取了工资并被解雇。这些人大概也是乘坐私人船只来到哥本哈根的。最后一条丹麦亚洲公司的记录是关于中国乘客阿生（Assing）的，他于 1804 年 4 月 28 日从哥本哈根登上"挪威号"（Norge）船，然后于 1805 年 2 月 5 日在澳门上岸。③ 到了 1806 年，丹麦亚洲公司停止向中国派遣船只，有关中国水手的记录随之终止。

荷兰东印度公司船只上的中国水手

在 18 世纪 80 年代及其后的时间里，其他外国档案里开始出现关于中国水手在其船上的记录。在 1781 年和 1783 年，荷兰东印度公司（VOC）分别为"钻石号"（Diamant）和"布雷斯劳号"（Breslaw）雇用了中国水手。他们在广州的中国买办谭阿苏（Tan Assouw）安排将这些人送上船。④ 1785

---

① RAC：Ask 982，1801.12.04，1801.12.04－07，pp. 10－11，1802.10.26，p. 251，Ask 1216，1802.10.26，p. 117.
② RAC：Ask 984b，1802.11.23，p. 5，1803.09.24，p. 199，Ask 1105，1802.11.23，p. 3.
③ RAC：Ask 987a，1805.02.05，p. 245.
④ NAH：VOC 4423，*dagregister*，1781.04.22，VOC 4447，*grootboek*，f. 9.

年，荷兰人雇用了 6 名乘船去过尼德兰又返回中国的中国水手。他们被允许搭乘另一艘荷兰东印度公司的船只离开中国，前往尼德兰，并于次年再次返回。① 毫无疑问，当这些人在荷兰时，荷兰东印度公司也很关心他们。1786年 1 月 20 日，荷兰东印度公司"波利克斯号"（Pollux）的船长卡佩尔霍夫（Kappelhoff）在他离开中国前夕，从澳门招募了 8 名中国水手。②

驻广州的荷兰人在 1792 年 12 月 13 日的报告中提到，一些来自巴达维亚的中国乘客乘坐一艘荷兰船平安抵达中国。我们不清楚这些人到底是返回中国的水手，还是确实自费旅行的乘客。有时中国乘客也会被允许搭乘荷兰东印度公司的船在澳门和巴达维亚之间旅行。③

1792 年，荷兰人能够在澳门找到 34 名中国水手来补充"罗森堡号"（Rozenburg）的船员数额。据说他们都是值得信任的人，因为他们曾经在葡萄牙人的船上工作并到过欧洲，荷兰人付给他们每人 1 西班牙银元作为小费，并预付了 4 个月的工资。④ 然而，在 1794 年，这些荷兰人并没有那么幸运。当年他们从澳门招募 50 名中国人作为水手在船上工作。这些人被预付了 6 个月的工资，但钱到手后他们就跑了。在这个事件中，那些中国人都提出了必须预付工资才会上船工作的要求。⑤

以上英国人、丹麦人和荷兰人的记载告诉我们的是，这 3 家公司都从 18世纪 80 年代起就开始雇用中国水手进行远程航行。在 18 世纪 80 年代以前，这些公司也需要水手，但那时他们招募不到中国人。直到 18 世纪 80 年代初，他们才找到愿意上船的中国人，甚至从那时起，他们不得不以预付数月工资为条件来让中国人同意在船上工作。雇用了这些中国人之后，他们继续返航（中国到欧洲）和重新出海（欧洲到中国）。部分水手在到达中国之前就会离船，而另一些人则会从印度、槟城、马六甲或巴达维亚等港口上船。

① Christiaan J. A. Jörg, *Porcelain and the Dutch China Trade*, The Hague：Martinus Nijhoff, 1982, 334 n. 11.

② NAH：Canton 91, 1786. 01. 20, p. 158.

③ 另一个例子是，1756 年 6 名中国乘客从巴达维亚乘坐荷兰东印度公司的"自由号"（Vrijburg）客轮抵达中国。参见 NAH：Canton 120, doc. beginning with *Verders Dient* dated 1756. 08. 12.

④ NAH：VOC 4447, report dated 1792. 12. 13, par. 52 and 54, doc. entitled *Nadere Onkost Rekening*, dated 1793. 01. 05, *dagregister*, 1792. 12. 01 – 2, pp. 120 – 121, resolution dated 1792. 12. 13, and letter dated 1793. 03. 12.

⑤ Jörg, *Porcelain and the Dutch China Trade*, p. 334 n. 11；NAH：Canton 195, doc. No. 53 and pp. 819 – 823.

法国船上的中国水手

　　笔者尚未找到有关法国洛里昂港的船只雇用中国水手出入欧洲的记载。那些船舶的编制和日志大多被保存下来，但船员表中并没有中国人在列。① 有时会有一些中国雇工或传教士乘坐法国船去往欧洲，但作为水手的情况则十分罕见。例如，叫作路易斯·高（Louis Ko）和艾蒂安·杨（Etienne Yang）的两名中国人，18 世纪 60 年代初就曾在法国居住并取了法国名字。他们返回中国时以乘客的身份乘坐了"舒瓦瑟尔公爵号"（Duc de Choiseul），后者 1765 年 2 月从洛里昂港出发，并于 7 月 26 日让他们在黄埔登岸。②

　　一些更晚的记录显示法国船在亚洲招募了中国水手。1787 年 5 月和 6 月，法国船"莱纳号"（La Reine）在本地治里和马德拉斯分别招募了 8 名和 7 名中国水手。10 月 3 日在澳门付给他们工资并解雇了他们。③ 然后这艘船就溯流而上到达黄埔，在那里装卸货物后扬帆返回法国。1787 年，两艘法国护卫舰启程前往马尼拉前，为了补充船员数量，也在下三角洲地区各自招募了 6 名中国水手。④

美国船上的中国水手

　　关于美国船招募中国水手的例子有很多，这里笔者只能列举其中一些。1790 年后期，斯鲁双桅纵帆船"古斯塔沃号"（Gustavous）在澳门附近的云雀湾下锚。在它出发前往美国西北海岸以前，美国航海家约翰·巴特雷成为船上的一员。他在日志中提到船上有 4 名中国水手，分别叫作安吉（Angee）、海喜（Highee）、陈奎（Chinkqui）和阿清（Arch ching）。⑤

---

① 参见 Lorient，Service Historique de la Défense（SHD）：2P 1 – 19 *Armements au long cours*，*1721 – 1790 and 2P 20 – 53 Désarmements au long cours*，1719 – 1788。法国国家档案馆中保存的《中国旅游航海日志》（1698～1788），并没有关于中国人的记载。

② SHD：2P 40，Armement for *Duc de Choiseul*，entry entitled "Passagera Pour Chine"。

③ SHD：2P 53 Désarmements au long cours。

④ Julius S. Gassner，trans. *Voyages and Adventures of La Pérouse*，Honolulu：University of Hawaii Press，1969，p. 58.

⑤ PEM：Log of Ship *Massachusetts*.

1801 年 2 月，荷兰人和他们的中介人阿焦（Ajouw）协作在下三角洲外侧诸岛处搭载了 21 名中国水手。他们登上了其中一艘美国船，并且显然为荷兰人运送了一些货物。这条船隶属于美利坚合众国。[①]

1807 年 3 月 27 日，来自罗得岛的"亚瑟号"船在澳门招募了 2 名中国水手——阿夏（Ahap）和阿杨（Ayong），并预付了他们 3 个月的工资（按 8 美元/月计）。船长所罗门·汤森通过约翰·巴德维尔雇用了他们，后者是澳门酒馆的主人。[②] 预付工资直接交给了巴德维尔，看起来他似乎是这场交易的中介人，他们从中或许可以得到一笔回扣。

不过，在这一安排中，水手们也与"亚瑟号"的船长签订了书面合同，阿夏（Ahap）、阿杨（Ayong）和其他船员都签字同意相关条款。文件清楚写明了船上每个人的月薪和等阶。因为阿夏（Ahap）和阿杨（Ayong）是用英语签署的，我们只能推测他们实际上能理解这些条款。

9 月"亚瑟号"到达罗得岛，船员们领到了这次航行剩余的工资。为了再次开往中国，他们又订了新的合同，阿夏（Ahap）和其他船员都签了字。这时这两人当然明白对他们的要求。1808 年 6 月 27 日，他们在澳门领取了工资后被解雇。[③]

在 1822~1823 年，美国船"华盛顿号"开列了他们正规船员中 7 名中国水手的名单：乔（Jon）、阿孝（Ahou）、阿森（Asam）、阿成（Ashing）、约翰·阿米（Amuy John）、阿高（Accow）和金又（Kingyou）。这艘船上总共只有 30 名船员，因此中国水手几乎占到了全体船员的 1/4。阿高（Accow）是船上的服务生，而金又（Kingyou）则在船上当厨师。[④] 最后一个例子是来自费城的"新泽西号"，它在 1828 年初离开中国前招募了 3 名

---

① NAH：Canton 264，1801.02.20 and Asip Nasional Republick Indonesia（ANRI）：*Realia*，under subject "Chinesen"，— "Aan W. V. Hutchings Capitein van het Americaansch schip *Massachusetts*，gepermitteerd 21 Chineesche zeevarende te engageeren voor de terug reize na America，mits vrij transport na herwaards te rug verleenende，10 Maart 1801"．

② Paul A. Van Dyke，*The Canton Trade*，pp. 38 – 39．

③ Brown University，John Carter Brown Library（JCB）：Brown Papers B. 497 F. 4 Ship *Arthur*，"Account Current" and "Account of Charges for Factory"（under "Disbursements at Macao"），and B. 497 F. 1 and B. 497 F. 10 printed contracts beginning with "It is agreed，between the owner"．

④ JCB：Brown Papers B. 671 F. 12 Ship *Washington*，Seaman's Accounts．

中国水手。他们都被预付了 1 个月工资。① 此类美国人的记录还有很多，但
是这些例子已经足够说明中国人经常作为他们正规船员的一部分而受雇。

综合考虑这些记载，我们可以发现，在 18 世纪 80 年代，中国人会登上
任何满足他们条件的船。众多的中国人在世界各地的港口登船离船，包括印
度、马来西亚、圣海伦娜、欧洲、美洲和许多其他地方。居住在这些港口的
本地华人可能会帮助他们寻找住宿和工作机会。当然，还有许多问题仍然无
法解答，比如哪些国家的人提供的条件最好，以及中国人最喜欢去哪些目的
地，为什么。我们也可能会问，18 世纪末中国南海海盗的崛起与同一时期
中国水手对于在外国船只上工作的态度转变之间是否存在什么联系？对于这
些问题，希望将来会出现新的资料予以解答。

结　论

上述有关"阿米莉娅公主号"上的 380 名中国水手的故事和其他分散
的记录是如何帮助我们了解 18 世纪末 19 世纪初航海时代世界的变化的？因
为某些缘故，中国人对于在外国船只上找工作的态度，在 18 世纪 80 年代前
后发生了转变。经常有中国人在葡萄牙人、西班牙人或从印度来的私商船上
工作。但是在 18 世纪 80 年代以前，我们很难找到他们受雇于在中国的东印
度公司船只的记录。笔者认为这一变化，与当时通往中国新航路的开辟，以
及外国商船对中国帆船与东南亚市场的贸易传统的侵蚀有关。

因为越来越多的外国船只开始购买东南亚地区的商品并运往中国，中国
帆船开始失去其相对优势，这导致了中国帆船数量减少。更多空闲的中国水
手需要去寻求新的工作，毫无疑问这是他们开始出现在东印度公司的船员名
单上的原因之一。同时，私商贸易在中国的发展，也给这些公司带来更多的
竞争。在亚洲找不到足够的欧洲水手。拉斯卡人跟随欧洲船开往中国由来已
久。不过，从 18 世纪 80 年代开始，船长们也能够成功地招募到中国水手。

仅仅雇用亚洲籍水手做单程而不是全程航行，也使得公司的船只比私商
船只更有竞争力。他们可以避免在黄埔港停泊的 3 ~ 4 个月中支付保持满额
船员的费用。这些因素之间或许是相互关联的。缺点就是，如果他们雇用这

---

① Philadelphia, Independence Seaport Museum (ISM): Whitall Papers "Account of Money paid the
Crew of Ship New Jersey at Canton".

些中国人一直随船到欧洲，带他们来的这艘船还得承担他们找到新工作为止和（或）返回中国的费用。这样一来，雇用临时的亚洲船员是否真的会使公司船只比私商船只更具竞争力就值得怀疑了。但是这些人被认为是维持航行安全所必需的，因此为了减少在海上损失船只货物的风险，他们会被提供居留期间及返回的最低限度的附加费用。

1816～1817年，由"阿米莉娅公主号"运送回国的380名中国乘客也绝不仅仅意味着一次以中国为目的地的旅行。他们是受世界贸易活动重新规范定义的全球化趋势与变革的产物。现在我们开始认识到这些水手给他们到访过的港口所带来的影响。有时候，如在英国，他们会被视为本土水手的生存威胁。这导致在19世纪初，英国东印度公司禁止船长们在出海航行的过程中雇用亚洲籍水手。

最后，我们还可以了解到一些关于中国水手自身的事情。他们一旦登上公司的船只，其登陆地点的选择就变得极度灵活。他们可以去印度、非洲、圣海伦娜、欧洲、美洲，或船长们希望他们去的任何地方。当他们到达这些地方，他们当中的许多人甚至对于他们接下来要做什么毫无头绪，并且多半只具有极为有限的语言能力。

很难想象第一个到达圣海伦娜、伦敦、阿姆斯特丹、哥本哈根或纽约的中国人将要面临的是什么样的状况。有时候这些人只被雇用进行单程航行，因此他们并不知道该如何在其目的地生存或寻找新的工作。而有时，他们则会得到遣送回国的保证。

在目的港，经常要等好几个月才会有其他船只离开前往亚洲，因此这些水手必须在延搁期间自谋生计。我们看到一些雇主会给他们提供衣物、住所和饮食，也有一些情况，如在新英格兰的一些目的地，他们只是单纯被送到那里，接下来的一切事务都要自己规划。我们不断地发现中国水手们毫不迟疑地前往一个又一个未知的地方冒险。他们是弥补海上世界劳动力供给缺口的真正先驱。

如果1780年后这些中国水手仍不愿意在这些船只上工作，那么会发生什么呢？拉斯卡人、马来人、马尼拉人和其他地方的人无疑会帮助填补这些缺口，但是其他亚洲籍的水手很少能获得与中国水手相当的声誉。在1800年后，尽管得知他们将作为乘客被送回中国，没有任何工资，并且需要在英国经历数月的过渡期，他们还是在英国东印度公司的船上继续工作。他们虽然在全部时间里都可以获得基础供应，却损失了多达一年的工资。相反，如果他们为丹麦、荷兰或美国人的船工作，将可以全程获得工资，包括去往西方国家和从西方国家返回中国的行程。这些人中有不少因经济上的需要而被驱逐，但他们当中相当一部分人毫无疑问仅仅是为了冒险而来。无论他们原本的动机是什么，他们的奉献精神和灵活态度都使得他们成为全球商业发展中的重要劳动力来源。

A Ship Full of Chinese Passengers: *Princess Amelia*'s Voyage from London to China in 1816 – 1817

Paul A. Van Dyke

Abstract: This story is about the common Chinese seamen who began to circumnavigate the globe en masse in the 1780s aboard ships of all nations. More specifically, it is about 380 of those seamen, who returned to Asia from London in 1816 – 1817 as passengers aboard the English East India Company (EIC) ship Princess Amelia. The story, however, is actually about more than the experiences of those 380 men. Their example represents a much broader arena of global phenomena that affected the entire world. Their examples are about new sea routes being explored in Asia in the mid-to-late-eighteenth century; about European ships encroaching upon the traditional trade of the Chinese junks in Southeast Asia; about the decline of the large European trading monopolies and their inability to compete with the rising power and influence of private enterprises; about the success of the Canton trade and the enormous attraction it had to aspiring businessmen of all nationalities and ranks; about the versatility of the Chinese people to adapt to a multitude of environments and establish themselves in major seaports throughout the world; and finally, their examples are about ancient diseases and Europeans dying aboard the ships that went to Asia and the need to replace those men with indigenous sailors in order to keep international commerce moving forward.

Because the expansion and rise of Chinese seamen throughout the world has been little known or understood, I begin the story of the Chinese sailors in the late-eighteenth century with the establishment of new sea routes to China and the

European encroachment on the traditional Chinese junk trade in Southeast Asia. That discussion will be followed by a number of examples of East India companies hiring Chinese seamen in China from the 1780s onward. In passing, I will discuss historical events that led to the 380 seamen seeking employment aboard British ships. And finally, I end the story with reasons why the men returned to Asia as passengers rather than as crew. Their numbers had risen to the point that they were threatening the livelihoods of indigenous seamen in the United Kingdom (UK) . Their story is truly one with global dimensions and perfect for a Wills'-style approach to historical research.

Keywords: Princess Amelia's Voyage; Chinese Seaman; Chinese Passenger; New sea Routes

（执行编辑：王一娜）

海洋史研究（第十五辑）
2020 年 8 月　第 196～213 页

17 世纪末东亚贸易背景下
越南北河的陶瓷贸易

黄英俊　（Hoàng Anh Tuấn）*

　　粗糙灰色的北河瓷器品。然而，他们做出大量容积为半品脱或稍大
的杯子。这些杯子杯口比杯底宽，以便人们可以把一个杯子套到另一个
杯子里。一些欧洲人曾经在马来西亚的很多地方买这种杯子。

　　威廉·丹皮尔（William Dampier），1688 年到北河旅行。①

一　前　言

　　近年来，由于国内外一些较大规模的考古学挖掘工作的发现，对 15～17 世
纪越南陶瓷出口的研究引起了学界的广泛关注。在学术论坛和专业的学术刊物
上，关于越南陶瓷的生产、销售情况以及越南进口国外陶瓷的情况出现了许多
不同观点。1998 年年末，在河内举行的"从陶瓷交流考察 15～17 世纪越南与日
本的关系"国际研讨会对这一主题展开比较深入的讨论，研讨会汇集了 13 篇论

---

　　*　作者黄英俊（Hoàng Anh Tuấn），越南河内国家大学所属社会与人文科学大学历史系教授、
荷兰莱顿大学博士；译者刘志强，广东外语外贸大学东方语言文化学院教授。

　　①　William Dampier, *Một chuyến du hành đến Đàng Ngoài năm 1688*, Hà Nội: Nxb. Thế Giới,
2006, 83. 按：阮福映在建立统一的越南阮朝之前，越南经历了两个半世纪的战争与分裂，
南北两政权以中部广平省为界，以北称为"北河"，又称"外区"，由郑主控制；以南称为
"南河"，又称"内区"。

文，主题涉及陶瓷生产、在日本挖掘工作中发现的越南陶瓷、在越南被发现的
日本陶瓷等。① 由于此次研讨会以越日双方关系为主题，加上缺乏文献资料的
支撑，因此该研讨会没有引起学界重视。此次研讨会没有注意到 17 世纪越南
向东南亚出口陶瓷的情况，而这一世纪在贡德·弗兰克（Gunder Frank）看来
越南北河已经崛起成为当时亚洲陶器生产和出口的主要中心之一。②

　　2004 年，在"越南学"（Vietnamese Studies）国际研讨会中，学者罗萨
纳·布朗（Roxanna Brown）在分析占婆岛沉船挖掘数据的基础上提出从
1510 年至 17 世纪，越南陶瓷出口到国际市场的情况是一个空白。这一观点
引起了越南国内一些学者激烈的反应，因为传统上这些学者相信莫朝的对外
贸易开放政策很自然地带动越南陶瓷出口的繁荣。③ 而罗萨纳·布朗的观点
是，如果放在当时的国际贸易趋势以及 16 世纪大瞿越国的政治背景下这是
完全不可能的，正如后文将讨论的情况一样。三年后，在"16 ~ 17 世纪亚
洲贸易体系中的越南"学术研讨会上关于这一阶段越南陶瓷贸易的激烈争
论再次发生。④ 尽管如此，各类文献资料尚未被完全挖掘利用仍然是深化研
究 17 世纪越南陶瓷贸易情况的一大障碍，同时陶瓷考古研究的成果也尚未
得到充分利用，因此一些观点并未真正具有说服力，或只在有限范围内具有

① Kỷ yếu Hội thảo quốc tế "Quan hệ Việt – Nhật thế kỷ XV – XVII qua giao lưu gốm sứ", Hà Nội, tháng 12 năm 1999.
② Gunder A. Frank, *Reorient: Global Economy in the Asian Age*, Berkeley: University of California Press, 1998, p. 97.
③ Roxanna Brown, *"Dữ liệu từ vụ đắm tàu ở Hội An/Cù Lao Chàm và một số vùng biển khác của Đông Nam Á"*, Hội thảo Quốc tế về Việt Nam học, Thành phố Hồ Chí Minh, tháng 7 năm 2004.
④ 该研讨会于 2007 年 3 月由越南社会与人文科学大学举办，具体情况参考会议论文 Hán Văn Khẩn, *Thử nhìn lại tình hình nghiên cứu gốm sứ xuất khẩu miền Bắc Việt Nam thế kỷ XV – XVII* (汉文恩:《试论 15 ~ 17 世纪越南北部陶瓷的出口情况》); Miki Saburaba, *Gốm sứ Nhật Bản xuất khẩu sang Việt Nam và Đông Nam Á thế kỷ XVII* (Miki Saburaba:《17 世纪出口至越南和东南亚的日本陶瓷》); Nishimura Massanari, *Gốm sứ Việt Nam phát hiện tại Nhật Bản và Lưu Cầu trong các mối quan hệ khu* (Nishimura Massanari:《在日本和琉球关系区域发现的越南陶瓷》); Bùi Minh Trí, *"Con đường gốm sứ" và vị trí của các thương cảng Nam – Trung Bộ Việt Nam* (裴明智:《"陶瓷之路"——兼论越南南、中商港之地位》); Nguyễn Đình Chiến, *Gốm sứ nước ngoài phát hiện trong khu hoàng thành Thăng Long* (阮庭战:《昇龙皇城发现的外国陶瓷》); Trần Đức Anh Sơn, *Các thương cảng vùng trung Trung bộ Việt Nam và con đường gốm sứ ở vùng Tây Nam Thái Bình Dương trong thời đại thương mại thế kỷ XVI – XVIII* (陈德英山:《16 ~ 18 世纪贸易时代中的越南中部各商港及太平洋西南部的"陶瓷之路"》); Kikuchi Seiichi, *Gốm sứ Việt Nam phát hiện tại Nhật Bản: vấn đề niên đại, cách thức sử dụng và ý nghĩa* (Kikuchi Seiichi:《日本发现的越南陶瓷：年代、使用方式及其意义》)。

一定的准确性而不具有普遍性。

　　17 世纪是东南亚和国际陶瓷贸易史上较为复杂的一个世纪，要准确和客观地评价这一世纪下半叶越南在陶瓷贸易史中的地位和作用，并不是很容易的。本文在分析荷兰和英国东印度公司的档案数据的基础上，参考一些西方资料中有关越南陶瓷贸易的记载，同时根据现有档案资料以及国内外学者在该领域的研究成果，提出了一些初步的意见和观点，展示在东南亚和国际贸易背景下越南（北河）陶瓷出口的基本情况。

二　资料和观点

（一）17 世纪区域和国际间的陶瓷贸易

　　当欧洲人在 15 世纪末找到前往东方的航海之路以前，陶瓷在区域和国际贸易中已经是常见商品。葡萄牙人找到了通过好望角的航海线后，建立了连接印度、马六甲、中国和远东地区的贸易体系，常常运载东方的产品去欧洲市场销售。各类陶瓷，尤其是中国的高级陶瓷品是欧洲较为畅销的商品之一。荷兰东印度公司（VOC）和英国东印度公司（EIC）自 17 世纪初先后进入亚洲，也都逐渐加入到国际陶瓷贸易的市场网络之中。①

　　1603 年圣卡塔林娜（*Sta. Catarina*）事件使该地区和国际上的陶瓷贸易情况发生了巨变，这一年荷兰舰队在新加坡海峡攻击并强行扣下葡萄牙的圣卡塔林娜号商船。② 翌年荷兰人将收获的多数战利品带回阿姆斯特丹拍卖，中

① 荷兰东印度公司成立于 1602 年，1602～1638 年与越南南河贸易交往不多，而在 1672～1700 年则与北河保持经常性贸易往来。有关荷兰和英国东印度公司与越南北河的研究，请参阅 W. J. M. Buch，"La Compagnie des Indes Neerlandaises et l'Indochine," *BEFEO* 36 (1936)，pp. 97 – 196，& 37 (1937)，pp. 121 – 237；Femme Gaastra，*De Geschiedenis van de VOC* (Walburg Pers 2002)；Hoàng Anh Tuấn，*Silk for Silver*；K. N. Chaudhuri，*The Trading World of Asia and the English East India Company 1660 – 1760*，Cambridge：Cambridge University Press，1978；A. Farrington，"English East India Company Relating Pho Hien and Tonkin," *Pho Hien，The Centre of International Commerce in the 17th – 18th Centuries*，Hanoi：The Gioi Publisher，1994，pp. 148 – 161.
② Peter Borschberg，"The Seizure of the *Sta. Catarina* Revisited：The Portuguese Empire in Asia，VOC Politics and the Origins of the Dutch – Johor Alliance (1602 – c. 1616)," *Journal of Southeast Asian Studies*，Vol. 2，No. 1 (2002).

国陶瓷贡献了相当大的一部分利润，金额超过了 300 万荷兰盾。① 而这一事件又促使了荷兰人大量收购中国瓷器以供应欧洲市场。然而这一贸易活动并不能持续进行，因为荷兰东印度公司在很大程度上依赖中国这个陶瓷供应源。②

17 世纪 30 年代，中国陶瓷经荷兰东印度公司出口至欧洲的贸易总额显著增长，但不久出现衰减，因为中国陶瓷产业受到当时国内政治动乱的影响而遭到严重的破坏，所以荷兰东印度公司的陶瓷贸易也很快萎缩。在清朝日益增强的压力下，明朝于 1644 年灭亡，之后延绵二十多年的内战使得中国的陶瓷手工业，特别是作为陶瓷生产中心的景德镇遭到了毁灭性打击，市场上高质量陶瓷商品严重短缺。1647 年之后，质量上乘的中国陶瓷商品几乎完全消失在国际市场中。③

为了替代中国高质量瓷器商品供应源，荷兰东印度公司转而收购日本的肥前（Hizen）瓷器。1650～1651 年，荷兰东印度公司在日本出岛（Deshima）的交易站向公司在越南北河的交易站依次寄送了 145 个风格各异的肥前碟盘和 176 个肥前瓷板。1652 年，出岛交易站将日本的陶瓷商品转贩到台湾的热兰遮城（Zeelandia），自此荷兰东印度公司经常出口肥前瓷器至巴达维亚（Batavia），成为荷兰人销售日本上乘陶瓷的一个里程碑。1657 年，荷兰东印度公司转运了一定数量的肥前陶瓷回荷兰销售，并取得了可观的利润。④ 这一贸易相对稳定地持续了十年。由于进口日本陶瓷运回欧洲的成本过高，荷兰东印度公司与日本的陶瓷贸易渐渐衰落，至 1665 年基本中断。⑤

---

① Hugo Grotius, *Commentary on the Law of Prize and Booty*, edited and with an introduction by Martine Julia van Ittersum, Indiana: Liberty Fund, 2006, pp. xiii – xxi.

② C. J. A. Jörg, *Porcelain and the Dutch China Trade*, The Hague: Martinus Nijhoff, 1982.

③ Cynthia Viallé, "De Bescheiden van de VOC Betreffende de Handel in Chinees en Japans Porselein Tussen 1634 en 1661," *Aziatische Kunst*, Vol. 3, Rijksmuseum Amsterdam, 1992; Lynn A. Struve, ed., *Time, Temporality, and Imperial Transition: East Asia from the Ming to Qing*, Honolulu: Association for Asian Studies and University of Hawaii Press, 2005; John E. Wills, *Pepper, Guns, and Parleys: The Dutch East India Company and China, 1662 – 1681*, Cambridge: Harvard University Press, 1974.

④ Cynthia Viallé, "De Bescheiden van de VOC", p. 26; Fujiwara Tomoko, "Hizen Wares Abroad, Part II: the Dutch Story," in The Kyushu Ceramic Museum, ed., *The Voyage of Old Imari Porcelains*, Arita, 2000, pp. 156 – 165.

⑤ Cynthia Viallé, "Japanese Porcelain for the Netherlands: The Records of the Dutch East India Company," in The Kyushu Ceramic Museum, ed., *The Voyage of Old Imari Porcelains*, pp. 176 – 183.

（二）中国粗陶瓷短缺和越南北河陶瓷崛起

17 世纪高质量的陶瓷只是国际瓷器商品贸易体系的其中一部分。当西方的商人将中国和日本的上等陶瓷运销到欧洲市场之时，华商继续保持中国粗陶瓷的贸易流动，主要是将在福建和广东生产的粗陶瓷销售至海岛东南亚地区，但粗陶瓷的贸易也受到中国大陆政权更迭的严重影响。17 世纪 60 年代初，由于中国南方的内战日益升级，传统中国粗陶瓷出口至东南亚市场的贸易也被阻断。[①] 1662 年，在清朝越来越强大的攻势压力下，郑成功的反清复明势力放弃中国东南部，占据台湾。为清除郑氏势力，清朝颁布海禁政策，同时疏散沿海居民以达到孤立进而平定台湾的目的，结果造成了郑氏无法控制中国瓷器商品对东南亚的出口，在这一区域市场上粗陶瓷也成为稀缺商品。[②]

17 世纪 60 年代以前，越南北河的粗陶瓷偶尔会出口到区域市场上，但是每年的贸易总额并不显著。1662 年这一事件导致区域陶瓷市场产生巨大变化。1663 年，巴达维亚的荷兰人发现中国商船带来了 10000 个越南北河生产的粗陶瓷。[③] 在随后五年里，大约有 250000 个越南北河的粗陶瓷被华商转运至巴达维亚（见表 1）。至此，中国的上等瓷器在欧洲市场上被肥前瓷器替代，在东南亚市场上被越南北河粗陶器所替代。从此，越南北河的粗陶瓷得以相对广泛地出口到区域市场，并一直持续至 17 世纪 80 年代初。由华商大规模运到爪哇的越南北河粗陶瓷给当地留下了深刻的印象，同时也促使巴达维亚的荷兰东印度公司总督和理事会参与到这一贸易网络中来。1669 年，越南北河大都会（Kẻ Chợ）[④] 的交易站大批收购越南北河粗陶瓷，并运

① Ho Chumei, "The Ceramic Trade in Asia, 1602 – 1682," in A. J. H. Latham and Heita Kawakatsu, eds., *Japanese Industrialization and the Asian Economy*, London and New York: Routledge, 1994, pp. 35 – 70.

② Ho Chumei, "The Ceramic Trade in Asia," pp. 35 – 70; Bennet Bronson, "Export Porcelain in Economic Perspective: The Asian Ceramic Trade in the 17th Century," in Ho Chumei, ed., *Ancient Ceramic Kiln Technology in Asia*, Hong Kong: University of Hong Kong, 1990, pp. 126 – 150.

③ Departement van Kolonien, ed., *Dagh-register gehouden int Casteel Batavia vant passerende daer ter plaetse als over geheel Nederlandts – India*, [*Dagh-register Batavia*]. Vol. 1663, The Hague: Martinus Nijhoff and Batavia: Landsdrukkerij, 1887 – 1931, pp. 71 – 72.

④ 17 ~ 18 世纪西方普遍称越南北部大都会河内（昇龙）为 Kẻ Chợ，参阅杜氏垂兰《华人与 17 ~ 18 世纪越南北部的城市化——以庯宪为例》，刘志强译，《海洋史研究》第十二辑，社会科学文献出版社，2018，第 97 ~ 121 页。——译者注

回巴达维亚，总数达 381200 个。自 1669 年至 17 世纪 80 年代初，荷兰成为越南北河陶瓷的出口国家之一。

　　总之，随着中国粗陶瓷生产衰落，越南北河替代中国一度成为东南亚区域贸易市场内生产和出口粗陶瓷的一股势力，这一现象就像 15～16 世纪越南在国际粗陶瓷贸易市场上崛起的情形一样。①

表 1　越南北河陶瓷出口至东南亚情况一览（1663～1681 年）

（1）至巴达维亚

年月	数量/船名	总量情况
1663 年 3 月	1 艘货船	10000 个粗陶瓷杯
1664 年 3 月	2 艘货船	120000 个中型瓷杯
1666 年 3 月	2 艘货船	60000 个粗陶瓷杯
1667 年 2 月	"Zevensteer" 号货船	30000 个粗陶瓷杯
1668 年 5 月	1 艘货船	40000 个粗陶瓷杯
1669 年 1 月	"Overveen" 号货船（荷兰）	381200 个瓷杯
1669 年 4 月	1 艘中国货船	70000 个瓷杯
1669 年 11 月	"Pitoor" 号货船（荷兰）	177240 个瓷杯
1670 年 2 月	2 艘货船	95000 个多款粗陶瓷杯
1670 年 3 月	1 艘中国货船	运载越南北河陶瓷
1670 年 11 月	"Pitoor" 号货船（荷兰）	214160 个价值 2650 荷兰盾（guilder）和 410 斯托伊弗（stuiver）的越南北河粗陶器
1672 年 4 月	1 艘货船	5000 个杯子
1675 年 1 月	1 艘中国货船	运载越南北河陶瓷
1675 年 3 月	1 艘货船	30000 个粗陶瓷杯
1678 年 7 月	1 艘货船	100740 个瓷板和 8 筐多款陶器
1680 年 1 月	1 艘货船	85000 件粗陶瓷
1681 年	1 艘来自巴达维亚的中国货船	120000 个瓷杯

---

①　有关 15～16 世纪越南陶瓷出口至国际市场的情况，请参阅 John Guy, "Vietnamese Ceramics in International Trade," in John Stevenson and John Guy, eds., *Vietnamese Ceramics*, *A Separate Tradition*, Michigan: Art Media Resources, 1994, pp. 47－61; John Guy, "Vietnamese Ceramics from the Hoi An Excavation: The Cu Lao Cham Ship Cargo," *Orientations* (Sept. 2000)。

（2）到其他地区

年月	数量/船名	目的地	备注
1669 年 2 月	1 艘中国货船	万丹（Banten）	一些陶瓷
1674 年 2 月	1 艘中国货船	暹罗（Xiem）	90000 个瓷杯
1680 年 2 月	"Advice" 号货船（英国）	万丹（Banten）	越南北河粗陶瓷
1681 年 2 月	"Societeyt" 号货船（英国）	英国	越南北河粗陶瓷

资料来源：*Overgekomen Brieven en Papieren*；BL OIOC G/12/17；*Dagh-register Batavia 1624 – 1682*；Volker, *Porcelain*.

就荷兰东印度公司而言，刺激其在 17 世纪 60 年代初进口越南北河粗陶瓷的因素主要有两个：一是 1662 年中国粗陶瓷对东南亚市场的出口突然中断，二是荷兰东印度公司与越南北河丝绸贸易减少。第一个因素已在上文做了分析，第二个因素则需要做一个简要解释。17 世纪 60 年代末，荷兰东印度公司为挽救与越南北河的丝绸贸易做出了努力，但没有达到预期效果。[①] 1669 年，荷属巴达维亚指示在大都会河内的交易站收购越南北河的粗陶瓷作为压舱物（ballast）运回爪哇，交易站的人员收购了大量的瓷杯运回巴达维亚。[②] 第二年，大都会河内交易站的人员向荷属巴达维亚总督汇报越南北河粗陶瓷的质量已有改善，并为返回巴达维亚的船舶准备下一批货物。[③] 因此可以说，在这一时期荷兰东印度公司面向海岛东南亚出口越南北河陶瓷的贸易出于两个目的：一是在丝绸贸易衰落的阶段维持与河内昇龙的贸易往来，二是通过销售越南北河的陶瓷商品谋取利润，尽管这些利润并非特别丰厚。

在经济方面，越南北河陶瓷的年出口量随海岛东南亚市场的需求量而上下波动。图 1 显示了越南北河陶瓷在 1663 ~ 1681 年对巴达维亚出口总额的波动，图 2 则显示了越南北河、中国和日本各陶瓷产品在东南亚市场相对激烈的竞争态势。

17 世纪 60 年代初，越南北河陶瓷成为主要出口产品没多久，在 1669

---

① 关于东印度公司与越南外区的丝绸贸易情况请参阅 Hoàng Anh Tuấn, *Silk for Silver*（Chapter 6）；Hoàng Anh Tuấn, "Mậu dịch tơ lụa của Công ty Đông Ấn Hà Lan với Đàng Ngoài, 1637 – 1670," *Nghiên cứu Lịch sử*, 3/2006, 10 – 20 & 4/2006, pp. 24 – 34。

② VOC 1278, Missive from Cornelis Valckenier and Council to Batavia, 5 Jan. 1670, fos. 1861 – 1862.

③ VOC 1278, Missive from Cornelis Valckenier and Council to Batavia, 12 Oct. 1670, fos. 1892 – 1907.

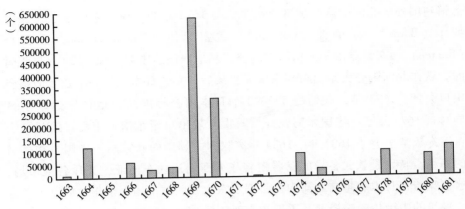

图 1　越南北河陶瓷出口巴达维亚的情况，1663 ~ 1681（标准品）

资料来源：*Overgekomen Brieven en Papieren*；BL OIOC G/12/17；*Dagh-register Batavia 1624 - 1682*；Volker，*Porcelain*.

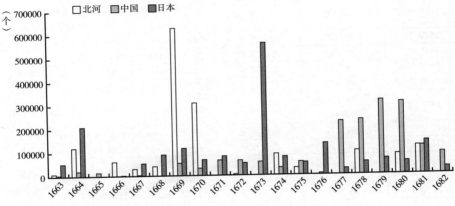

图 2　出口到南海市场的陶瓷，1663 ~ 1682（标准品）

资料来源：*Overgekomen Brieven en Papieren*；BL OIOC G/12/17；*Dagh-register Batavia 1624 - 1682*；Volker，*Porcelain*；Ho，"The Ceramic Trade," pp. 35 - 70.*

　　* Bennet Bronson 在自己的文章中注意到 Volker 和 Ho Chumei 的一些陶瓷出口数据并不完全可靠，参阅 Bronson，"Export Porcelain in Economic Perpective"，p. 129。

年、1670 年两年间就占领了东南亚市场，至少有 772600 个越南北河陶瓷标准品由荷兰东印公司运往巴达维亚，然后分销到东南亚各地区市场。

（三）中国陶瓷的回归和北河陶瓷的衰落

　　越南北河陶瓷占据东南亚市场的时间并不长久，接下来几年里，被商人运销到国外的北河瓷器产量迅速减少。自 1672 年起，荷兰东印度公司在巴罗什（Baros）、彻里奔（Ceribon）、透露标伍（Touloungbeuw）和万丹（Banten）的交易点由于滞销而将陶瓷产品退回巴达维亚（见表 2）。与此同时，就在北河陶瓷大量出口到东南亚市场后三年，日本成为一个强大的陶瓷出口力量。1673 年，大约有 563098 个日本陶瓷标准品被运往巴达维亚。[①]同时自 1677 年起，中国粗陶瓷开始再次大量出口至东南亚市场。清廷平定台湾郑氏势力并于 1683 年、1684 年废除闭关锁国的政策后，中国各类著名的商品，特别是款式各异的瓷器随着华人商船运往东南亚，充斥各地市场，这意味着在日本和越南北河陶瓷占据了东南亚区域市场十余年之后，令人赏心悦目的中国传统陶瓷商品重返东南亚市场。[②]

表 2　越南北河陶瓷再出口情况（1670～1681 年）

年月	船只	出发地	目的地	备注
1670 年 6 月	3 艘货船	巴达维亚	威斯特库斯特（Westkust）	价值 168 荷兰银元（Rijxdaalder）[③]的陶瓷
1670 年	1 艘货船	巴达维亚	安汶（Ambonia）	8000 个瓷杯
1670 年	1 艘货船	巴达维亚	邦达（Banda）	89391 个瓷杯
1670 年	1 艘货船	巴达维亚	帝汶（Timor）	价值 30 荷兰银元的陶瓷
1671 年 10 月	1 艘货船	巴达维亚	格雷西克（Gresik）	价值 30 荷兰银元的陶瓷
1671 年	荷兰"Cabeljiauw"号邮轮	巴达维亚	邦达（Banda）	89000 个瓷杯，3000 片屋瓦
1672 年 7 月	1 艘货船	巴达维亚	巨港（Palembang）	价值 30 荷兰银元的陶瓷
1672 年 7 月	1 艘货船	巴达维亚	班惹（Banjer）	价值 30 荷兰银元的瓷杯
1672 年 7 月	1 艘货船	巴达维亚	帕卡隆根（Pakalongen）	价值 40 荷兰银元的瓷杯
1672 年 8 月	1 艘货船	巴达维亚	阿拉赞（Aracan）	价值 680 荷兰银元的瓷杯
1672 年 11 月	—	—	—	安汶（Ambonia）存货 8138 个瓷杯
1672 年	—	巴罗什（Baros）	巴达维亚	运回 25000 个瓷杯

资料来源：Overgekomen Brieven en Papieren；BL OIOC G/12/17；Dagh-register Batavia 1624 - 1682；Volker, Porcelain.

---

① Ho, "The Ceramic Trade," pp. 35 - 70.

② 关于清朝平定台湾和 1684 年东亚、东南亚海商结构的变化情况，请参阅 Ts'ao Yung-ho, "Taiwan as an Entrepôt in East Asia in the Seventeenth Century," *Itinerario*, Vol. 21, No. 3 (1997)；Tonio Andrade, *Commerce, Culture, and Conflict：Taiwan under European Rule, 1624 - 1662*, Ph. D. Diss. , Yale University, 2000。

③ 1 荷兰银元（Rijxdaalder）= 2 荷兰盾（guilders）8 先令（stuivers）（1665 年以前）；1 荷兰银元（Rijxdaalder）= 3 荷兰盾（guilders）（1666 年以后）。

　　根据一些荷兰资料的记载，17 世纪 60 ~ 80 年代，大约有 150 万件越南北河陶瓷标准品出口至东南亚市场。因为统计资料不完整以及我们尚未能够完全挖掘现有资料等原因，实际出口的数量肯定更多。[①] 忽略上述情况，依据荷兰东印度公司档案资料提供的数据，仅在 1663 ~ 1681 年，越南北河陶瓷数量占出口南海市场（自日本延伸至非洲东海岸）份额的 30%，而其余陶瓷产品的份额分别是日本占 33%，中国占 36% 和中东接近 1%（图 3）。如果我们认可握克（Volker）的"保守估算"，即在 1602 ~ 1682 年，荷兰东印度公司已进口了约 1200 万个亚洲陶瓷标准品，[②] 那么，越南北河陶瓷占比约 12%（仅仅在 20 年间），日本陶瓷占比约 16%，中国陶瓷占比约 72%（图 4）。

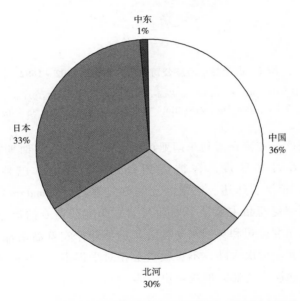

图 3　陶瓷在南海市场的出口分布情况，1663 ~ 1681

---

① Dampier 的著作《一次北河的旅行》记载说，越南北河的陶瓷曾因出口至印度而获得丰厚利润。Dampier, *Một chuyến du hành đến Đàng Ngoài*, tr. 83.
② 正如巴达维亚城堡登记册的记录和当代一些学者的研究成果显示的那样，握克（T. Volker）认为，1602 ~ 1682 年荷兰东印度公司销售的 1200 万个陶瓷标准品中，大约有 145 万个是越南北河的产品，其次是日本的 190 万个，中国的 865 万个。另，根据日本学者樱庭美希的统计数据，在 1648 ~ 1682 年，大约有 352 万个日本陶瓷标准品出口至东南亚市场。请参阅 Miki Sakuraba, *"Japanese Porcelain Exported to Tonkin and Southeast Asia in the Seventeenth Century,"* 2007 年 3 月 30 日在河内举行的"16 ~ 17 世纪亚洲贸易体系中的越南"研讨会会议报告。

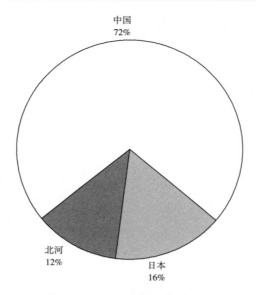

图4 由荷兰东印度公司出口的陶瓷，1602～1682

资料来源：*Overgekomen Brieven en Papieren*；BL OIOC G/12/17；*Dagh-register Batavia* 1624－1682；Volker，*Porcelain*，218；Ho，"The Ceramic Trade，" pp. 35－70.

北河陶瓷产品主要在海岛东南亚市场受到欢迎。这一时期除部分商品被英国人运回万丹和印度，在被运到万丹、彻里奔、巴罗什、巴邻旁（Balembang）、帝汶、邦达、格雷西克和苏门答腊（Sumatara）西岸等地销售之前，北河陶瓷商品主要被华商和荷兰东印度公司专门运至巴达维亚，①同时被荷兰东印度公司和英国东印度公司运至菲律宾群岛南部销售，② 还有的被运到日本和印度次大陆，不过数量上相对少得多。③ 在返回欧洲的英国货船上也运载北河陶瓷器，但数量也不多。④

① Dagh-register Batavia 1681，pp. 120－121.
② Nguyen Long Kerry，"Bat Trang and the Ceramic Trade in Southeast Asian Archipelagos，" in Phan Huy Le et al.，*Bat Trang Ceramic*，*14th－19th Centuries*，Hanoi：The Gioi Publishers，1994，pp. 84～90；Nguyen Long Kerry，"Vietnamese Ceramic Trade to the Philippines in the Seventeenth Century，" *Journal of Southeast Asian Studies*，Vol. 30，No. 1（1999），pp. 1－21.
③ Dampier，*Voyage and Discoveries*，p. 48；Louise Allison Cort，"Vietnamese Ceramics in Japanese Contexts，" pp. 62－83，and John Guy，"Vietnamese Ceramics in International Trade，" pp. 47－61，in Stevenson and Guy，*Vietnamese Ceramics*；Morimoto Asako，"Vietnamese Trade Ceramic：A Study Based on Archaeological Data from Japan，" *The Journal of Sophia Asian Studies*，No. 11；Miki Sakuraba，"Japanese Porcelain"．
④ Dagh-register Batavia 1681，p. 200.

荷兰东印度公司资料显示，17 世纪后半叶出口至东南亚的北河陶瓷产品种类单一，有杯盏、碗、茶盏和瓦。在出口陶瓷产品的名录上也没有发现精巧的、带有艺术性和宗教性的产品，如玉瓷祭台、蓝花水壶、高级搪瓷瓦等，尽管在爪哇的考古挖掘中发现了这些产品的存在。有鉴于此，我们大体可以从多个角度去推断，例如现存资料并没有具体细分产品种类，或是荷兰人并不关心上述这些产品的销售。无论如何，根据现有资料可以断定，17 世纪末越南北河出口到东南亚市场的大部分陶瓷产品是由越南八长（Bát Tràng）陶瓷中心生产的日用产品。

现存关于北河出口的陶瓷产品的信息相对简略，多是关于运载货物的简要通知，其中包括运到巴达维亚的北河陶瓷产品。信息细节的缺失给复原这一时期北河出口陶瓷产品的原貌造成了一定的困难。但可以肯定的是，由于商品的特殊价值所在，跟多年前的丝绸贸易相比，北河陶瓷产品的投资和利润均较小。1670 年，荷兰东印度公司用 2650 荷兰盾（guilders）买了 214160 件北河陶瓷器标准品，即约 1.24 分（cent）一件。据此，荷兰人在 1669 年和 1670 年两年收购的 772600 件标准品约花 9560 荷兰盾，与这一时期荷兰东印度公司拨付与北河进行贸易活动的 150000 荷兰盾相比，只是一个小数目。同样，1693 年年末，英国在大都会昇龙（河内）的交易点以每个标准品 3.7 元小钱的价格为印度的珍珠号（Pearl）邮轮收购 50000 个北河陶制杯盏。① 因此，可以推断出外国商人在陶瓷贸易活动上获得的利润确实不高。

（四）运销至越南北河的外国陶瓷

外国商人除了往北河市场采购陶瓷产品，还运销外国陶瓷至越南北部。表 3 显示的主要是从中国、日本运销到北河的陶瓷产品情况，同时反映出荷兰东印度公司对这一情况漠不关心的态度，因为荷兰人对北河的进口贸易只重视金属货币（主要是银和铜）的交易，以及皇帝和官员要求携带的一些商品，陶瓷一类的商品不受荷兰东印度公司关注。大部分荷兰人运送陶瓷产品至北河地区都与皇室的订单有关。与荷兰人相反的是，华商对在北河运销陶瓷产品较为主动。仅 1676 年，华商运到北河的陶瓷标准品（很可能是中国产品）就有 9000 件，其中包括各类杯盏、碟、瓶、罐、酒杯等，进口到越南北方的各类日本陶瓷标准品约达 10 万件。

---

① BL OIOC G/12/17-9, Tonkin factory records, 25 Dec. 1693, fo. 340.

表 3　北河进口的国外陶瓷

年月	船只	始发地	数量及其他
1637 年 7 月	格罗尔号（Grol） （荷兰）	中国台湾	85 个高级粗陶器样品
1644 年 12 月	1 艘中国船只	—	一些瓷器
1645 年 2 月	1 艘葡萄牙船只	—	一些陶器
1645 年 5 月	1 艘伊惯（Iquan）的船只	—	大量陶瓷产品
1647 年 11 月	怀特·沃克号 （荷兰）	中国台湾	260 件粗陶、碗、碟,价值 16 荷兰盾
1650 年 10 月	怀特·沃克号 （荷兰）	日本	145 件标准品
1651 年 10 月	卡宾号 （荷兰）	日本	176 件陶制碟子、瓶子
1653 年 6 月	1 艘船	巴达维亚	价值 105 里亚尔①的饭碗
1655 年	8 艘船	—	这些船只自巴达维亚、马尼拉、澳门到来,并载有大量陶瓷
1662 年	3 艘荷兰船只	巴达维亚	带来了新款的陶瓷
1663 年	1 艘荷兰船只	日本	一些陶瓷
1663 年 12 月	胡兰古德号 （荷兰）	巴达维亚	献给郑王的 1000 件日本瓷器
1664 年 10 月	斯伯丽伍号 （荷兰）	巴达维亚	一些陶瓷
1665 年 10 月	斯伯丽伍号 （荷兰）	日本	8860 件日本瓷器(包括 5000 个饭碗和 3660 只上等碟子)
1667 年	欧尔闻号 （荷兰）	日本	一桶未经分类的瓷器
1688 年 10 月	欧尔闻号 （荷兰）	日本	675 件日本瓷器标准品(包括 30 只大碟子、200 只上等餐盘)、200 个杯盏、4 个盛食用油/醋的罐子、30 个上等小碟子、4 个芥末罐、4 个盐罐、3 个小茶壶
1699 年 10 月	恩德兰赤号 （荷兰）	—	164 件日本瓷器标准品(包括 20 只大碟子、20 只中号碟子、20 只小碟子、100 只上等餐碟、4 个油/醋罐子)

---

①　里亚尔（rials）:在秘鲁、墨西哥和塞维利亚铸造的西班牙货币,1 里亚尔（rials）= 2 荷兰盾（guilders）8 先令（stuivers）(1662 年前),1 里亚尔（rials）= 3 荷兰盾（guilders）(1662 年后)。

年月	船只	始发地	数量
1670 年 10 月	—	—	
1672 年 6 月	梅里斯可可号（荷兰）	巴达维亚	一箱日本瓷器（约 1450 件标准品）
1674 年 5 月	培皮阁号（荷兰）	巴达维亚	5 袋盛装日本瓷器的稻草包
1675 年 5 月	实验号（荷兰）	巴达维亚	6 袋盛装 117 件日本瓷器的稻草包
1676 年 2 月	2 艘中国船只	日本	运载了白银、现金和日本瓷器
1676 年	1 艘中国船只	中国	400 包画了龙案的杯子、200 包相似的较小的杯子、200 包碟子、50 包瓷瓶、20 包相对较小的瓶子、10 包白色的小酒坛、20 包小酒杯
1676 年	1 艘中国台湾船只	日本	32000 个杯子、17400 个不同类型的杯子、39900 只碟子、2000 个大碗和 10 只大碟子。 其中，皇室购买了 7000 个龙案杯子、2000 个小杯子、7000 只碟子、1000 个小酒杯、10 只大碟子等
1676 年 5 月	爵斯可可号（荷兰）	巴达维亚	87 件日本瓷器标准品
1677 年 5 月	实验号（荷兰）	巴达维亚	108 件日本瓷器标准品
1678 年	—	—	50 个高级瓷制茶壶和 60 个按照订单制作的小瓷瓶
1680 年 7 月	可隆哇阁号	巴达维亚	3000 件日本瓷器标准品（包括 1000 个中号饭碗、2000 个茶盘）
1681 年 2 月	1 艘中国船只	日本	5 袋盛装小号图案碟子的稻草包、1 包盛装了白色茶壶、150 包盛装了图案饭碗、170 包各类相似碟子、100 包盛装了小号带把酒瓶、20 包普通碗、1 包类似的酒盏、30 个画有"香水作祭祀品"图案的瓶子。献给皇帝的礼物：10 个小号带把酒瓶。献给总领的礼物：5 个小号带把酒瓶
1681 年 3 月	1 艘中国大帆船	日本	200 袋盛装画图杯子的稻草包、包含普通带把酒瓶和两件有鸟、狮子等图案的零碎物品共 25 包、105 包绘有鱼纹图案的碟子、8 包小号带把酒瓶。送给总领的礼物是 5 个小的带把酒瓶，送给皇帝的是茶壶

续表

年月	船只	始发地	数量
1681 年 7 月	可隆哇阁号 （荷兰）	巴达维亚	送给皇帝的瓶子和茶壶（日本）

　　资料来源：*Overgekomen Brieven en Papieren*；BL OIOC G/12/17；*Dagh-register Batavia 1624 – 1682*；Volker，*Porcelain*.

　　上述从中国和日本运来的大量陶瓷产品是否全部在北河销售，或是再从北河出口到其他地方目前不好判断。荷兰人长期抱怨日本陶瓷收购价格太高，很难断定像北河这样富有的市场，成百上千的陶瓷产品能即刻被售出。不仅如此，越南朝廷还下诏严禁平民在此使用外国货，其中就包括陶瓷产品和进口布帛。①

（五）郑王在日本订货引发的陶瓷问题

　　表 4 明确展示了越南王府在日本订购陶瓷，即学者陈德英山常提及的"计较"日本陶瓷的生动事实。近来的一些研究显示，黎朝或郑朝也通过使团在中国订购陶瓷。② 但由于 1644 年中国政局的变动，明朝灭亡之后中国南方内战延续至 17 世纪 60 年代初，致使中越朝贡活动一度停止，严重影响了黎、郑陶瓷的订货需求。在这样的背景下，郑柞和郑根皇帝要求荷兰人在日本订购陶瓷器的事情就完全可以理解了。在特定的年月，例如 1694 年 7 月，世子要求来自澳门的葡萄牙人在一些特定的年份里，按照已经制定好的

---

① 1661 年越南颁布《善政诏》，鼓励民间使用本国产品，规定："儒士、职敕、生徒、里长、耆耄、官吏的子孙，以及平民，应该使用越南本土的碗碟。"Thành Thế Vỹ（*Ngoại thương Việt Nam hối thể kỷ XVII，XVIII và nửa đấu thể kỷ XIX*，Hà Nội：Sử học，1961，tr. 60。但无论如何，使用外国陶瓷的限制是真实存在的，在某种程度上可能对市场需求产生一定的影响。所以，将进口陶瓷再出口到其他市场的假说是可以被接受的。这种观察可以通过布匹、香料的再出口活动得到证实……17 世纪，荷兰人和英国人将其进口到北河的产品再销入中国南部。参阅 Hoàng Anh Tuấn，"Tonkin Rear for China Front：The VOC's Exploration for the Southern China Trade in the 1660s," proceeding of *Ports，Pirates and Hinterlands in the East and Southeast Asia：Historical and Contemporary Perspectives*（Shanghai，China，11/2005）。参阅 Hoàng Anh Tuấn，*Silk for Silver*（Chapter 4 & 7）。

② 黎朝/郑朝的官方订货之事专门记录于荷兰在北河交易点的贸易文件以及在巴达维亚的荷兰东印度公司的档案中。请参阅 Hoàng Anh Tuấn，*Silk for Silver*（Chương 7）和 Miki Sakuraba，"Japanese Porcelain"，前引书。

样本为皇室从中国订货。① 但订货数量通常都不大,一个订单通常只有数十件标准品。现货的种类也较单一,主要是各种较大规格的瓶子,这些对宫廷生活具有较强的装饰作用。通常皇室订的产品均用木头制作订货模型,具有相当的规格和装饰纹理。

表 4　越南皇室通过荷兰人定制日本瓷器订单

年月	订单内容
1666 年 3 月	世子(郑根)从日本订了 50 个高大细长的绘花瓶子
1668 年	巴达维亚要求其在日本的德世马(Deshima)商店给北河和其他地方订制陶瓷器
1669 年 11 月	德世马商店依靠 Otona(长崎官员)给北河定做了 30 个日本陶制瓶
1670 年	郑王要求荷兰人按照一同寄过去的木制模型在日本订 30 个陶制瓶
1672 年 1 月	德世马商店收到 4 个给北河订杯盏和瓶子的木制模型
1673 年 2 月	北河送至德世马订制瓶子的木制模型在"Cuylenburgh"号轮船事故中遗失
1673 年 3 月	郑王(郑柞)要求德世马商店订制或购买小号瓶子
1673 年 6 月	给郑王订制瓶子的木制模型再次送到了日本
1678 年	北河要求德世马商店订 1000 个中号饭碗、2000 个质量中等的茶盘
1681 年 6 月	贡献 6000 件日本瓷器郑王
1681 年 6 月	两年前订制的日本瓶子和茶壶送至北河

资料来源: *Overgekomen Brieven en Papieren*; *Dagh-register Batavia 1624 – 1682*; Volker, *Porcelain*; NFJ 310.

结　论

西方资料反映了 17 世纪 60~80 年代越南北河陶瓷产品较为活跃地出口至海岛东南亚市场的境况。正如前文所述,越南北河地区陶瓷出口的兴盛是一个暂时性的替代(1662~1683),而原因仅仅是清朝旨在孤立进而打垮在台湾岛的郑氏势力而采取闭关锁国政策,导致中国东南各省(福建、广东等)的瓷器供应中断,因此在清朝收复台湾并重开中国贸易大门之后(1684),中国的粗陶瓷恢复生产与出口,并再次占领了东南亚市场,无法与之竞争的北河陶瓷理所当然地失去了自己在区域市场中的地位。这正如 15~16 世纪明朝在海禁政策影响下,中国传统陶瓷产品不能满足区域及世

---

① 　BL OIOC G12/17 – 9, Journal Register of Tonkin Factory, 31 July 1694, fo. 336v.

界市场的需求，越南的陶瓷强势崛起并出口海外。

西方资料同时描述了北河的外国陶瓷商品的进口情况。越南限制使用外国商品的政策，同时本地市场也不具备较大的消费潜能，使得外国陶瓷商品，与欧洲的各种布匹一样，在北河的销售情况并无起色。荷兰人的记载显示，在中国订货的同时，黎朝、郑朝还利用荷兰东印度公司在日本制作并购买陶瓷产品，尤其是在中国大陆发生政局变动造成越南无法向北方邻国派出使团之时。

从17世纪越南北河扩大对外贸易、向东南亚生产和出口陶瓷的背景，以及这一时期国际陶瓷贸易形势观之，不论是主动还是被动，越南融入世界是很自然的。而在历史上，与南海区域的国际贸易主流相比，北河很早被看作一个相对封闭的世界，尤其是在近代的大航海萌芽时代。最近一些研究显示，17世纪北河曾是连接各国海商与东亚、东南亚、南亚和欧洲的海洋网络的有机一环，70年代北河陶瓷吸引了大量国外商人将其运销到海岛东南亚。而在此之前，北河的丝绸却吸引了华商、日商以及荷兰、英国、葡萄牙、法国、西班牙、泰国等地的商人来到越南北方，从事贸易活动。可以预见，基于西方资料，拓展北河经济社会与对外开放及其影响的研究，将有助于我们全面了解北河在区域和国际商贸中的重要地位。

对于在17世纪北河商品经济的转变中陶瓷的作用，目前下任何一个结论，都有可能言之过早。当然，无可置疑的是，在这一世纪，除丝绸制品，陶瓷也是几个对越南北河汇入亚洲商业纪元起到决定性作用的商品之一。

Ceramic Trade of Bac Ha Vietnam under the Background of East Asian Trade in the Late 17th Century

Hoàng Anh Tuấn

Abstract: From the 1960s to the 1980s, under the influence of the domestic political situation, the export of Chinese ceramics to the Southeast Asian market could not proceed normally. During this period, Bac Ha Vietnam expanded its foreign trade and coarse ceramics produced in Bac Ha Vietnam were relatively widely exported to the Southeast Asian market. Bac Ha ceramics were specially shipped to Badavia by Dutch East India Company, and then distributed to the regional markets in Southeast Asia. Porcelain products are mainly commodities. Bac Ha Vietnam was a force of producing and exporting coarse pottery and porcelain, which had risen with the short-term decline of Chinese coarse ceramics in the Southeast Asian market. This substitution was temporary. After the 1680s, Chinese ceramics again occupied the Southeast Asian market.

Keywords: Bac Ha Vietnam; Ceramic Trade; The Late 17th Century

（执行编辑：杨芹）

海洋史研究（第十五辑）
2020 年 8 月　第 214～246 页

"财通四海"：19 世纪暹罗华人瓷币的
"全球生命史"

徐冠勉　钟燕娣[*]

一　问题的提出：被收藏的"物"的殖民史、
华侨史与"全球生命史"

在荷兰小镇莱顿，有一座"（后）殖民色彩"浓重的博物馆——荷兰国立民俗博物馆（Museum Volkenkunde）。这家博物馆收藏着一批特殊的瓷器。它们既不是外销瓷，也不是荷兰本地生产的模仿中国青花瓷的代尔夫特蓝陶，而是一个个形态、图像各异的瓷币。这些瓷币做工并不精良，但内容丰富多彩，有的写了发行机构名字（通常是某某公司），有的写了面值，还有的画有各种图像。博物馆的网站对它们有一段统一的描述，大意是它们由荷兰驻曼谷领事于 19 世纪 80 年代在暹罗（今泰国）收集，其在暹罗最初是华人赌场或商业机构发行的供本地流通的货币，并且是由华人从中国运过来的。博物馆系统将它们统一命名为 porselein munt，即瓷币，并在线发表了一篇关于瓷币的研究文章。[①]

在华人收藏界，这种瓷币在过去十多年引起了阵阵风波。新加坡的郭成

---

[*]　作者徐冠勉，荷兰莱顿大学区域研究所何四维基金会（Huselwé - Wazniewski）博士候选人；钟燕娣，北京大学考古文博学院博士候选人。

[①]　Paul L. F. van Dongen and Marlies Jansen, *Playthings in Porcelain*：*Siamese Pee in the National Museum of Ethnology*, Digital Publications from the National Museum of Ethnology.

发先生是该领域一位先行者，自 2008 年起，他管理的网站"南洋淘金梦"（http：//www. southeastasiacoin. com/）已收集、发表一系列文章来介绍这些瓷币。2009 年广东华侨博物馆建成开馆，同年，新加坡的一位收藏家向该博物馆捐赠了一批瓷币。[1] 次年，广东博物馆和华侨博物馆联合展出了一批这样的瓷币，并根据广东侨乡民间的传统，将其称为"猪仔钱"。[2] 2014年，这种"猪仔钱"在海口的收藏市场出现，并被一位收藏者"高价"购买。最后在听取专家意见后，该购买者认为自己是"捡了个大漏"。根据海口网的报告，该事件还引发了大家关于申请世界文化遗产的讨论。[3] 此后，《下南洋》电视剧组也开始关心这种瓷币的存在，并将其编入了电视剧。

　　一座是位于荷兰的、带着殖民烙印的民俗博物馆，一座是位于中国广东的、用于纪念华侨历史的华侨博物馆。它们之间可能互不知晓对方馆藏，却因为各自的历史背景而收集了同一类型瓷币。这两种看似独立的收藏行为，其实体现了这种钱币的两段生命史，即它所经历过的殖民史与华侨史。以此为线索，本文所要讨论的是关于它的全球生命史（Global lives）。[4] 笔者一方面希望抛砖引玉，以冀引起华侨史、海洋史、经济史、陶瓷史学界对这个议题的更多关注，另一方面也希望通过一种特殊的物，来展示 19 世纪晚期在东南亚相互纠缠的两段全球史，即：欧洲殖民史与中国华侨史。本文将分为三个部分，第一部分是对目前几个博物馆所收藏该类型瓷币的分类和描述；第二部则是讨论它们如何进入荷兰帝国的殖民知识体系，并最终以博物馆藏品的形式被学界所知；第三部分讨论这批瓷币背后的暹罗潮州华侨史。

---

[1]　广东华侨博物馆，http：//www. gdhqbwg. com/cn/news/201205/1472. html.
[2]　广东华侨博物馆，http：//www. gdhqbwg. com/cn/news/201105/594. html.
[3]　海口日报官网，http：//szb. hkwb. net/szb/html/2014 –03/07/content_ 13018. htm.
[4]　物的全球生命史（Global lives of things）是由物的社会生命史（Social life of things）的讨论衍生而来。关于后者，可参考 Arjun Appadurai 和 Igor Kopytoff 的两篇文章，收于 Arjun Appadurai, ed. , *The Social Life of Things*：*Commodities in Cultural Perspective*, Cambridge：Cambridge University Press, 1986。关于前者，可参见何安娜的研究 Anne Gerritsen and Giorgio Riello, ed. , *The Global Lives of Things*：*The Material Culture of Connections in the Early Modern World*, London：Routledge, 2016；Anne Gerritsen, "From Long – Distance Trade to the Global Lives of Things：Writing the History of Early Modern Trade and Material Culture," *Journal of Early Modern History*, No. 20 (2016), pp. 526 – 544。

二　作为物的瓷币

这是一枚很小的瓷币。它的形状是八角形，正反面直径不一样，正面直径是 1.85 厘米，反面直径是 1.95 厘米，厚度为 0.3 厘米。显然，它带有一定的坡面。它的正面有一个八角形的内环，直径为 1.5 厘米。基础釉色是白色，但是覆盖并不均匀，露出了部分看似粗糙的胚体。正面内环的凹槽处上有绿色釉彩，内环内部还刻有"来合公司"四个字，字的凹槽处上有蓝色釉彩。此外在"来"字右侧还附着有一粒铁屑。该币的反面刻有一个"钱"字，该字凹槽处同样上有蓝色釉彩。

笔者于 2017 年 10 月在荷兰国立民俗博物馆库房调阅与测量了这枚瓷币（图 1）①。该博物馆还收藏有 299 枚瓷币。② 除此之外，据笔者所知，类似的瓷币德国杜伊斯堡博物馆（Kultur-und Stadthistorisches Museum Duisburg）馆藏超过1300 枚，③ 英国大英博物馆（British Museum）馆藏超过 400 枚，④ 法国国家图书馆（Bibliothèque nationale de France）馆藏超过100 枚。⑤ 此外，1911 年横滨钱币协会主席拉姆斯登（H. A. Ramsden）出版的图录中有 300 多枚，⑥ 而由郭成发发布在线的大卫·蔡（David Chua）先生的私人收藏中也有 1000 多枚瓷币，⑦ 更多未经统计的收藏还在市面流通和交易。

---

① 下文图片及表格中引用的荷兰国立民俗博物馆的瓷币编号均以 RMV 开头，如 RMV627 - 91，在此说明，以下均简化。

② 大部分瓷币都已可以在线查看，https：//collectie. wereldculturen. nl（2019 年 8 月 22 日访问，需输入 porcelain munt 来搜索）。

③ Ralf Althoff, *Sammlung Köhler - Osbahr. Band II/3. Vormünzliche Zahlungsmittel und Aussergewöhnliche Geldformen：Siamesische Porzellantoken*, Duisburg：Kultur-und Stadthistorisches Museum Duisburg, 1995.

④ 可检索网站：https：//www. britishmuseum. org/research/collection_ online/search. aspx? searchText = pee&material = 17994（2019 年 8 月 6 日访问）。

⑤ "Inventaire des pi（bia）de porcelaine du Siam（fin XIXe-début XXe）Collection du Cabinet des Médailles de la Bibliothèque nationale de France", https：//www. academia. edu/35921069/ Inventaire_ des_ pi_ bia_ de_ porcelaine_ du_ Siam_ fin_ XIXe – début_ XXe_ Collection_ du_ Cabinet_ des_ Médailles_ de_ la_ Bibliothèque_ nationale_ de_ France（2020 年 5 月 23 日访问）。

⑥ H. A. Ramsden, *Siamese Porcelain and Other Tokens*, Yokohama：Jun Kobayagawa, 1911.

⑦ "Mr. David Chua（Singapore）Siam Porcelain Token Collection," http：//www. southeastasiacoin. com/zh – CN/gallery/g1. xhtml（2019 年 8 月 6 日访问）。

图1　荷兰国立民俗博物馆所藏瓷币（正、反）

（Volkenkunde Museum，Inventarisnummer：RMV – 627 – 123）

通过对已知的博物馆馆藏的瓷币进行类别、造型、胎、釉、彩、装饰、工艺等各方面特征的分析，可总结出这批瓷币五方面主要特点。

（一）多种材质

我们发现种用途的货币除了瓷质器，还有漆器、金属器、玻璃器及贝母器等。根据荷兰驻曼谷领事对巴达维亚技艺与科学协会问题清单的回复可知，最初泰国用红漆制作漆器类型的货币，之后用铅和黄铜等金属材质制作，再之后由中国用陶或瓷制作，最后还有一些是由欧洲制作。在这之前，当地人使用贝壳作为小额货币。[①]

目前已经完整集结成图录出版的德国杜伊斯堡博物馆的馆藏其中有金属器、玻璃器、陶瓷器——是已知的最重要的暹罗瓷币收藏[②]——及贝母器等多种材质的货币，这些货币中既可以发现金属器对早期贝壳币的仿制，也能发现金属等其他材质的货币与瓷币的造型、装饰具有相似性（图2），但这些材质的货币占比很少，且造型、装饰远没有陶瓷货币丰富，因此陶瓷作为主要的暹罗华人赌场和商业机构流通货币之前，金属、玻璃等材质的货币早已产生，陶瓷货币生产和流行建立在已有的货币体制之上，那么为何陶瓷会迅速风靡呢？我们通过分析陶瓷的特性可能知道答案。

---

① *Notulen van de Algemeene en Directie-vergaderingen van het Bataviaasch Genootschap van Kunsten en Wetenschappen deel XXV 1887*，Batavia：Albrecht，1888，pp. 38 – 40.

② 本文引用的德国杜伊斯堡博物馆的馆藏均来自已出版的图录 Althoff，*Siamesische Porzellantoken*，下文引用将德国杜伊斯堡博物馆按照首字母简写为 KSMD（Kultur-und Stadthistorisches Museum Duisburg），编号以原书编码（Cat. No. +数字）为准。

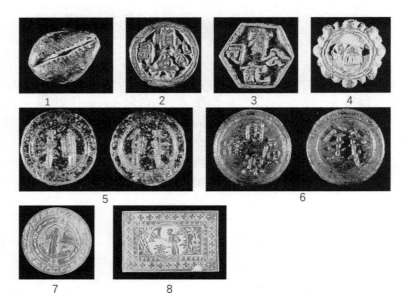

图 2　德国杜伊斯堡博物馆藏金属、玻璃币

注：1. 金属贝币（KSMD：Cat. No. 2）；2. 金属圆形币（KSMD：Cat. No. 21）；3. 金属六边形币（KSMD：Cat. No. 28）；4. 金属法轮形币（KSMD：Cat. No. 9）；5. 玻璃币（KSMD：Cat. No. 38）；6. 玻璃币（KSMD：Cat. No. 39）；7. 贝母币（KSMD：Cat. No. 1350）；8. 贝母币（KSMD：Cat. No. 1358）。

（二）多变的造型

在对以上四个博物馆馆藏的陶瓷货币进行基本分类之后，可以发现陶瓷货币主要有以下几类造型（见表 1）。

表 1　陶瓷币的造型

A 类 圆形					
	KSMD：Cat. No. 100 Aa 型	KSMD：Cat. No. 61 Ab 型	KSMD：Cat. No. 121 Ac 型	KSMD：Cat. No. 116 Ad 型	KSMD：Cat. No. 377 Ae 型

续表

B 类 十二 角形	KSMD：Cat. No. 452				
C 类 八角形	KSMD：Cat. No. 214 Ca 型	KSMD：Cat. No. 41 Cb 型	KSMD：Cat. No. 372 Cc 型	KSMD：Cat. No. 321 Cd 型	KSMD：Cat. No. 907 Ce 型
	KSMD：Cat. No. 1147 Cf 型	KSMD：Cat. No. 652 Cg 型	KSMD：Cat. No. 712 Ch 型		
D 类 六角形	KSMD：Cat. No. 182 Da 型	KSMD：Cat. No. 143 Db 型	KSMD：Cat. No. 177 Dc 型	KSMD：Cat. No. 1012 Dd 型	KSMD：Cat. No. 172 De 型
E 类 五角形	KSMD：Cat. No. 1260				
F 类 四角 菱形	KSMD：Cat. No. 476 Fa 型	KSMD：Cat. No. 931 Fb 型	KSMD：Cat. No. 930 Fc 型	KSMD：Cat. No. 1132 Fd 型	KSMD：Cat. No. 917 Fe 型

G 类 正方形	KSMD：Cat. No. 191 Ga 型	KSMD：Cat. No. 1256 Gb 型		
H 类 长方形	KSMD：Cat. No. 147 Ha 型	KSMD：Cat. No. 1091 Hb 型		
I 类 椭圆形	KSMD：Cat. No. 47 Ia 型 KSMD：Cat. No. 877 If 型	KSMD：Cat. No. 76 Ib 型	KSMD：Cat. No. 363 Ic 型	KSMD：Cat. No. 365 Id 型	KSMD：Cat. No. 122 Ie 型
J 类 十字形	KSMD：Cat. No. 326 Ja 型	KSMD：Cat. No. 1259 Jb 型	KSMD：Cat. No. 505 Jc 型		
K 类 花朵形	KSMD：Cat. No. 64 Ka 型	KSMD：Cat. No. 605 Kb 型	KSMD：Cat. No. 232 Kc 型	KSMD：Cat. No. 118 Kd 型	KSMD：Cat. No. 524 Ke 型

续表

K 类 花朵形	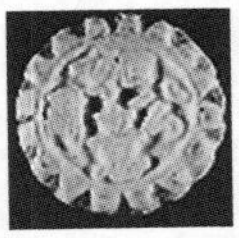 KSMD:Cat. No. 267 Kf 型	 KSMD:Cat. No. 135 Kg 型	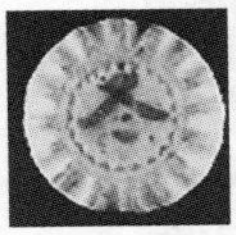 KSMD:Cat. No. 124 Kh 型	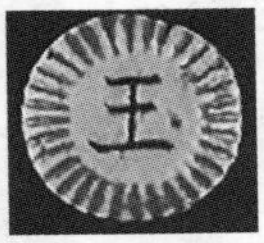 KSMD:Cat. No. 164 Kj 型	
L 类 植物形	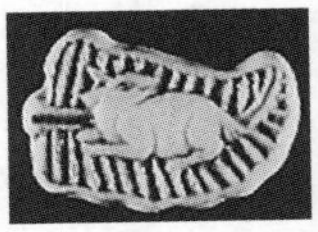 KSMD:Cat. No. 169 La 型	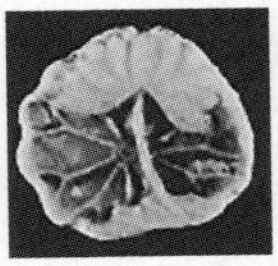 KSMD:Cat. No. 506 Lb 型	 KSMD:Cat. No. 508 Lc 型	 KSMD:Cat. No. 1093 Ld 型	
M 类 动物形	 KSMD:Cat. No. 250 Ma 型	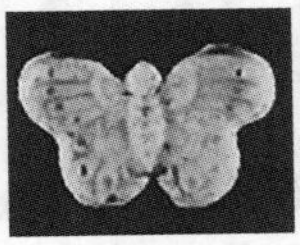 KSMD:Cat. No. 1098 Mb 型	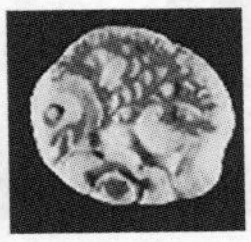 KSMD:Cat. No. 554 Mc 型	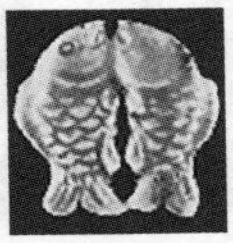 KSMD:Cat. No. 555 Md 型	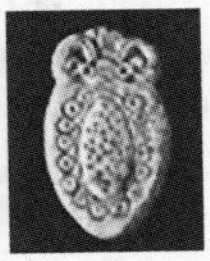 RMV 627 – 142 Me 型
N 类 经书形	 KSMD:Cat. No. 148 Na 型	 KSMD:Cat. No. 1271 Nb 型	 KSMD:Cat. No. 209 Nc 型	 KSMD:Cat. No. 668 Nd 型	 KSMD:Cat. No. 254 Ne 型
	 KSMD:Cat. No. 664 Nf 型				
O 类 葫芦形	 KSMD:Cat. No. 43 Oa 型	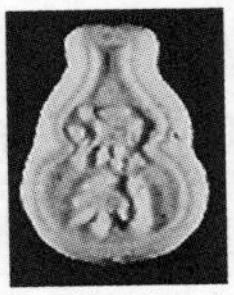 KSMD:Cat. No. 959 Ob 型	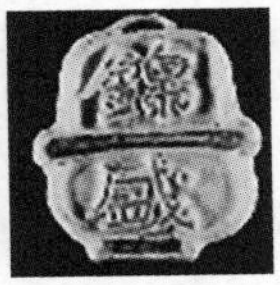 KSMD:Cat. No. 1171 Oc 型		

续表

P 类 宝瓶形	 KSMD：Cat. No. 328 Pa 型	 KSMD：Cat. No. 628 Pb 型			
Q 类 法轮形	 RMV 627 – 101				
R 类 砝码形	 KSMD：Cat. No. 284 Ra 型	 KSMD：Cat. No. 721 Rb 型	 KSMD：Cat. No. 1252 Rc 型	 KSMD：Cat. No. 857 Rd 型	
S 类 其他 杂项	 KSMD：Cat. No. 526	 KSMD：Cat. No. 125	 KSMD：Cat. No. 521	 KSMD：Cat. No. 437	

A 类，圆形货币

圆形是所有形状货币中占比最大的一类，尽管这类货币外缘近圆形，但根据局部特点，又可细分为：

Aa 型，呈圆饼状；

Ab 型，外缘一周凸弦纹，表面有浮雕感；

Ac 型，仿金属制圆形方孔钱，正面可见原本想制作成方孔，分为钻孔和无钻孔两种，钻孔后实际效果是圆孔；

Ad 型，圆形四孔形；

Ae 型，外缘凸弦纹较宽，环一周文字。

B 类，十二角形货币

十二角形货币数量不多，角较锐。

C 类，八角形货币

该类形状的货币数量较多，仅次于圆形货币，呈八角形或八边形，具体又可分为以下几类：

Ca 型，呈正八边形，饼状；

Cb 型，呈正八边形，表面有浮雕感；

Cc 型，呈正八边形，中心有孔，仿方孔钱，正面可见原本想制作成方孔，实际效果是圆孔；

Cd 型，八边形，中间边较长，类盾牌状；

Ce 型，八边形，上下边较长，类匾额状；

Cf 型，八边形，角边较短，中间束腰，类锦旗状；

Cg 型，八角形，中间较长；

Ch 型，呈正八角形状。

D 类，六角形货币

六角形货币数量较多，呈六角形或六边形，可分为：

Da 型，呈正六边形，饼状；

Db 型，呈正六边形，表面有浮雕感；

Dc 型，呈正六边形，边缘有锯齿感；

Dd 型，呈正六角形；

De 型，呈六边菱形，中间较长。

E 类，五角形货币

五角形货币数量很少，一般呈正五边形。

F 类，四角菱形货币

四角菱形货币整体呈四角形，且变化较多，可分为：

Fa 型，两侧角较锐，边呈波浪状；

Fb 型，边缘圆滑，角基本不见，似花朵状；

Fc 型，角边呈波浪状，圆滑；

Fd 型，两侧角较锐，径长，上下角很钝，基本无明显角，边呈波浪状；

Fe 型，上下角较锐，径长，两侧角很钝。

G 类，正方形货币

正方形货币数量较少，可分为两型：

Ga 型，正方形，直边；

Gb 型，正方形，边呈波浪状。

H 类，长方形货币

长方形货币数量也较少，可分为 Ha 型横向长方形和 Hb 型竖向长方形。

I 类，椭圆形货币

椭圆形货币数量很多，可分为：

Ia 型，椭圆形，中间有圆孔，未实际钻穿；

Ib 型，中间有方孔，应仿的是方孔钱造型；

Ic 型，表面阴刻或浅浮雕装饰；

Id 型，外缘凸弦纹较宽，环一周文字；

Ie 型，边缘为一周朵花；

If 型，边缘呈波浪状。

J 类，十字形货币

主要有 Ja 型、Jb 型方十字形和 Jc 型长十字形。

K 类，花朵形货币

花朵形货币数量很多，根据花朵的形态可以分为：Ka 型五瓣花形、Kb 型六瓣花形、Kc 型八瓣花形、Kd 型圆瓣花形、Ke 型朵花边缘形、Kf 型方瓣花形、Kg 型八方瓣花形、Kh 型与 Kj 型放射状花瓣形。

L 类，植物形货币

该类货币的形状来源于各类植物，主要有 La 型叶子形、Lb 型莲荷形、Lc 型瑞果形、Ld 型桃形等。

M 类，动物形货币

该类货币的形状来源于各类动物，主要有 Ma 型翼鸟形、Mb 型蝴蝶形、Mc 型象形、Md 型双鱼形、Me 型章鱼形等。

N 类，经书形货币

该类货币的形状似一卷经书，根据具体形态，有主要分为：

Na 型，似一卷中间隆起展开的经书；

Nb 型，似一卷中间凹陷展开的经书；

Nc 型，似一卷展开翻页的经书；

Nd 型，经书打开可见一页，另外呈卷轴状；

Ne 型，似两册卷起并系好呈卷轴状的经书；

Nf 型，似一页经书书页形状。

O 类，葫芦形货币

该类货币形状似葫芦形，具体可分为 Oa 型中间系一锦带、Ob 型似葫芦剖开的截面、Oc 型头部有耳底部有足葫芦等。

P 类，宝瓶形货币

该类货币形状似宝瓶，发现有 Pa 型无花长腹瓶和 Pb 型插花瓶两种。

Q 类，法轮形货币

形状似佛教法器法轮。

R 类，砝码形货币

形状似中国古代称重用的砝码，根据形状可分为 Ra 型整体似方形、Rb 型两侧圆中间直、Rc 型微束腰、Rd 型倒置形砝码束腰部分宽等几类。

S 类，其他形状货币

这类货币数量较少，有扇形、碑形、三角桃形、双环形等各类形状。

陶瓷货币的造型大致可归纳为上述十几种，多以几何形状的货币为主，既受传统金属货币形状的影响，又有其他各种丰富的造型，充分发挥了陶瓷可塑性强的优点。此外，根据货币上的文字可知，同一发行者可能有多种形状的货币，这说明发行者定制自己的陶瓷货币时对于货币形状并没有严格的要求；而同一形状的货币，不同的发行者为防伪或突出自己的特色，会在细节处进行创新，因此圆形或八角形这类常见的形状，往往会有很多亚型，可能是为了区别自己与其他发行者所用货币做的灵活改变。

（三）胎釉彩特点与窑口

这些形态多变、内容丰富的瓷币如何做成？在哪里的窑口制作？我们可从胎釉彩做分析。这些瓷币胎色一般为白色，胎质坚致，少量素胎器为黄褐色胎。且表面纹饰及文字部分多有模制成型后的浮雕感，凹凸不平，也有少量饼形货币表面为平面，另外文字部分除了有浮雕感，表数字和钱数的也常常阴刻。

根据施釉特点，大体可分为施白釉、红釉、紫金釉、酱釉、低温蓝釉、孔雀蓝釉、低温绿釉、素胎等这几类。其中施白釉的陶瓷货币数量最多，其他占比较小。而白釉瓷币往往多施以各类彩釉和彩绘装饰，大体可分为以下几类。

第一种，通体施白釉货币。

第二种，白釉施釉下彩青花装饰，这类陶瓷正面或反面用青花书写文字或绘制纹样等，除了青花无其他彩饰。

第三种，瓷币正面彩釉装饰或彩釉青花结合装饰，反面用青花书写"钱""方"或"二百文"等表数额的文字。正面彩釉通常为红色、绿色、黄色、钴蓝和褐色等，有单独用其中一种颜色装饰，亦有其中两种或三种乃至多种组合装饰者。不论瓷币正面的青花还是反面的青花，多用来书写或装饰文字，勾勒文字及数字轮廓等。这一类瓷币数量最多。

第四种，瓷币正面和反面均用彩釉装饰或彩釉青花结合装饰。这类瓷币的彩釉同上一种相似，组合也相同，区别是反面不仅仅用青花，或用彩釉，或彩釉与青花往往结合使用。

综上所述，这些瓷币的胎釉彩特点与中国明清时期南方地区窑口生产的瓷器类似，如通体白釉且有浮雕感等类的器物与福建德化窑生产的器物类似，各种彩釉或白釉施以彩绘彩釉装饰的器物与江西景德镇窑或广东省窑口生产的器物相似。

具体来看，瓷币本身带有的铭文提供了一些关键信息，如德国杜伊斯堡博物馆的馆藏中有书写有"协兴号记，枫溪兴合店造一万粒""协泰华记，枫溪兴合店造一万粒"的白釉青花纹瓷币（见表1：Ae与Id型），由这两枚瓷币可知，广东省潮州市的枫溪窑是生产这批瓷币的窑口之一。另外据已有的考古调查可知，晚清民国时期，广东地区生产的带商号款的青花瓷如"振兴""元和""仁玉"等多出现在粤东的潮州及大埔地区的窑口，[1] 而这批瓷币上也多带有这类商号款，因此潮州及大埔地区的窑口可能会是这批瓷币的生产地。由于目前对18世纪至19世纪的陶瓷窑口的考古调查及发掘工作并不丰富，因此可以找到的陶瓷考古发掘资料有限，期望在未来陶瓷考古工作开展以及科技分析手段的帮助下，这些陶瓷货币的生产地信息得以确定及进一步丰富。

（四）图案及装饰

此外，值得注意的是这些瓷币上面丰富的图案及文字信息。通过对瓷币上的图案进行分析，发现这些图案主要有以下几类。

第一种，文字类[2]。文字类装饰是瓷币装饰中数量最多的一类。且文字

---

[1]　谢绮媚：《广东明清青花瓷分期研究》，北京大学硕士学位论文，2014。

[2]　Althoff, *Siamesische Porzellantoken*, pp. 249 – 294.

所承载的内涵也多样，有代表币值的文字如中文书写的"钱""方""宋派"
"一派""派""二百文""十分""四百巴"等，另外有暹罗文书写的币值。
对于各种不同单位之间的换算有学者已经进行过研究，① 其币面兑换率如表 2
（实际价值会有差异）。

表 2　瓷币所见币值兑换率

瓷币	暹罗银币（tikal，铢）*	暹罗币贝（bia）
宋钱**	2salung（1/2）	3200bia
钱	salung（1/4 tikal）	1600bia
方	fuang（1/8 tikal）	800bia
宋派	2phai（1/16 tikal）	400bia
派	phai（1/32 tikal）	200bia
分	1/40 tikal	160bia
文	1/400tikal	16bia
巴	1/6400tikal	1bia

* Tikal（铢），也称为 baht，为一种铅弹型的银币，其重量约为 14～16 克。
** 宋是泰文"二"（saawng）的音译。

此外，也有代表各赌场名或商号的，如较简单的单字、两字或三字型
"正""仁""元顺""仁合""双合""大顺成"等，或"仁记""天记"
"文记"这种称作"记"的赌场名，及带有公司字样的四字型"仁合公司"
"双合公司""元林公司"等；有赌场仿金属货币的通宝字样如"瑞成通
宝""德利通宝""泰兴通宝"等；有代表赌场及定制钱币数量的文字如
"源记造钿钱五千""兴合造钿钱五千""焜记造四百巴"等；有地名类，如
"揭阳""海阳""惠来""南澳""澄海""饶平"等；有中国吉祥语类，
如"元亨利贞""五福三多""财通四海"；有中文的诗句或谚语，如"秋
月扬明辉""月一轮兮花一枝""常得召王带笑看""以信义为利""万物静
观皆自得"；有防伪标志语类，如"来往请认此笔迹""诸亲来往请认钿色
笔迹"等（见图 3-1；3-2）。

第二种，数字类②。数字类装饰大多也代表币值，如"1.25 分""2.5"
"2.5 分""118 分""钱 575 百""正如金 6.25 厘""方 1758 千"（见图 3-3）。

① Althoff, *Siamesische Porzellantoken*, p. 46.
② Althoff, *Siamesische Porzellantoken*, pp. 249-294.

第三种，商标类。商标类纹饰是指刻或印在瓷币表面代表赌场或公司的简易符号（见图 3 - 4；3 - 5）。

第四种，动物类。主要有龙、凤、孔雀、鹧鸪、鸡、麒麟、虎、狮、象、兔、牛、马、猴、鱼、蟹、虾、蝴蝶、蜘蛛、昆虫等（见图 3 - 6）。

第五种，植物类。主要有简易花草、莲花、桃、竹等（见图 3 - 7）。

第六种，人物类。人物有道教仙人、佛教僧人、善财童子、人物肖像、头戴王冠的女王等（见图 3 - 8；3 - 9；3 - 10）。

第七种，宗教象征符号或器物类。如道教的八卦图、阴阳图、剑（可能代表八仙之吕洞宾）、葫芦（可能代表八仙之铁拐李）、花篮（代表八仙之蓝采和或佛教礼仪供器）；佛教的宝瓶（八瑞相之一）、双鱼（八瑞相之一）、丝带（佛教手持）、长寿茅草（八瑞物之一）、经卷（佛教礼仪供器）等（见图 3 - 11）。

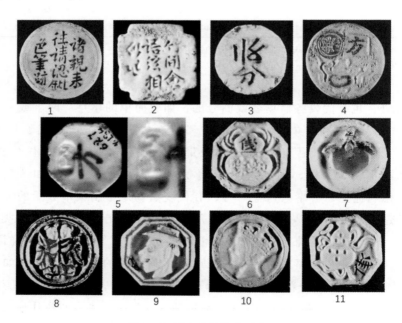

图 3　瓷币上的纹饰类型举例

注：1. 文字类（KSMD：Cat. No. 887）；2. 文字类（RMV 627 - 91）；3. 数字类（KSMD：Cat. No. 68）；4. 商标类（KSMD：Cat. No. 161）；5. 商标类（RMV 134）；6. 动物类（KSMD：Cat. No. 1039）；7. 植物类（KSMD：Cat. No. 474）；8. 人物类之善财童子（KSMD：Cat. No. 545）；9. 人物类之肖像（KSMD：Cat. No. 196）；10. 人物类之冠冕女王（KSMD：Cat. No. 132）；11. 宗教象征符号或器物类（KSMD：Cat. No. 1268）。

由上文可知，瓷币上的纹饰既有实际功能，也承载着当时人们的审美、对生活的祈愿、生活情趣及宗教信仰。如文字类、数字类、商标类纹饰指示的赌场名称、定制的数量、币值及防伪标志，文字类的吉祥语和动物类纹饰中常见的中国传统瑞兽龙、凤、孔雀、麒麟等体现了当时赌场定制瓷币所包含的期望多福多财的心愿。文字类的诗句和谚语更是直接表现了当时人们的生活情趣和生意准则。文字类的地名与瓷币发行者及使用者的地域认同有关，将在本文第三部分深入分析。动物纹饰中也有生活中常见的蟹、虾等，可能与沿海人们的生活环境有关。从人物类中的道教、佛教人物纹饰以及宗教象征符号或器物类纹饰，我们可以看到当时的民间信仰。此外，人物类中的人物肖像及头戴王冠的女王等与欧洲金属货币的装饰风格类似，可能是模仿欧洲金属货币所制。

（五）制作工艺

通过上文的分析，我们对陶瓷货币的特点有了大概的了解。那么这批瓷币具体是怎么制作的呢？

根据德国杜伊斯堡博物馆的瓷币模具及瓷币的形状及胎釉彩特点，我们可知，这批瓷币同金属货币一样多是模制成型（见图4），成型的瓷币表面多有浮雕感，在施釉前可能会在表面阴刻文字及图形，后部分施以白釉（或施釉下青花或多种彩釉装饰混合）、红釉、紫金釉、酱釉等高温烧造，部分施以低温蓝釉、孔雀蓝釉、低温绿釉等低温烧造。

图4　德国杜伊斯堡博物馆藏
瓷币模具

瓷币的原料——瓷土——较金属便宜，而成型制作工艺也较金属、玻璃容易，装饰风格也更易创新，可以满足不同赌场的需求。因此瓷币具有制作成本更低、更易生产、更灵活创新的特点，有其独特的优越性，便很快取代了其他材质的货币迅速风靡。一方面，瓷币对金属货币的造型及装饰进行了模仿；另一方面，各个赌场或经营单位为了防伪及体现自己的独特性，又创新出更多的造型、釉彩装饰及纹饰装饰等。

三　从赌馆到博物馆：进入荷兰殖民系统的瓷币

　　这些瓷币如何进入欧洲的这些博物馆？目前唯一可以通过文献追踪溯源的是荷兰国立民俗博物馆的这批收藏。关于它们的文献都来自荷属东印度巴达维亚技艺与科学协会（1778 年创建）的档案。巴达维亚技艺与科学协会是荷属东印度白人精英阶层的核心圈子。他们有自己的期刊（1779 年开始发行）和博物馆（1839 年成立）。通过研究、收藏和展示各种来自亚洲的物品，他们是荷属东印度殖民知识的缔造者。① 他们的收藏分为两份。一份留在巴达维亚（今印度尼西亚雅加达），这部分藏品现在成为印尼国家博物馆（Museum National Indonesia）的重要收藏，而该博物馆的馆址就是巴达维亚技艺与科学协会原来的总部。② 另，根据 1862 年的一项决议，部分藏品则作为民俗学收藏被寄到荷兰。③ 在荷兰，这些藏品的主要接收者是位于莱顿的国立民俗博物馆。④ 此外，在荷兰殖民部以及产业促进协会（Maatschappij der Bevordering van Nijverheid）的支持下，还有一部分来自印尼的藏品被收入位于 Haarlem（荷兰科学协会所在地）的 1871 年开馆的荷兰殖民博物馆（Koloniaal Museum）。⑤ 这个博物馆后来搬到了阿姆斯特丹，成为现在的荷兰热带博物馆（Tropen Museum）。这种藏品的分配与流通机

---

① 该协会博物馆的筹划与建设持续了很长时间，最终于 1839 年向公众开放。Hans Groot, *Van Batavia naar Weltevreden: Het Bataviaasch Genootschap van Kunsten en Wetenschappen*, p. 267.

② Groot, *Van Batavia naar Weltevreden*, pp. 1 – 2; Endang Sri Hardiati, "From Batavian Society to Indonesian National Museum," in Endang Sri Hardiati and Pieter ter Keur, eds., *Indonesia: The Discovery of the Past*, Amsterdam: KIT, 2016, pp. 11 – 15.

③ *Notulen van de Algemeene en Directie-vergaderingen van het Bataviaasch Genootschap van Kunsten en Wetenschappen Deel I Sept.* 1862 *tot Dec.* 1863, Batavia: Lange, 1864, pp. 150 – 151.

④ Edi Sedyawati and Pieter ter Keurs, "Scholarship, Curiosity and Politics: Collecting in a Colonial Context," in Endang Sri Hardiati and Pieter ter Keur, eds., *Indonesia: The Discovery of the Past*, Amsterdam: KIT, 2016, pp. 20 – 32.

⑤ De Haan, *Van Oeconomische Tak tot Nederlandsche Maatschappij voor Nijverheid en Handel*, pp. 129 – 135; J. H. van Brakel, "Hunter, Gatherers and Collectors: The Origins and Early History of the Indonesian Collections in the Tropenmuseum Amsterdam," in Reimar Schefold and Han F. Vermeulen, eds., *Treasure Hunting? Collectors and Collections of Indonesian Artefacts*, Leiden: CNWS, 2002, pp. 169 – 182; Susan Legêne, "Identité nationale et 《cultures autres》: le Musée colonial comme monde à part aux Pays – Bas," in Dominique Taffin, ed., *Du Musée Colonial au Musée des Cultures du Monde*, Paris: Maisonneuve et Larose, 2000.

制反映了荷兰帝国内部殖民扩展、知识交流和博物收藏三者之间的复杂关系。①

具体就这批瓷币而言，档案显示，1886年8月3日，巴达维亚技艺与科学协会开会通过了一项决议，决定致信荷兰驻曼谷总领事，并列了一份问题清单，来请教瓷币在暹罗流通的历史，具体内容如下：

1. 什么时候这种钱币开始发行？

2. 什么时候、以什么方式，这种钱币被停止使用？

3. 它是否在泰国首都之外流通？

4. 这种钱币中较大的和较小的币的面值都是多少？

5. 谁制造了他们？需要有特殊的授权吗？如果是的话，从谁那里获得，是在什么情境下发生？

6. 这种钱币上的文字（中文除外）有没有特殊的意思？

7. 有多少种这样的钱币被认可？

8. 它主要被用于怎么样的支付？

9. 发行这些钱币的人是否有法律上的义务将其兑换为黄金或者白银？

10. 有没有针对伪币的惩罚措施？

11. 在上述问题之外，有没有其他的关于这种钱币的信息，可以帮助我们了解它的历史？

……

能否在暹罗购买到早于1850年的暹罗钱币，如果是的话，多少钱？②

显然，巴达维亚技艺与科学协会对这种瓷币非常感兴趣，特别是对它的货币功能。这种兴趣其实和欧洲钱币学（numismatics）的兴起关系紧密。钱币收藏在欧洲由来已久，古罗马的钱币很早就已经是中世纪宫廷、图书馆等

---

① 这段历史已经引发了荷兰学术界的一系列关于博物馆去殖民化的讨论。最近事态的发展可以参考 Jos van Beurden, "Decolonisation and Colonial Collections: An Unsolved Conflict," *BMGN: Low Countries Historical Review*, Vol. 133, No. 2 (2018), pp. 66 – 78。

② *Notulen van de Algemeene en Directie-vergaderingen van het Bataviaasch Genootschap van Kunsten en Wetenschappen deel XXIV 1886*, Batavia: Albrecht, 1887, pp. 124 – 125.

机构收藏的对象。但是只有到了 18 世纪晚期，在启蒙思想的影响下，钱币才开始被"科学地"、系统地收藏、分类、研究与展示，并发展出现代意义上的钱币学。① 具体到荷属东印度，19 世纪上半叶，荷兰殖民政府开始授权巴达维亚技艺与科学协会在殖民地展开对古迹和民俗的调查和收藏，钱币——包括古钱币——也因此逐渐被系统收集起来。② 从 1855 年开始，荷属东印度殖民政府明文规定，巴达维亚技艺与科学协会负责收集钱币，这使得该协会在官方的支持下逐步拥有了系统的钱币收藏。③ 1867 年，该协会搬入新的会址时，就已经有一个专门的钱币室（numismatisch kabinet）。④ 也正是基于这项钱币收藏，一系列关于东南亚古钱币——包括中国钱币在东南亚的流通——的研究，才开始系统地展开。⑤ 甚至可以说，这一收藏奠定了现代东南亚钱币史研究的基石。

提出上述一系列关于华人瓷币在暹罗流通的问题的人，正是分管该协会钱币收藏的协会副主席范德海斯（J. A. van der Chijs, 1831 – 1905）。⑥ 范德海斯有着特殊的家学渊源，他的父亲是荷兰古典钱币学的奠基人 P. O. 范德

---

① 这方面近期的研究可以参考：Katy Barrett, "Writing on, around, and about Coins: From the Eighteethth-century Cabinet to the Twenty-first-century Database," *Journal of Museum Ethnography*, No. 25（2012）, pp. 64 – 80; Nathan Schlanger, "Series in Progress: Antiquities of Nature, Numismatics and Stone Implements in the Emergence of Prehistoric Archaeology," *History of Science*, Vol. 48, No. 161（2010）, pp. 343 – 369; Andrew Burnett, "'The King Loves Medals': The Study of Coins in Europe and Britain," in Kim Sloan, ed., *Enlightenment: Discovering the World in the Eighteenth Century*, London: The British Museum Press, 2003, pp. 122 –131.

② 这背后其实是和英国占领期（1811 ~ 1815），来福士（Thomas Stamford Raffles）所支持的一系列考古"大发现"［包括"发现"婆罗浮屠（Borobudur）］有关。Marieke Bloembergen and Martijn Eickhoff, "A Moral Obligation of the Nation – State: Archaeology and Regime Change in Java and the Netherlands in the Early Nineteenth Century," in Peter Boomgaard, ed., *Empire and Science in the Making: Dutch Colonial Scholarship in Comparative Global Perspective*, London: Palgrave Macmillan, 2013, pp. 185 – 205.

③ Groot, *Van Batavia naar Weltevreden*, p. 445.

④ Groot, *Van Batavia naar Weltevreden*, p. 13.

⑤ Arjan van Aelst, "Majapahit *Picis*: The Currency of a 'Moneyless' Society, 1300 – 1700," *Bijdragen tot de Taal –, Land – en Volkenkunde*, Vol. 151, No. 3（1995）, pp. 376 – 387。其中，协会还收集、研究了婆罗洲（Borneo）以及邦加（Banka）华人公司所发行的钱币：T. D. Yih and J. de Kreek, "The Gongsi Cash Pieces of Western Borneo and Banka in the Ethnographical Museum at Rotterdam," *Numismatic Chronicle*, Vol. 153（1993）, pp. 171 –195.

⑥ *Notulen van de Algemeene en Directie-vergaderingen van het Bataviaasch Genootschap van Kunsten en Wetenschappen deel* XXIV 1886, p. 124.

海斯（1802 - 1867）。① 范德海斯也很快成为早期东南亚钱币史的领军人物。1863，他已经和奈彻（Netcher）一起出版了一本关于荷属东印度钱币的著作《荷属东印度的钱币：描述与图例》（*De Munten van Nederlandsch Indië：Beschreven en Afgebeeld*）。② 该书图文并茂，系统研究了荷属东印度流通的各种铜币、铅币、银币包括华人钱币的历史与现状。

　　从现有的材料来看，1886 年 8 月 3 日的这则通讯是由范德海斯主动发起的。巴达维亚技艺与科学协会的决议录显示，范德海斯并非从荷兰驻曼谷领事处得知这批瓷币的存在，而是另有途径。该协会 1886 年 7 月 6 日的决议提到，法国驻巴达维亚领事，以前任法国交趾支那（Cochinchina，现越南南部）长官（Governor）（亦称南圻统督）贝然（Charles Auguste Frédéric Bégin）的名义，将三小箱暹罗瓷币交给了该协会主席。③ 同年该协会钱币室入库清单中显示，有 81 种来自贝然的暹罗瓷币。④ 从荷兰驻暹罗领事的第一封回信（1886 年 10 月 12 日）来看，该领事对来自巴达维亚技艺与科学协会的问卷竟一时不知做何回答，只好表示需要时间来收集情报。⑤ 可见，事件的始末是：巴达维亚技艺与科学协会从法国人那里接收到了一批暹罗的瓷币；这批瓷币按照该协会的收藏制度进入了协会钱币室；然后主管钱币室的协会副主席范德海斯对此产生了很大兴趣，就以协会的名义要求荷兰驻曼谷领事按问卷进行调查。

　　经过几个月的调查，身在曼谷的荷兰领事海默（P. S. Hamel）终于在 1887 年 2 月 5 日回信，对问卷内容做出一一答复：

　　　问题 1：据一些人声称，自从 1821 年起，赌馆承包人开始被授予特许权，在他们各自的地盘发行瓷币或者其他钱币，作为零钱使用。

---

① Liesbeth Claes, "Coins in the Classroom：A History of Numismatic Education at the Universities in the Netherlands," *Jaarboek voor Munt-en Penningkunde*, Vol. 105 (2018), pp. 1 - 27. 感谢海德堡大学从事古典学研究的王班班博士候选人为笔者指出这条重要线索。

② E. Netscher and J. A. van der Chijs, *De Munten van Nederlandsch Indië：Beschreven en Afgebeeld*, Batavia：Lange, 1863.

③ *Notulen van de Algemeene en Directie-vergaderingen van het Bataviaasch Genootschap van Kunsten en Wetenschappen* deel ⅩⅩⅣ 1886, p. 117.

④ *Notulen van de Algemeene en Directie-vergaderingen van het Bataviaasch Genootschap van Kunsten en Wetenschappen* deel ⅩⅩⅣ 1886, Bijlage Ⅶ, ⅩⅬⅦ.

⑤ *Notulen van de Algemeene en Directie-vergaderingen van het Bataviaasch Genootschap van Kunsten en Wetenschappen* deel ⅩⅩⅣ 1886, pp. 169 - 170.

问题2：直到1875年，这些钱币大致流通良好，但是在那一年（1875年）一个有特许权的承包商滥用了这种特权，发行了过多的瓷币，然后他无法将其承兑为银币。因此，在当年8月，（暹罗政府）发布公告，自当年12月起禁止发行这种钱币。

尽管有此禁令，如同往常，无论是何种性质、在何领域，暹罗的法令都不会被严格遵守。因此这种钱币以不同的形式，仍然在所有赌馆以及各个赌馆所控制的区域流通。

问题3：在整个暹罗，只要有赌馆就会有这些钱币流通，无论是在曼谷还是在其他省份。

问题4：目前常见的大额钱币的面值是1/4铢（tical）或1钱（salung），小额的面值是1/8铢或1钱。以前也有4阿特（att）① 或者2阿特面值的钱币流通。

问题5：他们是根据赌馆承包商的订单制作的。从目前看来，最初这种钱币是在泰国用红漆制作的，之后用铅和黄铜，再之后用陶或者陶瓷制作。最后一种类型是从中国来的。

有一些订单看起来是在欧洲做的。在它们之前，当地人使用的是贝壳币，800~2000个贝壳币等值1方，具体比例取决于它们的大小和质量。

【发行它们】并不需要明确的授权；但是只有赌馆承包商有权力在他的地盘发行这种钱币。

问题6：钱币上的图像并没有特别的意义；钱币的一面是一只狮子，一只老虎或者其他动物（有的甚至直接把钱币制成一种动物的形状）。在另外一面通常是中文文字。

问题7：很难说清楚有多少种这样的钱币，每一个承包商都有权力发行【自己的钱币】。

问题8：最初，这种钱币只是用于小额支付，作为一种零钱。但是之后，它们得到广泛的流通，但是仍然仅限于各个赌馆承包商各自的地盘内。

问题9：发行者始终有义务将他所发行的钱币兑换成白银或者黄金。

---

① 1阿特（att）等于1/8方，即1/64铢（泰铢）。Att（at）在泰文中意为八分之一。

问题 10：我并没有听说伪造这些钱币会被暹罗法律惩罚。一旦一种钱币出现伪币，相关的承包商会敲锣通知他的地盘的人，会换回他已经发行的那种钱币，并会发行一种新的钱币。

上诉简短的回复就是我目前所能够知道的。

早在 1850 年的暹罗钱币是存在的，但是很少见。目前我还没有能够获得任何一枚。

我收集了一小批这种瓷币，并很高兴将它们交给您的【钱币】室。①

这之后，海默和该协会还有几次通信，并根据范德海斯的建议，补充了更多的信息；此外，他还寄送了一批瓷币给协会。② 为感谢海默的贡献，协会委任其为通讯会员，并将这批瓷币存入协会的钱币收藏。③

不过，瓷币的故事并没有就此结束。海默于 1887 年卸任回到荷兰，他随身携带了一批暹罗的物品，其中包括了一批瓷币。他把这批瓷币交给了位于莱顿的荷兰国立民俗博物馆［当时的名字是国立民族学博物馆（'s Rijks Ethnographisch Museum）］。④ 这批瓷币从此开始了它们的博物馆生涯。它们的到来正好赶上民俗博物馆的一次重要转型。⑤ 荷兰民俗博物馆最初的藏品来自荷兰帝国无力挑战的两个东亚大国：日本和中国。它诞生于荷兰上层社会对东亚文明的好奇与兴趣，而非对殖民地的关注。但是到了 19 世纪 80 年代，博物馆收藏的重点已经转向荷兰的海外殖民地，以及其他被认为是值得进行民俗调查的地区，例如大洋洲、非洲、美洲。⑥

民俗博物馆的创建可以追溯到 1837 年，是由当时莱顿著名的日本学

---

① *Notulen van de Algemeene en Directie-vergaderingen van het Bataviaasch Genootschap van Kunsten en Wetenschappen deel XXV 1887*, pp. 38 – 40.

② *Notulen van de Algemeene en Directie – vergaderingen van het Bataviaasch Genootschap van Kunsten en Wetenschappen deel XXV 1887*, pp. 49 – 51, 97 – 99；Bijlage V, XXXV.

③ *Notulen van de Algemeene en Directie – vergaderingen van het Bataviaasch Genootschap van Kunsten en Wetenschappen deel XXV 1887*, p. 50.

④ Gustaaf Schlegel, "Siamesische und Chinesisch – Siamesische Münzen," *Internationales Archiv für Ethnographie*, Vol. 2 (1889), p. 241.

⑤ Ger van Wengen, *Wat is er te doen in Volkenkunde? De bewogen geschiedenis van het Rijksmuseum voor Volkenkunde in Leiden*, Leiden：Rijksmuseum voor Volkenkunde, 2002, pp. 37 – 42.

⑥ Rudolf Effert, *Royal Cabinets and Auxiliary Branches：Origins of the National Museum of Ethnology, 1816 – 1883*, Leiden：CNWS, 2008, pp. 168 – 222.

家——西博尔德（Philipp Franz von Siebold）——所推动的。① 民俗博物馆的另外一个独立的渊源是位于海牙的皇家珍宝室（Koninklijk Kabinet van Zeldzaamheden，1816 – 1883）。荷兰皇家珍宝室诞生于法国大革命期间（荷兰在大革命期间被法国占领），它汇集了很多大革命前的私人收藏。② 其中非常重要的就是茹瓦耶（Jean Theodore Royer，1737 – 1807）所留下的关于中国的收藏。③ 茹瓦耶在其有生之年，通过荷兰东印度贸易的网络，从广州的代理人那里收集了大量的中国产品。④ 这批产品在茹瓦耶的继承人死后（1814 年）进入了荷兰皇家珍宝室的收藏。最后，当荷兰皇家珍宝室于 1883 年并入莱顿的国立民俗博物馆，茹瓦耶的中国藏品与西博尔德的日本藏品就进入了同一个系统，并成了早期国立民俗博物馆最重要的收藏。⑤

因此，19 世纪 80 年代的国立民俗博物馆仍保持了与莱顿东亚研究的密切关系，而这批瓷币也很快就引起了莱顿大学汉学家施古德（Gustaaf Schlegel）的注意。施古德对中国东南沿海的秘密社团有过深入研究，这些瓷币上显示的各种华人公司名字——也就是那些赌馆的名字——对他肯定有莫大的吸引。⑥ 他于 1889 年用德文发表了一篇关于瓷币的研究文章，成为这个领域的开山之作。⑦

四　从潮州到暹罗：瓷币的华侨史

追溯完它们被收藏的历史后，我们需要进一步探讨这些瓷币在进入殖民知识体系前的历史。它们是在什么语境中被制造、流通与使用的？要回答这些问题，我们首先要摒弃已有的"猪仔币"或"赌馆筹码"之类的标签式

---

① van Wengen, *Wat is er te doen in Volkenkunde?*, pp. 15 – 17.

② Effert, *Royal Cabinets and Auxiliary Branches*, pp. 14 – 63.

③ 关于茹瓦耶收藏最重要的研究是范坎彭（Jan van Campen）的著作：Jan van Campen, *De Haagse jurist Jean Theodore Royer（1737 – 1807）en zijn verzameling Chinese voorwerpen*, Hilversum：Verloren, 2000.

④ Jan van Campen, *De Haagse jurist Jean Theodore Royer（1737 – 1807）en zijn verzameling Chinese voorwerpen*, Hilversum：Verloren, 2000.

⑤ Jan van Campen, *De Haagse jurist Jean Theodore Royer（1737 – 1807）en zijn verzameling Chinese voorwerpen*, pp. 50 – 52.

⑥ Kuiper Koos, *The Early Dutch Sinologists（1854 – 1900）（2 Vols）：Training in Holland and China, Functions in the Netherlands Indies*, Leiden：Brill, 2017, pp. 866 – 879.

⑦ Schlegel, "Siamesische und Chinesisch – Siamesische Münzen," pp. 241 – 254.

术语，而从瓷币所提供的信息出发，去探索我们并不熟悉的一段南洋钱币史。

首先我们需要思考这些瓷币的生命史始于何处。大英博物馆的专家认为这批瓷币产于闽南德化。[①] 这个观点看似既符合荷兰领事海默所提供的"瓷币来自中国"这段信息，亦符合这些瓷币的材质、造型、文字。它们都属于中国东南沿海所产的外销白（釉）瓷，其中又以德化白瓷最为学界所熟知。[②]

但是如果我们仔细阅读瓷币所透露的信息，却会得出非常不同的结论。在德国杜伊斯堡博物馆馆藏、大英博物馆馆藏以及大卫·蔡（David Chua）的私人收藏中，都出现了一种标明为"枫溪兴合店造一万粒"的瓷币。它们分属于两个商号，分别为"协兴号记"与"协泰华记"。[③] 它们的形状也有所不同，分别为圆形与椭圆形。它们背面的文字都是"百文为准"。

这透露了一个关键的信息，即这两种瓷币均出自潮州枫溪窑。枫溪窑的历史可以追溯到明代，但其鼎盛时期却是晚清民国。[④] 彼时随着潮州人在东南亚的商业扩张以及汕头开埠，枫溪窑成为潮州出口瓷器的代表。[⑤] 起初，枫溪窑与漳州窑、德化窑交流密切，甚至难以区分彼此，但是进入 19 世纪下半叶，随着枫溪窑出口量突飞猛进及技术革新，其数量与质量开始胜过漳州窑，并出现与漳州窑、德化窑的混淆。[⑥] 这可能也是漳州窑瓷器的英文名字被称为 Swatow ware（汕头瓷器）的一个重要原因。

从已有的收藏来看，除了"兴合店"，还有"源记""兴合源记"都是瓷币制作商。这些制作商都可以在枫溪找到踪迹。其中兴合、源记的款式在

---

① 这个观点最初是由 Jessica Harrison – Hall 提出的，大英博物馆引文的出处为 Jessica Harrison – Hall，"Chinese and Vietnamese Shards at the British Museum," *The Oriental Ceramic Society Newsletter*，1997，p. 11。大英博物馆简介原文 "Production place Made in：Dehuakiln（Asia，China，Fujian（province），Dehua）"，http：//www. britishmuseum. org/research/collection_ online/collection_ object_ details. aspx？objectId = 263227&partId = 1&searchText = porcelain + coins&page = 5（2019 年 8 月 3 日访问）。

② 关于德化白瓷的研究，可参考 Rose Kerr and John Ayers，ed.，*Blanc de Chine：Porcelain from Dehua*（Richmond：Curzon，2002）。

③ 杜伊斯堡博物馆出版图录编号为 365、377（见图 5）；大英博物馆编号为 1898，0901. 35；大卫·蔡（David Chua）的私人收藏编号为 A0377。

④ 黄伟中：《广东潮州枫溪窑瓷初探》，《南方文物》2000 年第 1 期。

⑤ 李炳炎：《枫溪潮州窑对新加坡、马来西亚陶瓷业的影响——以如合、万和发（Claytan 佳丽登）陶光为中心》，《福建文博》2012 年第 4 期。

⑥ 李炳炎：《枫溪潮州窑（1860~1956）》，岭南美术出版社，2013，第 157~160 页。

其他枫溪瓷器中出现过。① 兴合源记则登记在 1951 年枫溪瓷器业者名录上，经理姓名为吴显成，营业地址为宫前洋。② 这些瓷商并不只为一家瓷币发行商烧制瓷币，而是可以根据订单为不同的客户生产不同的瓷币。例如兴合烧制过"协兴""协泰华""地茂""天开文运"这四种不同瓷币（见图 5），它们在暹罗应该是分属不同发行商。这四种钱币还标明面值与发行量。

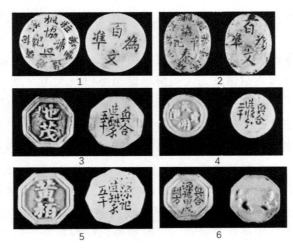

图 5　陶瓷币上的瓷器制作商举例

注：1."枫溪兴合店造"之"协兴号记"；2."枫溪兴合店造"之"协泰华记"；3."兴合造"之"地茂"；4."兴合造"之"天开文运；5."源记造"之"黄柏"；6."兴合源记甲戌铦方"。

　　同样指向潮州的是一系列以地名为标识的瓷币。笔者目前已找到的地名类瓷币有"揭阳""海阳""惠来""南澳""澄海""饶平"（见图 6）。此外，拉姆斯登于 1911 年出版的瓷币图录中提到了一枚"普宁"瓷币。③ 目前看来，所有地名均指向潮州，且晚清潮州府九邑一厅除了潮阳、丰顺、大埔都已齐全。可见这批瓷币的使用者应大部分来自潮州。这些以潮州地名命名的瓷币反映了某种以原乡地缘为基础的暹罗潮州人组织。而值得注意的是，行政上从属潮州但以客家人为主体的丰顺和大埔二县，都未出现在瓷币上。除此之外，代表潮州人认同的还有一种写有"义安"的瓷币。（义安为

---

① 李炳炎：《枫溪潮州窑（1860~1956）》，第 153~154 页。
② 李炳炎：《枫溪潮州窑（1860~1956）》，第 72 页。
③ Ramsden, *Siamese Porcelain and Other Tokens*, p. 20.

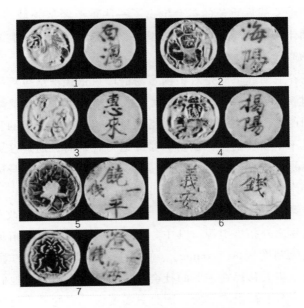

图6　陶瓷币上的地名类举例

注：1. 地名之"南澳"；2. 地名之"海阳"；3. 地名之"惠来"；4. 地名之"揭阳"；5. 地名之"饶平"；6. 地名之"义安"；7. 地名之"澄海"。

潮州古郡名，常被海外潮州人用来表达地域认同。)①

可见，尽管仅有少量瓷币可以追踪溯源，但已有的线索都一致指向潮州。初步来看，这批瓷币和潮州移民渊源匪浅。② 那么为何是潮州人呢？这就要从潮州人移民暹罗的历史谈起。潮州大规模移民暹罗始于18世纪下半叶。当时，在泰国的潮州人郑昭击败缅甸入侵者，建立吞武里王朝（1767～1782），潮籍移民便因此与暹罗王室贵族建立了复杂的联姻、庇护

---

① 笔者还从黄挺老师处了解到目前汕头侨批博物馆也收有一批瓷币。其捐献者为著名潮商陈慈黉的后人陈克湛先生。陈慈黉家族于19世纪下半叶在暹罗创业，并发展成一家跨国企业。根据黄挺老师的介绍，陈克湛先生捐赠的瓷币最早是供他们家族企业内部使用，可能发给水脚做筹码之用。此外，笔者也联系了潮州陶瓷史的专家李炳炎老师。李老师介绍，他在枫溪田野考察时曾经采集过这种瓷币，但目前还很难判断是当时具体哪个作坊承接生产的。

② 施坚雅提到在暹罗的海南移民也曾于19世纪中叶在Sawankhalok地区发行过陶瓷赌码（pottery gambling chips），但是他在文中并未提供任何引文，因此目前尚无法核实。William Skinner, *Chinese Society in Thailand: An Analytical History*, Ithaca: Cornell University Press, 1957, p. 86.

关系，并利用暹罗战后重建的机会抢占了一些重要经济领域。① 郑昭死于宫廷政变后，潮州人的特殊地位并未被撼动，而是延续到了接替郑昭的曼谷王朝（1782～1932）。②

同样被曼谷王朝继承的是对中国贸易的严重依赖。从拉玛一世（1782～1809）到二世（1809～1824），王室大量投资与清朝的帆船贸易。这其中既包括通过广州的官方朝贡贸易，也包括通过潮州等沿海地区的私人贸易。潮州商人往往是王室投资的海洋贸易的实际运行者，而且通过这层联系，潮州也成为中暹贸易的中枢。通过在潮州转口，潮州商人变换着身份在中国沿海贸易与暹罗特许贸易之间游走，赚取可观的利润。③

但是从拉玛三世（1824～1851）开始，暹罗王室决定改革财政制度，力图在帆船贸易之外拓展财源。其中，吸引华人移民到暹罗拓殖，并在华人移民中推行包税制度（tax farming），便成为新的财政税收的重中之重。根据当时的制度，华人移民在暹罗的社会地位与当地人迥异，他们不需要承担沉重的劳役，不需要被限定居所，而是只需要缴一定的人头税便可自由移动和就业。因此大量华人从潮州、惠州、嘉应州、海南、闽南等地区通过帆船贸易航线进入暹罗，从事商业、种植园农业（胡椒、糖）、矿业、建筑业等。④ 施坚雅曾做过统计，就暹罗首都曼谷而言，华人事实上成为多数族群，1822年曼谷总人口约为50000人，其中约31000人为华人；到1854～1855年，曼谷总人口为30万～40万人，其中华人有20万之巨。⑤

如此数量的华人涌入暹罗，一方面可以带动当地经济，增加政府税收；但另一方面也会造成货币供应紧张。暹罗本国并不产白银，而华人劳工在海

① Skinner, *Chinese Society in Thailand*, pp. 20 – 27.

② Skinner, *Chinese Society in Thailand*, pp. 20 – 27. Sarasin Viraphol, *Tribute and Profit*: *Sino – Siamese Trade*, *1652 – 1853*, Cambridge, Mass.: Harvard University Press, 1977, pp. 160 – 179.

③ Sarasin Viraphol, *Tribute and Profit*: *Sino – Siamese Trade*, *1652 – 1853*, pp. 180 – 191; Jennifer Wayne Cushman, *Fields from the Sea*: *Chinese Junk Trade with Siam during the Late Eighteenth and Early Nineteenth Centuries*, Ithaca: Cornell University, 1993; Hong Lysa, *Thailand in the Nineteenth Century*: *Evolution of the Economy and Society*, Singapore: Institute of Southeast Asian Studies, 1984, pp. 38 – 74.

④ Viraphol, *Tribute and Profit*, pp. 185 – 202; Skinner, *Chinese Society in Thailand*, pp. 28 – 126；冷东：《泰国曼谷王朝时期潮州人制糖业的兴衰》，《汕头大学学报（人文科学版）》1998年第5期。

⑤ Skinner, *Chinese Society in Thailand*, p. 81.

外活动的一个首要目的就是赚取白银（银元）寄回家乡（侨乡）。倘若大量银币流入暹罗华人之手，那么不仅这些白银会很快流向中国，而且暹罗经济本身也会面临通货紧缩的问题。这个问题在当时南洋各国普遍存在。当地政权的普遍做法是在华人中推行鸦片、赌博、妓院、酒等上瘾性消费，并通过包税制度来促进华人在当地的消费，从而将大量白银（银币）以包税的方式留在当地。① 可能是在其华人亲信的建议下，拉玛三世上位之初就在暹罗系统推行包税制度。② 包税的内容包括重要的商品例如胡椒、柚木（teak）、椰子油、糖等等，③ 到了拉玛四世（1851～1868）的时候，一度被拉玛三世废止的鸦片包税也被重开，④ 此外对本文至关重要的赌馆包税制度也在这个时期形成。⑤

前引荷兰领事调查报告提到："自从1821年起，赌馆承包人开始被授予特许权，在它们各自的地盘发行瓷币或者其他钱币，作为零钱使用。"该报告是在19世纪80年代所做，时隔半个多世纪，已经很难断言1821年就是赌馆包税的起点，但是大致看来应该和19世纪20年代拉玛三世推行的包税改革关系密切。但问题是为何承包了赌馆的包税人会发行钱币？

1879年奥匈帝国的外交官（同时也是英国皇家亚洲协会会员）哈斯（Josef Haas）出版了一份对暹罗钱币的调查报告。在该报告中，他对赌馆发行瓷币给出如下解释：

在暹罗，赌博业规模庞大，它并不仅仅被政府特许，而且它实际上是政府的重要收入来源。

由于赌博业日益发展成熟，原来的子弹形的小型钱币［钱（salung）和方（fuang）］被发现并不适宜操作。因为，赌博者蹲在一张长席上，其中一端跪坐着收银者（荷官）。钱币通常是从一定距离被

① Carl A. Trocki, *Opium and Empire: Chinese Society in Colonial Singapore, 1800 - 1910*, Ithaca: Cornell University Press, 1990; John Butcher and Howard Dick, eds., *The Rise and Fall of Revenue Farming*, Houndmills: Macmillan, 1993.

② Hong Lysa, "The Tax Farming System in the Early Bangkok Period," *Journal of Southeast Asian Studies*, Vol. 14, Issue 2 (1983), pp. 384 - 385.

③ Lysa, *Thailand in the Nineteenth Century*, p. 77.

④ Lysa, *Thailand in the Nineteenth Century*, pp. 81 - 82.

⑤ Lysa, *Thailand in the Nineteenth Century*, pp. 81 - 82; James A. Warren, *Gambling, the State and Society in Thailand, c. 1800 - 1945*, London: Routledge, 2013, pp. 45 - 48.

扔到荷官那里，这样子它们就很容易滚到错误的方向。为了解决这个不便，赌馆的所有人便引入了特殊的筹码，有陶瓷、玻璃或者铅所作，并且形状各异，例如星形、钱币形、蝴蝶形、门牌形（door tablet）等等，上面还刻有中文字，例如发行行的名字、面值、祥瑞或经典引文以及暹罗文，当然，还有这枚筹码所代表的价值。在绝大部分情况下，这些赌馆都是华人所开，并且顾客也都是华人。

……

这些由政府许可的赌馆所发行的筹码，很快变成了市面上流行的通货，并且满足了市面上对小额货币的迫切需要，它们的流通大大超出了法律许可的范围。

在外国人看来如此松散的领域，很快也被精明的中国人看到了机会。逐渐地，大量的仿制品被投入流通。为了自我防卫，赌馆被迫回收和兑现他们的筹码，他们逐渐发展出了新的颜色、形状多变的替换品。

因此出现了复杂多变的筹码。据我所知，有大约890种。政府也因此越来越难以控制，最后在1871年，已经变得有必要完全禁止这些筹码的流通。但是在这个国家的部分地区仍然在流通。①

所谓的赌馆筹码其实替代了当地的小额货币，变成了通货。华人在南洋发行钱币这一行为其实非常普遍且历史悠久。早在16世纪，当欧洲殖民帝国刚刚抵达东南亚时，他们便发现印尼群岛等地区流行一种华人铸造的钱币（称为picis）。② 这些钱币很多都是模仿中国年号，但质地却是铅质或者锡质。从18世纪下半叶起，在荷属东印度的西婆罗洲、邦加等地区还出现了华人公司发行的公司钱币。③ 这些钱币通常仅仅在特定华人公司控制的区域流通，并且可按照华人发行商规定的面值兑换银币，其功能已非常接近后来

① Joseph Haas, "Siamese Coinage," *Journal of the North China Branch of the Royal Asiatic Society*, New series, No. XIV (1879), pp. 53 – 54.
② Leonard Blussé, *Strange Company: Chinese Settlers, Mestizo Women and the Dutch in VOC Batavia*, Dordrecht: Foris, 1986, pp. 35 – 48.
③ T. D. Yih and J. de Kreek, "The Gongsi Cash Pieces of Western Borneo and Banka in the Ethnographical Museum at Rotterdam," *The Numismatic Chronicle*, Vol. 153 (1993), pp. 171 – 195.

出现的暹罗瓷币。[1]

　　但是，南洋钱币在暹罗为何会以赌馆瓷币的形式存在呢？笔者认为，不同于其他发行钱币的南洋华人社会，暹罗华人的瓷币并不仅仅流通于孤立在热带丛林中的矿区与种植园，而是在有着上万甚至几十万人华人与暹罗人聚居的都市流通。因此，它们不是出现在相对孤立的华人生产活动区域，而是出现在人群混杂的闹市。在这些地区，华人赌馆是按照政府划定的片区获得包税特权，而且赌馆包税人在这个区域内通常也承包妓院、鸦片馆。这些设施通常还彼此邻近，形成一个个华人消费活动中心。[2] 赌馆不仅提供赌博还提供戏剧表演、花会等文化活动。[3] 赌馆包税人还会获得政府品阶（类似当地小贵族），并被授予一定的行政职能，包括拘押、惩罚未经许可建立的赌馆，拘押赌债未清者，并可组织一定的私人武装。[4] 其地位相当于该赌区的领主。

　　此外由于缺乏行政能力，暹罗政府也将赌馆作为他们的金融机构。当暹罗政府想要开发某个区域时，就会将该区域承包给华商，让他建立赌馆等设施，这些设施可以促使当地消费，使得那些被窖藏起来的钱币重新进入流通领域，从而盘活当地经济。[5] 再加上暹罗社会当时流通价值很低的贝币与价值很高的金银币，缺乏铜钱这样的中间货币，赌馆作为资本汇集地，便发行自己的钱币来满足当地社会——尤其是华人社会——对中小额交易货币的需求。[6]

　　瓷币应该是在这样的背景下被以潮州移民为首的暹罗华人社会所发明与接受。与锡币、铅币、铜币相比，它们色彩、形态、文字丰富，因而更容易辨识、辨伪。这使得它们能够适应多元货币共存的都市环境。同时，由于瓷币都在中国制造，这也便于赌馆发行商控制其真伪。这也部分解释了为何潮州移民会选择枫溪窑来烧制，因为他们有一定能力在其原乡潮州控制这些窑口，使其不会私自烧制，或将版式泄露给他人。

　　最后，大概从 19 世纪 70 年代起，暹罗政府逐渐废止赌馆瓷币。尽管两份报告具体禁止年份不一（荷兰领事认为是 1875 年，奥匈帝国外交官认为

① 徐冠勉：《南洋钱法：近代早期荷属东印度的中国货币，1596～1850》，《清华大学学报（哲学社会科学版）》，即将刊行。
② Warren, *Gambling, the State and Society in Thailand*, pp. 27 - 43.
③ Warren, *Gambling, the State and Society in Thailand*, pp. 27 - 43.
④ Warren, *Gambling, the State and Society in Thailand*, pp. 46 - 47.
⑤ Warren, *Gambling, the State and Society in Thailand*, pp. 22 - 26.
⑥ Warren, *Gambling, the State and Society in Thailand*, pp. 22 - 26.

是 1871 年），而且被禁止的理由亦不一（荷兰领事认为是由 1875 年一位承包商滥发瓷币并无法承兑造成的，奥匈帝国外交官认为是由于伪币过多），但是两种说法都大致符合历史背景。19 世纪 70 年代是拉玛五世（1868 ~ 1910）即朱拉隆功（Chulalongkorn）大力推行西化改革的初始阶段。改革的核心包括货币与税务。通过改革，暹罗政府开始直接介入经济活动，绕开包税人收税，而且也开始将货币发行权从私人手中收回，发行西方式的代表国家主权的铸币。[①] 为了获取更多资金进行改革，朱拉隆功在 1870 ~ 1875 年对赌馆包税进行了重整，力图清理欠下来的债务以及打击操纵包税业的利益集团，这一度引发了紧张的政治局面。[②] 因此，赌馆瓷币发行权很可能是在这段改革期间被一次或者数次取缔。

但是无论是奥匈帝国外交官还是荷兰领事，他们在这场西化运动中都有既定立场与既得利益。两份报告都不断强调这背后存在的伪造、管理松散、政府权力薄弱等问题，因为他们认为只有按照欧洲的铸币体系由国家主权铸造的钱币才是真正的现代钱币。但是他们却忽略了这些赌馆发行的瓷币对 19 世纪暹罗经济发展做过的巨大贡献，以及它们在南洋华侨史中的特殊地位。

结论　财通四海：区域瓷币的 "全球生命史"

在德国杜伊斯堡的馆藏中，有一枚非常漂亮的瓷币正面写有 "财通四海" 这四个字，背面写着 "钱"（见图 7）。在 19 世纪的暹罗，发行者可能只是期待这枚瓷币能够从潮州的窑口运到他的手里，然后在他自己控制的赌区内顺利流通且不被伪造。他可能从未想到这枚瓷币最后却真的一语成谶，跨越重洋大海流落到遥远的欧洲。这个例子提醒我们，我们所讨论的这些暹罗华人瓷币有着不遵从发行者意志的自己的生命史，它可以既是区域的、地方的，又是跨域的、全球的。它们烧制于潮州的枫溪窑，流通于暹罗的赌馆社会，最后一部分流落到了欧洲的（殖民）博物馆，一部分回流到中国的（华侨）博物馆，还有一部分被私人收藏，可能更多现已不知所踪。

这让我们回到开头提出来的问题：如何通过这样的物来讨论在 19 世纪

---

① Lysa, *Thailand in the Nineteenth Century*, pp. 111 - 133; Chatthip Nartsupha and Suthy Prasartset, eds., *The Political Economy of Siam, 1851 - 1910*, Bangkok: The Social Science Association of Thailand, 1981.

② Warren, *Gambling, the State and Society in Thailand*, pp. 48 - 50.

图7　"财通四海"宝瓶形瓷币

东南亚相互交织的欧洲殖民史与中国华侨史？长期以来，由于学科设置和地缘政治等因素，欧洲殖民史与中国华侨史似乎在两个平行空间里叙述同一个地区的历史。在欧洲研究瓷币的学者通常是从殖民钱币学的角度入手，来探寻殖民帝国馆藏中的东方钱币。东方钱币学的传统始建于19世纪下半叶。荷兰人调查与收集暹罗华人瓷币的历史过程便生动地见证了该学科的兴起。对比之下，华侨钱币学（或称为"南洋钱币学"）却尚在萌芽阶段，郭成发先生的网站可能是目前这个领域最重要的资料库，但是中文学界还缺乏相应研究。这使得各地华侨博物馆在试图建立南洋钱币馆藏时遇到了严重的知识储备瓶颈。然而，我们也可以预见在不久的将来，这一学科必然会发展壮大。

与此同时，我们是否也应该进一步思考如何超越殖民、华侨等概念，从瓷币的本身出发，来讲述一段它们的历史？这就要求我们把瓷币作为一种有生命的物来考虑。它们的生命始于被我们称为侨乡的潮州枫溪窑，然后通过潮州人的贸易网络被带到了暹罗。在暹罗，它们又经历了从拉玛三世到五世（朱拉隆功）的一系列政治经济改革，最终在西化运动中被迫退场。但是，它们从暹罗货币市场退出之时却也是它们进入欧洲东方钱币学之始。从19世纪70年代开始，西方外交官因为西化运动而进入暹罗，为欧洲殖民地钱币学开启了了解暹罗华人瓷币的大门。于是原来不为欧洲人所知的瓷币，借助欧洲人的档案记载和收藏而留下了历史材料。这些材料现在又来到了华人研究者手中，我们不应将其标签为"猪仔币"，想当然地代表海外华人的"苦难历史"；而应当尊重瓷币自身的历史，思考它们所经历和见证的潮州华侨史、欧洲殖民史以及 19 世纪暹罗社会转型的历史。

致谢：非常感谢何安娜（AnneGerritsen）老师、林凡老师的指导，蔡香玉老师在本文写作过程中的鼓励与支持，莱顿国立民俗博物馆中国收藏馆员方若薇（Willemijn van Noord）的帮助，香港中文大学蔡志祥老师、潮汕研究专家黄挺老师、李炳炎老师的建议，《海洋史研究》编辑室的修改意见，以及与学友谭宇静、王班班、吴子祺的诸多讨论。

"The Money That Connects the Four Oceans": The Global Lives of Chinese Porcelain Coins in Nineteenth Century Siam

Xu Guanmian; Zhong Yandi

Abstract: This study aims to break the disciplinary boundary between European colonial history and overseas Chinese history by focusing on the "global life" of a seemingly insignificant thing, the Chinese porcelain coins in nineteenth century Siam (Thailand). It investigates the different life stages of these extraordinary coins. They were produced in the Fengxi kilns in Chaozhou, circulated among the overseas Chinese in Siam, collected by European colonial museums, and are in the present day referred to as "piglet (coolie) coins" (*zhuzai qian* 猪仔钱) by Chinese media. By assembling data from European museum collections, Dutch colonial archives, Chaozhou kilns, and Siamese social and economic history, this article shows how such an overseas Chinese thing tells an entangled global history about Chinese overseas migration, Siamese fiscal transformation, and European colonial expansion.

Keywords: Coinage of Nanyang; Overseas Chaozhou people (Teochow); Fengxi Kilns; Oriental Numismatics; Dutch East Indies; Collection

（执行编辑：杨芹）

海洋史研究（第十五辑）

2020 年 8 月　第 247～264 页

7～8 世纪东南亚倚坐佛像起源
与传播研究新视野

尼古拉斯·雷维尔 （Nicolas Revire）[*]

　　倚坐佛像 （Skt. bhadrāsana）[①] 频繁出现于公元 1 千纪亚洲佛教造像中。其主要有两种手势，单手说法印 （vitarkamudrā），或是双手说法印的变体手势——转法轮印 （dharmacakramudrā or dharmacakrapra-vartanamudrā）。有这类手印的造像在亚洲佛教中的传播是不均衡的。虽然这种坐姿和说法印的组合经常出现在大陆、东南亚海域以及中亚和东亚，但在印度次大陆却是极其罕见的。相反，与转法轮印的组合多出现在南亚及东南亚海域北部，而在东南亚大陆和东亚都没有发现。

　　本文主要研究施说法印的倚坐佛像，试图将其起源与印度某一重要佛像联系起来。[②] 在考察南亚以外不同地区发现的这一图像时，笔者探讨唐朝时期 （618～907） 中亚与东亚模式在其向东南亚传播过程中扮演重要角色的可能性。7～8 世纪，东南亚的本土风格似乎并没有很强的影响力，至少不足以抵挡新模式带来的影响。因此，人们可以在唐朝和丝绸之路上寻找一种

---

[*]　作者尼古拉斯·雷维尔 （Nicolas Revire），泰国国立法政大学教授；译者冯筱媛，中山大学历史系博士后。

[①]　学者们曾将这种坐姿称为 “欧式坐姿” 或倚坐。出于多种原因，这两个术语都不尽如人意，并受到了批评。

[②]　本文并非致力于辨认佛像，而是通过充足的文献、碑铭、考古学等证据，将一种手印与倚坐佛联系起来以确定佛像的身份 （释迦牟尼、弥勒佛、毗卢遮那佛等）。

可能的施说法印倚坐佛的原型，或者更准确地说，寻找到一个"缺环"来解释它随后在东南亚造像中的发展。

一　东南亚一种特殊但广泛分布的图像

越南南部茶荣省（trà Vinh）河静（Sòn tho）的垂脚佛像可能是这类造像在东南亚最早的发现之一，可追溯至公元 6～7 世纪。① 图 1 这座小石佛像与泰国中部发现的佛像在风格和图案上都有一些相似之处。② 虽然右臂已残损，但它一定是举起施说法印或是无畏印（abhayamudrā）。相反，位置较低的左手自然置于大腿上，似乎握着佛衣的下摆。皮埃尔·杜邦（Pierre Dupont）曾提出，这种不同寻常的手印，不符合印度的传统风格。

这些手印与姿势是从何处得到灵感的呢？南希·廷利（Nancy Tingley）提及这样一条史料：中国僧人玄奘在 645 年从印度西行返回长安（西安）后，制作了一批造型各异的佛像，其中一尊便是垂脚坐佛像。她进而提出这种特殊的姿势（倚坐姿）可能受到玄奘在印度所见的一种"令人敬畏的佛像"的影响；或者可能表示"佛陀一生中的某个特定时间"。③ 将这些

图 1　坐佛，石质，高 55 厘米，7 世纪晚期越南河静出，现藏于越南胡志明市历史博物馆

① 最新的出处为越南茶荣省 Vinh loi（N. Tingley, Catalogue entries: The Archaeology of Fu Nan in the Mekong river Delta: the Oc Eo Culture of Viet Nam, in N. Tingley, ed., *Arts of Ancient Viet Nam: From River Plain to Open Sea*, New Haven / London: Yale University Press, 2009, pp. 148 – 149），但笔者相信路易斯·马利雷特（Louis Malleret）所依据的法文数据更为准确。

② P. Dupont, *L'archéologie mône de Dvāravatī*. Paris: Publication de l'École française d'extrême – Orient 41, 2 vols., 1959, p. 279; N. Revire, *Introduction à l'étude des bouddhas en pralambapādāsana dans l'art de Dvāravatī: le cas du Wat Phra Men – Nakhon Pathom*. Unpublished Master Thesis, 2 vols., University of Paris: Paris 3 – Sorbonne nouvelle, 2008, p. 100.

③ N. Tingley, Catalogue entries: The Archaeology of Fu Nan in the Mekong river Delta: the Oc Eo Culture of Viet Nam, p. 148.

与中国、玄奘试探性地联系在一起是十分有趣的，下文也将有所提及。但遗憾的是，在整个湄公河三角洲，再未发现其他可与之相比较的完整佛像。①

　　然而，这种垂脚坐佛像在泰国中部的一些古代遗址中多被发现，有石质、青铜质、陶质、灰泥质和浅浮雕等。② 也许突出的例子是在佛统府普拉门寺（Wat Phra Men）发现的几座大型石佛像。所有这些佛像均为右手上举施说法印，只有位于今大城府那普拉门寺（Wat Na Phra）的一尊佛像是双手置于膝盖上。③ 总之，双手施印的佛像在印度艺术中十分少见，甚至完全不存在。下文笔者会说明，这种手印在东亚，特别是中国唐代早期、日本白凤文化或奈良时期（645~794）更为普遍。④

　　至于浮雕，大部分是关于佛陀对众生、众神甚至是他的母亲说法的故事。苏泰寺（Wat Suthat）石板有趣地记载了这些。这块石板分上、下两部分，下部分描绘了舍卫城神变（the great Miracle at Śrāvastī）；上部分则是佛陀上升忉利天（trāyastriṃśa heaven）后坐在帝释的宝座上为他的母亲和众神说法的场景。⑤ 图2 由于石板上的明显分隔，为研究者们猜测这两个场景提

① 在老挝南部瓦普寺（Wat Phu）遗址附近发现有类似的坐佛像残片，目前已刊布。此外，其他一些类似的残片在 20 世纪消失不见。如杜邦曾描述过在柬埔寨金边发现的垂脚坐佛佛像，但记录丢失。彼得·斯基林（Peter Skilling）提及 20 世纪初，在越南广南省（Quáng Nam）发现有一尊很小的佛像（21 厘米），背former 题有 "ye dharmā"，但很遗憾没有拍照，现在也无法追踪。另外，在最近一次北美展览中展出了一座非比寻常的倚坐佛像，但它确切的发现地点未知。这尊来自美国私人藏品的佛像，展现了堕罗钵底造像类型与湄公河三角洲艺术风格的有趣融合。

② N. Revire, *Introduction à l'étude des bouddhas en pralambapādāsana dans l'art de Dvāravatī: le cas du Wat Phra Men – Nakhon Pathom*, pp. 61 – 90; Baptiste, P. and Zéphir, T., ed., *Dvāravatī: aux sources du bouddhisme en Thaïlande*, Paris: Réunion des Musées nationaux, 2009, pp. 115, 212, 228, 230.

③ 这些精美的佛像在 20 世纪 60 年代被泰国美术部门重修，或者甚至早在 19 世纪就被当地居民重修。这些重修后的造像见于 Dhanit Yupho（1967），所有的手部都非原件。然而，根据该地区其他造像来看，几乎可以肯定的是说法印应当是右手施印。

④ O. Sirén, *Chinese Sculpture: From the Fifth to the Fourteenth Century*. Reprint, 1st ed., 1925, 2 vols. Bangkok: Sdi Publication, 1998, pp. 38b, 254, 272, 290 – 291, 393a, 397, 380 – 381, 461, 486, 490, 493, 499, 514, 529a; D. Wong, ed., *The Hōryūji Reconsidered*. Newcastle: Cambridge Scholars publishing, 2008, pp. 144, fig. 5, 13 and pls. 13, 16, 17.

⑤ 笔者自始至终使用梵文的术语，但在舍卫城神变的记载中出现了巴利文大藏经特有的芒果树。据上座部传统，佛陀在忉利天传布论藏。其他佛教传统隐约唤起了佛法的传教。夸里奇·威尔士（H. G. Quaritch）错误地识别了石板上部佛陀第一次布道的场景。P. Skilling, *Dharma, Dhāraṇī, Abhidharma, Avadāna: What was taught in Trayastriṃ？* Annual Report of the International Research Institute for Advanced Buddhology at Soka University for the Academic Year 2007, 11 (2008), pp. 37 – 60.

供了极大空间。笔者在下文中将重新提及这一点，但现在值得注意的是故事中关于布道佛陀的两个画面都是垂脚坐姿，右手施相同的说法印。

在公元 1 千纪的缅甸，只有少数幸存的金属造像。这些造像让人想起堕罗钵底铜像，一种右手举起、倚坐姿的佛陀形象。① 然而，最有趣的可与堕罗钵底造像对比的材料却并没有刊布。它是一件较小的青铜雕像，据说是由 20 世纪 90 年代初一位农民在缅甸敏建北部的萨梅肯（Sameikkon）发现的，现属于欧洲的一个私人藏品。这件铜像与另一件更早发现于泰国佛统府、现存于曼谷国家博物馆的造像，有惊人的相似之处。② 虽然两座造像上的铜绿都已受损，但可以从另一件展出在泰国国家博物馆的完整铜像的比较中想象他们最初的样子（图 3）。杜邦因佛陀独特的头饰和 "海龙" 饰宝座上的两

图 2　舍卫城神变（上部）；忉利天说法（下部），石板浮雕，高 200 厘米，宽 90 厘米，公元 7~8 世纪泰国中部佛统府出，雷维尔拍摄

图 3　铜质坐佛，高约 15 厘米，公元 7~8 世纪泰国中部信武里府出，泰国国家博物馆藏，雷维尔拍摄

① G. H. Luce, *Phases of Pre - Pagan Burma, Language and History*, 2 vols., Oxford: Oxford University Press, 1985, ii: fig. 76b; E. H. Moore, *Early Landscapes of Myanmar*, Bangkok: River Books, 2007, pp. 20 - 21, 164, 222.
② P. Dupont, *L'archéologie mône de Dvāravatī*, Paris: Publication de l'École française d'extrême - Orient 41, 2 vols., 1959, pig. 502.

只直立狮子等特征将这一佛像归于晚期。① 依据杜邦的说法，在古缅甸和古泰国的很多地方发现有倚坐佛像，他们既非孟（Mon）也非骠（Pyu）的起源，却明显表现出东南亚的"区域性"特征。② 正如下文所见，在这两个地区及周边，均发现有这种类型的泥板。

在古代印度尼西亚，公元 1 千纪倚坐佛造像的考古材料更为丰富。大体来说，有两种类型。第一种类型是本文主要涉及的对象，即右手施说法印的佛像。已有许多众所周知的青铜佛像，但至少有一件来自爪哇中部的石佛像似乎也属于这一类型。第二种类型是两只手表现变体转法轮印，如一尊供奉在门杜（Mend）寺的青铜佛像及一尊在柏林亚洲艺术博物馆展出的小青铜佛像（图4）。笔者认为，后来造像的艺术灵感几乎来自阿旃陀（Ajaṇṭā）、埃洛拉（Ellorā）、坎赫里（Kaṇherī）和马哈拉施特拉邦（Mahārāṣṭra）境内德干高原西部石窟群的憍萨罗类型（Vākāṭaka）。因此认为，爪哇艺术与那烂陀或比哈尔的其他波罗时期遗址存在直接联系，特别

图 4　铜质坐佛，高 11.5 厘米，公元 8 ~ 9 世纪爪哇中部出，柏林亚洲艺术博物馆藏，雷维尔拍摄

是在青铜冶铸方面，但在倚坐佛像方面仍不太确定。

从年代学角度讲，出于多种原因，笔者倾向于第一种类型的造像年代早于第二种类型。笔者的主要论点基于倚坐佛像的不同手印和特定宝座样式的出现。这些将会帮助我们缩小到一个可能的年代范围。海勒姆·伍德沃德（Hiram Woodward）明确提出诸如在巨港发现、现藏于阿姆斯特丹类似的青铜佛像③的

①　P. Dupont, L'archéologie mône de Dvāravatī, p. 278.

②　如图 4 所示的"海龙"饰宝座与藏于爪哇梭罗拉迪亚·普斯塔卡（Radya Pustaka）博物馆的一件小青铜佛像相似。扬·方丹（Jan Fotein）认为，爪哇出的这件青铜残片模仿的原型可能来自南印度。

③　这尊佛像藏于阿姆斯特丹热带博物馆，相关信息可查阅网址：http://collectie. tropenmuseum. nl。

年代为 7 世纪晚期或 8 世纪前半叶。海勒姆·伍德沃德还提出一个有趣的问题：中国往西方朝圣的僧人，如 7 世纪的义净及其他游历南海的僧人似乎影响了东南亚佛教造像的形成。正如下文所讨论的，基于对中国材料的比较分析，笔者倾向于这一观点和断代。①

相反，属于第二种类型的倚坐佛像的年代是 8 世纪末 9 世纪初，至 10 世纪，这种特殊的造型在古代印度尼西亚和东南亚的其他地方已不再流行。② 但 12～13 世纪，这种造型以不同的方式再度出现，最早出现在缅甸，继而出现在泰国艺术中，用以赞颂在波陀林供奉佛陀的猴子和大象。

在泰国中部及半岛、缅甸、爪哇西部、坎帕等地发现的数量相当，造型相同的模制有右手上举的倚坐佛像泥板，反映了 7～8 世纪东南亚交通与交流的复杂状况。这些泥板看起来属于东南亚的"地域类型"。但不能确定它们与典型的"孟"（Mon）、"骠"（pyu）、"马来"（Malay）、"爪哇"（Javanese）或"占"（Cham）类型有关。因此，重新审视中国唐代，或大约 7 世纪日本的一些表现中央主位佛像的小泥质陶塑显得尤为重要。③ 这些广泛分布的模塑，为艺术传承及东南亚同周边地区陆路、海路多种接触提供了鲜明的依据。

二 唐代繁荣及其与东南亚的交流

上述东南亚的考古证据及其与一些东亚材料的明显联系，让我们提出了一个有趣的问题：右手施说法印的倚坐佛像如何传至东南亚，特别是在 7～8 世纪的堕罗钵底和爪哇艺术中为何如此流行此类造像。鉴于这一时期佛教在亚洲的背景以及中国唐王朝的影响和声望，笔者更倾向于认为，它是当时"世界性佛教艺术类型"的一部分，沿海上和陆上丝绸之路传播而来。正如王静芬所述：

---

① 虽然公元 1 千纪东南亚没有确切纪年的造像，但中国的一些造像可依题记断代，这为东南亚类似的佛教造像断代提供了相对的年代标尺。

② 现存于越南中部同阳（Ðồng dương）的造像是公元 1 千纪最晚出现的这类造像（875 年）。这里发现的石质倚坐佛像（现藏于占族雕塑博物馆）明显受到中国唐代佛教艺术的影响。在中国甘肃、宁夏、四川等地亦可见相同姿势的大型佛像。

③ Yoko Shirai, *Senbutsu: Figured Clay Tiles, Buddhism, and Political Developments on the Japanese Islands, ca. 650 CE - 794 CE*, Thesis (PhD), Los Angeles: University of California, 2006, p. 111.

　　7 世纪，唐朝迅速发展成为一个强大的国际帝国，并在 8 世纪前半叶达到鼎盛。唐太宗时（626~649）大败西突厥，使中国在通往西方的陆路上占据了主导地位，从而促进了丝绸之路上的贸易与文化交流。最著名的是游历印度十六年，被后世颂扬的中国僧人和翻译家玄奘（602~664），他于 645 年返回长安，标志着唐代国际化的新阶段。……玄奘和王玄策①等携回的佛像、图像抄本和碑铭草图，带来了新的视觉来源和刺激，在唐朝都城掀起一股"印度热"。这些国际化和印度化的特征在长安和洛阳的造像艺术上表现得十分明显。……此外，都城的外国艺术家促进了这种国际趋势的发展。一些印度和中亚艺术家的后裔长期旅居中国，继续活跃在唐王朝。②

　　在唐代的都城是否还居住着一部分"昆仑人"？③ 正史中没有关于东南亚艺术家来中国的记载。然而，在唐初曾有多达 20 个东南亚国家派遣使团前往中国。拉尔夫·史密斯（Ralph Smith）提出，"唐王朝的繁盛与声望已远播东南亚大陆腹地"。在 7 世纪上半叶的唐代编年史料记载的多个"王国"中，堕罗钵底分别于 638 年、640 年、649 年三次派遣"使团"来华，之后则不见记载。这些官方使节极有可能是乘坐载有商人、匠人、僧侣的商船前往中国的。一些日本学者根据 8 世纪初编纂的《日本书纪》甚至推测"堕罗钵底人"或"昆仑人"在 7 世纪中叶已远行至古代日本。④ 650~750 年，即唐王朝的全盛时期，仍

---

①　王玄策曾作为使节出使印度三次或四次，开辟了从中国西藏经尼泊尔到达印度的新路线。在西藏和龙门石窟都发现了与王玄策有关的题记和图像。

②　Dorothy Wong, ed., *The Hōryūji Reconsidered*. Newcastle：Cambridge Scholars Publishing, 2008, pp. 132 – 133.

③　在这一时期，中文史料将东南亚的居民称为"昆仑人"。他们常被描述为毛发卷曲、肤黑的形象。参见如沙畹、高楠顺次郎、伯希和的研究。

④　这一论断的依据是将来自"吐火罗"的人暂定为"堕罗钵底人"。参见 Tatsuro Yamamoto, "*East Asian Historical Sources for Dvaravati Studies*," in Proceedings of the 7th International Association of Historians of Asia Conference, 22 – 26 Aug. 1977, Vol. 2, Bangkok：Chulalongkorn university press, 1979, pp. 1147 – 1148；Shōji Itō, *Dvāravatī People in Ancient Times of Japan*. A Paper submitted at the 14th International Association of Historians of Asia Conference, 20 – 24 May 1996, Bangkok：Chulalongkorn University, 1996. 然而，吐火罗更有可能与中亚吐火罗或粟特人的国家联系在一起。关于联系中国与印度海上航线之粟特商人的研究可参见 F. Grenet, "Marchands Sogdiens dans les Mers du Sud à l'époque préislamique," *Cahiers d'Asie centrale*, Vol. 1, No. 2 (1996), pp. 65 – 84. 在泰国中部的枯磨郡和乌通郡都发现有粟特商人的陶质和灰泥质遗物。参见 Baptiste and Zéphir, *Dvāravatī：aux sources du bouddhisme en Thaïlande*, Paris：Réunion des Musées nationaux, 2009, p. 184, fig. 79；pp. 204 – 205, figs. 99 – 100。

不断有使团从东南亚、南亚（如真腊、三佛齐等）被派遣至中国。

这一时期，中国僧人对印度佛教表现出极其浓厚的兴趣。因此，作为海上贸易目的地或中转站的东南亚，其重要性显著提高。自645年玄奘返回中国，其他僧人和朝圣者也效仿其踏上前往印度的西行征程。玄奘及他之前的法显①、宋云等先贤，都选择了"陆上丝绸之路"。然而，吐蕃势力的崛起和阿拉伯人对大夏国的威胁导致中亚陷入政治混乱，致使通往印度的"陆上丝绸之路"被迫中断。因此，在7世纪下半叶，"海上丝绸之路"逐渐成为印度与中国宗教交流、货物流通、人员往来的重要路径。②

义净（635～713）是最著名的乘船经南海路线前往印度的中国僧人。671年他乘商船从广州出发，随后在东南亚的巨港、南苏门答腊居住了几年。据义净撰写的《大唐西域求法高僧传》记载，有37名朝圣僧人在他之前或同时乘商船经过这些地方，有时甚至需要在此停留一段时间以等候季风。③另外的文献还记载了一些中国僧人冒险走人迹罕至的道路而进入东南亚腹地。义净曾提到僧人大乘灯儿时随父母泛舶往堕罗钵底国，后前往印度，但其后再无记载。在西贴（Si Thep）发现的两块泥板上记录了另一位前往东南亚大陆更北地方的中国僧人，④ 其上有四个汉字"比丘文相"，"文

---

① 法显于399年经陆路到达印度，413～414年经海路返回中国。

② 在8世纪末的晚唐文献中可以找到这条海上航线的历史记载。伯希和对这条航线的记载做了详细的翻译与注释，P. Pelliot, "Deux itinéraires de Chine en Inde à la fin du VIIIᵉ siècle," *Bulletin de l'École française d'Extrême - Orient*, Vol. 4 (1904), pp. 215 - 363, 372 - 373。

③ 这些地区主要在室利佛逝国或其周边国家。参见 E. Chavannes, trans. *Mémoire composé à l'époque de la grande dynastie T'ang sur les religieux éminents qui allèrent chercher la Loi dans les pays d'Occident par I - Tsing*, Paris: Ernest Leroux, 1894, pp. 36, 42, 53, 60, 62, 64, 77, 100, 126, 136, 144, 158 - 159, 189 - 190。这些国家的具体位置在学术界一直存有争议，可参见 L. C. Damais, "Études sino-indonésiennes: III La transcription chinoise Ho-ling comme désignation de Java," *Bulletin de l'École française d'Extrême - Orient*, Vol. 52, No. 1 (1964), pp. 93 - 141; W. J. Meulen, van der. in Search of "Ho - Ling", *Indonesia*, Vol. 23 (1977), pp. 86 - 111; Jordaan, R. E. and B. E. Colless, *The Māhārājas of the Isles: The Śailendras and the Problem of Śrivijaya*, Leiden: Department of Languages and Cultures of Southeast Asia and Oceania, 2009。虽然米歇尔·雅克－赫尔古尔（Michel Jacq - Hergoualc'h）认为"这些僧侣似乎都没有考虑过穿越马来半岛到达东南亚"，但义净的记载还是暗示了这条环半岛路线的存在——旅行者需要在"郎伽戍"或狼牙修（今Yarang，也兰县，泰国南部北大年府）和"羯荼"（可能是吉打州）停留。

④ 这位僧人可能从内陆的另一路线，即从越南海岸出发，经瞻波（Campā）最终到达"文单"或陆真腊。参见 P. Pelliot, "Deux itinéraires de Chine en Inde à la fin du VIIIᵉ siècle," *Bulletin de l'École française d'Extrême - Orient*, Vol. 4 (1904), pp. 211 - 215, 372。一些学者试图在泰国东北部的某个地方找到"Wendan"这一地点。

相"应该是这位僧人的名字。伍德沃德（Woodward）根据文体将泥板断定为公元8世纪，泥文应该属同一时期。

同时，印度的一些僧人也通过海路前往中国。僧人善无畏（Śubhakarasiṃha，637～735）、金刚智（Vajrabodhi，671～741）、不空（amoghavajra，705～774）是在唐代传布密宗最具影响力的三位"胡僧"，他们都从南海到达广州。在他们之前，即7世纪下半叶，也曾有僧人那提（Puṇ yodaya，生卒不详）在真腊、中国等地云游。还有一个关于南印度婆罗门僧菩提仙那的著名例子，他于736年到达日本，752年主持奈良东大寺卢舍那佛开眼仪式。①

7～8世纪，佛教僧侣通过海路在印度与东亚之间进行广泛交流，并在东南亚做短暂停留，我们有理由认为这些朝圣僧人会随身携带一些小型佛像、宗教仪式器具②、布画、图纸及佛经文书等③。遗憾的是，经过沧桑岁月，在东南亚并没有发现这些物品。而诸如模制泥板、小铜像、木制品、刺绣或绢画④、棕榈叶等因其便于运输，被认为是新造像传播的最佳媒介。⑤

---

① 中国僧人鉴真（688～763）在经过五次跨海失败后于745年抵达日本，被视为佛教东传日本里程碑意义的事件。鉴真第五次东渡时，信徒中有一位"昆仑国"僧人军法力，极有可能是来自东南亚。参见 M. A. Bingenheimer, Translation of the Tōdaiwajō tōseiden 唐大和上东征传（Part 2）, *The Indian International Journal of Buddhist Studies*, Vol. 5 (2004), p. 161, fn. 50。

② 在泰国佛统有一个铜质锡杖杖头，其他公元1千纪的遗物在爪哇也有所发现。这是否能成为该地区朝圣僧交流的部分证据？

③ 7世纪，中国已出现雕版印刷和在纸或丝绸上冲压图像的尝试。义净也提到了印度的"纸"，并证明了这种印刷形式，参见 T. H. Barrett, "Did I‐Ching Go to India? Problems in Using I‐Ching as a Source on South Asian Buddhism," in P. Williams, ed., *Buddhism in China, East Asia, and Japan*, London: Routledge, 2005, pp. 2 - 3, 6 [originally published in Buddhist Studies Review 15, 2, 1998, pp. 142 - 156]。

④ 在爪哇中部的塞武寺（又译色乌寺，Caṇḍi Sèwu）、普拉桑寺（Caṇḍi Plassan）和普兰巴南（Prambanan）墙壁上绘有中国丝织物上的基本图案，参见 H. W. Woodward, "Jr. A Chinese Silk Depicted at Caṇḍi Sèwu," in K. L. Hutterer, ed., *Economic Exchange and Social Interaction in Southeast Asia: Perspectives from Prehistory, History, and Ethnography*, Ann Arbor: Center for South and Southeast Asian Studies, University of Michigan, 1977, pp. 233 - 243。

⑤ 安杰拉·霍华德（Angela Howard）甚至认为早在5～6世纪，海路已对印度美学与佛教艺术引入中国沿海起着重要作用，并强调俄厄是当时东南亚海上贸易的中心。因此，她提到519年，扶南国遣使向南朝梁国觐献檀木佛像，A. H. Howard, "Pluralism of Styles in Sixth‐Century China: A Reaffirmation of Indian Models," *Ars Orientalis*, Vol. 35 (2008), pp. 76 - 77。关于这些物品携带和流通的问题，可参见 P. Skilling, "Paṭa (Phra bot): Buddhist Cloth Painting of Thailand," in F. Lagirarde and Chalermpow P. Koanantakool, eds., *Buddhist Legacies in Mainland Southeast Asia: Mentalities, Interpretations and Practices*, Bangkok: Princess Maha Chakri Sirindhorn Anthropology Centre, 2006, p. 234。

然而，在东南亚并未发现公元 1 千纪遗留下来的壁画或是刺绣，因此，只能假设这种图像的传播模式。

尽管如此，我们至少可以尝试根据一些东亚考古证据来解释堕罗钵底浮雕。以著名的佛统倚坐佛为例，其属浅浮雕，倚坐姿，右手上举施说法印，左手下垂置于大腿上，为面前的弟子说法（图 5）。伍德沃德怀疑这座浮雕可能"受到中国画的影响，或中国朝圣僧将不可磨灭的印度模式带入了东南亚"。他尝试将这件特殊的浮雕与长安宝净寺浮雕（图 6）、中国和日本版画、日本国宝刺绣制品中相似倚坐佛图像等材料联系在一起，认为"公元 700 年前后，中国在东南亚倚坐佛像的起源中发挥了某些作用"。① 上述日本国宝刺绣制品由三个图像组合在一起，居中的佛陀同样是右手施说法印，坐于两只狮子支撑的宝座上，两侧各有六位较小的手中持花（花略有不同）的带头光侍从。在带头光神灵的上方，还有飞天在旋转如波涛的云层上飞舞，这一画面与佛统浮雕中弟子头上的云图相似。② 一般将这幅刺绣认为是

图 5　初转法轮图，石质浮雕，高 60 厘米，宽 110 厘米，
7～8 世纪泰国中部佛统出，佛统大塔藏，
雷维尔拍摄

① 这件来京都劝修寺的释迦牟尼说法图现藏于奈良国立博物馆，被认为是 7 世纪末 8 世纪初由唐朝带往日本，它的风格与法隆寺壁画非常接近，D. Wong, ed. , *The Hōryūji Reconsidered*, pp. 144, 153, fig. 5. 13。丝质释迦牟尼说法图的相关信息可检索奈良国立博物馆主页 http://www.narahaku.go.jp/english/collection/d‑647‑0‑1.html。总而言之，中国已断代的相同姿势的造像对东南亚材料的断代和比较研究有重要意义。
② 伍德沃德认为宝座上的云纹装饰并非出自堕罗钵底匠人之手，而是基于中国壁画做了抽象设计。

**图 6　坐佛，石质浅浮雕，高约 120 厘米，宽约 80 厘米，唐代（703～704），
陕西西安宝净寺出，日本东京国家博物馆藏，雷维尔拍摄**

"释迦牟尼说法图"，但其他的解释似乎也合乎情理。① 与之不同的是，佛统
浮雕则被认为是初转法轮图像。

　　虽然佛统和奈良的这些相似特征十分引人注意，但这种造像模式是否直
接从中国、日本传至堕罗钵底或邻近地区仍有待考证。② 更为合理的推测应
是，类似的佛教经文、传说故事、著作等同时影响了这些地区相关图像的广
泛传播。优填王造佛陀像的故事是公元 1 世纪在中亚、东亚广泛流传的众多
佛教传说之一。

---

①　《法华经》记有在灵鹫山或忉利天说法布道的无量寿佛或释迦牟尼，Yasuo Inamoto，"Aikuō
zō tōden kō‐Chūgoku sho‐Tōki o chūshin ni〔On the Propagation of the Buddha Image of King
Udayana: With Special Reference to the Early Tang Dynasty〕"，*Tōhō Gakuhō*〔*The Journal of
Oriental Studies*〕，Vol. 69（1997），pp. 409 – 411〔in Japanese〕。彼得·沙罗克（Peter
Sharrock）认为这可能代表弥勒佛垂脚坐于佛座上，与众菩萨一同建立和管理翅头末王都。
②　明确的证据是在越南南部湄公河三角洲发现有中国青铜质小型佛像，L. Malleret，
*L'Archéologie du Delta du Mékong. T.*Ⅱ: *La civilisation matérielle d'Oc‐Èo*，Paris: Publication
de l'École française d'extrême‐Orient 43，1960，ii，figs. 433 – 434。最近一次是在柬埔寨磅湛
省发现，L. A. Cort，and P. Jett，eds.，*Gods of Angkor: Bronzes from the National Museum of
Cambodia*，Washington D. C.: Smithsonian Institution，Arthur M. Sackler Gallery，2010，
figs. 16 – 17，38 – 39。

三　理想模式：优填王（King Udayana）像？

在中国龙门石窟的几个小型窟龛中分布着一组特殊的佛像，与东南亚的材料有惊人的相似之处。这些佛像有汉字榜题"优填王像"。① 据埃米·麦克奈尔（Amy Mcnair）报告的最新统计，龙门石窟约有 100 座优填王像，每座高约 1 米，根据榜题，年代在 655～680 年。② 除了其上有令人信服的汉字榜题，龙门石窟的造像表现出强烈的印度风格，似乎可以从印度的一些地区中找到造像的原型。龙门石窟的这些佛像均为倚坐姿，右手上举，左手置于大腿上（图 7）。佛像均着贴身长袍，无褶，袒右肩——除了手势，这些都令人想起笈多时期的鹿野苑类型。③ 佛像的头像面部饱满，肉髻很低，这些都具有更明显的南

图 7　优填王像，高浮雕，高约 1 米，唐代（655～680 年），
河南龙门石窟出，雷维尔拍摄

① 最早的题记写："比丘□□为亡父母敬造优填王像一躯，法界共同斯福德。永徽六年十月十五日。"

② 现存可见的造像实际不超过 50 座。此外，大部分已从原来的壁龛中搬离或者已严重受损。另外，在河南巩县附近的石窟中也有 4 座类似榜题的佛像。

③ 大多数优填王像的手臂是残损的。但龙门石窟 440 窟佛像右手施说法印，左手握佛衣下摆垂于左腿上，Yasuo Inamoto, On the Propagation of the Buddha Image of King Udayana: With Special Reference to the Early Tang Dynasty, p. 360, fig. 4; Tamami Hamada, "Chūgoku sho-tō jidai no lakuyō shūhen ni okeru uten ō zō nit suite [On the Image of King Udayana from around Luoyang during the Early Tang Dynasty, China]," *Bukkyō geijutsu* [*Ars Buddhica*], Vol. 287 (2006), pl. 4 [in Japanese]. 尽管有这些重要的细节，但我们仍应注意到后期的修复。

印度特征。据此看来，这种特有的造像基本上反映了 6～7 世纪的印度传统，如现存柏林的一些图像材料（图 1）。然而，到目前为止，我们似乎还不能确定龙门石窟这一组图像在印度有可能的来源区域。但由于这些造像几乎完全相同，这表明它们可能来自某一特定造像。

这些佛教造像因被称作"优填王"而颇受关注，这些可能与佛陀生前第一座栴檀像的传说故事有关，它是遵照一位虔诚国王的命令制作的，[①] 据说后来一件仿制品被带回中国。但是，最初的"优填王"像具体何样？最权威的是玄奘 7 世纪所撰《大唐西域记》中有关在印度北部的憍赏弥发现了优填王命令制作的释迦牟尼栴檀像的记载。他描写了栴檀像奇迹般的制作过程：

> 初，如来成正觉已，上升天宫为母说法，三月不还，其王思慕，愿图形象，乃请尊者没特伽罗子以神通力接工人上天宫，亲观妙相，雕刻旃檀。如来自天宫还也，刻檀之像起迎世尊。世尊慰曰："教化劳耶？开导末世，寔此谓冀。"[②]

玄奘的记载清楚地表明，栴檀像最初便是坐像而非立像。法显在这之前已到过印度，虽然未至憍赏弥，但记录了一个类似的故事。该故事讲述的不是优填王，而是舍卫城波斯匿王。故事发生在祇园精舍，三个月后佛陀从忉利天回来，对栴檀像说："还坐。吾般泥洹后，可为四部众作法式。像即还坐。"[③]

---

① 根据不同的文化传统和文献记载，优填王可能皈依了佛教、耆那教或者印度教。

② 玄奘：《大唐西域记》卷五，章巽点校，上海人民出版社，1977，第 121 页。关于玄奘在印度所见佛教造像参见 R. L. Brown, "Expected Miracles: The Unsurprisingly Miraculous Nature of Buddhist Images and Relics," in R. H. Davis, ed., *Images, Miracles, and Authority in Asian Religious Traditions*, Boulder: Westview press, 1998, pp. 26 – 27。

③ 法显：《高僧法显传》，载《大正新修大藏经》第 51 册，日本大正一切经刊行会，1934，第 860 页中。有关第一座栴檀像传说的其他资料，参见 P. Demiéville, "Butsuzô," in P. Demiéville, ed., *Hôbôgirin: Dictionnaire encyclopédique du bouddhisme d'après les sources chinoises et japonaises. Fascicule Ⅲ: Bussokuseki – Chi*, Paris: Librairie d'Amérique et d'Orient, Maisonneuve, 1937, pp. 210 – 211; Soper, "A. C. Literary Evidence for Early Buddhist Art in China," *Ascona: Artibus asiae Supplementum*, Vol. 19 (1959), pp. 259 – 265, 以及 M. L. Carter, "The Mystery of the Udayana Buddha," *Supplement to n. 64 Agli Annali*, Vol. 50, No. 3 (1990)。现藏于巴基斯坦白沙瓦博物馆的一件犍陀罗浮雕，刻有一位皇室成员将一尊坐佛献给佛陀的场景，B. Rowland 解释为"优填王的礼物"，Rowland, B. Jr. A, "Note on the Invention of the Buddha Image,"　（转下页注）

有关优填王像最终传到中国的古老传说多次出现。玄奘在书中写到他自己曾在 645 年回到长安时带回 7 座印度流行佛像的仿制品，据说其中第三件就是仿照栴檀像制作的。之后，优填王像必定在洛阳地区备受推崇，龙门的供养人必定也熟知这一传说。据此，一些中国和日本学者认为龙门石窟的造像可能仅仅是模仿了玄奘带回来的栴檀像。① 一条有力的证据证明了玄奘归来（645）与龙门石窟第一尊优填王像制作（655）的时间差。麦克奈尔（Mcnair）根据龙门石窟的各种榜题，推测应该是"一小群相关的人捐赠了大部分优填王造释迦栴檀像"，而且，"由于这些人曾接触过这些佛像，因此他们对这些佛像特别感兴趣"。② 她甚至推测这些人是玄奘的朋友、亲戚，或是与洛阳净土寺有关的僧人，因为玄奘曾在这里出家。

奇怪的是，另一件被称作"优填王类型"的是出自日本京都清凉寺的著名木质立像，它在造像上与优填王造释迦栴檀像根本不同。③ 但十分明确的是，这座著名的佛像传承了龙门造像重要的传统特征。龙门优填王造释迦栴檀像来源于南亚北部模式的猜想当然是可以接受的。为平衡这一点，我们应该同时考虑到中亚或犍陀罗模式。④ 中国西部新疆克孜尔石窟的一些壁画亦有这一特点。⑤ 至少有一例木质倚坐佛，据说是出于克孜尔 76 窟，现存

（接上页注③）*Harvard Journal of Asiatic Studies*, Vol. 11, No. 1/2 (1948), pp. 183 – 184。而卡特（M. L. Carter）则认为是"波斯匿王的礼物"，M. L. Carter, The Mystery of the Udayana Buddha, 1990, pp. 8, 24。曼谷苏泰寺石板描绘了佛陀舍卫城神变和忉利天说法的相似场景。然而，根据所见佛陀在忉利天说法的传说，没有看到优填王或波斯匿王造旃檀佛像的故事。这个传说在东南亚广为流传，尽管故事在许多方面有所不同。暹罗版本参见 P. Skilling, *Dharma*, *Dhāraṇī*, *Abhidharma*, *Avadāna*: *What was taught in Trayastriṃ a*, p. 78。

① 近期，李桂贞（音译，Kwi Jeong lee）回顾了有关玄奘和龙门石窟群造像联系的各种假说。

② A. Mcnair, *Donors of Longmen*: *Faith*, *Politics*, *and Patronage in Medieval Chinese Buddhist Sculpture*, Honolulu: University of Hawai'i Press, 2007, pp. 102 – 103.

③ 京都清凉寺佛像是日本僧人奝然于 985 年依中国南部的一尊佛像制作的，而中国的这尊佛像据说是仿照鸠摩罗什在 5 世纪早期带到中国的较早的优填王像制作的。关于旃檀佛像及版本，参见 A. Terentyev, *The Sandalwood Buddha of the King Udayana*, St. petersburg: Narthang, 2010。

④ 有一点应该指出，这种垂脚姿势的最终起源似乎可以追溯到贵霜时期，当时国王的肖像即是这种坐姿。

⑤ 在勒科克的著作中，垂脚坐于佛座中间的被认为是摩诃迦叶而非佛陀，表现佛陀入灭后，于王舍城召开第一次经典集结的场景。

于柏林亚洲艺术博物馆①（图8）。这座木佛像的右手恰好残损，但手势应是无畏印或说法印；右肩也是袒露的。此类型的木质佛像可能不止这一座，它们很可能是这种特殊图像在当地的表现。② 然而，这一有趣问题有待进一步研究讨论。③

图8　木质坐佛，高12厘米，公元6～7世纪（？），中国新疆克孜尔出，柏林亚洲艺术博物馆藏，雷维尔拍摄

现在笔者想问的是，龙门石窟的这些造像是否传播到东南亚，并作为当地造像的范本？毫无疑问，龙门石窟所见的优填王像与"外来类

---

① Chhaya Bhattacharya, *Art from Central Asia*（*with reference to wooden objects from the Northern Silk Route*）, Delhi：Agam Prakashan, 1977, pp. 57 – 58, fig. 26；Härtel, H. and Yaldiz, M. *Along the Ancient Silk Routes：Central Asian Art from the West Berlin State Museums*, New York：Metropolitan Museum of Art, 1982, pp. 118 – 119, fig. 52；M. Rhie, *Early Buddhist Art of China and Central Asia*, Vol. 2, Leiden／Boston：Brill, 2002, pp. 694 – 695, fig. 4. 69b.

② 丽艾（Rhie）还提到其他垂脚坐姿的木质佛像：一件出自和田，现藏于伦敦大英博物馆；另一件出自库车，现藏于巴黎吉美博物馆。

③ 更好地讨论东南亚艺术中"缺少木质造像理论"与贝尼斯蒂（Bénisti）的"可移动文物理论"，可参见布朗（Brown）的研究（R. L. Brown, *The Dvāravatī Wheels of the Law and the Indianization of South East Asia*, Leiden：Brill, 1996, pp. 190 – 192）。据布朗所言，"缺少木质造像理论特别吸引人的原因有以下几点，在印度和东南亚，它允许共享的艺术模式带来的平行艺术的发展。在两种传统中共享的早期木质模型已然消失，但后来我们发现了与之相仿的独立、耐久的材料。这解释为什么我们有共同的'类型'，又有细节的差异"。

型"有关。① 玛丽琳·丽艾（Marrylin Rhie）认为龙门石窟优填王像模仿
东南亚造像多于印度类型，她写道："虽然这些佛教造像类型最终来源于
鹿野苑类型，但具体细节似乎更接近公元 6～7 世纪东南亚造像中的鹿野
苑类型。"② 不可否认，越南南部河静的石佛像（图 1）、泰国中部所见小型
铜佛像（图 4）及相关的一些图像③具有一定的亲缘关系，特别是当我们考
虑到手印或僧侣衣饰褶皱的问题时。丽艾进一步认为脚踩莲花座是另一个共
同特征。不过，从图像与风格的角度来说，笔者认为河静倚坐佛的年代应该
与优填王像的年代相近，约为 7 世纪下半叶，这明显比之前的推测晚得多。

此外，龙门石窟的一些造像中有一种轻微刻入墙面的高背椅图像。
这种顶部呈扇形的座在唐代佛像中十分普遍，通常佛像是垂脚坐姿。这
种座在奈良刺绣佛像和敦煌隋代 405 窟壁画中均有发现。然而，隋代的
例子是 6 世纪晚期到 7 世纪早期，明显早于龙门。因此，有一种观点认
为这种基座装饰来自"陆上丝绸之路"而非海路。同样，一种类似的被
伍德沃德称为"瓣形座背"的样式出现在 7～8 世纪的一些东南亚图像
中，如来自巨港的小型铜佛像，以及婆罗洲三发（Sambas）发现的图像。
这种几乎同时发生的趋势揭示了艺术风格和特定图案如何快速地从丝绸
之路的一端传播至另一端。

结　论

本文初步探讨了施说法印倚坐佛像在东南亚的起源与传播，关注点
主要集中在研究较少的互动领域，特别是东亚与东南亚之间的相互影响。
初步研究表明这种新的造像于 7～8 世纪出现在东南亚地区，极有可能与
早期唐代模式有关，至少应该是相似的印度来源同时分别传至东南亚与

---

① "倚像"通常指"依靠"或"倚靠"椅子。在晚期中国佛教术语中，"倚像"指倚坐，或
善跏趺坐。

② M. Rhie, *Interrelationships between the Buddhist Art of China and the Art of India and Central Asia from 618 - 755 A. D.*, Naples: Instituto universitario orientale, 1988, p. 42.

③ 布拉达帕迪亚·帕尔（Pratapaditya Pal）刊布的一件铜像即是这样一个例子。现由某私人收
藏，据说出自乌通，具体地点不明，参见 Thanphong Kridakorn, *Pramuan phap pratima* [*A Collection of Sculptures*], Bangkok: Krom Sapsamit [in Thai and English], 1965, pl. 3。

中国。①

　　在这一点上，东南亚可能的"原型"或稍晚发展的类型是龙门石窟神秘而短暂存在的优填王像，年代为 655~680 年。但是，这种优填王像的独特形式之后如何能够对东南亚倚坐佛造像形式特别是堕罗钵底像产生强烈影响呢？很明显，龙门石窟的这组造像非中国传统，或多或少是对印度模式的自觉渲染。因此，这种"理想模式"极有可能是玄奘 645 年从印度带回来的造像之一。这一组造像中有一座被誉为优填王造释迦栴檀像的复制品，也是佛教造像中最有名的一座。若如其所说，玄奘很可能被认为是印度著名佛像传统进入中国的主要传播者。此外，鉴于人们对进出印度的海上路线重新感兴趣，其他佛教僧侣和朝圣者可能随后在中国和东南亚传播这一造像方面发挥了重要作用。

　　从跨文化、地域的角度看，可以肯定的是，东亚佛教造像为比较同类的东南亚造像提供了宝贵资源。它生动地记录了跨地域宗教和艺术的传承过程。如果我们接受以上所说，龙门石窟的优填王像可能是南亚和东南亚之间的一个有趣的"中介模式"。或者，东南亚、龙门石窟的这组佛教造像能够反映出印度在公元 7 世纪中叶前后发生的一些事情。在追溯这类佛教造像的印度根源方面还有待进一步的研究。

---

① 这一初步结论可能与其他常见结论背道而驰。如乔蒂玛·查图拉旺（Chotima Chaturawong）提到了印度和堕罗钵底造像的密切关系，但没有考虑到中国的材料。（"Indo‑Thai Cultural Interaction：Buddha Images in Pralambapadasana," in L. Ghosh, ed., *Connectivity & Beyond：Indo‑Thai Relations Through Ages*, Calcutta：The Asiatic Society, 2009, pp. 55 ‑ 77.）相反，李桂贞发现龙门石窟中优填王造像并非直接来源于"原始的"印度佛像，她观察到龙门石窟的优填王像与堕罗钵底的倚坐佛像有着很强的关联性。（*Chodang gi uijwahyeong ujeon wang sang yeongu* [*A Study on the Udāyana Image in Pralambapadāsana of the Early Tang Period*]. Unpublished Master Thesis, Seoul National University：Department of Archaeology and art History [in Korean with English abstract], 2010.）

New Perspectives on the Origin and Spread of Bhadrāsana Buddhas throughout Southeast Asia (7th -8th Centuries CE)

Nicolas Revire

Abstract: This paper discusses the seated Buddhas in the so-called "European fashion" (Skt. bhadrāsana), often found in Southeast Asia during the 7th - 8th centuries in Java, the Mekong Delta and particularly in the art of Dvāravatī, one of Thailand's oldest religious cultures. While dealing with stylistic and iconographic questions, this paper also attempts to trace the origins of this specific posture, how it spread throughout Southeast Asia, as well as examining its meanings. In doing so, I focus on the different areas of India, central Asia, China and Japan for comparative studies. My research tends to show that this iconographic trend is best affiliated with East Asian models during the early Tang period rather than with Gupta and post - Gupta images directly from India. Possible prototypes for later development in Southeast Asia are the "King Udayana statues" at the Longmen Caves dated by inscriptions from ca. 655 -680.

Keywords: Images of Seated Buddhas with Legs Pendant; The "King Udayana" Image; Longmen Caves; Stylistic; Iconographic; Spread

（执行编辑：徐素琴）

海洋史研究（第十五辑）
2020 年 8 月　第 265～289 页

中国南海及临近海域的沟通语言
（15～18 世纪）

苏尔梦（Claudine Salmon）*

> 与葡萄牙语同时，马来语是在整个印度群岛，以及波斯、印度斯坦、上至中国的范围内使用的一种语言，但不同的是，葡萄牙语更多用于西方，而马来语更常用于印度群岛东部。
>
> ——范伦丁（F. Valentijn），《新旧东印度志》，1724 年，第二卷，第 244 页。

尽管从遥远的过去中国与东南亚之间就一直保持着联系，但我们对彼此间长期的文化交流过程与沟通语言等方面却知之甚少。[①] 笔者查阅了大量有关航海活动的中文和多种欧洲语言记录以及中国沿海的文献资料，集中研究

---

* 作者苏尔梦，法国国家科学研究中心研究员；译者宋鸽，上海大学文学院讲师。
　本文译自作者在巴黎举办的"亚洲海洋知识：海洋历史学家与考古学家的跨学科对话"
（Maritime Knowledge for Asian Seas: An Interdisciplinary Dialogue between Maritime Historians
and Archaeologists）国际研讨会（2018 年 11 月 21～23 日）上的发言稿。感谢陈国栋、莽甘
（Pierre - Yves Manguin）和路易·菲利普·托马斯（Luis Filipe Thomaz）为本文涉及文本提
供的宝贵建议，聂德宁、马利斯·萨拉查（Marlies Salazar）、许路为本文写作提供的相关信
息，感谢毛传慧审校相关的中文引文。

[①] 参见陈国栋《从四个马来词汇看中国与东南亚的互动：Abang、Kiwi、Kongsi 与
Wangkang》，《汉文化与周边民族——第三届国际汉学会议论文文集（历史组）》，台北中研
院历史研究所，2003，第 65～113 页；文章修订版收录于陈国栋《东亚海域一千年》（2005
年初版），台北财团法人曹永和文教基金会，2013，第 127～162 页 ［本文参（转下页注）］

那些中国海上的水手和商人们曾共享的特殊语言遗产——在中国南海港口和东南亚群岛曾被使用的通用语、借用语以及被创造出的行话或"洋泾浜语"，进一步探究理解以下问题：相对于葡萄牙语，马来语作为一种通用语言、一种在东南亚和中国海地区使用的贸易语言的真正地位；在中国南部及南洋的范围内，马来语与闽南话、古汉语之间的互借现象；多国或混合族裔船员与船上共同语的需求问题。

一　马来语和葡萄牙语作为通用语言和贸易语言

笔者将依次考察最早的马来语词汇表的编制，以及各国旅行者们——绝大多数是欧洲人但也有中国人——在他们的旅行记录中关于马来语使用的内容。

1. 外国旅行者收集的最早的马来词汇

在 15 ~ 17 世纪初期，有至少 3 个马来语词汇表可以论证这一语言对到访印度群岛的船员们的重要性。首先来看一个无署名的叫作《满剌加国译语》的中 – 马词汇表，显然源自几种不同的资料，且在 1511 年以前汇编而成。① 据笔者所见，这是迄今发现的最早的一部马来词汇表，共有 482 个词目，被分成 17 个专题，但其中没有一个与海事相关。第二个词汇表是 1521 年皮加费塔（Pigafetta）在摩鹿加群岛停留期间编制的。它包含了 400 多个被他称为摩鹿加的"摩尔人（Moorish）语言"（或穆斯林人）的语词。第三个则出自一个荷兰商人弗雷德瑞克·德·豪特曼（Frederick de Houtman，1571 ~ 1627），他与哥哥科内利斯（Cornelis）一起，在 1599 年尝试与亚齐苏丹（苏门答腊）创建商业关系。当谈判看似成功时，科内利斯被杀，而弗雷德瑞克遭到监禁。在被囚禁期间，他编写了围绕贸易事务的马来语对话和一个单词表。

（接上页注①）考版本]；陈国栋："Examples of Loan Words Adapted by Chinese Seafarers," *Maritime Knowledge for China Seas Workshop*，台北中研院，2015，第 113 ~ 125 页；C. Salmon, "Malay（and Javanese）Loan-words in Chinese as a Mirror of Cultural Exchanges," *Archipel*, Vol. 78（2009），pp. 181 – 208；Salmon, "Linguistic Heritage Shared by Seafarers," in *Maritime Knowledge for China Seas Workshop*, pp. 127 – 131。

① 从明代史料中，我们可以知道中国海商曾为进贡使臣做翻译。参见松浦章《明清时东亚海域的文化交流》，郑洁西等译，第二章"明代的海外各国通事"，江苏人民出版社，2009，第 42 ~ 55 页。

最早可知的手抄本形式的葡 - 马词典写在中国纸上，但年代不明①。其包含有 94 个词条和约 90 个单词、双词，或更多（*Dialogos Portuguez / Dialogos Malayo*，葡萄牙语对话/马来语对话）。航海术语也在其中多有涉猎。② 这个手抄本上记有两个名字：伊莱亚斯·柔赛·德·瓦莱（Elias José do Vale）和安东尼奥·里贝罗（António Ribeiro）。新近发现的手稿的第二部分中有一个葡 - 马词汇表。它证明了伊莱亚斯·柔赛·德·瓦莱曾是一个在往来于澳门和马六甲之间的贸易商船上工作的船长，而编写这个词汇表是受安东尼奥·里贝罗·多斯桑托斯的委托。后者曾是 1796~1816 年间皇家公共图书馆（Real Biblioteca Pública da Corte，现为葡萄牙国家图书馆）的第一任馆长。③

爱德华兹（E. D. Edwards）和布莱格登（C. O. Blagden）编辑了《满剌加国译语》④，而意大利语 - 马来语的词汇单则包含在皮加费塔于 1524 年首次发表的《麦哲伦环游世界之旅（1519~1522）》（但现存最早的版本是 1536 年）一书中。皮加费塔的术语表后来由亚历山德罗·包萨尼（Alessandro Bausani）再次编辑、注释。⑤ 荷 - 马词汇表的后面附有 12 个带有荷兰语翻译的对话，它首次于 1603 年在阿姆斯特丹出版，后经由龙巴尔（D. Lombard）编辑。⑥ 至于葡萄牙语 - 马来语词汇，至今尚未出版。由于到

---

① 1978 年，它由路易·菲利普·托马斯在里斯本的国家图书馆发现，书题为 *Diccionario Portuguez e Malayo*，Parte I：*Desde a Letra A ate Sand Continuação do Diccionario Portuguez e Malayo*，Parte II：*Desde a Letra S ate Z*。在后面的这本小册子中还包括了葡语的短语甚至句子，并附有其马来语翻译。

② 除了 capale/capal（kapal：船），sanpan（sampan：舢板），moat（muatan：船货），nacoda（nakhoda：船长），orang clasi（orang klasi：水手），对船的不同位置也有说明：panta capali（pantat kapal：龙骨），aloam（haluan：指今天所说的船首，船舰的前部，而非船尾），moca（muka：船头），tiam（tiang：桅杆），layar（layar：帆），comody（kemudi：船舵），saô（sauh：锚）……；参见 Denys Lombard and Luis Filipe F. R. Thomaz，"Remarques préliminaires sur un lexique portugais-malais inédit de la Bibliothèque Nationale de Lisbonne," in Nigel Phillips and Khaidir Anwar, eds., *Papers on Indonesian Languages and Literatures*，Cahier d'Archipel 13，London：Indonesian Etymological Project & Association Archipel，1981，pp. 84 - 96。

③ 感谢路易·菲利普·托马斯为我们提供了这则信息。

④ E. D. Edwards and C. O. Blagden，"A Chinese Vocabulary of Malacca Malay Words and Phrases Collected between A. D. 1403 and 1511（?），" *Bulletin of the School of Oriental Studies*，*University of London*，Vol. 6，No. 3（1931），pp. 715 - 749。

⑤ Alessandro Bausani，"The First Italian - Malay Vocabulary by Antonio Pigafetta," *East and West*，Vol. 11，No. 4（Dec. 1960），pp. 229 - 248。

⑥ Denys Lombard，with the collaboration of Mmes Winarsih Arifin and Minnie Wibisono，*Le "Spraack ende Woord - Boek" de Frederick de Houtman. Première méthode de malais parlé（fin du XVIᵉ s.）*，Paris：Publications de l'École française d'Extrême - Orient，Vol. IXXIV，1970。

现在为止还没有一个马来语的历史辞典，这些词单是有价值的资料，使我们能够大约推算出马来语词汇和借用语出现的时期。①

2. 旅行记录中马来语和葡萄牙语的记载

为了更好地勾勒 17 ~ 18 世纪马来语和葡萄牙语作为航海通用语和主要商贸语言所处的地理空间，我们将在下文中按照时间顺序来介绍不同的旅行者、传教士、商人在他们各自的记录中留下的偶然印记。

首先要提到的是两则概述，分别来自法国珠宝商人、旅行家让·巴蒂斯特·塔维涅（Jean Baptiste Tavernier，1605 ~ 1689），以及来自荷兰的牧师、自然科学专家、作家弗朗索瓦·范伦丁（François Valentijn，1666 ~ 1727），后者曾在荷属东印度生活了 16 年。塔维涅在伊斯法罕时，曾惊讶于一次官方晚宴上语言使用的极度多样，尤其是其中马来语所占的比例：

> 当我们吃饭的时候，我数出桌上讲着十三种语言：拉丁语、法语、高地荷兰语［或德语］、英语、低地荷兰语、意大利语、葡萄牙语、波斯语、土耳其语、阿拉伯语、印第安语、叙利亚语和马来语。马来语是学者的语言，使用范围从印度河到中国、日本，以及所有东方的岛屿，就如拉丁语之于欧洲；且不论小毛利语言（little *Moresco*）或本地的胡言乱语。以至于很难观察在一个聚会或宴席里所谈论的是什么，对话经常开始于一种语言，再由另一种延续，最后结束在第三种语言里……②

至于范伦丁，在他的《新旧东印度志》（*Oud en Nieuw Oost - Indiën*）中，他引入的一段专门介绍马来语的文字也佐证了塔维涅的说法：

---

① 关于马来语研究的主要参考书目，以及古马来语的词汇表，参见 A. Teeuw with the assistance of H. W. Emanuels, *A Critical Survey of Studies on Malay and Bahasa Indonesia*, The Hague: Matinus Nijhoff, 1961 (Koninklijk Instituut voor Taal -, Land-en Volkenkunde Bibliographical Series 5), pp. 12 - 15; W. Linehan, "The Earliest Word-lists and Dictionaries of the Malay Language," *Journal of the Malayan Branch of the Royal Asiatic Society*, Vol. 22, No. 1 (1949), pp. 183 - 187; Waruno Mahdi, *Malay Words and Malay Things. Lexical Souvenirs from an Exotic Archipelago in German Publications before 1700*, Wiesbaden: Harrassowitz Verlag, 2007, "The oldest Malay and Javanese Wordlist in Germany," pp. 323 - 332。

② *The Six Voyages of John Baptista Tavernier, a Noble Man of France and now Living, through Turkey into Persia, and the East - Indies, finished in the year 1670*, made in English by J. P., London, 1678, Book II, The Persian Travels of Monsieur Tavernier, p. 76.

与葡萄牙语同时[1]，马来语是在整个印度群岛，以及波斯、印度斯坦、上至中国的范围内使用的一种语言，但不同的是，葡萄牙语更多用于西方，而马来语更常用于东印度群岛东部。[2]

几行之后，范伦丁增加了一些关于马来语扮演贸易语言角色的更加详细的内容：

由于马来人与所有不同族群展开的强盛贸易，从勃固王国起他们的语言被广泛传播和使用，沿着马来海岸上至暹罗、柬埔寨、苏门答腊、爪哇、婆罗洲和西里伯斯岛，直到东印度群岛东部和菲律宾，地位近似于法语和拉丁语在欧洲。

船长丹皮尔（Dampier，1651～1715）提供了一些关于马来语在棉兰老岛（菲律宾）作为贸易语言的具体信息：

在棉兰老岛的城市里，他们一样地讲着两种语言：他们自己的棉兰老岛语言和马来语。但是在岛上的其他地方，因为没有什么国外贸易，他们只讲自己的语言。[3]

从荷兰档案文件判断，在巴达维亚，多面手的本地华人扮演着口译员、笔译员和调解员的角色，因此在荷兰东印度公司（VOC）与中国"国姓爷"支持者、满族的谈判中也起着重要的作用。尽管他们中的一些人能很好地掌握荷兰语，如颜口官（Gan Tenqua）[4]，甲必丹颜二官（Gan Siqua，1663～1678 年在任）之子，但大多数人与荷兰人交流是使用马来语和葡萄牙语，

[1] 关于葡萄牙语扩展到东方，参见 David Lopes, *A expansão da língua portuguesa no Oriente durante os séculos XVI*ᵉ, *XVII*ᵉ, *XVIII*ᵉ: *com nove gravuras soltas*, 2a edição revista, prefaciada e anotada / [Porto]: Portucalense Editora, impr. 1969。

[2] François Valentijn, *Oud en Nieuw Oost - Indien*, Dordrecht: J. van Braam, 1724, Vol. II Bescrijving van Amboina, p. 244.

[3] William Dampier, *A New Voyage round the World … Illustrated with Particular Maps and Draughts*, London: MDCXCVII, Chap. XII, "Mindanao", p. 330.

[4] See B. Hoetink, "Chineesche Officieren te Batavia onder de Companie," *Bijdragen tot de Taal -, Land-en Volkenkunde*, Vol. 78 (1922), p. 27.

抑或这两种语言的混合。1679 年 12 月 29 日，当荷兰东印度公司正式迎接清廷驻巴达维亚大使馆时，有多位华人要员到场，其中包括甲必丹蔡焕玉（Tsoa Wanjock，1678～1684 年在任）和颜□官。与另两位华人一起，他们为总督将康熙皇帝签发的国书翻译为"马来语和葡萄牙语"（巴达维亚的通用语）。① 大使们的官方文件也由甲必丹蔡焕玉、一位名字音译为"Bonsiqua"的华人，以及〔蔡□□〕（Tsoa Tenglauw 或 Tengelouw）共同翻译。最后这位是一个税收承包者和航海商人，他的中式帆船经常往来于中国和日本。② 这些商人还被委任翻译谈判内容和总督的答复。

18 世纪末中国学者王大海曾在爪哇的富有华人家庭里做过几年家教。他确认马来语是东印度群岛不同语言族群中的通用语，特别是荷兰人，他们不像葡萄牙人，并不试图用他们的母语作为与当地人民沟通的媒介。王大海写道："其言语和兰遵之，以通融华夷，如官音然。"③

19 世纪伊始，法国制图师夏尔－弗朗索瓦·栋博（Charles－François Tombe，1771～1849）曾在 1802～1806 年居住在荷属东印度，他也曾强调马来语作为沟通语言的重要性。④ 他这样写道：

> 在所有东方语言中，马来语是最好听和传播最广的。它在整个东亚和南洋诸岛通用。……居住在巽他群岛、广东和这个广阔帝国沿海的中国人也同样讲马来语。⑤

上文中关于中国南部沿海使用马来语的陈述值得一提。中文史料很少提及在福建、广东两省经商的早期葡萄牙人所使用的沟通语言。不过，我们可以设想早期他们是用马来语交流，比如"jurubaça"（juru"专家" + bahasa"语言"）一词在葡亚混血族群史料中广泛用于代指口译员，以及用葡语和

① 参见 F. de Haan ed. , *Dagh－Register gehouden int Casteel Batavia*，Batavia & 'sHage：Landsdrukkerij & M. Nijhoff, 29 Dc. 1679, pp. 623－625。其中可见官方文件的最终荷兰语译文。
② F. de Haan ed. , *Dagh－Register*, 8 May 1680, p. 214.
③ 王大海：《海岛逸志》，姚楠、吴琅璇编，香港学津书店，1992，第 62 页。作者前言写于 1791 年。
④ 船长厄尔（G. W. Earl）由于打算在印度群岛停留两到三年时间，决定在 1832 年跟当地海员学习马来语。参见 *The Eastern Seas*〔First ed. 1837〕，with an introduction by C. M. Turnbull, Singapore, Kuala Lumpur：Oxford University Press, 1971, pp. 3－4。
⑤ François Tombe, *Voyage aux Indes Orientales pendant les années 1802，1803，1804，1805 et 1806*, Paris：Arthus Bertrand, 1811, t. Ⅱ, pp. 243－244. 他甚至还编了一个法语－马来语词汇表和一篇关于马来语的小论文（见于著作第二卷末，第 245～345 页）。

马来语的混合形式来指称某些中国地名。① 例如地名"贸易岛"（Ilha da veniaga）②，这个词是费尔南·罗佩斯·德·卡斯塔尔达（F. Lopes de Castanheda）在讲述费尔南·佩雷斯·德·安德拉德（F. Peres d'Andrade）1517 年抵达屯门岛（距离广东海岸三哩）时使用的。③ 此外，在官员叶权（1522～1578，安徽休宁人）1565 年冬访问澳门后所写的一篇短篇游记里，也提到了他的翻译员用马来语，或至少是一种葡–马混合语，来与葡人沟通。④ 当叶权描述其中一个富商的穿着时，他用了"撒哈喇"（sakhlat，或 sakhalat, sekelat, sakalat）这个词，意为"深红色的布"⑤，指称用来制作富商所穿夹克的纺织品。当说到他的佩剑的时候，叶权称其为"八剌乌"（parang，短剑）。⑥ 多年来在澳门地区作为贸易语言的马来语，与葡语一起，

---

① 参见 Luis Filipe F. R. Thomaz, "The Linguistic Competences of Fernão Mendes Pinto and his Use of Malay," in *Fernão Mendes Pinto and the Peregrinação. Studies*, *restored Portuguese text*, *notes and indexes*, directed by Jorge Santos Alves, Lisbon: Fundação Oriente, 2010, Vol. I, *Studies*, p. 367。此外，我们从明史料中了解到从北大年苏丹国来的商人（马来人、华人）曾经在葡萄牙人到来之前定居澳门半岛（参见金国平、吴志良《东西望洋》，澳门成人教育学会，2002，第 296～297 页），他们居住的地区仍被称为"Aldeia Chinesa Patane"，即"北大年华人村"。

② 更多关于"veniaga"（berniaga，贸易）在葡亚混血族群史料中的内容，参见 Sebastião Dalgado, *Glossario Luso – Asiático*, ［First ed. 1921］New Delhi & Madras: Asian Educational Services, 1988, Vol. II, pp. 411 – 412。

③ F. Lopes de Castanheda, *Ho primeiro livro do descobrimento e conquista da India pelos Portugueses*, Coimbra（First ed. 1551）quoted from the edition of 1928（II, 425, 427）by Albert Kammerer, *La découverte de la Chine par les Portugais au XVIème siècle et la cartographie des Portulans*, Leiden: E. J. Brill, 1944, p. 48. 更多关于"贸易岛"实际位置的讨论，参见该书第 61～70 页。

④ 1800 年之前，澳门的"通事"都是生活在当地且与葡人有密切联系的福建或广东商人。参见 James Chin Kong, "A Critical Survey of the Chinese Sources on Early Portuguese Activities in China," in Jorge M. Dos Santos Alves（coordinator）, *Portugal e a China. Conferências nos Encontros de História Luso – Chinesa*, Lisboa: Fundação Oriente, 2000, p. 330. 郑芝龙（1604～1661）曾说在澳门期间不得不学习葡语和做一名翻译。参见金国平、吴志良《东西望洋》，第 189 页；Charles Boxer, *Macau na Época da Restauração*, fac-simile da edição da Imprensa Nacional de Macau de 1942, Lisboa: Fundação Oriente, 1993, p. 28。

⑤ 马来语中 sakhlat 是一个波斯语借词，用来指一种羊毛制成的纺织品。

⑥ 参见金国平、吴志良《东西望洋》"从《游岭南记》中两个外来词的考证看中葡早期沟通"，第 362～364 页；黄衷（1474～1553，广东南海人）在《海语》（1536）一书中，已经使用借词 parang（音译为"钯镴"，意为"刃类也"）来形容马六甲的葡萄牙人所携带的武器。（黄衷：《海语》，台北学生书局，1975，第 11 页。）parang（parão）这个词也以"斧头"为释义被收录进了 Graciete Batalha, *Glossário do Dialecto Macaense*, *Notas Linguistics etnograficas e folklóricas*, Faculdade de Letras de Universidade de Coimbra: Instituto de Estudos Românicos, 1977, p. 506。

在 20 世纪的澳门方言（lingua macaista）中留下了印迹。[①]

关于葡人和其他外国人交流时所使用的语言，我们所知更少。这些外国人中有一些"满喇咖国黑番"，可能是马来人或/和马六甲的黑奴及他们的妻子[②]，他们的贼窝在宁波六横岛的商栈双屿港上。自从他们被部分居住在南洋（特别是马六甲和北大年苏丹国）的华人走私商人所操纵[③]，可以假定他们要么使用葡语，要么讲一种马 - 葡混合语——正如朱纨（1494 ~ 1550）在其文集中提到的两个外文单词（一个是葡语，另一个是马来语）所暗示的。[④] 具体说第一个词是"咖呋哩国"，是由"Cafre"或"Cafra"（阿拉伯人用这个词来指黑皮肤的异教徒，后来被葡萄牙人引用并扩散到其他欧洲人群[⑤]）和中文"国"结合而成；至于第二个词"叭喇唬船"是由马来语"perahu"（船）和中文"船"组成的。后者我们将在下文进行详细讨论。此外，据说一些"咖呋哩"们也学过中文。[⑥]

二　汉语中的马来航海外来词

在列举马来语术语借用词之前，笔者想要先强调早期的外来词——"舶"，意为航海的大船。这个词在中国有着非常久的历史，但它实际上来自一种失传的语言，而这体现了语言借用现象的复杂性。

"舶"字在文字记录中大约出现于 3 世纪[⑦]，当时扶南是一个强大的海

① 参见 Graciete Batalha, "A Contribuição Malaia para à Dialecto Macaense", *Bóletim do Instituto Luís de Camões*, Vol. 1, No. 1 - 2（1966）, pp. 7 - 19, 99 - 108。

② 更多关于明清时期"黑奴"在澳门和中国东南沿海所扮演的角色，参见汤开建《明清时期中国东南沿海与澳门的"黑人"》，《海洋史研究》第 5 辑，社会科学文献出版社，2013，第 166 ~ 195 页。

③ 参见郑若曾《筹海图编》（1562 年初版）卷三；张燮《东西洋考》卷六"红毛番"，中华书局，谢方编，1981，第 127 ~ 130 页。另见廖大珂《朱纨事件与东海贸易体系的形成》，《文史哲》2009 年第 2 期，第 89 页。

④ 朱纨：《甓余杂集》卷二，第一个条目记录时间为嘉靖二十七年（1548）二月初一。

⑤ 参见 Dalgado, *Glossario Luso - Asiático*, pp. 170 - 171，据他所言，这个词第一次出现于 1516 年。

⑥ 汤开建《明清时期中国东南沿海与澳门的"黑人"》第 194 页，引用朱纨《甓余杂集》卷二《议处夷贼以明典刑以消祸患事》。

⑦ 万震曾在他的《南州异物志》中描述"bo"，该书成于吴国时期（222 ~ 280），后佚失。相关引用后被向达集录在《汉唐间西域及海南诸国古地理书叙录》中［国立北平图书馆馆刊，Ⅳ：4，(1931)，第 27 ~ 28 页］，但在这本书中，这个用于指称外国船只的字被写错了（后来分别被石泰安（R. Stein）和李约瑟（Joseph Needham）改正为"舶"，参见 R. Stein，"Le Lin-yi"，*Han - Hiue, Bulletin du Centre d'études sinologiques de Pékin*, Vol. Ⅱ, No. 1 - 3（1947），p 66；（转下页注）

国，"舶"字用来称呼在中国和锡兰之间航行的外国航海大船。在通常意义上用于泛指"远洋船舰"之后，借词"舶"从此被用在各种组合词组中（其中有一些存在时间很长）。最早的当属"舶船"，特别是出现在《华阳国志》（蜀志）中。其他组合造词大约出现在唐宋时期，比如"舶来""舶主""市舶使""市舶司"等等。在近代造出了更多的词组，如"舶来品""舶物"和更新近的"舶来词"和"舶语"（意为"水手俚语"）。根据艾沃琳·珀黑－马斯伯豪（Eveline Porée - Maspero）的研究，bo（在古文中念buk）或许可以结合马来词 sāmbau（"舰"，这个词最早出现在 682 年印尼巴邻旁的格度干武吉石刻中）、阿拉伯语 sānbuk（或 sānbuq）来读。此外，东南亚马来语词汇 sāmbau 或许也可以和同源词联系起来，如 sampou（柬埔寨语），ghe bau（越南语）和 sam phao（泰语）。[①] 另一个简单的例子就是"三班"（也写作三板、三版、杉版、舢板等），一种供港口使用的小船。这个词可以上溯至 8 世纪并应结合高棉语中的 saṃpàn 和马来语中的 sampan 来解读。[②]

　　然而，绝大多数船员使用的借用语是与海洋世界的变革紧密相关的，因此也常常只是昙花一现。我们在此介绍一些由中国船员借用的马来语词汇，用以指称船长、爬桅杆或眺望的水手、各种和船及其建筑材料有关的内容，这些词汇在后来很快就湮没不闻。

（接上页注⑦）Joseph Needham, with the collaboration of Wang Ling, and the special cooperation of Kenneth Girdwood Robinson, *Science and Civilisation in China*, Vol. Ⅳ, *Physics and Physical Technology*, Cambridge, New York, Port Chester, Melbourne, Sydney: Cambridge University Press, 1962, p. 600；另见 Eveline Porée - Maspero, "Jonques et *po*, *sampou* et *sampān*," *Archipel*, Vol. 32 (1986), p. 80）。此外，以两种不同方法转写的 bo 字也出现在康泰的《吴时外国传》中，公元 260 年他受命去南洋旅行（参见 Porée - Maspero, "Jonques et *po*," pp. 68 - 69）；Angela Schottenhammer, "The 'China Seas' in World History. A General Outline," *Journal of Island and Maritime Cultures*, Vol. 1, No. 2 (2012), p. 71.

①　Porée - Maspero, "Jonques et *po*," pp. 65 - 85 quoting G. Cœdès, "Les inscriptions malaises de Çrivijaya," *Bulletin de l'École française d'Extrême - Orient*, Vol. 30 (1930), pp. 33 - 37。sānbuk 是一种阿拉伯大船，但在 14 世纪的航海者记录中，这个只用于指称船上的小艇，参见 G. R. Tibetts, *A Study of the Arabic Texts Containing Material on South - East Asia*, Leiden / London: E. J. Brill, 1979, p. 164。

②　"三板"曾出现在钱起的一首诗里："一湾斜照水，三板顺风船。"（《江行无题一百首》，《全唐诗》卷二三九）参见 Porée - Maspero, "Jonques et *po*," pp. 76 - 79；L. Aurousseau, "Le mot sampan est-il chinois?," *Bulletin de l'École française d'Extrême - Orient*, Vol. XXII (1922), p. 140。这种船被证实从中国，经过红海、印度和东南亚群岛，到达东非和马达加斯加。

1. nakhoda：哪哒，哒哪，喇哈，喇哒，南和达

nakhoda 是一个马来词，意为船长，它是从波斯语 nā-khodā 或 nāv-khodā 演变而来，原指身兼商船的船长、船主二职之人。这个借词后来逐渐替代其马来语系中的同义词 puhawang。puhawang 被证实在 7 世纪晚期的三佛齐和 827 年的爪哇就已出现①，《宋史》中也同样在一份 993 年初的记录中存有这个马来语词的转录萌荷［王］（po－he－［wang]）。② nakhoda 在《马六甲海事法典》（*Undang-undang Laut*）中被大量使用，它是在马六甲强盛时代的苏丹马沫沙统治期间（1424～1446）由老船长编纂的，现今有多版本的手抄本流传下来。温斯德（Windstedt）和约瑟林·德·荣（Josselin de Jong）曾根据 8 个不同的手抄本（其中一个是 1657 年版）对法典文字进行了校对，并提供了一份英文概要。③

值得注意的是，清朝中期学者黄印在关于倪峻（1360～1422，江苏无锡人）的略记中称，倪峻在被派遣去往占城和其他海国期间，记录了各种异事，还提供了一份在船上工作的不同官员名称的清单，其中就包括"司海舶者称哪哒"④。据陈国栋考证，将 nakhoda 一词错误转录为"哒哪"（而非"哪哒"）的现象，见于《崇武所城志》的一份 1449 年的记录中。⑤ 这个词在接下来的几个世纪里也以不同的转写形式出现，如"喇哈""喇哒"。⑥广东人黄衷（1474～1553）在《海语》中谈论马六甲的显赫家族时采用了"南和达"（"巨室称南和达"），另外还用"哪哒"来指称葡萄牙航海船长：

---

① 参见 Louis－Charles Damais，"Études sino-indonésiennes. I. Quelques titres javanais de l'époque Song," *Bulletin de l'École française d'Extrême－Orient*，Vol. L，No. 1（1960），p. 27；J. G. de Casparis，*Selected Inscriptions from the 7ᵗʰ to the 9ᵗʰ Century A. D.*，Vol. 2，Bandung：Masa Baru，1956，pp. 32，209，note 10.

② Damais，"Études sino-indonésiennes. I.，"p. 25；《宋史》卷 489 "阇婆"中相关记载如下："淳化三年……又其方言目舶主为萌荷，主妻曰萌荷比尼赎。"（中华书局，1985，第 14092 页）原文中"比尼"后面的"赎"字应是衍文。

③ R. Windstedt and J. Josselin de Jong，"The Maritime Laws of Malacca," *Journal of the Malayan Branch of the Royal Asiatic Society*，Vol. 29，No. 3（August 1956），pp. 22－59.

④ 参见黄印《锡金识小录》卷六 "倪给谏峻"，《中国方志丛书》，台湾成文出版社，1983，第 331 页。

⑤ 陈国栋，"Examples of Loan Words Adapted by Chinese Seafarers," p. 116，相关引用文字见于《崇武所城志》："正德十四年，海贼陈万宁、严启盛、康哒哪猖獗。"这本城志首次编纂于嘉靖二十一年（1542）并最终于崇祯七年（1634）完成；参见朱彤募，陈敬法增补《崇武所城志》，《中国地方志集成·乡镇志专辑》第 26 册，上海书店出版社，1992，第 662 页。

⑥ 参见陈国栋，"Examples of Loan Words Adapted by Chinese Seafarers," p. 16。

"正德间佛郎机之舶来互市，争利而哄，夷王执其哪哒而囚之。"[①] 至于朱纨，他在《甓余杂集》中将 nakhoda 音译为"喇哒"。[②] 就我们所能考证到的，借用语 nakhoda 在明代用于指称外国船或海盗船的船长——无论他们是亚洲人还是欧洲人[③]，但这个词大约在清代消失。葡萄牙人在 16 世纪初采用了 nakhoda 的不同写法，如 nacodá、necadá、nahodá[④]，而英国人则在 17 世纪开始使用这个词[⑤]。

2. abang / awang（？）：阿班，亚班，鸦班

这个中文意为"瞭望"的外来词，很难确认其背后的根源。陈国栋认为它有可能源自马来语词 abang[⑥]，意为"哥哥"，也用于亲密地称呼被视为"哥哥"的人。在菲律宾语中，abáng 意为"一路上等待和观看的人"。[⑦] 也很有可能 aban 是指船上的一种职能，就如 awang（尚未考证出其含义）[⑧]，被记载在一本葡萄牙账簿里。[⑨] 直到现在，我们仍不清楚这个借用语的词源。但不管怎样，这个借词在中国船员的语言中有着长达 5 个多世纪的历史。

根据上文中提到的黄印所载，倪峻曾记录"观星斗者称亚班"[⑩]，这是一种 15 世纪中国水手所使用的说法，指那些爬上最高的桅杆来观测海况的

---

① 黄衷：《海语》卷一，第 10、13 页。似乎黄衷并没有意识到"南和达"和"哪哒"源出同一个外文词，因为他是从访问马六甲的商人那里获得的信息。事实上，nakhoda 常常是非常富有的商人。

② 朱纨：《甓余杂集》卷二。首个记录为嘉靖二十七年（1548）二月初一（《四库全书存目丛书》集部第 28 册，齐鲁书社，1995，第 40 页）。

③ 参见聂德宁《明代嘉靖时期的哪哒》，《厦门大学学报》1990 年第 2 期，第 104～111 页。

④ Dalgado, *Glossario Luso - Asiático*, p. 88. 作者考证其首次出现在 1515 年（*Cartas de Affonso de Albuquerque*, VI [1910], p. 281），但是在乘坐本地航船往来于马六甲和秘鲁（1512～1514 年）的商人贝鲁·派（Pero Pais）所保存的会计账簿中，已经出现了这个词；参见 Luis Filipe F. R. Thomaz, *De Malacca a Pegu*, *Viagens de um feitor português（1512 - 1515）*, Lisboa：Instituto de Alta Cultura, Centro de Estudos Históricos. Anexo à Facultade de Letras da Universidade de Lisoa, 1966；Quadro I, first line.

⑤ Dalgado, *Glossario Luso - Asiático*, p. 88.

⑥ 陈国栋，"Examples of Loan Words Adapted by Chinese Seafarers," p. 130.

⑦ 参见 José Villa Panganiban, *Diksyunario Tesauro Pilipino - Ingles*, Lungsod Quezon, Pilipinas：Manlapaz Publishing Co., 1972, p. 2. 感谢 Marlies Salazar 为我们提供这一信息。

⑧ "awang"在添加前缀变为"mengawang"词形时，意为"上升到天空中"。

⑨ 具体请参见下文中根据贝鲁·派的账簿编纂而成的船务职能表。

⑩ 黄印：《锡金识小录》卷六"倪给谏峻"，第 331 页。

人。陈国栋①曾引述张燮（1574～1640）的《东西洋考》（1618 年序）："上
樯桅者为阿班。"② 大汕和尚（江苏人）在《海外纪事》（1696）中曾记录
了几笔他乘船去往阮氏交趾时所见的"阿班"：

> 廿四，船主人大书于柱曰："先见山者赏钱一贯。"人人眉宇俱开，
> 喜慰可知矣。先是船上有水工阿班者，安南人，年不满二十，壮健矫
> 捷，每挂帆即上巾顶，料理缆索，往来如履平地，方在目前，仰视已据
> 桅巅，上下跳掷，毫不芥带，识者谓先见山者必是人矣……至廿七将
> 午，有大呼桅顶曰："山在是矣！"果阿班也。③

这一借词的使用持续了整个清代。它也曾被转写为其他形式出现在不同
的文献中，如黄叔璥《台海使槎录》（1724 年序，"亚班"）④、朱仕玠《小
琉球漫志》（1763，"鸦班"）⑤、周凯《厦门志》（1832 年序）⑥ 和林豪《澎
湖厅志》（1889）中引用的一首周凯的古诗⑦。直到 19 世纪晚期，这个词仍
被收录进了两本闽南话词典。⑧

---

① 陈国栋：《从四个马来词汇看中国与东南亚的互动：Abang、Kiwi、Kongsi 与 Wangkang》，
　　第 128 页。
② 张燮：《东西洋考》，第 170 页。
③ 大汕：《海外纪事》，中华书局，1987，第 7 页。
④ 《台海使槎录》卷一，黄叔璥细举了远洋商船上不同的工种和人数："通贩外国，船主一
　　名；财副一名，司货物钱财；总捍一名，分理事件；火长一正、一副，掌船中更漏及驶船
　　针路；亚班、舵工各一正、一副；大缭、二缭各一，管船中缭索；一碇、二碇各一，司碇；
　　一迁、二迁、三迁各一，司桅索；杉板船一正、一副，司杉板及头缭；押工一名，修理船
　　中器物；择库一名，清理船舱；香公一名，朝夕焚香楮祀神；总铺一名，司火食；水手数
　　十余名。"（《景印文渊阁四库全书》第 592 册，台湾商务印书馆，1986，第 874 页。）
⑤ 朱仕玠《小琉球漫志》卷一："乾隆癸未岁……惟出海、舵工、鸦班、水手诸人，笑语自
　　若。"（台湾银行经济研究室辑《台湾文献丛刊》003，台北台湾银行排印，1957。）
⑥ 周凯：《厦门志》，卷五"船政略"，鹭江出版社，1996，第 139 页；卷十五"风俗记"，第
　　512 页。
⑦ 具体参见陈国栋《从四个马来词汇看中国与东南亚的互动：Abang、Kiwi、Kongsi 与
　　Wangkang》第 128～131 页。
⑧ 参见 Carstairs Douglas, *Chinese - English Dictionary of the Vernacular or Spoken Language of
　　Amoy*, London: Trübner & Co, 1873, p. 1, under the heading *a-pan*; J. J. C. Francken en
　　C. F. M. de Grijs, *Chineesch - Hollandsch Wordenboek van het Emoi Dialekt*, Batavia:
　　Landsdrukkerij, 1883, p. 1 under the heading *a pan*（亚班）。

3. perahu，parahu，parao，parau，prahu，prao：叭喇唬船，叭嚇唬船，唬船

马来词 perahu[①] 是一个代指"船"的通用术语。[②] 随着葡萄牙海盗在闽北和浙江沿海的出现，16 世纪中期中国人显然借用了这个词及其所指代的船只。其中最早的一处记载见于朱纨《甓余杂集》里的合成词"叭喇唬船"，后简称"唬船"。[③] 这种船曾在各种明代军事专著中被相当不准确地绘图说明，如王鸣鹤《登坛必究》（最后一篇序言写于 1599 年）[④]，茅元仪（1594～1640？）所作的最全面的军事著作《武备志》（1621）[⑤]，以及晚明郑大郁（1604～1661）的《经国雄略》（郑志龙序）[⑥]。这些插图的标题说明都非常类似，解释这种快速航行的船（"其制底尖面阔"），装备有软帆和八到十支桨，船头有一个小船舱，最初为外国海盗所用，[⑦] 后来也在浙江和福建北部地区建造（特别是在烽火门），用于沿海军事巡逻。

4. kapal：哈板船，夹板船，甲板，甲板船，呷板船

kapal 是从泰米尔语中借来的马来语词，指一种甲板船（无论是亚洲的还是欧洲的），其构造在几个世纪里发生了很大变化。这个词在中文文献中有着各种不同的音译转录，用来指欧洲舰船。张燮在《东西洋考》中提到

---

① 参见 G. A. Horridge，*The Prahu. Traditional Sailing Boat of Indonesia*，Kuala Lumpur，New York：Oxford University Press，1981。关于 perahu 一词的南岛语族的词源以及前澳斯特罗尼西亚航海技术，参见 Waruno Mahdi，"The Dispersal of Austronesian Boat forms in the Indian Ocean," in Roger Blench and Matthew Sprigg，eds.，*Archaeology and Language Ⅲ*，*Artefacts*，*Languages and Texts*，London and New York：Routledge，1999，pp. 144 – 179；Mahdi，"Pre‐Austronesian Origins of Seafaring in Insular Southeast Asia," in Andrea Acri，Roger Blench，and Alexandra Landmann，eds.，*Spirits and Ships. Cultural Transfers in Early Monsoon Asia*，Singapore：ISRAS Yusof Ishak Institute，2017，pp. 325 – 374。

② Perahu 经常用于马来古典文学中，是对船只最常见的称呼。参见 Pierre‐Yves Manguin，"*Lancaran*，*Ghurab* and *Ghali*：Mediterranean Impact on War Vessels in Early Modern Southeast Asia," in Geoff Wade and Li Tana，eds.，*Anthony Reid and the Study of the Southeast Asian Past*，Singapore：Institute of Southeast Asian Studies，2012，p. 149。

③ 《甓余杂集》卷二，首个记录为嘉靖二十七年（1548）二月初一。相关引文如下："随有贼徒草撤船一只，叭喇唬船二只前来迎敌。"（《四库全书存目丛书》集部第 28 册，第 40 页。）

④ 王鸣鹤：《登坛必究》卷二五"水战"，明万历刻本，第 17a～b 页。

⑤ 茅元仪：《武备志》卷一一七，清代版本，第 1b～2a 页。

⑥ 郑大郁：《经国雄略》卷八"武备考"，南明建阳三槐堂刻本，第 21b 页。在这部专著中，perahu 被转录为"叭嚇唬船"。

⑦ 郑大郁：《经国雄略》卷八"武备考"，第 21b 页。

停靠万丹港的葡萄牙和荷兰船只时，用了合成词"哈板船"①，在描述各种外国船舶时用了"夹板船"。清代学者夏琳在《闽海纪要》中使用"甲板"这一音译来指称攻击郑成功（1624～1662）的荷兰船只。② 18世纪，王大海在《海岛逸志》里用了合成词"甲板船"。③ 对于在恩日斯（Onrust）岛的船坞（远离巴达维亚港，中文称其为"甲板屿"，显然是借用了其马来语地名"Pulau Kapal"）里制造或维修的荷兰"甲板船"，王大海提供了一份非常详细的描述。这位中国学者的描写相当出色，值得引述如下：

> 吧城海口有甲板屿，因和兰建造甲板船之处，故名曰甲板屿。其船二十五年则拆毁，有定限也。其船板可用者用，无用者则焚之，而取其钉。铁船板厚经尺，横木驾隔，必用铁板两旁夹之。船板上复用铜铅板连片编铺。桅三接，帆用布，船中大小帆四十八片，其旁纽、网、绊悉皆铜铁造成，所以坚固牢实，鲜有误事。其船舷如女墙，安置大炮数十。船大者，炮两层，小者炮一层。水手每人各司一事，虽黑夜暴雨狂风，不敢小懈。法度严峻，重者立斩，船主主之。所以甲板船洋寇不敢近也。④

荷属东印度的华人也曾常用 kapal 一词，它几次出现在《公案簿》中，写作"甲板"或"甲板船"。同样用在复合表达形式中，如"甲板行"⑤ 和"甲板满律"即商船甲板长。⑥ 周凯《厦门志》写作"呷板船"。⑦ 杜嘉德（Douglas）《厦英大辞典》中也收录了这个词，写作 kap-pán-tsûn［甲板船］和 kap-pán-á［甲板仔］，即"外国制造的船或小型快艇"，还有意为"1842

---

① 张燮《东西洋考》："又有红毛番来下港者，起土库，在大涧东。佛郎机起土库，在大涧西。二夷俱哈板船，年年来往。"（张燮《东西洋考》，第48页。）

② 夏琳：《闽海纪要》，在线版本，http：//ctext. org/wiki. pl？if = gb&chapter = 700288："辛丑，十八年（明永历十五年，1661），秋八月：红夷率甲板及成功战，成功击败之。"在现代汉语中"甲板"的意义已经衍变为"轮船上分隔上下各层的板（多指最上面即船面的一层）"。

③ 王大海：《海岛逸志》，第131页。

④ 王大海：《海岛逸志》，第131页。

⑤ 参见袁冰凌、〔法〕苏尔梦校注，〔荷〕包乐史、〔中〕吴凤斌、侯真平、聂德宁订补《吧城华人公馆（吧国公堂）公案簿》第二辑，厦门大学出版社，2004，第365页。

⑥ 前一个表达形式遵循了中文语法，而后一个则是按照马来语语法。

⑦ 周凯：《厦门志》卷五"番船"，第141页。

年战争"的 kap-pán-hoán［甲板反］。①

5. tongkang：舯舡，艟舡；wangkang：艎舡，王舡，艀舡

除了上文提到的 sampan、perahu 和 kapal 这些只引入了中国大陆的词汇，还有一些其他船只名称似乎仅在南洋使用，特别是在居于群岛的华人语言中，比如 tongkang 和 wangkang，② 它们在报刊和其他印刷资料中分别曾被音译为"舯舡"或"艟舡"；"艎舡"、"王舡"③ 或"艀舡"。在厦门，这两个借词很少甚至从未被使用过。④ 在 16 世纪末、17 世纪的欧洲船员看来，这两个词也如"jung"这个最初指称东南亚群岛大船的词一样，⑤ 与华人船员联系在一起，甚至被视为一个中文单词。⑥ 事实上，福建水手也曾使用混合结构的船只。⑦ 王鸣鹤曾提到"倭船"：

　　……其底平，不能破浪，其布帆悬于桅之正中……故倭过洋非月余不可，今若易然者。乃福海沿海奸民买舟于外海，贴造重底，渡之而

---

① Douglas, *Chinese - English Dictionary of the Vernacular or Spoken Language of Amoy*, p. 358.

② tongkang：大型浅吃水驳船，类似远洋货船。Wilkinson, *A Malay - English Dictionary*, p. 1234. wangkang：一种远洋帆船。关于 tongkang 和 wangkang 的讨论，参见陈国栋《从四个马来词汇看中国与东南亚的互动：Abang、Kiwi、Kongsi 与 Wangkang》，第 151～156 页；Russel Jones, *Chinese Loan-words in Malay and Indonesian. A Background Study*, Kuala Lumpur: University of Malaya Press, 2009, pp. 250 - 251, 252。

③ 例如，著名的马六甲勇全殿元宵节王舡大游行，每隔五年到十五年举行一次。

④ 李如龙：《闽南话方言和印尼语的相互借词》，《中国语文研究》1992 年第 10 期，第 133 页；杜嘉德和巴克利（Barclay）的辞典中都没有收录这两个词。另参见 Jones, *Chinese - Loan - Words in Malay and Indonesian*, pp. 250 - 253。

⑤ 参见 Pierre - Yves Manguin, "The Vanishing Jong: Insular Southeast Asian Fleets in Trade and War (Fifteenth to Seventeenth Centuries)," in Antony Reid, ed., *Southeast Asia in the Early Modern Era. Trade, Power, and Belief*, Ithaca and London: Cornell University Press, 1993, pp. 197 - 213。

⑥ 参见 Waruno Mahdi, *Malay Words and Malay Things*, pp. 38 - 39。这些词仍作为中文出现在多种现代词典中，包括那些由中国人编纂的，如北京大学东方语言文学系、印度尼西亚语言文学教研室编《新印度尼西亚语 - 汉语词典》（*Kamus Baru Bahasa Indonesia - Tionghoa*），商务印书馆，1989，第 700、733 页。

⑦ 参见 P. Y. Manguin, "Relationship and Cross-influences between Southeast Asian and Chinese Shipbuilding Traditions," in *Final Report*, *SPAFA Consultative Workshop on Maritime Shipping and Trade Networks in Southeast Asia*, Bangkok: SPAFA Co-ordinating Unit, 1984, pp. 197 - 212; P. Y. Manguin, "New Ships for New Networks: Trends in Shipbuilding in the South China Sea in the 15th and 16th Centuries," in Geofff Wade and Sun Laichen, eds., *Southeast Asia in the Fifteenth Century. The China Factor*, Singapore: Nus Press & Hong Kong: Hong Kong University press, 2010, pp. 333 - 358。

来。其船底尖，能破浪，不畏横风，斗风行使便易，数日即至也。①

同样，17 世纪"国姓爷"的支持者们在万丹华人港主（syahbandar）的帮助下，得以在南望船坞（中爪哇）建造与维修他们的帆船。②

6. balai，bale：麻离，马篱

balai 一词最初指一种没有围墙的建筑，用于处理公共事务和外地人留宿过夜。后来这个词根据它的具体用途被专业化。威尔金森（Wilkinson）提供了一份关于 balai 种类的很长的单子③，但并没有提及那些在马来船只上使用的。然而，这个词出现在《马六甲海事法典》中，特别是在第 14 节里陈述水手不允许进入"横舱"（balai lintang）和"竖舱"（balai bujor），前者留给船舶理事会（ship's council），而后者是给见习船副（midshipmen，muda-muda）的。④

中华船员何时开始借用 balai 一词还不清楚，但到 17 世纪末它已经被普遍使用，因为大汕和尚曾在《海外纪事》中抱怨分配给他的船舱："马篱［闽南话：bale］促狭，不能转侧，仰卧申旦。"⑤ 陈国栋考证出这个借词在 18～19 世纪被广泛使用⑥，他引用了朱仕玠《小琉球漫志》（1763）⑦ 和徐宗干（1796～1866）《浮海前记》。⑧ 在这两部书中，这个借用语分别被写作

---

① 王鸣鹤：《登坛必究》卷二四"东倭"，第 16b～17a 页。

② F. de Haan ed., *Dagh - Register gehouden int Casteel Batavia*, 10 - 19 April 1671, p. 3；10 May 1674, p. 117；C. Salmon, *Ming Loyalists in Southeast Asia as Perceived through Various Asian and European Records*, Wiesbaden：Harrassowitz, 2014, pp. 62 - 63.

③ R. J. Wilkinson, *A Malay - English Dictionary（Romanised）*, London：Macmillan & Co. LTD, New York：St Martin's Press, 1959, pp. 71 - 72.

④ Richard Windstedt and P. E. de Josselin de Jong, "The Maritime Laws of Malacca," *Journal of the Malayan Branch of the Royal Asiatic Society*, Vol. 29, No. 3（August 1956）, p. 54 paragraph 14, and p. 40, for the Malay text.

⑤ 陈国栋, "Examples of Loan Words Adapted by Chinese Seafarers," p. 115；大汕：《海外纪事》，第 3 页。

⑥ 陈国栋, "Examples of Loan Words Adapted by Chinese Seafarers," p. 116.

⑦ 朱仕玠《小琉球漫志》卷一："乾隆癸未岁……舵前相距二丈余，设立板屋，宽约一丈余，深约一丈，内供养天后像。左右立四小舱，以为卧室，名曰麻离。"

⑧ 值得一提的是，徐宗干，江苏通州人，认为"马利"（bale）是"小舱"的土名。参见《斯未信斋文编》"艺文"（三）："道光戊申［1848］……四月……初二日，登舟。舟人，欧进宝也。舵水数十人，载可四五千石。中设天后龛，下为悬床，两旁小舱各三间，土名曰'马利'，前后可容数百人。"（《台湾文献史料丛刊》第 8 辑，台湾大通书局，1987，第 126 页。）

"麻离"和"马利"。

值得说明的是，在杜嘉德的《辞典》中，balai 拼写为"bâ-li"，并被定义为"一种帆船的小舱"；而巴克利（Barclay）的《补编》给出了福建商船海军用语中两个合成表达方式：bâ-li-kheh［麻离客］，意为"客舱乘客"，和 ji-hō bâ-li［二号麻离］，意为"二等舱"。①

7. damar：打马；kranji 或 keranji：呀哖腻，咖哖呢

关于木材方面的借用语，有一个词曾出现在海军专著《外海纪要》（作者李增阶，福建同安人，19 世纪早期在广东虎门任职）中。该书第一节论述了海军部队并详细介绍了军舰所需达到的质量要求，作者具体写道："一，兵船之宜坚固也，首先拣料。桅、舵、椗三者最重。桅须番木。椗、舵须呀哖腻［kranji 或 keranji，一种南洋衫料］②，或盐［iâm］③ 番木亦可。"④ 与李增阶同时代的李廷钰，也佐证了上述观点。⑤ 而且李廷钰在《靖海论》中⑥还引入了第二个借词，damar（Shorea selanica, Bl.），一种被认为是最合适制作桅杆的松树。⑦

三　多国船员和船上的工作语言或海事用语

在考察船上的工作语言时，船员们的文化、语言多样性是一个至关重要

---

① Douglas, *Chinese – English Dictionary of the Vernacular or Spoken Language of Amoy*, p. 8; Barclay, Rev., *Supplement to Dictionary of the Vernacular or Spoken Language of Amoy*, Shanghai: Printed by the Commercial Press, Limited, 1923, p. 8.

② K. Heyne, *De Nuttige Planten van Indonesië*, 's – Gravenhage / Bandung: W. van Hoeve, Third ed., 1950 (A Dictionary of useful plants in Indonesia)，Ⅰ，p. 737. kranji/keranji 有很多种类——其中包括酸豆属（Dialum Indum, Linn.）罗望子树（Tamarind plum），也叫 Asem Cina（"中国酸"），这种树大约 30 米高，直径 50 厘米；它是一种非常坚硬难以加工的木材，但是可以被用于建造甘蔗工厂。

③ 根据 Douglas, *Chinese – English Dictionary of the Vernacular or Spoken Language of Amoy*, p. 167, iâm 是"一种来自台湾的坚硬木料，用于造舵"。

④ 李增阶：《外海纪要》，收入陈峰编《厦门海疆文献辑注》，厦门大学，2013，第 198 页。kranji 一词也见于周凯《厦门志》，卷五，"呀哖米"，第 142 页。

⑤ 感谢聂德宁教授让我们注意到这两个技术借词。

⑥ 《靖海论》："夷之木也，曰打马，曰蜂子不食饭，曰钞，曰咖哖呢，盐。桅，宜于钞、打马、蜂子不食饭，钞贵虚，中实则娿，打马须有脂，枯则不宜；舵、椗，唯咖哖呢为最，而盐次之。"（陈峰编《厦门海疆文献辑注》，第 227 页。）

⑦ Damar 有非常多种类。K. Heyne, *De Nuttige Planten van Indonesië*，Ⅰ，p. 1124，提到一种在摩鹿加群岛的马来语中被称为"kayu bapa"（Shorea selanica, Bl.），正是用作桅杆。

的问题。从下面船长厄尔（G. W. Earl）的文字可以大体了解一队船员的多样：

> 我们船上也有几个从暹罗乘着亨特（Hunter）先生的小船到达的水手，那艘船最近在新加坡被卖掉了。根据船上人员的样本来判断，这艘船上其实有各种各样的人：一个混血葡萄牙人担任炮手；至于其他人，一个黝黑肤色的海南人，一个孟加拉老印度水手，两个矮胖的头发乱蓬蓬的暹罗年轻人，以及哈蒂（Hattee），一个胖胖的、愉快的小暹罗华人，他是亨特先生的私人侍从。那个海南人是帆船上最好的舵手；这个情况令我吃惊，因为我曾一直以为在一艘方帆船上，来自"天朝"的人是派不上什么用场的。[①]

有人认为"水手们通过一种共同的海上语言或'海事用语'（seaspeak）[②]，作为一个一起工作的团队。这种语言对于成功操纵任何一艘船都至关重要，因为如果在紧急情况下，船员无法遵守指令或操作正确的绳索或部件，将可能意味着灾难"。[③] 乍看之下，中文记录中似乎并没有多少提及普通水手和他们的文化构成的内容。但是，我们曾提到在那艘运送大汕和尚去安南的船上，那个负责瞭望的船员或者说"阿班"来自安南，这个事实引出了船上共同语的问题，但是大汕曾满意地说他听到了水手们的歌声，大概是一种他不懂的语言。[④] 值得注意的是，当船靠近海岸时，船长用

---

① G. W. Earl, *The Eastern Seas*, p. 150.

② "航海用语"是一种简化语言，为了便于那些母语不同的船长和水手之间的沟通，在海港也同样使用。在印度洋曾有一种这样的语言，叫作"Laskari"，来源于波斯语中的 lashkūr，意为佣兵或被雇佣者。英国人常常用它来指本地水手，可以不仅包括来自南亚的人，还包括阿拉伯人、南亚人、马来人、东亚人、菲律宾人和中国人。参见 Thomas Roebuck, *A Laskari Dictionary: Or, Anglo – Indian Vocabulary of Nautical Terms and Phrases in English and Hindustani, Chiefly in the Corrupt Jargon in Use among Laskars or Indian Sailors* (First ed., Calcutta, 1811), London: W. H. Allen & Co., 1882. See also Amitav Ghosh, "Of Fanas and Forecastles: The Indian Ocean and Some Lost Languages of the Age of the Sail," *Economic and Political Weekly*, Vol. 43, No. 25 (June 21 – 27, 2008), pp. 56 – 62.

③ 参见 Barbara Watson Andaya, "Connecting Oceans and Multicultural Navies. A Historian's View on Challenges and Potential for Indian Ocean – Western Pacific Interaction," in Nele Lenze and Charlotte Schriwer, eds., *Converging Regions: Global Perspectives on Asia and the Middle East*, Burlington (USA) Farnham (England): Ashgate Publishing Company, The International Political Economy of New Regionalisms Series, 2014, p. 190。

④ 大汕：《海外纪事》，第 5 页。

写在柱子上的大字与水手们交流："先见山者赏钱一贯。"① 关于海洋语言方面的研究在中国才刚刚起步，蔡鸿生一篇简略的文章②显示，线索也许能在历史记录中找到，比如尚未考证出的借词"唐帕"，它在南宋时用来指一艘外国商船上的翻译员③；又如广东话"辞沙"，是"辞别沙滩"的缩写，指在船离开海岸或河口前，祭祀船员的保护神天后。

闽南语航海借词，如 cincu、tekong/taikong、tekoh、kiwi 和 congpo，出现在船员和本土人所讲的马来语中，这让我们思考在南海作业的华人航海家使用的语言媒介可能是一种马来语和闽南语的混合。cincu（船主）④ 是 nakhoda 的同义词。tekong／taikong（代公，"代"是"代舶主"的缩写）有时指船上的舵手或艇长，有时指船长。⑤ 张燮《东西洋考》记载："每舶舶主为政……又总管一人，统理舟中事，代舶主传呼。"⑥ tekoh（择库）指负责船上库房的人。这个借词被证实出现在16世纪一本葡萄牙账簿中，下文将详细讨论。kiwi 意为"客商""押运人""掮客"。这个词出现在《马六甲海事法典》中，特别是第10小节，关于在马来船只上的 hukum kiwi 或 mengiwi（与押运员相关的条例）。概述如下：

　　一个押运员（kiwi）可以在四种情况下旅行：1. 他购买了一个货舱分格（或舱格或舱内的空间，petak）；2. 他没有分格，但是付钱给船长（nakhoda）以获得一个分格（或：船长给他2～3个 koyan［重量单位］份额）；3.（押运员拿8个或9个分格）；4. 押运员不购买分格，但是根据合同付给船长20%～30%的押运员的商品。首席押运员（mulkiwi 或 malakiwi）获得一个货舱分格。⑦

① 大汕：《海外纪事》，第7页。
② 参见蔡鸿生《海舶生活浅议》，《海洋史研究》第5辑，社会科学文献出版社，2013，第14～16页。
③ 参见周密《癸辛杂识》"后集·译者"："南蕃海舶谓之唐帕。"（中华书局，1988，第94页。）
④ 参见 Francken en de Grijs, *Chineesch – Hollandsch Wordenboek van het Emoi Dialekt*, p. 304.
⑤ Russel Jones, *Chinese Loan-words in Malay and Indonesian. A Background Study*, p. 242, quoting A. W. Hamilton, "Chinese Loan-words in Malay," *Journal of the Malayan Branch of the Royal Asiatic Society*, Vol. 2, No. 1 (1924), p. 54. 现在这个词在南洋指船长，但也可用于现代马来语中，指那些组织非法移民的掮客。
⑥ 张燮：《东西洋考》卷九，第170页。
⑦ 马来原文参见 Windstedt and Josselin de Jong, "The Maritime Laws of Malacca," pp. 54, 39.

　　然而，这个借词的最初形式还很模糊。查尔斯·鲍克瑟（Charles Boxer）提出 kiwi 这个词可能是基于广东话 k'ing-ki（经纪）;[1] 包乐史（Leonard Blussé）认为 kiwi（或 kewi）/quewie 相当于"契子"或"伙子"，即掮客、中间人，[2] 陈国栋则认为这个词等同于"客伙"，即客商、掮客。[3] 正如陈希育所建议的[4]，kiwi 看起来似乎更应与"客位"（闽南语：kheh ui，意为"货客所占的空间"[5]）结合起来解读，派生为自己携带货物的乘客之意。[6] congpo（总铺）是一个闽南语词，指船上的厨师。[7] 值得在此说明的是，在南洋，中餐在中国商人和当地统治者的关系中扮演着重要角色。

　　早在 13 世纪，赵汝适在《诸蕃志》（1225）中提到，想在文莱做生意的商人，开始做任何生意之前，首先要给国王献上美味的菜肴。为此，他们得选择一个或两个"善庖者"。[8] 一位据说曾在郑和船队中的一艘船上服务过的总铺，至今在巴厘岛仍受崇拜。[9]

　　16 世纪初葡萄牙人来到南洋，而荷兰人在不到一个世纪后到达，这让我们对船上的情况有了更好的了解。一方面，他们影响了交易模式和海事劳

---

① Boxer, *Macau na Época da Restauração*（*Macao Three Hundred Years Ago*）, pp. 38, 218.

② 闽南语中，契的读音为［khè］、［khòe］，"子"读为［tsu］、［chí］、［kiáⁿ］、［jí］，而伙字念［koè］。

③ 参见 Leonard Blussé, *Strange Company. Chinese Settlers*, *mestizo women and the Dutch in VOC Batavia*, Dordrecht – Holland / Riverton – U. S. A.: Foris Publications, 1986, p. Ⅻ；陈国栋《从四个马来词汇看中国与东南亚的互动：Abang、Kiwi、Kongsi 与 Wangkang》, 第 136 ~ 137 页。

④ 由 Anthony Reid 引用，参见 Anthony Reid, *Southeast Asia in the Age of Commerce 1450 – 1680*, Vol. Two: *Expansion and Crisis*, New Haven and London: Yale University Press, 1993, p. 50。

⑤ Barclay, *Supplement to Dictionary of the Vernacular or Spoken Language of Amoy*, p. 125. Anthony Reid, *Southeast Asia in the Age of Commerce 1450 – 1680*, Vol. Ⅱ, p. 50.

⑥ 至少早在 1625 年，这个借词已反过来被荷兰语采用，17 世纪 30 年代被吸纳入葡语。参见陈国栋《从四个马来词汇看中国与东南亚的互动：Abang、Kiwi、Kongsi 与 Wangkang》, 第 131 ~ 136 页；George de Souza, *The Survival of Empire: Portuguese Trade and Society in China and the South China Sea 1630 – 1754*, Cambridge: Cambridge University Press, 1986, pp. 79 – 80。

⑦ 《台海使槎录》中也记载了 congpo 一词，参见《台海使槎录》卷一："总铺一名，司火食。"（第 874 页）

⑧ Chau Ju-kua: *His Work on the Chinese and Arab Trade in the twelfth and thirteenth Centuries*, *entitled Chu-fan-chï*, Edited, Translated from the Chinese by Friedrich Hirth and W. W. Rochill（First ed. 1914）, Amsterdam: Oriental Press, 1966, p. 156；赵汝适：《诸蕃志》, 杨博文校释, 中华书局, 1996, 第 136 页。

⑨ 参见 C. Salmon and Myra Sidharta, "The Hainanese of Bali: A Little Known Community," *Archipel*, Vol. 60（2000）, pp. 89 – 94。

工；另一方面，他们提供的经济记录让我们得以了解欧洲人是如何雇用亚洲水手的。①

事实上，代理人贝鲁·派（Pero Pais）乘坐一艘当地船只往来于马六甲和勃固（1512～1514）时留存下的账簿中的各种条目，证明了 16 世纪葡萄牙和勃固海员们使用马来语的情况。② 这艘帆船属于一个来自马六甲的富有的泰米尔船主尼纳·查图（Nina Chatu）。③ 船员由 92 个人组成，包括 65 个爪哇人，其中包括 nachoda 和辅佐他的三位船员：一个勃固领航员（malimo）及其专门负责探测海底的儿子，以及另一位操纵船帆（malimo amogin）的领航员。

这本账簿用马来语给出了各类海员的名称，根据职务记录了他们的人数和薪水。④ 值得注意的是，总的来说这些水手职务名称呈现出了与《马六甲海事法典》中记载的相符之处。⑤ 我们在表 1 中列出贝鲁·派所拼写的借词，以及相对应的现代印尼语（斜体表示我们自己考证出的词，如果某个词汇也曾出现在校订版的《马六甲海事法典》，则加星号标识），并尽可能尝试给出中文翻译（鉴于有一些确切的船上水手职务我们无从得知）。⑥

---

① 例如 Matthias van Rossum, "A 'Moorish World' within the Company. The VOC Maritime Logistics and Subaltern Networks of Asian Sailors," *Itinerario*, Vol. 36, No. 3（2012），pp. 39 - 60; Leonard Blussé, "John Chinaman Abroad: Chinese Sailors in the Service of the VOC," in Alicia Schrikker and Jerroen Touwen, eds., *Promises and Predicaments, Trade and Enterpreneurship in Colonial and Independent Indonesia in the 19ᵗʰ and 20ᵗʰ Centuries*, Singapore: NUS Press, 2015, pp. 101 - 112。

② 代理人由一个葡人秘书、一个 cautamal（?）、一个来自马拉巴尔的抄写员，以及四个管事职员（stewardship clerks）协助。参见 Luís Filipe Ferreira Reis Thomaz, *De Malacca a Pegu, Viagens de um feitor português（1512 - 1515）*, Lisboa: Instituto de Alta Cultura, Centro de Estudos Históricos. Anexo à Facultade de Lettras da Universidade de Lisboa, 1966; Quadro Ⅰ.

③ 参见 Luis Filipe F. R. Thomaz, *Nina Chatu e o comércio Português em Malacca*, Lisboa: Centro de Estudos da Marinha, 1976。

④ 托马斯（Thomaz）将这些信息汇总在三个表格中，分别对应 1512～1513 年、1513 年和 1514 年的三次旅行，放在这本账簿的最后。

⑤ 参见 Richard Winstedt and P. E. de Josselin De Jong, eds., "The Maritime Laws of Malacca," *Journal of the Malayan Branch of the Royal Asiatic Society*, Vol. 29, No. 3（August, 1956），pp. 22 - 59. See also J. P. Pardessus, *Collection de lois maritimes antérieures au XVIIIᵉ siècle*, Paris: Imprimé, par autorité du roi à l'Imprimerie Royale, 1845, Vol. 6, pp. 389 - 420。

⑥ Thomaz, *De Malacca a Pegu, Viagens de um feitor português（1512 - 1515）*, Quadro Ⅰ & Ⅱ, no pagination.

表 1　贝鲁·派账簿借词对照

avāo	awang	这个词的准确含义很难确定；awang 曾被用作一种头衔[①]，并至今仍被用作一种称呼方式或一种亲近的名称。也可能指 mengawang，意为"爬到空中"[②]
avapar(a)us	awak perahu*	船员，水手
çarão	sarang/serang	水手长，本地舵手[③]
cinão?	?	
citão	?	
gantāoes	gantung［layar］*	甲板长
juri çampanas	juru sampan[④]	负责舢板或小艇的水手
juri batos	juru-batu*	负责下锚、度水的水手，以及治安长
jurumurins	juru mudi*	舵手，操舵员
malimo	ma'lim	领航员
malimo amogin	ma'lim angin*	监督索具的领航员
muda-muda	muda-muda*	见习船副（midshipman）
mura-muda	见 muda-muda	
nahoda	nakhoda*	船长
tecos	tekoh[⑤]	仓管员
tucão agom	tukang agong*	大副（chief petty officer，head workman）
tucão da champana	tukang sampan	见 juru sampan
tucões tengas	tukang tengah ［possibly including tukang kanan* dan tukang kiri*］[⑥]	二副（petty officers）［可能包括负责右舷和左舷的人］

注：①De Casparis, *Selected Inscriptions from the 7ᵗʰ to the 9ᵗʰ Century A. D*, p. 209, note 10. 我们曾在前文看到在用 puhawang 这一说法时，hawang 也指称船长的职责。在托马斯（Thomaz）所作的两个表格里，每艘船只有一个 awang。

②"awang"在添加前缀变为"mengawang"词形时，意为"上升到天空中"。

③根据 Earl, *The Eastern Seas*, pp. 79 – 80，"serang 的责任非常近似水手长，但前者更具影响力。船副和水手是不同国籍的，但 serang 一直都是印度本土人，在船舶次要经济相关事务中起到沟通船员的作用。这个职位通常由孟加拉人或经常在孟加拉船上航行的爪哇人担任。这种选择并不是因为孟加拉人是更好的船员，他们并没有那么受尊重，但是基于这个国家的 serang 具有严守纪律的特点，他们绝不会让私人友谊影响干涉其职责"。根据 Luis Filipe F. R. Thomaz，"Alguns vocábulos portugueses de origem malaia," in Sitti Faizah Soenoto Rivai, ed., *Persembahan. Studi in onore di Luigi Santa Maria*, Napoli: Instituto Universitario Orientale, Dipartimento di Studi Asiatici, *Series Minor L Ⅲ*, 1998, p. 410, serang 是来源于波斯语"sar-hang"。

④中文里有类似的表达：司杉板船，见《台海使槎录》卷一："杉板船一正、一副，司杉板及头缭。"（第 874 页）

⑤这个词源自闽南话 tek khò（择库），见《台海使槎录》卷一"择库一名，清理船舱。"（第 874 页）

⑥Pardessus, *Collection de lois maritimes antérieures au XVⅢᵉ siècle*, p. 393.

在葡萄牙波托兰航海图和历史记录中，那些延伸至中国南部沿海的马来语地名的存在，更进一步佐证了多国籍船员使用马来语的事实。比如"Pulo Tujo"（七岛）①，它出现在概括 15 世纪晚期或 16 世纪早期航海知识的弗朗西斯·罗德里格斯（Francisco Rodrigues）的波托兰航海图中。② 这个群岛位于海南东北部，中文叫"七洲山"，这个地名也曾载入《郑和航海图》。

荷兰资料中也含有一些信息：在苏丹阿贡（Sultan Ageng，1651~1682）统治万丹的苏丹王国期间，马来语曾作为贸易语言使用③；当地的华人港主开祖（Kaytsu）如何创建了一支贸易舰队，被派往远在东方的澳门和马尼拉。《巴达维亚城日记》（Dagh Register）中记载，船长通常是英国人④，而船员则是由华人、获释奴隶（Mardijkers）的后代和爪哇人组成。⑤ 根据以上所述，可以推断在这样一艘船上的通用语是一种马来行话，可能混杂着闽南话。⑥ 比如我们知道，特别是在巴达维亚，17 世纪末甲必丹（巴达维亚华人群体首领）所写的行政记录，⑦ 以及 18 世纪晚期华人公馆的档案，证实

---

① Pulo Tujo（现代拼写为 Pulau Tujuh），可能是源自海南七洲列岛（Taya islands）。

② 参见 Pierre – Yves Manguin，*Les Portugais sur les côtes du Viêṭ – Nam et du Champa. Étude sur les routes maritimes et les relations commerciales，d'après les sources portugaises*（XVIᵉ，XVIIᵉ，XVIIIᵉ siècles），Paris：École française d'Extrême – Orient，1972，pp. 51 – 60。

③ 例如 1672 年，万丹港主卡克拉达纳（Cakradana）写给丹麦国王弗雷德里克三世的马来语书信，参见 first transliterated and translated by F. H. van Naersen，Th. G. Th. Pigeaud and P. Voorhove，and reproduced in C. Salmon，*Ming Loyalists in Southeast Asia as Perceived through Various Asian and European Records*，p. 105。

④ 关于英国领航员们，特别是威廉·亚当（William Adams），在 17 世纪的日本所扮演的角色，参见 Peter D. Shapinsky，*Polyvocal Portolans：Nautical Charts and Hybrid Maritime Cultures in Early Modern East Asia*，http：//hdl. handle. net/1811/24285，pp. 14 – 15。

⑤ *Dagh – Register*，15 – 24 March 1668，p. 47；26 April 1669，p. 310；6 Sept. 1669，pp. 409 – 410；7 Aug. 1670，p. 133. 感谢克洛德·吉约（Claude Guillot）为我们提供以上参考信息。Earl，*The Eastern Seas*，p. 60，解释了为何欧洲领航员更青睐爪哇水手："马来人虽然沉迷航海，却很少出现在由欧洲人领导的船上。少数一些我遇到过的，在航海技术和稳定度方面都逊于爪哇人。这可能是基于后者惯于温和温顺，当一艘船上有很多人聚集在一起时，爪哇人更容易被带入一种为了船只正常运转所必需的纪律状态。"

⑥ 这里可以对比沙宾斯基（Shapinsky）报告的永积洋子（Nagazumi Yôko）关于倭寇（日文为 wakō）船上所讲语言的观点，*Polyvocal Portolans*，p. 22："永积洋子推断，中国人、日本人、韩国人、葡萄牙人和其他在倭寇船上工作的人，在 16 世纪结合华人、欧洲人和海外日本人纵贯东亚和东南亚的扩散，促进了一种海上共同语的发展，可能一些是福建话和葡萄牙语、马来语的混合形式。"

⑦ 比如巴达维亚总领事威廉·冯·奥多（Willem van Outhorn）的一篇 1696 年法令的中文改写，由埃德温·威尔林加（Edwin Wieringa）在柏林国家图书馆再次发现，其电子扫描可在线阅读：http：//resolver. staasbibliothek – berlin. de/SBB000083E600000000。

了一种真实的闽南话/马来语术语①和按照马来语或中文语序来新造的混合语的存在。通过这种术语，我们能更好地理解，马来混合语曾经可以为来自各方的船员所用。②

结　语

本文意在勾画出马来语作为一种通用语和贸易语言，与葡萄牙语同时在中国南海及附近海域的扩展，并展示往来于中国和南洋的华人船员和海商，在马来语作为沟通、贸易语言的长期传播过程中，曾起到一定的作用。

马欢（约 1413~1451）几次陪同郑和（1371~1433）参与其伟大的远航，曾作为阿拉伯语及波斯语的翻译官和口译员。他可能是第一个记录在苏门答腊所听到的马来语短句的中国人。他在其游记中写道"阿菰喇楂"（Aku raja），意为"我是真正的国王"。③

但总的来说，我们所考察的中文文献——基本上是游记、一些官方文件和军事专著——其中只记录了外来词。这些在书面语中保存的借用语可以算是（有时更倾向于闽南话，有时更近于马来语）"海上马来语言"的遗迹。这种语言曾被航行在中国南海的华人水手和海商在多语言环境下使用，而且有时他们也担任书面翻译及口译。欧洲资料则显示，葡萄牙海员和航海商人同样用马来语与他们的亚洲同行交流，并有时担任口译。

这些中文里保存的马来航海借词，毫无疑问局限于我们所查阅的资料。在将来的研究中，特别是关于传统船只所必需的造船材料，很可能会出现其他类型的"海上马来语言"遗迹。然而，从 19 世纪中期起，葡萄牙语和马来语作为海上语言的影响逐渐消退，而且华人船舶上的工匠和船员几乎都已经离世。④ 这一事实给对以前大航海时代的海上语言和航海词汇的深入研究，带来了相当大的困难。

---

① 参见 Salmon, "Malay (and Javanese) Loan-words in Chinese as a Mirror of Cultural Exchanges," pp. 198 - 202。

② 值得说明的是，一篇近期发表在印尼《罗盘报》（Kompas）博客（Kompasiana, 22 Sept. 2017）上的短文，题为 Dominasi Bahasa Melayu (Indonesia) dalam Slang Pelaut Belanda（马来语在荷兰水手俚语中的统治地位），文章提供了一个列表，其中包含 47 个仍在荷兰水手俚语中使用的马来词和表达式。

③ 马欢：《瀛涯胜览》，冯承钧校注，中华书局，1955，第 33 页。

④ 在许路的帮助下，2015 年我们曾在厦门见到两位老水手，但他们最远只航行至台湾。

Contact Languages on the South China Sea and Beyond（15th − 18th Centuries）

Claudine Salmon

Abstract：Although there have been contacts between China and Southeast Asia since the remote past, very little is known regarding cultural exchanges over the long run. Our research will focus on the specific linguistic heritage shared by seafarers and traders of the China seas as seen from language borrowings from foreign idioms and eventually the coining of jargons or pidgins which were in use in the harbours of South China and insular Southeast Asia. We intend to investigate written sources in Chinese and in European languages, either published or in manuscript form, pertaining to maritime activities and Chinese abroad in order to better perceive：

—The real place of Malay as Lingua Franca and language of trade across Southeast Asia and as far as the China Sea.

— The borrowings between Malay languages and Minnan hua and eventually old Chinese, encompassing a geographical sphere including Fujian province and the Malay world, and the coining of some Hokkien Malay jargons.

— The question of the multi-nationality or mixed crews and the need to have a common language on the ship.

Keywords：South China Sea；Insular Southeast Asia；Contact Languages；Language Borrowing

（执行编辑：罗燚英）

海洋史研究（第十五辑）
2020 年 8 月　第 290~309 页

宗族、方言与地缘认同

——19 世纪英属槟榔屿闽南社群的形塑途径

宋燕鹏[*]

1786 年槟榔屿开埠，属于英属东印度公司管辖之下，1826 年和马六甲、新加坡组成海峡殖民地（Straits Settlements），隶属英属印度马德拉斯省。1867 年，海峡殖民地才改为皇家直辖殖民地（Crown Colony），由英国殖民地部直接管理。伴随着槟榔屿开埠，华人迅速涌入，在 19 世纪初就在乔治市东南沿海处形成聚居区，这些建筑成为今日槟城世界文化遗产的重要组成部分，而这里的华人就成为马来西亚华人史重要的研究内容，本文所描述的大背景，就是 19 世纪的槟榔屿乔治市。

海外华人史研究，既要考虑个人在大历史的环境下的调适，更要着眼于华人社群在海外异文化的社会状况之下，是如何集聚并形成组织的。这些华人社群的形塑都不是一蹴而就的，而是经过历史发展演变而成的。因此对相关华人社群的历史研究就成为应有之义。日本学者今堀诚二在 20 世纪 60 年代的时候，就提到华人商业"基尔特"（gild）的形成过程中，血缘、地缘和业缘是重要的指标。[①] 其中对以方言群为代表的地缘关系的研究，长期被人们所重视，尤其以麦留芳（Mak Lau Fong）的"方言群认同"[②] 为标志。

---

　　*　作者宋燕鹏，湖南科技学院人文与社会科学学院教授，中国社会科学出版社编审。

① 〔日〕今堀诚二：《马来亚华侨社会》，刘果因译，槟城嘉应会馆扩建委员会，1974。

② 〔新加坡〕麦留芳：《方言群认同：早期星马华人的分类法则》，"中研院"民族研究所专刊乙种第十四号，1985。

"帮"的概念，由新加坡陈育崧（Tan Yeok Seong）在 1972 年最早提出。[①]
以"方言群"和"帮"的范式来分析槟榔屿华人社会的，从 20 世纪 80 年
代以来还有黄贤强、张少宽、张晓威、吴龙云、高丽珍等学者[②]。但对"方
言群"或"帮"内部的宗族因素关注的却不多。较早对新马地区宗亲组织
加以阐述的是颜清湟（Yen Ching Hwang），他曾专章论述了新马地区宗亲组
织的结构和职能，[③] 有开创之功。最近笔者也仅见陈爱梅（Tan Ai Boay）以
槟城美湖村为例，说明广东陆丰上陈村陈氏同宗的移民，以凝聚同宗族人为
优先，在联盟结构上出现差距格局的现象。[④]

　　一般认为，在中国传统文化中，最重要的人际关系还是血缘，因此宗族
往往成为中国社会结构的基础，这一点在闽粤农村尤其重要。马来西亚华人
早期多数来自闽粤两省，同一宗族姓氏南来的所在皆有，但是形成宗族组
织，并在当地华人社会产生重大影响的，马来亚地区以槟城为盛。19 世纪
50 年代英殖民地官员胡翰（J. D. Vaughan）就已经注意到槟城"福建土著"
（natives of Fukkien）主要以"姓"（Seh）为组成单位。[⑤] 这些姓氏人数众
多，具有很强的经济实力，成为 19 世纪槟城华人史不可忽视的现象。相对
于槟城姓氏宗族的风光，长期以来对其研究却并不太多。具体到槟榔屿邱
氏，以马来西亚学者为主，如朱志强（Choo Chee Keong）、陈耀威（Tan

---

①　〔新加坡〕陈育崧、陈荆和编著《新加坡华文碑铭集录》，香港中文大学出版社，1972。

②　〔新加坡〕黄贤强（Wong Sin Kiong）的系列论文有：《客籍领事与槟城华人社会》，《亚洲
　　文化》1997 年第 21 期，第 181～191 页；《槟城华人社会领导阶层的第三股势力》，氏著
　　《跨域史学：近代中国与南洋华人研究的新视野》，厦门大学出版社，2008；《客籍领事梁
　　碧如与槟城华人社会的帮权政治》，徐正光主编《历史与社会经济》，"中研院"民族学研
　　究所，2000；《清末槟城副领事戴欣然与南洋华人方言群社会》，《华侨华人历史研究》
　　2004 年第 3 期。〔马来西亚〕张少宽（TeohShiawKuan）：《槟榔屿华人史话》，吉隆坡燧人
　　氏事业有限公司，2002；张少宽：《槟榔屿华人史话续编》，南洋田野研究室，2003；〔马
　　来西亚〕张晓威（Chong Siou Wei）：《十九世纪槟榔屿华人方言群社会与帮权政治》，《海
　　洋文化学刊》（台北）第 3 期，2007 年 12 月，第 107～146 页；吴龙云（Goh Leng Hoon）：
　　《遭遇帮群：槟城华人社会的跨帮组织研究》，新加坡国立大学中文系、八方文化创作室，
　　2009；高丽珍：《马来西亚槟城华人地方社会的形成与发展》，博士学位论文，台湾师范大
　　学，2010，等。

③　Yen Ching-hwang, *A Social History of the Chinese in Singapore and Malaya, 1800 – 1911*,
　　Singapore: Oxford University Press, 1986. 中文版《新马华人社会史》，粟明鲜等译，中国华
　　侨出版公司，1991。

④　〔马来西亚〕陈爱梅：《马来西亚福佬人和客家人关系探析：以槟城美湖水长义山为考察中
　　心》，《全球客家研究》（新竹）第 9 期，2017 年 11 月，第 183～206 页。

⑤　J. D. Vaughan, *The Manners and Customs of the Chinese of the Straits Settlements*, Singapore:
　　Oxford University Press, 1854, pp. 76 – 89.

Yeow Wooi）对槟城龙山堂邱公司的建筑和历史的概述①，陈剑虹（Tan Kim
Hong）对邱氏等五大姓为主构成的福建公司的研究②，最近黄裕端（Wong
Yee Tuan）对槟城五大姓在 19 世纪的商业网络的研究③，都是典型代表。但
上述作品皆对邱氏宗族内部组织结构和建构过程较少关注。中国学者的研究，
笔者仅见刘朝晖对厦门海沧区新垵邱氏侨乡的研究，其中涉及对槟城邱氏的叙
述，但因重点在侨乡，所以对槟城部分叙述略显薄弱。④ 上述论著对 19 世纪槟
榔屿五大姓宗族组织的再建构和福建社群的形塑途径皆少涉及。

　　本文主要针对五大姓在离开原乡后，在英属槟榔屿如何进行宗族组织建
构进行分析，以此透视作为血缘因素的宗族组织，在 19 世纪英属槟榔屿时
期福建社群的形塑过程中所起到的作用。因早期南来槟城的福建省人主要来
自闽南地区，因此在英国殖民政府的人口调查中，称闽南话为福建话，相应
地称闽南人为福建人。附带说明的是，从 2013 年 11 月迄今，笔者曾多次赴
槟城乔治市进行田野考察，也曾在厦门海沧区对五大姓原乡进行田野调查工
作。本文所使用的资料，除了标注出处者，皆为笔者田野调查所获。

一　1786 年槟榔屿开埠后英国人统治下的华人社会

　　1786 年槟榔屿开埠，归东印度公司孟加拉参政区（Residency）管辖。
而在 1805 年就升级为一个同加尔各答、马德拉斯和孟买相同的行政区，只
隶属于印度大总督（Governor General）的统一指挥。⑤ 最初开辟者莱特船长
（Captain Francis Light）为了维持治安，执行一般监禁和其他一般刑罚。但
对于谋杀和英国人的案件却无权处理。亚洲各族的领袖处理各自内部同族的
案件。直到 1807 年，槟榔屿才有一套正式的司法制度。1805 年，政府头目
有一个总督、三个参政司、一个上校、一个牧师，还有五十名或五十名以上

---

①　〔马来西亚〕朱志强、陈耀威：《槟城龙山堂邱公司：历史与建筑》，槟城龙山堂邱公司，
　　2003。
②　〔马来西亚〕陈剑虹：《槟城福建公司》，槟城福建公司，2014。
③　Wong Yee Tuan, *Penang Chinese Commerce in the 19th Century: The Rise and Fall of the Big Five*,
　　Singapore: ISEAS – YusofIshak Institute, 2015. 该书原为其澳大利亚国立大学博士学位论文，
　　已经被翻译为中文出版。即〔马来西亚〕黄裕端《19 世纪槟城华商五大姓的崛起与没落》，
　　〔马来西亚〕陈耀宗译，社会科学文献出版社，2016。
④　刘朝晖：《超越乡土社会：一个侨乡村落的历史文化与社会结构》，民族出版社，2005。
⑤　Andrew Barber, *Penang under the East India Company 1786 – 1858*, AB&A, 2009, pp. 63 – 64.

的其他官员。① 1826 年马六甲归英国后，英国将槟榔屿、马六甲和新加坡合并为海峡殖民地，首府槟榔屿，直属驻扎在加尔各答的印度总督管辖。此时，海峡殖民地的地位是参政区。但由于财政负担过重，1830 年，东印度公司将它归为孟加拉参政区所属辖区，最初设置参政官（Resident）管辖，1832 年改为总督（Governer），总督府设于新加坡。到了 1851 年，海峡殖民地升级，改为直属英国驻印总督。1867 年，海峡殖民地才改为皇家直辖殖民地，由英国殖民地部直接管理。②

　　槟榔屿开埠初始，执行的是不征进口税的自由贸易，以及莱特让定居者占有他们所能开垦的土地而允许将来给予地契的政策，这些措施使这个几乎无人居住的岛屿有了庞大而多种族的人口。伴随着槟榔屿开埠，华人迅速涌入，在 19 世纪初就在乔治市东南沿海处形成聚居区。

表 1　槟榔屿早期华人人口数据一览

年份	华人人数	槟榔屿总人数	华人比例（%）
1786	537	1283	41.86
1810	5088	13885	36.64
1818	3128	12135	25.78
1822	3313	13781	24.04
1830	6555	16634	39.41
1840	17179	39681	43.29
1850	27988	59043	47.40
1860	50043	80792	61.94
1871	36382	133230	27.31
1881	67820	190597	35.58
1891	87920	235618	37.31
1901	98424	248207	39.65

　　数据来源：Nordin Hussin, *Trade and Society in the Straits of Melaka: Dutch Melaka and English Penang, 1780 – 1830*, Singapore：NUS Press, Copenhagen: NIAS Press, 2007, pp. 185 – 192.

　　L. A. Mills, *British Malaya: 1824 – 67*, Kuala . Lumpur: MBRAS, 1961, pp. 250 – 251.

　　PP. Courtenay, *Population and Employment in the Straits Settlements, 1871 – 1901*, 4th Colloquium of the Malaysia Society, Australian National University, 1985, pp. 3 – 4.

　　Census of the Straits Settlement, 1891, pp. 95 – 97.

　　1871 年、1881 年的华人人口和总人口数据包括槟榔屿岛和威斯利省。

---

① 〔英〕理查德·温斯泰德：《马来亚史（下）》，姚梓良译，商务印书馆，1974，第 365 ~ 368 页。

② C. M. Turnbull, *The Straits Settlements 1826 – 67: Indian Presidency to Crown Colony*, London: Oxford University Press, 1972, pp. 55 – 58.

表 1 中 1786～1881 年的统计情况是英殖民政府将华人视为一体来统计。我们通过早期槟榔屿的碑刻捐款名单可一窥华人内部实力。1800 年创建于槟榔屿椰脚街（Pitt Street）的广福宫，是槟榔屿最早的华人神庙，香火之盛，槟榔屿无出其右者，在早期承担了槟城华人最高协调机构的功能，为闽粤两省华人共同捐赠所建。① 统计创建碑记的捐款名单可知，福建人居于绝大多数，可证早期槟榔屿华人以福建人在人数和经济实力上占优势地位。现存最早的按照华人内部方言群来统计人数的是 1881 年的人口调查。1881 年时在槟榔屿的 45135 名华人中，福建人有 13888 名（30.8%），广府人有 9990 名（22.1%），客家人有 4591 名（10.2%），潮州人有 5335 名（11.8%），海南人有 2129 名（4.7%）及土生华人（峇峇）有 9202 名（20.4%）。假如把多数祖籍福建的峇峇也纳入的话，则福建人（51.2%）已占华人比例的一半多了。显然槟岛的福建人占多数已多年。②

对于槟榔屿华人的内部结构，英殖民地官员胡翰在 19 世纪中期的时候已经有所观察，他把华人区分为"澳门人"（Macao men）和"漳州人"（Chinchew）两大类。"澳门人"就是广东人，因为香港 1841 年为英割占，在 19 世纪上半叶尚未崛起，之前广东下南洋者皆从澳门出海。漳州人主要来自漳州府和邻近地区，分为"福建土著"（natives of Fuhkien）以及福建省西北部的移民，主要以"姓"（Seh）为组成单位。较大的"姓"有"陇西堂"姓李公司、"龙山堂"姓邱公司、"九龙堂"姓陈公司、"宝树堂"姓谢公司。③

从胡翰的叙述中，我们大体上可以发现，广东人基本上都是地缘组织，而福建人则基本上都是姓氏组织。19 世纪福建人移民以姓氏团体来组织社群，源于在福建移民中，漳泉的占绝大多数，而其中又以漳州人为主流，尤其是来自清代属于漳州海澄三都一带的乡民。那些属于九龙江下游滨海而居的福建人，早在明末西方殖民者到东方争夺香料贸易伊始，就随着东南亚商港一个个启运，大规模地跟进货殖或迁寓他乡。在槟城 19 世纪初就有属于

① 陈铁凡：《槟城广福宫及其文物》，氏著《南洋华裔文物论集》，台湾燕京文化事业股份有限公司，1977，第 112～113 页。
② 力钧：《槟榔屿志略》，聂德宁点校整理，陈可冀主编《清代御医力钧文集》，国家图书馆出版社，2016，第 304 页。
③ J. D. Vaughan, "Chinese in Penang," *Journal of the Indian Archipelago and Eastern Asia*, Vol. Ⅷ, 1854, pp. 1–27.

漳泉的谢、陈、曾、邱、林、辜、甘等姓较早在社会上建立了个人或群体的地位。

随着槟榔屿商业贸易的发展和个人财富的增加，到19世纪二三十年代，五个以同乡姓氏为认同根源的群体逐渐崭露头角。到了19世纪中叶，他们不只在社会组织上建立了内在联系，也在土地上占据一方，结集成为强宗望族，这人多势众的群体就是槟城的"五大姓"。从港仔口到社尾街之间，五大姓族人聚资购下大块街廓地段，建构起宗族聚居的围坊。①

二　19世纪槟榔屿以五大姓为代表的闽南 宗族组织的兴盛

南来的福建漳州社群，在槟榔屿19世纪的历史发展过程中，占有极其重要的一环，他们大抵聚族而居。陈育崧先生对此有论："我们也发觉槟城华人社会结构的一些特征，例如帮的发展带有极其浓厚的宗亲观念，所谓五姓邱、杨、谢、林、陈等宗亲组织，其中四姓是单姓村移民……只有陈姓是从各地来的。……这种以宗亲组织为基础的帮的结构，槟城以外找不到。"②

在一个移民社会中，汉人宗族组织的出现并不是一蹴而就的，都是要积累到一定家族成员才能完成。人类学家庄英章对台湾竹山移民社会进行考察之后认为："竹山移民初期的社会是以地缘关系为基础，而非以血缘关系为基础，一些主要的聚落都是先有寺庙的兴建，直到移民的第二阶段，由于人口的压力增加，汉人被迫再向山区拓垦，同时平原聚落的姓氏械斗经常发生，宗族组织因而形成。由此可见，宗族组织的形成并非边疆环境的刺激所致，而是移民的第二阶段因人口增加，血亲群扩大而形成的。"③说明移民社会，首先是要有寺庙，而后随着宗族成员的增加，才会形成宗族组织。槟榔屿来自漳州的姓氏社群，基本上也是走了这一条发展道路。在19世纪上

---

① 〔马来西亚〕陈耀威：《殖民城市的血缘聚落：槟城五大姓公司》，〔马来西亚〕林忠强、陈庆地、〔中国〕庄国土、聂德宁主编《东南亚的福建人》，厦门大学出版社，2006，第175、191页。

② 〔新加坡〕陈育崧、陈荆和编著《新加坡华文碑铭集录》绪言，第16页。

③ 庄英章：《台湾汉人宗族发展的若干问题——寺庙宗祠与竹山的垦殖型态》，中研院《民族学研究所集刊》第3期，1974，第136页。

半叶，槟榔屿闽南社群充斥着宗族势力。但是随着时间推移，有的宗族愈发强大，有的就衰落了。下面对愈发强大的五大姓宗族的情况做一分析。

建立宗族组织，首先要有宗族观念。这些南来槟榔屿的邱氏成员，他们在新江老家的时候，对自己的房支和宗族祭祀活动，都是非常熟悉的，到槟榔屿以后，也因宗族观念而聚集起来。邱氏在原乡围绕正顺宫进行大使爷的祭祀，下南洋的邱氏宗族成员，也会将大使爷祭祀带到移居地。槟榔屿的邱氏宗族成员，就首先建立了大使爷的祭祀组织。在1818年海澄新江原乡重修正顺宫的时候，捐款排名第一的是"大使爷槟城公银百式元"。① 说明在槟城19世纪初就已经围绕祭祀大使爷，有了"公银"即公共祭祀基金。海五房邱埈整"为人公平正直，轻财尚义，乡人推为族长，在槟榔屿倡率捐资建置店屋，以为本族公业"②。可见在槟榔屿的邱氏宗族成员，仿照原乡，也推举了族长作为自己的领袖。海五房邱埈益"公素重义，在屿募捐公项，族人利赖，公实倡之"③，从而形成邱氏宗族组织的雏形。邱氏宗族原乡的大宗祠是诒穀堂，槟榔屿邱氏宗族不可能每年都回到原乡祭祖，因此想来在槟榔屿的邱氏宗族只能暂居本族店屋祭祖，因此邱氏大宗祠在槟榔屿有必要建立起来。"槟城诒穀堂者，经始于道光乙未之秋也。初我族人捐赀，不过数百金，上下继承，兢兢业业，分毫不敢涉私，至是遂成一大基础。"④ 而后随着第二代土生邱氏族人和原乡南下邱氏族人不断增加，1851年龙山堂的大宗祠最终建立起来，并于1891年8月20日注册为合法社团。⑤ 邱氏同时在同治二年（1862）续修族谱，从族产、族谱、祠堂三个角度完成了槟榔屿邱氏宗族组织的再建构。原乡的邱氏宗族按照五派、九房头、十三房、四大角来辨别房支⑥，南下槟榔屿的邱氏宗族也依此来辨别世系亲疏。与槟

---

① 邱威敬：《重修正顺宫碑记》，碑镶嵌于厦门市海沧区正顺宫右侧碑廊。录文可参见许金顶编《新阳历史文化资料选编》，花城出版社，2016，第19页。
② 《新江邱曾氏族谱（续编）》，2014，第734页。
③ 《新江邱曾氏族谱（续编）》，2014，第725页。
④ 《诒穀堂碑记》，〔德〕傅吾康、陈铁凡编《马来西亚华文铭刻萃编》（第一卷），马来亚大学出版社，1985，第860页。
⑤ *Straits Settlements Goverment Gazette*, May 26, 1916, p. 1835.
⑥ 五派：宅派、海派、墩后派、田派、岑派。九房头：宅派、海派、门房、屿房、井房、梧房、松房（榕房）、田派、岑派。十三房：宅派房、海长房、海二房、海三房、海四房、海五房、门房、屿房、井房、梧房、松房（榕房）、田派房和岑派房。四大角：（1）岑房、田房、松房（榕房）；（2）门房、屿房；（3）梧房、宅房、井房；（4）海墘角。参见《新江邱曾氏族谱（续编）》，2014，第46页。

榔屿大宗组织——龙山堂成型的同时，随着邱氏各房人数的不断增加，小宗组织的建构也在进行。海墘房文山堂最先建立，此外由松、屿、门、井、梧房即另三大角内的五房合组槟榔屿邱氏敦敬堂公司，又称五角祖。梧房、宅房、井房又另立绍德堂邱公司。进入 20 世纪前后，各房头的小宗祠也陆续建立，如海五房的追远堂、门房的垂统堂、宅派的澍德堂、岑房的金山堂、井房的耀德堂、梧房的绳德堂、屿房的德统堂等等都先后成立。反映出在宗族人数与日俱增的情况下，槟榔屿邱氏宗族架构开始完全向原乡宗族形态靠近。

　　谢氏来自海澄县三都石塘社，据《谢氏家乘》记载，肇始祖铭欣公号东山，在南宋绍定六年（1233）迁居三都石塘社。① 明代万历时期谢氏就已经有葬在海外的记载。最早葬在槟榔屿的是谢于荣，嘉庆四年（1799）葬在岛上。② 以后不断有谢氏族人葬于槟榔屿，说明石塘谢氏南下的宗族成员不断增加。1810 年创建谢氏福侯公（张巡和许远）的祭祀组织，1828 年以"二位福侯公"名义，购置乔治市第 20 区内的土地作为族产。1828 年谢清恩、谢（寒）掩和谢（大）房联合以"谢家福侯公公司"名义，购买了今天谢公司的土地。1858 年是石塘谢氏在槟榔屿发展的重要一年，17 世的谢昭盼、18 世的谢绍科和 19 世的谢伯夷，团结族人，动用积存的族产租项 12367 元，在公司屋业土地上建造起宗祠，称宗德堂谢家庙，常年供奉两位福侯公，完成宗祠和祖庙合一。③ 1862 年原乡《谢氏家乘》编修完毕，以世序带出南下槟榔屿的族人谱系。1891 年 8 月 20 日，由谢允协领导正式注册为谢公司，④ 并由石塘谢氏西山、水头、霞美、前郊、后郊、河尾、顶东坑、下东坑、庵仔前、涂埕下厝十个角头的后代共 14 人组成信理委员会负责一切活动事务。⑤

　　杨氏族人嘉庆年间有上瑶社杨文正、文贤和大埕等南下槟榔屿，因南来族众颇多，于是在望卡兰（Pengkalan）设立四知堂，作为议会之所，并为

---

① 《厦门海沧石塘谢氏后裔迁台资料》，海沧石塘社世德堂谢公司提供，2017 年 3 月 27 日。
② 傅衣凌：《厦门海沧石塘〈谢氏家乘〉有关华侨史料》，《华侨问题资料》1981 年第 1 期。
③ 〔马来西亚〕陈剑虹：《槟城福建公司》，第 52～53 页。
④ *Straits Settlements Goverment Gazette*，May 26，1916，p. 1835.
⑤ 《谢公司历史》，参见 http://cheahkongsi.com/history/。笔者 2017 年 3 月海沧区田野调查发现，槟城谢公司的十个角头与如今海沧谢氏世德堂华侨联谊会的角头名称有些许出入。现行槟城世德堂谢公司的章程载：每个角头出 2 名信理员。这已经与原乡按照人数多寡来分配理事名额的做法不同。参见《石塘谢氏世德堂福侯公公司章程》，1999，第 4 页。

贫病失业同乡提供基本生活福利，也供奉原乡保护神使头公神像，后移到乔
治市区。① 南来各社皆有家长，上瑶社家长杨叔民、商民、杨秀苗，后溪社
家长杨百蚶、文追，浮南桥郑店社家长杨清合，厦门家长杨月明，潮州郡家
长杨源顺等，每逢六月十八日迎神，各社轮流帮理。公项皆由霞阳社杨一潜
掌管。杨一潜去世后，公项为霞阳社族人依人多势众而霸占。为此其他社族
人还曾向华民护卫司状告此事。此事记录在《三州府文件修集》，没有具体
年份落款。② 华民护卫司 1877 年方在新加坡设立，想必此事发生在 1877 年
之后。如今霞阳社应元宫最早出现的记录是在 1886 年《创建平章会馆碑》
中，霞阳社独占杨氏祭祀公项，应该也在此年之前，即 1877 ~ 1886 年。可
知 19 世纪上半叶杨氏并非一般认为的都来自海澄三都霞阳社，而是在共同
的始祖元末杨德斌派下各地，上瑶社属同安县③，后溪社亦属同安县④，浮
南桥郑店社属漳州南靖县⑤，加上厦门和潮州的杨氏族人，可见槟榔屿的杨
氏在 19 世纪上半叶属于郑振满教授所说的合同式宗族。直至 1877 年之后方
排除三都以外的杨氏族人，单独成为只有霞阳社成员的杨公司。1891 年 8
月 19 日注册为合法社团。⑥ 槟榔屿的霞阳社杨氏，承继三都世系，分为四
房，大房一角，二房七角，总称桥头，三房一角，四房九角二社。

　　林氏九牧派裔孙莆田林让，元末明初迁居海澄县三都鳌冠社，后裔共分
宫前、下河、石椅、竹脚、红厝后、山尾六个角头，前两个角头组成勉述
堂，六个角头又共组敦本堂祭拜祖先晋安郡王林禄和天上圣母妈祖林默娘，
也属于祠堂和神庙二合一。⑦ 自 1821 年起，来自中国福建省漳州府海澄县
三都鳌冠社的林姓族人先后往返槟城与鳌冠社之间经商谋生。1863 年，原
籍鳌冠社的族长林清甲在槟城组设敦本堂及勉述堂，他们在槟城港仔口街门
牌 164 号恒茂号附设联络处。到 1866 年林氏九龙堂建成之后，两堂才迁入

① 〔马来西亚〕陈剑虹：《槟城福建公司》，第 71 ~ 72 页。
② G. T. Hare ed. , *A Text Book of Documentary Chinese*, *Selected and Designed for the Special Use of Members of the Civil Service of the Straits Settlments and the Protected Malay States*, Singapore: Government Printing Office, 1894, pp. 17 – 19.
③ 《重修辉明仙祖宫碑记》，郑振满、〔美〕丁荷生编纂《福建宗教碑铭汇编·泉州府分册》（下），福建人民出版社，2003，第 1227 页。
④ 同安县地方志编纂委员会编《中华人民共和国地方志·同安县志》（上），中华书局，2000，第 616 页。
⑤ 林殿阁主编《漳州姓氏》（下），中国文史出版社，2007，第 1470 页。
⑥ *Straits Settlements Goverment Gazette*, May 26, 1916, p. 1835.
⑦ 2017 年 3 月笔者田野调查所获。

九龙堂内。1891 年 8 月 20 日，九龙堂林公司注册为合法社团。① 与原乡鳌冠社敦本堂只是六个角头后裔相比，林氏九龙堂接纳来自福建省漳州海澄三都的林姓族人为会员。敦本堂的会员则皆来自福建省漳州府海澄县三都鳌冠社的六个角头。勉述堂的会员则是其中两个角头，即宫前及下河的林氏后裔。虽然这三个组织同处一个屋檐下，但他们拥有各别的管理机构，并各自处理堂务。② 林氏九龙堂内主祀天上圣母，每年农历三月廿三举行隆重祭奠欢庆妈祖诞辰。可知林氏九龙堂在鳌冠社林氏的基础上，扩大到三都的林氏宗亲。此点与邱、谢、杨三姓仅限原乡单一村社宗族成员有明显不同。

陈氏来源复杂，并非来自海澄县三都。1801 年的一张地契说陈圣王公司在大街 13 号购买了一个单位的土地，③ 证明陈公司是五大姓里最早成立的。嘉庆十五年（1810）一份《公议书》记载了陈氏宗亲对陈圣王的祭祀情况。

> 盖闻公业虽借神之所建，夫蓄积必因人而所成，惟值事之人，秉公方能有成。前我姓陈名雅意者，有置厝一间，因其身故无所归著，是以众议将此厝配入为圣王公业，收取税银以为逐年寿诞庆贺之资并雅意之忌祭。亦不致缺废，是使神龟具有受享，皆我同宗之义举也。然已年久且又同姓众多，贤愚不一，恐公业废弃无存。再议此厝不得胎借他人银两，如逐年值事之人，著有殷实之人保认，方得收此厝字，再待过别值事，则收厝字交付其收存，至费用之账，若有存项，公议借与他人则可聚而不散，方为绵远，年年轮流，周而复兴。④

1831 年，槟榔屿陈氏正式创建威惠庙，奉祀开漳圣王陈元光。1837年陈秀枣将大街三间屋业，从个人信托转换为陈圣王公司。陈元光是北宋以来闽南各地威惠庙所祭祀的神明，被闽南陈氏奉为始祖。1878 年的《开漳圣王碑》正式将开漳圣王庙定位为陈氏的家庙。⑤ 槟榔屿筹建家庙

① *Straits Settlements Goverment Gazette*，May 26，1916，p. 1835.
② 乔治市世界遗产机构编印《慎宗追远：乔治市的宗祠家庙》，2015，第 32 页。
③ 《"被遗忘"地契证明成立年份颍川堂陈公司"身世"大白》，《星洲日报》（吉隆坡）2014年 3 月 22 日。
④ 转引自张少宽《陈公司的〈公议〉书为历史解开谜团》，《光华日报》（槟城）2017 年 5 月 6 日，第 C6 版。
⑤ 〔马来西亚〕陈剑虹：《槟城福建公司》，第 57～60 页。

的陈氏族人多来自同安县。光绪戊寅年（1878）颍川堂陈公司重修，在光绪四年（1878）和光绪五年（1879）捐赠匾额的乔治市区的陈氏裔孙的籍贯是：同邑莲花社，泉郡同邑集美社、内头社、郭厝社、岑头社，琼州府，泉郡南邑十五都溪霞乡、龟湖乡，泉郡南邑，潮州府。① 来自同安县的有莲花社，集美社、内头社、郭厝社、岑头社，后四社在同安县南部，集美社、岑头社属今厦门市集美区，内头社属翔安区，郭厝社属同安区。另外还有南安县，琼州府和潮州府的陈氏裔孙。可知槟榔屿陈氏来源复杂。陈公司是在想象的共同始祖陈元光的名号之下，聚集起来的宗族组织。陈公司于1890年9月11日注册为合法社团。②

　　通过上述可知，五大姓都经历了19世纪上半叶的积累，在50年代前后完成了宗族组织的建构。最终五大姓的宗族组织模式，可以分为三类：第一类是邱、谢、杨三姓的单纯宗族，都来自中国海澄县三都村社（新江社、石塘社、霞阳社）；第二类是林氏的跨村社宗族组织，林氏以鳌冠社为主体，吸收了三都其他村社的成员；第三类是陈公司以虚拟祖先陈元光为血缘联系纽带而建立的跨地域宗族组织。19世纪中期以来成立的闽南宗族组织还有海澄三都钟山社的蔡氏③，紧邻三都的同安祥露庄氏、鼎美胡氏④、南安叶氏⑤等，尤其是庄氏在19世纪后期的建德堂领导层也多有人物，他们在泰南通扣坡、马来亚吉打州和槟榔屿进行商业活动，经济实力不容小觑。⑥ 五大姓并不是在19世纪初就取得压倒性的优势，在咸丰六年（1856）之后，伴随建德堂的影响，才具体地在帮群内积极地参加活动，并树立起他们独特的形象，客观地反映当时福建帮在华人社会中所扮演的领导角色。

---

① 笔者2015年4月5日槟城田野调查所得。
② *Straits Settlements Goverment Gazette*, May 26, 1916, p. 1835.
③ 蔡氏建立水美宫作为宗族祭祀活动的场所，见《水美宫碑记》，〔德〕傅吾康、陈铁凡编《马来西亚华文铭刻萃编》（第一卷），第877页。
④ 1863年，来自中国福建省同安县鼎美村之胡氏族人召集同乡的宗亲组织胡氏宗祠，并依据故乡祖庙，将宗祠定名为鼎美胡氏敦睦堂，以提醒后人不忘原籍。参见槟城帝君胡公司编印《第二届星马胡氏恳亲大会暨槟城帝君胡公司144周年纪念特刊》，2008，第71~72页。
⑤ 南安叶氏宗祠和供奉惠泽尊王的慈济宫是一体的。可知叶氏早期亦是围绕家乡神的崇拜而组织起来的。
⑥ 有关槟榔屿和吉打州同安庄氏的研究，笔者仅见吴小安教授有专门论述。参见 Wu Xiao An, *Chinese Business in the Making of a Malay State, 1882 - 1941, Kedah and Penang*, London: Routledge, 2003。

三　槟榔屿福建社群形塑途径在 19 世纪前后期的变化

槟榔屿五大姓宗族组织的建构，是 19 世纪前期福建人内部宗族成员众多、宗族势力强大的反映。不仅邱氏，谢、杨、林三姓也都陆续建立了自己的同源于海澄县三都始祖的宗族组织。陈氏则以开漳圣王陈元光为共同的神明建立了联宗组织。庄氏、叶氏、王氏等来自漳州的闽南宗族组织都建立起来了。这些在 19 世纪上半叶就已经存在的宗族组织，给宗族成员以庇护，形成福建人内部自我管理的小团体。影响所及之处，福建人没有自己的整体社群组织。上述宗族组织的建立，反映的是 19 世纪上半叶漳州人宗族势力的兴盛，同时对 19 世纪前期和后期槟榔屿福建人社群的形塑也有很大影响。

（一）闽南社群边界——福建公冢

槟榔屿福建人社群的形塑，主要集中于闽南社群，因此大马所谓福建话就是闽南话。1786 年开埠一段时间内，闽南人居于槟榔屿华人社会的绝大多数，从前述广福宫创建碑记的捐款名单就能看出。相比之下，嘉应会馆的前身仁和社在 1801 年就拿到了殖民政府颁发的永久地契。颜清湟教授曾说：地缘会馆出现得越早，说明人数越少，越产生不安全感，越需要地缘组织的保护。[①] 闽南人相对没有竞争对手，故而仅仅依靠福建公冢来维系相对于广东社群的边界。来自一个地区的人群越多，越倾向于内部的血缘认同。来自漳州为主的闽南人，则在宗族组织建构上，走在广东社群前面。而作为地域认同的漳州或者闽南，则仅仅体现在方言认同上，并不需要地缘组织的存在。

闽南人社群认同的基本表现，早期主要是福建公冢。五大姓族人在 18 世纪末就已经葬在此地。1805 年，因前人所建公冢范围狭小，因此另购日里洞地一段以为新公冢，其中邱氏族人就积极参与捐赠，如邱太阳以四十大员居第 7 位，邱夏观以三员居第 23 位，邱奕章以三员居第 26 位。[②] 此即如今的福建联合公冢之峇都兰章（Batu Lanchang）公冢。福建公冢的建立，

---

① 〔澳大利亚〕颜清湟：《新马华人社会史》，第 38～39 页。
② 《福建重增义冢碑记》，〔德〕傅吾康、陈铁凡编《马来西亚华文铭刻萃编》（第一卷），第 713 页。

源于闽南方言意识的形成，促使闽南社群意识的出现，由此福建公冢从一开始就排斥了福建境内的汀州客家，以及漳州境内诏安县客家，致使从一开始汀州客家和诏安客家就和广东人连在一起，义山都被称为"广东暨汀州公冢"。1828 年广东社群捐款买公冢山地，名单首为潮州府，其次为新宁县、香山县，而后就是汀州府、惠州府、增城县、新会县、嘉应州、南海县，而后就是诏安县和顺德县、从化县、清远县、番禺县、大埔县。① 隶属福建省的汀州府和漳州府诏安县因南来者皆为客家人，而被排除在福建公冢之外，虽然 1888 年李丕耀主政槟榔屿福建公冢时，开放给汀州府和诏安县的客家人，但直至 1939 年两地的客家人还习惯向广汀公冢提出公冢用地的申请。② 虽然福建公冢容纳了漳州和泉州的闽南人，但是漳州人占有绝对的优势，张少宽先生曾统计 1841～1892 年福建公冢职员 57 名中，38 名为漳州人，其中 31 人属于五大姓。③

我们可以发现，邱氏宗族和其他四姓首先在 19 世纪五六十年代组成福建公司④，虽然名为"福建"，却排斥其他闽南社群乃至五姓以外的其他社群。而清和社、同庆社等祭祀组织容纳了其他来自闽南地区的姓氏。据殖民地档案记载，在 1840 年前后清和社和同庆社就已经存在，被殖民地官员列入"和平社团"（Peaceable Society）。以同庆社为例，有据可查的 1888 年以来的社长，多数是海澄三都人，当然也有同安的李丕耀和安溪的林文虎。⑤

私会党建德堂是 19 世纪福建帮的第一秘密会党，1844 年在梧房邱肇邦的领导下，退出跨方言群的义兴公司，另立山头。1854 年以后，在海五房的邱天德领导下，建德堂成为福建商人、侨生、下层小商贩、文员和农工艺匠的强大聚合力量，冲出槟榔屿和马来半岛，在缅甸、暹罗南部和苏门答腊北部建立分舵，采取纵横联合，分裂和整合的不同手法，组成强大的联合军事集团，与敌对秘密会党互相争夺各地的政治、人力和经济资源。另一方

---

① 《捐题买公司山地碑》，〔德〕傅吾康、陈铁凡编《马来西亚华文铭刻萃编》（第一卷），第 689 页。

② 〔马来西亚〕郑永美：《槟城广东第一公冢简史（1795）》，〔马来西亚〕范立言主编《马来西亚华人义山资料汇编》，马来西亚中华大会堂总会（华总），2000，第 42 页。

③ 〔马来西亚〕张少宽：《槟榔屿福建公冢暨家冢碑铭集》，新加坡亚洲研究学会，1997，第 13 页。

④ 〔马来西亚〕陈剑虹：《槟城福建公司》，第 84 页。

⑤ 〔马来西亚〕陈耀威：《槟城同庆社研究》，未刊稿，2003，第 10～14 页。

面，邱氏族人，乃至五大姓也因建德会硬实力的扩张而取得不争地位。① 建德会成为闽南人在宗族组织和神庙组织之外的最大组织。建德堂的成立源于闽南方言的认同，又促成了五大姓势力在整个闽南社群势力支持下的进一步巩固。英海峡殖民地政府1889年颁布《社团法令》之后，1890年即宣布建德会等私会党为受禁会党，由于建德会的领袖同时也是福德正神庙的领袖，因此建德会被取缔后，财产就转移到了福德正神庙。而清河社和同庆社、宝福社等闽南人组织的祭祀组织也转移到福德正神庙，福建公司和清和社、同庆社、宝福社等就共同组成福德正神庙的下属团体。福德正神庙在19世纪末就成为漳州闽南人的最大神庙组织。

而在五大姓为代表的漳州社群之外，在槟榔屿的泉州南安、安溪、永春等籍贯社群，则建立了凤山社的祭祀组织，供奉广泽尊王。1864年槟榔屿凤山寺《广泽尊王碑》："福建凤山社藉我泉属董事：永郡 孟承金，南邑 梁光廷，安邑 叶合吉，爱我同人等公议建立庙宇于描仔文章山川胜地，崇奉敕封广泽尊王，威镇槟屿。国泰民安，名扬海内；则四方之民，罔不咸赖神光赫显垂祐永昌。"② 永春虽然当时是永春州，下辖永春、德化二县，但永春州原本就是从泉州中划分出来的，因此被漳州宗族组织排斥的泉州社群，只好以广泽尊王为号召，建立凤山社作为自己的组织。广泽尊王是源于南安县的地方神明，可以想见在凤山社的社员中，南安人应该居于主导地位。

槟榔屿广福宫早在1800年成立之初，就是广东福建两省皆参与的神庙，参与者以闽南人为主。但是由于私会党的发展，尤其是义兴公司和建德会的成立，广福宫失去了华人社群调解的功能。在19世纪中期纷繁的槟城华人社会，关系错综复杂，原乡宗族的血缘认同和海澄县三都的地域认同，闽南话的方言认同，成为五大姓宗族认同的几个层次。层层相扣的认同准则和社会网络，是五大姓宗族在19世纪中期活跃于槟城华人社会的主要资本。

（二）19世纪上半叶闽南社群内部宗族血缘认同相对高于漳州和闽南地域认同，延缓了福建省级社群组织在槟榔屿的出现

18世纪以来华人下南洋，最容易寻找庇护的认同，首先是血缘，然

---

① 〔马来西亚〕陈剑虹：《槟城福建公司》，第43～44页。
② 《广泽尊王碑》，〔德〕傅吾康、陈铁凡编《马来西亚华文铭刻萃编》（第一卷），第565页。

后才是方言群，再次才是地缘会馆。地缘会馆往往和方言群重合。与新加坡福建籍地缘会馆——福建会馆 1840 年就已经出现不同，槟榔屿福建会馆迟至 1959 年才成立，隶属福建省范围内的县份地缘会馆在 19 世纪末才陆续成立。而包含邱氏宗族在内的漳州会馆在 1928 年成立，这也是迄今全马来西亚唯一一个漳州会馆。闽南人内部的分裂倾向为何在 19 世纪末开始出现？因为五大姓从来都不是铁板一块，黄裕端博士曾有精彩的评述：

> 五大姓自然并不总是铁板一块而没有任何内部冲突或竞争的。更确切的说，他们更多的是作为一个利益体而存在；将他们结合在一起，是他们在以槟城为中心的区域中所共同追求的经济利益。作为一个利益群体，他们不论是身为马来属邦的少数族群，还是面对英国殖民统治时，都准备为彼此间的差异做出妥协、通融和协商，以缔结有助于取得或维持商业控制权的联盟。差异，一如竞争、冲突和对立，在这五大姓中的每一个家族内部，或是在五大姓家族之间，又或是在五大姓与其他家族之间，都并非不寻常。①

清末的中国华南各地，时局动荡不安，盗匪骚乱。1881 年，远在槟城的邱、谢、杨三个公司组成"三魁堂"，将购置房屋出租的租金，寄回"唐山"家乡，资助组织地方性质的"护村队"，保护家乡。三魁堂至今仍然存在，由每个公司轮流管理三年。② 三姓都位于海澄三都的三魁岭周围，这是以三魁岭地缘为认同组成的小团体。同时"三魁堂"也属于另一个扩大范围的保乡团体——槟榔屿三都联络局。槟榔屿三都联络局是 1896 年由福建省漳州海澄县内 108 社（村）所组成，槟榔屿的是 1900 年成立的分局。③ 同时槟城三都乡贤在"1928 年进一步发扬这种互助，互相扶持的精神，决定联合槟城漳州府 7 县人士共创办南洋漳州会馆（现改为槟榔屿漳州会馆），促成了漳州府人的大团结"。④

① 〔马来西亚〕黄裕端：《19 世纪槟城华商五大姓的崛起与没落》，第 13 页。
② 刘朝晖：《超越乡土社会：一个侨乡村落的历史文化与社会结构》，第 128 页。
③ 〔马来西亚〕朱志强、陈耀威：《槟城龙山堂邱公司：历史与建筑》，第 41 页。
④ 陈景峰：《槟城三都联络局及漳州会馆文献》，张禹东、庄国土主编《华侨华人文献学刊》（第一辑），社会科学文献出版社，2015，第 269 页。

在 19 世纪前半叶，南来槟榔屿的闽南人多属于漳州海澄县以及同安县，其他县份的人数较少，还没有成为气候，尤其是在邱氏等大姓垄断槟城的鸦片饷码和锡矿贸易的情况下，各个姓氏宗族组织成为族人寻求庇护的主要场所。黄裕端博士曾论证五大姓经济实力的衰落正好在 19 世纪末。殖民地当局 1889 年颁布的《社团法令》，以及 1895～1911 年一系列与劳工有关的法令，消灭了五大姓的鸦片饷码所赖以有效运作及获利的私会党和实物工资制。1904～1907 年的经济衰退进一步削弱了五大姓的生存能力。结果鸦片饷码生意被压垮，五大姓及其盟友拖欠政府巨额租金，最终宣告破产。[①] 而这个时间，也正是其他福建县份华侨南下的主要时间点。

通过表 1 我们还可以发现，槟榔屿的华人在 19 世纪后期与日俱增，以五大姓为首的闽南人已经无法掌控整个槟榔屿华人社群，尤其是客家人在 19 世纪后期的崛起，成为抗衡闽南人的重要力量。1881 年平章会馆建立，广东和福建各 7 名董事，成为槟榔屿华人最高机构，福建帮的代表由五大姓出任则反映了五大姓在福建社群内部占压倒性优势。

19 世纪末期，以五大姓为代表的福建人，面临着所谓槟榔屿"第三股"势力的崛起，那就是客家人在槟榔屿异军突起。[②] 清朝 1893 年在槟榔屿设立副领事，首任副领事是张弼士，为大埔客家人，其后张煜南、谢荣光、梁廷芳、戴春荣也都以客家同乡和姻亲的关系而先后继任槟城副领事，形成了槟榔屿后来居上局面的客家社群领袖。[③] 形成这种局面的前提，是在槟榔屿的福建人和广府人之外，19 世纪后期客家人开始大量进入。这一批在荷属东印度崛起的客家华商，在进入槟榔屿后，借由清朝直接任命的槟榔屿副领事的职务，获得了相对具有优势的政治资源。围绕着客属的槟榔屿副领事，客家富商也多有联合，比如极乐寺 1904 年的功德碑上，六大总理都是客家人。

---

①　〔马来西亚〕黄裕端：《19 世纪槟城华商五大姓的崛起与没落》，第 245 页。笔者曾于 2016 年 5 月在槟城与黄博士交流过为何槟榔屿福建会馆在 20 世纪才出现的问题，都得出了是因为五大姓衰落的结论。

②　黄贤强：《槟城华人社会领导阶层的第三股势力》，氏著《跨域史学：近代中国与南洋华人研究的新视野》，厦门大学出版社，2008。

③　参见〔新加坡〕黄贤强系列论文《客籍领事与槟城华人社会》，《亚洲文化》1997 年第 21 期；《客家领袖与槟城的社会文化》，《多学科视野中的客家文化》，福建人民出版社，2007，第 217 页。

表 2　1906 年极乐寺功德碑六大总理

姓名	官衔	捐银数目
张振勋	诰授光禄大夫、商务大臣、头品顶戴花翎、侍郎衔、太仆寺正卿	三万五千元
张煜南	覃恩诰授光禄大夫、赏换花翎、头品顶戴、候补四品京堂、前驻扎槟榔屿大领事官、大荷兰国赏赐一号宝星、特授大玛腰、管辖日里等处地方事务	一万元
谢荣光	钦加二品顶戴、布政使衔、槟榔屿领事、尽先选用道	七千元
张鸿南	覃恩诰授荣禄大夫、赏戴花翎、二品顶戴、江西补用道、大荷兰国赏赐一号宝星、特授甲必丹、管辖日里等处地方事务	七千元
郑嗣文	花翎二品、封职候选道、加四级	六千元
戴春荣	钦加二品衔、赏戴花翎、候选道	三千元

数据来源：极乐寺《功德碑》（一），〔德〕傅吾康、陈铁凡编《马来西亚华文铭刻萃编》（第二卷），第 652 页。

通过表 2，可见在 1900 年前后，客家人因方言而形成一股不可忽视的势力。英国人的调查以方言为依据，凸显了客家人的存在，但是在客家人的意识里，自己还是广东人，极乐寺的碑刻署名中，1904 年时张煜南还署"广东张煜南"。① 此时在平章会馆的董事名额分配上，也是广、福两帮平均名额，客家人也是在广东人的大旗下开展活动，他们更多地被认为是广东人，并非被看作独立的客家帮群。极乐寺不仅是南洋第一座汉传佛教寺院，它的创建也是广东社群尤其是客家社群的一次力量整合。面对外部社群的崛起，五大姓为首的闽南人开放福建公冢给福建省籍者，不仅给汀州和诏安县客家，也给兴化人、福州人，就是这种外部压力加大的表现。闽南人如果不整合福建省的力量，就无法与广东社群相抗衡。

同时，在闽南人内部，五大姓所面临的压力也与日俱增。19 世纪末 20 世纪初来自泉州的晋江人、惠安人等社群开始崛起，无论是从经济实力还是社会实力，都给五大姓造成空前的挑战。最先成立的福建省籍的县份会馆，都是被漳州社群排斥的泉州籍——南安会馆（1894 年）、安溪会馆（1919 年）、晋江会馆（1919 年）、惠侨联合会（即惠安人，1914），可见都是原本被漳州社群排斥的泉州凤山社成员。福州会馆在 1929 年也成立了。② 五

① 〔马来西亚〕张少宽：《槟榔屿华人史话》，第 297 页。
② 上述会馆建立年份，分见《槟榔屿福建会馆成立五十三周年纪念特刊》，槟榔屿福建会馆，2013，第 105、149、117、113、137 页。

大姓只有参与组建漳州会馆，才可以和泉州其他县份社群相颉颃。

可以想见，以五大姓为代表的漳州宗族组织的兴盛，延缓了福建省籍地缘会馆在槟榔屿出现的步伐。省级行政区划上的地缘认同组织——槟榔屿福建会馆，在槟榔屿迟至 20 世纪中期才最终形成，远远落后于新加坡和马六甲，甚至也落后于吉隆坡。槟榔屿的闽南人长期依赖于福建公冢作为地域认同的边界，虽然在 19 世纪末开放给福建省籍，但是公冢作为省级地域认同的功能在此时已经不能适应 20 世纪初巨大的社会变革。尤其是相比槟榔屿的广东省籍地缘会馆——槟榔屿广东暨汀州会馆在 19 世纪初就已经存在的现实，20 世纪初槟榔屿福建省籍社群认同的松散，着实令人感叹。

余　论

本文重点分析了 19 世纪槟榔屿闽南五大姓如何进行宗族组织的建构，以及对槟榔屿闽南人社群的影响。从中可以发现，槟榔屿闽南宗族组织不是一蹴而就的，每个阶段都经历了数十年的积累才得以进入下一阶段。以五大姓为代表的闽南宗族都经历了相似的阶段，但由于内部结构的不同，也各有特色。如谢、林和邱氏一样都来自海澄三都，在原乡就是同一宗族，在槟榔屿进行了和邱氏类似的建构。而杨氏和陈氏宗族由来自不同区域的同姓氏组合起来。最后杨氏排除三都以外的同姓，成为单一血缘的宗族组织。无论是单一血缘的邱、谢、林宗族，还是联宗的杨氏宗族，抑或是拟制血亲的陈氏宗族，都把宗族组织作为自身在槟榔屿安身立命的庇护之所。以上都是闽南方言内部的宗族整合，相比之下，单一血缘宗族组织在广东社群中就出现很晚，直至 19 世纪中期才出现了跨方言群的联宗组织。

郑振满教授对福建宗族的类别划分，对中国汉人宗族的研究影响深远。① 但是对于海外华人的宗族建构来说，却并不完全适用。带着强烈地方观念的华人个体离开家乡，到一个异文化的新地方，首先用方言群来寻找庇护，如果同一方言人群占一地绝对优势，则进一步通过地缘来划分内

---

① 郑振满教授将福建汉人宗族分为继承式宗族、依附式宗族与合同式宗族。见氏著《明清福建家族组织与社会变迁》，湖南教育出版社，1992，第 62～118 页。

部边界，如果来自同一地宗族成员的人数不少，则倾向于用血缘宗族组织来寻求庇护。我们考察槟榔屿五大姓宗族组织建构时所着眼的，就是早期槟榔屿占华人人数绝对优势的闽南方言群，用福建公冢来划定闽南区域的边界，又通过宗族组织来划分血缘边界；以及在经过几十年的发展之后，面对广东社群和闽南内部社群的竞争，五大姓走到一起创建了福建公司，排斥了同属闽南社群的泉州人（同安人除外）①。随着属于广东社群的客家人在 19 世纪后期异军突起，外在广东社群给予五大姓的压力越来越大，最终在 19 世纪末的时候，福建公冢开放给漳州泉州以外所有的福建省籍华人，以促成同省力量的团结。所谓基于血缘性的宗族认同或者方言群内部的地缘认同，都是槟榔屿华人个人在不同外在压力的情境之下所做的生存选择。离开中国原乡的生存环境，更多元化的生存策略就成为个人的不二选择。

Clan, Dialect and Geopolitical Identity
—Formation of the Minnan Community of the British Penang during the 19th Century

Song Yanpeng

Abstract: Represented by the Big Five, the Minnan clans of Penang were able to complete the construction of clan organizations after experienced decades of accumulation in the middle of the 19th century. In the first half of the 19th century, the borders of the Minnan community were maintained by the Hokkien Cemeteries. The clan bloodline identity within the community was relatively higher than that of the Zhangzhou and Minnan regions, which in turn delayed the emergence of Fujian provincial community organizations in Penang. The clan bloodline and the Minnan dialect became the main symbols of the borders of the Minnan community in the 19th century. The so-called kinship-based clan identity

---

① 漳州社群不排斥同安人，缘于清代同安县与海澄县三都相邻，关系紧密。此点为槟城张少宽先生提示，谨致谢忱。

or the geo-identity within the dialect group are the survival choices of the Chinese people in Penang under different external pressures.

Keywords：19th　Century；British　Penang；Minnan；Community；Shaping Path；the Big Five

（执行编辑：吴婉惠）

海洋史研究（第十五辑）

2020 年 8 月　第 310～324 页

"半潜的越南"？从长时段历史看越南与中国

李塔娜[*]

　　尽管越南的海岸线长达 3000 多公里，但其海岸社会及海洋文化却有意无意地长期被忽视。学者们津津乐道的是一个儒家的越南，一个村社的越南，一个统一的越南和一个革命的越南。魏长乐（Charles Wheeler）指出，沿海地区的滨海社会在越南历史上扮演了独特而重要的角色，但越南历史的研究者们长期以来却一直将它们与内陆越南的农业社会混为一谈。[①] 魏长乐的研究点出了一个重要的观点，即越南内陆和沿海文化的分裂。这种分裂源于环境和生态的差异，而这个越南历史的持续主题却常常被遗忘。本文意在探讨在那儒家越南和村社越南下埋藏的越南，或者说一个半潜的越南。

　　越南内陆和沿海在政治和文化之间的分裂在越南李朝时期是显而易见的。约翰·惠特摩（John Whitmore）指出，直到 13 世纪，作为李朝根基的红河中上游才在政治上与沿海崛起的华人后裔陈氏结合在一起，从而将红河三角洲整合为一个政治整体。对此《大越史记全书》简洁地评论道"天下

---

　　* 作者李塔娜，澳大利亚国立大学中华全球研究中心荣誉高级研究员；译者罗燚英，广东省社会科学院海洋史研究中心副研究员。
　　本文是作者在 2019 年 2 月美国哥伦比亚大学组织的"长时段的越南和中国"国际研讨会上的发言稿。
　　① Charles Wheeler, "Re‐Thinking the Sea in Vietnamese History: Littoral Society in the Integration of Thuận‐Quảng, Seventeenth‐Eighteenth Centuries," *Journal of Southeast Asian Studies*, Vol. 37, No. 1 (2006), pp. 123‐153.

归于一"。①

在过去的20年里，笔者一直试图摆脱民族主义的束缚，尝试以生态与经济的分析角度，超越政治的框架去审视越南历史。现在笔者比以往更加确信，曾经存在过一个"海洋越南"，一个更接近"海洋中国"的越南。正是这个海洋越南不断地为大越带来活力，因此海洋的作用在越南历史上举足轻重，而不是如一些学者所描绘的那样，海外贸易对越南历史无关痛痒。下文笔者将回到几个"历史时刻"来阐明笔者的观点。

第一个时刻：1825～1826年到达越南的外国船只

若无其他资料存在，我们或许就相信在越南，特别是越南南部，商业是微不足道的。然而1825～1826年的资料显示情况并非如此（参见表1）。约翰·克罗福德（John Crawfurd）报告称：每年仅从暹罗就有40～50艘船到访越南南部港口。当时住在顺化的沙依诺（Jean - Baptiste Chaigneau）亦称："每年大约有300艘中国帆船进入交趾支那的港口……大小从100吨到600吨不等。"②

表1　阮朝朱本档案所载1825～1826年到达越南的外国船只③

单位：艘

年份	北部港口		南部港口	
	中国船	法国船	中国船	法国船
1825	26		15	2
1826	37		5	4

---

① John Whitmore, "The Rise of the Coast: Trade, State and Culture in Early Dai Viet," *Journal of Southeast Asian Studies*, Vol. 37, No. 1 (2006), pp. 103 – 122; John Whitmore, "Ngo (Chinese) Communities and Montane/Littoral Conflict in 15th – 16th Century Dai Viet," *Asia Major*, Vol. 27, No. 2 (2014), p. 56；《大越史记全书》"本纪"卷五。

② "MS of M. Chaigneau", quoted in Crawfurd, *Journal of an Embassy*, pp. 519 – 520. 译者注：沙依诺（Jean - Baptiste Chaigneau），越南名为阮文胜，1821～1824年任法国驻顺化的领事。

③ The Imperial Archives of the Nguyen Dynasty (1825 – 26) （《阮朝朱本目录》），Hanoi: National Department of Archives, Hue University, Centre for Vietnamese and Intercultural Studies, 2000, pp. 27 – 28.

1831~1855 年，越南南部向新加坡出口了大量的大米、盐和糖。而在这三种出口商品中，阮朝官方史料只记录了糖的部分出口量，因为把糖卖往新加坡为阮朝提供了官方采购所需现金（如图 2）。[①]

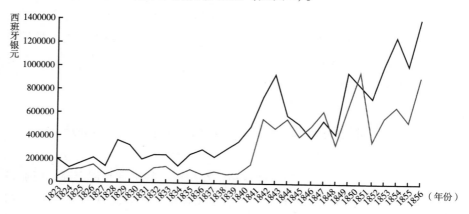

图 1　1823~1856 年越南和泰国向新加坡的出口量

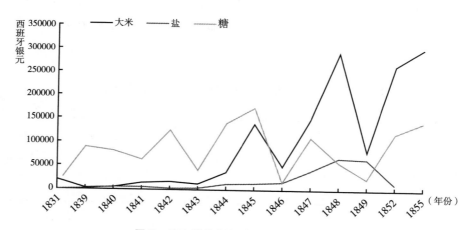

图 2　越南输往新加坡的大米、盐和糖

资料来源：威尔士亲王岛的商业和航运报表，新加坡和马六甲。

上述数据说明，19 世纪越南南部的绝大部分海外贸易是在越南朝廷控制之外进行的，这解释了为什么阮朝辖下的人民活跃的海外活动却不见于经传。

---

① Li Tana, "Rice Trade in the Mekong Delta and its Implications during the 18th and 19th centuries," in Thanet Arpornsuwan, ed., *Thailand and Her Neighbours* (II), Bangkok: Thammasat University Press, pp. 198-214, here pp. 208-209.

第二个时刻：17 世纪东京"失语"的商人及其大规模贸易

人们通常以为，荷兰东印度公司是 17 世纪东京（越南北方）最财大气粗的丝绸买家。然而，日本学者饭冈直子经过仔细的研究，却指出 17 世纪华人对东京丝绸的白银投资额大约是荷兰东印度公司投资额的 2 倍（见图3）。更加令人惊讶的是，这种大规模的出口主要是由一位华商魏之琰组织进行的。魏之琰与长崎的商界精英保持着密切关系。能在长期激烈的竞争中击败荷兰人，魏之琰毫无疑问一定与越南郑主朝廷保持着良好的关系。然而他的名字不见于任何一个 17 世纪庸宪寺庙的捐赠者名单，当然更没有出现在《大越史记全书》或任何一份官方文件上。[1] 在长崎，他和他的合伙人林于腾（同样没有出现在庸宪的地方记录中）被称为"东京舶主"，[2] 在东京，魏之琰则被称为"客商"，即华商。当时庸宪有很多像他一样的客商，以致庸宪在 17 世纪和 18 世纪也被称为"客庸"（Phố Khách）。

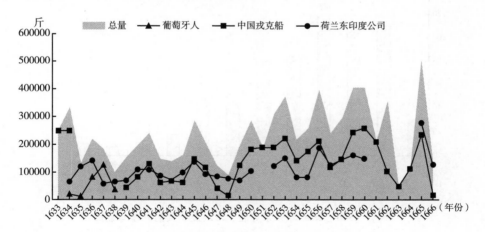

图 3　1633～1666 年长崎进口东京生丝的总量及供应商

资料来源：Iioka Naoko，"Literati Entrepreneur：Wei Zhiyan in the Tonkin – Nagasaki Silk Trade，" PhD thesis，National University of Singapore，2009，p. 222.

---

[1]　Iioka Naoko，"Literati Entrepreneur：Wei Zhiyan in the Tonkin – Nagasaki Silk Trade，" PhD thesis，National University of Singapore，2009，p. 211.

[2]　Iioka Naoko，"Literati Entrepreneur：Wei Zhiyan in the Tonkin – Nagasaki Silk Trade，" p. 169.

　　华人从哪里获得这么多白银来投资东京的生丝出口？要回答这个问题，我们必须看看在中国发生了什么。由于商业上的联系，中国所发生的事情对东京来说至关重要。16 世纪下半叶，由日本和美洲新世界生产的白银大量涌入明朝中国，其数量如此之多，使得明朝成为"世界白银的最终汇集地"。① 当时世界四分之三的白银流入中国并留在中国。这段时间恰恰是越南的莫朝时期（1527～1592）。莫朝是越南历史上的一个繁荣时期，这一点却因为莫朝被认为是"篡逆"而长期被人忽视，直到越南学者丁克纯指出这一点，事情才比较明朗。② 从越南北部与中国海上商业联系的优势来看，显然，越南莫朝的繁荣至少部分是由于日本和美洲白银大量涌入中国的溢出效应。来自民间的证据很有意思。我们看到红河三角洲的寺庙、市场及桥梁的兴建与重修活动在 1550～1660 年激增（图 4）。显然，从 16 世纪下半叶起，由于通过中国进行的域外活动，即中国与日本和西班牙－美洲的白银贸易，北部湾地区的财富总量显著增加了。③

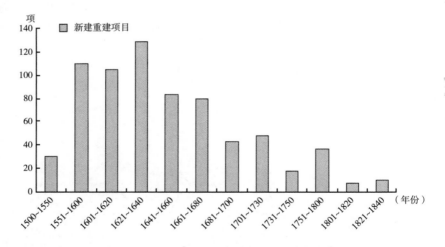

图 4　1500～1840 年东京寺庙、市场及桥梁的兴建与重修

①　Andre Gunder Frank, *Re-Orient: Global Economy in the Asian Age*, Berkeley: University of California Press, 1998, p. 115.

②　Dinh KhacThuan, *Contribution à l'histoire de la dynastie des Mac au Viet Nam*, PhD thesis, Universite de Paris, 2002.

③　Li Tana, "Tongking in the Age of Commerce," in Geoff Wade and Li Tana, eds. , *Anthony Reid and the Study of the Southeast Asian Past*, Singapore: Institute of Southeast Asian Studies, pp. 246 – 270.

如果认为这些商业活动只发生在处于大越国家事务中心活动之外的沿海地区，那么以下这个发生在更早一个世纪的例子会让我们重新思考这个观点。

第三个时刻：15世纪的越南火器

15世纪，越南在战争中使用了大量中式火器，黎朝曾利用这些火器进行了雄心勃勃的政治扩张运动。兹引用学者孙来臣编制的三份火器清单，收录越南历史博物馆和私人收藏家庋藏的，出土于河内玉庆、讲武和金马等地的手铳、臼炮和大炮（见表2、表3、表4）。[①]

表2　越南发现的手铳

ID#	长度	重量	孔/膛径	日期及其他信息
LSb10976	32cm	2.2kg	1.7cm/2.5cm	15世纪末
LSb18232	13cm*	1.1kg*	缺失	15世纪末；损坏
LSb18233	16cm*	1.1kg*	缺失	15世纪末；损坏
LSb18234	22.5cm*	1.6kg*	1.5cm/4cm	15世纪末；损坏
LSb18235	31cm	1.7kg	1.2cm/2.6cm	15世纪末
LSb18236	29cm	1.8kg	2.1cm/2.5cm	15世纪末
LSb18237	38cm	3.0kg	1.6cm/3.0cm	15世纪末
LSb18238	37.5cm	2.3kg	1.7cm/2.8cm	15世纪末；火门完好
LSb18239	38.5cm	3.4kg	2.4cm/4.5cm	15世纪末；火门盖缺失
LSb18240	37.5cm	2.3kg	1.5cm/2.8cm	15世纪末；火门盖完好
LSb18244	16.5cm*	1.2kg*	缺失	15世纪末；损坏
LSb18251	23cm*	1.2kg*	1.3cm/2.6cm	15世纪末；损坏
LSb22266	36.3cm	2.5kg	1.7cm/2.7cm	15世纪末；损坏
LSb18240	37.5cm	2.3kg	1.5cm/2.8cm	15世纪末；火门盖完好
LSb24328（Oso1）	38cm	3.3kg	1.6cm/2.9cm	日期不详
Oso2	34.7cm	2.3kg	1.3cm/2.5cm	15世纪末
Oso3	34.3cm	2.kg	0	15世纪末
84NK1	39cm	2.74kg	2.4cm	15世纪末

① Sun Laichen, "Chinese-style Firearms in Dai Viet (Vietnam): The Archaeological Evidence," *Revista de Cultura*, Vol. 27 (2008), pp. 43 - 45.

续表

ID#	长度	重量	孔/膛径	日期及其他信息
LSb25498	31cm	2.0kg	1.2cm/2.5cm	15 世纪末
Lum phun gun	35.8cm	?	2.5cm?	15 世纪末；火门盖完好
Mili Mus#1	29cm	?	1.4cm/2.5cm	16~18 世纪
Mili Mus#2	29cm	?	1.4cm /2.5cm	16~18 世纪
Mili Mus#3	29cm	?	1.4cm/2.5cm	16~18 世纪
Tom#1	39.37cm	?	1.85cm?	日期不详；火门盖完好
Tom#3	39.37cm	?	2.54cm?	日期不详；火门盖缺失
Rapoport#3	28cm	1.9kg	1.1cm/2.8cm	日期不详
Nanning#1	35cm	2.2kg	1.7cm/3.0cm	日期不详
Nanning#3	33cm	2.0kg	1.5cm/2.7cm	日期不详；尾銮受污
Nanning#4	35cm	2.2kg	1.5cm/2.6cm	日期不详；尾銮受污
Nanning#5	34.7cm	3.0kg	2.1cm/2.7cm	日期不详

表 3　越南发现的臼炮

ID#	长度	重量	孔/膛径	日期及其他信息
LSb22264	38cm	6.8kg	5.0cm/8.0cm	15 世纪末
LSb22265	38.5cm	8.9kg	5.0cm/8.0cm	15 世纪末
LSb18241	35cm	?	c.1.0cm/ c.6.0cm	日期不详
Mili Mus#4	?	?	?	15~17 世纪；来自清化省
Mili Mus#5	?	?	?	15~17 世纪；来自清化省
LSb19233 LSb19232	25cm 12.7cm	? ?	c.1.5cm/7cm （炮口？）	1744 年
LSb18231	?	?	? /3.1cm(炮口？)	19 世纪
Rapoport#2	37cm	6.3kg	5cm/7.4cm	日期不详

表 4　越南发现的大炮

ID#	长度	重量	孔/膛径	日期及其他信息
Hoang Thanh	120.5cm	>100kg	4.1cm/13cm	15~17 世纪
LSb#?	c.40cm	?	c.6cm/c.11cm	日期不详
Rapoport#1	71cm	20.15kg	4cm/6cm	16 世纪(?)；火门盖缺失
Tom#2	49.85cm	?	2.54cm/?	16 世纪(?)；来自清化省；火门盖缺失

续表

ID#	长度	重量	孔/膛径	日期及其他信息
Canon SuperStore#1	51cm	5kg	4.3cm/6cm	16 世纪(?)；来自清化省(?)
LSb24329 (Oso 4?)	52cm	15.3kg	2.7cm/5.8cm	15 世纪末
Mili Mus#6	48cm	?	3.2cm/6.7cm	16～18 世纪；来自清化省
Mili Mus#7	41cm	?	2.2cm/4.6cm	16～18 世纪；来自清化省
Mili Mus#8	c.40cm	?	c.1.5cm/c.4.0cm	15～17 世纪；来自清化省
Mili Mus#9	c.40cm	?	c.1.5cm/c.4.0cm	15～17 世纪；来自清化省

以上三表资料均来源于孙来臣：《东南亚的中式火器：以考古资料为中心》，周鑫、任希娇译，《海洋史研究》第 9 辑，社会科学文献出版社，2016，第 63～100 页。

孙来臣教授为笔者提供了一张南奔火铳的实物照片（见图 5）。[1]他估计在 15 世纪的战争时期，38% 的越南士兵（约 98800 人）携带火器。这表明了火器的广泛使用令越南成为一个小型的"火药帝国"。由火器产生的军事优势使越南得以在 1479 年入侵哀牢、芒盆和南掌（大致相当于今之老挝），在 1480 年威胁云南的西双版纳和入侵兰纳（今泰国北部），在 1471 年征服占城，从而开辟其领土南拓之路。越南"火药帝国"的疆域自然随之扩大，因为在其征战过程中，越军兵锋所指甚至直达阿瓦王国的伊洛瓦底江。[2]

如此辉煌的军事成就极大地重塑了越南和东南亚大陆的历史。然而它最终建立

图 5　南奔火铳

[1] 关于南奔火铳，参见孙来臣《东南亚的中式火器：以考古资料为中心》，周鑫、任希娇译，《海洋史研究》第 9 辑，社会科学文献出版社，2016，第 78～79 页。图片由孙来臣教授所赠，特此致谢。

[2] Sun Laichen, "Chinese Gunpowder Technology and Dai Viet, ca. 1390 – 1497," in Nhung Tuyet Tran and Anthony Reid, eds., *Viet Nam*: *Borderless Histories*, Madison, Wisconsin: University of Wisconsin Press, 2006, p. 102. 译者注：孙来臣文的中译文参见孙来臣《1390～1479 年间中国的火器技术与越南》，周鑫、程淑娟译，《海洋史研究》第 7 辑，社会科学文献出版社，2015，第 21～57 页。

在一个基础上，即制造火器的材料：硫黄和硝石。这两种关键原料越南都缺乏。硫黄不得不向遥远的火山多发地区如爪哇、苏门答腊和日本寻求。硝石的情况也好不了多少。越南本土也产硝石，但数量甚少（见下文）。因此硝石也必须依靠进口，才能生产成吨的火器。仅在15世纪70年代，越南军队就采取了密集的军事行动，这样的火力规模，需要消耗大量的火药。然而，越南是如何获得硝石的呢？15世纪，在越南之外，硝石只在中国有售（事实上，当时的人们把它与中国联系在一起，阿拉伯人称之为"中国雪"）；明朝认识到其战略重要性，严禁出口这类战略物资，违者则处以死刑。在明朝的种种限制之下，越南从何处获得这些原料？答案一定是中国的走私商人。

16世纪初，葡萄牙旅行家多默·皮列士（Tomé Pires）述及交趾支那（越南）时清楚地说明了这一点。此时正值领导越南南进和西征的黎圣宗（Le Thanh Tong，1442－1497）辞世后不久：

> 这位国王十分好战，他有无数的枪手及小白炮。他的国家使用大量火药，火药既用于战争，也用于其日夜宴乐之中。其国内的领主和要人亦是如此使用火药。火药每天都用于燃放烟火及其他游乐活动。……来自中国的硫黄非常值钱。大量硫黄从爪哇那边的梭罗（Solor）群岛运至马六甲……再从彼地输往交趾支那。

> 大量的硝石同样有价值，硝石从中国大批输运到交趾支那，并全部在那里销售。他们【交趾支那人】很少乘船到马六甲。他们到中国去，到大城市广州去与中国人汇合，而后他们在其船上与中国人交易。①

除了火药还有铜。铸造如此多的火器需要大量铜这种金属。对越南来说，铜主要源自红河上游，且越过中越边界，来自云南。后者是主要来源。这一点从15世纪云南的一位中国官员奏折中看得很清楚："云南路南州铜坑往往为奸民窃发煎卖，以资交阯兵器。"②

---

① Armand Cortesao, ed. & tr., *The Suma Oriental of Tomé Pires: An Account of the East, from the Red Sea to Japan, written in Malacca and India in 1512－1515*, London: The Hakluyt Society, 1944, Vol. 1, p. 115.

② 《明宪宗实录》卷二二〇，第3804页。转引自孙来臣《1390～1479年间中国的火器技术与越南》，周鑫、程淑娟译，《海洋史研究》第7辑，第43～44页。

　　如果用于火器的所有战略物资都是从中国走私出来的，那么这些活动是如何在越方进行的？它们也是走私而来吗？当时的官方文件对此问题闭口不谈，然而18世纪和19世纪的阮朝政策却可资参考。对那些把铁、锡、锌和硫黄等战略物资运往越南的船只，17～18世纪南方的阮氏政权和19世纪的阮朝政策相同，都是降低甚至免除进出口税。① 换言之，华商向越南走私战略物资是受越南官方保护和鼓励的。

　　16世纪初，华南沿海地区贸易繁荣，不受明廷及其官方经济体制的控制。这大大促进了南部沿海地方社会商品经济的发展。海盗头目之一名叫徐海，他在越人阮攸的《金云翘》中得以永生。据说，在其全盛时期，他手下有1000多艘帆船，船上至少有6万名海盗进行大规模走私。②

　　直到19世纪，越南除了依靠进口硝石和硫黄，别无他法。下面两组数据清楚地表明了这一点。1834年，越南明命帝在位的第14年，他下令：

　　　　嘉定、乂安、清化、河内、南定、海阳、山西、北宁、平定、永隆、安江、边和、定祥、广平、广南、广义十六省，每省须储藏硝石六千斤、硫黄一千二百斤。其他十三个省，即庆和、平顺、广治、河静、宁平、兴安、广安、兴化、宣光、太原、谅山、高平，每省须储存硝石四千斤、硫黄八百斤；河仙须储存硝石一千斤、硫黄二百斤。③

　　这意味着越南各省总共须储存131000斤（65.5吨）硝石和26200斤（13吨）硫黄。这还不包括都城本身的大量战略储备。这样的数量几乎不可能来自如下越南贫瘠的硝石矿（见表5）。

　　越南对中国进口的严重依赖，在17世纪阮氏王朝及其寻求生存的故事中得到了进一步的证实。

① *Kham Dinh Dai Nam hoi diensu le*（《钦定大南会典事例》），Hue: Nha xuat ban Thuan Hoa, 1993，卷四八，tap 4，pp. 429-431.

② James Chin, "Merchants, Smugglers, and Pirates: Multinational Clandestine Trade on the South China Coast, 1520-50," in Robert Antony, ed., *Elusive Pirates, Pervasive Smugglers: Violence and Clandestine Trade in the Greater China Seas*, Hong Kong: Hong Kong University Press, 2010, p. 51.

③ 《钦定大南会典事例》"火炮司"，卷二五五，tap 15，pp. 307-308.

表5　明命帝时期（1820~1841）越南北部矿山产出的硝石*

矿名	省份	数量（斤）	备注
Kinh Ky	北宁	?	
Ba Long	北宁	100	工人流散，从1826年起免交
Minh Le	北宁	100	工人流散，从1826年起免交
Van Nham	北宁	100	工人流散，从1826年起免交
Hoa Lac	北宁	100	工人流散，从1826年起免交
Na Bong	太原	200	工人流散，从1834年起免交
SuKhong	山西	300	工人流散，从1817年起免交
Minh Nong	山西	150	工人流散，从1821年起免交
Ban Dam	兴化	100	重新招募工人
Ban Vinh	兴化	100	工人流散，从1811年起免交
Trinh Ban	兴化	100	工人流散，从1829年起免交
Man Tham	兴化	100	工人流散，从1829年起免交
Nam Cao	宣光	100	工人流散，从1811年起免交
XomXa	宣光	200	工人流散，从1829年起免交
Vi Khe	宣光	200	工人流散，从1831年起免交
Huu Vinh	宣光	100	工人流散，从1823年起免交
Vi Thuong	宣光	100	工人流散，从1811年起免交
Chi Lang	谅山	100	工人流散，从1832年起免交
Mai Sao	谅山	100	工人流散，从1816年起免交

资料来源：《钦定大南会典事例》卷四二，tap 4，pp. 240 – 244。

第四个时刻：17 世纪的阮氏内区

阮氏王朝地处山海之间的狭长地带，不仅缺乏土地，而且缺乏以农业为政治经济基础所必需的人口。如果对其他东南亚国家来说，海外贸易关乎富裕或贫穷，那么对阮氏来说，则是关乎生死。为了解决这一问题，阮氏政府实施了一项高明的贸易战略，如表6所示。

从表6可以看出，阮氏依赖于其作为中日贸易离岸基地而生存并繁荣，而它最繁荣的贸易时期是在 1651~1680 年。这里魏长乐提出了一个至关重要的问题。阮氏如此依赖中日贸易，但中日贸易恰恰在此期间面临两大障碍：一是德川幕府从 1634 年开始禁止日本人在海外进行贸易；二是 1646~1685 年，清政府禁止所有中国人出海。在这种情况下，这个中日贸易离岸基地又是怎么发展和维持的呢？这是越南阮氏历史上的一个生死关头，因为日本锁国和中国的海禁政策执行时期，正是阮氏为了生存而与其北方对手郑氏交战之时（1627～1672）。阮氏急需火药和铜等所有军事材料的供应，更不用说武器和粮食。

表 6　从东南亚国家开往日本的中国商船数量（1647～1720） *

年份	东京	广南	柬埔寨	暹罗	北大年	马六甲	雅加达	万丹
1647～1650	7	11	4	—	1	—	4	
1651～1660	15	40	37	28	20	—	2	1
1661～1670	6	43	24	26	9	2	12	
1671～1680	12	40	10	23	2	—	31	1
1681～1690	12	29	9	25	8	4	18	
1691～1700	6	30	22	20	7	2	16	1
1701～1710	3	12	1	11	2	2	—	
1711～1720	2	8	1	5	—	—	5	
总计	63	213	108	138	49	8	88	3

资料来源：李塔娜：《越南阮氏王朝社会经济史》，李亚舒、杜耀文译，文津出版社，2000，第74页。

在如此不利的情况下阮氏没有失败，竟然还繁荣了起来。原因何在？魏长乐指出："答案在于郑氏家族。"[1] 这确实是独具慧眼的问题和结论。越南阮氏确实很幸运，它诞生在东南亚的贸易时代。[2] 或许更幸运的是，整个17世纪越南阮氏的战争及其显著的商业和人口增长，发生于中国郑氏海上活动的鼎盛时期。越南海岸的繁荣与中国南海地区蓬勃发展的非官方的影子经济相重叠，并从中受益，而阮氏统治的长长的海岸反过来又为中国沿海繁荣的走私经济提供了基地。正如魏长乐所说：

> 这就解释了为何越南阮氏的航运在战争、日本锁国和17世纪席卷中国沿海的禁海迁界令面前仍能保持稳定。利用其复杂的走私网络和航

---

[1] Charles Wheeler, "Interests, Institutions, and Identity: Strategic Adaptation and the Ethno-evolution of Minh Hương (Central Vietnam), 16th–19th Centuries," *Itinerario*, Vol. 39, No. 1 (2015), p. 149.

[2] Anthony Reid, *Southeast Asia in the Age of Commerce 1450–1680*, 2 volumes, New Haven: Yale University Press, 1991 and 1993.

运贸易，郑氏船队保证了越南阮氏的货物持续地进入中国和日本市场。①

　　由于从来没有得到中国朝廷（无论是明朝还是清朝）的正式承认，阮主在处理来自中国的叛乱组织时有很大的自主权，因为他们本身就是反叛者。中国郑氏忠诚支持者的后代能够公开而自豪地在越南保留"明香"（意为"为明朝保留香烛"）这个名字长达两个世纪，② 这在整个东南亚都是独一无二的。它表明了阮氏对南海政治的态度。同样重要的是，阮氏在经济上依赖与郑氏有关联的中国商人。1682 年，越南阮氏允许中国抗清势力陈上川、杨彦迪的部队直接进入边和、美湫地区，这一众所周知的事实从以上的角度来看时会有新的启发。简而言之，17 世纪阮氏家族和郑氏家族之间建立的是一种伙伴关系，双方都处在寻求政治上生存的关键时刻，他们之间的互助是几十年的关系。

　　魏长乐对"明香"的发现凸显了华人在越南阮氏王朝早期发展中所扮演的重要角色，说明了 17 世纪形成的越南南部统治者与海上华人之间的长期相互依存，并揭示了华人在 17～18 世纪越南南部政治中发挥的积极作用。

结语："海洋""华人"的重要性
在越南国史中被"隐匿"

　　上述四个例子——19 世纪的越南南部、17 世纪的东京、15 世纪的大越以及 17 世纪的阮氏王朝——揭示了越南历史的一些重要内容：在乡村和儒家越南之下隐匿着一个越南，一个与东南亚内陆或斯科特的东南亚高地赞米亚（Zomia）保持诸多联系的越南，这个越南是东南亚高地和华南沿海地区千差万别的非农业社会的集合。在深刻影响越南历史上各国发展的诸多关键时刻上，这些联系发挥了根本作用。

　　为了揭开这个"被淹没"的越南历史，人们不可避免地对越南"纯粹而真实"的永恒形象提出质疑，这种形象将红河上游视为越南的发源地。然而，正如考古学家雷安迪（Andreas Reinecke）所指出的，7000 年前，当

---

① Charles Wheeler, "Interests, Institutions, and Identity: Strategic Adaptation and the Ethno-evolution of Minh Hương (Central Vietnam), 16th–19th Centuries," p. 150.
② 直到 19 世纪 20 年代，明香才改为"明乡社"。

海平面比现在低 120 米时，东京湾沿岸有许多沿海定居点，4000 年前，当海平面比现在高出 2~5 米时，所有沿海定居点都被淹没了。因此，早期红河三角洲上游的山围（Son Vi）文化、和平（Hoa Binh）文化或北山（Bac Son）文化，更可能反映的是特定群落在海进以后所呈现的生活状态，而不是反映在此之前北部湾沿岸群落的生活与经济系统的整体多样性。雷安迪进一步指出，仅在越南中部的琼文（Quynh Van）文化中寻找泡卓（Bau Tro）文化的根源是不可能的，因为南海周围也有一些类似的沿海文化，它们之间有很多贸易、文化和经济联系。①

越南国家与中国之间的那些潜在联系偶尔会浮出水面，向历史展示自己的另一面。这样的线索少之又少，但只要有耐心，就能找到。例如，1865年，顺化政府命令永隆的鸦片商、华人颜万合提供 30 万两白银以支付顺化朝廷所欠法国的战争赔款。② 如此规模的财富获取渠道表明，一股股财富暗流通过华人的海上网络流经越南，越南各个朝代可以并曾经不时地在政治需要时利用这些暗流。在长期的标准的越南历史文本中，也埋藏着这些被淹没的联系或暗流的一个个关键证据——本质上，它们就像一件件考古文物，就在我们的眼皮底下——足以改变我们对越南历史的传统观感。这让人想起永聘（Vinh Sinh）的书，他在书中提到，东游运动中派往日本的越南学生都是由富商主要是华人富商来资助的。这些层次丰富的史实与越南民族主义史学所描绘的华人角色多么不同。如果我们环顾一下其他方面的历史，在 20世纪 30 年代之前，80% 的南方大米和 100% 的北方大米都是出口到中国。而构成越南儒家思想基础的汉文书籍，大多是由华南的华人船主带来的，这些都是中越两国草根阶层紧密联系的强有力的证明。③

要想更准确地了解越南和中国，就必须把这些鲜为人知的不属于国家层

---

① A. Reinecke, Le Duy Son, Le Dinh Phuc, Zur Vorgeschichte im nördlichen Mittelvietnam. -Eine Bestandsaufnahme nach vietnamesisch-deutschen Feldforschungen 5 Ve tien su Binh-Tri-Thien（Bac Trung Bo Viet Nam）. Tinh hinh nghien cuu va nhung nhan xet buoc dau qua cac dot dieu tra, khao sat cua doan khao co hoc Viet Nam-CHLB BUC 52 Towards a prehistory in the northern part of central Vietnam. A review following a Vietnamese-German research project 59, in Beiträge zur Allgemeinen und Vergleichenden Archäologie Band 19, 1999, pp. 59 – 61.

② 《大南实录正编》（第四纪嗣德朝）（东京：庆应义塾大学言语文化研究所，1979），16 册卷三三，第 6385 页。

③ Li Tana, "Imported Book Trade and Confucian Learning in Seventeenth and Eighteenth Century Vietnam," in Michael Aung – Thwin and Kenneth R. Hall, eds., *New Perspectives on the History and Historiography of Southeast Asia*, New York：Routledge, 2011, pp. 167 – 182.

面的行为者、网络和运动从历史中"拯救"出来。在过去的 2000 年里，"中国"（China）长期被作为头号敌人，在越南民族主义历史建构中举足轻重，然而与此同时"华人"（Chinese）作为重要角色却在此种建构中持续缺席，尽管他们在越南历史的许多关键时刻发挥了根本性的作用。如本文所简略揭示的，历史上华人与越南国家之间交往的频率和强度在整个东南亚都是前所未有的，然而这些故事却被过滤掉，或干脆被排除在国家历史的主流叙事之外，仿佛它们与越南国家建设毫无关系。越南史学界对华人角色的这种沉默在东南亚国家现代史学里面也是绝无仅有的。

A Submerged Vietnam? Vietnam and the Chinese in Longue Durée

Li Tana

Abstract：Using four examples—19th-century southern Dai Nam, 17th-century Tongking, 15th-century Dai Viet, and 17th-century Cochinchina, this article tries to reveal something important about Vietnamese history. Underneath village and Confucian Vietnam there lies a submerged Vietnam, a Vietnam that maintained its connections with both the Southeast Asian interior of the non-agrarian societies of upland Southeast Asia and the southern Chinese coasts in thousands of ways. These connections played fundamental roles in many of the junctures that profoundly affected the various Vietnamese states that developed throughout history but have been largely filtered or simply excluded from the master narratives of national history. A more accurate understanding about Vietnam and China would have to redeem those non-national actors, networks, and movements from obscurity.

Keywords：Vietnam；China；Chinese；Maritime Connections

（执行编辑：徐素琴）

海洋史研究（第十五辑）

2020 年 8 月　第 325~340 页

越南南部华人文化传播与变迁：明月居士林

阮玉诗（Nguyễn Ngọc Thọ）　　黄黄波（Huỳnh Hoàng Ba）*

　　越南明月居士林（Minh Nguyệt cư sĩ lâm，又称明月善社）是潮州华人的宗教派别，它综合了中国佛教、道教、民间信仰、日本密宗佛教和纯越南净土宗佛教。目前，越南明月居士林在胡志明市、芹苴市（Can Tho）、沙沥市（Sa Dec）、朔庄市（Soc Trang）、博廖市（thanh pho Bac Lieu）、金瓯市（Ca Mau）和大叻市（Da Lat）均有场所。越南明月居士林在多元文化背景下被引入和发展，1954 年注册为佛教的一部分。作为中国文化的外延，明月善社（明月居士林的前身）在动荡战乱的年代中兴起、发展和传播，随华人移民传入越南。越南的明月居士林必须佛教化，以便在保持宗教形式的情况下得到承认和发展。另外，伴随移民，越南明月居士林在 20 世纪 80 年代传播到加拿大、美国和澳大利亚，形成了一个跨国网络。

　　那么，与中国的明月善社相比，为何越南明月居士林坚持保持佛教性质？注册为越南华宗佛教宗派对当地潮州人在保护民族特色的同时努力实现在地化有没有好处？为解决上述问题，本文着重围绕越南明月居士林的形成、发展及其宗派的文化传承与性质变迁展开讨论，剖析越南明月居士林与佛教之间的密切关联。相信对相关研究的继续深入有一定帮助。

---

　　*　作者阮玉诗，越南胡志明市国家大学社会科学与人文大学校文化学系副教授；黄黄波，越南文化学自由研究员。

　　本研究由越南胡志明市国家大学（VNU – HCM）提供资金支持（拨款编号 B2019 – 18b – 01）。

一　明月居士林的前身：中国潮州地区的华、日佛教文化交流

迄今为止有关越南明月居士林的研究并不多见。日本学者芹泽知广（Serizawa Satohiro）与中国学者陈景熙，在田野调查的基础上，对明月居士林的来源、传承与发展，均取得了初步的研究成果。

芹泽知广以日本佛教的宗派主义为出发点，讨论在日本密宗佛教（真言宗）影响下中国潮州地区明月善社的形成与发展过程，进而探讨明月善社如何传播到越南。芹泽知广认为，20 世纪上半叶日本真言宗在日本入侵中国沿海地区的过程中随之传播到了中国，抗日战争结束后日本真言宗仍在中国生存与发展。由于佛教包含着跨文化的普遍价值观，一部分中国人认识到中国佛教与日本真言宗的联系，一些潮州人从潮州地区把宋禅祖师崇拜带到越南（南部地区），后来演变成明月居士林。过了一段时间，明月居士林在越南佛教体系中具有了官方地位。[①]

陈景熙先生对 1978 年中国改革开放后广东省潮汕地区宋禅祖师信仰的研究发现，宋禅祖师信仰与当地神灵信仰、各民间宗教都有关联，特别是与清末李道明天尊[②]崇拜以及黄大仙信仰相结合。[③] 陈景熙进而探究中国潮州地区明月善社发展的各阶段，及其在越南与东南亚地区的传播，陈景熙用了大量时间到越南各地探访居士林系统以及相关人士，所撰文章内容翔实丰富，但其中并没有提到芹泽知广的文章，也没有说明日本密宗佛教与中国明月善社和越南明月居士林之间的关系与影响。陈景熙认为，明月善社从中国流传到越南博廖省西贡市，然后广泛传播到南部各地，在越南与佛教关系密切，后成为华宗佛教的一部分。[④]

本质上，明月居士林是越南南部地区部分潮州佛教信徒在家修行的宗教

---

① Serizawa Satohiro, "Japanese Buddhism and Chinese Sub-ethnic Culture: Instances of a Chinese Buddhist Organization from Shantou to Vietnam," in Tan Chee – Beng, ed. , *After Migration and Religious Affiliation*, Singapore: World Scientific, 2015, pp. 324 – 325.

② 李道明天尊为中国传统道教八仙之一 "铁拐李" 的化身。

③ 陈景熙：《潮汕北斗九黄菩萨崇拜研究》，《潮学研究》第 11 期，汕头大学出版社，2004，第 271 ~ 296 页。

④ 陈景熙：《越南明月居士林起源考》，2019 年越南会安《越南与东南亚地区中古时代港口文化交流》国际研讨会论文集，未刊稿。衷心感谢陈景熙教授允许我们使用他尚未发表的文章手稿。

组织。跟其他佛教宗派不同，明月居士林不设僧团，其成员以遵循佛教精神为主，不离家割爱，形成居士团。信徒们在宗派精神下建立了自己的寺庙，名为"明月居士林"。在宗派忌日或者年度佳节时，各成员聚集于该庙，一起举行祈祷仪式。① 明月居士林成员的传统语言为潮州方言，最近有一部分改成了越南话，特别是沙沥市和芹苴市的居士林。

从宋禅祖师崇拜到明月居士林的成立，经历了四个主要阶段：（1）宋禅祖师崇拜的形成时期（1701～1897）；（2）宋禅祖师崇拜和李道明天尊崇拜合并，成立明月善社（清末时期）；（3）传播到越南，成立明月居士林（20世纪40～70年代）；（4）随越南华人移民，明月居士林传播到北美大洋洲地区（20世纪70年代至今）。

按照芹泽知广的研究，明月居士林这个名字来源于两位祖师的名字，"明"（Minh）是李道明天尊的名字，而"月"（Nguyet）是宋禅祖师"宋超月"的简称。两位祖师之中，宋禅祖师是明月居士林的创始人。宋禅祖师，字超月，号一镜，广东惠邑静海人，出生于1568年（明隆庆二年）4月7日，天资聪慧，1633年皈依佛门。② 陈景熙在广东揭阳惠城区的永福寺考察时发现了铭记宋禅祖师于1672年建立寺庙的石碑。按照碑文的记载，宋禅祖师卒于1701年，享寿133周岁。传说，祖师去世后肉身"不腐"，引起了世人的关注。老百姓称他为"肉身菩萨"，进而崇拜他。年复一年，此名号流传天下，宋禅祖师崇拜不知不觉在潮州地区扎根。③

到了1897年，宋禅祖师的奉献者开始组织祈祷仪式（扶乩）和其他宗教活动。从那时起，宋禅祖师崇拜正式出现了。学界普遍认为，明月善社的成立年份为1944年。④ 之后有人在潮州地区向宋禅祖师进香后，就请了祖师香火带到越南、马来西亚和泰国。⑤ 根据陈景熙的调查，⑥ 1914年宋禅祖

① Serizawa Satohiro, "Japanese Buddhism and Chinese Sub-ethnic Culture: Instances of a Chinese Buddhist Organization from Shantou to Vietnam," p. 312.

② Serizawa Satohiro, "Japanese Buddhism and Chinese Sub-ethnic Culture: Instances of a Chinese Buddhist Organization from Shantou to Vietnam," p. 317.

③ 陈景熙：《越南明月居士林起源考》。

④ Tan Chee - Beng: "Introduction," in Tan Chee - Beng, ed., *After Migration and Religious Affiliation*, pp. xvii - xxxi, p. 292; Serizawa Satohiro, "Japanese Buddhism and Chinese Sub-ethnic Culture: Instances of a Chinese Buddhist Organization from Shantou to Vietnam," pp. 317 - 318; 陈景熙：《越南明月居士林起源考》。

⑤ 陈景熙：《越南明月居士林起源考》。

⑥ 陈景熙：《越南明月居士林起源考》。

师崇拜出现在惠来县的大多数地方，1933 年传播到汕头市，1934 年到惠城，1935 年到潮阳，1944 年底到大埔镇①。

明月居士林于 20 世纪初接受了日本密宗佛教②。根据柏亭格（Joseph Burtinger）的观点，作为中华文明的边沿社群，潮州人很热心地接受外来信仰宗教，其中包括日本的密宗。③ 另外，由于与印度尼西亚潮州华人社区有紧密的经济和文化关系，德教在潮州也非常盛行。④ 此时，日本在明治时期之后执行了"佛教分离"的政策，日本密宗僧人前往中国各地传教，包括潮州地区。⑤

芹泽知广认为，日本僧侣对在中国传播佛法非常感兴趣。⑥ 在 8 世纪，3 位印度僧侣，善无为（Subhakarasimha）、金刚智（Vajrabodhi）与不空（Amoghavajra），将密宗带入了中国，得到了唐朝的支持。⑦ 到了 804 年，日本僧人空海大师来到了中国，从不空大师的弟子惠果大师处继承了密宗。空海大师于 806 年返回日本，在京都市以南的高野山建造了教王护国寺（也称"东寺"），创立了真言宗。⑧ 与此同时，中国的密宗与禅宗融合，还融入了其他民间信仰，几乎脱离了本源。直到 20 世纪初，与日本密宗僧侣接触，才再次回归密宗。

① 根据口传，明月居士林已经扩散到海防，中国的潮阳、香港九龙和马来西亚的槟城。（见 Serizawa Satohiro, "Japanese Buddhism and Chinese Sub-ethnic Culture: Instances of a Chinese Buddhist Organization from Shantou to Vietnam," p. 318。）

② 关于日本密宗请阅览 Rambelli, Fabio, "Secrecy in Japanese Esoteric Buddhism," in Bernard Scheid and Mark Teewen, eds., *The Culture of Secrecy in Japanese Religion*, Oxon: Routledge, 2006. pp. 107 - 129; 与 Keown, Damien, *A Dictionary of Buddhism*, Oxford: Oxford University Press, 2003。

③ Buttinger, Joseph, *A Dragon Defiant: A Short History of Vietnam*, New York - Washington: Praeger Publishers, 1972.

④ 请参阅 Tan Chee - Beng, *The Development and Distribution of Dejiao Associations in Malaysia and Singapore*, Singapore: Institute of Southeast Asian Studies, 1985; Yoshihara, Kazuo, Dejiao: A Study of an Urban Chinese Religion in Thailand, Contributions to Southeast Asian Ethnography, 1987, pp. 61 -79; Formosa, Bernard, *Dejiao: A Religious Movement in Contemporary China and Overseas: Purple qi from the East*, Singapore: NUS Press, 2010。

⑤ 陈景熙：《潮汕北斗九黄菩萨崇拜研究》，《潮学研究》第 11 期，第 290 页。

⑥ Serizawa Satohiro, "Japanese Buddhism and Chinese Sub-ethnic Culture: Instances of a Chinese Buddhist Organization from Shantou to Vietnam," p. 313.

⑦ Lehnert, Martin, "Myth an Secrecy in Tang-period Tantric Buddhism," in Bernard Scheid and Mark Teewen, eds., *The Culture of Secrecy in Japanese Religion*, pp. 89 - 92.

⑧ 请参阅 Keown, Damien, *A Dictionary of Buddhism*, p. 149; Serizawa Satohiro, "Japanese Buddhism and Chinese Sub-ethnic Culture: Instances of a Chinese Buddhist Organization from Shantou to Vietnam," p. 314。

　　研究指出，一位名叫王弘愿的潮州人 1919 年将日本密宗文本翻译成中文，其中包括僧人权田雷斧所著的《密宗纪要》一书，并在潮州地区建造了一座寺庙，邀请权田雷斧大师于 1924 年来访。① 权田雷斧将日本真言宗传授给中国人。② 王弘愿之后，开元寺主持纯密大师系统性地接受了真言宗。他前后多次拜访了泰国（1927 年）和新加坡（1929 年），把真言宗带到东南亚地区。③

　　20 世纪 30 年代，一些越南明月居士林的成员赴汕头学习真言宗。④ 1943 年，日本的一本书详细描述了日本大使为潮籍僧人举行真言宗入门仪式的各细节，其中有从越南西贡过来的连壮猷先生。⑤ 后来日本密宗长谷寺僧人偶尔赴华跟明月善社交流，加强了日、华密宗的关系。⑥

二　越南明月居士林

　　如上所述，越南明月居士林原本是中国潮州明月善社的一个分支网络。明月居士自 1945 年起出现在博廖地区，在那里建立了奉献宋禅祖师的泰昌鸾坛，但直到 1947 年，西贡 12 名潮州商人合作之后才宣布正式成立。明月居士林主庙设在西贡市堤岸地区（现于胡志明市第 5 郡武志孝路 26 号）。

　　当时居士们经常举行扶乩仪式，许多可追溯到 20 世纪 40 年代的遗物现仍留存。⑦ 他们着手建立佛座，对其经文和仪式进行标准化。根据芹泽知广

① Serizawa Satohiro, "Japanese Buddhism and Chinese Sub-ethnic Culture: Instances of a Chinese Buddhist Organization from Shantou to Vietnam," p. 315.

② 肖平：《近代中国佛教的复兴：与日本佛教交接的交往录》，广东人民出版社，2003，第 206～207 页。

③ 陈景熙：《潮汕北斗九黄菩萨崇拜研究》，第 292 页；Serizawa Satohiro, "Japanese Buddhism and Chinese Sub-ethnic Culture: Instances of a Chinese Buddhist Organization from Shantou to Vietnam," p. 317.

④ Serizawa Satohiro, "Japanese Buddhism and Chinese Sub-ethnic Culture: Instances of a Chinese Buddhist Organization from Shantou to Vietnam," p. 317.

⑤ 杉本良智『華南巡錫』東京：護国寺，1943，69、79 頁。

⑥ Serizawa Satohiro, "Japanese Buddhism and Chinese Sub-ethnic Culture: Instances of a Chinese Buddhist Organization from Shantou to Vietnam," pp. 320–321.

⑦ Serizawa Satohiro, "Japanese Buddhism and Chinese Sub-ethnic Culture: Instances of a Chinese Buddhist Organization from Shantou to Vietnam," p. 318; Lý Văn Hùng（李文雄）: Văn hiến Việt Nam（tập hạ）《越南文献》（下卷），Sài Gòn：Thiên – Nam Hán – Viện，1972，第 206～208 页。

的说法，明月居士林一开始时邀请到了许多潮州与福建僧侣参加该组织的宗教活动，其中包括杜腾英先生，① 他在堤岸时曾经做过堤岸区潮州学校的校长，用不少时间来宣传明月真经。信徒们越来越多，把自己的组织称作"居士林"。② 明月居士林正式活动之后，马上就接受了当地华人民间文化中的李道明天尊崇拜，不过居士林仍然维持佛教宗派的特征。到了1954年，明月居士林在西贡政府注册为法人实体，正式命名为"明月居士林佛学会"。在西贡政治家梅寿传（Mai Tho Truyen，1905～1973）的赞助下，明月居士林成功地登记为一个佛教宗派——华宗佛教。

　　然而，在1950～1960年，明月居士林仪式活动向道教方向发展。根据芹泽知广的研究，直到1968年明月居士林才真正根据密宗佛教重新定向仪式活动。1974年，日本奈良地区密宗僧侣长濑寺代表团访问了西贡，在本地介绍了真言宗，此后明月居士林完全取消了非佛教仪式。③ 明月居士林在南部许多地方设立了分支。1958年，他们在朔庄市（Sóc Trăng）建立了禅轩明月居士林，于1960年在博廖市（Bạc Liêu）建立了月轩明月居士林，同时在金瓯市（Cà Mau）建立了国轩明月居士林④。然后，他们于1962在芹苴市（Cần Thơ）成立了德轩明月居士林，于1965年在沙沥市（Sa Đéc）成立了恩轩明月居士林。到了1968年又在大叻市（Đà Lạt）成立了明月居士林，也称"永福寺"。所有分支都把胡志明市堤岸区居士林看作"总林"。此外，20世纪70年代居士们还打算在迪石（Rach Gia）、顺化（Hue）和潘郎（Phan Rang）各建立一个居士林，但尚未实施。

　　明月居士林每座庙宇的内部结构设施都很相似。以芹苴市德轩明月居士

① Serizawa Satohiro, "Japanese Estoric Buddhism in Overseas Chinese Societies: Findings from the Fieldwork on a Buddhist Laymen's Organization of Vietnamese – Chinese from Swatow (Shantou, Chaozhou)," *Bulletin of Research Institute of Nara University*, No. 17, 2009.

② Serizawa Satohiro, "Japanese Buddhism and Chinese Sub-ethnic Culture: Instances of a Chinese Buddhist Organization from Shantou to Vietnam," pp. 313, 319；陈景熙：《越南明月居士林起源考》。

③ Serizawa Satohiro, "Japanese Estoric Buddhism in Overseas Chinese Societies: Findings from the Fieldwork on a Buddhist Laymen's Organization of Vietnamese – Chinese from Swatow (Shantou, Chaozhou)," pp. 320 – 321.

④ 根据释福幸（Thích Phước Hạnh）的研究，金瓯市国轩居士林成立于1958年，不过按照大众的承认，其创立年代为1960年。[Chùa Minh Nguyệt cư sĩ lâm（明月居士林寺庙）Danh mục các tự viện Phật giáo tỉnh Cà Mau, Ban Văn hóa Tỉnh Hội Phật giáo tỉnh Cà Mau, 2012, p. 9.]

图1　芹苴市明月居士林的宋禅祖师

资料来源：2019年田野调查资料。

图2　同塔省沙沥市明月居士林的李道明天尊

资料来源：2017年田野调查资料。

林为例，地楼的空间用来祭拜三世佛以及设立交际、迎宾之处；二楼祭祀地藏王和诸位前贤。本庙的正殿设在三楼，中心位置的是释迦牟尼佛，左、右侧配祀宋禅祖师（左）和李道明天尊（右）。释迦牟尼佛佛龛背后是观音菩萨的尊像。正殿左右墙壁两边还设立伽蓝菩萨与护法神龛，正门之处放置天坛。明月居士林的整体建筑并不完全承载传统建筑，但也不是现代风格。大多数庙宇因为设在市区所以没有花园。金瓯市国轩明月居士林的结构与芹苴市非常相似，唯一的区别在于不设三世佛龛而设弥勒佛佛龛以及九玄七祖祭坛。沙沥市的庙宇结构简单一些，整体建筑包括两层楼，地楼设正殿，供奉佛祖、宋禅祖师、李道明天尊、观音菩萨、地藏王、伽蓝菩萨、韦陀护法神以及前贤灵位。第二层是各藏经库。朔庄市与金瓯市其实各有两个明月居士林，一个坐落在市中心，另一个设在市潮州墓园。墓园居士林相当于市中心居士林的分支，主要供奉当地没有家人祭祀的孤魂。神明主要有济公、准提菩萨与十八位罗汉。根据当地老人的口述，当时为了向华人社群服务，墓园居士林先成立，当社群生活稳定了，华人相济会捐了钱才建立市中心的寺庙。其口述史跟文献记载和上述日本学者的研究成果均有出入，后者称1945年在博廖市先成立泰昌鸾坛，然后在1958年成立朔庄市居士林（市中心设施），1960 年同时成立博廖市居士林和金瓯市居士林。为了弄清楚这个问题，今后我们需要做更多的研究。

越南明月居士林各林之间的往来，主要是进行信息交换或者在重要节日组织拜访活动。执掌居士林的一些成员可以在其他华人宗教信仰的祭祀委员会担任多个职位。例如，根据笔者 2019 年所做的田野调查，在芹苴市，一些成员既肩负当地明月居士林的部分责任又参加了当地天和庙、关帝庙的董事会。他们之间形成了社群精英网络，为当地社群设计与展开多样性文社活动和担保社会福利事宜。跟其他东南亚华人社区一样[1]，华人社群中的精英分子一直保护、维持和促进他们社群的领先地位。

1975 年之后，明月居士林随华人移民浪潮从越南传播到北美和大洋洲，在多伦多、埃德蒙顿（加拿大）、悉尼（澳大利亚）和洛杉矶（美国）建立了 7 家明月机构。[2] 例如，多伦多明月居士林由越南移民过去的 K. 先生于 1982 年成立，2007 年为了满足当地越南华人的宗教信仰要求，举办了中元普度仪式（民间称为“孤魂盛宴”）[3]。澳大利亚的悉尼明月居士林也有类似活动。[4] 而越南的各居士林，比如沙沥市居士林和金瓯市居士林，于农历八月中旬举办佛教性的盂兰盆节。可以说，与越南的明月居士林体系相比，中元普度是明月居士林在北美、澳大利亚发生转型的重要标志——走上道教与民间信仰轨道。

我们对美国加州洛杉矶金瓯华人民间信仰做了初步调研，他们于 20 世纪 80 年代在此地建立“金瓯天后宫”，其庙宇后来吸取了当地华人家族文化的传统，逐渐成为越南金瓯华人在洛杉矶的文化聚点。因此这种崇拜的变化并没有从一种民间信仰形式的轨迹转移到另一个范畴。根据洛杉矶天后宫管理委员会的口述史和记录，当初越南金瓯华人 12 姓联手建造了此庙，并建立了当地金瓯华人相济会和其他组织。所有的文社活

[1] 参阅 Huang, Ching-hwang, *Community and Politics: The Chinese in Colonial Singapore and Malaya*, Singapore: Times Academic Press, 1995; Barrett, Tracy C., *The Chinese Diaspora in Southeast Asia-the Overseas Chinese in Indo – China*, London & New York: I. B. Tauris, 2012。

[2] Serizawa Satohiro, "Japanese Buddhism and Chinese Sub-ethnic Culture: Instances of a Chinese Buddhist Organization from Shantou to Vietnam," p. 322；陈景熙：《越南明月居士林起源考》。

[3] 参阅加拿大中华佛学会明月居士林《多伦多明月三十春》，加拿大中华佛教学会，2007，第 13、24 页；陈景熙《越南明月居士林起源考》。

[4] 请阅览 https://www.youtube.com/watch? v = WM7c – ufCl3E。越南胡志明市明月居士林于 2007 年举办成立七十周年的大典礼时，澳大利亚悉尼明月居士林的代表于《西贡日报》（华文版）设置了祝贺专栏（Tan Chee – Beng: "Introduction", 第 324 页）。

动都以天后宫为中心。直到今天，在他们的意识中，天后原始的"家园"就是越南金瓯市而非中国福建湄洲岛。所以，春节前后的大仪式是把天后送走回金瓯的"家"与迎接她回来该宫。跟洛杉矶天后信仰社群不一样，北美与欧洲明月居士林属于佛教宗派，其活动范围很广，其结构因为缺乏家族文化因素所以礼仪变化幅度很大。它们在新的环境中进行了重新建构和重新解释。

回到越南，1975 年越南统一以后，明月居士林继续被越南佛教会认可为华人佛教团体机构。跟明月居士林同属华宗机构的还有净土宗、先天道佛教①、后天道佛教②、梅山寺、觉林寺、觉圆寺、凤山寺等。③

三　明月居士林的变革："随风而行"

越南南部一直是佛教重地。越南南部人的儒家思想不断衰落，不足以把社会各阶层结合在一起，正如高自清（Cao Tự Thanh）所说"不儒而儒，儒而不儒"④。在南迁的过程中为了对待与统一当地土著"高棉族"（Khmer）以及中国华南移民，南部越南人使用佛教而不是儒家思想体系。⑤ 然而，华人总是试图将自己的传统信仰与佛教拉近。

从传统来看，越南人大多遵循大众佛教，尽管他们仍然尊重儒家体系（特别是贵族和知识分子）。⑥ 根据杨玉勇（Duong, Dung N.）的说法，无论在什么情况下，越南的儒家和道教必须学会与佛教协调，⑦ 否则，两者都

---

① 包括藏霞（Tạng Hà）、飞霞（Phi Hà）、永德（Vĩnh Đức）、敬圣（Kính Thánh）、永安（Vĩnh An）、安庆（An Khánh）、合成（Hiệp Thành）、一德（Nhất Đức）、守真（Thủ Chân）、潮华（Triều Hoa）、叙群（Tự Quần）等分支。

② 也称作庆云南院（Khánh Vân Nam Viện）。

③ Lý Văn Hùng：Văn hiến Việt Nam（tập hạ）《越南文献》（下卷），第 206 页。

④ Cao Tự Thanh：Nho giáoở Gia Định（儒家在嘉定城），Nhà xuất bản Thành Phố Hồ Chí Minh，1996.

⑤ Fitz Gerald, C. P., "Chapter 2：Chinese Expansion by Land：Vietnam," *The Southern Expansion of the Chinese People*, London：Barrie & Jenkins, 1972, p. 32.

⑥ Buttinger, Joseph, A Dragon Defiant：A Short History of Vietnam, p. 15.

⑦ Duong, Dung N., "An Exploration of Vietnamese Confucian Spirituality：The Idea of the Unity of the Three Teachings（tam giao dong nguyen）," in Tu Weiming and Mary Evelyn Tucker, eds., *Confucian Spirituality*, Vol. 2, New York：Crossroad Publication Company, 2004, p. 300.

没有佛教影响大。① 中国和韩国的士绅在许多历史时期试图抵制和消灭佛教，越南知识分子不同，他们没有必要对佛教进行形而上学的反击。②

在 5 世纪末，中国皇帝惊讶于越南佛教的盛况，各地都有拥挤的寺庙及数百名僧尼。③ 820 年，中国僧人来到越南建立了无言通教派。李朝皇帝李圣宗（Lý Thánh Tông，1023 ~ 1072）继续成立了草堂教派（phái Thảo Đường）。越南在 1070 年虽然建立了文庙，但佛教仍然是国家思想建设的主要基础。④ 在陈朝时期，虽然古典儒学逐渐发展，但皇室和民众偏爱禅宗，并利用佛教与占城联系以对抗蒙古军。陈仁宗皇帝（Trần Nhân Tông）也在越南成立了竹林禅宗。⑤ 值得注意的是，自 17 世纪开始，广南国（越南中南部地区）比北部地区更崇拜佛教。⑥ 李塔娜（Li Tana）称，阮主专注于建立佛教基础，使得儒家的影响非常微弱。⑦ 阮朝（1802 ~ 1945）尽管从 19 世纪初开始复兴儒学，南方地区仍然主要是在佛教道德的基础上运作的。因此，今天越南南部社会生活的各个方面都具有佛教印记。

越南南部的华人通过父系家族文化传统（通过家庭生活、家庭教育、风俗习惯、仪式等）和民间信仰体系（关帝、天后、北帝等）两方面的文化内容来构建和加强民族文化，并与佛教相结合。关帝在佛寺中化身为伽蓝菩萨，天后圣母在湄公河三角洲的许多民间故事中与观音密不可分。金瓯天后宫正殿左侧的碑文说，天后圣母一直修佛 28 周年，而非修道。茶荣省

① Nguyen, Ngoc Huy（阮玉辉）："The Confucian Incursion into Vietnam," in Walter H. Slote and George A. De Vos, eds., *Confucianism and the Family*, New York：State University of New York Press, 1998, p. 93.

② 参阅 Woodside, Alexander："Classical Promordialism and the Historial Agendas of Vietnamese Confucianism," in Benjamin A. Elman, John B. Duncan, and Herman Ooms, eds., *Rethinking Confucianism：Past and Present in China, Japan, Korea, and Vietnam*, Los Angeles：UCLA Asian Pacific Monograph Series, 2002, pp. 116 - 143, 117, 127。

③ Taylor, Keith W., "The Rise of Đại Việt and the Establishment of Thăng-long," in Kenneth R. Hall and John K. Whitmore, eds., *Explorations in the Early Southeast Asian History：The Origins of Southeast Asian Statecraft, Michigan Papers on South and Southeast Asia*, Ann Arbor：University of Michigan, 1976, p. 171.

④ Taylor, Keith W., "The Rise of Đại Việt and the Establishment of Thăng-long," pp. 179 - 180.

⑤ Dutton, George E., and Werner, Jayne S., *Sources of Vietnamese Tradition*, New York：Colombia University Press, 2012, p. 30.

⑥ Richey Jeffrey L., *Confucius in East Asia：Confucianism's History in China, Korea, Japan and Việt Nam*, Ann Arbor：The Association for Asian Studies, Inc. 2013, p. 68.

⑦ Li Tana, *Nguyễn Cochinchina：Southern Vietnam in the Seventeenth and Eighteenth Centuries*, Ithaca, N. Y.：Cornell University Press, 1998.

（Trà Vinh）Trà Cú 县 Đôn Xuân 村真明佛教寺庙（chùa Chơn Minh）其实是个前佛后圣的结构。前面的正殿奉献佛祖，后面左右侧两个后殿是关庙与天后宫。[①] 同奈省边和市 Cù Lao Phố 岛屿上的大觉寺（chùa Đai Giác）之左侧佛龛和茶荣省 Trà Cú 县 Thanh Sơn 村的新龙寺庙（chùa Tân Long）后殿都有配祀天后圣母。[②] 菲利普·泰勒（Philip Taylor）研究指出，许多华人把越南南部主处圣母（Bà Chúa Xứ）与天后圣母等同起来。[③]

越南明月居士林与佛教之间的渊源很深。由于起源于佛教背景下的宋禅祖师崇拜，中国明月善堂很快被认为是佛教的一部分。然而，一些祈祷的仪式譬如扶乩仪式、萨满仪式，特别是李道明天尊崇拜的合流，使得这个宗派从 19 世纪末以来更接近于道教和民间信仰。1930~1940 年与日本真言宗僧侣的接触，使这个宗派回归佛教，称作明月善社。因此，从宋禅祖师崇拜到明月善社就是从佛教宗派转向道教和民间信仰，然后又回归佛教宗派的过程。

明月居士林在越南最初表达为道教的一种变体（例如泰昌鸾坛于 1945 年在博廖市出现）。即使在通过注册取得佛教教派的法律地位（1954 年）之后，明月居士林的主要活动仍然带有非佛教的气息，接近道教和萨满教（包括扶乩仪式、萨满仪式等）。1968 年，明月居士林之首领呼吁各居士林消除非佛教仪式，进而维持佛教宗派的本质。不过，直到 1974 年与日本真言宗僧侣直接联系之后，越南明月居士林才真正回归佛教主轴。自 1975 年至今，明月居士林一直维持佛教教派的形式，其宗教活动与北行佛教均有对话和交流。[④] 以同塔省沙沥市恩轩明月居士林为例，本林于 2015 年 10 月 9 日举行大型的成立 50 周年庆祝典礼是按照佛教传统进行的。当地参与者以佛教的精神来参加各仪式活动。根据我们的记录，这个机构在每年的佛诞节、月圆节和其他重要节日都办理佛教典礼，特别是盂兰盆节会举办三天三夜的活动。根据释福幸的说法，在农历正月十四日和三十日，众多金瓯市民聚集在当地明月居士林吟唱佛经以祈祷平安。[⑤]

---

① 阮玉诗：Tín ngưỡng Thiên Hậu vùng Tây Nam Bộ（湄公河三角洲的天后信仰），NXB. Chính trị Quốc gia, 2017.

② 田野资料，2017。

③ Taylor, Philip, *Goddess on the Rise*：*Pilgrimage and Popular Religion in Vietnam*, Honolulu：University of Hawaii Press, 2004.

④ 根据我们最近的采访，沙沥市、朔庄市与金瓯市居士林于 1975 年偶尔举办扶乩仪式，后来受佛教教会的指导，其活动完全消失。

⑤ 释福幸：Chùa Minh Nguyệt cư sĩ lâm（明月居士林寺庙）。

值得注意的是，明月居士林的起源结合了李道明天尊崇拜，那么现在的明月居士林与道教和其他民间信仰保持着怎样的关系呢？很显然，李道明天尊在越南华人社群中并不像关帝或天后那样单独存在。根据不完全调查，在明月居士林体系内，李道明天尊往往与宋禅祖师组成一对神明。偶尔可以看到李道明天尊与宋大峰大师相配。① 在明月居士林系统中，李道明天尊站在佛祖和宋禅祖师之后的第三位。常见的结构为释迦牟尼尊像位于中间，左侧是宋禅祖师，右边是李道明天尊。天尊的奉献仪式完全遵守佛教典例。②

明月居士林系统之外，整个越南南部地区祭祀李道明天尊的至少有4座庙宇，分别位于胡志明市、朔庄市、芹苴市与博廖市。朔庄市的罗汉坛是个民间信仰机构（接近民间道教），其奉献对象包括民间诸神明（关帝、天后、济公等）、佛教诸神（释迦牟尼佛、观音菩萨、罗汉等）、明月居士林的宋禅祖师与李道明天尊。宋禅祖师与李道明天尊的祭坛设在正殿佛祖的祭坛后面。这种布局表明尽管出现在一座民间庙宇中，明月居士林的两位祖师也离不开佛教色彩。同样，在芹苴市的天后庙也有上述安排。胡志明市第六郡的天懿庙里奉献一百多名佛、儒、道与民间信仰中的诸神，其中包括李道明天尊。③ 其外，博廖省 Gia Rai 市天后宫有配祀宋大峰大师与李道明天尊。④ 当前虽然很少有根据可以将宋禅祖师与宋大峰大师联系起来，不过这两位大师并不在佛教框架之外。

南洋华人学者陈志明（Tan Chee - Beng）先生曾做过一个总结说，东南亚华人把华与非华的信仰宗教仪式融合与和谐起来，这种文化适应现象使得当地华人既进一步加强其民族文化认同，又达到在地化的目的。⑤ 越南明月居士林最终成为佛教的一个宗派，融合了净土宗和真言宗。越南净土宗极为流行，明月居士林不得不接受这个宗派的影响。同时，净土宗在形成和发展过程中，受到真言宗的不少影响。当前明月居士林的活动不限于其宗教设施

① 苏庆华：《新马潮人的宋大峰崇奉与善堂：以南洋崇奉善堂为例》，李志贤主编《海外潮人的移民经验》，新加坡潮州人八邑会馆、八方文化企业公司，2003，第 201~212 页，黎道纲：《泰国潮人宗教信仰探究》，《海外潮人的移民经验》，第 225~239 页。
② 例如 2016 年 8 月 8 日沙沥市明月士林以佛教形式举办李道明天尊仪式。请参阅 https://www. facebook. com/media/set/? set = a. 387379298126771. 1073741905. 202097796654923&type = 3.
③ 2015 年田野资料。
④ 阮玉诗：Tín ngưỡng Thiên Hậu vùng Tây Nam Bộ(湄公河三角洲的天后信仰)，NXB. Chính trị Quốc gia，2017。
⑤ Tan Chee - Beng："Introduction,"p. 30.

内，许多居士团用心地走向社群，积极参与群众的葬礼和其他祭祀活动。

根据我们的观察，金瓯市明月居士林的居士们在当地非常活跃，他们被邀请到市中心某些家庭中举办祈求与送丧仪式。念佛经时他们主要讲潮州话，身穿北行佛教的礼服。不少家庭丧礼后把去世人的"亡魂"寄托在居士林里面，年度忌日、春节与清明节家人均到居士林拜佛和祭祀。本林以自愿的方式为当地穷人提供棺材，同时为社群做出良好的贡献。有一些家庭于年度祭祀活动或者清明祭祖时邀请居士林念经团到家举办仪式，在家主的理念中，他们正邀请佛教宗派的念经团，许多人不能区分明月居士林与净土宗。因为经过几十年的大融合，明月居士林早已成为佛教社团的一部分了。① 如上所述，沙沥市明月居士林每年农历八月中旬举办大型的盂兰盆节，其佛教活动很有效地把信徒联合起来，同时也成功地把居士林的名誉培植在当地的社群中。

图 3　朔庄市罗汉坛的李道明天尊

资料来源：阮玉诗：Tín ngưỡng Thiên Hậu vùng Tây Nam Bộ（湄公河三角洲的天后信仰），NXB. Chính trị Quốc gia, 2017。

图 4　博廖省（tinh Bac Lieu）嘉莱市天后宫的李道明天尊

资料来源：阮玉诗:: Tín ngưỡng Thiên Hậu vùng Tây Nam Bộ(湄公河三角洲的天后信仰)，NXB. Chính trị Quốc gia, 2017。

① 2016 年、2017 年、2019 年田野调查资料。

结　论

　　华南人崇拜多神，他们认为不同的神明与人
类生活的不同范畴和不同方面有关。[①] 在佛教体系中，华南不同方言和地区
的社群在佛教的基础上产生了不同的宗派，其中不少吸收了道教或其他民间
信仰的因素。潮州地区从 17 世纪以来的宋禅祖师崇拜在不同时期吸收了道
教的李道明天尊崇拜和其他宗教形式，并吸纳了萨满形式和日本密宗佛教
（真言宗），发展成为文化多元的宗派，然后传播到越南及东南亚地区。在
越南，1949 年其宗派得名明月居士林，注册为华宗佛教教派。越南明月居
士林不停地扩大其网络，并不断改革其佛教哲学，直到与日本真言宗直接接
触之后，才在佛教轨道上扎根与伸延。从 20 世纪 80 年代开始，明月居士林
随越南华人移民传播到北美和大洋洲，为满足当地越南华人社区的精神需
求，这些明月居士林分支发生过多次改变与整合，多方吸收（或者重新恢
复）民间信仰仪式和道教中的各种因素，成为海外华人儒、佛、道、民间
信仰相互融合的宗教机构。

　　明月居士林的形成与发展过程代表了华人移民的一种开放、慷慨之精
神，其特点标志着华人随境变革与适应的一种灵活态度。其包容精神使得海
外潮州籍华人在每一个特定背景下都可以稳定、安居乐业。明月居士林与佛
教净土宗或禅宗紧密相连的特点就是越南南部地区多元文化的一种典型表
现，在越南人文化中能看到潮人文化，同时在潮人文化中可以找到在地因
素。将生命与特定形式的宗教信仰联系起来，以便建造随境变革的文化载
体，是当前越南华人社群的一种普遍的文化运动。

---

　　① 廖迪生：《香港天后崇拜》，三联书店（香港）有限公司，2000。

The Transmission and Adaptation of Ethnic Chinese Culture in Vietnam: Case Study of Minh Nguyet Cu Si Lam

Nguyễn Ngọc Thỏ, Huỳnh Hoàng Ba

Abstract: *Minh Nguyệt cư sĩ lâm* (pinyin: Mingyue Jushilin) is a Chaozhou Chinese sect, called "Mingyue Shanshe" in China, which syncretizes Chinese Buddhism, Taoism, folk beliefs, Japanese Tantric Buddhism and Vietnamese Pure Land Buddhism. Currently, Vietnam's *Minh Nguyệt cư sĩ lâm* has locations in Ho Chi Minh City, Can Tho, Sa Dec, Soc Trang, Bac Lieu, Ca Mau and Da Lat (Southern Vietnam). It was introduced and developed in a multicultural context and was registered as part of Buddhism in Vietnam since 1954. With the status of the peripheral factions of Chinese civilization, Mingyue Shanshe thrived in the turbulent war in China in the early twentieth century, developed and spread, and was introduced into Vietnam during the flows of Chinese immigrants. In Vietnam, *Minh Nguyệt cư sĩ lâm* moves towards Buddhism in order to be recognized and promoted in the form of a Buddhist sect. In addition, laymen of *Minh Nguyệt cư sĩ lâm* heading to Canada, the United States and Australia in the 1980s have formed a multinational network.

Then, compared with China's Mingyue Shanshe, why does Vietnam's *Minh Nguyệt cư sĩ lâm* insist on maintaining the nature of Buddhism? Is it worthwhile to register as an ethnic Chinese Buddhist sect in Vietnam so that the local Chaozhou communities can attain both the goals of protecting and maintaining the characteristics of "Chineseness" and striving for a better local integration? Currently, Japanese scholar, Serizawa Zhiguang, and Chinese scholar, Chen Jingxi, have made historical research and preliminary field work on the source of inheritance and development of Mingyue Shanshe in China and *Minh Nguyệt cư sĩ lâm in* Vietnam. By applying two main methods: (1) literature research (mainly for the works of Serizawa and Chen Jingxi) and (2) field trips (south of Vietnam), this article aims to study the formation and development of the *Minh*

Nguyêt cư sĩ lâm in Vietnam with a focus on its transmission and adaptation processes. The study finds out that *Minh Nguyêt cư sĩ lâm's* attachment to Buddhism in Vietnam has significantly empowered the sect to take a deep root in the local Vietnamese culture.

Keywords：*Minh Nguyêt cư sĩ lâm*；Song Chan Master；Li Daoming Celestial Master；Vietnam；Buddhism

（执行编辑：王一娜）

海洋史研究（第十五辑）
2020 年 8 月　第 341 ~ 364 页

明清时期航海针路、更路簿中的海洋信仰

李庆新*

　　明清时期中国沿海地区一些从事海洋活动的民众，或对海洋活动感兴趣而有所体验、有所见闻的人士，编制一些简单而实用的航海指南性质的文本，记录海上航行的方向、道里、风候、海流、潮汐、水道、沙线、沉礁、泥底、海底、海水深浅、祭祀等等内容，时人称之为《针谱》《罗经针簿》《更路簿》《水路簿》等，虽名目篇幅有异，内容功用则大致相同。此类起源于民间、流行于民间的涉海文书，适用于特定人群，或靠耳口相传，或凭抄本传世，往往不为主流社会所关注重视，难见于经传，不为官家文库所认同收藏，坊间印本、手抄秘本主要靠民间收藏传世。

　　流落至海外、收藏于英国牛津大学鲍德林图书馆（Bodleian Library）的《顺风相送》与《指南正法》，即属此类民间文书，20 世纪 50 年代末经向达先生整理，以《两种海道针经》之名出版，始为学界所知见。[①] 70 ~ 80 年代，韩振华、刘南威、何纪生等先生在海南地区渔民手上收集到一批世代相传的《更路簿》（《水路簿》），并进行整理和研究，取得初步的研究成果，揭示了以往另一类不为学界关注、散落海南民间的以南海交通与经济活

---

　　*　作者李庆新，广东省社会科学院海洋史研究中心研究员。
　　①　向达校注《两种海道针经》，中华书局，1961，第 3 页。

动为主体的记录历史记忆的手抄文本。① 在此基础上，周伟民、唐玲玲多年来致力于收录清代、民国时期海南《更路簿》，集成《南海天书——海南渔民〈更路簿〉文化诠释》，达 28 种之多，并加以点校解读，为目前国内最全的《更路簿》整理研究成果。② 90 年代以来，陈佳荣、朱鉴秋、王连茂先生等海峡两岸的 20 余位专家学者通力合作，将秦至清代海路官方出使、高僧传教、民间贸易、舟子针经、渔民捕捞等航行记载乃至航海图录，包括《针路簿》《水路簿》《更路簿》等民间文献近 60 种，汇集编成《中国历代海路针经》（上、下册），凡 180 万言，洋洋大观，③ 对研究中国古代海洋经略与经济开发、民间航海活动、海洋知识与海洋信仰等具有重要史料价值。

作为沿海地区与涉海人群一种世代相传的实用性海洋文献和历史记忆形式，明清时期此类航海《针路簿》《更路簿》真实记录了涉海人群的海洋意识、海洋知识、航海活动历史记忆，构成中国传统海洋文化的重要组成部分。本文通过前人整理出版的民间航海文献，探讨倚海为生的涉海人群的宗教信仰活动及其文本书写方式，展示中国传统文化中海洋文化的多样化、草根性、复杂性。这些民间信仰具有凝聚涉海人群、整合海洋社会、传承海洋文化之社会功能与价值，具有多方面研究价值和意义。

一 名目繁多的海洋神灵

传统中国奉行万物有灵意识，流行多神崇拜现象。茫茫海洋被人们视为有灵性之所在、有神灵掌管的空间。《尚书》记载大禹治水已经有"四海"之说，时人把海洋看成有灵性之所在。《山海经》记载东西南北四海"有神"。《太公金匮》明确记载了"四海之神"：南海之神曰祝融，东海之神曰句芒，北海之神曰玄冥，西海之神曰蓐收。春秋战国时期，人们观念中的海神已经多样化了，并出现先河后海的祭祀礼仪。汉晋以降，海洋信仰受佛教、道教影响，海神越来越多，出现"四海神君""四海龙王"诸说，南海观音菩萨也以航海保护神的角色出场了。

---

① 广东省博物馆编《西沙文物——中国南海诸岛之一西沙群岛文物调查》，文物出版社，1974；韩振华主编《我国南海诸岛史料汇编》上册，东方出版社，1988。
② 周伟民、唐玲玲编著《南海天书——海南渔民〈更路簿〉文化诠释》，昆仑出版社，2015。
③ 陈佳荣、朱鉴秋主编《中国历代海路针经》，广东科学技术出版社，2016。

清人全祖望云:"自有天地以来即有此海,有此海即有神以司之。"① 沿海地区和涉海人群崇拜、敬畏那些专司海洋的神灵。海洋神灵名目繁多,既有陆地社会流行的佛、道、民间诸神,更有沿海乡村社会与涉海人群独创独有的本地神灵,占据着沿海地区和海洋空间的信仰体系和精神空间,构成沿海地区和涉海人群信仰文化的核心和崇拜圈。这在目前所见的明清民间航海文献中随处可见。

20 世纪 50 年代末,向达先生对原藏英国牛津大学鲍德林图书馆的《顺风相送》《指南正法》(抄本)进行整理。这两份珍贵的民间航海文献记录了 16 世纪前后到清初中国东南沿海民众航海针经,其中《顺风相送》开篇《地罗经下针[请]神文》,其实是一篇航船起航前祭神的程式化祝文,所列神灵甚多,抄录如下:

> 伏以神烟缭绕,谨启诚心拜请,某年某月今日今时,四直功曹使者,有功传此炉内心香,奉请历代御制指南祖师、轩辕黄帝、周公圣人、前代神通阴阳先师、青鸦白鹤先师、杨救贫仙师、王子乔圣仙师、李淳风先师、陈抟先师、郭朴先师,历代过洋知山、知沙、知浅、知深、知屿、知礁、精通海道、寻山认澳、望斗牵星古往今来前传后教流派祖师,祖本罗经二十四向位尊神大将军,向子午酉卯寅申巳亥辰戌丑未乾坤艮巽甲庚壬丙乙辛丁癸二十四位尊神大将军、定针童子、转针童郎、水盏神者、换水神君、下针力士、走针神兵、罗经坐向守护尊神,建橹班师父、部下先师神兵将使、一炉灵神。本船奉七记香火,有感明神敕封护国庇民妙灵昭应明著天妃,暨二位侯王、茅竹筊仙师、五位尊王、杨奋将军、最旧舍人、白水都公、林使总管,千里眼、顺风耳部下神兵,挚波、喝浪一炉神兵,海洋、屿澳、山神、土地、里社正神,今日下降天神、纠察使者,虚空过往神仙、当年太岁尊神,某地方守土之神,普降香筵,祈求圣杯,或游天边,戏驾祥云,降临香座,以蒙列坐,谨具清樽。伏以奉献仙师酒一樽,乞求保护船只财物,今日良辰下针,青龙下海永无灾,谦恭虔奉酒味,初伏献再献酹香醪。第二处下针酒礼奉先真,伏望圣恩常拥护,东西南北自然通。弟子诚心虔奉,酒陈

---

① 《清朝续文献通考》卷一百五十八《群祀考》二,王云五主编《万有文库·十通第十种》,商务印书馆,1936,第 9126 页。

亚献。伏以三杯美酒满金钟，扯起风帆遇顺风，海道平安，往回大吉，
金珠财宝，满船盈荣，虔心美酒陈献。献酒礼毕，敬奉圣恩，恭奉洪
慈，俯垂同鉴纳。伏望愿指南下盏，指东西南北永无差。朝暮使船长应
护，往复过洋行正路。人船安乐，过洋平善。暗礁而不遇，双篷高挂永
无忧。火化钱财以退残筵，奉请来则奉香供请，去则辞神拜送。稽首皈
依，伏惟珍重。①

　　船上祭神，总是与航海及船舶相关，船舶远航，不仅要祈求海不扬波、
风平浪静，还要行走正路，平安顺达，大凡日常生活想象得到的各路神灵，
无不在罗拜之列，所以较之其他行业，航海请神文或祭神文要祭祀的神灵更
多。②《地罗经下针［请］神文》中之各类神仙，包括"古往今来、前后流
派、今日当年"的神仙，林林总总，五花八门，体现了中国传统民间信仰
系统中崇拜神灵的驳杂性和多样性，真实反映了"万物有灵"的特征。按
其神格、神通，这些神仙大体区分为四类：一是各流派仙师、祖师，为海洋
祭祀中最高神格者，如轩辕黄帝、周公、杨救贫、王子乔、李淳风、陈抟、
郭朴等；二是本船守护神灵，如罗经二十四向位守护大将军、向子午酉卯寅
申巳亥辰戌丑未乾坤艮巽甲庚壬丙乙辛丁癸二十四位尊神大将军，定针童
子、转针童郎、水盏神者、换水神君、下针力士、走针神兵、罗经坐向守护
尊神，建橹班师父、部下先师神兵将使、一炉灵神等；三是各类海洋保护
神，如天妃，侯王、茅竹笑仙师、五位尊王、杨奋将军、最旧舍人、白水
都公、林使总管等等；四是其他神灵，即所谓"今日下降天神、纠察使者，
虚空过往神仙"，等等。

　　每一次祭祀都是一次涉海人群用心设计的规范化、仪式化的"神仙盛
会"，被安排参与盛会的神灵既有地方性神灵，也有全国性神灵，甚至有国
际性神灵，大大小小，林林总总，五花八门。《地罗经下针［请］神文》之
"海神"，有些是传统的海陆共奉之全国性大神，如轩辕黄帝、周公、观音、
关帝、北帝等，这些神灵具有多重属性、多种功能，更多的是沿海涉海人群
所专属的神灵，如本船各守护尊神、本地各地方神灵，体现了沿海涉海人群
信仰的海洋性、草根性及专属性。

---

①　向达校注《两种海道针经》（甲），第 23 页。
②　刘义杰：《〈顺风相送〉研究》，大连海事大学出版社，2017，第 310～316 页。

　　清代《指南正法》也记录了一份《定罗经中针祝文》，祈求目的、所请之神大体一致，文字略为简略，可与《地罗经下针［请］神文》诸神相参证。① 福建泉州海外交通史博物馆在石狮市蚶江镇石湖村收集到老船工郭庆所藏的《石湖郭氏针路簿》，收录于《海路针经》上册，其中有《外洋用针仪式》，为行船启用罗盘时举行祭祀仪式的祝文，所祭神灵也有祖师、先师，罗经神将、大将，童子、天官，本船圣母、龙神等等。

　　　　初即三上香，献酒、果或牲、帛，次读今抛处。
　　　　大清国□省□府□县□姓弟子驾□船往□处生理者，祈大吉利市。幸因今日开针放洋，谨备牲仪礼拜，请祖师轩较【辕】皇帝，文王、周公，阴阳先师，暨古圣贤积【神】通玄粤【奥】先师，鲁班部下神将，知屿、知港、知礁、知水深浅、通山识海各位先师，罗经贰拾肆字神将，上针大将，下针大神，定针童子，转针童郎，招财童子，利市天官，本船天上圣母，千里眼将军，顺风耳将军，本船龙神君。各人随带香火神明，伏乞会赐降临，观瞻监察，庇佑本船往回平安，人家法泰，顺风相送。②

　　收藏于大英图书馆的清代民间道教科仪书抄本《［安船］酌献科》和《送船科仪》记载的海上神灵多达 22 种（后详）。据介绍，这批道教科仪书抄写年代最早为乾隆十四年（1749），最迟为道光二十九年（1849），其中第 15 册《送船科仪》又称《送彩科仪》抄于乾隆三十四年（1769），为一份送"王爷船"的禳瘟科仪书，内附《送王船》，所请神灵有海澄县城隍、州主唐将军陈公（陈元光），因而这批科仪书有可能来自福建漳州海澄。③
　　目前所见与海洋活动相关的道教科仪书，其实都是中国传统民间道教相关礼仪文本在海洋信仰领域的延伸和翻版，是民间传统信仰活动在海洋信仰领域的另类表现和表演方式。此类道教科仪从祭祀理念、祭祀仪式、崇拜神

---

①　向达校注《两种海道针经》（乙），第 109 页。
②　泉州《石湖郭氏针路簿》，王连茂点校，泉州海外交通史博物馆藏，陈佳荣、朱鉴秋主编《海路针经》上册，广东科技出版社，2016，第 818 页。
③　两件文书编号分别为 OR12693/15、OR12693/18，香港中文大学科大卫教授在提交给 1994年"海上丝绸之路与潮汕文化国际学术研讨会"的论文《英国图书馆藏有关海上丝绸之路的一些资料》中做了详尽介绍，经厦门大学连心豪先生点校，收入陈佳荣、朱鉴秋主编《海路针经》下册，第 867～873 页。

灵到文本书写、文书格式与一般科仪书大同小异，祭祀活动的目的也十分明确，无非求神保佑而已，达致人神相通，人与海洋和谐，行舟致远，如《石湖郭氏针路簿》"外洋用针仪式"所言："伏乞会赐降临，观瞻监察，庇佑本船往回平安，人家法泰，顺风相送。"①

如同陆地社会一样，沿海地区涉海人群也将海洋视为神灵所宅，海洋现象为神灵所为，海港岛礁乃至水族，被赋予神性，拥有神力，一些地方的民众把与海洋信仰相关的神灵和海暴风候联系起来，冠以神灵名字。张燮《东西洋考》"占验"条谓："六月十一二，彭祖连天忌。""逐月定日恶风"条谓："正月初十、廿一日，乃大将军降日，逢大杀，午后有风，无风则雨"；"十月十五、十八、十九、廿七，府君朝上帝，卯时有大风雨"。②《顺风相送》"逐月恶风法"所记"正月""十月"条同，增加了"七月初七、初九日神杀交会……八月初三、初八日童神大会……有大风雨"。③据林国平先生考证，到了清代，舟师们将海上定期发生的大部分风暴冠以神灵名称，有些冠以节庆、时令之名。清初王士祯《香祖笔记》、程顺则《指南广义》等均有相当详尽的记录。之所以选择这些神灵命名风暴，一方面是因为这些神灵的诞辰正好在这一天，另一方面也因为这些神灵在民间有较大影响力。④

清道光年间，广东雷州人窦振彪曾为金门镇总兵和福建水师提督，熟悉海道，留心海事，写下了颇有价值的《厦门港纪事》一书，记述厦门港地理环境、潮汐情况、往周边里程航路，抄录了《诸神风暴日期》两篇，可见沿海民众把一年里每个月的海上风雨潮暴都与天地各界诸神联系起来，人们的海事活动必须遵循神意：

　　　正月初八，十三等日，乃大将下降（大杀午时，有无即防，妙者）。

　　　二月初三，九，十二、七，乃诸神下降（交会酉时，有无即防，

① 泉州《石湖郭氏针路簿》，王连茂点校，泉州海外交通史博物馆藏，陈佳荣、朱鉴秋主编《海路针经》下册，第818页。
② 张燮：《东西洋考》卷九《舟师考》，中华书局，1981，第187、189页。
③ 向达校注《两种海道针经》（甲），第26页。
④ 林国平：《〈指南广义〉中风信占验之神灵名称考》，福建师范大学中琉关系研究所编《第九届中琉历史关系国际学术会议论文集》，海洋出版社，2005，第206~219页。

妙者）。

三月初三，十，十七，廿七，乃诸神下降（星神，但午时，潢有风雨）。

四月初八，九，十，十六、七，廿三、七，乃诸神下降（会太白星，午时有风雨）。

五月初五，十，十九，廿九，天上朝上界（及天神玉帝，酉时后有风雨）。

六月初九，十二、八，廿七，卯时注有风雨，可防。

七月初七，九，十三，廿七，午时注有风雨，可防。

八月初二，三，八，十五、七，廿七，注有大风雨，可防。

九月十一、五、七，凡注有大风雨，可防。

十月初五，十五、六、九，廿七，乃真人朝上界，卯时有大风雨，可防。

十一月初一、三，十三，九，廿六，注有大风雨，可防。

十二月初二、五，八，十一，廿二、六、八，注有大风雨，可防。①

另一份《诸神风暴日期》抄本记录了一年里各种风暴，基本上以诸神命名：

> 正月初三日真人暴，初四日接神暴，初九日天公暴，十三日关帝暴，十五日上元暴，十八日搞灯暴，廿四日小妄暴，廿五日六位王暴，廿八日洗吹笼暴，廿九日乌狗暴，
> 一年风信以此为应，此暴有风则每期必应，若无则不应。
> 二月初二日土地公暴，初七日春期暴，初八日张大帝暴，十九日观音暴，廿九日龙神朝天暴，一曰廿九陈风信。
> 三月初一日真武暴，初三日玄天大帝暴，初八日阎王暴，十五日真人暴，十八日后土暴，廿三日妈祖暴，廿八日东岳暴，又诸神朝上帝暴。
> 四月初一日白龙暴，初八日佛仔暴，十四日纯阳暴，廿三日太保

---

① 窦振彪：《厦门港纪事》，陈佳荣、朱鉴秋主编《海路针经》下册，第 902～903 页。

暴，廿五日龙神、太白暴，十二日苏王爷暴。

五月初三日南极暴，初五日屈原暴，初七日朱太尉暴，十三日关帝暴，十六日天地暴，十八日天师暴，廿一日龙母暴，廿九日咸显暴。

六月初六日崔将军暴，十二日彭祖暴，十八日池王爷暴，十九日观音暴，廿三日小姨暴，廿四日雷公暴，极崔，廿六日二郎暴，廿八日大姨暴，廿九日文丞相暴。

七月初七日七巧暴，十五日中元暴，十八日王母暴（又曰神煞交会暴），廿一日普庵暴，廿八日圣猴暴，九、六、七多有风台，海上人谓六、七、八、九月防之可也。

八月初五日九星暴，十五日中秋暴，又伽蓝暴，二十日龙神大会暴。

九月初九日中阳暴，十六日张良暴，十七日金龙暴，十九日观音暴，廿七日冷风暴。

寒露至立冬止为九月节，乍晴乍雨，谓之九降，又曰九月乌。

十月初五日风神暴，初六日天曹暴，初十日水仙王暴，十五日下元暴，廿日东岳朝天暴，廿六日翁爷暴。

十一月初五日淡帽佛暴，十四日水仙暴，廿七日普庵暴，廿九日南岳朝天暴。

十二月初三日乌龟暴，廿四日送神暴，廿九日火盆暴。①

面对海洋风暴等自然现象，沿海涉海人群自然无力加以改变，唯有顺天敬神，下足功夫，做足礼仪，而沿海及海上岛域建起了无数的大大小小的庙宇，成为涉海人群祭祀海洋神灵的场所。

二　海洋神灵的祭祀空间

沿海涉海人群在"万物有灵"观念主导下，认为神灵无所不在，主宰着海洋的一切事物，海上仙山、海底洞府、海鱼之神、人类海难者的魂魄等等，都是神灵的意象化符号。民众对海洋充满敬畏与恐惧，举凡制造船只、出海渔猎、越洋经商、返回家园、维修船只等等重要事项，均举行或繁或简

---

① 窦振彪：《厦门港纪事》，陈佳荣、朱鉴秋主编《海路针经》下册，第 903 ~ 904 页。

的各种祭祀仪式，毕恭毕敬，奉献牺牲，祈求多福，保佑平安。

各种仪式化的祭祀酬神活动，或在宫观寺庙等固定场所举行，或在船上设神龛，置神像，时时祈请；或在某一海况复杂险要之处，或骤遇海上巨浪狂风之时，祈求神灵保护，化险消灾。这些固定的陆上或海上的祭祀海洋神灵的场所，成为海洋信仰活动的基本空间。

渔民商众驾船出海，出发、归航必做祭祀酬神仪式，一般有专人主理祭祀，称为"香公"。万历年间，张燮《东西洋考》在《舟师考》中介绍了福建舟师在航海过程中祭祀的三位神灵：一为协天大帝（关帝），二为天妃，三为舟神：

> 以上三神，凡舶中往来，俱昼夜香火不绝。特命一人为司香，不他事事。舶主每晓起，率众顶礼。每舶中有惊险，则神必现灵以警众，火光一点，飞出舶上，众悉叩头，至火光更飞入幕乃止。是日善防之，然毕竟有一事为验。或舟将不免，则火光必扬而不肯归。①

这位专门"司香"的船员，"不他事事"，保证"昼夜香火不绝"。清代海船上的人员，有舶主、水手、财副、总杆、火长、择库、香公等名目，香公专司祭神，"朝夕焚香楮祀神"。② 闽南流传的《送船科仪》、日本文献《增补华夷通商考》《长崎土产》等，③ 皆有关于"香公"的记录。

所谓启行之时为之祈，回还之日为之报。收藏于大英博物馆的乾隆三十四年所抄《送船歌》，为闽南民众举行酬神送神"放彩船"仪式的祝文，全文如下：

> 上谢天仙享醮筵，四凶作吉永绵绵；诚心更劝一杯酒，赐福流恩乐自然。
>
> 彩船到水走如龙，鸣锣击鼓闹宣天；诸神并坐同歆鉴，合社人口保

---

① 张燮：《东西洋考》卷九"舟师考"，第 186 页。

② 黄叔璥：《台海使槎录》卷一"海船"，《台湾文献丛刊》004，台湾银行经济研究室，1959，第 17 页。

③ 陈佳荣、朱鉴秋主编《海路针经》下册，第 866 页；《增补华夷通商考》《长崎土产》，引自〔日〕大庭脩《〈唐船图〉考证》，朱家骏译，福建泉州海外交通史博物馆编"海交史研究丛书"（一），海洋出版社，2013，第 38～40 页。

平安。

造此龙船巧妆成，诸神排列甚分明；相呼相唤归仙去，莫在人间作祸殃。

一谢神仙离乡中，龙船到此浮如龙；鸣锣击鼓喧天去，直到蓬莱第一宫。

二送诸神离家乡，街头巷尾无时场；受此筵席欢喜去，唱起龙船出外洋。

三送神君他方去，歌唱鼓乐乐希夷；亦有神兵火急送，不停时刻到本司。

锣鼓声分闹葱葱，竖起大桅挂风帆；装载货物满船去，齐声喝嗷到长江。

锣鼓声分闹纷纷，殷勤致意来送船；拜辞神仙离别去，直到蓬莱入仙门。

红旗闪闪江面摇，画鼓咚咚似海漂；圣母收毒并摄瘟，合社老少尽逍遥。①

此件科仪书抄录时间落款"乾隆己丑年【三十四年】季冬榖旦"，采取七言诗歌形式，语言通俗易懂，展现了祭祀时锣鼓喧天、彩旗猎猎的热闹场面。内容是答谢诸神，祈请诸神搭乘"彩船"回归仙宫洞府，莫留乡间祸害乡民，同时祈求神灵保佑平安。此科仪书还提到"圣母收毒并摄瘟"，保佑乡民不罹疾病。

渔民商众出海，出发前必举行祭祀酬神仪式。创建于隋代的广州南海神庙，就是进出珠江口、往来南海航路的航船的主要祭祀场所。广州番坊的光塔，为唐宋时期广州城江边的航标，为阿拉伯、波斯番商祈风礼拜的场所。宋人方信孺《南海百咏》谓怀圣寺内有番塔，唐时怀圣将军所建。"轮囷直上，凡六百十五丈，绝无等级。其颖标一金鸡，随风南北。每岁五、六月，夷人率以五鼓登其绝顶，叫佛号，以祈风信。下有礼拜堂。"② 泉州九日山至今保存多处宋代为航海贸易而祈风的记事石刻，包括《九日山西峰祈风摩崖》《淳熙九年虞仲房等祈风石刻》《淳熙十年司马伋等祈风石刻》《淳

---

① 陈佳荣、朱鉴秋主编《海路针经》下册，第872页。
② 方信孺：《南海百咏》"番塔"条，刘瑞点校，广东人民出版社，2010，第15页。

熙十五年林木开等祈风石刻》《嘉泰元年倪思等祈风石刻》《嘉定十六年章
梾等祈风石刻》《淳祐三年颜颐仲等祈风石刻》《淳祐七年赵师耕祈风石刻》
《宝祐五年谢埴等祈风石刻》《宝祐六年方澄孙等祈风石刻》《咸淳三年赵希
佗等祈风石刻》等①。

明初郑和七下西洋，其中第五次出发前在泉州祭祀天妃，祈求祷告。创
作于 15 世纪末的杂剧《奉天命三保下西洋》还描述了天妃庙庙官代郑三保
（郑和）颂读祝文的场景，该祝文为：

> 维永乐十七年，岁在戊午四月癸卯朔，内直忠臣郑三保等，谨以清
> 酌庶品之奠，敢昭告于天妃神圣之前。今遵敕命，漂海乘舟，西洋和
> 番，顺浪长流，神灵护佑，异品多收，早还本国，满载回头，三献酒
> 醴，众拜相求，伏惟尚飨！②

《奉天命三保下西洋》虽为文学作品，然而反映了历史的真实。永乐十
五年（1417）郑和下西洋出使忽鲁谟厮，五月十六日到泉州灵山圣墓行香，
留下了一方碑刻，保留至今。③

沿海商民到海外贸易，船身、桅杆等破损不可避免，因而需要进行维
修，或者在到港后，或在离开前，在动工前均需要举行祭祀海神、船神仪
式。《长崎名胜图绘》卷二记载：

> 唐船维修都是在到达长崎后与出发前进行的。出现破损时，必须向
> 官府提出要求……他们动工前，都要选择吉日良辰，在码头边上焚烧纸
> 箔冥衣，供献三牲（猪、鸡、羊，或猪、鸡、鱼）及果饼、香烛，在
> 船上的妈祖龛前也要供上香烛。据说要待船主、伙长、总官礼拜，并把
> 修补破损之事向海神、船魂神祷告后，始可动工云云。④

---

①　吴文良原著、吴幼雄增订《泉州宗教石刻》（增订本），科学出版社，2005，第 52 页。
②　《奉天命三保下西洋》第二折，刊载于《孤本元明杂剧》，商务印书馆，1944。关于这个剧
　　本的研究，参见 Roderich Ptak, *Cheng Hos Abenteuer im Drama und Roman der Ming – Zeit. Hsia
　　Hsi-yang：Eine Übersetzung und Untersuchung. Hsi-yang chi：Ein Deutungsversuch*, Franz Steiner
　　Verlag Wiesbaden GmbH, 1986。
③　吴文良原著、吴幼雄增订《泉州宗教石刻》（增订本），第 606～631 页。
④　引自〔日〕大庭脩《〈唐船图〉考证》，朱家骏译，第 57 页。

　　需要特别注意的是，一些海域处在海上交通要冲，海况比较复杂，渔民商客视为畏途，航行至此，往往会祭祀一番。张燮记载当时舟船航行到广东南亭门海域时要祭祀"都公"。传说都公跟随郑和远航，回程中在南亭门死去，后为水神，"庙食其地"，所以"舟过南亭门必遥请其神，祀之舟中。至舶归，遥送之去"。① 这里的"遥请其神"，应该就是大英博物馆藏《［安船］酧献科》中反复出现的"招神"。如何"遥请"及如何"遥送"，司香者自然要做一番仪式。张燮记载"西洋针路""乌猪山"条："上有都公庙，舶过海中，具仪遥拜，请其神祀之。回用彩船送神。"② 航海针路《顺风相送》"各处州府山形水势深浅泥沙地礁石之图""南亭门"条亦指出："南亭门，对开打水四十托，广东港口，在弓鞋山，可请都公。""乌猪山"条亦谓："乌猪山，洋中打水八十托，请都公上船往，回放彩船送者【神】。"③

　　明清时期琉球"黑水沟"、七洲洋、交趾洋、昆仑洋等处洋面处在东亚海域交通航路之要冲，为渔民商众举行祭祀海神的重要区域，也是东亚海域海洋信仰的最著名的祭祀空间。中国往返琉球必经东海黑水沟，亦称"分水洋"，为中外之界，舟人过此，常投牲致祭，并焚纸船。康熙二十二年（1683）六月，汪楫奉命出使琉球，从福建南台登船，谕祭海神，海行过赤屿，"薄暮过郊（或作沟），风涛大作，投生猪羊各一，泼五斗米粥，焚纸船，鸣钲击鼓，诸军皆甲露刃，俯舷作御敌状，久之始息。问郊之义何取？曰中外之界也"。④ 乾隆二十一年（1756），册封使周煌曾作《海中即事诗》四首，其四注曰："舟过黑水沟，投牲以祭，相传中外分界也。"⑤

　　七洲洋古来即为南海交通的要区，为一海难频发区域，产生许多鬼怪传说与恐怖故事。吴自牧《梦粱录》谓："去怕七洲，回怕昆仑。"⑥《岛夷志略》谓："上有七州，下有昆仑，针迷舵失。"⑦ 明人黄衷《海语》记载：

①　张燮：《东西洋考》卷九"舟师考"，第 186 页。
②　张燮：《东西洋考》卷九"舟师考"，第 172 页。
③　向达校注《两种海道针经》（甲），第 32、33 页。
④　汪楫：《使琉球杂录》卷五《神异》，《中国华东文献丛书》第八辑《妈祖文献》第五卷，学苑出版社，2010，第 200~235 页。
⑤　周煌：《海山存稿》卷十一，《四库未收书辑刊》玖辑第二十九册，北京出版社，1998，第 738 页。
⑥　吴自牧：《梦粱录》卷十二"江海船舰"条，浙江人民出版社，1980，第 111~113 页。
⑦　汪大渊：《岛夷志略校释》"昆仑条"，苏继庼校释，中华书局，2000，第 218 页。

万里石塘，在乌潴、独潴二洋之东，阴风晦景，不类人世，其产多砗磲，其鸟多鬼车，九首者、四三首者，漫散海际，悲号之音，聒聒闻数里，虽愚夫悍卒，靡不惨颜沾襟者，舵师脱小失势，误落石汊，数百躯皆鬼录矣。①

因而船户航海至此，必举行祭祀，安抚鬼魂。船民或投以米饭，鬼怪即不伤人，这里体现了人们敬畏神灵、向海上孤魂奉献牺牲、获得海洋神灵宽宥的宗教行为与文化意义，这种信仰活动是兄弟公信仰的一个源头。②

越南中南部海域即所谓的交趾洋、昆仑洋，以及暹罗湾至印尼群岛之间的海程，有些洋面相当险恶，舟船至此，需要"招神"祈祷，陈牲馔、香烛、金钱诸祭品，举行"放彩船"仪式，"以礼海神"。张燮《东西洋考》记载舟船到灵山大佛，"头舟过者，必放彩船和歌，以祈神贶"。③航海针经《指南正法》记载，从福建大担航船到暹罗，经过南澳、乌猪洋面，"用单坤十三更取七州洋，祭献。用坤未七更取独猪。……丙午五更取灵山佛，放彩船……"④清唐赞衮《台阳见闻录》记载厦门至巴达维亚航程上的祭祀情况，对七洲洋、烟筒山、昆仑洋等洋面的祭祀介绍尤为详细。⑤

从清代航海针路记载看，此类祭祀海神的特殊空间还有不少，只是没有那么出名罢了。泉州《山海明鉴针路》中"台湾往长（唐）山针路"记载有观音岙、媳妇娘岙、关帝岙、妈祖宫、妈祖印礁、土地公屿，九山礐"番船门用艮寅取北棋，到棋头烧香敬佛祖"。⑥泉州《石湖郭氏针路簿》记载普陀山，"如船往回，到处须当焚香奉敬，有求必应"。"厦门往海南针法"记载大星"外用庚酉，一更取鲁万，须用神福"。"尽山往海南针法要外驾"记载涠州尾"用辰巽四更及单巳十五更，见罗山洋屿外，下去是灵山大佛，放彩船，用丙午，五更取伽偂貌"。⑦可见棋头、普陀山、鲁万山、

① 黄衷：《海语》卷三《畏途》，《中国风土志丛刊》影印本，广陵书社，2003，第36页。
② 李庆新：《海南兄弟公信仰及其在东南亚传播》，《海洋史研究》第十辑，社会科学文献出版社，2017，第459～505页。
③ 张燮：《东西洋考》卷九"舟师考"，第186页。
④ 向达校注《两种海道针经》之《指南正法》，第171～172页。
⑤ 唐赞衮《台阳见闻录》，光绪十七年，《台湾文献丛刊》第30辑，陈佳荣、朱鉴秋主编《海路针经》下册，第671～672页。
⑥ 泉州《山海明鉴针路》，王连茂点校，陈佳荣、朱鉴秋主编《海路针经》下册，第809页。
⑦ 泉州《石湖郭氏针路簿》（抄本），王连茂、王亦铮点校，陈佳荣、朱鉴秋主编《海路针经》下册，第845、858、849页。

涯州尾、灵山大佛等处，也是渔民、商众祭祀海神的场所。清道光年间广东雷州人窦振彪所著《厦门港纪事》一书，其中《敬神》篇罗列了一批南来北往的航船常到之地，均为祭拜神灵之所。①

渔民商众的海洋信仰活动在沿海地区及海岛地名上到处留下深刻的历史印记。据对泉州《源永兴宝号航海针簿》《山海明鉴针路》《石湖郭氏针路簿》（抄本）的不完全统计，从中国东北到东南各省份的沿海地区及海域，与海神崇拜相关的地名有：庙岛、观音岙、观音山、妈祖宫口、妈宫岙、神前岙、土地公屿、宫仔前岙、妈祖印礁、王爷宫、三宝爷宫、三宝爷宫渡口、观音礁、下沙宫、三官宫、大妈祖宫、新宫前、新宫仔、关帝屿、水仙宫、娘娘坑、妈祖宫仔、关帝印礁、南海普陀山、关帝宫、关帝岙、赤岙庙、上帝庙、新宫前、龙王宫、圣公宫、姑嫂塔、佛塘岙、神山仔、乞食宫、三宝王爷宫、夫人宫、观音大墩山、妈祖宫、西庭岙宫口、横山宫仔、大妈宫、万安塔边宫仔、观音礁、孔使宫、水尾娘娘宫、花子宫、庙门口、龙王宫口岛、三仙岛、大后庙、庙州门、海神庙、媳妇娘岙、宫前、妈宫暗岙、王爷港、白沙娘娇岙、观音山、土地公屿、普陀前、龙头寺、大王庙、大王佛庙、妈祖神福、云盖寺、磁头宫仔前、圣宫庙、王宫前、菩萨屿、无祠宫、妈祖天后宫、娘娘庙、水仙岙、公婆屿、春光祖庙、七姐妹礁、杨府庙、关帝宫洋船岙等。② 这些以众多神佛之名命名的地方，多与渔民商众崇拜神灵有关，是人们祭祀神灵的场所，往往也是航海补给的站点、神迹传说的生发地点，在海禁时期往往更是海上走私、海盗出没的地点。

三 妈祖/天后是重要的，但不是唯一的

大英博物馆藏《［安船］酬献科》是清代福建漳州地区商民记录在国内南北方沿海及东南亚海域航海活动中所经历的地名和祭祀海神的道教科仪书，集中记录了海洋信仰中的主要海神，空间范围包括"西洋""东洋"

---

① 窦振彪：《厦门港纪事》，陈佳荣、朱鉴秋主编《海路针经》下册，第 904 页。
② 清佚名《源永兴宝号航海针簿》，王连茂点校，泉州海外交通史博物馆藏，陈佳荣、朱鉴秋主编《海路针经》下册，第 675~740 页；泉州《山海明鉴针路》，王连茂点校，陈佳荣、朱鉴秋主编《海路针经》下册，第 746~816 页；泉州《石湖郭氏针路簿》（抄本），王连茂、王亦铮点校，陈佳荣、朱鉴秋主编《海路针经》下册，第 816~865 页。

"下南""上北"诸地域和海域,在一定程度上反映了清代中国商民海洋活动的范围,是一份研究清代海洋信仰的很有价值的民间文献(表1)。

表1　清代《[安船]酬献科》所记海神

地区	地方/神名
往西洋	本港澳,海门屿,鸡屿,古浪屿,太武山,岛尾屿,浯屿澳,大担,小担,镇海湾,六鳌湾,铜山澳,大甘,小甘,宫仔前(天妃娘娘)。 　　往潮州广东南澳(顺【济】宫,天妃),外彭山,大尖,小尖,东姜山,弓鞋山,南停门,乌猪山,七州洋,泊水(都功,林使总管)。㴷猪山,交趾也(招神)。 　　外罗,交杯屿,羊屿,灵山大仙,钓鱼台,伽南貌,占城也(招神)。 　　罗鞍头,烟同,赤土敢,覆鬴山,毛狮洲,柬埔寨(招神)。 　　罗鞍头,玳瑁州,失力,马鞍屿,双屿,炼个力,进峡门,头屿,二屿,五屿,罗山呀,土胡土无墩,覆鬴,印屿,下港也(招神)。 　　罗鞍头,玳瑁州,失力,马鞍屿,双屿,十五屿,浯岐屿,吉凌马,吉里洞,招山,三卯屿,饶洞也(招神)。 　　白屿,小急水,郎目屿,嘛囉也(招神)。 　　火山,大螺,小螺,大急水,池汶也(招神)。 　　【罗】鞍头,昆仑山,地盘,长腰屿,猪州山,馒头屿,龙牙门,七屿,彭家山,蚊甲山,牛腿琴,凉伞屿,旧港(善哪,招也)。 　　罗鞍头,玳瑁州,吉兰丹,昆辛,大泥(善,招也)。 　　罗鞍头,玳瑁州,三角屿,绵花屿,斗柄,横山,彭亨(善,招也)。 　　罗鞍头,玳瑁州,昆仑山,地盘山,东竹,西竹,将军帽,昆辛,罗汉屿,乌土丁(善,招也)。 　　罗鞍头,玳瑁州,大昆仑,小昆仑,真滋,假滋,大横,小横,笔架山,龟山,竹屿,暹罗(善,招也)。 　　罗鞍头,玳瑁州,昆仑山,地盘,东竹,长腰屿,猪洲山,馒头屿,龙牙门,凉伞屿,占陵(菩【善】,招也)。
往东洋	本港澳,海门屿,圭屿,大担(土地),太武山,前山,辽罗,彭湖(暗湾),打狗也,鸡笼,淡水(善,招也),郊里临(善,招也),北港(善,招也),蚊港(善,招也),沙码头,大港(善,招也),交雁,红荳屿,谢昆美,吉其烟,南閔,文莱也,密雁,美落阁,布投,雁同,松岩,玳瑁珮(善,招也)。 　　磨哩咾,哩银,中卯,吕宋(善,招也),吕房,磨咾英,闷闷,磨哩你,内阁,以宁,恶同,苏落,豆仔兰,蓬家裂,文莱(善,招也)。
下南	娘妈宫(妈祖),海门(妈祖,大道[公]),圭屿(土地),古浪屿(天妃),水仙宫(水仙王),曾厝安(舍人公),大担(妈祖),浯屿(妈祖),旗尾(土地公),连江(妈祖),井尾(王公),大境(土地公),六鳌(妈祖),州门(天妃),高螺(土地公),铜山(关帝),宫前(妈祖),悬钟(天后),鸡母湾(土地公),南澳(天后),大蓝袍(天后),表尾(妈祖),钱澳(土地),靖海(土地),赤湾,神前(土地),甲子(天后),田尾(土地),遮浪(妈祖),龟灵(妈祖),线尾(土地),大、小金(土地),福建头(二老爷),蟆头门(妈祖),烶香炉(妈祖),大小急水(土地),口女庙(天妃),虎头门(天后),草尾(妈祖),宝朱屿(土地),广东(河下天后)。

地区	地方/神名
上北	本港澳请完，至大担（妈祖），小担（土地），寮罗（天妃），东湾（妈祖），烈屿（关帝），金门（妈祖），围头（妈祖），永宁（天妃），松系（土地），大队（妈祖），搭窟（妈祖），宗武（妈祖），大小族（土地），湄洲（妈祖），平海（妈祖），南日（妈祖），门扇后（土地），小万安（五帝），沙湾（土地），宫仔前（妈祖），古屿门（妈祖），磁湾（妈祖），白犬门（土地），关童（土地），定海（妈祖），小埕（土地），鸡母湾（妈祖），北胶（九使爷），大西洋（土地），老湖（土地），三沙（妈祖），风火门（土地），棕簑湾（土地），网仔湾（土地），镇下门（土地），草屿（土地），金香湾，盐田，琵琶屿，凤凰（土地），三盘（妈祖、羊府爷），乌洋（龙王爷），薯节湾（土地），石堂（土地），吊枋（土地），喤壳湾（土地），网仔安（土地），田招（土地），白带门（土地），牛头门（妈祖、阮夫人），佛头门（佛长公），大急水（土地），泥龙湾（土地），牛平山（土地），浯驱湾（土地），青门（妈祖），连蕉洋（土地公），孝顺门（土地），旗头（土地），舟山（天后），番船潭（土地），龙潭（龙爷），镇海关（招宝寺观音佛），宁波府（妈祖）。 往苏州蟳广湾（土地），乍浦深港湾（妈祖）。 往上海杨山（杨老爷），上海港口（天后娘娘）。 往天津马头山（天后娘娘、六使爷），尽头山（妈祖、土地），养马山（三官爷、土地），朱五乌（土地），清州庙岛（妈祖），天津港口海神庙（海神爷）。 往浙江沙埕，许屿门，砾湾，胶口，白犬，南湾，关潼（北湾），小埕，北茭（五帝爷，从北茭住，入三都金井湾），大洋山，小西洋，鲁湖，大衿，螺壳，风火门，牙城，沙埕（入港），镇下门。

资料来源：陈佳荣、朱鉴秋主编《海路针经》下册，第 867~872 页。

这份科仪书所记一部分地区为"西洋""东洋"，多属东南亚地区，采取"招神"形式祭祀，所招神灵不详；另一部分地区为中国沿海，祭祀的神灵可统计的有 22 种，可见祭祀神灵之多。当然这不是沿海涉海人群祭祀的所有神灵。

这一"海上神仙谱"中，祭祀妈祖（天妃、天妃娘娘等）的地方最多，有 53 处；其次为土地（土地公），祭祀地点有 52 处，其他神灵祭祀地点各 1~2 处（参见表 2）。可见妈祖（天后）、土地公在清代沿海海洋信仰中占有极重要的地位，受到广泛的推崇。

《[安船] 酌献科》出自漳州商民之手，主要反映了闽南涉海人群的海洋信仰状况，所记为漳州商民常到之处，崇拜的神灵自然也是本省神灵为多。妈祖受到漳州商民的广泛崇信，祭祀场所最多，与妈祖信仰起源于福建、受本省民众崇拜有密切关系。

表 2　清代《［安船］酌献科》所见商民祭祀海神统计（处）

神名	祭祀地点	神名	祭祀地点	神名	祭祀地点	神名	祭祀地点
妈祖（天妃、天妃娘娘、天后）	53	关帝	2	大道公	1	九使爷	1
土地（土地公）	52	都功	1	水仙王	1	二老爷	1
王公	1	林使总管	1	舍人公	1	阮夫人	1
五帝（五帝爷）	2	羊府爷	1	龙王爷	1	杨老爷	1
佛长公	1	龙爷	1	观音佛	1		
六使爷	1	三官爷	1	海神爷	1		

资料来源：陈佳荣、朱鉴秋主编《海路针经》下册，第 867～872 页。

妈祖（天后）信仰自宋元以降在官方、民间及海外华人多方力量的共同推动下，从民间神上升为官方神，从单一神格的地方女神演变成为官民共信甚至在海外华人社会均有影响的多元神格的"天后娘娘""天下妈祖"，从单一神通进化成具有"全能神通"、海陆统管、有求必应的顶级大神。正如德国汉学家普塔克教授所云：妈祖不仅是不同于中国早期历史中"先帝"文学中的人物，而且从宋朝开始，妈祖文化就在不同的层面得到发展：地区性的、跨地区性的、官方的、海外的等等。同时，妈祖也被道教和佛教吸纳。妈祖的神力不但体现在护航、击退海盗、保护堤坝等方面，还体现在满足求子等愿望。随着闽人四海为家、漂洋过海的海洋活动不断向外地传播，还向海外华人区域传播，形成一个影响极为广泛的全国性乃至国际性民间信仰体系。其地位之高、影响之大非一般神灵所能及，恐怕只有西方的圣母玛利亚、非洲西部的 Mami Wata 女神、南美地区的 Iemanja 信仰可以比拟。①

笔者认为，应该将妈祖/天后信仰分为两大系统——官方系统、民间系统来考察，同时还需关注另外一个延伸系统——海外系统。妈祖/天后信仰各个系统有联系也有区别，在仪式化方面有明显的官民分野。官方系统的天妃/天后属官方祭祀众神中之一位，纳入朝廷和地方礼仪系统，每年春秋两致祭，仪注"与文昌庙同"，或视同名宦，或与南海神同祭；天妃/天后法相庄严，高高在上，威仪万千，是护国佑民的高尚神灵，但海神色彩其实并

---

① 〔德〕普塔克：《海神妈祖与圣母玛利亚之比较（约 1400～1700 年）》，肖文帅译，《海洋史研究》第四辑，社会科学文献出版社，2012，第 264～276 页。

不浓。民间系统的妈祖属于"不主祭于有司者"，没有纳入官府每年的例行祭祀，有些历史时期被视为"淫祀"，受到官府打压或取缔，但拥有深厚的信众基础、贴近民众的神通和亲和力，被当成无所不能的万应神明，祭祀仪式五花八门，异彩杂呈。海外系统的妈祖主要流传于东北亚、东南亚、美洲、大洋洲、非洲等国家华侨社会（主要是闽侨），在越南等国也进入官方系统，成为朝廷祭祀的正神。① 妈祖（天后）信仰在海内外各方均得到有力的支持，尤其在民间有深厚广阔的信众基础，受到民间各层面广大涉海人群的崇拜，体现了妈祖信仰的草根性、广泛性。

土地公又称福德正神、社神等，其来历与古代祭天地、社稷中的社、稷之神有关，是一方土地的守护者，虽然地位不高，却是中国传统社会最广泛、最普遍受民间崇拜的神灵，土地庙几乎遍布每个村庄。大英博物馆藏《［安船］酌献科》"众神谱"中土地公祭祀场所众多，出现次数仅次于妈祖（天后），说明涉海人群对土地公的崇拜十分普遍。

《［安船］酌献科》中妈祖（天后）、土地信仰的分布，体现了诸神信仰的地域性特点。妈祖/天后宫庙集中分布在福建、台湾海域，闽台海域是福建商民活动的主要舞台，此外福建商民在"北上""南下"的海洋活动中也带去妈祖信仰，因而远至山东、天津、上海，南及香港、澳门、广东、广西、海南，均有崇拜妈祖/天后的宫庙。而土地公信仰则集中分布在江浙沿海，这些地方的土地公信仰高于妈祖/天后信仰。

比较之下，观音、关帝等传统的全国性影响的大神祭祀场所在《［安船］酌献科》中出现次数不多，原因大概有二：一是《［安船］酌献科》来自漳州，主要反映漳州乃至福建地区海洋信仰的局部现象，而不是全国性现象；二是宋明以降妈祖信仰的影响力持续增长，强势传播，使得其他大神相形见绌。

观音菩萨信仰起源于印度，在印度婆罗门教和佛经中均有关于观音的内容，佛教传入中国后，观音信仰发展成为最有影响的菩萨信仰之一，也是中国最流行的宗教信仰形态，几乎覆盖中国传统社会所有人群，而在魏晋至唐朝时期佛教世俗化、本土化过程中，观音菩萨形象也经历了由男性向女性转化的过程。东晋时高僧法显前往西天取经，陆路去海路回，两次遇到风暴，

---

① 李庆新：《再造妈祖：华南沿海地区妈祖信仰再认识》（未刊稿），慕尼黑大学汉学研究所、慕尼黑孔子学院主办"妈祖/天后国际研讨会"论文，2016 年 3 月 18～19 日。

法显皆"一心念观世音","蒙威神佑",得以返回汉地。^① 唐代天宝年间鉴真和尚多次东渡日本,第五次自扬州东渡,至舟山群岛,风急浪峻,"人皆荒醉,但唱观音"。^② 鉴真此次东渡依然不成功,漂流至海南振州,经广州辗转入江南,回到扬州。总之,晋唐以后观音菩萨信仰已经具有海洋神灵功能,被航海人群奉为保护神。

尽管如此,宋元以后妈祖/天后信仰的持续发展成为一种长期趋势,明清时期在官民合力推动下表现得更为强势,妈祖信仰不仅挤占了沿海地区不少本地其他神灵的地盘,同时也出现与一些本地神灵互相渗透、角色置换等包容性兼并和扩张趋势,如在浙江地区妈祖化身为观音,在广东粤西地区妈祖与冼夫人合流,在北部湾沿岸地区妈祖以"三婆"形象出现并流播到港澳地区,妈祖信仰覆盖了伏波将军信仰圈,结果促进了妈祖信仰的进一步传播,造成沿海地区海洋信仰产生结构性改变。浙江舟山普陀山为观音道场所在地,观音是舟山群岛民众最崇拜的海神,但是由于妈祖信仰的传播,舟山群岛几乎每个岛屿都建有天后宫,庙宇数量甚至超过观音寺院。^③《〔安船〕酹献科》反映了宋元以后观音与妈祖两大信仰在人群流动、官府支持等多种因素作用下出现影响力此消彼长的互动过程和发展趋势。

实际上,由于海洋信仰的地域性、差异性、多样性,明清沿海地区民情习俗信仰不一,祭祀的神灵名目甚多,大不相同。《〔安船〕酹献科》所见商民祭祀的海神还有王公、五帝、都公、龙王爷、佛长公、六使爷、九使爷、二老爷、大道公、水仙王、舍人公、阮夫人、羊府爷、三官爷、林使总管等。还有许多海洋神灵不见于《〔安船〕酹献科》,在中国海洋信仰中,妈祖(天后)、土地公之外,还有许许多多的神灵存在,构成大大小小的区域性海神信仰网络和祭祀圈,在各自海洋小社会中起着不可替代的重要作用。这一点不可不知,也不能不重视。

妈祖是重要的,但不是唯一的。确实如美国海洋史学家安乐博(Robert Antony)教授所说,许多人知道妈祖是讨海人家所供奉的神祇。事实上,她只是讨海人祭祀的许多神祇之一,除了妈祖,还有北帝、龙王、龙母、靖海

---

① 章巽校注《法显传校注》"自狮子国到耶婆提国"、"自耶婆提国归长广郡界",中华书局,2008,第167、171页。

② 〔日〕真人元开:《唐大和上东征传》,汪向荣校注,中华书局,1979,第63页。

③ 金涛:《舟山群岛妈祖信仰与天后宫》,时平主编《中国民间海洋信仰研究》,海洋出版社,2013,第65页。

神、风波神等。更有一些只有当地人才供奉的神祇，比如香港、澳门的洪圣大帝、朱大仙、谭公等；另外，潮汕有三山国王，海南岛、雷州半岛有飓风神。上述神祇中，北帝、龙母、三山国王等，并不是专门保佑"讨海人"的神祇，但至少在中国南方沿海一带，被当作保佑海上平安的神祇。"讨海人"建有专属的庙宇，以别于一些由陆地上的人盖的庙宇。如香港大潭笃的水上人家，他们与拜天后的当地人不一样，他们有自己的两座小庙，较大的庆典活动则到香港岛上，祭祀洪圣大帝。每个地区的人都有自己崇拜的神明，如大屿山的大澳，渔民原来崇奉天后，但清初当地盐商把持了天后宫，祭祀神灵改为杨侯王。①

有学者在海南岛调研发现，本地渔民商众崇拜自己创造的神灵"兄弟公"，而不信仰妈祖。主要是"因为潭门人忌讳女人出海，妈祖作为女性，也不能出海"；另外，"远海作业与近海作业不一样，每次出海人数特别多，路程遥远，像妈祖这样一个女神很难保佑我们的安全；但是兄弟公不一样，兄弟公有一百零八个人，他们人数多，每次都能及时显灵，对我们来讲，兄弟公比妈祖更加管用"。② 琼海市潭门港出海打鱼的渔船，每条均设有祭拜神灵的牌位，上书神灵名字。船上插着红旗、黑旗，其中三角彩旗上书写神名，就是该船供奉的神灵。一些外地的渔船，供奉的神灵既非兄弟公，亦非天后，而是南海神洪圣王、伏波将军、华光大帝，以及祖先。如一艘来自儋州的渔船，神位在驾驶舱后壁，以红纸书写"神光普照"，以镜框固定在神台上。供奉神灵有5位，其中包括"左把簿"敕赐洪圣广利大王、敕赐妙惠皇后夫人、敕赐金鼎三侣相公，"右判官"敕赐鲁班。另两艘渔船船主均为儋州人，供奉堂主，船上彩旗墨书"永清堂，雷霆英烈感应马大元帅，一帆风顺，船头旺相"。"永清堂"为船主祖先，马大元帅为伏波将军。③

因此，探究明清时期沿海地区涉海人群的海洋信仰，要加强大大小小的海洋神灵的系统研究与整体研究，避免"攻其一点，不及其余"的局限，用广阔的眼光和视野，搜集利用更多的海洋神灵及其信仰资料，从具体神灵

① 安乐博：《海上风云：南中国的海盗及其步伐活动》，张兰馨译，中国社会科学出版社，2013，第200页。
② 冯建章、徐启春：《走进排港：海南岛"古渔村"的初步考察》，《海洋史研究》第十四辑，社会科学文献出版社，2019。
③ 李庆新：《海南兄弟公信仰及其在东南亚传播》，《海洋史研究》第十辑，社会科学文献出版社，2017，第459~505页。

的个案研究做起，明其流变，辨其异同，拓展研究领域，揭示中国海洋信仰的整体面貌。

余论：海洋信仰、海洋知识与海洋历史记忆

明清时期沿海涉海人群的海事活动中，祭祀神灵是一项不可或缺的日常功课，海神信仰包含着涉海人群敬天敬海敬神的宗教意识与信仰情怀，成为人们勇闯沧海、航海贸迁的精神支柱，上文提到的航海针经、《更路簿》等民间文献，是沿海地区民众海洋意识、航海智慧、航海经验与技术的结晶。

这些文本循着大体相同的体例和结构，书写沿海与海上岛屿人群特殊的海洋环境、生存空间、日常生计、宗教信俗等内容。毫无疑问，其知识部分来源于中国传统文化，更多则植根于沿海乡间社会的涉海人群，大多出自见多识广而有声望的老船长、老水手、老渔民之手，以口耳相传形式，或传抄文本形式，叙说、记录、传播久远的历史记忆。虽然在浩如烟海的传统文献中只是沧海之一粟，无足轻重，却承载着特定人群的海洋文明历史记忆。

此类乡间文献，大多文笔粗糙，夹杂方言土语，文字俚俗，杂乱无章，非谙熟海事、了解海国民俗者不易释读，堪称"天书"。因而一些对海外见闻、海洋故事感兴趣甚至有猎奇心理的"好事"文人，对其知识素材进行整理吸收，对文本进行改编润色，乡间文本成为编纂海国故事、传播海洋历史记忆的第一手原始资料。明人张燮编著《东西洋考》，广求资料，"间采于邸报所抄传，与故老所诵述，下及估客舟人，亦多借资"。在此基础上重新谋篇布局，"舶人旧有航海针经，皆俚俗未易辨说，余为稍译而文之。其有故实可书者，为铺饰之。渠原载针路，每国各自为障子，不胜破碎，且参错不相联，余为镕成一片"[①]。从而使《东西洋考》成为记载明中后期漳州贸易、海上交通的重要著作。清人程泽顺在编著《指南广义》过程中，也有相同经历，包括采访航海老人、年高舵师，参考"封舟掌舵之人所遗针本及画图"，《指南广义》成为研究清代中琉关系与海航历史的很有价值的参考书。

在沿海和海岛地区三教九流人群中，有一种被认为具有沟通幽明的"通灵"能力，拥有超自然神秘力量的特殊人群，通称"巫觋""灵童"

---

① 张燮：《东西洋考》"凡例"，第20页。

"道士"。他们或为本地乡民，或为乡间佛道人士。他们掌握着乡村"神话"的话语权，在沿海乡村许多宗教信俗、祭神节庆活动中，他们是不可或缺的角色。20世纪70年代，韩振华先生在海南做调查，收集到文昌县埔前公社七峰大队渔民蒙全周关于如何书写《更路簿》的有趣记忆，十分耐人寻味：

> 　　当时去西、南沙一带捕鱼，就有《更路簿》，详记各岛、屿、礁、滩的航程。传说文昌县林伍市北山村有一位老渔民会跳神，其神名"红嘴"，当时神被认为是高上的，船开到哪里？都由他吩咐。跳神的说几更？船到什么地方？何地何名？都由他说。以后记为《更路簿》，这样一代一代传下来，有的传十几代。①

此条资料显示，《更路簿》确实出自老渔民之口，但这位老渔民却是一位具有沟通人间与仙界的通灵神通的"跳神者"。由于他在渔民中声望极高，因而《更路簿》所描述的"各岛、屿、礁、滩的航程"都是他说了算，并由此代代相传。这种由会"跳神"的船长传授、记录、保存下来的海洋知识和历史记忆，不免染上原始巫术色彩，带有古代先民原始自然信仰、崇拜鬼神的古风遗习。

事实上，包括海南在内的南海北岸沿海地区，古为百越之地，底层世俗文化有诸多类同相通之处，文化的深层结构遗传着古风。作为沿海乡村社会沟通人神的特殊群体，"跳神者"无疑是一个活跃的存在。这些人创作的各类海洋信仰、海洋知识的仪式化文本，构成沿海乡村五花八门的"神文化"遗存。今天看来，这些也是传统非物质文化遗产、"民间文献"的一部分。

沿海地区民间信仰植根于乡村社会，具有极强的草根性和遗传性，赓续不断，影响极为深远，对沿海地区海洋历史记忆的书写，海洋文化传统的继承，海洋发展的取向，均具有十分重要的价值导向和路径启示。时下海洋历史文化研究方兴未艾，民间海洋文献当然也值得引起重视，作为一项基础性工作，应该采取宽容开放多元的思维，加强资料收集整理，进行深层次的研究思考。

---

① 韩振华主编《我国南海诸岛史料汇编》下册，东方出版社，1988，第407页。

Maritime Beliefs As Depicted in the *Marine Zhenlu*（针路）and *Genglubu*（更路簿）of South China Sea during Ming and Qing Dynasties

Li Qingxin

Abstract：During the Ming and Qing Dynasties, folk texts that spread along the coastal areas of China, such as the *Marine Zhenlu*（航海针路）and the *Genglubu of South China Sea*（南海更路簿）, recorded maritime knowledge, navigation activities, maritime beliefs and other aspects of historical memory of those people related to the sea. It can be seen that the coastal areas have a rich history of maritime worship, and there are many types of sea gods. People hold various sacrificial ceremonies to pray for the sea gods' blessing on important matters such as constructing ships, fishing, overseas trading, returning home safely, repairing ships, and so on. Certain sea areas, such as the Black Ditch between East China Sea and Ryukyu（东海琉球黑水沟）, the Qizhou Sea in the South China Sea（南海七洲洋）, the Jiaozhi Sea（交趾洋）, the Kunlun Sea（昆仑洋）, and even the gulf of Siam and the Indonesian islands are all important places for fishermen and merchants to sacrifice to the sea gods during their voyages. Historical materials show that Mazu（Tianhou）, the Earth God（Tudigong）and other deities occupy an important position in maritime beliefs and they are widely worshiped. At the same time, there are also a variety of other sea gods in many places that are worth our attention. Rooted in the coastal rural society and among the sea-related people, maritime beliefs share strong grass-roots, hereditary, and marine characteristics. Marine vernacular texts, such as *Marine Zhenlu*（航海针路）and *Genglubu of South China Sea*（南海更路簿）, which are popular in folk culture, have been passed on by word of mouth or by written transcripts. Because they are parts of the folk tradition, they are often ignored by mainstream society and are hard to find in the classics. However, they have a very important historical and cultural value, and a practical significance for the preservation of marine historical and cultural memories; they are important historical writings in coastal areas and are significant factors for the inheritance and development of traditional marine culture.

Keywords: Ming and Qing Dynasties; Zhenlu (Compass-guided Route); *Genglubu*; Maritime Beliefs

（执行编辑：罗燚英）

海洋史研究（第十五辑）
2020 年 8 月　　第 365～377 页

试论"面包"物与名始于澳门

金国平 *

一　小引

西学东渐以来，中西文化首先在澳门接触与交融。西方文化从此辐射至内地，对中国文化影响甚巨。追根溯源，许多"舶来品"自然而然先在澳门登陆，然后进入中国内地。正如有学者所说：人类文明发展到现代，世界上几乎没有一种语言是完全自给自足的，各民族之间的贸易往来、文化交流、战争冲突、移民杂居等，会使不同的民族和社会发生接触，这种接触必然会引起语言的相互接触。随着社会的发展，民族之间的接触越来越频繁，相应地，语言之间的接触也越来越频繁。语言接触有不同的类型，会产生不同的结果，语言成分的借用、双语现象、语言融合及语言混合等都是语言相互接触的结果。①

1840 年鸦片战争以后，中国门户洞开，西方的官员、商人、传教士接踵而来，从而把西餐带入了内地。随着时间的推移，至清代光绪年间，外国侨民较集中的上海、北京、天津、广州、哈尔滨等地，出现了以营利为目的专

---

* 作者金国平，暨南大学澳门研究院特聘教授。
① 孙汝建：《现代汉语语用学》，华中科技大学出版社，2014，第 67 页。

门经营西餐的"番菜馆"和咖啡厅、面包房等，从此中国有了西餐行业。①

在此过程中，许多葡语外来词，成为中国近代社会和现代社会的一级常用语汇。我们已经论证"啤酒"这个词是从澳门定型并传播开来的。类似的例子，还有面包。面包不仅构成了西方人早餐的主要食品，而且是中饭和晚饭的主食。中晚餐之间的加餐——下午茶也少不了它。

二　"面包"与"馒头"

目前的专业著作已经对面包起源与发展历史有比较全面的叙述，② 但对其词源及进入汉语的不同途径尚无一系统梳理。像刘正埮等著《汉语外来词词典》这样的专门字典，竟然未收"面包"。据统计，这个外来词的使用率级别已达到甲级，不予以收入简直是无法思议。

首先，我们来看汉语对"包"的定义：一种带馅的蒸熟的面食。更详细的解释：

> 馒头，也称作"馍"、"馍馍"、"卷糕"、"大馍"、"蒸馍"、"面头"、"窝头"等。……馒头是我国北方小麦生产地区人们的主要食物，在南方也很受青睐。最初，"馒头"是带馅的，但"白面馒头"或"实心馒头"则是不带馅的。后来伴随历史的发展和民族的融合，北方人民的生活出现了变化。如今，江浙沪地区依旧将带馅不带汤的馒头称为"馒头"，而不带馅的称为"白面馒头"，而"包"是指带汤的。像苏州汤包，这和北方不同。北方话中，带馅的叫作"包子"，不带馅的称为"馒头"，北方没有带汤的馒头。③

汉语对"面包"的定义是：用谷物的细粉或粗粉加上液体、油料和发酵剂和成生面，经过揉捏、定形、发酵并加以烘烤而制成的食品。

其次，"包"字，顾名思义，一般是指内包馅儿的面食。但"面包"中

---

① 邹振环：《西餐引入与近代上海城市文化空间的开拓》，《史林》2007年第4期，第137～149页。
② 全国工商联烘焙业公会组织编写《中华烘焙食品大辞典·产品及工艺分册》，中国轻工业出版社，2009，第2～7页。
③ 李代广编著《人间有味是清欢·饮食卷》，北京工业大学出版社，2013，第86页。

的"包"则是实心。虽用同一汉字,但实际上无论词源,还是指称均不同。前者为地道的汉语词汇,后者则为一个外来词。

汉语借词有一种方式是音译外加汉语义注词,即前或后一语素为音译专名,后或前一语素为义注类名。"面包"便是属于在音译素之前,加一个表示义类的汉语语素的外来词,其中,"面"表示义类,"包"音译葡萄牙语的单词"pāo"。

关于"pāo/包"进入汉语的历史与途径,多部专业书籍提供了不同的看法。

1. "日本面包①日式面包起源:日语面包的发音是从葡萄牙语引进的,源起葡萄牙语中的 Pao。"①

2. "Phang⁵³（面包。日 pan〈葡萄牙 pao/西班牙 pan〉）。"②

史有为所涉及的是台湾闽南话中的情况。"Phang",在日据时代,从日语"パン（pan）"进入了台湾闽南话,但现在只存在于口语中。

关于该词进入日语的情况,我们再来看更多的历史信息:

　　面包在战国时代传入日本,与此同时还传入了基督教和钢船铁炮,即便是在日本闭关锁国之后,在长崎的西洋人依旧制作着面包。

　　日本人开始制作面包是以中国鸦片战争为契机的。因为在战争中点起炉灶的话会有烟产生,暴露自身的行踪,所以德川幕府通过制作面包来储备军用粮食。指挥士兵、民众制作面包的江川太郎左卫门被人们称作"日本面包之祖"。③

　　"面包"一词,19 世纪早期已见于英国传教士马礼逊《华英字典》:"BREAD,面头 mëen tow;面包 mëen paou。"19 世纪以来,汉语除了直接使用该意译词,还出现了"洋面包、西洋馒头、馒头、馒首、面头、面饱"等译名,另还有音译名"列巴"（俄语 хлеб）。日本教科书中共 14 例,未见其他名称用例,可见清末民初的口语中,"面包"

---

① 《中华烘焙食品大辞典·产品及工艺分册》,第 107 页。
② 史有为:《汉语外来词》（增订本）,商务印书馆,2013,第 171 页。
③ 〔日〕石泽清美:《美味诀窍一目了然　面包制作基础》,邓楚泓译,红星电子音像出版社,2017,第 51 页。

这一译名已趋统一。①

在文化接触中，该词还进入了亚洲的其他语言，如韩文称"（ppang）"。"pao"的正确形式为"pão"，其复数形式为"pães"，来自拉丁语"pane"。实际上，在从日语借词的300年前，该词随着葡萄牙人来到了澳门。

作于1579～1588年的罗明坚的第一部欧语—汉语字典《葡汉辞典》中，已经有了两个关于面包的词条（图1）②。

图1　罗明坚《葡汉辞典》关于面包的词条
"Padeira 卖面包的""Pão 面包"

据此，从日本的传入显然是晚近的，澳门才是"面包"一词首次出现和定型的地方。尽管这部字典一直以手稿的形式保存于罗马的档案馆中，但所收入的两个词条表明，在16世纪末，耶稣会士已经将"pão"巧妙地译为"面包"。可以说，这是"面包"一名第一次出现在汉语中。所以，可以判定"面包"一名源于澳门。该词从澳门传入中国内地，成为全国通用的常用词是后来的事情。

至19世纪，两本在澳门发行的字典，收入了"bread"和"pão"的汉译名称（见图2）。

1. 马礼逊《五车韵府》（澳门—伦敦，1822年，第51页）［Robert Morrison, *A dictionary of the Chinese language*, *in three parts*: *part the first*;

---

① 陈明娥：《日本明治时期北京官话课本词汇研究》，厦门大学出版社，2014，第245页。
② *Dicionário Português – Chinês* =：葡汉辞典 = *Portuguese – Chinese Dictionary* /Michele Ruggieri (1543 – 1607) & Matteo Ricci (1552 – 1610); direcção de edição, John W. Witek; San Francisco, CA: Ricci Institute for Chinese – Western Cultural History (University of San Francisco), 2001, pp. 126, 127.

containing Chinese and English, arranged according to the radicals; part the second, Chinese and English arranged alphabetically; and part the third, English and Chinese, Macao: Printed at the Honorable East India Co.'s Press, by P. P. Thoms, London. 1822, p. 51]

2. 公神父《洋汉合字汇》（澳门，1831 年，第 595 页）[Joachim Affonso Gonçalves, *Diccionario Portuguez – China no estilo vulgar Mandarim e classico geral*, Macao, 1831, p. 595]

BRE 51

Breach of promise, 失信 shïh sin; 反口 fan kow.

BREAD, 麵頭 mëen tow; 麵包 mëen paou.

Bring the bread, 拿麵頭來 na mëen tow lae.

All the people were thrown out of bread, lost their usual occupations, 四民失業 sze min shïh nëĕ.

BISCOUTO 乾糧。炒麵。乾麵頭 △餱

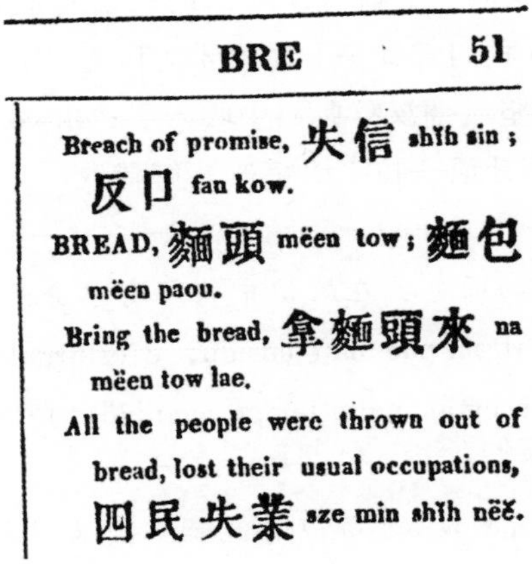

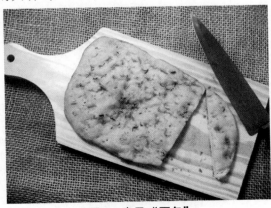

图 2 19 世纪澳门发行的两本字典收入“bread”和“pão”的汉译名称

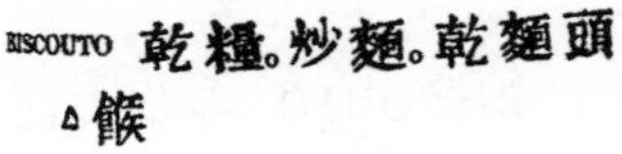

《洋汉合字汇》所提供的第二个语义是“面饼”。的确，有扁平的“面包”，如同中国的大饼（见图 3）。

图 3 扁平“面包”

这种扁平的"面包"在航海史上曾扮演过重要的角色。欧洲地理大发现时代，葡萄牙人在航海中，不可能在船上生火烤制面包，因此在出航前需要预备干粮。这干粮便是一种扁平的面饼，类似于中国的发面饼子，但不是烙制的，而是在面包炉中烤制的，而且需要根据航行距离的增大，增加烘烤的次数，最多可达四次，将其水分完全烤干。这样才可能使其在海上航行的潮湿气候条件下不发霉，长时间保存。到东方的航行最远，因此需要烘烤四次。这种扁平的发面饼被称为"biscoito/biscouto"。①

国内现在出版的葡汉字典所收入的该词，千篇一律给出的汉语对应词是"饼干"。没错，但这"饼干"大有来历。我们来看一下葡萄牙文和英文字典及葡汉和英汉字典的解释。16世纪末的罗明坚《葡汉辞典》中收入了"Biscoito"，但未给出汉译名。18世纪多卷本的《葡萄牙语—拉丁语字典》解释说：

> Biscouto，阳性单词。烤得很干的面包，在烤炉中将所有水分烷去，以可长时间地存放。（BISCOUTO，f. m. pão mui cosido，e esturrado ao forno de toda a humidade，para se conservar muito tempo guardado.）②

> BISCOUTO. 航海面包（Pão do mar），之所以有此称，因为在拉丁语中，BIS 是两次的意思，Coɛtus 是烘烤的意思，全词的意思是烘烤两次的 Pão（Pão duas vezes cozido）。短途航行用的 Biscouto 要烘烤两次，长途航行用的则需要烘制四次。某些作家用 Panis bisccɛtus 便是此意，但不见古典拉丁作家使用。……最好叫航海面包（Panis nauticus）……③

> BISCOUTElRO. 制作 biscouto 之人．制作航海面包之人（Qui panem nauticum conficit.）④

① Rafael Bluteau, *Vocabulario Portuguez e Latino*：*aurelio，anatomico，archetectonico，etc*，Vol. II，Coimbra：Collegio das Artes da Companhia de Jesu，1713，p. 127.
② Rafael Bluteau, *Diccionario da lingua portugueza*，Vol. I，Lisboa：na officina de Simão Thaddeo Ferreira，1789，p. 183.
③ Rafael Bluteau, *Vocabulario Portuguez e Latino*：*aurelio，anatomico，archetectonico，etc*，Vol. II，p. 127.
④ Rafael Bluteau, *Vocabulario Portuguez e Latino*：*aurelio，anatomico，archetectonico，etc*，Vol. I，p. 127.

1822 年的马礼逊的字典载："BISCUIT，面包干（ mĕen paou kan）。"①
在 1831 年的《洋汉合字汇》中，我们见到 "BISCOUTO 干粮。炒面。干面
头餱"（见图 4）。②

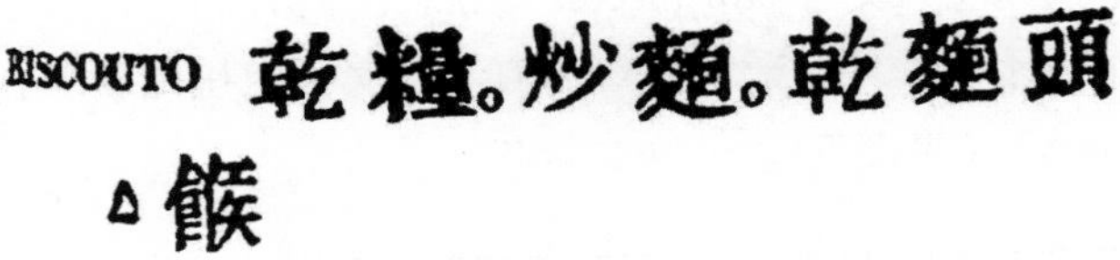

BISCOUTO 乾糧。炒麵。乾麵頭 △餱

图 4　1831 年《洋汉合字汇》对 BISCOUTO 的释义

"餱" 同 "糇"，即 "干粮"。1866 年的《英华字典》解释得更详细：

> Biscuit, twice backed bread, 重烆③ 之面饼 ch'ung Hong chí mín
> peng. Ch'ung háng chí mien ping；a kind of bread, formed into cakes，面饼
> 干 mín peng. Mien ping kán，面包干 mín páu kon. Mien páu kán，饼干
> peng kon. Ping kán，干面头 kon mín t'au. Kán mien t'au，糇粮 háu
> léung. Huáng liáng，餭 wong. Hwáng. ④

这种 "航海面包/面包干" 硬如石头，需要用葡萄酒泡酥以后才能下
咽。这种吃法既填饱了肚子，又解决了维生素的摄入，且不用加热。诚为大
航海时代最佳主食。在 1498 年，每个船员的定量为每天 428 克。

总而言之，"biscoito/航海面包/面包干/Pão do mar" 就是现在的压缩饼
干。现代的配方一般是用膨化粉、白糖、花生油、食盐、芝麻、水制作，但
欧洲大航海时代的成分是面粉、水和盐。压缩饼干可以干吃，也可以边喝水

① Robert Morrison, *A Dictionary of the Chinese Language*, *in three parts*：*part the first*；*Containing Chinese and English*, *Arranged According to the Radicals*；*part the second*, *Chinese and English Arranged Alphabetically*；*and part the third*, *English and Chinese*, Macao：Printed at the Honorable East India Co. 's Press, by P. P. Thoms, London, 1822, p. 44.
② Joachim Affonso Gonçalves, *Diccionario Portuguez – China no estilo vulgar Mandarim e classico geral*（洋汉合字汇）, Macao, 1831, p. 101.
③ 引者注："重烆" 即再次、多次烤干、烘干之意。
④ Wilhelm Lobscheid, 英华字典 *English and Chinese Dictionary with the Punti and Mandarin Pronunciation*, part Ⅰ, Hongkong：Printed and Published at the "Daily Press" Office, 1866, p. 199.

边吃。早期的压缩饼干非常干硬，食用时需要用液体软化，甚至煮成粥。葡萄酒成为"biscoito"的佳配。英语中，压缩饼干的名称繁多，如"pilot bread"、"ship's biscuit"、"shipbiscuit"、"sea biscuit"、"sea bread"、"cabin bread"、"hard bread"及"hard biscuit"等。我们看到，许多名称有与航海相关的词，如"水手""船""海""船舱"。这说明压缩饼干缘起于大航海时代的"biscoito"（见图5）。

图 5　"biscoito/航海面包/面包干/Pão do mar"

至乾隆年间，此物仍然是西人海上航行的必备食品之一。《新柱等奏请免夷商食物出口税银及李永标办买官物一切照应捐》称：

> 窃照番商来粤贸易所带食物如牛奶油、番蜜饯、洋酒、麦头干、番小菜、腌肉、腌鱼等物进口之日俱各照例征收税银……①

此处的"麦头干"无疑就是"干面头"、"面头干"或"面包干"。

下面我们再来看更多的译名。1866年首次在上海出版的介绍国外烹饪的《造洋饭书》中，将"bread"翻译为"馒头"（图6）。②

---

① 《新柱等奏请免夷商食物出口税银及李永标办买官物一切照应捐》，《史料旬刊》，台北国风出版社，1963，第50页。关于同一问题的文件另见杨继波等主编《明清时期澳门问题档案文献汇编》（一），中国第一历史档案馆、澳门基金会暨暨南大学古籍研究所编，人民出版社，1999，第326页。
② 邓立、李秀松注释《造洋饭书》，中国商业出版社，1986，第39页。

图6　《造洋饭书》封面、内页

　　至少到 1822 年，"面包"一名再次出现在公开发行的字典中。至于此名何时在中国广为传播，且固定为正式名称，则有待进一步的考证。

　　19 世纪末的澳门，还使用一个颇有巧思的译名——"面饱"。

Pedreiro. 面饱师傅

Padeira 面饱婆①

Pão. 面饱

Molle molle. 软面饱

Pão duro. 硬面饱

Codea. 面饱皮

Miolo. 面饱心②

　　夏衍于 1949 年在香港发表了《鸦片与面饱之分——为"丰功伟绩"公演而作》一文。③ 曾昭聪《清末粤方言与广府文化——以〈教话指南〉为中心》指出：

①　*Vocabulario luzo-chinez para uso dos alumnos chinas da Escola "Principe Dom Carlos"*，Macau：Typographia Mercnatil，1887，p. 66.

②　*Vocabulario luzo-chinez para uso dos alumnos chinas da Escola "Principe Dom Carlos"*，p. 77.

③　夏衍：《鸦片与面饱之分——为"丰功伟绩"公演而作》，《蜗楼随笔》，三联书店（香港），1949，第 101～103 页。

所不同者，因为是西方人请客，所以要有面包（《教话指南》中的"面饱"即面包，"饱"是方言加旁俗字）、牛油等，这是西餐的食品，不可误以为是清末广府民俗。①

在面包的诸多汉语名称中，我们为"面饱"这个名称击掌叫好，很传神！其妙如同"可口可乐"！"面饱"更说明，面包之包非包子之包。面包中的"包"不是来自汉语的"包"，而是一个音译词。

三　"西洋饼"

德国籍耶稣会传教士汤若望在京居住期间曾制作"西洋饼"款待朝中达官贵人。谈迁《北游录》记述其在清顺治十年到十三年（1653~1656）从浙江北上途中及在北京的见闻时，谈及"西洋饼"并介绍了其制法。

> 甲寅……晚同张月征饮葡萄下，啖西洋饼。盖汤太常饷朱太史者。其制蜜、面和以鸡卵，丸而铁板夹之，薄如楮，大如碗。诧为殊味。月征携四枚以示寓客。②

此处"甲寅"为顺治十一年（1654）七月二十七日。汤若望时官太常少卿，领钦天监事，敕封"通玄教师"。

袁枚为乾隆才子、诗坛盟主、美食家，在其《随园食单》中以文言随笔的形式，细腻地描述了乾隆年间江浙地区的饮食状况与烹饪技术，涉及了在粤东杨中丞家中食用过的"西洋饼"。

> 杨中丞西洋饼
> 用鸡蛋清和飞面作稠水，放碗中，打铜夹剪一把，头上作饼形，如蝶大，上下两面，铜合缝处不到一分。生烈火烘铜夹，撩稠水，一糊一夹一熯，顷刻成饼。白如雪，明如绵纸，微加冰糖、松仁屑子。③

---

① 纪德君、曾大兴主编《广府文化——第3届广府文化论坛文集》，中山大学出版社，2016，第226页。

② 谈迁：《北游录》，汪北平点校，中华书局，1960，第67页。

③ 袁枚：《随园食单》，元江雪注，开明出版社，2018，第205页。

文中所言"稠水"即面浆、粉浆、面糊。

　　"铜夹剪",这是一个大夹剪,端部有两个刻有文字、符号或花纹的模具圆板(见图7)。

图7　制作西洋饼铜夹剪模具

　　放上面浆后,夹紧,使其两面受热。张开后,取出面饼。汉语中有"香蕉夹饼"① 一名。或许"夹饼"② 是最贴切的译法(图8)。袁枚的描写很洗练与生动:

　　　　这段极简炼的文字,不仅将杨中丞西洋饼的原料、炊具、制法、特点以及食法表达得清清楚楚,而且还不禁使人和顺治年间汤若望的西洋

① 熊月之主编《稀见上海史志资料丛书》5,上海书店出版社,2012,第332页。
② 沈嘉禄:《上海吃货》,上海文汇出版社,2014,第225页。

饼加以比较，二者在原料、炊具、制法、特点以及食用上均大同小异，说明是来自一种文化的点心饼。其最大的不同之处是，汤若望时代的西洋饼是由外国人手制的，而袁枚时代的西洋饼则已出自中国人之手了，这无疑是中西饮食文化交流史上的珍贵一页。[①]

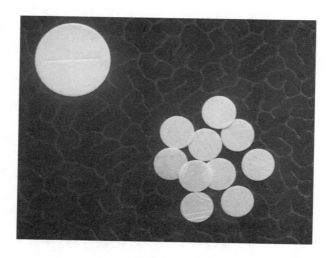

图 8　面饼

这种薄若蝉翼，食之甜润脆美的面饼的原型是宗教用品。它在祝圣前称"祭饼"或"面饼"，[②] 仪式后便成为"圣体"，拉丁文作"hostia"。这是一种未发酵的薄饼，即"死面薄饼"（pão ázimo）。制作面饼要精心选材，着重全天然。

汤若望以天主教制作"祭饼"的工具——"铜夹剪"，为中国达官贵人制作了一种"祭饼"的豪华品。原料从纯面浆改为"蜜、面和以鸡卵"，"微加冰糖、松仁屑子"而食。汤若望巧用"铜夹剪"，制"西洋饼"，令人食之"诧为殊味"，后来还用它来待客。汤若望实在是"传教"有道，竟让中国士大夫在不知不觉之中吃进了"西洋祭饼"，还吃得他们交口称赞。

---

① 王仁兴：《中西饮食文化交流的珍贵一页——西洋饼传中国》，《中国饮食谈古》，轻工业出版社，1985，第 115 页。

② "A Hostia. 祭饼　面饼"参见 *Vocabulario luzo-chinez para uso dos alumnos chinas da Escola "Principe Dom Carlos"*，p. 66。

小　结

如今，我们已很难厘清面包究竟于何时进入澳门，但可以肯定的是，面包作为葡萄牙餐的主食，自澳门开埠以后，便随着葡萄牙人来到了澳门。开始只是在葡萄牙人中食用。至 19 世纪，随着更多欧美人士来到澳门，面包食用的范围有了扩大。1840 年鸦片战争之前，偶有引入中国内地，毕竟仅限于一定的社会阶层，并未对整个社会产生规模化效应。五口通商后，尤其是在上海，随着外国侨民的急剧上升和西餐的引入和发展，面包才作为西餐的主食逐渐进入了普通中国人的视野，甚至成为部分中国人不得不尝试，甚至必须经常接触的一种食物，因而，对中国人的饮食方式和结构的变迁产生了深刻影响。总而言之，中国之有"面包"，其物始自澳门，其名亦始自澳门。

Macao：Birthplace of Mianbao, Both the Entity and its Name

Jin Guoping

Abstract：Since the Western Learning into East, Chinese and western cultures have first contacted and mingled mutually in Macao. From Macao, western culture spread to the mainland and influenced China greatly. Tracing their origin, many exotics were first brought to Macao and then to mainland China. In this process, many loanwords from Portuguese have become the first-level commonly used vocabulary in modern Chinese society. It has been proved that the Chinese word "Pijiu（beer）" was stereotyped in Macao and then spread widely. So was "bread". The object "bread" as well as its Chinese term "Mianbao" originated from Macao.

Keywords：Bread；Macao；China；Naming；Commonly Used Words

（执行编辑：徐素琴）

学术述评

海洋史研究（第十五辑）

2020 年 8 月　第 381 ~ 394 页

《海域交流与政治权力的应对》序

井上　彻（Inoue Tooru）*

　　在文部科学省特定领域研究"东亚海域交流与日本传统文化的形成——以宁波为焦点开创跨学科研究"文献资料研究部门中，"连接前近代中国中央、地方和海外的官僚制度"班（以下略称为官僚制度班）在大阪市立大学召开了三次国际研讨会，探讨东亚海域世界相关问题。这三次国际研讨会分别是："东亚的国际交流与中国沿海地区的交易、交通、海防"（2007 年 1 月 14 日）、"东亚海域世界的交通、交易和国家的对外政策"（2008 年 2 月 3 日）、"东亚海域的国际交流与政治权力的应对"（2009 年 7 月 5 日）。其中，前两次的研究成果收录于《大阪市立大学东洋史论丛别册特集号》（大阪市立大学东洋史研究室，2000 年版、2008 年版）。本书基于这三次研讨会的研究成果，探讨东亚海域世界沿岸各国的政治权力如何应对海域世界上发生的国际交流。

　　2008 年 11 月 15 日、16 日，特定领域研究·总结研究班举办"东亚海域史研究的课题和新视角"研究会。在该研究会上羽田正先生所作报告《总论·亚洲海域世界史的课题》，将海域世界的历史分为 1250 ~ 1350 年的"开放之海"、1500 ~ 1600 年的"互争之海"、1700 ~ 1800 年的"分栖之海"三个阶段。这与官僚制度班研讨会所研究的时代基本重合。从研究主题角度

---

* 作者井上彻，大阪市立大学名誉教授；译者申斌，广东省社会科学院海洋史研究中心助理研究员。

来说，可以说主要回应了总结研究班提出的"关注人们的日常生活、交易和运输，考察它们如何与政治权力发生关联，注重综合把握"的研究宗旨。

在迄今官僚制度班以海域史为主题举办的三次专题讨论会的成果基础上，可以认为，在"开放之海"的时代即南宋到元朝时期，中国的贸易兴盛，沿海地区得益于贸易的发展，经济快速发展。政治权力的关注重点，受汉族和北方民族间的冲突加剧这一时代背景影响，主要集中在陆地问题上。南宋尤为如此，交通、军事都压倒性地以陆地为中心。"互争之海"的时代，是葡萄牙人来华，倭寇袭击东亚海域的时代。此时贸易虽然取得飞跃性繁荣，但倭寇这一让明朝伤脑筋的问题也逐渐浮现，海防体制成为国家的重要课题。"分栖之海"的时代正是中国的清代，由于日本的自我约束和管理强化，倭寇问题解决，给日中之间带来了国际关系上的安定。我们认为对中国、日本、冲绳、朝鲜和东亚海域各国的政治权力而言，比起向海域扩张权力，更加注重以陆地为立足点，构筑各自国家的政治秩序。从中国史的角度来看，这个时代的中央集权化和以此为基础的社会的成熟是怎样的情况，在政治权力对贸易管理强化的时代，陆域社会和海域社会有着怎样的关系，这一时代如何与 19 世纪中叶迎来的近代相连接，这些问题都有必要从不同方向进行探讨。

这本论文集以"互争之海"和"分栖之海"的时代为中心，基于迄今为止的联合研究成果，着重探讨以东亚海域为舞台展开的国际交流实态，及其与沿海各国政治权力的关系。下面，简单介绍收录论文的主要内容。

山崎岳的《方国珍与张士诚——元末江浙地区招抚与叛逆诸相》选取了元末江浙地方两股割据势力——浙东方国珍与江淮张士诚的兴亡为分析对象。方国珍以江南和浙东为据点，不仅是负责从江南到大都运输粮食的船户，也是给袭击运输船、掠夺粮食的海盗集团撑起保护伞的东南沿海地区海上势力的头目。他把渔民、商人、海盗等因季节、行情和政局而流动的各色人群集结起来，与元朝及其后的朱元璋政权进行讨价还价。这种地位模糊而独立的政治权力，在朱元璋统一汉地的过程中无法逃脱被淘汰的命运，最后归顺了朱元璋。另一方面，在国家食盐专卖市场的背后滋生着黑市，张士诚率领黑市中形成的反政府势力，在苏州建立政权，发展海外贸易。但是在朱元璋的攻击下，其政权也迅速崩溃。朱元璋政权否定了元末势力中通行的弱肉强食逻辑，以构筑基于广大民众支持的体制为目标，严格控制以贫富不均为前提的商业和海外贸易。在这种政权体制下，"讴歌无赖自由的空间"被缩小了。山崎先生关注的方国珍和张士诚那样的海盗和盐枭，在"开放之海"的终场时刻登台，在东南沿海陆域经济发展（这一发展与海外贸易是连在一起的）中构筑起势力。这种从统一权力中分离出来的沿海地域独立空间，被朱元璋建立的明朝从根本上否定了，并被彻底整合进以中华帝国为中心的华夷秩序中。这就联系到了下面介绍的川越泰博先生的研究所涉及的明朝华夷秩序。

川越泰博的《洪武·永乐时期的明朝与东亚海域——〈皇明祖训〉不征诸国条文的相关问题》讨论了郑和下西洋是否违背明太祖祖训关于对外关系规定的问题。他比较了与对外关系相关的《祖训录》（洪武六年，1373年）和后来公布的《皇明祖训》（洪武二十八年，1395年），认为两者最大的区别是《皇明祖训》的"祖训首章"列举了十五个"不征诸夷"的国名。为什么要做这样的改动呢？太祖考虑到诸王，特别是皇位继承者懿文太子直系的东宫的情况，为确保自己死后王朝的稳定，要求继位者遵守"不可对外兴兵"训诫。为此，他将中国周边地域划分为"必须积极防御、不可懈怠的地区"和"应该抑制对外战争的地区"。后世也基于太祖的这一想法对周边各国进行分类，"称藩"的朝鲜、日本、琉球等被看作天子恩德广泛惠及的周边地区，东亚海域也被看作华夷思想的支配领域（宗藩之海）。那么，郑和的"下西洋"是否属于违反《皇明祖训》"不征诸夷"条文的行为呢？郑和的"下西洋"不是兴兵，而是被定位为奉使。洪武时期，朝廷也多次派遣由大军编成的使团从陆路出使诸国，这并非什么特别的事情。海上的使者编成庞大舰队，虽给人以进行大规模军事行动的印象，但其实质与陆上的使者是一样的。川越先生的论文虽然直接论述的是郑和下西洋是否违反朱元璋祖训的问题，但他论点中值得关注的是，东亚海域对中国而言，乃是处于华夷秩序影响之下的。此后的问题是，这一海域周边的日本等国，经过"倭寇的状态"阶段，如何从华夷秩序中独立出来（见后文）。

另外，荷见守义《送还与宗藩——围绕明人华重庆送还事件》也是与"宗藩之海"相关的研究。嘉靖三十五年（1556年）（译者注：原文作1566年，误），袭击南直隶无锡的倭寇掳掠了一名叫华重庆的年轻人。后来，倭寇被明朝海防军队追击，漂流到朝鲜沿岸时又被朝鲜军队讨伐，包括华重庆在内的被掳明人得到朝鲜方面的保护。同年十一月，华重庆在朝鲜冬至使到明朝朝贡时被送回中国，回到了故乡。这篇论文讨论的问题是，华重庆的送还在具有宗藩关系的明朝和李氏朝鲜间是依据什么规定进行的。经过嘉靖时期的倭寇，到万历年间，中朝之间相互送还漂流民众才有记录（《万历大明会典》），此前的情况如何呢？他上溯到明朝与高丽缔结宗藩关系的时候进行探讨。明朝与高丽建交时，积极送还高丽民众，并要求高丽遣返逃入高丽的反明兰秀山之乱的贼徒，高丽也答应了。此后，高丽派遣使者将其保护的明朝被俘人员经由海路送回国，明朝也接受了。这是由于明朝和高丽缔结宗藩关系之初，辽东还处于蒙古的势力之下，经陆路往返困难。但后来就变为将人员送还到辽东了。在明初虽可以找到像这样送还人员的事例，但是没有明确的规定。送还人员是因让宗藩关系更融洽的政治考虑而开始的，并不象征宗藩关系本身。他认为，嘉靖年间进行的华重庆送还，并不是出于宗藩关系进行的，而是为了让宗藩关系融洽采取的临时性措施。

另外，井上彻的《明朝的对外政策与两广社会》探讨了明朝抽分制度的开始与广东社会的关系。明朝的朝贡一元体制放弃了与征税相伴的互市制度，只承认朝贡关系，不允许基于民间商业的贸易。但是正德三年（1508年），对外国船只附搭货物征税制度（抽分制）的开始，开辟了承认民间商业交易和从外国船只附搭货物中获得关税收入的道路，极大动摇了明初以来的朝贡一元体制。这篇论文从当时两广社会面临问题的角度，考察了抽分制是如何开始的。正德年间的附搭货物的抽分制度，是因应于两广镇巡的要求而设置的。他们的目的是要确保镇压日益激化的两广非汉族叛乱所需军费。中央政府鉴于两广军事形势的重要性，也做出了不能不承认抽分的判断，尽管其违背祖宗之法。通过抽分制开始事件，我们知道为了两广军事活动，必须确保军费。这一情况实际上与广东、广西的财政关系，更进一步说与广东的财政密切相关。嘉靖八年（1529年）两广总督林富的上奏也反映出这一情况。他呼吁重开因葡萄牙骚扰事件（译者注：指正德十二年葡萄牙人突入东莞县界一事）而中断的贸易。林富上疏中提出贸易利益可充实军饷，而军费筹措问题与广东的财政状况关系密切。当时两广的财政结构特殊，广东财政支撑广西财政，尤其是广西军费主要依靠广东的财政收入，亦即两广军费大多从广东地方财政中支出。而广东财政收入原则上是由赋役科派获得，因此两广军费增加便直接表现为广东里甲人民的负担增大。因此，如果贸易利益转化为军费的话，最终可以减轻挣扎于繁重赋役的广东里甲人民的负担。从林富的见解可以看到站在广东立场上的观点，甚至还可以从中了解到，与农村一样苦于赋役的广州城市百姓，希望通过重开贸易再造广州城繁荣的社会舆论。林富的上奏，明显有立足于广东乃至珠江三角洲的中心城市广州发言的意味。以非汉族和明朝的军事冲突为背景，在两广或者广东这样一个在中央看来不过是边境的地方发生的变动，通过前述一系列事情，最终改变了国策，这一点非常重要。

陈春声的《明代潮州海防与沿海地域社会——泉、漳、潮州海上势力的结构及其影响》讨论了中国沿海的海防问题。潮州地区严重受到倭寇、海盗、山贼的影响。明朝为防范倭寇入侵，沿全国海岸线全面设置卫所。卫所的设置过程也是王朝统治制度在沿海边远地区逐步推进的过程。就明代的户籍和田土管理制度而言，存在州县行政和军事这两大相互独立的系统，潮州也不例外。但与北方和西南边境地区不同的是，东南沿海的沿海卫所和内陆卫所并未成为独立于府县之外的"地理单位"。潮州沿海的各个守御千户所都与周边乡村有着密切联系，成为理解小范围地域社会发展脉络不可或缺的重要因素。沿海的千户所在倭寇侵袭时，利用城墙和兵力给四乡百姓提供避难所，发挥着巨大作用。但同时需要指出的是地域社会中平民活动的复杂性。一方面，这些平民是倭寇、海盗、山贼袭击的受害者，沿海卫所承担着保护他们生活的任务。但另一方面，沿海平民同时也是容易转化为"盗"的人群，他们从事走私贸易尤为积极。在如此复杂的状况中，沿海地区诞生了像南澳岛这样国家统治难以触及的区域。明朝以防御困难为由弃守南澳岛，其结果是日本、东南亚、福建、广东各地多种海上势力聚集于此，南澳成为当时最著名的走私贸易据点之一。或者说，诞生了国家权力无法企及的自由贸易地域。此时，这种不受国家权力干预的据点在沿海地域大约随处可见了。

海外贸易产生的利益是将沿海居民从明朝的政治秩序中分离出来的主要原因，最终产生了虽处于王朝范围之内却不受国家控制的自由贸易地区。王朝对这种状况自然不能等闲视之，试图通过海禁政策维持国家秩序。沿海卫所本是维护国家秩序不可或缺的军事系统，但在沿海卫所、地方官府以及当地有势力乡绅从海上贸易获利颇丰的情况下，军事、政治的防卫系统难以正常发挥职能。其根源便在于沿海地区独特的经济结构，即严重依赖海外贸易带来的利益。国家行政、军事系统也深受这一经济结构的影响并受到侵蚀。如此而言，从沿海地域的立场上来看，海禁政策阻碍了人们的经济活动；但从明朝朝廷角度来看，不容忽视的是自由贸易活动威胁着边境防卫乃至皇权。这种经济和政治难以一致的困境是怎么解决的呢？依赖对外贸易的沿海地区经济结构依然存在，既然不能期待从事对外贸易的人群自行约束其活动，那么问题的解决就不得不交给国际政治。当然，与现代不同，当时并没有相关国家共同参与、协商解决纠纷方法的对等外交；相关国家想要阻止对外贸易引起的纷争的话，只能各自采取对策。荒野泰典和岩井茂树的研究便涉及这一问题。

荒野先生在《从"倭寇的状态"到近世的国际秩序——东亚海域的华人网络和"长崎口"的形成》中，将16世纪以后的后期倭寇、欧洲势力到达中国海域、丰臣秀吉侵略朝鲜、后金（清）征服明朝等对明朝提出贸易要求的诸势力登场的状况称为"倭寇的状态"。这一大变动的基础，是中国海域人群超越民族和国境的"自由"结合（网络）。代表这个网络的是华人以及中国海域里相互连接的港口城市。他认为，这一状况的产生，是中国海域的国家、民族的自我发展，与欧洲人"大航海时代"相结合的结果。伴随着以明朝为中心、以朝贡贸易为主轴的国际秩序的衰退，华人网络跃到历史舞台的正面。"倭寇的状态"就是以部分占据华人网络的形式，形成了中日间的中继贸易。而倭寇则是在对抗实施海禁政策的国家权力镇压中产生的。在倭寇形成的社会中，荒野先生认为是通过倭寇头领来解决彼此纠纷、实现安全保障的，因此他称之为不依赖国家权力，自主形成秩序的"自力社会"。那么，以倭寇为焦点而产生的独特的海域社会又将迎来怎样的归结点呢？最为关键的就是产生倭寇的日本列岛上政府的动向。就亚洲海域的安定而言，让日本列岛从"倭寇的状态"中摆脱出来，是日本政府为了获得中国、朝鲜等其他亚洲各国对自身正当性的承认而必须满足的条件。日本通过自丰臣秀吉的海盗禁止令（1588年）以及德川幕府的"海禁"政策，确保自己在东亚国际社会中作为国家的正当性，设定了以自己为顶点的华夷性的国际关系（日本型华夷秩序），从而避免了不相容的国家意识（中华意识和日本型华夷意识）直接冲突而引起的纷争。荒野先生认为，15世纪东亚形势的变化，即日本等周边诸国、诸民族的成长和该地区有机地融入并成为世界一部分，带来的冲击非常大，使得"中华"的结构发生变化，让其地位相对化了。

荒野先生指出，从15世纪到清代的东亚海域国际关系变化中，日本摆脱了"倭寇的状态"，而岩井茂树《清代中期的国际交易和海防——从信牌问题和南洋海禁案出发》则回应了这一问题。日本于1715年（康熙五十四年），实施正德新例，创立了信牌制度。通过信牌强化贸易管理的政策花了两年时间才被中国方面接受。在长崎唐通事向携带信牌的船主李亦贤所作询问记录中，岩井先生注意到两件重要事情。一是 1717 年（康熙五十六年）清朝最终解决了信牌问题；二是清朝虽然通知禁止前往"外国之诸所"的商船往来，但不将日本国列入禁止对象（南洋海禁案）。1684 年（康熙二十三年）随着海禁令的解除，清朝在广州、厦门、宁波、江苏等各港口设立海关，承认海上交易，不但全面放开中国商人的海外贸易，而且接受非朝贡的外国（无论是东南亚各国还是西洋各国）船舶的商业贸易。然而却将日本作为例外，再次禁止中国商人前往日本。为什么自 16 世纪中叶"倭寇"时代以来，一直被视为威胁源头的日本被当作了好的通商伙伴，而吕宋和爪哇却被视为危险对象呢？该论文的主题就是要阐明这个问题。

岩井先生首先提出了信牌问题。清朝根据康熙帝的主张，做出了接受信牌制度和正德新例等强化贸易限制的决定，并传达给浙江和江苏当局。李亦贤的记录中也记载了浙江省当局将朝廷命令通知到贸易商人的告谕。通过这个告谕可以知道，这一互市相关事件，不是双方国家的官僚和朝廷通过外交交涉解决的，而是以商人为媒介，即通过商业途径来传递信息、表达看法。从中还可以看到，由于民间商人通过缴纳关税对财政做出贡献，地方官府和朝廷也持有应该保障其商业活动的理性看法。这种合理性思考，对形成这样一种体制——民间商人接受互市这种管制性贸易，并在与政权协调过程中获取利益——起到了积极作用。其次是南洋海禁前后的情况。南洋海禁的政策实际并没有起到什么作用，在 1727 年（雍正五年）被废除，其原因是希望精明的中国商船能够大显身手。正如从暹罗大米输入中国的实际情况可以看到的，在海禁政策的表象下，是南洋和中国市场间联系的日益扩大。随着通商的扩大，南洋的海外华人社会在不断成长，另一方面，清朝当局缺乏对海外华人的强制权力和诱导手段，海防问题在南洋海禁前后都是重要课题。再次是海防问题。南洋的华人社会逐渐成熟，以致出现了华人社会自治机构。清朝对这种状况的警戒增强，加强了对出海人员的管理，实施了强化海外归国限制的政策。另一方面，通过长崎的情报，清朝统治者了解到，日本"懦弱恭顺"，采取消极的对外政策，将贸易商人置于严格管理之下，几乎剥夺了他们的行动自由，自律的海外华人社会在那里成长的萌芽已经被完全摘除。日本选择"锁国"这一海禁政策，谋求脱离危险地带，所谓"倭寇的状态"的演员之一便从舞台上消失了。与日本形成鲜明对比的是，吕宋和爪哇一直给中国人提供自由活动的场所，所以引起了清朝的戒心，但是南洋海禁绝不是正确的选择。华人社会的成长不是通过实施海禁可以抑制的，回避危机的有效手段是维持可以同时给予官、民和夷利益的和平互市制度。动乱与和平的主轴，在于能否建立起中国政权和商业势力利害共担的相互依存关系。经过明清时期，南洋海禁在名不副实的状态下结束了，这意味着稳定的互市体制在整个东亚出现了。

根据荒野先生和岩井先生的研究，经济和政治不相整合这个问题，归根结底，是通过日本列岛政府脱离"倭寇的状态"，确立严格的贸易管理体制获得解决的。这是日本在以中国皇帝为中心的华夷秩序下获得政治正当性的手段。但是，这不一定意味着日本回归了中国传统的华夷秩序。从中国角度来看，或许这只能是包含在华夷秩序中的东西。但从建立日本型华夷秩序的愿望可以看到，位于东亚边缘的日本，强烈宣传基于自身政治权力的国家自主性。正如荒野先生所说，这表示了以中国皇帝为中心的华夷秩序的相对化。而且在东南亚，超出朝贡贸易框架的贸易关系不断发展，海外华人社会可以继续存在。由此可以推测，在这一地区，华夷秩序的相对化也以与日本不同的形式进行着。

在此期间，日本经济上的自主性也提高了。范金民的《文书遗珍——清代前期中日长崎贸易的若干史实》对此进行了考察。关于中日长崎贸易已经有很多研究，该论文利用新发掘的《漂海咨文》抄本及《天保十二年唐贸易公文》，对长崎贸易进行了探讨。如上所述，岩井茂树指出，因新井白石上书而确立的正德新令，引入了信牌制度（1715 年），此后"锁国"的贸易管理进一步加强。范先生讨论了幕府是基于怎样的认识，实施正德新令的。

正德新令的核心，是缩减铜贸易，相应地压缩来船数量与贸易定额。通过《漂海咨文》可以了解到，幕府谕文是沿着新井白石的意旨，以财用富赡不必依赖外贸为理由发布的。此外，《漂海咨文》的谕文显示了如下情况：清朝各地赴日商船（唐船），所装载商品大多趋同，没有区域特色；当时中国商人处于办铜艰难的处境；清朝输入日本的药材大多属于下等品，丝织品质地差，尺寸亦是不适宜的居多。其背景是，日本丝织业发展，对中国丝织品的依赖程度大大降低。因此，谕文中表现出对唐船输日丝织品的等级很低，品种、规格也不符合要求等情况的不满。正德新令之后，元文元年（1736 年）颁布新令，出于和正德新令相同的考虑，将长崎贸易的船舶数减少到每年 25 艘，贸易总额也减少到 4000 贯。其谕文中也指出了与颁布正德新令时相同的问题。清代中日间的贸易，大体上是清朝出口生丝、丝织品、棉织品、药材、砂糖、书籍等，从日本进口银、铜、海产品等。随着时间推移，中国出口的生丝和丝织品逐渐减少，日本出口的铜也逐渐减少。范金民先生的考察阐明了贸易结构伴随日本国内产业发展的变化。由于生丝生产、丝织品的发达，日本对中国生丝、丝织品的需求减少，转而进口所需的黄金。通过这些变化，我们可以看出日本对中国经济依赖程度的下降。这也从经济方面证明了华夷秩序的相对化。

　　华夷秩序的相对化和日本的自主化，给琉球带来深刻的影响。在1690年萨摩藩的入侵中失败的琉球，一方面维持着14世纪后半期以来与中国的君臣关系，另一方面又被纳入日本（幕藩体制）的统治领域，就是上述影响的象征性表达。但是，琉球虽然被纳入幕藩体制，但其政治独立性并未丧失。渡边美季在上述研讨会"东亚海域世界的交通、交易和国家的对外政策"的报告书中指出，近世琉球夹在中日两国之间，反而使其强化了作为王国的自我意识。从异国船只监视体制的形成中，可以发现它不被中国和日本任何一方统摄的自律性意识。近世琉球的异国船监视体制，是以在王国等级制度（将农民有组织地纳入末端、以国王为顶点）中发挥作用的形式构筑的。由此，我们可以认为，琉球在确立中央集权体制的过程中，向着把国际贸易活动置于国家管理之下的方向迈进。本书收录的《越境的人们——近代琉球、萨摩交流的一个侧面》，描写了在中日两国的规制下仍保持自主性的琉球与萨摩藩交流的实际情况。萨摩藩在17世纪中叶前，限制从藩那里获得出航琉球许可的萨摩人（政府官员、船长、水手），并禁止他们移居琉球（娶妻、组建家庭），还禁止女性在萨摩和琉球间往来，主要着眼于移居、移动（越过"国籍、国境"）管理而进行规制。另一方面，进入18世纪后，首里王府也设立了针对跨越"身份"的规制，对和"大和人"交往的琉球人女性，不给予她们儿子士籍。琉球和萨摩藩都采取了确保各自领域和统治稳定性的政策。但是，针对获准往来琉球的萨摩人男性和琉球人女性交往本身，无论萨摩藩还是首里王府都没有禁止。住在琉球的萨摩人男性的生活和生意都极大地依赖于琉球人女性的协助，双方进行着活跃的交流、交际。对于这种情况，两边的政治权力在维持限制的同时，也设置了例外。与国籍、国境、身份相关的"自上而下的越境"之外，在琉球，农民通过向首里王府捐款获得"士"身份的"自下而上的越境"也盛行起来。由此，琉球人女性和当地出生的孩子提升了社会地位，萨摩人男性和琉球人女性的交往，对琉球、萨摩双方政治权力都禁止的净土真宗信徒网络的发展做出了贡献。在琉萨交流的前线，双方权力设立的"隔离"从上、下两个方面被动摇，发生着各种"越境"。琉球将跨越东亚、东南亚的交易活动限定于中国、日本的两个国家，琉球人社会的"纯化"不断发展。渡边先生关注这一背景下萨摩人男性和琉球人女性的交往，描绘了在琉球身份地位低下的女性，跨越琉球、萨摩地域政治权力设置的"隔离"，利用与萨摩人男性的交际实现社会地位提升的情形。而且，与以前"倭寇的状态"下横跨整个亚洲海域的交易、人与人的交流相比，到了近世，虽然地域性权力设置的"隔离"及以此为基础的纯化在不断推进，但在很大程度上，基于江户幕府的小中华主义，萨摩和琉球这两个地域性权力之间进行着活跃的交流，这种交流给在琉球处于弱势地位的女性提供了上升的机会。

六反田丰的《19世纪庆尚道沿岸的"朝倭未辨船"接近和水军营镇等的对应——〈东莱府启录〉所见哲宗即位年（1849年）事例分析》探讨了朝鲜的海防体制。该文所说的"朝倭未辨船"是朝鲜方面对不能马上辨别属于本国船还是日本船的船舶的称呼。19世纪中叶，针对朝鲜半岛东南部庆尚道一带出现的"朝倭未辨船"，以水军营镇为首的朝鲜地方官们采取了怎样的应对措施呢？他首先介绍了海防体制。朝鲜时代，地方的军事据点是各道设置的兵营（陆军司令部）和水营（水军司令部），在兵营、水营的下面设置由兵马节度使、水军节度使统辖的军事机构——镇。庆尚道也采取同样的体制。介绍完海防体制，他选取《东莱府启录》研究上述问题。第一，虽然根据发现船只海域的不同，对未辨船的应对有所差异；但是从发现该船开始，接下来对乘船者的讯问，直到护送到倭馆，朝鲜方面的一连串处置都沿着水军营镇等指挥系统，以相当系统且整齐划一的方式进行着。除了水军营镇等，靠近未辨船漂流海域的邑的守令，也深入参与对该船的探索、确保、护卫、监视等工作。第二，未辨船的信息最终汇集到釜山金使处，其传递路径也基本沿着水军的指挥系统。学界关于朝鲜海防体制的研究偏重于制度史，对实际运作情况的探究几乎没有进展。六反田丰先生以未辨船问题为线索，明确了水军营镇、沿海地区诸官员对未辨船采取的系统性对应，其信息也集中到釜山金使，可以说是很大的成果。另外，关于情报通过什么途径传递给中央政府，除了东莱府→国王这条途径，他推测通过庆尚道观察司→国王、庆尚左道水军节度使→国王路径也传递了相同信息，并将其作为今后的研究课题。这种以来航外国船舶为对象的体系性制度和运用，与渡边先生考察的琉球案例是相通的。

　　本书也关注到传统海域世界到近代后如何变化的问题。与此相关的是刘志伟先生和钱杭先生的研究。刘志伟的《鸦片战争前广州贸易体系中的宁波商人——由"叶名琛档案"中有关宁波商人的几份文件谈起》① 通过英国公共档案馆（PRO）藏清代两广总督衙门档案中与宁波商人有关的文件，考察了19世纪中期宁波商人和以广州为中心的贸易体系之间的联系。明代的宁波，是东亚海域活跃的海上活动的一个中心，是以中日贸易为主的重要港口。自欧洲商人来到东亚海域，这一海域逐渐卷入世界贸易体系。随着东亚国家和这一海域内部的一系列政治变动，原来的海上活动趋于沉寂，宁波的海上贸易也一度衰退。17世纪以后，主导海上贸易的欧洲商人对宁波一直怀有很大的兴趣，但是由于清朝政策的限制，宁波未能成为东亚海域以及连接世界市场的贸易中心。18世纪中期以后，清朝把西方商船的贸易限定在广州一港，宁波在海上贸易中的地位进一步下降。但是，以广州为中心的贸易体系，不仅意味着中西双方贸易关系构成了世界市场的一部分，同时也整合了包含内地贸易和沿海口岸贸易的中国市场，更整合了东亚和东南亚的区域市场。宁波商人在这些不同层次的市场网络中的贸易活动，并没有因广州贸易体系的形成而中断，而且始终十分活跃。他们在广州及中国与东亚、东南亚诸港口间活跃的商业活动，显示出他们一直积极参与到以广州为中心的贸易体系之中。这一段历史，在宁波商人研究中应该得到进一步重视。鸦片战争后上海开埠，宁波作为中国东部沿海商业中心的旧梦永远破灭了。不过，上海开埠后，在以上海为中心的东亚贸易体系中扮演了最重要角色的正是宁波商人和广州的商人、买办。这与宁波商人在广州贸易体系时代，已经积累了与西方人交流和贸易的经验息息相关。要了解鸦片战争以后宁波商人在上海这个新舞台上的历史，必须追溯到他们在广州贸易时代的历史。刘志伟从广东研究的角度出发，让我们注意到，要理解近代以上海为舞台的贸易活动，特别是其与宁波商人的关系，就必须关注鸦片战争前宁波商人们在当时对外贸易中心广东的贸易活动经验。这一点对连续地把握前近代和近代各自的贸易特征非常重要。

　　钱杭的《民国初期湘湖水利的自治问题——以韩强士的日本滞在与〈经营湘湖计划书〉为中心》，选取韩强士围绕浙江萧山湘湖这一人工水库

---

① 本文亦曾发表于李庆新主编《海洋史研究》（第二辑），社会科学文献出版社，2011，编者按。

提交的计划书，探讨了日本科学技术对近代中国的影响。韩强士（浙江绍兴人）在清末光绪年间到东京留学，回国后曾任教员，后参与各种近代产业的经营。《经营湘湖计划书》撰写于民国 5 年（1916）。在萧山九乡当地，围绕湘湖的水利问题形成了灌溉派（认为应该用湘湖的水来灌溉）和开垦派（认为应该填湖造田）的对立意见。韩强士主张的要点是，要让两派都能接受的话，需要引进欧美近代技术，开凿水井，解决水利问题，同时填埋没用的湘湖将其改造成农田，并进一步建设湘湖模范村。计划中虽然强调了欧美的科学技术，却完全没有提及韩强士留学日本的事。针对这个情况，钱杭分析指出，韩强士在日本留学期间获得的欧美深井相关知识，以及日本明治时代以降的地方自治组织对他的计划肯定产生了决定性影响，但在当时中日关系恶化的国际形势下，只能对日本避而不谈。文中虽然没有讨论韩强士的计划给当地社会带来怎样的实际影响，与"满洲国"建设等不同，中国人自己立志引入以日本为媒介的欧美科学技术和日本农村的近代化方式的情况，现在已鲜为人知。在中日关系越来越密切的今天，钱杭先生的研究挖掘了近代有留学经验的人在中国近代化进程中的鲜活事例，很有价值。

上面简单介绍了本书所收论文的内容。总的来说，在东亚海域的"互争之海""分栖之海"时代，日本、中国、东南亚、葡萄牙等商人参与国际贸易，展开不受既有政治权力束缚的自律性商业活动。在这种"倭寇的状态"中，新政治权力在沿海地区登场，并在各种政治权力之间寻求有秩序的国际贸易和交流。反过来，这也意味着国际贸易、交流并非完全由民间商人主导，归根结底是在政治权力的统制下迎来了接受监管的局面。在这样的国际形势下，出现了岸本美绪先生所说的"传统社会的形成"（《岩波讲座世界历史 13 东亚·东南亚传统社会的形成》，岩波书店，1998）。即站在资本主义制度广泛普及的近现代回头看，可以发现这一时期是"传统的"生活方式、社会制度、惯习等在不同地域形成的时代。如果认为以我们生活的当下为立足点，时刻留意其与过去的历时性连续是考察历史的重要课题的话，那么思考在东亚海域酝酿形成的"传统"如何被现代继承，就是重要问题了。现代东亚面临的全球化消解"传统"，深化了个人、社会、国家各层面的均质化；另一方面，"传统"则作为抵抗全球化，恢复个人、社会、国家独立性的手段而发挥作用。其未来发展值得注意。

　　译者附言：2005~2009 年，东京大学人文社会系研究科小岛毅副教授牵头主持了日本文部科学省科学研究费补助金特定领域研究"东亚海域交流与日本传统文化的形成——以宁波为焦点开创跨学科研究"，简称宁波项目。该项目旨在通过考察 10~19 世纪东亚海域交流历史的变迁，探明日本传统文化形成背后的历史世界架构。之所以选定这一时段作为考察对象，是因为对日本人来说，虽从中学教科书中获得了遣唐使时代的东亚交流和甲午战争以后的日中、日韩关系的丰富知识，社会各界和媒体关注度也较高，但对从 894 年废除遣唐使制度到 1894 年甲午战争爆发这一千年间的东亚海域文化交流却不甚了解。该计划不把各国家、地域间的交流看作特殊事例，而视为日常的、本质性的存在，从而追寻各种交流在日本传统文化形成中起到的作用，并进行再评价。项目成员包括人文、社会科学、自然科学研究者，试图将角度各异的个别性实证研究成果，放到综合性视野下加以把握，获取新知。在研究组织上，设立了文献资料、实地调查和文化交流三个研究部门，每个部门下设若干研究计划，共 34 个研究计划。该项目的研究成果以两套丛书的形式公开发表。第一套是"驶向东亚海域"（『東アジア海域に漕ぎだす』），由东京大学出版会出版，共 6 卷。该丛书围绕贯通整个研究的六个重点主题，通过综合叙述呈现研究的基本认识。第二套是"东亚海域丛书"（『東アジア海域叢書』），由汲古书院出版，计划出版 17 卷，目前已经出版 14 卷。该丛书以上述 34 个研究计划及历次学术会议的成果为基础，围绕主题汇辑专题论文。宁波项目本身，可以看作 21 世纪初日本政府文化政策导向和学界（尤其是东洋史学界）发展策略选择的集中表现。一方面，该研究不再过于强调日本的独特性，不再在近代民族国家框架下去阐释日本文化并将其本质化，而是更注重自身文化形成乃是更广阔的地域文化交流的产物，在东亚乃至全球的跨国交流语境下定位、理解日本文化。但另一方面，这种努力并不是要否定日本文化的主体性，而是打破、超越一国史框架，放眼东亚海域乃至全球，为的是更好地理解日本传统文化的由来和生成过程。本文翻译"东亚海域丛书"第二卷《海域交流与政治权力的应对》（『海域交流と政治権力の対応』）的编者序，以供读者窥一斑而见全豹，了解这一海域史研究的情况。为便于读者查阅，将两套丛书的卷目附后。

『東アジア海域叢書』分巻表

巻次	书名	编者	出版年份
1	近世の海域世界と地方統治	山本英史	2010
2	海域交流と政治権力の対応	井上徹	2011
3	小説・芸能から見た海域交流	勝山稔	2010
4	海域世界の環境と文化	吉尾寛	2011
5	江戸儒学の中庸注釈	市來津由彦等	2012
6	碑と地方志のアーカイブズを探る	須江隆	2012
7	外交史料から十～十四世紀を探る	平田茂樹、遠藤隆俊	2013
9	寧波の水利と人びとの生活	松田吉郎	2016
10	寧波と宋風石造文化	山川均	2012
11	寧波と博多	中島楽章、伊藤幸司	2013
13	蒼海に交わされる詩文	堀川貴司、浅見洋二	2012
14	中近世の朝鮮半島と海域交流	森平雅彦	2013
15	中世日本の王権と禅・宋学	小島毅	2018
16	平泉文化の国際性と地域性	藪敏裕	2013

『東アジア海域に漕ぎだす』分巻表

巻次	书名	编者	出版年份
1	海から見た歴史	羽田正	2013
2	文化都市　寧波	早坂俊廣	2013
3	くらしがつなぐ寧波と日本	高津孝	2013
4	東アジアのなかの五山文化	島尾新	2014
5	訓読から見なおす東アジア	中村春作	2014
6	海がはぐくむ日本文化	静永健	2014

（执行编辑：吴婉惠）

海洋史研究（第十五辑）
2020 年 8 月　第 395~440 页

《1621 年耶稣会中国年信》译注并序

刘　耿　董少新*

译　序

　　17 世纪耶稣会中国年信①有一个相对固定的行文结构：每份年信从内容上可分为世俗、教会两大部分，世俗部分概述是年中国时局，教会部分是年信的主体，又分成传教士的传教和教务情况、教徒奉教情况两个方面。教徒奉教情况往往占一份年信的大部分篇幅，主要是选取典型的有教育意义的事例，按照各住院的院别分述。本序也将依从这个结构，来概述《1621 年耶稣会中国年信》的背景和主要内容，并揭示其史料价值。

---

　*　作者刘耿，北京外国语大学比较文明与人文交流高等研究院特聘研究员；董少新，复旦大学文史研究院教授。
　　本文为国家社科基金重点项目"基于西文文献的明清战争史研究"（项目批准号：17AZS006）和 2019 年度上海市教育委员会科研创新计划冷门绝学项目"17~18 世纪有关中国的葡萄牙文手稿文献的系统翻译与研究"（项目号：2019 - 01 - 07 - 00 - 07 - E00013）的阶段性成果。
　①　关于耶稣会中国年信，请参考董少新《17 世纪来华耶稣会中国年报评介》，《历史档案》2014 年第 4 期，第 128~132 页；董少新、刘耿《〈1618 年耶稣会中国年信〉译注并序（上）》，《国际汉学》2017 年第 4 期，第 167~183 页；董少新、刘耿《〈1618 年耶稣会中国年信〉译注并序（下）》，《国际汉学》2018 年第 2 期，第 133~146 页；刘耿《17 世纪耶稣会中国年信研究》，复旦大学博士学位论文，2018。

一

天启元年（1621 年 1 月 22 日～1622 年 2 月 9 日），无论对于耶稣会中国传教团还是对大明王朝来说，都是灾殃稍歇后又卷土重来的一年。

这年开年，终于征服了叶赫部的努尔哈赤再次将他的注意力转向大明，攻占了辽东最重要的两座城市：沈阳和辽阳。辽河自北向南把明代的辽东几乎分成了相等的两部分，夺取辽阳之后，后金军就控制了辽河以东的全部原属于明朝的领土。努尔哈赤在辽阳建立了他的新都，并使辽东成为他经营的主要基地。

年信开篇即报告了辽沈之战，详述了攻打辽阳城战役的经过，刻画了袁应泰、张铨的忠烈，鞑靼人设彀套取南方商人钱财的狡诈，及明廷的慌乱，言简意赅地点明了朝廷内斗严重影响了解决辽事的效率。耶稣会士看待明清战争的基本立场有二：一是教会本位的，认为这场战争是天主对明廷驱逐传教士的惩戒；二是明本位的，将明军视为"主队"，将鞑靼人与匪乱视为同类。在此后至明朝灭亡前的耶稣会年信对明清战争的持续报导中，基本上都秉持这一立场。这些年信还不时描绘鞑靼人的相貌、服饰、饮食及风俗习惯等，并将其置于鞑靼人是怎样野蛮的叙事框架之内，比如吃生肉、穿鱼皮。

1621 年，教案复燃。对教会的新攻击是与当时中国的内部政局密切相关的。随着魏忠贤掌权，及与沈㴶同里相善的方从哲担任首辅，自 1620 年被免职归乡的沈㴶发现，他在官场出人头地的机会又来了。五年之前，正是在方从哲的助力下，尽管连上两疏均未得到万历帝的回应，沈㴶仍成功发动了教案。沈㴶于 1621 年进京任礼部尚书兼东阁大学士。

辽东战乱造成的内迁流民为白莲教补充了有生力量，镇压白莲教又将打击天主教的机会直接递送到沈㴶手中。正如钟鸣旦的判断，1620～1621 对山东白莲教和叛乱者的镇压很快又重新点燃了南京教难的烈火。[1] 沈㴶同党遂乘机诬天主教与白莲教相同。南京部员徐如珂、余懋孳等迎合沈㴶意旨，捕逮天主教教徒。[2] 在南京有 34 名天主教徒被捕，南京的某些官员们断定

---

[1] Nicolas Standaert, *Yang Tingyun, Confucian and Christian in Late Ming China: His Life and Thought*, Leiden: Brill, 1988, p. 93.

[2] 徐宗泽：《中国天主教传教史概论》，商务印书馆，2015，第 135 页。

天主教就是白莲教的另一个名字。①

　　对传教士而言，幸运的是，这新一波攻击只不过是沉渣泛起，并没有新的更严厉的禁教令颁布。他们也看到了沈漼在朝内树敌太多，并不是一个长久的隐患，而更重要的任务是将沈漼于 1617 年签发的逐教令撤销，重获天主教在华的合法地位。

　　传教士与李之藻、徐光启等奉教官员及叶向高等倾心于教会的官员共同参与的方案是，向澳门葡萄牙人购买火炮，并邀请耶稣会士作为军事顾问，以此恢复他们在京城中的合法公开活动。购置西洋大炮、招募葡萄牙炮手是该年度年信中重点叙述的一个事件。奉教官员和传教士要实施该计划，就必须与朝中相关的官员打交道，年信对官场中的勾斗关系有较清楚的梳理。

　　不过，该计划的成效要待来年才开始显露。1622 年 9 月，孙承宗（1563 - 1638）被任命为兵部尚书兼东阁大学士，倾心于教会的官员们重提该计划，叶向高、张问达利用自己的影响积极推进这个计划。孙承宗采纳了孙元化的建议，首次使用"红夷大炮"来对付后金。1625 年，致仕之前的孙承宗还帮助恢复了在北京的耶稣会住所。事情的前前后后只是演了一出戏：是叶向高、张问达、孙承宗、李之藻和其他有地位的政界人士的合作，使耶稣会士在北京、在中国的地位得以恢复。②

　　传教士们这时还是不能公开传教，只能半公开地活动，因为逐教令还没有撤销。彻底恢复活动自由，还要等到 1629 年徐光启推动成立"历局"的运作成功，以及 1630 年崇祯帝将在西安传教的汤若望（Johann Adam Schall，1592 - 1666）、在山西传教的罗雅谷调入历局任职，这是 13 年来传教士们头一次可以公开地进行传教工作。在历局工作的耶稣会士所利用的数学和天文学的书籍，正是金尼阁（Nicolas Trigault，1577 - 1628）1621 年带进中国的。

二

　　1621 年，出使欧洲归来的金尼阁重返中国内地。他既带来了有形资产，也带来无形资产。有形资产包括：汤若望、邓玉函（Johann Terrenz Schreck，

---

① 邓恩：《一代巨人：明末耶稣会士在中国的故事》，余三乐、石蓉译，社会科学文献出版社，2014，第 163 页。
② 邓恩：《一代巨人》，第 191 ~ 193 页。

1576 - 1630）、傅汎际（Francisco Furtado，1589 - 1653）等七名传教士，这些人员在接下来的 40 年里成为中国传教事业的主力；为财政困难的住院带来资金；为教徒们带来许多祈祷所用物品；为官员友人及皇帝带来大量贵重礼物；① 影响更深远的是，金尼阁带来在欧洲募得的约七千册书籍。② 无形资产则是金尼阁带回来的几条有利于中国传教团的命令：（1）允许在中国的神父举行弥撒时戴帽子；（2）允许将《圣经》翻译成文言文；（3）允许中国籍的神父主持弥撒，允许祈祷时用文言文背诵；③（4）将东亚教团的日本和中国分开管理。

四条命令中的第一条很快就落实了。对第二条，用中文行诸圣事的第一步是，弥撒书、每日祈祷书和有关圣礼的书籍都必须翻译成优美的中文。这是一项大工程。最终是由利类思（Ludovico Buglio，1606 - 1682）花了 24 年的时间（1654 - 1678）才完成。利类思在金尼阁返回中国 20 多年后才来到中国。1666 年，杨光先发动教案，使耶稣会士们被关押在广州后，他们才再一次开始思考用中文行礼拜仪式的问题。④ 对第三条，第一位中国籍神父郑惟信（1633 - 1673）于 1664 年才得到任命。或许"当罗马同意了来自中国耶稣会士的请求时，他们反而还没有做好使用这些特许权的准备"。⑤

第四条也很有效率地落实了，或许早就想独立的中国传教团"做好了准备"。1615 年，耶稣会总会长阿夸维瓦（Claudio Aquaviva，1543 - 1615）就同意创建中国副教省，但是因阿夸维瓦于当年去世，金尼阁不得不重新向新任总会长维特里斯齐（Mutius Vitelesqui，1563 - 1645）重新申请，1619 年新的申请获得通过。南京教案爆发后，入华高级耶稣会士和澳门视察员空闲下来，他们开始根据 40 年的共同经验为教团制定新规章，于 1621 年发布相当于副省令的实施细则，这一系列条例也表明了副省逐步创建中国教会的集体态度是如何定形的。⑥ 来自罗马的批准中国副省成立的命令与来自澳门的新规章在 1621 年相遇，1621 年作为 17 世纪 20 年代的起始年，发生于该

---

① 柏里安（Liam Mathew Brockey）：《东游记：耶稣会在华传教史（1579 - 1724）》，陈玉芳译，澳门大学出版中心，2014，第 52 页。
② 费赖之：《在华耶稣会士列传及书目》，冯承钧译，中华书局，1995，第 117 页。方豪：《明季西书七千部流入中国考》，《方豪六十自定稿》上，（台北）学生书局，1969，第 39 ~ 54 页。
③ 邓恩：《一代巨人》，第 168 页。
④ 邓恩：《一代巨人》，第 178 ~ 179 页。
⑤ 邓恩：《一代巨人》，第 179 页。
⑥ 柏里安：《东游记》，第 53 ~ 54 页。

年度的许多事便带有起笔的意味。

比如，新的规章解决了一个重大争议，即科学不仅是宣教工具，也是保卫传教团的工具。该年信的杭州住院部分就记载了一个特别擅长解几何证明题的书生。该年信还讲道，艾儒略在扬州马呈秀家，为他讲授数学以及其他科学，同时也成功地使马呈秀皈信了天主教。韩云、韩霖兄弟在徐光启的指导下学习数学和军事科学。[①]

再如，新的规章还允许在中国出版图书。17 世纪 20 年代，在华耶稣会士步入了有史以来最频繁的编著和出版阶段。在传教工作处于半停顿的几年里，大多数耶稣会士聚集在杭州，在杨廷筠的指导下，刻苦地学习中国的文学、文化习俗，为风暴过后能够更有效地传教默默做着准备。艾儒略是杨廷筠的得意"学生"，其"西来孔子"的积淀得益于这段时间的学习，艾儒略的《职方外纪》《天主降生言行纪略》多出于此时。傅汎际则在李之藻的帮助下，完成了《名理探》和《寰有诠》的编译。[②] 被逐到澳门的王丰肃全身心投入到用中文写作、改进文笔、加深对经典著作的研究中。[③]

三

总体而言，1621 年的耶稣会中国传教事业处在静水深流的状态。在表面上，中国天主教发展仍然处于守势，传教士尽量避免在复杂环境中频频露面。高龙鞶《江南传教史》讲道，1621 年沈㴶抵京之后，神父们不能不格外小心，又避居于城外。[④] 又提到，金尼阁赴韶州巡阅，仅在船上会见教徒，只有一次登岸，探望不能前来的两个人。[⑤] 这些信息，当均来自《1621 年耶稣会中国年信》。本年信南京住院部分还提到了"我们不特意在扬州进行劝人改宗的工作，因为我们藏得越好，自由越多，去南京的危险越小"。杭州住院部分则说，嘉定，只是用作培训基地，"我们还收到了命令，（新到会友）不得处理发展教徒的事，这样就可以将对我们学生的打扰拒之门外，也避免在该地制造新闻"。

① 邓恩：《一代巨人》，第 153～154 页。
② 高龙鞶：《江南传教史》（第一册），周士良译，（台北）辅仁大学出版社，2009，第 134 页。
③ 邓恩：《一代巨人》，第 149～150 页。
④ 高龙鞶：《江南传教史》（第一册），第 182 页。
⑤ 高龙鞶：《江南传教史》（第一册），第 185 页。

　　尽管如此，传教士的活动范围已比此前有所恢复。本年信主要汇报了北京、杭州、南京和江西四个住院教务开展情况，尤其是徐光启、杨廷筠和李之藻等奉教士大夫的护教事迹；年信也讲述了传教士前往南雄、韶州、高要、扬州、嘉定和上海巡视教务，努力维持和巩固原有住院。年信还用了较长的篇幅叙述了传教士在杭州附近两个富庶村镇的传教活动。1621 年四个住院领洗的人数分别为北京 40 人，杭州 300 人，南京 52 人，江西 46 人，虽然仍不算多，但已有了稳步的增长。

　　此外，本年信讲述了张问达、成启元、张庚、马呈秀、徐希皋、王先等人的奉教或帮助教会的事迹。这些人在官阶、地位和影响力方面虽远不及奉教"三柱石"，但此类"中层"的奉教或与教会友好的官员、学者，在天主教在华传播过程中发挥的作用，需要我们根据年信一类的史料进行重新评估。

四

　　目前所见《1621 年耶稣会中国年信》有两种，第一种为傅汎际编撰，葡萄牙文；第二种为金尼阁编撰，拉丁文。我们这里翻译注释的是第一种。

　　傅汎际的这份年信似从未出版过。我们所掌握的此年信抄本有两个，均为藏于里斯本阿儒达图书馆的 18 世纪抄本，[①] 内容基本相同，仅个别语句有所差异。我们以其中一个抄本为底本进行翻译注释，同时参考另一抄本。

　　傅汎际于 1618 年乘金尼阁重返中国之便，与之偕行，1619 年 7 月 22 日抵达澳门，在澳门神学院担任过教员。[②] 进入内地之后，往返于杭州、嘉定之间，学习汉语。1621 年 7 月，傅汎际在杭州编写完成了《1621 年耶稣会中国年信》。1625 年，在杭州与李之藻相随，似留杭止于 1630 年李之藻之死。1630 年自杭州赴陕西，在西安府建立教堂一所。1635 年傅汎际被任命为副省会长后，历游各住院，在位凡六年（1635 ~ 1641）。1641 年，中国副省析为南北二部，傅汎际主北部（1641 ~ 1650），艾儒略主南部。1651 年，傅汎际被任命为巡阅使，重返澳门，巡历广东全省。1653 年去世，葬于澳门。[③]

　　金尼阁编写的《1621 年耶稣会中国年信》为拉丁文，1622 年 8 月 15 日

---

① 阿儒达图书馆（Biblioteca da Ajuda）藏《耶稣会士在亚洲》（Jesuítas na Ásia），49 - V - 5，fols. 309 ~ 335v. 另一抄本见 BA，JA，49 - V - 7，fols. 283 - 307.

② 柏里安：《东游记》，第 157 页。

③ 费赖之：《在华耶稣会士列传及书目》，第 156 ~ 157 页。荣振华：《在华耶稣会士列传及书目补编》，中华书局，1995，第 251 ~ 251 页。

（圣母升天瞻礼日）完成于杭州，比傅汎际编写的同年年信晚了一年又一个多月。① 初步对比，可以发现金尼阁编写的这份年信与傅汎际所编写的年信，结构基本一致，都分为同样的六个部分，但金尼阁的年信开头部分有一段引言，而傅汎际的这份年信没有引言。至于这两种年信具体内容有何差异，以及二者之间有什么样的关系，我们还需要在进一步对比两个文本的基础上加以研究。

金尼阁的年信比傅汎际的更为"幸运"，因其在寄到欧洲后不久，就被公开出版了。我们暂时未全面调查 17 世纪耶稣会中国年信在欧洲的出版情况，对金尼阁编写的《1621 年耶稣会中国年信》的欧洲版本信息，我们会在日后加以补充，但起码有两种早期的法文版本，分别于 1625 年和 1627 年在巴黎出版。② 值得一提的是，在 1625 年出版的版本中，收入了红衣主教耶稣会士贝拉尔米诺（Roberto Belarmino，1542－1621）《致中华帝国全体教徒书》（写于 1616 年，由金尼阁于 1621 年带到中国）和徐光启代表中国全体教徒对贝拉尔米诺主教的回复，这两封书信已由董少新从葡萄牙文翻译为中文，并被收入《徐光启全集》中。③

1621 年耶稣会中国年信

呈备受尊敬的耶稣会总长维特里斯齐（Mutius Vitelesqui）神父。

中国的世俗状况

关于这个题目，可说的事是战争。这场战争已持续经年，发生于中国人和相邻的鞑靼人之间。因为该国政府的大部分事务都围绕着这一无休止的战事开展，要找其他值得讲述的事——或新鲜事，或与之类似的事，是有难度的。

---

① 罗马耶稣会档案馆（ARSI）藏两个写本，Jap. Sin. 114, fols. 274－296, 297－319.

② *Litterae Annuae* 1621, （comp.）N. Trigault, Hangzhou, 1622, in *Histoire de ce qui s'est passé es Royaumes de la Chine et du Japon*, *Tirées des lettres escrites és années 1619, 1620 & 1621*, *Adressées au R. P. Mutio Vitelleschi, General de la du Japon Compagnie de Jesus*, Paris, 1625, pp. 159－380; *Histoire de ce qui s'est passé es Royaumes du Japon et de la Chine*, *Tirées des lettres escrites en années 1621 & 1622*, *Adressées au R. P. Mutio Vitelleschi, General de la du Japon Compagnie de Jesus*, Paris, 1627, pp. 1－145. 参见 N. Standaert, *Yang Tingyun, Confucian and Christian in Late Ming China, His Life and Thought*, p. 227.

③ 朱维铮、李天纲主编《徐光启全集》，上海古籍出版社，2010。该信见第九册，第 425 ~ 427、337 ~ 340 页。

　　如同往年一样，是年战争中最漂亮的几场胜利属于鞑靼人。他们几乎征服了辽东全省，掳掠了极丰富的战利品。一些人判断胜利者满足了，不会乘胜追击；然而，他们流露出另有所图，鞑靼国王（Rey）要凭借这一系列胜利来称帝（Imperador）。据说，他在所攻取的各城中的一座，建起一座王宫①，以供居住。从那儿起，接着又是一场大捷，发生在省城城门之下。这鼓舞着他，坐望更多更大的胜利，因为他不费吹灰之力就拿下了这座省城②。他派了一支七万人的部队来攻城，由他的几个儿子和一名优秀的中国将领统领。因为曾受到一些不公正的对待以及猜疑，这名中国将领投奔了鞑靼人。鞑靼国王对他非常重视，将一名女儿嫁给他，还让他与自己的儿子们在这场战役中共同担任将领。③ 这场战役四个小时就结束了，④ 因为去年闹饥荒的鞑靼人纷纷投奔了中国人，而中国人轻率地收留了他们并在战争中使用他们；⑤ 当他们看到鞑靼人的军队兵临城下，便忘记饥窘，拿起武器指向了中国人，杀死很多人后，由于害怕处境变得更糟，他们叛逃回了鞑靼阵营，或者还想特意当众向一名守将报受辱之仇——这名守将负责其中一座城门，他们打开了门，放鞑靼人进城。⑥ 该城中本有十万人镇守，在入口处有三万名中国人战死，其余的人，或是逃了，或在激战平息之后活着离开了鞑靼人。至于鞑靼，据说战死两万。这样，在这场四个小时的鏖战中，有五万人阵亡。

---

①　天命五年（万历四十八年，1620）十月，后金的临时都城从界凡迁至萨尔浒，距辽、沈更近一步。参见孙文良、李治亭《明清战争史略》，中国人民大学出版社，2012，第85页。

②　辽阳总辖辽东地区二十五卫，是明朝统治辽东乃至全东北的政治、经济、文化中心。这部分主要描述的是辽阳之战。1621年3月13日，沈阳已被后金攻破，19日中午，后金军进抵辽阳城，攻城之战发生在20日。孙文良、李治亭：《明清战争史略》，第90～93页。

③　这里指1618年投降后金的明朝抚顺游击李永芳（? ～1634）。努尔哈赤给予李永芳极高的礼遇，封之为总兵官，还将自己的亲孙女，七阿哥阿巴泰的女儿嫁给了李永芳。本《年信》说"将一名女儿嫁给他"或为误记。

④　攻打辽阳城的战役从3月20日"早晨太阳刚刚升起"持续至第三天的21时，后金发起冲锋，很快攻陷全城。孙文良、李治亭：《明清战争史略》，第92～93页。

⑤　当时辽东的蒙古诸部和女真地区均闹饥荒，此处指蒙古人。辽东经略袁应泰（约1595～1621）的"致命错误是决定用蒙古部族成员补充辽东的明军，这些蒙古人是为了躲避饥荒和满洲人的进攻而逃到明朝边疆。1621年春，这些蒙古人中有一部分在紧要关头叛逃。由于他们的帮助，后金军队在1621年5月4日占领了战略城市沈阳，几天以后又攻陷总部所在地辽阳。袁和几个官员宁愿自杀而不肯投降"。参见牟复礼、崔瑞德编《剑桥中国明代史》（上卷），张书生等译，谢亮生校，中国社会科学出版社，1992，第580页。

⑥　22日傍晚，混入辽阳城内的谍工放火骚扰，小西门的弹药起火，攻打西门的后金军队进入了辽阳城。孙文良、李治亭：《明清战争史略》，第93页。此处城门应是西门。

省城沦陷后，一些中国人闯入总督（V. Rey）①官邸想把他交给敌人，但他宁死不肯受辱，便自杀了。

还有另外一个类似的刚烈（他配得上该名）榜样，即那省的巡按（Vizitador）②，他被绑到鞑靼国王面前，无论恐吓或是带威胁的许诺，还是要他对努尔哈赤像对皇帝（Rey）那样行礼，要他认鞑靼人为主人，并以那个鞑靼国王（Rey）的女婿这个不忠的例子来劝服他，他都没有屈服。最终，鞑靼人敬佩他只服从和忠于自己的皇帝，就给了他安宁，也不再羞辱他，让他回自己的家和官署。他在家中，因为战事惨败而变得焦躁不安，便自杀了。他对自己下手比对敌人还狠。

为了不至于人去城空，鞑靼人发出了官方布告，说不会对任何人进行伤害、凌辱，以令休养、安居；布告还说，他只是顺从天意取回自己原先的土地及其属民，大家亦可以信任他、效力于他，所有人都剃发、易鞑靼服。

有这些话，城中居民感觉被俘虏的压力轻了些许，这样过了一些日子，富人开始起了"奢望"。在该城中，有很多南方省份来的商人，财大气粗，鞑靼人是反感他们的。或因他们是异乡人，家在外省，不甘束手被俘，或因鞑靼觊觎其财。出于以上一个原因或两个原因的共同推动，鞑靼人命令城内南方省份的全部商人可以携财自由返乡、返家。可怜的商人们对于这道命令弹冠相庆，并定下了全体离城的日子。但是当他们缓慢地行进了约四里格，入毂之时，遭到洗劫，在刀锋下，一个接一个地被押解回城，满是惊惧。

这些消息传至北京，与之同来的是巨大的恐惧。敌人已经在家门口，恃胜而骄。北京城门设了新的防备，禁止以面纱遮脸的任何人进出。③该城路多尘土，以纱遮面是种习俗，后来，那些不愿意被认出来的人觉得这是个好办法，便也使用面纱。

尽管这般小心、勤勉，北京城中仍然发现了一些鞑靼人的谍工。其中有名谍工，鞑靼付以厚酬，他经常将京中发生的事告诉鞑靼人。在他那里还找到寄给一些六部官员（Mandarins de tribunaes）④的信，没写姓名，只列上

---

① 指袁应泰，在城东北的镇远楼上自缢而死。孙文良、李治亭：《明清战争史略》，第 93 页。
② 指巡按御史张铨（1577～1621），山西沁水人，万历三十二年（1604）进士，与徐光启为同年。《明史》有传。
③ 《熹宗哲皇帝实录》卷八，天启元年三月二十五日："辽东巡抚薛国用、总兵李光荣各飞报辽阳失守，京师戒严，诏廷臣集议方略。"
④ 这里很可能指的是言官。

了官职，等到良机出现，就用这些信来引诱。对这名被判决的人，刑罚很是残酷：用铁夹子将他的身体撕成了碎片，将他的一个儿子砍头，其余家人被逮捕，尚在狱中听候处决。① 这名谍工是中国人，所以，对他的处罚就这样。被发现的另外一些谍工，因为是鞑靼人，只被判了正常处死。

这些情况使得年轻的（天启）皇帝慌无头绪，据说很多次有人听到他在哭。他眼见这样一个强敌在京师门口，却无多少手段拒之。但他感触更深的还是朝中大员间的龃龉，妒忌之弊习在他们中很常见，不管是胜是败，其工作就是向皇帝上奏疏，一方攻击另一方，全然忘了国家正处于险境之中。尽管这些奏疏是有用的，皇帝可以通过它们察觉朝中或地方官员们的施政之失，屡有奏效；但是，因为现在要将更多的时间放在迎击外敌上，而不是对内的惩错，皇帝就公开地命令停止相互间的言语攻讦，号召大家安静、和谐，将其全部思虑、目标转向保卫国家。

这就是对该国世俗状况的简短报告，现在我们就来讲述教会情况，其播扬神圣福音所取得的胜利。

中国的教会概况

这年充满美好的希望，但是，因为我们的敌人②的到来，我们没有获取成果。我从保禄进士③说起，他对该教会有大功，在我们历年的年信中都提到了他。（万历）皇帝任命他为战争练兵，保禄在这个职位上干了几个月，发现备战所需要的经费短缺，便不再干这个为他招致很多人嫉妒的职位；他向皇帝上疏，因为自己身体不好，请皇帝将更合适的人放在那个位子上。④皇帝将这一请求批转给兵部，然而，兵部尚书回复，不应该将保禄从这个位置上调离，而是给他开支，没有经费，不仅保禄，任何人都做不成事。皇帝

---

① 该处所述当指明朝兵部的提塘官刘保及其儿子，其间谍活动及下场。据《熹宗哲皇帝实录》卷九，天启元年四月二十九日："磔刘保于市，并诛其子于翰。保父子就讯，各供吐：素与李永芳通好，每月传送邸报，逐月报银一百两；又时有书往来，密输情实，谋为不轨。巡视中城御史梁之栋以闻，拟坐谋反大逆之律。从之。"

② 指沈㴶。

③ 即徐光启。

④ 参见梁家勉原编、李天纲增补《增补徐光启年谱》，朱维铮、李天纲主编《徐光启全集》（第十册），上海古籍出版社，2010，第 225～227 页。

准奏。不几日后，出现一篇弹劾文章，针对某一阁老，顺带涉及了保禄的门生。① 保禄抓住这个机会回到了京师，匿居于城外的一处庙宇（Varella）②中（就像官员们所习惯的）。他从那里第二次向皇帝请求准其回家养病，皇帝批复，就在京城治疗，康复之后再回原职。保禄立即复职，但他以一种更容易得到皇帝批准他休致的方式来处理政务。因此，他将麾下所有兵士分成三等：最强健的，派往驻守与鞑靼接壤之地的军中；中等资质的，派往重要性稍逊的其他要塞之中；弱的和无用于战争的，打发回家，发给盘缠，以免其在途中行窃。③ 做完这些之后，保禄回到北京，再向皇帝请辞，说他已经履职，完成了交给他的任务，目前他已无兵可练，所以，他想归乡。④ 对于这份请求，皇帝回答，假若已经完成任务，仍旧留在京中，保留同样官阶，以备需要时再效力。⑤ 保禄没有放弃其请求，再次请辞⑥，他的态度谦卑，也就没有那么令人生厌，最终，他达到了目的。⑦

在保禄准备离京的时候，良进士⑧来找他（对良进士，通过年信我们已有充分了解，现在他已被召往一个好职位）。良对保禄的离去感触良深，因为他曾筹划和盼望两人在京中勠力推动教友会的事业。

保禄在他的一处庄园中住了数月，为致仕归乡做好了准备，这处园子离

---

① 这篇弹劾文章是山西参政徐如翰写的。徐如翰，浙江上虞人，万历二十九年进士。徐光启万历四十八年（1620）一月二十三日上疏略谓："昨接邸报，见山西参政徐如翰论列时事，因及于臣。"梁家勉原编、李天纲增补《增补徐光启年谱》，第 232 页，及第 240 页注 1。

② Varella 是一个进入欧洲词汇库的亚洲词语，意为"佛教的神像或庙宇"，词源是马来语 barhālā，1552 年首次出现在葡萄牙语中。唐纳德·F. 拉赫：《欧洲形成中的亚洲》（第二卷第三册），何方昱译，人民出版社，2013，第 180 页。

③ 指的是 1620 年末至 1621 年初的"简兵"工作。《熹宗哲皇帝实录》卷三，泰昌元年十一月七日："前者练臣徐光启奏建置统驭之宜，臣部亦疏陈更番、赡家二事，该科谓通昌之练兵，宜汰其老弱无用者，选其习练精强者，付一大将统驭。兹参酌练臣与科臣之议，应于通昌见在七千余人，简汰老弱，尽使还家，大约留三四千人。"亦参见徐光启于泰昌元年十二月十一日《简兵将竣遘疾乞休疏》，《徐光启集》上册，王重民辑校，中华书局，1963，第 162~163 页。

④ 参见徐光启《简兵事竣疏》（天启元年正月二十一日），见《徐光启集》上册，王重民辑校，第 165~167 页。

⑤ 《熹宗哲皇帝实录》卷六天启元年二月二日："管理练兵少詹事兼河南道御史徐光启奏报昌平练兵实数……复称病求去，且辞御史兼衔，欲以原任坊衔致仕。得旨：徐光启练兵事竣，着以少詹事协理府事。"

⑥ 参见梁家勉原编、李天纲增补《增补徐光启年谱》，第 243 页。

⑦ 《熹宗哲皇帝实录》卷六，天启元年二月十一日："少詹事徐光启以疾请告，许之。"三月三日奉"准回籍调理"。参见梁家勉原编、李天纲增补《增补徐光启年谱》，第 243 页。

⑧ 即李之藻。

京城不是很远。① 其间，他又来到京中，与良以及我们在城中的人讨论，怎样助力于他们所热心的福音传播。

皇帝安排给良的职责是为万历皇帝（现皇帝的祖父）的陵墓配以庄严隆重的丧葬礼（dividas honras）和名号（títulos）。完成这件事后，又为他在广东省指派了一个好职位。② 我们在京中的人对良的这次赴任深感不安，因为担心失去这两个柱石后，就没有多少力量来抵御敌人，而这个敌人天天都有传闻将抵京，我们却不知道他将带着何种意图而来。

此时，辽阳城（Leaô yam）（辽东省城）的城门发生了我们上述的危机，出于这个原因，皇帝下令，任何人都不得出京，甚至被任命外放的官员也不可以，良因此就留在了京中。过了不久，负责公共工程——比如修城墙等——的部的尚书③，向皇帝陈述了良的才干及其所完成的分内之事，以此说明这样的人值得用。皇帝觉得很好，便在京中为良安排了一个好职位，除此之外，还让他负责制造兵器、马车及其他所有必需的战事器械，发往辽东；皇帝还派给良监察城门防务的职责。④ 所有这些职责都是需要皇帝对其极为信任的。

保禄已做好了启程（回籍）的准备。此时，陆续有一些奏本呈给了皇上，陈说这个时候不应该让保禄这样的栋梁离京，其众所周知的谨慎和理智正是国家所急需的。皇帝立即令保禄来京。⑤ 因为出于谦逊、恭卑，也为了缓和政敌的嫉妒，保禄便迁延几日，据说，皇帝说了这样的话：

"为什么这么拖拉呢，徐光启就在天津卫（Tiencinguei）（他当时正驻足的一处要塞）附近，速来京师，不得延误，我想用其才干。"⑥

保禄不能拒绝皇帝如此明确的意愿，他让自己的一部分人回乡，然后就进京了。在京中他受到了来自朋友们的热情接待，甚至来自政敌们的，既已

---

① 徐光启虽奉旨回籍，但并未直接回到上海老家，离京后在天津暂住。"准备回籍养病，三月下旬顷出都，恐途中医药未便，暂居天津调理。拟于六月四日前后就道。"参见梁家勉原编、李天纲增补《增补徐光启年谱》，第244页。

② 广东布政使司右参政，天启元年三月二十二日升任。

③ 时任工部尚书王佐（？ -1622）。

④ 《熹宗哲皇帝实录》卷九，天启元年四月八日："改新升广东布政使司右参政李之藻为光禄寺少卿管工部都水司郎中事。"《熹宗哲皇帝实录》卷九，天启元年四月十五日："命光禄寺少卿管工部郎中事李之藻调度十六门城楼军器。"

⑤ 参见梁家勉原编、李天纲增补《增补徐光启年谱》，第246页。

⑥ 《熹宗哲皇帝实录》卷九，天启元年四月三日："少詹事徐光启尚驻天津，即刻取回，以制火器、修敌台；自通州至山海关一带，某地应设城，某地应设堡，某地可埋伏，某地可结营，宜敕少詹事徐光启任相度之，劳立限回奏。"

如此，这些政敌在很多场合下也就装作服从时局。

于是，保禄和良在北京汇合了，他们开始讨论怎样恢复在中国的耶稣会，及耶稣会在过去的自由，以使耶稣会可以传播福音。根据当时的局面，他们不认为抓住国家所陷入其中的繁事及危险之机会是最合时宜，因为他们害怕人言如刀，会激发起对我们的反感，筹划这件事还不能暴露自己。良抓住了出现在其岗位上的一个机会。京中都在寻找有效力的武器，良写了份奏疏，进呈皇上。他首先摆出了国家迫在眉睫的危机，然后说，往年京中有一名外国文士（我认为他指的是利玛窦神父），他来向今上的祖父万历皇帝进贡礼物，万历待之以礼，他活着时拨给他生活费，在他死后，还赐墓地。良听这个外国文士提起过很多次，有种武器（我认为他指的是我们的大炮）可以以少搏多，给敌军造成巨大的伤害，能保多座城池、要塞无虞；但是，因为他是从其口中得知这些器物的，既不知怎么制作，亦不知怎样使用；而在广东有座滨海之城（我认为他指的是澳门），从那名外国文士的祖国来的商人在此间贸易，从他们那可以获得这些武器；他们中还有一些人会使用这些武器，可以来教习中国人；这个不难做到，只要向利玛窦神父的同事寻求帮助即可；利神父的同事还有一些在国内的，皇帝只要批准就可以了，因为皇帝的权威很被澳门人看重。在陈述完这些，良又说："去年是由保禄负责练兵备战，他分别致信我与弥额尔进士①，请求我们派一些能工巧匠赴澳门寻找武器，我照他们要求做了。"良接着说："派了我的一名门生②，带着广东官员的命令抵达了澳门城，向葡人宣布了此行的目的。葡人对向自己提供了这个服务国家的机会非常高兴，他们立即自出巨资造了四门大炮，还配备了四名炮手，展现出了为国效力的极大意愿。但是，当我听说保禄已经去职，而我是应他的请求来责成广东做这件事的，我便匆匆停下，炮手回了澳门，大炮停在了江西省，等待朝廷出台新的命令。根据我所奏陈的这一切，若是新令出台，尤其是利玛窦神父的同事可以居间斡旋的话，或可期待那一些葡人的善意援手。"③

良用词考究地去陈述这些事，就像其一如既往的上疏风格。皇上批复他道，兵部已经知悉，会立即给他答复。

---

① 杨廷筠。

② 张焘，教名亦为弥额尔（Michael）。

③ 可参考李之藻《制胜务须西铳、乞敕速取疏》，《徐光启集》上册，王重民辑校，第 179 ~ 181 页。

兵部的人略微质疑了一下良的奏疏，因为外国人的名声在中国是强烈可憎的与引发恐慌的，但是，一些大员解除了兵部尚书的疑惧。他回答道：良奏疏中所提之策，全都可以指望，召那些外国人携大炮而来是好主意，去找利玛窦神父的同事也是好的，通过他们，达成目的就简单了。①

兵部的答复呈给了皇上，该答复得到了沈㴶的批准，似乎他屈服于我们了。这个答复是巨大欢乐的缘由，不论是进士们还是我们教会的人，还有全体教徒，因为都在盼望葡人的武器能为天主效力，广传神圣福音，就像在其他的许多地方一样。

我们的事务就在京城中处于这种状态，发往广东的命令已寄出，已派一名官员去把江西的炮运回北京，已命人持圣谕在全国查找我们教会的人，并将他们带到北京效力，以使皇帝任用他们。而我们敌人的抵京，则使一切中断、归于安静。进士们和我们所有朋友判断，不宜激惹这个敌人，尤其是他带着阁老职衔而来，这个官位可以轻而易举瓦解我们所进行的筹划，甚至对策划这些事的人做出不利的事。

他来京师的方式是这样的：他本来待在杭州府，然而被任命为阁老后，由于京中有几份反对他的奏本，他就不敢进京，② 尤其是当没有特别的诏令召他的时候，因为按照习惯，皇帝在任命类似的官阶的时候，被任命的为了做出卑躬、谦虚之态（往往他们是没有这些品质的），直到被恳请时，才会前往京师，这样撒一张网就一举两得，既得到了官位，还有本不想接受这些官位的清誉。但是，现在出现了一个不召而往的机会，因为出于对鞑靼人的害怕，很多人甚至是官员逃离了北京，皇帝发出公开敕令，任何人都不得出京。沈㴶得知了京师所处的状况和险境，在很多人躲藏起来的情况下，他打着勤王救国的旗号从杭州出发了，而其他人都顾不上皇帝了。或许因为真的害怕，或许只是佯装害怕，他向在杭州的巡抚（V. Rey）要求五百名兵士护卫自己直至北京，他说：哪怕那些追随西方教律的人护卫也行。然而，巡抚从弥额尔进士那里了解了基督教义的完美及纯洁，因此拒绝了沈㴶之请，认

---

① 六月二十日兵部尚书崔景荣（1565－1631）上《制胜务须西铳，敬陈购募始末疏》，陈述徐光启、李之藻、张焘等前此购募西铳经过。并谓"少詹事徐光启请建立敌台，其法亦自西洋传来。一台之设，可当数万之兵。……实有灼见，急宜举行"。参见梁家勉原编、李天纲增补《增补徐光启年谱》，第 247 页。

② 《熹宗哲皇帝实录》卷五天启元年正月二十二日："原任南京礼部右侍郎今起召入阁，沈㴶因御史董羽宸参论恳辞新命，温旨趣令就道。"

为完全没有必要。

　　沈潅抵京，因为我们的这个敌人曾是翰林院（Colégio Real）的学生①，保禄进士与翰林院的其他成员，出城迎接沈潅，并在沈潅进城前，为他备了一场盛大筵席。尽管如此待他，他仍用眼睛死死盯着保禄。保禄是忐忑不安地回到家里的，毫无疑问，沈潅心中还保留着关于过去的成见。过了一会，沈潅发话，说他曾与保禄的一个朋友谈过，这个朋友说保禄过于帮助这些西方来的外国人，这不应该；尽管这些外国人表面上帮忙并指导我们，但也掩盖不了其带来的对我们的祸心；因为他们拜访工部尚书，得到了参与这个国家工程实践的机会，继而又是欧洲兵和火炮获得实践。沈潅说道："不管多少兵、炮、要塞，我认为这些都是有用的、必需的，但是要把对欧洲国家的谨慎留在心中。我们知道欧洲人用武力拿下了印度，征服了菲律宾，侵入日本，在日本引发了对他们的恐慌，他们被驱逐了，如今他们又踞澳门，人数众多，对国家的危险和风险却不小。如果他们进到这里，安插进了我们中间，谁也不会怀疑他们在谋划着新的企图，伺机对国家带来场大灾。在另外的几个场合，我与朝中大官交谈，他们对于西方的人、西方的物赞赏有加。"沈潅表示："我不否认这些西方人是读书人，过着完美生活，但是，他们所宣扬的教律，一点都不使我高兴。"这些话中便隐藏着意图，意图之中则有危险，当这个人处在他今天所拥有的位置上时，我们在这个国家中的事务就正处于危险中。

　　然而，天意在将此人升为阁老的同时，又通过其他的方式，给他加上两个压制力量，让他们之间去纠斗，而不是与我们纠斗。第一个压制力量是，他发现在京中有这么多对手，这些对手上了很多奏折弹劾他②，他还需要一段时间洗清自己，然后才有时间上疏攻击我们。

　　天主加之于其身的第二个压制力量是，我们的靠山和保护者，他是一名阁老③，从资历、年龄、职位来说，是万历皇帝时期的首辅，他为我们争取到一个在北京的小园子，作为利玛窦神父的墓地。他此前赋闲在其福建老家，而今年被召回北京。皇帝亲自降旨于他，请他速速来京，想要听其建

---

①　沈潅为明万历二十年（1592）进士，改庶吉士，授官检讨。
②　当时廷臣中大部分反对沈潅，有 50 余人上章弹劾沈潅的贪渎。高龙鞶：《江南传教史》，第 182 页。
③　叶向高。

言。他从福建出发，前往京师，途经杭州。他认识此间的一名青年才俊①，是在后者的家中认识的，这个年轻人娶了我们的弥额尔进士②的一个女儿。阁老知道他的岳父家中有一些西方来的外国人，对这些人，阁老表示很喜欢。阁老还说道："我不知道出于什么动机和理由，某人（他指的是我们的那个敌人）③ 迫害了这些人，我迫切地想要这些异国人通过自己的努力获得清誉，我很了解这些人和他们的教律，我知道无论在他们的男人中还是女人中都没有不好的东西，这些东西之中也没有我们国家可害怕的祸端。"还没有最高级别的官员接见过我们，我们一直在尝试各种途径去寻找机会，使阁老级别的官员能见见我们的（传教区）会长，但是，直到这个渺茫的希望快被放弃了，天主才为会长打开了这扇门。这位阁老姓叶，他派弥额尔年轻的女婿去通知神父，指定了一个阁老空闲的日子来与之对话。神父受到了极有礼貌和满怀友谊的接待，双方的长谈涉及了教会的各个方面。阁老多次重复道：只要他还活着，我们就不用害怕。为表达对其惠泽的感激，神父将早已准备好的礼物赠给阁老；阁老不想接受，但是神父坚持，为了表示友好、信任，阁老收下了一枚发条表、一个球仪，以及我们用中国雕版印制的一幅世界地图。

阁老还与弥额尔进士重逢，与他谈论了很多涉及我们的事情。最后，阁老辞别，留给我们满满的美好希望。阁老在途中遇到了一名神父，后者正奉命从北京往杭州去。阁老劝他不要去了，因为很快就会有召集他和其他神父的诏令，让他们自由地出现在北京，他们的善意所应得的优待会随之给他们。神父还是继续去了杭州，因为他很清楚，朝廷要办成一件事是很慢的。

阁老到了北京，我们在北京的人也收到了中国传教区会长的几封信，信中讲到阁老途经杭州时对我们的事业展现出的良好意愿。随后，我们的一名退居在此的修士④去见阁老，他很容易地得到了会见的机会。阁老彬彬有

---

① 此年轻人中文名待考。杨廷筠有二子一女，都是天主教徒，长子教名加禄（Carolus），次子教名若望（Ioannes），女儿教名为依搦斯（Inês）。杨振锷：《杨淇园先生年谱》，商务印书馆，1944，第3页。关于杨廷筠子女的奉教事迹记载较少，仅有费赖之书提到依搦斯帮助费乐德管理其创立的贞女会，令该会延存数年。费赖之：《在华耶稣会士列传及书目》，第165页。

② 指杨廷筠。

③ 指沈㴶。

④ 丘良厚（Pascal Mendez，1584－1640）。丘良厚语言流利，文人学士皆乐闻其说，阁老叶向高尤喜与之言。费赖之：《在华耶稣会士列传及书目》，第127页。叶向高一直与丘良厚往来密切，还通过丘良厚向耶稣会士通报将会有什么事情发生。邓恩：《一代巨人》，第195页。

礼地接待了他，让他坐下，与他慢慢讨论我们的事。这名修士持续地去拜见阁老，阁老总是以礼、以爱相待。一次，阁老对他说道："我已经与那人（我想他指的是沈㴶）谈过两三次，但还不能让他忘记过结，不过他似乎温和了些，我的理解是只要我还是阁老，他就不会试图去生一些事端。"

当然，我认为这件事中很好地展现了天主造化之功的完美，他精心地为圣母编织出华服之锦，教会有荣枯的交织，有一些人保护它，另一些人迫害它，正如这块织锦用土地和花朵区分出了高低变化，如果没有黑影，全是一片刺眼的光，那么，这幅画反而没这么明亮，谁还会质疑这幅交织了高与低、明与暗的织锦上没有那么多恩典呢？

这个人对我们的事展现出的善意是这样大，他表达的帮助我们的愿望越强烈，他对我们的帮助越周到（这似乎是想也不敢想的），我们就越敢于期待从这位首辅——所有阁老中最重要的——那里得到帮助，从而可以很好地看出能推动谁去收获王侯们（Príncipes）的心[1]，天主离开了或走远了的表象，只是（天主的）一种善意的佯装考验。

再说回到我们的进士保禄和良，他们在京师中一见到沈㴶，就感受到其前嫌未消。皇帝敕令（召来澳门的葡人和大炮并寻访耶稣会的人进京）在贯彻中遇冷，因为尽管还没有人明确反对贯彻这道上谕，但是，那些被责成落实这件事的，能抽身时就抽身了。于是，大家都决定先保持沉默。有很多人上疏，针对新的职位，向皇帝举荐保禄，这既增长了保禄的威信，亦滋生了他人的嫉妒，且一点也不比威信少。

恰在此时，京中一名察院（Visitador）向皇帝上奏折弹劾一名阁老还有其他一些大员，顺带轻微弹劾了保禄。[2] 皇帝对这份奏折的回应措辞严厉，他说："朕用一些人而不用另一些人不是件你该弹劾的事，你们应该同心同

---

① 《圣经·旧约·诗篇》119：161，"王侯虽然无缘无故加我苦难，我的心灵仍旧敬畏你的教言"。这句话的葡文本是：Príncipes perseguiram ~ me sem motivo；mas é da tua Palavra que o meu coração sente reverente temor. 年信中此处提到的王侯（Príncipes）是迫害者的形象。"收获王侯们的心（coração）"，则与"我的心灵（coração）仍旧敬畏你的教言"一句中都使用了"心（coração）"一词，都是将心交给天主，所以，年信中的这段话可能并非直接引用《圣经》中的上述这句话。下文也提到了 Príncipe das Trevas，"黑暗王侯"，即"魔鬼"之意，此处的 Príncipe 是魔鬼的代称。

② 这名"察院"是御史郭如楚（福建晋江人，万历三十五年进士，事迹未详）。七月一日，徐光启上疏说："顷台臣郭如楚论事及臣……虑臣之复用。"《徐光启全集》（拾），第251页。

德，而不是像这样随性妄评为我效力良多的人，暂且不严惩你们。"虽然有了皇帝的这一个使脸面上增光的批复，被弹劾的阁老、大员们仍然离岗，躲在家里，保禄也与他们一样。这样过了几日，［政敌们没有让保禄消停太久］①，他们中的一人向皇帝再上一疏，抨击保禄。皇帝对第一个写奏疏的人严词斥责，对第二个上奏疏的，也予以严厉训斥。但是，保禄眼见对手无法平静，便也上奏，对加诸其身的指责自证清白，而后又向皇帝请求离京退隐。皇帝是这样答复的："朕召保禄前来，是为让他效力于朕，你们不该轻易地就一些蝇头小事捕风捉影，欠考虑地妄言。"因为有了这份批示，保禄倒也从流言中解脱了几日。然而，眼见朝中不和，鞑靼压境，时局艰危，而所有的朋友以各种方式获准从朝廷中脱身，他又重新上疏请辞。皇帝依旧不想批准，但是又不便驳回一名阁老的意见，这名阁老受保禄的请托在这件事上替他向皇帝说话，于是皇帝便准假了，答复："朕批准你回家养病一段时日。"良为保禄的离去很是伤感，我们亦是如此，但这被认为是以退为进，他会带着更大的荣耀再度被召。②

接下来该谈澳门居民展现出的迫切愿望，他们愿以生命、财力服务于神圣福音的宣传，装备士兵、制造武器的花费可不小，他们要去北京帮助守卫这个国家，带着为福音服务和使福音的传教士合法化的热忱和愿望。但是，我把这些内容留在澳门（圣保禄）学院的年信中专门叙述。③

本节是关于中国教会的概况，本年度还有更多将有收效的愿望可以期待。我就不强调皇帝的命令所带来的好处了，因为至少举国皆知我们是奉圣旨出现在京师的，是为皇帝效力。对我们的朋友而言，有了这道圣旨，他们更有劲头帮助我们，将我们收留在他们的家中。

---

① 本句在 49 - V - 5 抄本中没有，据 49 - V - 7 抄本（fl. 289）补入。

② 《熹宗哲皇帝实录》卷十，天启元年五月十八日："少詹事徐光启以服官非分求去，得旨：徐光启召还议用，不得因人言自阻。"《徐光启全集》（拾），第 253 页："四月六日批覆：徐光启召还议用，不得因人言自阻。"《熹宗哲皇帝实录》卷十三，天启元年八月十日："少詹事兼侍读学士徐光启屡疏引疾，许之，仍俟病痊起用。"另参阅《徐光启全集》（拾），第 253 页："八月（一说九月），以病辞职，复寓津门，部署垦辟水田诸事而归。"

③ 早期的澳门圣保禄学院年信已被整理出版，*Cartas Ânuas do Colégio de Macau*（*1594 - 1627*），Direcção e Estudo Introdutório de João Paulo Oliveira e Costa, Transcrição Paleográfica de Ana Fernandes Pinto, Comissão Territorial de Macau para as Comemorações dos Descobrimentos Portugueses / Fundação Macau, 1999。

关于北京住院

今年一开始在京师只有一名神父，一名修士。① 不久之后，去了另一名神父来陪伴他们，又过几日，其中一人来了杭州，② 因为看起来沈淮在北京的时候，京师只要一名神父、一名修士足矣。今年进入基督牧群的为 40 人，虽然很少，但是，我们还应考虑到时局的因素。尽管上文谈了一些事情，但看起来是与中国教会概况有关，而本住院所特有的一些情况未谈。首先，我将谈谈有关住院，或者说是万历皇帝赐给利玛窦神父的墓园；然后，我再谈谈我们的人，最后谈谈教徒。

那个宦官③，我们这片庄园的前主人，被关押了数年，被判处死，今年被释放出来，获得自由，保住了原本可能丢了的命，这赖于两位皇帝的驾崩。在万历皇帝去世与新皇帝④登基之间，有了一个获得赦免和自由的可能，但是这事没发生在他身上，他还要等。万历的继位者只活了 20 天，然后就是当今皇上⑤登基，他等到了。这名宦官没有尝试去司法机关（那里少有公正）申诉他的案子，而是派他的仆役来骚扰守墓和看家的一名教徒。进士良只需找一天去对付这些滋事者即可，他带着一大帮随从来拜访利玛窦墓，以让宦官知道，那座墓园背后有朝中大员的保护。

如前文所述，在针对我们和我们友人的纷纷议论之中，沈淮抵达了京师。坚决要求将我们逐出墓园的人并未收声，甚至要求夷平外国人的墓。

在得知这个情况后，进士良马上判断出其中不无危险，便立即去找负责墓园所在片区事务的官员商议此事。良向其陈述了其所耳闻的一部分，尤其是当良向他讲到墓园中所发生的事时，这名官员认为这事非常卑鄙，是对外国人的侮辱，因为对中国人而言，逝者安息于墓地中是巨大的尊严和尊重。该官员发出了新的命令，确认我们对这片墓园的权利，这是皇帝对我们的恩

---

① 毕方济（Francisco Sambiasi, 1582 – 1649）神父，丘良厚修士。

② 应即阳玛诺（Emmanuel Diaz Junior, 1574 – 1659）神父。熊三拔、庞迪我因沈淮教案被遣出北京之后，龙华民、毕方济仍然留在北京，但是经常匿迹城外。龙华民因职务关系，只身南下，留毕方济一人在京。至 1621 年，龙华民派阳玛诺到北京住院担任院长。高龙鞶：《江南传教史》，第 182 页。

③ 杨姓太监。参见高智瑜、马爱德主编《虽逝犹存：栅栏，北京最古老的天主教墓地》，澳门特别行政区政府文化局、美国旧金山大学利玛窦研究所，2001，第 27 页。

④ 泰昌。

⑤ 天启。

典。良还坚持墓园要有专人看守，他们找到了与之相关的条款，根据此条，一名神父可以有更多的自由在修士的陪同下待在园中的那些房子里。

宦官知道了这一切。但他保持沉默，因为没有他法，就算是与他同一序列的人①也向着我们。因为，一日，我们的修士正在园中的住处，一名宦官来到了这里。他是宫中最大的宦官之一，带了很多随从，进得屋来，立即向救世主像施礼，这幅圣像迄今从未从教堂撤下来过。随后落座，便与修士攀谈起来，询问起庞迪我神父和熊三拔神父的情况，话中带着情谊、思念；他还说："我不知道为什么要将如此的真君子从这里赶走。"最后，对墓园的权利，莫过于对其所有权每次更巩固一点儿，我们小心翼翼地捍卫着这项权利，不是为了它的物值，而是我们十分想在那座宫廷所在的都城树立一个标杆，表明我们受到了万历皇帝的优待。②

我们的人今年因为担惊受怕——在京师中的人全都感受到了——休整甚少。因为他们在仔细地搜寻外国人，严密监视我们。

年初，我们住在租来的一些房子中，条件尚好；仅是出于居住目的，对我们来说还算是舒适。然而，这仍是我们的一个很大的困难时期，得不到任何人的庇护，在任何事上都没有靠山、没人为我们说话，因为这段时间，保禄、良都不在京中。天主适时为我们提供了一处舒适而安全的庇护所，就在城外一处庄园之中，是北京的国公（quá cum）③ 的园子。此人系中国的一个显耀而古老的贵族，按其位阶，说其权威仅次于皇帝是没有问题的。他目前还不信教，但他的叔叔堂·纳扎尔（Dom Nazario）④ 和他的老师类斯（Luiz）⑤ 都是教徒，通过后二者，他对我们圣教之事了若指掌。但他年轻、

---

① 亦即其他太监。

② 以上几段关于利玛窦墓地的资料，是以前研究尚未使用到的，对了解该墓地如何在明末教案中保存下来，具有重要的史料价值。

③ 此人在《1618年耶稣会中国年信》中有提到过，我们将其考为定国公徐希皋。

④ 《1618年耶稣会中国年信》说定国公有一个兄弟是教徒，而本年信说其有一个叔叔为教徒，我们推测他们可能指的是同一个人，因为徐希皋从祖父徐文璧袭爵位，可能《1618年耶稣会中国年信》误认为徐希皋为徐文璧之子了。徐希皋有一个弟弟名希爽；其父单除父亲廷辅外，还有廷佐、廷直、廷佑、廷贤及另一人。参见沈一贯《喙鸣诗文集》文集卷十六《太师兼太子太傅掌后军都督府事定国公赠特进光禄大夫柱国谥康惠西亭徐公墓志铭》。至于洗名为Nazario的教徒是廷辅哪一子，抑或为希爽，待考。费赖之书，第110~111页提到，毕方济1621年被派至北京，初居徐光启之郊外别墅，嗣居进士纳扎尔（Nazaire）宅。《一代巨人》，第152页提到，在北京的耶稣会住在秦玛而定（成启元）和另一位进士教徒纳扎尔（Nazarius）家里。

⑤ 此人待考。

富有、高贵，他信教的阻力不少，他还没有克服这些阻力。我们寄望于我主助其克服，因为有一项最大的阻力，其他阻力与之相比，都不算是阻力，这个阻力差点使我们失去了对其皈信的希望。他的职位、他的官阶，赋予他祭天地的使命，这件事过去由皇帝亲自去做，现在由国公的嫡长子（即这个古老的贵族家庭的首要继承人）代劳。① 然而，尽管他还是异教徒，我们仍然对他能够帮助我们寄予厚望。毫无疑问，为了使他信主，值得多向天主祷告。

在国公的庇护下，我们的人在这个园子里安静地待了几个月。所有可能打扰他们的因素都被清除，为此，国公向墓园所在区域派遣了三千名兵士，下令任何人都不得到园里去，不得给园中的人造成任何麻烦或不安宁，说园中的人是他亲戚，正在园中学习。然而，保禄收到了休致的许可，良亦即将启程前往广东履新；保禄认为在自己与良不在的时候，我们的神父留在京师是不安全的。出于这个原因，保禄带上了其中一名神父与他同往天津（Tien cin）。这里邻近京师，保禄在此有巨额的财产，他打算去天津带上这些钱财返回老家。但是，良见自己不需要去广东了，立即通过驿站致信带着神父上路的保禄，告诉保禄可将神父留下，他可以为神父提供一切的便利条件。良不去广东了，保禄也还没有致仕，因为皇帝当时还没批准，然而这样的陪伴并不能使神父松一口气，保禄仍觉得时下这么多眼睛都盯着外国人，神父待在他的家中不妥，于是，两名神父都住进了园子。如上所述，保禄、良和其他朋友，甚至国公本人多次造访园子，都表现出很大的关爱与友谊。

但是，我们的敌人抵达了北京，开始释放出一些善意的信号，但根据保禄、良的建议，传教区会长认为我们的人仍在困难中，便命令他们撤出北京。于是，两名神父和修士去天津躲藏。在天津有一名相熟的教徒，他是保禄在此间产业的管家。一名神父与修士便留在此处。另一名神父去了前方的一个县城（villa），其县官②非常希望与我们见面，下面我将详述这次会晤。

修士住进我们园中没有几天，看来尚好，因为宦官没有玩新花样。

现在我们谈谈那些激发教友群体壮大的事情。今年，陕西省的斐理伯③

① 《神宗显皇帝实录》卷五百八十四，万历四十七年七月十六日："以例予原任后军督府带俸定国公徐希皋祭二坛，造坟安葬。"年信中所谓"祭天地的使命"，或即指徐希皋祭祀天坛、地坛的活动。

② 即下文提到的吴桥县知县王先。

③ 王徵。

来京参加会试，他是一位很有名的教徒，在我们以往的年信中多次被提及。甫抵京师，他便立即去了我们的园子。我们的人问他在等谁（因为不认识他），并对他说，我们的人不在京中。斐理伯便非常难过，进了教堂，向救世主的圣像行礼和祈祷，随后也参观了利玛窦神父的墓（这是中国习俗）。园子中的一名仆童，见他泪流满面、感情流露，便认出他是斐理伯，因为之前见过。少年向他走去，告诉了他有关神父的消息，斐理伯高兴得手舞足蹈。

斐理伯被仆童带到了神父的栖所，他的所见使其沐浴在精神愉悦中，不敢相信这是真的。他与神父们慢慢地交谈，为了做更多的符合兴致的事，他想在留京期间成为住院成员，这使得他不仅在天主事项中有很大长进，而且还通过自己把一些人带给了基督，他更为我们争取到了一个重要的朋友。

斐理伯与朝中的一名御史（Visitador da Corte）①相熟，后者亦来自陕西省，斐理伯与他交流我们的事，使其为之倾心，允许自己的一个已是秀才的儿子成为教徒，洗名保禄。②他的一名来京做生意的叔叔（舅舅）也随之领洗了，洗名叫伯多禄。我们盼望我主，能让儿子将父亲带进其牧群中，并在其中给我们一个强有力的靠山。尽管他现在已展现出如此的倾心，为天主的事业付出这么多，似乎只是缺了一个洗礼，但是，对于天主而言，要使中国的大人物迅速做好进教准备并不容易。

另一个大官也想通过斐理伯聆听关于天主之事的论说，他对我们和天主之事表现出热忱。诚然，这些大人物即便受打动，也未必全改宗叛信，因为受很多很大的阻碍束缚，屡次如此。但是，这样也有收获，我们的圣教获得了这些还未入教的大人物的信任，这对粉碎愚昧者的嫌疑、扫除其不良影响作用不小。异教徒口中对我们教律纯洁之见证的评价越高，不信教的人对我们就越公正。

斐理伯努力地使基督广为人知，这份努力得到了天主的酬偿。他的愿望是今年③在会试中升为进士，为跻身更高的官阶做好准备，他想留在京师。

① 张问达（？-1625），字德允，泾阳人。万历十一年（1583）进士，历知高平、潍二县，后授刑科给事中，迁太常少卿，以右金都御史巡抚湖广。张问达曾为金尼阁《西儒耳目资》作序。
② 应即张问达季子张緟芳，字敬一。张问达、张緟芳父子一同为金尼阁《西儒耳目资》的出版捐资，且张緟芳作《刻西儒耳目资》一篇。学界已知张緟芳为教徒，如费赖之《在华耶稣会士列传及书目》（第92、120页）、邓恩《一代巨人》（第177页）及黄一农《两头蛇——明末清初的第一代天主教徒》（新竹：清华大学出版社，2005，第104页）。
③ 这里指1622年，即编撰本年信的这一年。王徵为天启二年（1622）进士。

　　我们在上文提到的神父从北京外出巡回传教，其重要性不可小觑。这次外巡，毫无疑问可以看到，在神圣的福音宣传上能收获累累的果实，只要我们现在不受迫于沈漼的恶意而不敢出声。

　　距北京不太远有一城，名叫吴桥（Huquiam，U'Kiāo），吴桥知县王先①（Vam Tien），多日以来一直迫切地想见到我们的人。我们的人知道他的美好心愿，其中一人抓住出现在北京的机会，去完成这件事。离吴桥县城还有两个多里格远的时候，神父差人带着礼物问候知县过得怎样，还想知道他的健康状况，以这种方式来试探他与自己见面的热切度和愿望。知县立即派仆役去接神父，帮神父搬运随身行李，为其提供一切便利，并恳请神父来自己家。神父到了，知县亲自接待，待之以极大的热爱与礼节。他们开始讨论天主之事，带着那么大的热忱。如此与神父相处了一些日子，知县仿佛是没有公事的人；晚上又被这样用来探讨，仿佛知县是一位公务繁忙的人，白天不得空闲。神父在他家中住了 18 天，知县用这段时间以汉语书写神父所灌输的教义，以便记忆，按默祷的要点记下福音故事。他很希望领洗，但是，因为这个国家如此常见的阻力，神父提出来推迟其愿望。但神父却不能拒绝为知县的一个儿子和一个女儿施洗。这两个孩子都受到了很好的入教前教育，是由基督的民兵队（Milícia de Xto）②所进行的。父亲以望道友的身份参加了圣事，使他受到极震撼的安慰。神父的手头除了一张纸制的圣像，没有其他更好的圣像了，便将这张圣像留给了他。知县命人在寓所中起了一座祭台，以陈放圣像，坠饰以丝绸。圣像摆在台上，每日作为教徒的子女和作为望道友的父亲都向圣像行礼、祷告。

　　同一府城的另一名官员得知神父住在这名官员的家中，前者在 12 里格或 15 里格外的一处叫临清（Lin Cin）的地方担任高官。他听闻从京师中传来的关于这位神父的一些消息，对此深信不疑，出于对其与吴桥知县的交情的自信，他一再请求神父到自己家里来。知县的两个孩子，这两个新教徒，知道了这件事，便跪在父亲面前央求别这么快就放走神父，他们一求再求。但是，就连知县也觉得拖延来自临清的请求不好，便应允了。

　　知县为神父置办途中乘的轿子，为仆人准备了供骑乘的牲口，以及衣服

---

①　王先，湖北罗田人，万历四十四年（1616）进士，万历四十六年（1618）任南直隶溧阳县知县；同年秋，任北直隶吴桥县知县。天启二年（1622），任南京刑部主事。

②　指的是传道员。在南京教案达到白热化时，耶稣会士广泛利用加入他们行列的、充当传道员和信使的中国籍助手。柏里安：《东游记》，第 51 页。

和一切所必需的，非常慷慨，满是爱心。知县还以非常欣喜的笔调给保禄进士写信，说他在基督的教律中寻找到一座珍宝的圣殿，他和他的两个孩子是如何变得富有了，他对全家都将享受这笔财富而抱有很大的希望。

在途中，神父遇到了一个天定的灵魂得救的绝好事例。神父坐在轿上行进，看见路上有一名被抛弃的穷人。神父命令从住院中跟来陪同他的仆人给穷人一些施舍。仆人看到这个穷人已濒死了，断定他除了坟墓也不再需要其他施舍了，便没有照神父的吩咐做。过了一阵，神父问他们是否向穷人施舍了，他们回答没有，因为见他已经奄奄一息。神父从轿子上下来，返回穷人所流落的地方，他正垂死挣扎，但是神志清醒。神父简短地对他进行了布道，讲到灵魂、天主、地狱、天堂。他说希望成为教徒，在有限的时间之内，他接受了入教前的教育。神父找水未得，因为道路偏远，人迹罕至。神父询问一名过路的人，过路人答，从这条路出去一点，便能找到一条小溪。但是，仍然缺少器物盛水，穷人的葫芦发挥了作用，他最终接受了神圣的洗礼。根据他去世时的迹象，他在死后不久即享了永福。

这位官员接待神父和与神父交往时所展现出来的礼节、情谊，全都无以复加。他从所有缠身的冗务中抽身，将这些事务推迟，而与神父高谈阔论。他们讨论数学，多次触及我们圣教。官员深受打动，希望受洗。他很伤心，抱怨他的父亲，因为父亲想要几个孙子的缘故，他才娶了不止一个女人。但他希望尽快从这些羁绊中脱身，以接受和拥抱他所认识的真理。

恰在此时，神父收到会长的命令前往杭州，尽管这位如此友好的官员期望神父一行人与他相处很长时间，他也理解神父必须走了，便向神父提供了走陆路所需要的一切物资。但是，路途遥远，又看起来充满风险，最好乘船，从水路走，为此，官员又给神父安排了一艘大船，还有旅途中的必需品。

神父在途中遇到了湖广总督（V. Rey）的一名书童（mancebo letrado），书童向神父请求（就像太监请求圣斐理伯一样①）上船跟他一起走。神父接受了这名旅伴，为其安排优渥的食宿，因为他理解我们神圣信仰中的真理，

① 《圣经·新约·使徒行传》8：26－40，讲述了一个与本案例类似的故事：斐理伯率先把福音带到撒玛黎雅，而后得天使的指示进入迦萨的旷野，遇见了厄提约丕雅（埃塞俄比亚）的太监。他是地位很高的政府官员，从耶路撒冷朝圣毕，在回程的路上遇见斐理伯。斐理伯受圣神指示趋近太监的马车，听见他正在诵读依撒意亚先知书的一段经文。这段经文记载无辜的"受害者"甘愿为他人赎罪受死的事，他不明白经文的意思，斐理伯便将耶稣的福音告诉他，在耶稣身上所发生的事正好应验了这段经文。太监当下接受了福音，且主动提出受洗的要求，斐理伯即刻为他付洗。

懂得中国所有教派中的欺骗，他接受了良好的入教前教育，并在途中领受圣洗。

这次长途旅行就是这样，神父为天主争取了几个灵魂，也争取到了一些大人物的认知和友谊（这对传教进展的重要性一点不小），将来，如我们对我主所寄予的期望，他们将会受洗，并给我们很大帮助。

关于北京的基督徒，我就不再赘述，不是因为无话可说，而是因为我有意地放弃了很多东西，要么因为他们琐碎繁复，要么与之前写过很多次的内容类似。

关于杭州住院

我们在该住院的人数时多时少，但从未少于三名神父，有时会有七名神父。因为这里是我们在中国传教区中所拥有的最安全的庇护所，会长通常驻节此地，还有其他地区来的神父。如果考虑到在这个国家传播福音所面临的障碍，那么今年接受我们圣律的人并不算少。

为了更清晰地叙述本住院的事情，我将它们分成三类：第一，我将简述在该省城中所发生的事件；第二，从那里向附近村落的传教情况；第三，一些已久远的往事，它们促成了该住院的创建。

今年该住院受洗人数达 300 人左右。根据命令的规定，现在我不公开。①

我们住在这座城中的弥额尔进士的房子中，在他庇护之下（这种情况已经持续多年）。今年，杨廷筠见为我们居住而购买的房屋略显狭小，就以其向来的、为这么多年所检验的慷慨与爱，建了一条回廊，配有九间或十间廊房，我们根据时间和住院中的人数来此为这项工程帮忙。

弥额尔做这项工程期间，为自己的善意付了高价。因为时值两场无比大的火灾②焚毁了这座城很大一部分，因此木材（几乎是房屋的全部建筑材料）极贵。虽然我已提及这场火灾，我想再慢慢地多讲一些。在这几座城中，火

---

① 据《江南传教史》，"单以杭州住院而言，1621 年便有 1300 人受洗"（第 184 页）。据《中国天主教传教史概论》，"1621 年，在杭州有 1600 之成人付洗"（第 135 页）。据《天主教传行中国考》，"计先后三四年中，授洗一千三百之多"。萧若瑟：《天主教传行中国考》，《民国丛书》，第一编 11，上海书店出版社，1989，第 172 页。

② 在 1621~1627 年，杭州、北京和其他主要城市的火灾，烧毁了成千上万的人家和商家。《剑桥中国明代史》第 584 页。17 世纪 20 年代，耶稣会中国年信中多次记载中国大城市中的火灾，尤以杭州为甚。

灾一点也不罕见，因为其房屋的大部分都是木料建造的。省城杭州是仅次于
两京的城市，在规模上却是第一。今年杭州城中发了两场或更多场火灾：第
一场火，七千家庭被烧；第二场火，被焚毁的也不会少很多，其中还包括官
员、富贾的富丽堂皇的屋子。弥额尔的房子距离被烧之地也不太远，他和我
们都住在这些房子中。而且城市被焚毁不是出于正常的火灾，而是出于老百
姓的愤怒与疯狂，想要将它烧毁，因为他们受到我不知道的何种迷信的驱使，
事情是这样的：当中国人着手建新房时，首先叫来几个算命先生，他们会仔
细地勘察选址的吉与凶，因为中国人相信其好运、其子女甚至其邻居的好运，
在很大程度上仰赖于此。为此，他们还会拆毁房子，以便接收好运之流，占
卜信奉者会请求不要妨碍或阻挡好运向邻近的房屋流动。北京来的一名翰林
院的成员在杭州造了一些豪华的房子或官邸，但是，或是因为他在追求更多
个人品位、好视野、好空气，或是因为他不太相信这些算命的话，他没遵守
占卜信奉者为其摆明的法则、规约，因此激起了一场大规模民变。老百姓们
团结一体，指向官员们，放出话来，如果不想失去整座城市，就下令拆毁那
些房子。此时，那名京官不在家中，既不能处理这件事，又不能保卫他的房
子。

　　当老百姓们在进行这场抗议的时候，弥额尔进士到达了现场。他说，他
不认为有必要拆除那一些房子，也不必害怕会因那种方式而对该城不利，其
他官员纷纷附和这个观点，老百姓悻悻地散去。

　　这件事之后没多久，城中失火，愤怒的居民所遭受的损失要大很多。他
们都咆哮着，这是对那名官员不顾后果地打破规约和习俗的惩罚。他们为火
灾给自己家中造成的五名伤亡而悲痛欲绝，放火烧了那名官员府邸，还有他
泊在河中的三艘船。对于这名官员来说，这不足以使愤怒的魔鬼消气，是他
不遵守当地的习俗激发了这一切。他们又在图谋烧毁弥额尔和其他官员的房
子，因为这几个官员全都认为不要拆被他们宣告有罪的那名京官的房子。弥
额尔得知了这起密谋，便在内外布置警戒，我们将家中最重要的东西放进棺
材，以躲过可能发生的火灾，那几天我们彻夜不眠。玛而定（Martinho）进
士①在这件事上帮了杨廷筠和我们，他是一名武官，他派了一队兵，在那几

---

① 此人即成启元。万历三十二年（1604）甲辰科武进士，其父亲为利玛窦在南京所授洗的第
一个中国人，洗名保禄。参见黄一农《两头蛇——明末清初的第一代天主教徒》，第74～
75页。

个担惊受怕的夜晚，守卫杨廷筠的几处房子。

　　我主对良进士的房子所做的保护一点也不少。他的房子今年三次处在被烧焦的极度危险之中。第一次的火灾就是我刚说的。第二次城中起火时，他的房子奇迹般地幸免于难。因为周围的房子已经烧起来了，风助火势，烧得更旺，只用了四分之一个小时整条街就过火了。朋友们的仆人前来帮忙，腾空了最值钱的房间，将人转移到更安全的房间，只留下可以干活的人，阻止火势。此时，良家中的一名德行好的仆人福斯蒂诺（Faustino）[①]想起来以全家的名义做一个祈祷，奇迹便出现了，风很快便转向，仿佛以烧毁房屋的速度逃离了良的房子。

　　良的全家认识到了这个恩典，在感恩活动中全家斋戒三日，在斋戒的尾声，还请了一名神父来讲弥撒，并听许多人的告解。我主这个恩典使得那整个家庭受到了极大的激励，以继续侍天主。

　　第三次火灾的危险是由家中一名女仆的不谨慎造成的。一夜，她熄灭了灯烛，没注意到烛芯仍在燃烧，将家置于被烧毁的极度危险当中。夜里，火蹿起来，爬到了房子的高处。人们被惊醒了，奔走取水，但是已经徒劳。一名叫宝拉（Paula）的丫鬟，系珍宝房（caza das maravilhas）的女仆，想起来自己正戴着神羔（Agnus Dei）（像），便将其从脖子上挂的圣物袋中取出，投入火中。天主看到了她的信仰，因为火很快就自己熄灭了。另一日，这名出色的女仆认真地在灰烬中寻找她向火中投掷的神羔像，她相信那令人崇敬的神羔会使大火熄灭，同样大火也不会烧毁神羔像。但她什么也没找到，就算后来大家用网将烧剩下的东西筛了一遍，仍然一无所获，她为失去她的神羔伤心不已。但她相信圣物没被烧毁，每天向我主请求归还她。过了几日，这位虔诚的女仆在一处花园里陪着女主人——良的夫人亚纳（Anna），一名因努力、品德而闻名的女教徒——两人跌落进身旁的一个我不知道什么样的花坛中。亚纳起身看是什么，在花坛中找到了宝拉朝思暮想的圣物，与被她投进火中的时候一模一样，但是更干净了、更好看了，大火净化了其原有的污垢。为此，大家对神羔像的虔诚信仰变得无比坚定。不几日后，他们叫我们的一位神父来讲弥撒，将圣水洒遍所有的屋子，重新净化。神父在每一个房间内都看到了一个圣坛，供着圣像。其家中全都是这样的虔诚气氛，与其说这是官员的家，不如说是修女的修道院。

---

　　① 这是一个在中国天主教徒中不常见的洗名，无固定的中文译法，暂且音译。

良身系朝廷中事，亦未忘记身为一家之主的责任。他常通过书信劝诫子女品德，委托甚至命令他们每个月至少一次请神父到家宣讲弥撒、聆听一些告解、指导所有人的品行。每月例行的这些造访总是有一些特别的收获，他的两名儿媳和一个女儿（她已出嫁有些日子了）借此完成了入教前教育，接受了圣洗。

其中一名儿媳妇成为望道友已三年，她做她的敬虔仪式，扔了所有佛像，最后就像一名教徒一样。只是不能接受洗礼，因为她不能在公开场合现身，被家外的男人看见，中国大户人家的女人都是这样的观念，这像一种迷信。当需要向她讲解我们圣教之奇迹时，要么是通过其他已入教的女教徒，要么是这名聆听教理者在一间小室内，对其讲解教理者在另一间小室。但是，今年在亚纳（正如已说过的，她是一位十分令人尊敬的女主人）的劝导下，儿媳妇打消了过分的耻愧感，并接受了圣洗。

良的第二个儿媳妇的领洗障碍更大。因为她曾是一名极虔诚的佛教徒，因此不听劝说，（将我主的圣律）弃之一边，不愿接受。但是，在亚纳的劝说和祈祷下，她聆听了理性，知道需要因这理性，不去崇拜佛像，而只崇拜唯一真神天主；于是，她提议与神父辩理，若神父不能完全让她满意，她就沿着她错误的路走下去。

我们的神父接受了这个提议，来向她讲述了天主的理性是什么。她对佛的盲信根深蒂固，但是，当她看到神父所讲的理性中的神启之光，而她所信的没有这样的光芒，她便信服了。她向神父表示感谢，神父夺回了被"黑暗王侯"① （Príncipe das Trevas）攫取的胜利。她带着欣慰和住院所有人的欢乐，领了圣洗。

接下来我一定要讲讲这家一名仆人对身边人的爱德事例。他叫福斯蒂诺（Faustino），关于他，我们在去年的年信中写过一些事。他得知家中的某人有数月没告解了，他希望后者能像家中其他人一样，经常性地参加忏悔圣事，于是决定提醒他、劝诫他。他为了在言辞上借助到天主的力量，以说服之，连续斋戒了十日。结果，我主使他说出来的话收到了效果，通过这些话达到了目的。

弥额尔进士以勤奋和热忱驱动着他全家，对此我们已经写过多次。我要再补述些今年的新内容。弥额尔向本住院中负责教徒事务的神父请求，每月

---

① 魔鬼，见第 411 页注①。

除了在家里女眷中举行弥撒、论道，他还想对他的仆人进行教育，尤其是在他们的责任方面，至少每月两次，一场放在月中，一场放在月末。神父欣然接受这项工作，因为神父认为这是有用的。弥额尔将所有的仆人集合在一个大厅中，弥额尔和他的儿子也亲自到场，神父便向他们宣讲，每个人都获益良多。

将玛而定与弥额尔、良并列在一起表彰一点也不过分。玛而定，这名已有盛名的武官，今年他的声誉又有提升，他的儿子（也做官）、他的教徒品性和热忱都为人知。今年我们的神父到他家中数次，在他家中住上数日，有时数月。玛而定及其全家都充分地利用了这个机会。他们参与了禧年（S^{to} Jubileo）的庆祝，玛而定在领圣餐的这天，不想外出处理其职务上的公事，想全身心献给天主。他模仿（与自己同名的）圣玛而定（S. Martinho）①，对帮助穷人有着特殊的情感。一日，他出行时，在轿子上看到一个光身子的穷人，在用絮团蔽体。玛而定便问护卫队的兵头，此人是谁，得知这是一个被劫匪扒光了衣服扔在路上的可怜人。这一幕使玛而定想起了自己的圣人的闪光事例，还有我主基督的被高度称赞的事例。他下了轿，脱下内里的一件丝制的衣服，这件衣服垫衬很厚，足以防寒。他叫穷人穿上，这令周围所有人都为其谦卑和仁慈而惊讶。他每次去公开场合都令人准备好给穷人的施舍，他在穷人当中很有名望，穷人又为收到施舍欣欣不已。

今年有一些突出的皈信事例，我将描述其中的一到两例。

在该城有一位重要的文人，对佛教的投入很深，对其进行精研，十分勤奋；他对佛教中内在的欺骗了解更多，刚刚幡然醒悟。在耶稣会进入这座城后，他立即来见我们的人，想听听我们的人对得救（salvagão）、来世（outra vida）有什么见解。他与我们的人论辩多次，觉得我们的教律是好的，并接受了入教前的教育，开始听关于我们的圣律之奥义的讲解。但他遇到了我所不知道的困难，便冷淡了，停留在入教前教育阶段而不向前。他依然很友好地交谈，与我们的人多次讨论天主之事，还触及了纯信仰的深层奥义，比如极神圣的三位一体、道成肉身（Encarnagão），他全然地挣扎其中，失去方向。今年，他因好奇想听我们的人讲解欧几里得。一名神父接过这项

----

① 圣玛而定（S. Martinho，316 - 397），4 世纪著名圣人，在入教前曾于寒冬路遇乞丐衣不蔽体，心生怜悯，挥剑割袍，将割下的一半袍子送给乞丐。当晚梦见耶稣，所披的正是他送的一半袍子，因受启发，退伍领洗，成为一名隐修士。庆日在 11 月 11 日。

工作，只是为使这位朋友高兴，也抱着天主通过这种方式来施恩的希望。

这名学习欧几里得的学生每日从家里来听课，整日待在一间室内，这个地方是弥额尔进士提供给他的。他带着兴趣听了欧几里得几何学的前几卷，展现出优秀的天赋。他最擅长的是欧几里得的证明题，知道如何验证不能被证明的。通过这种方式，他推断出，自己对欧洲神父们的科学重视不足，只是掌握了他们知识的边角料；这些知识如此可靠、显而易见且又明确，任何天才都不能找出其中的谬误；传教士们所重视的科学如此确信，而他们如此尊重、笃信，并置得救的真理于其中的奥义同样可信。经过这番推敲，他决定服从自己的理性，他被信仰的益处所俘获，重新聆听这神圣的奥义，极谦卑地领受圣洗。受洗之后，其全家亦通过他而信教。令他倾注了特别的喜爱和慰藉的是，他的一个也是读书人的儿子进教已有数年。他名叫尼各老（Nicolao），是在受洗时获得的。他现在与其他教友继续践行其美德，并不停地向自己的朋友灌输他寻得的好处，将不识这好处的日子称为有罪。①

今年发生在一名少年身上的神圣的皈信事例也很引人注目。这名少年是福建省人，17 岁，是一名举人（kiu gin）——我们称其为"学士"（lecenciados）——的儿子。父子二人②都听过几次我们圣教的布道，通过我们的书，已对天主之事有些好感，但还没达到信教的程度。这名士人今年待在杭州，他的儿子病了，病得很重，几乎丧失了康复的希望，因为最后他连药都不能吃了。一日，我想是 8 月 5 日下午，少年坐在床头，任由想象驰骋。他感觉自己的灵魂沐浴在一道天光之中，他之前从未体验过。在这道光的照耀下他开始自言自语：幸亏天主施我这一场病，以惩我的过失，这一定不是小过失，因为我聆听过天主的神圣教律，我到现在还没准备好接纳圣律、追随圣律，若听从那召唤我们的人就好了。他对天主诉说，请求原谅他的过失和生命中所有的罪，还向天主请求，再给几天生命，以便他可以展示自己的心意之真，这个心意就是在他的灵魂中追随、崇拜、服侍唯一的神——天主，我们的主。天主总是在从心里乞灵于他的人的身边，聆听这些人虔诚的乞求，从内里确保实现乞灵者之所求，而外在的恩惠或许更大，这是通过如下的方式应验在这名年轻的病人身上的：在病床的帐幔上出现了一些用无形之手书

---

① 此人待考。

② 张庚（1570－?）及其子张识（1604－?）。关于明末福建教徒张庚，参见邱诗文《张庚简谱》，《中国文哲研究通讯》（第 22 卷第 2 期，台北，2012 年 5 月），第 125～140 页。

写的字，字很大，病人从床上能很清楚地看到；在光与光轮的包围中，出现
了两个或三个字，是用汉字写的，这些字组成了句子，又消失了；接着，又
出现了另外两三个字，组成另一句话。这些字所传达的内容可简单地归结为
三点：第一，天主在召唤他，选中了他来为自己服务，振奋起来、鼓起干
劲，做这件事；第二，给了他坚定的希望，让他战胜在服务于天主过程中所
遇到的困难，他将成为他这地方的人认识天主、服务天主的中介；第三，三
年之后，天主将会给他一个大的恩典。病人在床上读完了这总共二十一
字，① 他理解并领会了这道天光的含义，那么确切，那么清晰，像是在阅读
一部书。

　　这次显圣给他指出了行动的起点。当天下午医生来了，发现病人已好多
了。至第三日，病人已有足够气力，已经痊愈。这名年轻人来到了我们的教
堂，向我主表达了感谢。他聆听了神圣的教理以作为入教前的教育，在经过
两个月有条不紊的教育之后，他带着极大的慰藉领洗，洗名弥格尔（Miguel）。

　　有了这名年轻人的勤奋、祷告，我主也做到了使这名年轻人的父亲皈
信，他的父亲洗名玛窦（Matheos），还有他的母亲、兄弟姐妹们、其他家
人，总共有二十人，均领洗了。这个家庭的所有成员在拥抱天主之律时所秉
承的真心实意尤其值得称赞，因为只用了六个月的时间，他们就受到了很好
的教育，对天主之事非常流利，好像他们出生时即受洗了。男人、女人全都
告解，好像他们从 7 岁时就习惯这么做了。所有这些道德上的良好进步似乎
归功于弥格尔的勤奋和号召。自从天主对他施了这个恩典之后，他像换了个
人：他从前的状态是苛刻且易怒，而现在对家里所有人而言，他是一只温顺
的绵羊，所有人都给予其特殊的爱与尊敬。同样的变化天主亦施于一个童女
身上，她的年龄不大，是弥格尔的妹妹。她之前的秉性亦是暴躁而不逊，天
主以同样的方式改造了其天性，家里所有人都觉得她变成了另一个人。

　　施于悌尼削（Dionísio）② 身上的神恩之成效亦不见少，悌尼削是弥格
尔的弟弟，年龄与弥格尔的妹妹一般大（5 岁）③。因为他太小了，便很简
要地学习《教义要理》（Cartilha）里的祈祷，每日怀着感恩念诵经文，这

① 这二十一字为：愤勘、解虐、德邻、白乡、德简、健盟、百系亦脱、三年当受予。见熊士
　旂初稿、张焞参补《张弥格尔遗迹》，钟鸣旦、杜鼎克、蒙曦编《法国国家图书馆明清天
　主教文献》第 12 册，（台北）利氏学社，2009，第 418 页。

② 张庚幼子张就（1616～?）。

③ "五岁"这个信息点来自另一抄本。49 – V – 7，f. 297v.

使他发现了自己灵魂中的东西。一日，他听到父亲、哥哥在与家中的其他人讲天主之事，讲到我主基督，还有我们圣母，悌尼削便说，或是圣灵在通过他说道——"天主生圣母，圣母生天主"（tien chu sem xim mu xim mu sen tien chu），意思是说，天主创造了我们的圣母，我们的圣母又生下了天主。悌尼削从没有学习过这首歌谣，因为这首歌谣在我们的《教义要理》篇末，系用葡萄牙语写成，这些歌谣没有印成中文。这些歌谣是敬颂天主及其至圣的母亲，童言的演绎更有说服力。①

　　我想再为这些皈信事例添加一例，是关于一位80岁和尚的改宗。他曾在司法部门做过几年的差役，对这种生活方式不满意，便萌发了一个愿望：既然他不知道自己从哪里来，到哪里去，就要离开此尘世。他按照这一想法，去当了和尚。他希望这样会少一些罪孽的机会，潜身寺中，与他认为有德行的人相伴。最终，他改变了旧生，获得了新的生命状态：他经常唱经，不像其他人那样在祷告时偷工减料，而是以极大的完整性和诚挚使所有人满意。天主我主为这颗纯洁的心所感动，看到这个可怜的人想达到的美好愿望，出于好意，决定将他从蒙昧中拯救出来。为此，他让这个人生了一场病。本来可以在他的寺庙中治疗，但是，这位老人找来的医生让他去自己的一个孙子家中医治。这个孙子是一名基督徒，对这名老人讲天主之事：为什么只有一个神是值得被崇拜、被服侍的，以及佛教中的谬误。这名善良的老人请求为他找一个人来辅导他，因为他想接受圣教。一名学生立即就去了，并在这家中待了几日。这个学生叫奥古斯丁（Agostinho），在天主之事上很有慧根，对老人进行了入教前的教育。当讲解到我主基督殉难之奥义的时候，老人极为投入，为爱所动，以至于数次捶胸向我主基督请求，想用自己的血来赎自己的罪。毫无疑问，老人是领洗了；之后没过几日，便去世了。临终前他向孙子再三托付，不允许其寺庙里的和尚带走他的遗体和把他埋葬，他想要一个基督徒的葬礼。他在弥留时刻，口中念着耶稣、玛利亚这些至圣的名字，弥额尔进士以其惯有的善举出资为他制了棺材并安葬了他。

　　关于省城，我们暂时讲到这里，接下来讲讲前文约定要讲的第二部分。

---

① 以上几段讲述的是张庚及其子张识（弥格尔）、张就（悌尼削）入教事迹，可与中文文献相互参照，参见熊士旂初稿、张焞参补《张弥格尔遗迹》（有杨廷筠《序》及谢懋明《弁言》），张庚（玛窦）《悌尼削世纪》，张识《天主洪恩序》和《警隶语》，法国国家图书馆藏抄本，影印本见钟鸣旦、杜鼎克、蒙曦编《法国国家图书馆明清天主教文献》第12册，第407~445、447~501页。

从杭州城顺河而下走一日行程，有两个富庶的村子（Aldeyas），因为这里产丝，所以来者众多，客商从外地来买丝。过去几年，我们的人将基督的消息带到了这两个村子。一个村子被中国人称为 sun cô tê①，另一个村子被称为 Te cim②，而我们称一个为圣厄休拉（Santa Vrsula），称另一个村子为圣阿加莎（Santa Agueda），这两个名字是我们的人凭运气到达那里的那几天起的。我从这两个村子都收集了一些事例。③

我们的一名神父去被称为圣阿加莎的村子，缘于被一名病人召唤去的机会。此地种植芥菜，当时正是菜结满籽的时节。神父本可轻而易举地就为全村施洗，但他没有，因为此时看来应更谨慎些，不给谣言散布的机会，在施洗很多人时要谨慎而细心。

在那里有过几次关于教律的公开论辩，与文人的，与和尚的，对手一波又一波地退缩，或因胆怯④，或者承认了我们的是真理。一日，三四名读书人为我们宣传的教理的盛名所动，一致决定来听一听，他们计划先说服我们的人，如果说服不成，再向官府请愿，起诉我们蛊惑人心，给予惩罚。他们来听了，且被真理的力量折服了。他们面面相觑，说道："这个教理和这些人都与我们想象的不一样。"他们提高嗓门，坦承来的意图和动机，但是他们现在拥护原本想来反对的，因为没有一样东西看起来比他们听到的教理在理性上更牢固、更深刻。他们来了，并认识了真理，尽管他们没有追随真理，但是他们的见证有利于其他人拥抱真理，其重要性一点不小。

有三四次，两个教派的和尚也来尽其所能地为他们可怜的神辩护，他们知道他们的神在全村被我们的人判处火刑⑤，由初学教理者执行，执行者的意愿强烈，而且麻利。他们来约论辩，我们的人接受挑战。我们出来，来到大庭广众之下，甚至树上也都有人，以使他们的糊涂混沌更为周知。最终，我们用很小的道理就戳穿了他们的谬误，使得他们在非常凌乱与羞辱中败走。一次，这些和尚中的一个，想听神父的道理来增益他自己的道理，但是，他以另一种方式来采纳神父的道理，以看起来不失颜面。他说："你们

① 另一抄本为 cūm tê。49 – V – 7，f. 298v.
② 这两个村子的中文名待考，但根据传教士的描述，很可能是位于湖州市德清县一带。
③ 对于村一级的地名，传教士有时会替换以一个西文的地名，便于称呼，仅在教内使用。
④ 本抄本为 com sustos（胆怯），49 – V – 5，f. 326v；另一个抄本为 confuzos（糊涂），49 – V – 7，f. 298v。
⑤ 指焚烧佛像。

闭嘴，因为你们什么都没有说，你们不要抨击这么确凿而明显的真理。"他这样说，又礼貌地向我们问好。他回他的寺庙去了。在他之后，又有几场胜利，暂且不表。论辩带来的果实是，76 人受洗，其他很多人接受了入教前教育，并随后来到城里，以便慢慢接受教育、受洗。每逢重大节庆，这些村子就会来很多人，或是前来领洗，或者是已领洗的来告解。在圣周中来了很多人，他们带着巨大慰藉和敬仰，还总是带来一些新鲜事。他们在城里一直住到我主复活日。大家忘记了弥额尔进士的位高权重，不像对待这个级别的人那样对他。弥额尔亲切地接待着所有人，就像宗教中的一个兄弟，他记得要谦卑，我主基督就是带着这份谦卑为他的门徒洗脚的。

我想特别讲述一下这几个村子中的教徒的事例。

在这个叫圣阿加莎的村子里，有一名年迈的女教徒，年事太高，不能记住祷词，下了很大功夫之后，才学会念耶稣、玛利亚的名字，还有画十字符。她有一个画十字祝福的习惯，画很多次，或睡觉时，或守夜时，她的手指总是摆成十字形。她对十字和至圣的名字笃信又虔诚，认为以此可以驱魔，每一步都可以给病人带来健康。

她有一个邻居是异教徒，深深地受魔鬼的折磨，莫尼加 （Monica）[1] 教她划十字符，魔鬼再也没来找她。魔鬼害怕基督徒的信仰，不敢再冒犯这名异教徒，魔鬼不敢再敲击这个花瓶，尽管它仍然是空的，但已被很好地密封起来了。

一名 19 岁的未婚女子病重，她不信教。她的父母已经将更多的精力放在准备后事上，而不是寻找救命药，父母认为她已无药可救。恰在此时，莫尼加来了。染病女子的父母问莫尼加，针对这种已绝望的情况，是否恰好知道一些基督徒的教律中的药方。莫尼加答，若信耶稣基督，毫无疑问会获健康。她问病人是否相信耶稣基督，因为病人仍然理智清醒[2]，但由于已说不出话，便以眼神回答：从心里信。莫尼加向她宣读了几次这些至圣的名字，又立即在她身上画十字符，大喊着耶稣、玛利亚，病人立即就感觉好转了，过了没有几日，已经完全好了。

凭借这些药方，还有圣水，莫尼加还挽救了她的一个孙女的性命。她的孙女得的是致命的病，已经对生不抱希望。这些信仰之作确实就是这样非

---

① 即该年迈女教徒的洗名。

② 另一个抄本是"理智不清醒"，从上下文看，应该是"理智清醒"。

凡，对于带着善愿践行信仰之人，和带着朴实与谦逊保持信仰的人，这种奇迹不会远离他们。

我再补充一则另一个邻村的基督徒的事例。他在该村镇领洗，当他还是望道友时，听了关于我们教律之神圣奥义的讲解，他就非常热切，他判断这些奥义是正确的和无可超越的。他的胸中已经承载不下他收到的光芒，一有机会他就向异教徒们宣扬那天他学到的。在他领洗那天，他从小教堂里出来，来到一个厅里，这个厅里站满了异教徒，圣灵驱动了保禄（Paulo，这是他的洗名）的心和舌，因此，没有人谈论天主不奇怪，但是，保禄不讲天主就奇怪了。他充满劲头和信心，向在场的异教徒布道。他用很多道理证明他们的教派的欺骗性，而基督教律是真理。"我认为基督的律法是如此正确"，他说，"我愿承认我是教徒，就算立即献出生命也无问题"，他又说道："我请天主让我死得其所，为信仰的告白而死，就是我今天所接纳的信仰。"他回到家，向妻儿们吐露他寻到的宝藏，要他们也都去领受圣洗。

圣女厄休拉对教徒们的保护、帮助也不比（圣女阿加莎）逊色。① 以"圣厄休拉"命名的村距"圣阿加莎"村半日的水路，仿佛圣火从一村递燃到另一村。

在该村有很多教徒的妻子都接受了入教前教育，这些教徒或在圣阿加莎村，或在城里受洗。在她们的丈夫们的再三恳请之下，一位神父去该村为她们施洗，丈夫们已经勤奋地对她们进行了充分的入教前教育，神父对她们进行了检查，在缺乏新的传道员的时候，丈夫们起到了替代的作用，神父为14 人施洗。

过了没有几日，同一位神父又去了这个村，是应一名教徒邀请，帮助其在弥留之际的父亲告解。神父立即动身，但是到得晚了，既然老者已经去世，神父便利用这次去该村的机会又为几人施洗。

魔鬼抓住这名逝者下葬的机会来扰乱该村基督徒的宁静。在距离这个村不远的城里，有几座寺，其中一座寺中的和尚是代替魔鬼为邻近几村做法事的。他们得知了基督徒父亲的死讯，仍然认为这个人是他们的香客，便等着死者的家属来请他们主持葬礼。但是，逝者的儿子是教徒，一点都不想这样做，为了逃避这些和尚与邻居们的迷信，便商定了在夜里埋葬父亲，并请神

① 传教士以圣厄休拉、圣阿加莎来命名这两个村子，是将这两位圣女作为这两个村的主保圣人，所以有此一说。

父来主持葬礼。

和尚见不来找他们，便派一个人去守着死者的遗体，还捎信来说，改日寺庙中的所有人都会过来。教徒以假意的热情和假意的感谢来应对，但是，他害怕和尚们发怒，如果他们发现希望落空，会搅扰教徒们的宁静。教徒又去准备晚饭，有礼貌地招待这个来送信的和尚，当然，通过这种扔给狗一块骨头的方式，他达到了不被狗吠的目的，他却做不到让和尚放弃对天主教律的唠叨。

教徒算是以这种方式摆脱了和尚，但是，无法以同样的方式从邻居那儿脱身。邻居们看到葬礼是基督徒式的，以魔鬼的愤怒去对待逝者的教徒儿子以及与这个儿子在一起的其他教徒，使一些人受伤，每个人都挨了拳脚。教徒们尽量避免身体受到伤害，但他们没有反抗或报仇的企图，部分是因为他们记起了基督的榜样，他们刚刚向基督祈求保佑；部分是因为不想激发更多的异教徒对基督徒的攻击。

这些异教徒害怕因为暴力伤害而被起诉、受罚，便去控告教徒，指控他们谎言惑众。此地官员，或是因为没有听过天主之事，或是因为他听到的是谎言，使他萌发了对圣教的恨，所以未经进一步验证事实，就下令逮捕了基督教徒。但是，这些教徒用钱使来逮捕他们的人开心，又派了几个教徒来杭州将发生的事通报给我们的人。事件被报告给了弥额尔进士，他立即给该城的长官写信，该名长官负责这个案子；他又给另一位更高级别的官员写了一封信，后者是其门生。有这两名官员的保护，一切都平息了。

教徒们在这件事上表现出了应有的坚持和耐心，成为榜样。有很多人劝他们放弃这代价沉重的教律，重归过去，以安宁地生活。但是，没有人听这些建议。一名女教徒的异教邻居劝她将耶稣的名字从门上取下来，以免被捕。她回答说："首先将我的头颅从肩上取下来，我才将耶稣至圣的名字从我家取下，耶稣是我的盾与荣耀。"

当官员在衙门里释放教徒，给他们自由的时候，一些官吏过来，带来一些讯息。他们是来向教徒求报喜的赏钱的，为了使教徒们领会这层意思，以让他们赚一点钱，他们说道："对这些教徒的状告中的错误已经查明，告状者对你们造成了损害，你们可以通过起诉对方来挽回损失，可以以其人之道还治其人之身。"教徒们答道："我们所遵循的教律教育我们，对于我们所遭受的不要以恶制恶。对于我们而言，知道真理已经足够。"这个行为，这个回答，是对我们圣教之神圣性的证言，以致很多深受其触动的人特意探求明白教育了这些人的教律，正是这些教律使他们的德行超出常人。

接下来讲从该住院向外地传教的情况。

今年从杭州住院派了一位神父①去巡视、抚慰广东的教徒。第一批被造访的是南雄（Nam hium）的教徒。我们在该城有一座住院，已有些年月了，教徒数也不小。因为教难，该住院完全废弃了。教徒们在我们的神父、修士的帮助下仍维持着。当他们从澳门来，路过那座城时，就去帮忙，特别还有一些神父有几次特意去探望。耶稣至圣的名在大门内和住院内是有自由的。当有教徒去世，大家就去送葬，其葬礼上还会竖起十字架和救世主像，以及燃着的大蜡烛等等，因此，见到的人毫无疑问地知道那个出殡的是基督徒。

神父行近南雄府时，决定住在一名教徒的家中，于是派一名仆人前去通知该教徒，告诉他神父来了。教徒对神父的到来极为高兴，仆人为试探其诚意，便对他说："你在自己家里收留一名欧洲传教士，这会使你们冒着被逮捕的风险，因为他的原因，会给你们带来非常不好的事；你不要因此而害怕。"教徒回答："我没有什么可害怕的，反而，我有很多可高兴的，天主能给我的最大恩典，就是天主以他的爱使我受苦，和使我成为殉教者。"一个和尚来到这名教徒门前化缘，教徒满是激情地答："我已跟你们和你们的人说过多次，看到贴着耶稣至圣之名的门，就别在这样的门前讨要施舍，因为那里住着的是基督徒，他们的圣律禁止他们以任何形式服侍魔鬼。"和尚空空而去，惊恐却是满满。

教徒们得知神父来了，全都赶来告解，有些人还告解了三四次，也有些人新领圣洗。神父辞别了这些受到抚慰的教徒，出发去了韶州（xau cheu）。

我们在这座城落脚已很多年，教徒也有很多。但是，这里占去了我们很大一部分工作时间。因为看起来比较不安全，神父不走陆路出行，甚至有一晚上，不能出去听两名女教徒的告解，而这两名女教徒十分需要他。② 很多教徒坐船来告解，或向神父寻找安慰。

神父走后，这里的一名教徒身上发生了一件事，我来讲述一下：这名教

① 1621 年 5 月，金尼阁偕曾德昭赴南昌，留数月，旋巡历建昌、韶州诸传教所。念及在此省中，仇教之事尚未平息，非安居地，乃于 1622 年避居杭州。费赖之：《在华耶稣会士列传及书目》，第 120 页。荣振华：《在华耶稣会士列传及书目补编》，第 681 页。

② 金尼阁赴韶州巡阅，"仅在船上会见教徒，只有一次登岸，探望不能前来的两个人"。高龙鞶：《江南传教史》，第 185 页。高龙鞶提到的这两名不能前来的教徒，应即此年信中"两名女教徒"，按照年信记载，金尼阁并没有登岸，或是高龙鞶在使用年信编撰《江南传教史》时的错误引用，或是周士良的误译。

徒住在几间租来的房中，与他一个叔叔住在一起。他的叔叔死了，这给这个贫穷的教徒侄子带来了不小的麻烦。房东系异教徒，要求这名教徒（根据中国习俗）净化这几间死了人的房子，因为房东想出租给其他的住户。教徒害怕这样做会冒犯天主，便拒绝了要他做的，他拿出一笔所需量的钱，要房东自己做他想做的。但是，这异教徒逼他，说道：根据习俗，这件事应该由与死者关系最近的亲戚来做。最终，教徒没有办法，便叫来了一名魔鬼的宗教师，为房东做了这件迷信活动。教徒满是焦躁不安，他想自己犯了大错。一夜，他在睡觉，梦见魔鬼向他走来，想用铁钩将他带走，可怜的教徒对魔鬼说："松开我吧，我这里没有你想要的，因为我是名基督徒。"魔鬼回答："你这个基督徒，那天你让我的使者不要再做我的使者了，现在你是我的（使者）。"魔鬼的话令他十分害怕，就惊醒了。他带着恐惧起了床，立即通过一名年轻的教徒将这件事告诉神父，乞求给他补救办法。

神父从韶州出发顺河流而下，抵达高要（quo yao），此地人烟阜盛，距离广州城不超过三里格[1]。

在该县有一些教徒，是过去几年在南雄和韶州领洗的。教徒们以爱与欢乐迎接神父，其中一名教徒在家中为神父置备了舒适的居住条件和一个小礼拜堂。小礼拜堂中，天天都讲弥撒。讲弥撒的第一天，在弥撒的尾声，在念诵《若望福音》的时候，附近一座偶像的庙突然垮塌，大家惊恐不已。垮塌原因很可能是建筑物的老化，但是，教徒将此当作显灵，这件事无疑使人相信魔鬼尊重和礼敬神圣福音中的话，这是我们从其他故事中早就知道了的。

神父在高要为一些男人施洗，还为一些丈夫已经是教徒的女人施洗。[2]他辞别了所有这些受到慰藉的、受到鼓舞的教徒，结束了为期七个月的旅程，回到了这次漫长巡游的起点杭州府。

两位神父做了另外一次巡回传教，去了距杭州四日行程的嘉定（quia tim）。此城不大，也不著名，但居于此地的伊纳爵（Ignacio）[3]的美意促成了这次到访，他总是希望留下我们的几个人，好与他在一起。伊纳爵是此地教友会中很有名、很重要的一名教徒，他是一名优秀的读书人，已跻身于举

---

① 另一抄本为五里格。49 – V –7, f. 302.
② 金尼阁在肇庆城中为五人付洗，其中一人洗名沙勿略，金尼阁在肇庆接获澳门来信，报告教宗保禄五世已于1619 年10 月25 日册封方济各·沙勿略为"真福"。高龙鞶：《江南传教史》，第185 ~186 页。
③ 孙元化。

人（Kiu gin）（即"学士"）之列①。他之前是保禄进士的门生，除了向他学习文章，还学到了基督徒的品性和传播福音的热忱。今年，他在自己家中为我们的三四个人提供住宿，已有一些日子。由于几名新神父有望从澳门来，也需要新的住宿地，所以两名神父②奉会长之命去开辟嘉定住院。他们抵达嘉定伊纳爵的家里，但是，因为需要一个月的时间来布置我们要入住的房屋，在此期间，两位神父决定到上海去。上海是一座距此地一日行程的城市，是保禄进士的老家，当他不在京师，或忙于处理一些京外的公事时，他就住在这里。

保禄的儿子们③接待了这两位神父，接待得很有爱、有礼貌。神父巡视和安抚了那座城的教徒；新受洗的教徒增加了 72 名，其中很多人严重受到魔鬼的折磨，魔鬼以令人惊惧和害怕的形象多次出现在他们眼前。但是，领受圣洗之后，他们无论从身体上还是从灵魂上都解除了困扰。

一个月后，神父们回到了嘉定，伊纳爵在那里等待他们，房子已经很好地布置完了，带小圣堂，还有其他必需的房间，所有都配备得很好，就像一座小修道院。

神父们在此住了几个月，后来，就回到杭州；从澳门新来的传教士则去嘉定，在那里学习中国话。嘉定比能找到的其他住院都更安静，因为教徒来得较少。另外，我们还收到了命令，（新到会友）不得处理发展教徒的事，这样就可以将对我们学生的打扰拒之门外，也避免在该地制造新闻，该地尚不知道也没听说过我们的圣律。然而，也不能把大门彻底关上，完全断绝福音的传播。在四个月中，有 60 人领洗。大家行动都很热切，又有这么好的开局，大的进展可以期待。

关于南京教会④

我们没有神父常住南京（Nanquim），不过今年，一名住在杭州府⑤的神父⑥和一名修士从那儿前来帮助安抚、鼓励南京的教徒，二城之间仅有两里

---

① 孙元化 1612 年已中举人。
② 郭居静、曾德昭。
③ 原文即为复数，实际上徐光启只有一个儿子叫徐骥，洗名雅各伯。
④ 原文用的"教会"（Igreja），而非住院。
⑤ 应为扬州府。
⑥ 艾儒略。

格远①。在这座扬州（yam cheu）府中，伯多禄（Pedro）进士②有自己的家，当他不忙于政事时，通常住在这里。今年，他须赴福建（Foquien）履新，他被派了一个好职位。③ 他将自己的房子布置舒适，给两个我们的人居住，以照看他留在那里的祭台、圣像，也可以更近地巡视南京的教徒。他热心地传播自己所接受的信仰，尽其力所能及之事。当他前往福建赴任时路过杭州，他希望与我们的人以及弥额尔进士见面，他已久闻弥额尔的名字。于是，我们的人和弥额尔进士以应有的爱意接待了他。他看到了教堂，看到了来听弥撒和布道的教徒，而在施洗者圣若望生日这天④来的教徒人数比其他时候都多，他也见识到了。他所见的，使他感到极大愉快和慰藉。伯多禄很迫切地想带一名我们的人随他去福建省，但找不到可去的人，没能满足他的愿望，尽管我们的人尝试进入那个省的愿望并不比他的小。

我们今年就住在伯多禄进士的房子中，我们用这一年的大部分时间去了几次南京。我们不特意在扬州进行劝人改宗的工作，因为我们藏得越好，自由越多，去南京的危险越小。然而，仍有一个家庭领受圣洗。事情是这样的：扬州的一个老人去杭州，听说一些关于天主教律的事。他来到我们住院，听了，信了，接受了入教前教育，便领洗了。他在洗礼中得到的名字叫安德肋。他在聆听对神迹的讲解时，感受那么热切、虔敬，特别是对耶稣殉难，为他进行入教前教育的神父表示，在中国的教义问答课上找不到另一个与他类似的人。这个优秀老者在回家的途中生了病。妻子得知了他的病，派人去叫和尚。和尚们过来了，为他在家中贴满了迷信的纸符，纸中包含着对丈夫的生命和健康的祈请。天主赐给了他生命和健康，而不是和尚所祈请的魔鬼赐给他的。安德肋到家后，看到四面墙上贴着的纸符，什么话也没说，使出了力——这是信仰热情给他的力，他跳起来，够着了他远远够不到的墙面，将墙上所有的纸揭下来，全都撕成碎片。妻子不知道丈夫的变化，不知道丈夫改宗了，判断是疾病引起的疯癫和后遗症使他这样干的。但她从丈夫

① 另一版本为三里格，BA，JA，49 – V – 7，f. 303. 或为三十里格之误。
② 此人应即马呈秀，字君实，江都（今扬州江都区）人，万历三十二年（1604）进士，与徐光启为同年；1620 年由耶稣会士艾如略授洗入教。关于马呈秀与传教士的交往及其领洗过程，参见邓恩《一代巨人》，第 153 页，但邓恩书中说马呈秀领洗于 1621 年，误。
③ 马呈秀于万历四十六年（1618）升任陕西按察副使；此处指马呈秀于泰昌元年（1620）升任福建布政使司右参政，参见《神宗显皇帝实录》卷五百六十八，万历四十六年四月二日；《熹宗哲皇帝实录》卷二，泰昌元年十月十六日。
④ 6 月 24 日。

那听闻了关于我们圣律的真理，马上就投入了这一真理的怀抱，在接受完入教前的教育之后，便领洗了。他们已出嫁的女儿和丈夫也做了同样的事。他们对圣教的信仰越被试探，越是值得称道。这个女人五次流产，第六个孩子生产得很顺利，女人在婴儿的身上只剩下快乐，其他几婴夭折的阴霾被一扫而光。她曾经向家里的一个佛像祈求，希望这个孩子能有转机，和尚们告诉她这次生产的成功正是仰赖于这尊佛的恩典。但是，既然知道真相，她毫不迟疑地将这佛教偶像和其他作为她的卢西娜（Lucina）①的偶像一道烧毁。天主想要证明她的信仰，不久之后，使她孩子病了，很快死了。邻家的女人们纷纷前来，所有人都诋毁她接受的信仰，还有她烧佛像的罪，认为除了放弃她的基督教徒身份，没有他法补赎。毫无疑问，这是罡风吹过嫩而柔弱的花草，不过，花草始终坚定。当神父向她解释了天主圣意的奥秘之后，她得到了安慰。天主确保她的儿子得到救赎，天主等待着他领受圣洗，以在罪孽使他失去神恩之前将他带到身边。

通过安德肋老人，这个家族的信仰和对耶稣基督的爱在保持和增长。安德肋在成为基督徒后，对佛像极为憎恶和厌烦，以至于他在所有场合、所有地点，对哪怕是异教徒也直言不讳。他家隔壁住着一名和尚，安德肋不能忍受这个如此恶的伴邻。早晨，和尚一起床，就开始在两根棍棒的敲击声中诵经。安德肋憎恶这样诵经，憎恶诵经的人，他不能再遮掩自己的不耐烦，找来朋友将和尚从这里赶出去。尽管有其他人为和尚说情，也不能阻止他不接纳这个邻居。

在安德肋和他的家人受洗之前，安德肋的家深受魔鬼的困扰，但是，他们成为基督徒后，魔鬼便逃走了，静悄悄地走了，让位给了基督。

现在我们来说南京教徒的事。关于他们，可记述的事例很多，但是，我放弃平常的例子，讲一部分。这一年南京受洗的有 52 人，我要讲其中的一名未婚少女。在她还是望道友时，她因基督忍受了亲生父亲的残酷鞭笞，值得赞美。

这个少女知道了天主的律法，她认为是真理，决定追随。她学会了祈祷，每日都做祷告。一次，她的父亲听说了此事，好像女儿犯了大罪一样，抽了女儿很多鞭子。少女坚定地忍受着这些鞭子，对父亲说："可以杀我，但是不能使我不随基督。"这些珍宝是在洗礼时想选中她做妻子的人，作为

---

①　古罗马神话中的女神，负责妇女的生产过程和生活劳作，以及儿童的出生和成长。

聘礼送给她的。①

　　另外一个未婚姑娘，年龄更小，是望道友，她见全家都要领洗，只是将她推迟几天。她带着乞求和泪水向神父请求为她施洗。她已接受了足够的入教前教育，但是，将洗礼延期是为了使她在天主之事上得到更多的教导。而拖延其渴望的结果是徒增其渴望，她已很渴望了，现在更渴望了，她眼中的泪就是很好的证明。她与家里的其他人一起接受了洗礼。仿佛这是天意之作，因为不几日后，她得了致命的疾病，她很多次重复着耶稣、玛利亚的名字，当她的十指已经不能扣成十字的形状的时候，她把手抬起来划圣符，她咽气了，得救赎的希望很大。

　　一名信教少年，是某一位高官的儿子，乘船走水路去南京，遇到一些水手的尸体，是船失事后被丢在这里的。死尸阻了他的船行，他便慢慢地去安葬这些死者。他以一名教徒所有的慈悲和热心，战胜了对恶气味的抵触和靠近尸首的恐惧。有些人吓唬他说，接近死尸不好，因为这个行为在中国比得上遭受了很多次冤罪。

　　另一名教徒所表现出来的慈悲一点也不少。他发现了一名弃儿，无人照管。教徒收留了他，带到自己家中。小孩一进家中，还是异教徒的父亲就发火了，训斥儿子："最好用你们双手的劳动来供养自己的父母，而不是别人家的孩子！"教徒答道："我自己来承担供养你们的劳动和养活这个孩子，我发现他时他无依无靠。"这个教徒经常被父亲斥责，甚至还为了践行教徒的事工而受鞭笞，但是，他没放弃救助和医治这个无辜儿童的身体与灵魂。

　　一名有地位的老妇人，已经70岁了，多年前就真心实意地接受了我们神圣的信仰，这么多年其行事也表现得像真正的基督徒。今年她要告别南京，便坚持不懈地向神父请求，允许她参加圣餐仪式。因为若在去世前没得到我主的这个恩典，她便死不瞑目。神父认为满足她这个虔诚的愿望是好的。这名好的教徒便开始准备接待作为客人的神，她决定将这次领受我主基督的身体，作为临终圣餐，她还立了遗嘱。在遗嘱中，除了其他事项，还包括她郑重地向两到四个子女（读书人，异教徒）托付的一些事情：第一，她用语重心长的话语劝诫子女信奉天主教律，因为在教律之外，不能得到救

---

①　这句显得突兀，可能是在从南京住院的传教纪要编辑为年信的过程中，删减不当所导致的。这句话的意思大概是说她的未婚夫也是一名天主教徒，她视未婚夫传给她的天主教为珍贵的聘礼。

赎；第二，将其遗体交给基督徒们，以他们的方式落葬，除此之外，子女不得同意以异教徒的方式来安葬她。

我舍弃了准备好的其他事例，比如斋戒、施舍等，而讲述上面这个事例，因为我认为该事例足以有特殊的教育意义。

而对于发生在一名异教徒妇女身上的事我就不得不讲了，这名妇女嘲笑她的教徒邻居。女教徒在诵念献给圣母的花冠经时，习惯捶胸多次。不信教的女邻居看到教徒这么做，便讥讽她，还把嗓门提高，模仿祷告，还不断地捶胸，以此来妨碍这名好教徒的敬虔仪式。我主打算惩罚这名女异教徒，帮助教徒，便让异教徒的胸部疼痛难当。她毫不怀疑这是天主对她的惩罚，因为她对教徒出言不逊，她断定只有以疼痛惩罚她的人才能给她解药。她极谦卑地与教徒一起，在救世主像面前乞求原谅，原谅她的无礼、狂妄，这样，她所遭受的疼痛便很快解除了。

我想从南京转向江西（Quiam si）省，将以同样简要的方式来汇集那里发生的事情。

关于江西省的教徒

我们在该省的人员分居于两处，有两位神父和一名修士在建昌待了一年多，而在省城南昌（nan chan），尚无我们的人常住，但是，建昌的人员每年会过来几次抚慰教徒和听他们的告解。

本省新领洗的有 46 人，我将写一些以前领洗的教徒的事例。

一日，一名年轻的教徒陪着他的岳父进了一座有佛像的庙。他的岳父是读书人中的大人物，但不信教。他的异教徒岳父跪在地上，向着佛像行礼。年轻的教徒就站在那里，没有做任何礼敬的动作。岳父对他的这一种办事方式大为惊讶，问他为何不拜他的先人世世代代都拜的诸神。他答道："我和我的全家都是基督徒，我们只承认唯一的天主，他是天地主宰，我们只崇拜他。你所拜的这些，我们认为都是魔鬼。"岳父便由着女婿说去了，他不能使执着的女婿屈服，便不再与女婿说话，但即便如此，他仍未从女婿身上找到他想要的服从与屈从。

另一名年轻人因为不想失去在天上的父亲的宠爱，毫不犹豫舍弃了在地上的父亲的宠爱。他的父亲命他给一个亲戚写一封信，信中向亲戚的某些礼佛的庆典和迷信道贺。儿子回答："我不能向我所反对的事情道贺。"父亲拿出古训，要他遵从父母之命。儿子回答："只有命令儿子做正当的事情时，遵从父母之命才对孩子有约束力，当命令儿子做冒犯天主的事情时，约束力就不存在了。"

另一名基督徒的坚守超乎寻常。他独自居住在城之一隅，离其他的教徒很远，因此备受邻居折磨。在那片区中有一个中魔的人，自吹自擂地说自己腹中装满了佛，可怜的异教徒们惊恐万分，害怕大祸降临。但是，在这种情况下，他们不得不利用基督徒，而不是像以前那样屡次嘲笑基督徒，因为听说基督徒不怕鬼，魔鬼不能对基督徒做出任何伤害。这名教徒拒绝了他们的企图。但是为了避免被指责为胆小怕事，也为了不因此而给圣教带来偏见，便去看了这个自认为魔鬼附身的人。教徒一见到他，便画十字，强力制住魔鬼，使他不得开口，当教徒在场时，魔鬼一言不发。教徒便回家了，那个中魔人的舌头获得释放，说了教徒千种不好，还有其他不是，他说：那个人对他太没有礼貌，在他面前做那个令他十分讨厌的十字符号，如果你们想要逃脱这场大灾，就把那个胆大妄为的人再带到他的面前，让教徒跪拜他，为他上香，还要一个猪头，这样为他找回被教徒夺走的面子，他就不再降灾于邻居了。异教徒们蜂拥来到教徒家中，建议他按照魔鬼所说的做，求他不要耽误。教徒从这些为魔鬼报信的人中逃走了，为了更简单地从这些误入歧途的人群中抽身，便有几日没有在家。人们没有忘记魔鬼要寻他的命令，当他回到家中，异教徒邻居们再次涌来。既然不能让教徒去中魔者那里，他们便把中魔者带到了教徒家里，所有人都要求他礼敬魔鬼，为魔烧香，只要这样教徒就可以从这些麻烦事中脱身了。教徒眼见他们步步逼近，碰巧发现那里有一把小斧头，便将斧头拿在手中，满腔热忱地说："你们可以砍我的头，但是别指望使我向魔鬼祭献。"异教徒们看到他的坚决，便抓住他，强力将他按在地上，摁在魔鬼面前。魔鬼对异教徒们的礼敬非常满意，而教徒对众人对他做的一切很不满。这个可怜的教徒满心的害怕，受到惊吓，像是犯了一个大罪，来向我们的人寻求补救办法。当他得知异教徒在他身上所做的一切并未使他有罪的时候，他很快乐和满足。

在建昌的基督徒中有一个很有名的年轻人，叫作安当（Antão）。他与亲戚因为信教问题多次争吵，但是，现在他赢得了他的权利，他被允许过基督徒的生活，崇拜和侍奉唯一的天主。

安当在病中展现出了其对信仰的热情。他的父亲派人买了一些纸来，我不知道是什么纸。异教徒们在他们不顺利的时候烧这些纸，敬献给佛，以此达成心愿。父亲还想对病人的床也做一些魔鬼的迷信活动。安当满怀着对天主之尊威的热忱,从父亲手中夺过纸,将其撕成碎片,使得父亲异常惊恐,害怕这样做冒犯了神佛。我主奖偿了安当的热忱,很快使他完全康复。

另有一次,安当遇到他的叔叔(舅舅),后者提了一个请求,想就其房子的事向法司写一份诉状,由他口授,安当来写。他让安当写什么话,我不知道,但显然不是真话,安当便停下笔,并表示:基督教禁止谎言,因此他不能写这些话,"因为替你写了就相当于参与了你的犯罪"。老人感到羞辱,但是,愤怒过去之后,他也称赞我们所追随的圣律的纯洁和品德。

从这个教友会中的一些事例亦能看出神恩之力。在很多事例中,我仅选择一例来讲。一名妇人从家里来建昌探望她的父亲,她的家离建昌有一点儿远。她发现了过去不知道的事情,就是她的父亲是名教徒,她从父亲那里聆听了对其所追随的宗教的真理与颂扬,便领受了圣洗,带着她所寻到的珍宝高兴地回家去了,但没过几天,她便生病死了。

备受尊敬的父,这些就是我认为应该书写的发生在此间教友中的事。从中阁下可以看到我们是怎样仍然航行于害怕与希望之间。通过阁下与全耶稣会的神圣奉献,我们葆有着对天主我主的信心,困难的风浪因此而得以每次消散得更多一些,从而这些真理的布道者就能将这艘大帝国(Império)的巨舰从谬误的海底拖出来,将之带到正常的港口,即认识到只有一位真正的天主和他的儿子耶稣基督。

发自杭州,于 1622 年圣母诞辰日①。

你们虔诚的贱子傅汎际
受传教团会长的委托编撰

---

① 7月2日。

Translation, Annotation, and Introduction of the *Annual Letter of 1621* of the Society of Jesus in China

Liu Geng; Dong Shaoxin

Abstract: There is rich information in this *Annual Letter*, which is important for the studies of Ming – Qing wars, and the history of Christianity in China. It reports the wars between Ming and Manchu at Liaoyang and Shenyang in quite details. It narrates the efforts made by Christian literati (Xu Guangqi, Li Zhizao, and Yang Tingyun) to eliminate the ban of Missionary in China, especially, their strategy of importing western cannon from Macao Portuguese, and suggestion of using Jesuits as military experts. It relates the Jesuit missions in Beijing, Hangzhou, Nanjing, and Jiangxi Parish, and their visits to Guangdong, and Jiangnan. The *Annual Letter* also mentions many other "middle-class" Chinese officials and scholars, converted or friendly to Christianity, such as Zhang Wenda, Cheng Qiyuan, Zhang Geng, Ma Chengxiu, Xu Xigao, Wang Xian, etc. Although not so important as Xu Guangqi and Yang Tingyun, these people need to be studied further.

Keywords: 1621; Annual Letter; The Society of Jesus; History of Chinese Christianity; Dynastic Transition of Ming – Qing

（执行编辑：江伟涛）

海洋史研究（第十五辑）

2020 年 8 月   第 441～460 页

海外华侨文献搜集与当地历史脉络关系探讨

——以马来半岛近代广东华侨文献整理为例

黎俊忻*

近年随着政府重视与学术投入增加，学术界对海外华侨文献的调研越加深入。许多学者能持续地到东南亚、南美等地进行实地调查，大规模地搜集华人社团内部资料、当地各级档案馆资料等等，相比过去的研究有长足推进。这些工作，一开始往往是从资料储藏地着手，顺藤摸瓜，逐步扩大。当积累到一定程度，单纯的统计或堆砌无法满足深度的整理利用需求，我们需要反过来思考，所得到的资料当初如何形成，又如何结构性反映当地历史的转变，能回答研究者什么问题。如何使资料搜集与整理贴合当地历史脉络，成为值得探讨的问题。

本文选取马来半岛近代广府华侨文献为切入点，有多方面的原因。新加坡、马来西亚西部（即马来半岛，在 19 世纪至 20 世纪中叶为英国海峡殖民地及其联邦、属邦）是近代"下南洋"移民潮中，广府华侨迁徙和聚集之

---

* 作者黎俊忻，广州大典研究中心调研员、历史学博士。

本文为广东省社科规划"广东华侨史"工程专题研究项目"新马粤侨武术及体育运动研究（1876～1953）"（项目号 GD16TW08 - 28）的阶段性成果。本文写作得到怡保中国精武体育会支持，也得到槟城（男女会）、和丰、金宝、安顺、雪隆（男女会）、马六甲、新加坡等地精武体育会同仁帮助，槟城宁阳会馆，怡保顺德、番禺会馆，安顺广东会馆、南番顺会馆，华社研究中心，麻坡海南会馆，新山广肇会馆，新加坡广东会馆、鹤山会馆、冈州会馆等机构提供资料，得到多位学者前辈如陈剑虹、吴华、容世诚、刘志伟、程美宝、林廷亮、李焯然、黄贤强、黄文斌、彭西康、詹缘端、曾玲、郑莉、廖小菁、陆美婷的指导与帮助，挂一漏万，谨表谢意。吴华先生在笔者拜访后两月离世，谨表深切缅怀。

地，特别是西部沿海槟城、吉隆坡、马六甲、新加坡一路延伸，是东南亚重要经济带。广府华侨很早就开始居住在这些地区并加以开拓，其中还出现了新加坡胡亚基，新山黄亚福，吉隆坡叶亚来、陆佑等著名侨领，留下大量的历史资料和文化资源。但是相对而言，广东华侨特别是其中广府华侨，比起其他帮群如福建帮、海南帮、潮州帮、客家帮，在文献资料整理上和历史研究上还相当欠缺。

过去关于马来半岛近代华侨文献整理的成果，多集中在以下方面：（1）中国政府对华侨政策的文献整理；（2）侨批、侨刊整理①；（3）新马各地区华侨文献②；（4）华人碑铭资料③；（5）以帮群为单位的资料整理。这些工作卓有成效，只是随着研究推进与新技术发展，越来越多的华侨居留地地方文献，如殖民政府档案、义山档案与碑铭资料等进入研究者视野，需要更多总结并把不同类型的资料交织参考。因而引介马来半岛最新的华侨资料情况，讨论广东或广府华侨在学理上的内涵与外延，探讨不同时期广府华侨史料构成与分类具有重要意义。

一　马来半岛近代广东华侨的定义与划分

以帮群划分展开讨论，是早期许多华侨华人研究的基本论调。华人的帮群构成受到不同因素影响。比如方言，广肇帮以广州话为主，潮州帮以潮州话为主，其余以此类推。又比如受原乡地域的影响，广肇帮主要由原籍为广州府、肇庆府的人士构成，以操粤方言为主。相对而言，客家帮的情况较为复杂，从所涵盖的原乡地域上看非常分散，客家方言内部区别也很大。在新马本地的现实社会，较常见的是五大帮群，分别是福建帮、海南帮、潮州帮、客家帮、广府帮。帮群内部及帮群之间，在不同的历史阶段形成交错与

---

① 潮汕历史文化研究中心编《潮汕侨批集成》第三辑，广西师范大学出版社，2015。
② 北京华侨问题研究会编《马来亚华侨问题资料》，联合书店，1905。〔马来西亚〕郑良树编《新马华族史料文献汇目》，新加坡：南洋学会，1984。
③ 〔新加坡〕陈荆和、陈育菘编著《新加坡华文碑铭集录》，香港中文大学出版社，1971。〔德〕傅吾康、陈铁凡合编《马来西亚华文铭刻萃编》，马来亚大学出版社，1982～1987。此外尚有〔新加坡〕庄钦永编《马六甲、新加坡华文碑文辑录》，《民族学研究所资料汇编》（第12期），中研院民族学研究所，1998；〔美〕丁荷生、〔新加坡〕许源泰编《新加坡华文铭刻汇编（1819～1911）》，广西师范大学出版社，2016，等等。

层叠的格局。①

　　帮群结构体现在马来半岛华人社会的方方面面，比如在19世纪初以"公司"为名的私会党有浓重的帮群色彩，彼此之间对立互斗比较严重。②又如行业组织，从事饮食行业的"姑苏行"，以工匠、木工为主的"鲁班行"，往往以广府人居多。此外文化、体育社团，新马多地如吉隆坡、芙蓉、新加坡的精武体育会则以广肇人为主。一些姓氏公会同时也带有地缘色彩。

　　另一方面，帮群及其划分并非绝对的，而是因应不同地区的历史脉络而有不同的组合。比如槟城有"广汀会馆"，其历史可以追溯至清乾隆年间的公家组织③，涵盖了广府、肇府、潮府、琼府、福建汀州府人员，是广帮与客帮的联合。槟城五福书院及周边组织、以行来公会和商号为主体的广帮十八联，则是很明确的广帮华侨组织。当地帮群的分离与联合，受到19世纪中期拉律战争的很大影响。④ 马来半岛北部在19世纪因锡矿工业发展，吸引大量华侨涌入该地。他们之间的竞争与妥协，以及行业与地缘的影响，最后形成北霹雳州以太平为界，往西北至槟城方向以福建人为主，往南则以广东人为主的分布特点。从事采锡业的有大量客家人，其中也诞生了一些重要的矿业家。⑤ 广府人因应开矿潮流，活跃在新兴商埠的各行各业，如饮食、建造、戏剧、打金、杀猪等，还有不少自梳女成为家庭帮佣。海南人则多为咖啡烟酒商与厨师。在霹雳州中心城市怡保，广府人的会馆分得非常细，有古冈州、番禺、南海、顺德，乃至他处所无的云浮、清远等，反映此处广府

---

① 〔澳大利亚〕颜清湟：《新马华人社会史》，中国华侨出版公司，1991。

② 〔新加坡〕麦留芳：《方言群认同——早期星马华人的分类法则》，中研院民族学研究所，1985。此书对方言群作为华人社会认同的现象做了研究梳理和讨论，并指出方言群与其他社会认同存在盘根错节的关系，且方言群的划分因应所处地区有所区别。

③ 〔马来西亚〕郑永美：《槟榔屿广东暨汀州会馆史略》，《槟榔屿广东暨汀州会馆二百周年纪念特刊》，槟榔屿广汀会馆，1998，第159页。

④ 拉律战争指19世纪中期，海山与义兴两大华人会党在马来半岛北部为争夺矿场而爆发的武力冲突，前后持续十余年，马来苏丹及英殖民政府均卷入其中。此后以两会党签署《邦咯条约》，拉律改称太平并加以开发终结。事件深刻影响了该地区华人方言群分布，也改变了宗教、民俗等文化景观。参看 Wilfred Blythe, *The Impact of Chinese Secret Societies in Malaya: A Historical Study*, Oxford University Press, 1985。廖小菁：《"仙居古庙镇蛮邦"：拉律战争与何仙姑信仰在英属马来亚的开展》，《中央研究院近代史研究所集刊》第100期，2018，第47～84页。

⑤ 〔马来西亚〕丘思东编著《锡日辉煌——砂泵采锡工业的历程与终结》，近打锡矿工业（砂泵）博物馆，2015。

华侨数量之庞大。较怡保开埠更早的金宝，广东人的影响也非常明显，当地可见规模宏大的广府人庙宇和会馆。①

在霹雳州以南俗称"下霹雳"之处，广东人与福建人占比趋于持平。吉隆坡广府人组织得益于赵煜、叶亚来等以矿业起家的侨领建设，在 19 世纪后半叶已颇见规模②，20 世纪 20 年代广帮社团大量建立，与陆佑、张郁才等侨领开拓吉隆坡关系密切，当地大量的公冢、会馆以"广东"为单位。吉隆坡以南的芙蓉以广府人为主。麻坡、马六甲则又以福建人居多，且内部有细分。③ 南部柔佛州存在以广府人为主的商埠，不过在邻近新加坡的新山，历史上因港主制度和义兴公司活动影响，每年柔佛古庙游神，均以五帮分列游行队伍。④ 新加坡与槟城同样有广帮与客帮的联合组织，如新加坡碧山亭坟场包括了广、惠、肇三属人士，较许多广府人会馆历史更悠久。新加坡活跃的广帮"七家头"，也非常值得注意。在田野调查中我们发现，在宗教活动、医疗福利、文化社团等方面，跨帮活动非常普遍。帮群的划分与对立，并非严格与一成不变。

华侨原乡行政区划的改变，对马来半岛华侨的组织产生复杂的影响。国民政府设广东省时，包括海南岛（当时普遍称琼崖、琼州）在内，20 世纪30 年代琼帮为海口设侨务局事，加强了与广东省政府的互动，显示出国内政治对海外华侨组织的影响。现时新马所见广东会馆，也大部分包括海南人在内，未因后来海南单独设省而摒绝之。

正由于上述复杂的因素，在具体研究中往往出现无法以帮群说清楚的情况，华侨历史文献也往往是多个帮群的资料穿插在一起，难以区分。因而讨论广府华侨文献，需要从当地历史脉络出发，分不同时段和层面讨论。本文所关注的文献，是以马来半岛广府籍华侨为主线，再根据各地区帮群组织情况旁涉客籍、琼籍、潮籍甚至福建部分地区华侨，以求有所侧重地反映广东华侨研究的资料基础。

---

① 〔马来西亚〕彭西康编著《重拾历史的记忆——务边华人先贤的故事（1850～2000）》，务边文物馆，2016。
② 雪隆广肇会馆编印《雪隆广肇会馆史略》，《雪隆广肇会馆 120 周年暨义学 80 周年纪念特刊》，2007，第 27 页。
③ 关于麻坡的华人社会构成，参看李亦园《一个移植的市镇：马来亚华人市镇生活的调查研究》，中研院民族学研究所，1970。
④ 关于柔佛新山的方言群构成，参考舒庆祥《走过历史》，彩虹出版有限公司，2015。

二　马来半岛近代广府华侨文献类型

马来半岛广府华侨文献，从文献类型上看，其分类正好说明不同时期文献产生的机制，以及不同地区结构性差别，具体有以下几种。

（一）碑铭资料

碑铭资料是马来半岛华侨历史资料中的宝库，尤其以坟山碑刻反映了本地开发最早期的人物。华人坟山安葬了大量华人先民，其中有著名侨领家族墓群、各类社会组织总坟，以及数量不一的个人坟地。在马六甲三宝山坟山中，迄今发现最早的墓穴为明朝古墓（1614 年），根据墓碑所注籍贯，最早的广东人坟墓墓主是 1740 年广东省龙岗籍人士，而以"广东""广府"为名的义冢则多数出现在 19 世纪中期以后。[①] 马来西亚北部槟榔屿（现多称"槟城"）开埠于 1786 年，现时尚可在大伯公庙找到嘉庆十四年（1809）墓碑，墓群中有来自福清和大埔的墓主，显示开埠之初福建人与广东人在此均有活动，但该地系统的墓碑整理尚未见。新加坡咖啡山（亦名武吉布朗坟山）中，可以看到印度文化、马来文化、土生华人文化等多种文化及宗教的景观，是研究当地历史的重要田野考察地。总坟上的铭文、革命家或文化名人的悼词、墓碑上关于墓主及世系的信息，是当地华侨历史一个宝贵的文献来源，其中也有不少广府人的资料。

除了上述华人坟山，一些明确以帮群划分的坟山，可找到十分密集的广府华侨信息。如吉隆坡市中心的华人坟山分为广东义山、广西义山、福建义山数处，其中广东义山成立于 1895 年，规模庞大，并留下较为完整的殡葬记录可与实地相互参照。近年出版的《死生契阔——吉隆坡广东义山墓碑与图文辑要》[②] 一书，是吉隆坡广东义山较为完整的碑铭资料集。此书图片清晰，对义山之中吉隆坡几个重要侨领的家族墓地，如叶亚来家族、张郁才家族的世系，梳理得十分详尽。一些文化、政治人物如郁达夫、汪精卫等为吉隆坡华侨写的墓志铭也得到全文整理。唯对义山之中多个总坟只列出总坟

---

① 黄文斌：《马六甲三宝山墓碑集录（1614～1820）》，华社研究中心，2013，第 7～8、73 页。

② 古燕秋编著《死生契阔——吉隆坡广东义山墓碑与图文辑要》，华社研究中心、吉隆坡广东义山联合出版，2014。

图片，总坟成员的信息尚待深入整理。除了吉隆坡广东义山，新加坡广帮华侨为主所建坟山绿野亭、碧山亭，均逐渐有碑铭资料整理问世。① 最近出版的《碧山亭历史与文物》，整理了碧山亭留存下来的文物、碑记等等，整理出版了300余张照片，它们是广惠肇三属华侨重要的历史记录。

除了坟山碑铭，对早期马来半岛华人碑铭资料整理得最为详尽的，是20世纪80年代出版的《马来西亚华文铭刻萃编》，该书分为三册，按地区州属（包括东马来西亚的沙巴、砂捞越等地）整理了这些地区的华文铭刻，并以英文对铭刻所在的寺庙、会馆等机构做简要介绍。整理范围十分广，对包括匾额、对联、碑刻，乃至陶屋脊、石狮、香炉、钟鼎、兵器上的铭文均有整理，并拍摄存照。所收资料大体为19世纪80年代至20世纪60年代。大量庙宇会馆的捐款名录都仔细整理出来，尤其难得。与之相应的是《新加坡华文碑铭集录》，两书的形式十分相近，已广为学者所用。只是坟山墓碑过于庞杂，二书未可尽数收录。

（二）殖民政府对华侨的管理、政令等档案文献

自1786年槟城开埠、1819年新加坡开埠、1826年海峡殖民地建立，英国势力对马来半岛的管理和统治超过两个世纪。殖民政府在管理华人的过程中，逐渐形成文档管理规范。在19世纪数次私会党严重械斗后，海峡殖民地华民政务司成立，标志着专门处理华人问题的机构出现。他们留下的报告、政府公报、送达伦敦的文书、各类审批材料、法庭记录，以及政策讨论等，构成了新马华侨官方档案的核心，也是马来半岛最早出现的英文文献。这部分档案为西方学者广泛利用，相对而言，国内对殖民档案的引介和利用还相对缺乏。

殖民政府档案有以下几个主要特点。

1. 延续时间长。殖民政府档案为全英文，自19世纪初开始，包括大量二战前的图片资料和档案文献，收藏成系统，且在伦敦收藏的部分已完全数字化。

2. 涵盖内容广。涉及各帮群华侨在殖民地的经济活动、社会生活和文

① 曾玲的《"虚拟"先人与十九世纪新加坡华人社会——兼论海外华人的"亲属"概念》（《华侨华人历史研究》2001年第4期，第33页）提及《广惠肇碧山亭各会馆社团总坟编名录》一文，刊载于《新加坡广惠肇碧山亭庆祝118周年纪念特刊》之中。

化娱乐等方方面面，内容极其丰富，关于广肇籍华侨的内容亦不少。华人重要的商务活动，建庙、盖学校，都有基本的申报程序。申述的理由，有时以此前的申请，如仙四师爷庙之类，作为引援先例。殖民政府处理各类的申报、立案与纠纷，往往引援与之相关的法律、规程，所以一件档案就会牵扯出许多相关的事来。而且通过这些引援，比如宗教方面的事务，可以知道庙与庙之间的谱系，以及各神的祭祀圈。这些非常生动而在地化的社会生活记录，在其他史料中是很难看到的。

目前殖民政府档案有几种保存路径。一部分已经影印出版，如政府公报。一部分在伦敦旧殖民政府档案之中，在新加坡国立大学等多个学术机构可以下载。另外还有相当多地方性资料保存在马来西亚国家档案馆。近几年，马来西亚吉隆坡华社研究中心在文献搜集和数字化上有突出进展，正在筹措把雪隆地区（即吉隆坡及周边所属雪兰莪州）殖民时期华侨档案文献整理出版。计划至 2020 年，将有 2000 多件文献整理出版。未来殖民档案整理出版，可以拓展到全马来西亚各地。这些官方第一手资料，将极大地弥补中文文献资料流失的不足。①

（三）中英文报纸

报纸实时反映了当地社会文化动向，其重要性与史料价值不言而喻。在新马地区无论是中英文报纸，都刊登有大量华侨、社团的新闻。目前新加坡国家图书馆大量二战前的报纸已公开于网络，如《海峡时报》（*The Straits Times*），自 1845 年 7 月 15 日起在新加坡发行，已经实现全文检索。在日占时期，《海峡时报》改名《昭南时报》（*The Shonan Times*）和《昭南新闻》（*The Syonan Shimbun*），是少有的从二战时期延续下来的报刊资料，而且保存情况良好。在新加坡国家图书馆，尚有《南洋商报》《星洲日报》等二战前报纸可在线查看。②

此外，新加坡国立大学中文图书馆也在网上公布了大量二战前的报纸，其中不少与保皇派及革命派早期在新加坡的活动有关。报纸主要以图片格式上网，明确标示日期并提供免费下载，使用起来十分方便。这些报纸延续时

---

① 关于华社研究中心整理殖民档案的内容，得自胡亚丽女士、华社研究中心主任詹缘端先生及其同事的无私分享，特表感谢。
② 关于新加坡国家图书馆数字化报纸馆藏情况，得到该馆职员的帮助与介绍，特表感谢。

间长，自 19 世纪 80 年代延续至二战期间，将来会进一步开发文献全面检索。具体篇目整理如表 1。

表 1　新加坡二战前华文数字化报纸一览

报刊名	发行地	创办人、责任者	延续时间（年）	备注
叻报	新加坡	薛有礼、叶季允	1887～1932	改良派
星报	新加坡	林衡南、黄乃裳	1890～1898	
天南新报	新加坡	邱菽园、黄伯耀、黄世仲、林文庆	1898～1905	改良派
日新报	新加坡	林文庆	1899～1901	
中兴日报	新加坡	陈楚楠	1907～1910	革命派
总汇新报	新加坡	陈楚楠、张永福、许子麟、陈云秋	1908～1946	革命派转变为立宪派
星洲晨报	新加坡	周之贞、谢心维	1909～1910	
振南日报	新加坡	邱菽园	1913～1920	
新国民日报	新加坡	张叔耐	1919～1933	国民党
星洲日报的先声	新加坡	胡文虎	1929	
南洋商报	新加坡	陈嘉庚、李光前、胡愈之	1923	

资料来源：新加坡国立大学中文图书馆提供简介，并以新加坡陈蒙鹤《早期新加坡华文报章与华人社会（1881～1912）》（胡兴荣译，广东科技出版社，2008）等相关著作补充，下同。

　　马来西亚二战前报纸比较缺乏，现时可找到的多为槟城地区与革命活动有关的报纸，详情如表 2。

表 2　马来西亚二战前华文数字化报纸

报刊名	发行地	创办人	延续时间	备注
槟城新报	槟城	林华谦	1895～1941 年	
光华日报	槟城	孙中山	1910 年至今	早期报纸已遗失

　　现时华社研究中心陈充恩图书馆将大批报纸进行数字化，主要为 20 世纪 60 年代起始的报纸，对马来西亚独立前后的华人社会有较好的呈现。详见表 3。

　　从以上对新马地区报刊的整理可知，目前新加坡保存的数字化报纸是新马二战前重要的史料。这些报纸延续时间长，一直到新马独立及建国。报纸内容也不局限在出版地，如新加坡出版的报纸对马六甲、槟城、吉隆坡等地消息均有报道，能涵盖新马当时华侨聚集的大部分地区。从创办人和产生时间可知，相当大部分报纸与晚清维新派（保皇党）与革命派在马来半岛的活动有关，使用时需要注意其立场。

表 3　陈充恩图书馆藏马来西亚战后华文数字化报纸

报刊名	发行地	责任者	延续时间（年）	备注（页数）
古城月报①	马六甲	沈慕羽	1952～1956	363
星槟日报②	槟城	胡榆芳	1960～1961	4387
火焰报	新加坡	人民社会主义阵线	1960～1963	398
马来亚青年报	新加坡	马来亚青年报社	1960	4
星岛报	新加坡	星岛报社	1961	60
泛星会讯	新加坡	泛星各业职工联合会	1960～1962	224

　　资料来源：根据马来亚华社研究中心陈充恩电子图书馆简介整理，并补充相关责任者及发行地，更新时间截至 2017 年 5 月 6 日。

　　从报纸内容看，一些早期的报导已有明确的帮群划分。如《叻报》在 1891 年 7 月 16 日一则关于华侨聚集地牛车水出现械斗的报导："近来牛车水有粤人两党偶因睥睨小故，各不相下，致相打架，既而复约集党徒，于初九晚在牛车水相斗。"③ 类似"粤人""广帮"之类的用语大量出现在时人报导中，反映了当时人帮群划分的观念。

　　通过报纸了解广东华侨的活动，做报刊析出整理是较好的入手途径，现有的大量电子报刊也是相当理想的原材料。具体方法首先可通过基本关键词如"广帮""粤人""Cantonese"之类去查找。继而渐渐熟悉相关地区一些以广东人为主的相关社团组织，比如吉隆坡仙四师爷庙，是粤人主持的，则把这个也纳入搜集的范围。或是以粤人重要侨领逐渐扩充到其周边的广东籍群体，一并析出。后面一阶段尤其需要本地研究者介入，对报刊上繁芜的内容做仔细的甄别和梳理，特别是对单纯以关键词检索容易遗漏的信息，形成广东华侨史料较为连续的链条。

---

① 〔马来西亚〕林友顺：《华文教育苦行僧沈慕羽》，《凤凰周刊》2009 年第 7 期。
② 〔马来西亚〕谢诗坚：《星槟日报的悲歌》，2017 年 6 月 5 日，飞扬网络，http://seekiancheah.blogspot.com/2005/06/blog - post_27.html，访问日期：2018 年 11 月 15 日。
③ 《械斗不成》，《叻报》1891 年 7 月 16 日第二版。

（四）宗乡组织和社团内部档案

华侨团体内部档案，是研究马来半岛广东社群的又一重要资料。内部档案是团体或组织在历史上自然形成并保存下来的文书资料，有会员名册、议事录、征信录、账本、收发信函、注册文件等多种。相对于特刊等出版物，档案文书更为原始，能反映更多历史细节。

马来西亚档案馆不太重视中文资料的保存，因而要搜集广东华侨的资料，需要深入各地历史悠久的广东籍宗乡会馆等组织。此前学者对马来亚广府社团做过统计，所整理出的会馆名录，可按图索骥，作为搜集的基本线索，见表4。

表 4　马来亚早期广府华侨会馆

创办时间（年）	地点	名称
1801	槟城	庇能广东暨汀州会馆
1805	槟城	槟城中山会馆
1828	槟城	槟城南海会馆
1828	马六甲	马六甲宁阳会馆
1830	槟城	槟城台山会馆
1838	槟城	槟城顺德会馆
1849	槟城	槟城增龙会馆
1850	吉打	吉打广东汀州会馆
1853	古晋	古晋广惠肇公会
咸丰年间	马六甲	马六甲肇庆会馆
咸丰年间	槟城	肇庆会馆
咸丰年间	槟城	五福堂广州会馆
1873	槟城	新会会馆
1878	霹雳	增龙会馆
1878	新山	广肇会馆
1881	太平	古冈州会馆
1882	雪兰莪	东安会馆
1886	雪兰莪	雪隆广肇会馆

续表

创办时间（年）	地点	名称
1891	马六甲	冈州会馆
1892	槟城	东安会馆
1896	森美兰	东安会馆
1898	森美兰	四邑会馆
1898	马六甲	五邑会馆
1899	关丹	广肇会馆

资料来源：此表根据吴华先生提供的资料整理，特此鸣谢。此外自1947年成立的"马来西亚广东会馆联合会"，亦网罗马来西亚大部分广东同乡社团，可补现有资料之不足。

上述会馆都有超过百年的历史，极有可能保留有一些旧档案，如槟城庇能广东暨汀州会馆，已成立超过两百年，保存大量坟山管理资料、会员名录、会议记录等纸质文本。该馆已委托学者进行整理、编目和扫描。不过在其他会馆，内部记录和名册文献在二战期间大量被毁，现在流传下来20世纪早期的文献已较少见。

不少会馆日渐重视自身历史资料的保存，投入资源建设文物馆、展览馆，大大改善了文献保存和展示的环境。以新山广肇会馆为例，其文物馆中保存了一批早期粤剧剧本。分别为新山广肇会馆音乐、戏剧部印制《战火啼鹃》，醒华剧社印西乐全曲《貂蝉》。这些本子没有明确的出版或印制时间。查醒华剧社在1939年已经成立。剧本为繁体竖排，且为油印本，相较刻本和铅印本，油印剧本十分少见，版本价值较高。这些资料，对于了解马来半岛广东华侨文化活动非常重要。

新加坡的宗乡会馆档案相对较为集中，大量保留在新加坡国家档案馆中。经统计，有关广东人的详细档案资料可见表5。

表5　新加坡早期广东华侨组织内部档案

所属	时间（年）	名称	馆藏号
潮帮	1946～1973	宏安旅外同乡会会议记录	NA 253
	1954	（南洋普宁会馆）入会志愿书	NA 530
	1933	义安公司组织法令	NA 539
	1933～1980	义安公司会员志愿书	NA 539

续表

所属	时间（年）	名称	馆藏号
广帮	1906～1960	八和会馆社团执委及会员注册簿	NA 056
	1947	Certificate of Registration	NA 1471
	1953～1970	八和会馆会议记录	NA 056
	1938～1951	三水会馆进支总结册	NA 227
	1948～1973	三水会馆会员名册履历	NA 227
	1954～1973	在星邑侨碧山亭坟场碑号录	NA 227
	1940	新加坡冈州会馆联益堂互助会证书，会员手册	NA 2341
	1940、1959	月捐单、收条、单据	NA 2341
	1948	冈州会馆会议记录	NA 015
	1948～1958	冈州会馆来往函件	NA 015
	1945	东山庙理事会账簿	NA 223
	1946～1954	东山励志社会议议案簿	NA 223
	1919	新加坡花县会馆创办人芳名	NA 2670
	1923～1989	花县会馆会议记录	NA 232，NA 1468
	1923～1936	花县会馆重修征信录	NA 232
	1932、1947	Certificates of Registration	NA 1468
	1935	花县会馆开幕来往文件	NA 232
	1947	要明公安同乡会 Rules（1947）. Singapore：Yiu Ming Kung On Tung Heung Wui. 4pp	*
	1946～1949	星洲中山古镇同乡会经支数簿、会员名册、职员表	NA 1461
	1876～1952	南顺会馆入馆底部（应为"底簿"，原书误）、学塾议事簿、董事部议案簿、同人大会议案簿、会馆注册簿等	NA 060
	1927～1953	星洲南洋东山会馆简史、执监委员、职员理事表、会议记录、会馆日记簿、函讯、剪报等	NA 011
	1945	南洋新兴会馆会员名册	NA 225
	1936～1967	新加坡广东会馆会议记录	NA 019
	1930～1973	新加坡中山榄镇同乡会	NA 190
	1940～1947	新加坡番禺会馆互助部同人名册、会议记录簿	NA 224
	1942～1970	新加坡鹤山会馆会议记录	NA 022
	1937～1978	慕德同乡会	NA 545
	1933～1952	广惠肇碧山亭公所坟墓记录	NA 067
客帮	1888～1971	丰永大义山各属先人迁葬之姓名录	NA 045
	1914	丰顺会馆章程及注册簿、重修基金征集录、会议记录簿	NA 035
	1915～1969	会议记录簿、丰顺、永定会馆联合大会	NA 055
	1923～1954	茶阳（大埔）会馆剪报	NA 2298
	1945～1966	茶阳（大埔）会馆会员名册	NA 226
	1922～1968	南洋客属总会会馆会议记录	NA 013
	1924	南洋客属总会征信录	*

续表

所属	时间(年)	名称	馆藏号
海南	1936~1952	琼崖沙港同乡会会务纪要、会员名册	NA 334
	1949~?	琼崖重兴同乡会	NA 240
	1940~1964	琼崖溪北同乡会	NA 246
	1946~1949	琼州会馆外来函件、联合会会报(第一卷第六期)、发出函件	NA 023
	1948~1972	新加坡琼海同乡会执监委员会议案簿	NA 246

馆藏缩写注:

NA:新加坡国家档案馆缩微胶卷编号;NUS:新加坡国立大学中文图书馆藏书;NLB:新加坡国家图书馆李光前参考图书馆藏书;SFCCA:新加坡宗乡会馆联合总会文史资料中的藏书;*:上述四馆均无收藏。后文同。

资料来源:黄美萍、钟伟耀、林永美编《新加坡宗乡会馆出版书刊目录》,新加坡国家图书馆管理局,2007。以下表6表7出处同此。

从表5可见,新加坡宗乡会馆档案保存情况较好,且有部分二战前的资料保留下来,只是与一些后来产生的资料放在同一个卷宗之中,需要研究者长时间查阅和甄别。

宗乡会馆内部档案有以下特点。

(1)史料价值高。档案往往是社团或组织内部使用,是直接记录各类活动的一手资料,而且内容多样,有会议纪要、书信、各种登记本、戏剧剧本歌本等,能较为全面地反映组织的日常运作。

(2)分布分散,开放性不高,难以搜集利用。由于马来西亚缺乏专门针对华人团体的档案保存机构,许多社团组织内部档案只能由该机构保存,散落各地,极难为学者所用。一些机构出于各种原因,对这些内部文献秘而不宣,需要研究者耗费大量精力沟通。

对明显以地缘为结合方式的宗乡团体,现时有较多目录和前人研究资料可参考。不过在此以外,还有相当一部分受地缘因素影响的文化、教育、宗教、医疗、业缘等组织尚未涵盖在内。现时可知19世纪后半叶创立的新加坡同济医院,20世纪后创办的吉隆坡人镜剧社、怡保霹雳慈善剧社,以及大量舞狮、武术社团,是以广府人为主要力量建立的。要摸清这些组织的情况,必须深入当地进行田野调查,殊非一时之功。此外,一些各帮群共同组建的团体,也有广东华侨的资料在内,如新加坡中华总商会档案,自1909年开始,为当地侨领最高层次的决策。这些会议记录,如能和其他广帮社团资料相互参看，对了解广帮侨领在华侨社会中的地位与立场不无帮助。

对广府华侨组织内部档案的征集和抢救迫在眉睫。目前调研情况可知，马来西亚广府华侨资料大量毁于二战，早期内部档案存量很少。后来一些团体由于领导者不重视历史文献，或因为搬迁等因素，弃置大量文物资料。这些都导致文献资料的流失。如能调动国内更多研究人员和团体的力量，帮助这些机构扫描、保存文献，甚至与之合作整理出版，相信对马来半岛广府华侨研究，是极大的推动。

（五）会馆组织和社团特刊等公开出版物

会馆组织是海外华人群体社会团体的重要构成，体现华人内部因地缘和方言构成的联结，也是考察广东华侨历史活动的主要切入点。这些会馆、社团有不少特刊、纪念刊等公开出版物，是现时在这些团体中考察，或是在图书馆、资料馆的华侨特藏中，最容易获取的资料。

会馆、社团出版物的重要价值，在于经过编辑者的整理，很多没有公开的社团内部资料会以"会史""名录"等形式出现，研究者可得到大量历史信息。与此同时，当时编辑者对当下活动资料的整理、表述的话语，显示出他们对于该团体的建设的理念，也可以成为后人研究的对象。

现时马来西亚由于团体众多，暂时未见完善的宗乡组织出版物列表。相关资料在各个高校图书馆和研究机构均有收藏，但整体仍缺乏互通和梳理。① 新加坡方面有较为完善的会馆特刊目录。其中为广东华侨乡团组织出版的早期刊物，整理如表6。

表6　新加坡早期广东华侨同乡组织公开出版物

所属	时间（年）	名称	馆藏	备注（页）
潮帮	1948	普宁会馆成立八周年纪念特刊	NUS	84
	1949	新加坡揭阳会馆特刊		150
	1948	新加坡惠来同乡会成立纪念刊	NA 240	47
	1940	新加坡潮安联谊社三周年纪念特刊	NA 223	58
	1952	新加坡潮安联谊社纪念特刊第十五周年	NLB	

---

① 王华、李姝：《马来西亚华文文献调查与分析》，《图书馆论坛》2015 年第 3 期。

所属	时间(年)	名称	馆藏	备注(页)
广帮	1950	冈州会馆纪念特刊	NA 015	
	1950	新加坡中山会馆113周年纪念特刊	SFCCA	
	1951	新加坡高要同乡会十周年纪念特刊	NUS/NA 1470	
客帮	1938	鹏湖月刊		
	1936~1950	茶阳(大埔)励志社:茶阳月刊	*	
海南	1938	南洋英属琼州会馆联合会	NLB	

　　马来半岛的乡团组织是华侨兴办学校最主要的支持力量，因而二战前很多学校也有地缘与方言群的色彩。与广东华侨相关的学校，它们的活动与发展显示广东华侨的动态，所出版的刊物也是广东华侨文献的重要组成。新加坡广东华侨学校的公开出版物可整理如表7。

表7　新加坡早期广东华侨学校公开出版物

所属	时间(年)	名称	馆藏	备注(页)
潮帮	1931	端蒙学校廿五周年纪念刊	NUS	246
	1931	新加坡潮州公立端蒙学校章程	NUS	28
	1931~1932	端蒙月刊(第1~10期)	NUS	
	1932~1940	端蒙学校高级毕业纪念特刊	NUS	
	1934	端蒙校刊:儿童专号	NUS	167
	1935	端蒙学校通讯	SFCCA	
	1936	端蒙学校三十周年纪册	NUS	326
广帮	1948	冈州学校八十周年校庆特刊		
	1948	冈州学校年刊暨建校十九周年纪念	NLB/NUS	40
	1950	冈州学校高小第一届毕业纪念刊	NUS	
	1932	新加坡宁阳会馆附设学校——宁阳夜学校刊	*	
	1907	应和会馆附设学校——应新学校章程	*	
	1933	应新月刊、应新半年刊、应新小学毕业纪念刊应新学校第廿三届毕业纪念刊	NUS	
客帮	1933	新加坡茶阳(大埔)会馆附设学校——启发学校半年刊	NUS	

　　由表6、表7可知，新加坡地区华侨团体的公开出版物，主要有以下特点。

（1）二战前刊物相对较少。除了学校尚留存有一些二三十年代的刊物，现存乡团组织的纪念刊主要是二战后重组时产生的。主要原因可能在于二战时马来半岛沦陷，或乡团组织主动销毁资料，或因无法保存而毁于战火。

（2）新旧资料混杂、历史叙述随时间变异。华人社团、组织的出版物的特点是新旧资料混杂，特别是历史叙述会一直变异。一些历史久远的组织，其实际领导者、干事可能换过许多届，则他们对前人的工作评价、自身的理念，甚至组织内部的人事问题，会影响他们编写特刊时的叙述。后出的刊物也有可能因为经费充裕，或因为编写者的搜集工作深入，发掘刊印一些组织内部早期的资料。因而对一些不同时期出版过多种特刊的社团或组织，如果只搜集其最新或内容最多的刊物，同样不够全面。对于社团、组织的特刊、画册等公开出版物，虽然早期的刊物较为珍贵，但只从出版时间来决定是否征集，很可能遗漏重要的历史资料。较为适当的搜集方式是网罗全部，尽可能使之形成历史序列并相互参照。

征集乡团组织出版物的方法有很多种，其一是通过当地的宗乡联合会，如马来西亚广东会馆联合会、新加坡宗乡会馆联合总会，取得与这些组织的直接联系，请求赠刊。通常这些组织、社团都十分乐意介绍与分享他们的历史。只是随着时间推移，一些早期的出版物也许留存不多，难以获取。这时通过大学图书馆及档案馆是较好的办法。以新加坡国立大学中文图书馆为例，该馆一直有大量二战前华人文献的收藏，广东华侨出版物宏富。近年来该馆数字化进展成果也十分喜人。随着版权责任期结束，中文图书馆把部分二战前资料数字化，包括华侨学校出版物、社团文献，全部提供无偿下载。这批资料是新马地区较为集中、保存较好的中文文献，包含大批广东华侨史料，体现了战前海峡殖民地与中国之间复杂的互动关系。

（六）其他

马来半岛广东华侨史料的丰富性，还体现在种类多样的延伸资料上。比如为家族、个人收藏的私人档案，对于呈现著名侨领、文化名人的生平非常重要。广东华侨方面，目前较为丰富的有新山侨领导黄亚福。黄亚福祖籍台山，19世纪中期移居新加坡，成为种植园主及建筑商。黄亚福与柔佛州苏丹建立了良好的关系，成为当地著名港主，承担许多新山开埠的重要建筑工程，创立了广肇会馆、广惠肇留医院等组织。有关他的资料和研究，近年在新山广肇会馆及中华公会均出版不少。除黄亚福，新山黄树芬、黄羲初均有传记面世，大大丰富了广东著名侨领的家族史。①

在文字资料以外，口述历史同样是马来半岛广东华侨历史的重要资料。现时最为集中的口述史资料，存于新加坡国家档案馆口述史中心，有专门的口述历史访问和录音收藏。近年来也有不少新马本地学者，通过口述历史的方式展开研究。比如有"马来西亚粤剧之母"之称的蔡艳香女士，便有相关研究如李天葆《艳影天香——粤剧女武状元蔡艳香》②、陆美婷硕士学位论文《马来西亚的粤剧发展——以蔡艳香为案例研究》问世。③一些口头文学的整理，如李焯然、康格温《新加坡方言童谣选集》④一书，包括了不少广东童谣在内，过去甚少得到注意。

一些属于广东华侨社团组织的实物资料，也是重要的历史研究素材。如现时华社研究中心准备征集一批粤剧剧团的文物与文献，包括他们所用的演出道具、乐器、服饰，以及前人所留下的粤剧剧本、演出公告与文书，该项工作正在洽谈之中。现时在广东人会馆中较容易看到的舞狮道具、服装、乐器、旧照片等，也是未来可以开发的资源宝库。在怡保广府人会馆可见大量妈姐的牌位，甚至收藏有大量的 A3 大小的照片，很值得深入研究。一些会馆把印刷书籍所用的电版完整保存下来。这些实物材料不论对历史研究者还是对该馆自行主办的文物展，都是极好的素材。

结　语

由上文可知，近代马来半岛华侨史料在不同时期呈现出不同的形态。19 世纪初属于开埠初期，除个别像马六甲这样历史悠久的地区留下较多文献记载，马来半岛大部分地区出现较多金石碑铭类资料，主要散布于各大坟山公冢，以区分种族与帮群为特点。随着殖民政府架构的完善及

① 参见黄佩萱《移民·建筑商·企业家黄亚福传》，张清江译，新山广肇会馆，2010；吴华、舒庆祥《黄羲初事迹》，新山广肇会馆、新山宽柔小学五校董事会，2005；吴华、叶迎章、舒庆祥、吕少雄《黄树芬其人其事》，新山中华公会、新山德书香楼，2004。
② 李天葆：《艳影天香——粤剧女武状元蔡艳香》，商务印书馆，2011。
③ 陆美婷：《马来西亚的粤剧发展——以蔡艳香为案例研究》，硕士学位论文，拉曼大学中华研究院，2019。
④ 李焯然、康格温编《新加坡方言童谣选集》，新加坡广东会馆，2013。

华民政务司建立，大量关于华侨的信息反映在殖民档案之中，而此时华侨内部产生并保留下来的资料却相对较少。19 世纪末，受到保皇党和革命党的活动及其他因素的影响，马来半岛出现立场各异的中文报纸，大量得以保留并且有很好的延续性。在相近的时间，一些社团的内部资料如会议记录、学校章程等开始零星出现，显示华侨组织从原来的公司、会党到学校、会馆等公开活动的社团这一漫长的转型。到了 20 世纪 20～30 年代，大量华侨社团的公开出版物出现，但各地并不平均。现时二战前刊物的收藏和整理，新加坡较其他地区更加深入且集中。新马社团出版纪念特刊的习惯延续至今，但有些找到文史专家编写，内容较为详实，有些则流于浅白。社团内部复杂的人事关系也影响到刊物叙事的角度，使用时尤须注意。

即便是马来半岛这东南亚地区的一隅，各地的情况也不尽相同。① 现时我们对"广东华侨"的印象，既与广东的行政区划有关，也和五大方言群的讨论挂钩。不过近代广东行政区划的变异，与马来半岛具体某地的历史脉络与帮群关系，往往并非一一对应的关系，致使在辨别何种属于广东华侨文献史料上存在难度。从征集与辨识难度上，文献搜集可以在以下方面做区分。

1. 与新马本地组织脉络吻合的广东人资料，可以全部征集的文献。这一类型文献主要是明确为"广东会馆""广东义山"一类，为当地本来即以"广东"称呼的团体、组织的资料。多地广东会馆辖下有如肇庆会馆、宁阳会馆、惠州会馆等各个地方会馆，广东义山也包括了一些参与组织的总坟。由此延伸出的团体，其所有公开出版物、档案、碑铭资料等都可以全部归入"广东华侨文献"而加以征集。

2. 新马华侨管理政策、华侨社会整体性资料，需要析出整理。国内已出版大量新马华侨相关的资料，为研究者所熟悉，似无特别析出的必要。反而是很多有在地化经验的资料，特别是殖民政府档案，对于华侨"分而治之"，以及对不同帮群及其下社团事务的管理，能较成系统地反映这些团体的动态，应加以析出区分，成为独立的资料集。

3. 大量报刊资料，主要做析出整理。报刊资料数量庞大，持续时间长，

---

① 由于调研条件所限，本文尚未涵盖马来半岛北部吉兰丹周边从泰国陆路移民的华人群体，以及关丹、丁加奴等东部沿海城市的情况，留待日后研究深入。

内容十分繁杂，通过关键词析出，既能反映时人对于籍贯划分的观念，也能看出随时代演变可能存在的称谓与观念的变化。报刊中包括大量对于广东华侨原乡政治、军事状况的报导，虽然能反映华侨所关心的社会问题，但鉴于这些多与国内同时期报纸重复，建议将与侨务政策有关的部分尽量收录，将表达报纸本身或华侨团体观点的社论、时评酌情收录，其余则可以不收录。总体而言，仍是以广东华侨在居住地的社会生活为主要的析出内容。

4. 在特定历史时期与广府人有密切关系的社会组织，如医疗、教育、宗教、戏剧、行业公会、体育武术社团等，在过去研究中容易被忽视，此后应充分发掘。由此对广府人的文化特性，以及它们对新马华人社会文化景观的影响，会有更深刻的认识。

马来半岛的广东华侨史料整理，经过上述分析，可以时间为经、地域为纬，复以史料类别加以区分，形成系统的数据库。但类似思路延伸到其他近代华侨聚居地则不一定可行。首先，"公冢—会党—社团、学校"这一发展模式，未必适用于其他地方，史料产生的主体和机制有所区别，对应的史料分类必然不同。其次是时间节点上，除了拉律战争之类的历史事件对华人社会带来冲击，马来半岛在二战期间损毁了大量华人资料，由此产生主要的时间分割，但其他地方的情形则不一定。再次是马来半岛出版控制较为宽松，华文在当地也有很广泛的应用面，战后不断产生大量华文书籍和特刊，而东南亚其他地区则不尽然。这显示出华侨史料的搜集与整理，应以了解当地历史为前提，对史料产生的机制和阶段特征有所认识。

A Research on the Links of Oversea Chinese Literatures Collecting and Local History: the Guangdong Oversea Chinese Literatures of Malay Peninsula in Modern Era as an Example

Li Junxin

Abstract: With the further development of research on oversea Chinese, more and more colonies local literatures have been found. It is worth to discuss how to collect and manage the material in a rational way which closes historical truth and fixes researchers' use. This article based on field works in Malay Peninsula from 2013 to 2018, and referred the latest research of local scholars from Malaysia and Singapore, tries to give a brief introduction of Guangdong oversea Chinese literatures from 19th to mid −20th century in this area. These literatures are varied, reflecting the activities in polities, culture, and commerce of Guangdong oversea Chinese in Malaya. This article may point out a way to collect and manage Guangdong oversea Chinese literatures in modern era, and give thinking about colonies local material collecting.

Keywords: Malay Peninsula; Singapore; Malaysia; Oversea Chinese from Guangzhou; Oversea Chinese Literatures

（执行编辑：吴婉惠）

海洋史研究（第十五辑）
2020 年 8 月　第 461~488 页

以 Despatch 为中心的海关资料体系

侯彦伯[*]

前　言

本文将以学界熟知的各类海关资料（通令、半官函、海关出版品）作为比较对象，一方面呈现总税务司与税务司往返的"Despatch"[①]的特点，另一方面指出"Despatch"对于近代中国史研究的重要性。

目前可见出版的各类海关资料中，并非未曾收录"Despatch"。例如，1964 年第一次出版的《中国海关与辛亥革命》，收录 5 件 1911 年底粤海关税务司致总税务司的"Despatch"；[②] 方德万（Hans van de Ven）与毕可思（Robert Bickers）整理中国第二历史档案馆（以下称"二档馆"）藏海关档案而成 372 卷胶卷的"China and the West"，笔者已见收录 40 件 1905~1919

---

* 作者侯彦伯，中山大学历史系专职科研特聘副研究员。
　本文系《广州大典》与广州历史文化研究资助专项项目（2017GZZ01）、中山大学高校基本科研业务费青年教师培育项目（17WKPY35）阶段性成果。
① "Despatch"可以泛指海关内部各类正式公文。例如，海关派驻伦敦办事处发送总税务司的各类文件中也有"Despatch"。本文所论，主要是以粤海关税务司致总税务司的"Despatch"为主。
② 中国近代经济史数据丛刊编辑委员会主编《中国海关与辛亥革命》，中华书局，1964，第 187~218 页。

年厦门关税务司与总税务司往返的 "Despatch" 选编；① Adam Matthew Digital 出版社制作伦敦大学亚非学院藏海关职员档案的 "China：Trade, Politics and Culture, 1793 ~ 1980" 数据库，笔者更见有许多海关税务司致总税务司的 "Despatch" 选编，例如，1911 ~ 1927 年粤海关 "Despatch"。②

然而，至今 "Despatch" 却未像通令、半官函、海关出版品一样获得国内外学界的重视。例如，毕可思认为 "Despatch" 并不如半官函 "对事件与人物给予丰富、详细，且更具个人性的观点"。③ 在此情况下，不仅利用 "Despatch" 展开的研究极少，④ 就连对 "Despatch" 的了解也仅限于方德万的概述。⑤ 其实仅就笔者目前已抄录的广东省档案馆藏 1902 ~ 1911 年粤海关税务司与总税务司往返 "Despatch" 而论，笔者认为 "Despatch" 的重要性并不低于通令、半官函、海关出版品，甚至说能以 "Despatch" 为中心通往任何一类海关资料（本文 "小结" 将对此进行阐述）。

有鉴于目前学界尚不了解 "Despatch" 的情况，本文将分三个部分解析 "Despatch"。第一部分是本文第一节，将论述海关对 "Despatch" 的规范。第二部分是本文第二、三节，将介绍 "Despatch" 的内容。第三部分是本文第四节，将对 "Despatch" 与通令、半官函、海关出版品进行比较。

一　海关对 Despatch 的规范

最早一份规范 "Despatch" 的通令是 1863 年第 2 号（1863 年 1 月 13

① 中国第二历史档案馆（以下称 "二档馆"），档号：679（1）17730, "Questions Concerning Working of Amoy Native Customs, 1905 – 1919；" 引自：Robert Bickers and Hans van de Ven, eds. , *China and the West：The Maritime Customs Service Archive from the Second Historical Archives of China*, Woodbridge：Thomason Gale, 2004 – 2008, 第 250 卷。

② School of Oriental and African Studies, London（以下称 "SOAS"），档号：PPMS2 Despatches volume 2 Canton, "Despatches volume 2 – Canton Despatches to Inspector General, 1911 – 1915"；Reginald Follett Codrington Hedgeland Papers, SOAS, 档号：PPMS82 Hedgeland Box 1 Folder 8, "Copies and Drafts of Despatches – Canton"。

③ Bickers, Robert , " Maritime Customs Service Archive：Semi – Official Correspondence from Selected Ports," 引自：*China and the West*, 第 106 卷。

④ 笔者所见曾利用 "Despatches" 的研究有：Weipin Tsai, "The Inspector General's Last Prize：The Chinese Native Customs Service, 1901 – 31," *The Journal of Imperial and Commonwealth History* 36, 2（2008）, pp. 243 – 258；李爱丽：《从粤海关档案看清末广东省两次公债发行》，《近代史研究》2007 年第 3 期，第 177 ~ 126 页。

⑤ Van de Ven, Hans, *Breaking with the Past：The Maritime Customs Service and the Global Origins of Modernity in China*, New York：Columbia University Press, pp. 77 – 78.

日），这表示"Despatch"的采用时间至少可以追溯到 1854 年海关建立后的最初十年之内。[1] 税务司向总税务司发送"Despatch"的原因，多是出于"海关业务问题，或是提出某事征求总税务司的意见或指示，或是申请总税务司的授权或同意"，[2] 此外，税务司"所司之海口，并其附近处，有紧要事务，俱宜将其事实详咨于总税务司；其有关于各国通商事件者，更宜咨明"。[3]

按照英文是海关内部第一语言的惯例，"Despatch"原则上均以英文撰写。不过，部分"Despatch"则另有对译的汉文版。"Despatch"汉文版的出现，是因为如果"Despatch"的内容有通知总理衙门的必要，则税务司"宜翻汉文一具，与原文书一同发上"总税务司。[4] 关于"Despatch"汉文版，"通令·1874 年第 9 号"（1874 年 3 月 30 日）向税务司具体指示如下：

> 当你收到来自总税务司的"despatch"，指示你报告总理衙门想得知的所有事情，你回复的"despatch"将要附上汉文版。
>
> 当你向总税务司发送的"despatch"涉及总税务司将要咨询总理衙门的问题时，若无附上该件"despatch"的汉文版，你将得不到回复。
>
> 当你要报告所在口岸的一切非日常事件，或是你要采取特殊举措的时候，或是当你建议对海关的税率、日常业务、规章等事情进行调整的时候，或是当你对账簿或贸易各项册件出现错误或差异而撰写说明的时候，你的"despatch"应附上汉文版。
>
> 所禀报的汉文版，需使用与本总署发出的汉文附件类似的小型中式公文纸张撰写。它应标以"申呈（Shên~ch'êng）"等汉字样式，表示由税务司（Shui~Wu~Ssǔ）禀报"总税务司（Tsung~Shui~Wu~Ssǔ）"，同时钤盖与移知关监督的"照会"上相同的印记。此外，该汉文版需一式两份。一份用于总税务司归档，另一份是如遇总税务司有所

[1] Circular No. 2 of 1863, *Inspector General's Circulars, First Series. 1861 – 1875*, Shanghai：Statistical Department of the Inspectorate General, 1879, p. 25, 中华人民共和国海关总署办公厅编《中国近代海关总税务司通令全编》第 1 卷，中国海关出版社，2013，第 41 页。

[2] Circular No. 15 of 1874, *Inspector General's Circulars, First Series. 1861 – 1875*, 515, 中华人民共和国海关总署办公厅编《中国近代海关总税务司通令全编》第 1 卷，第 533 页。

[3] *Provisional Instructions for the Guiding of the In-door Staff*, second issue, Shanghai：Statistical Department of the Inspectorate General, 1883, p. 8, 吴松弟整理《美国哈佛大学图书馆藏未刊中国旧海关史料》第 244 册，广西师范大学出版社，2016。

[4] *Provisional Instructions for the Guiding of the In-door Staff*, second issue, 11, 吴松弟整理《美国哈佛大学图书馆藏未刊中国旧海关史料》第 244 册。

需要的话，将用于禀报总理衙门。①

上引"通令·1874 年第 9 号"的指示，间接表明税务司透过"Despatch"上报总税务司的事将可能无所不包。根据"通令·1875 年第 61 号"（1875 年 12 月 31 日），可以确定至少有下列几类事是税务司必定透过"Despatch"上报的：

月度类
月度口岸时事报告（Monthly Report of District Occurrences）
月度关员调动报表（Monthly Return of Service Movements）
月度税项收支报告（Monthly Report of Collection and Expenditure）

季度类
季度税项征收报表（Quarterly Revenue Return）
季度账簿概要（Quarterly Abstract Accounts）
季度罚没报告（Confiscation Report）
季度贸易报告（Quarterly Trade Report）

半年度类
关员功过单·半年刊（Confidential Report on Staff）
医疗报告·半年刊（Medical Report）

年度类
年度预算书（Annual Estimates）
年度灯塔、浮标、灯标清单（Annual List of Lights, Buoys, Beacons, &c.）
年度总税项征收报告（Annual Report of total Revenue Collection）
年度贸易报表（Annual Trade Returns）
年度贸易报告（Annual Trade Report）

---

① Circular No. 9 of 1874, *Inspector General's Circulars, First Series. 1861 – 1875*, 510, 中华人民共和国海关总署办公厅编《中国近代海关总税务司通令全编》第 1 卷，第 528 页。

年度纪要（Annual Summaries and Statement）

年度地方银钱账簿（Annual Local Moneys Account）

年度关员离、假报表（Annual Return of Leaves and Absences）

年度文具申请单（Annual Stationery Requisition）

年度"Despatch"收发报告（Annual Report of Despatches Received and Sent）①

值得一提的是，根据上页所引"通令·1874 年第 9 号"的指示，如果要对晚清时期税务司发送总税务司的"Despatch"给予中文名称的话，"申呈"将是合适的命名。② 事实上，《新关内班诚程》关于税务司职责的规定，便有两项定名"急事宜申呈"与"申呈文式"。③

关于税务司写给总税务司"Despatch"的格式规范，"通令·1863 年第 2 号"做了九点指示。这些格式规范提供了查阅"Despatch"的必要信息。第一类格式规范是各关税务司写给总税务司的"Despatch"的编号，即各税务司对所属海关发送的"'Despatch'在每年之初都要以第 1 号为起始重新编以连续性的号码"。第二类格式规范是限定"每件'Despatch'只讨论一个主题"。这有助于第三类格式规范对"Despatch"摘要的编写，即："所有'Despatch'要附上简单明了的摘要"，就连所属每份"附件也同样要附上摘要"。图 1 是粤海关税务司吉罗福（Geo. B. Glover）致赫德"Despatch"的摘要，由上至下记载的信息分别是：发送"Despatch"的日期、税务司的姓名、"Despatch"的编号、附件数量、"Despatch"的主题。图 2 是"Despatch"附件的摘要，由上至下分别是：所属年度"Despatch"的编号、附件编号、附件主题。④ 此外，为了便利查阅各年度积累的"Despatch"，

① Circular No. 61 of 1875, *Inspector General's Circulars*, *First Series. 1861 - 1875*, 690, 中华人民共和国海关总署办公厅编《中国近代海关总税务司通令全编》第 1 卷，第 708 页。

② 曾于民国时期任职中国海关的卢海鸣，指出"总署发各关之令文、及各关对总署之呈文，均称为 Despatch"。由此可知到了民国时期，令文与呈文已成为"Despatch"的正式中文名称。卢海鸣：《海关蜕变年代：任职海关四十二载经历》，未正式出版，1993，第 13 ～ 14 页。

③ *Provisional Instructions for the Guiding of the In-door Staff*, second issue, 中/20、中/26, 吴松弟整理《美国哈佛大学图书馆藏未刊中国旧海关史料》第 244 册。

④ Circular No. 2 of 1863, *Inspector General's Circulars*, *First Series. 1861 - 1875*, 26, 中华人民共和国海关总署办公厅编《中国近代海关总税务司通令全编》第 1 卷，第 42 页。然而，笔者在广东省档案馆查阅晚清最后十年粤海关税务司致总税务司"Despatch"的编号，发现其未按年重新编号。目前笔者尚未见到关于此调整的记载。

CANTON, 1st January, 1863.

MR. COMMISSIONER GLOVER.

No. 2.

1 Enclosure.

Forwarding Return of Tidewaiters employed.

Received at

图 1　"Despatch" 的摘要

资料来源：Circular No. 2 of 1863, *Inspector General's Circulars, First Series. 1861 –
1875*, 26；中华人民共和国海关总署办公厅编《中国近代海关总税务司通令全编》第
1 卷，第 42 页。

CANTON No. 2 of 1863.

ENCLOSURE No. 1.

List of Tidewaiters.

图 2　"Despatch" 附件的摘要

资料来源：Circular No. 2 of 1863, *Inspector General's Circulars, First Series. 1861 –
1875*, 26；中华人民共和国海关总署办公厅编《中国近代海关总税务司通令全编》第
1 卷，第 42 页。

"通令·1863 年第 11 号"（1863 年 2 月 16 日）规定税务司要对发送往与接
收自总税务司的 "Despatch" 进行登记。如图 3 所示，登记发送往总税务司
"Despatch" 的信息包含发送日期、编号、主题、附件数量、页码，而登记

接收自总税务司“Despatch”的信息包含总税务司发送“Despatch”的日期、编号、主题、附件数量、税务司接收“Despatch”的日期。

MEMO:—FORMS FOR DESPATCH REGISTERS.

1.—Register of Despatches addressed to the Inspector General.

DATE.	No.	SUBJECT.	NUMBER OF ENCLOSURES.	PAGE IN LETTER BOOK.

2.—Register of Despatches received from the Inspector General.

No.	DATE OF DESPATCH.	SUBJECT.	NUMBER OF ENCLOSURES.	DATE OF RECEIPT.

图 3　“Despatch”的登记信息

资料来源：Circular No. 11 of 1863，*Inspector General's Circulars*，*First Series. 1861 – 1875*，37；中华人民共和国海关总署办公厅编《中国近代海关总税务司通令全编》第 1 卷，第 53 页。

二　Despatch 的内容：人事与组织

仅从上节所论海关对“Despatch”的规范来看，并不足以呈现“Despatch”的特点与重要。为此，本节将以广东省档案馆藏粤海关税务司与总税务司往返的“Despatch”展开说明。选定广东省档案馆藏“Despatch”的理由是该馆藏是目前国内外唯一能公开查阅到的年代跨度最长，且编号连续不断的“Despatch”。就粤海关税务司发送总税务司的“Despatch”而言，编号从第 4986 号连续至第 16785 号，年代则从 1902 年 5 月至 1949 年。值得一提的是，1902 ~ 1914 年粤海关税务司发送总税务司“Despatch”的附件，也完整保留可供查阅。再就总税务司发送粤海关税务司的“Despatch”而言，编号从第 443 号连续至第 12332 号，年代则为 1903 ~ 1949 年。①

由于广东省档案馆藏粤海关税务司与总税务司往返的“Despatch”数量

① 目前不清楚为何广东省档案馆未见 1902 年之前粤海关税务司与总税务司往返的“Despatch”。广东省档案馆藏粤海关税务司发送总税务司“Despatch”的查档信息为：《粤海关》，档号 94 – 1 – 683 ~ 785。总税务司发送粤海关税务司“Despatch”的查档信息为：《粤海关》，档号 94 – 1 – 572 ~ 661。粤海关税务司发送总税务司“Despatch”的附件的查文件信息为：《粤海关》，档号 94 – 1 – 806 ~ 819。

庞大，仅凭笔者一人之力无法在短时间之内进行完整的统计、分类与抄录。不过，在 1902～1911 年粤海关税务司发送总税务司共 2811 件的"Despatch"之中，经笔者选择其中可供研究而全文抄录的有 1629 件（占 2811 件的 57.95%），抄录字数达 44 万余（绝大部分未抄录的"Despatch"每件字数在 50 字以内）。因此，笔者至少对晚清最后十年粤海关"Despatch"具备整体性的理解。

对这 1629 件"Despatch"每件的篇幅，可以分别从页数与字数进行讨论。就每件"Despatch"的页数而论（不包含附件），有 50%～65% 每件是一页，20%～30% 每件是两页，5%～10% 每件是三页以上。不过仅从每件"Despatch"的页数多寡判断篇幅长短，似乎不够客观，毕竟每页篇幅的字数并不平均，少的仅有 30～40 字，多的则有 100 字、200 字、300 字，甚至 500 字以上的都有。就每件"Despatch"的字数而论（不包含附件），有 5%～10% 的比例是在 50 字以内，但如果改为计算 100 字以内的话，则比例上升到 30%～40%。另外，计算 101～250 字则比例是 30%～35%，而 251～500 字与 501 字以上的比例则一样分别是 10%～20%。显然，字数是比页数更能精确分析每件"Despatch"的篇幅。

观看已抄录 1629 件"Despatch"的内容，可知粤海关税务司确实遵守"通令·1863 年第 2 号"指示每件"Despatch"只讨论一个主题的规定，而这也便利我们按主题进行分类统计。为使读者对"Despatch"有整体性的理解，以笔者自行编制的 1902 年 5 月至 1904 年 12 月粤海关税务司致总税务司共 1007 件"Despatch"（已抄录 545 件）的清单为基础，再根据每件"Despatch"的主题，笔者将"Despatch"划分为 11 项类别。表 1 是对 1902 年、1903 年、1904 年等三个年度"Despatch"（含附件）划分的 11 项类别的件数与页数统计。

表 1 各项类别的排序方法是按"Despatch"的件数，由最多排至最低。根据该表至少可知，粤海关税务司透过"Despatch"向总税务司报告的最多主题属于人事类别，无论是"Despatch"本身的件数、页数，或是"Despatch"所属附件的件数、页数。虽然目前可见 1902 年"Despatch"只有 5～12 月，但此趋势同样延续于 1903 年与 1904 年。进一步说，11 项类别中的人事、收支账款、港务河道、关产关物、关舍租赁、组织架构等六类主题，均与海关内部行政事务密切相关。这显示"Despatch"的最大作用是讨论海关内部行政事务。

表 1　粤海关税务司致总税务司"Despatch"的分类

1902 年 5~12 月					1903 年 1~12 月					1904 年 1~12 月				
类别	件数	页数	附件数	附件页数	类别	件数	页数	附件数	附件页数	类别	件数	页数	附件数	附件页数
人事	102	136	74	179	人事	138	159	86	236	人事	123	172	95	256
地方事务	35	59	19	55	地方事务	55	82	21	69	地方事务	84	160	35	146
贸易税务	21	37	2	4	贸易税务	45	78	6	45	收支账款	48	52	2	7
常关	21	36	7	34	收支账款	38	38	3	9	贸易税务	48	91	7	24
收支账款	20	23	0	0	常关	24	38	6	12	常关	31	54	10	42
港务河道	8	14	3	12	港务河道	18	29	6	13	港务河道	27	50	27	105
同文馆	6	7	4	10	关产关物	5	5	1	10	关产关物	5	7	0	0
关产关物	1	2	1	4	关舍租赁	5	6	1	1	同文馆	5	7	2	2
邮政	1	1	0	0	同文馆	4	6	0	0	关舍租赁	3	12	0	3
组织架构	0	0	0	0	组织架构	2	5	1	1	邮政	2	7	0	0
关舍租赁	0	0	0	0	邮政	0	0	0	0	组织架构	1	2	0	0

资料来源：1902 年 5 月 12 日到 1904 年 12 月 31 日，粤海关档案 683~686，广东省档案馆藏。

"Despatch"对展开海关内部行政事务的研究，势必将提供许多细微的史料与深入的视角。首先，无论内班或外班，外籍或华籍，甚至休假的关员，一旦去世、退休、革职、请辞，粤海关税务司会在"Despatch"按下列三点写明：（1）关员的全名、出生日期、出生地；（2）首聘日期、起聘薪资；（3）去世、退休、革职、请辞的日期、最后的薪资。以下列举三个案例以供了解。

案例一：内班外籍关员

1. 我有幸申呈于您，并附上休假二等帮办前班韩尔礼（A. Henry）先生向您提交的请辞声明。

2. 根据您通令·第二辑·第 87 号的要求，列出如下细项：

1）韩尔礼（Augustine Henry），生于苏格兰邓迪（Dundee）。生日：1857 年 7 月 2 日。

2）1881 年 7 月 15 日，以医员帮办（Medical Assistant）起聘于江海关。起薪：月给关平银 125 两。

3）请辞（自 1902 年 9 月 30 日生效）。请辞之日，职等：二等帮办前班，职务：休假，薪资：月给关平银 200 两（休假期间月给半薪）。①

案例二：外班外籍关员

1. 我有幸上报于您，并附上本署关员二等总巡蓝得（T. J. Lant）的请辞声明。

2. 关于蓝得先生的请辞，我只能说在我任职此处税务司期间，始终对他非常满意。我认为失去一位如此值得信赖的关员将令人遗憾。

3. 根据您通令·第二辑·第87号的要求，列出如下细项：

1) 蓝得（Thomas Joshua Lant），生于英格兰伯明翰。生日：1846 年 10 月 25 日。

2) 1869 年 7 月 21 日，以三等铃字手起聘于潮海关。起薪：月给 40 银元。

3) 请辞（自 1902 年 10 月 31 日生效）。请辞之日，职等：二等总巡，薪资：月给关平银 200 两。②

案例三：内班华籍关员

1. 我有幸申呈于您，并附上本署关员四等同文供事前班冯纯三先生向您提交的请辞说明。

2. 根据您通令·第二辑·第87号的要求，列出如下细项：

1) 冯纯三，1868 年 11 月 7 日生于香港。

2) 1887 年 3 月 1 日，以试用同文供事起聘于江海关。起薪：月给关平银 15 两。1890 年 1 月 31 日辞职。1894 年 6 月 5 日再入职海关。

3) 请辞（自 1903 年 6 月 1 日生效）。请辞之日，职等：四等同文供事前班，薪资：月给关平银 50 两。③

---

① "Despatch No. 5058 from Canton," Morgan to Hart, 1902 年 7 月 18 日，广东省档案馆藏，《粤海关》，档号 94 - 1 - 683，"呈总税务司文第 4986 ~ 5214"。

② "Despatch No. 5095 from Canton," Morgan to Hart, 1902 年 8 月 30 日，广东省档案馆藏，《粤海关》，档号 94 - 1 - 683，"呈总税务司文第 4986 ~ 5214"。

③ "Despatch No. 5356 from Canton," Morse to Hart, 1903 年 5 月 12 日，广东省档案馆藏，《粤海关》，档号 94 - 1 - 684，"呈总税务司文第 5215 ~ 5444"。

对于新聘华籍关员，"Despatch" 所属附件提供了更为详细的家庭、教育背景，求职经历，以及语言能力。根据"通令·1874 年第 8 号"的指示，前来应聘华籍试用同文供事的申请者，要按要求写明一式两份包含下列 5 项的申请书：（1）父亲的姓名与住址；（2）生日与出生地；（3）本人的姓、名、号；（4）求学的校名与学习英语的时间（以上 4 项以汉字书写）；（5）应聘海关前的职业与雇主。① 以下列举三个案例以供了解。

案例一

我恳求申请应聘海关华籍同文供事。

我是光绪五年六月念（廿）三日生于省城。我父亲名叫陈焯然，世居广东省广州府新会县。我中文姓名是陈汝钊，号聘之。（文中标记是笔者所注，表示原文即是汉字）

我已于香港皇仁书院（Queen's College，Hong Kong）学习英语超过六年，并曾在香港高露云律师行（Messrs. Wilkinso and Grist，Solicitors，Hong Kong）当过职员（clerk）。

我特此承诺，一旦受您聘为华籍同文供事，若未收到北京总税务司同意我辞职的通知书，我将不会从海关离职。我也声明，对于总税务司认为将有必要指派前去或任职的所有地方，我均感乐意。

我能说广府话、客家话与官话。

案例二

我恳求申请应聘海关华籍同文供事。

我父亲名叫吴向仁，世居福建福州府闽县。我是光绪七年五月廿一日生于福州。我中文姓名是吴观銮，号卓如。我曾于福州英华书院（Anglo - Chinese College of Foochow）就读期间学习英语七年，并受该校负责人沈雅各（James Simester）先生聘为该校助理讲师（assistant teacher）。（文中标记是笔者所注，表示原文即是汉字）

我承诺一旦受聘，若未收到北京总税务司同意我辞职的通知书，我将不会从海关离职。

---

① Circular No. 8 of 1874，*Inspector General's Circulars*，*First Series. 1861 - 1875*，509，中华人民共和国海关总署办公厅编《中国近代海关总税务司通令全编》第 1 卷，第 527 页。

我也声明，对于总税务司认为将有必要指派前去或任职的所有地方，我均感乐意。

案例三

我恳求申请应聘海关华籍同文供事。

我父亲名叫萨子经，世居广东省城。我是光绪七年四月初五日生于广东省。我中文姓名是联瑞，号穉芬。我在同文馆（Tung Wên Kuan）就读六年，并通过 1901 年举行的乡试（Triennial Examination）。（文中标记是笔者所注，表示原文即是汉字）

我特此承诺，一旦受您聘为华籍同文供事，若未收到北京总税务司同意我辞职的通知书，我将不会从海关离职。

我也声明，对于总税务司认为将有必要指派前去或任职的所有地方，我均感乐意。

我能说广府话与官话。①

在外籍关员方面，无论内班或外班，"Despatch" 则对他们汉语学习与考核的情况提供具体细节。以下列举三个案例以供了解。

案例一：外班外籍关员汉语程度评语

二等钤字手梁福（W. F. Langford）先生于离开英国皇家海军后进入海关任职。在入职海关之前，他完全不懂汉语。当经发布为鼓励汉语学习而颁发赏金的通令后，梁福随即跟一名华籍教师展开汉语学习。他的教材是波乃耶（James Dyer Ball）先生的书。直到今年春季因霍乱流行导致工作量增加，梁福才不得不停止汉语学习。目前他已与老师排定于即将到来的 10 月 1 日重启汉语学习。梁福对广府话口语方面的理解，已好到足以应付他工作上所需的日常会话与一些简单的字汇。在口语与字汇两方面，不仅保持不退，而且继续进步。②

---

① "Enclosure in Despatch No. 5024 from Canton," Morgan to Hart, 1902 年 6 月 20 日，广东省档案馆藏，《粤海关》，档号 94 - 1 - 806，"呈总税务司文附件第 1 ~ 78"。
② "Despatch No. 5108 from Canton," Morgan to Hart, 1902 年 9 月 12 日，广东省档案馆藏，《粤海关》，档号 94 - 1 - 683，"呈总税务司文第 4986 ~ 5214"。

案例二：内班外籍关员汉语程度评语

　　头等帮办后班罗祝谢（J. W. Lureiro）：在文书方面相当糟糕。接着用基础汉语写的文章，更不如四等帮办中程度最差者。他任职海关的时间并非短短几年，但显然他已将所学汉语遗忘。虽然他是个能干的职员，但我仍不得不遗憾做出上述报告。①

案例三：外班外籍关员汉语学习奖赏名单

　　根据您通令・第二辑第 880 号，我有幸向您呈送下列外班职员名单。他们因汉语学习应得二等奖金，每位获颁关平银 75 两：

三等验货史乃达（T. H. M. Schneider）

二等钤字手刚悟（G. H. King）

二等钤字手玛高温（H. E. McGowan）②

　　除了令人对海关职员有丰富的理解，"Despatch"也清楚呈现了地方海关的组织架构与人员配置。根据粤海关税务司卢力飞（R. de Luca）发送总税务司"Despatch"详列粤海关组织架构与人员配置的情形，制成表 2 以供了解。

表 2　粤海关组织架构及人员配置（截至 1904 年 7 月 2 日）

房名	处名	税务司与帮办	职等
1. 总务房 （general office）		骆三畏 （S. M. Rusell）	内班・副税务司 （In door, Deputy Commissioner）
	（1）大写台 （head desk）	肃敦 （E. S. Sutton）	头等帮办・后班 （1st Assistant, C）
	（2）验单台 （duty memo. desk）	第尔 （C. O. M. Diehr）	四等帮办・前班 （4th Assistant, A）
		施宝禄 （P. A. Staeger）	四等帮办・后班 （4th Assistant, C）

---

① "Despatch No. 5404 from Canton," Morse to Hart, 1903 年 6 月 30 日，广东省档案馆藏，《粤海关》，档号 94 - 1 - 684，"呈总税务司文第 5215 ~ 5444"。

② "Despatch No. 5464 from Canton," Morgan to Hart, 1903 年 8 月 20 日，广东省档案馆藏，《粤海关》，档号 94 - 1 - 685，"呈总税务司文第 5445 ~ 5690"。

续表

房名	处名	税务司与帮办	职等
1. 总务房 （general office）	（3）轮船处 （river and ocean steamers desk）	富禄班 （K. M. Furbotn）	四等帮办·后班 （4th Assistant, C）
		武田信一 （S. Takeda）	四等帮办·后班 （4th Assistant, C）
	（4）船舶处 （shipping desk）	无帮办	
	（5）海轮税钞清单与清关处 （ocean steamers duty sheet and clearance desk）	无帮办	
	（6）河轮税钞清单处 （river steamers duty sheet desk）	无帮办	
	（7）内地单台 （transit pass desk）	无帮办	
	（8）翻译处 （translating desk）	无帮办	
2. 查缉房 （preventive department）		式美第 （A. Schmidt）	外班·副税务司 （Out door, Deputy Commissioner）
	内河轮船处 （Inland Waters Steam Navigation Desk）	帮办尚未到任	
3. 造册房 （returns office）		布辉林 （W. H. W. Brennan）	二等帮办·后班 （2nd Assistant, B）
4. 账房 （account's office）		罗祝谢 （J. W. Loureiro）	头等帮办·中班 （1st Assistant, B）
5. 文书房 （secretary's office）		铁士兰 （H. P. Destelan）	二等帮办·前班 （2nd Assistant, A）

注：此表各房、各台与各处的中文名称，部分参考：中国海关史研究中心编《中国近代海关机构职衔名称英汉对照》，中国海关史研究中心，1990。部分为笔者自译。

资料来源："Despatch No. 5783 from Canton," Luca to Hart, 1904 年 7 月 2 日，广东省档案馆藏，《粤海关》，档号 94 - 1 - 686，"呈总税务司文第 5691 - 5992"。

三　Despatch 的内容：地方事务

回顾本文表 1 对 1902 年、1903 年、1904 年等三个年度"Despatch"每项类别的件数与页数统计，明显可见无论是"Despatch"本身的件数、页数，或是"Despatch"所属附件的件数、页数，地方事务类别是仅次于人事类主题，或可说是仅次于将人事、收支账款、港务河道、关产关物、关舍租赁、组织架构等六类主题整合而成的海关内部行政事务这一大类别。

仅以 1902～1904 年为例，根据每件"Despatch"的主题，笔者划分地方事务的类别包含下列几种。

固定性（定期）

1. 月度汇编地方各类官员、机构往返的非紧急性的汉文类公文与信函的内容摘要（non-urgent Chinese correspondence；以下简称"非急件汉文公函"）

2. 月度口岸时事报告（district occurrences）

3. 口岸中国官员调动通知

4. 口岸各国领事调动通知

专题性（临时）

1. 西江通商

2. 广东省公债（Canton Loan）

3. 珠江水栅拆除（removal of barrier in the Canton River）

4. 铁路事务

5. 江门关建立事务

"Despatch"收录的"非急件汉文公函"，均编排为每件"Despatch"所属的附件。这也是表 3 统计"非急件汉文公函"的附件页数多有 30 余页的原因。

表 3　粤海关 Despatch 非急件汉文公函的统计

1902 年 5～12 月				1903 年 1～12 月				1904 年 1～12 月			
件数	页数	附件数	附件页数	件数	页数	附件数	附件页数	件数	页数	附件数	附件页数
14	14	14	31	15	15	14	33	19	19	17	48

资料来源：1902 年 5 月 12 日到 1904 年 12 月 31 日，粤海关档案 683～686，广东省档案馆藏。

表 4 是根据粤海关税务司编写 1902 年 6 月"非急件汉文公函"的原来格式制作而成。从表 4 可见虽然"Despatch"并未抄录这些公函的全文，但透过税务司的摘要，仍可概见税务司与口岸各方华籍官员交涉处理的各项日

常事务。从笔者抄录 1902～1911 年的"Despatch"来看，每年 12 个月的"非急件汉文公函"都有，而且每个月提交摘要的公函数量少则十余封，多则二三十封。这些常年持续、数量庞大的"非急件汉文公函"，显然有助于对口岸日常事务具备整体性的理解。

表4　1902 年 6 月非急件汉文公函

编号	往返对象	日期：1902 年 6 月	摘要
1	广东省巡抚来件	2 日	信函：一直未收到税务司接管常关后，应从常关资助善堂的款项，以及用作总督、巡抚衙门的月度津贴。要求移送上述款项。
2	粤海关监督来件	2 日	照会：总巡分卡所在一地改归法国教会建造医院。法方同意将对总查分卡前的一块地进行改造、建筑新的分卡。
3	致广东省巡抚	4 日	信函：回复编号 1：广东省巡抚应向粤海关监督要求。
4	致粤海关监督	5 日	信函：寄送接管五个常关分卡的职员名单。请求核实并钤印粤海关监督关防。
5	致粤海关监督	13 日	信函：寄送与广东省巡抚关于此前由常关拨款补贴总督衙门经费等事的信函的抄件。
6	粤海关监督来件	14 日	信函：解释因为书办潘绍彬与周昌现在供职于粤海关监督衙门，所以无法前去税务司署任职。要求仍应向两位书办发放薪金。
7	粤海关监督来件	16 日	信函：寄回核实并钤印关防的五个常关分卡的职员名单。
8	致粤海关监督	18 日	信函：常关分卡征税一事，已指示 Head Shupan[①] 将银号钱款存放于海关银号，并收取存款票据。
9	致粤海关监督	23 日	信函：是否要支付西炮台分卡的租金？是否还有任何与常关相关的租赁契约？
10	粤海关监督来件	24 日	照会：常关分卡征税一事，所征税款之一成拨交税务司，其余九成移送粤海关监督。
11	粤海关监督来件	24 日	照会：税务司能否预见法国领事加速改造地块、建筑新的分卡，从而代替移交法国教会用于建造医院的用地。

资料来源："Enclosure in Despatch No. 5048 from Canton," Morgan to Hart, 1902 年 7 月 15 日，广东省档案馆藏，《粤海关》档号 94-1-807，"呈总税务司文附件第 79-155"。

---

① 据笔者理解，粤海洋关接管广州口岸周遭 50 里内粤海常关后，常以"Head Shupan"指称粤海常关各分卡的负责人员。查大约成书于道光中晚期的《粤海关志》卷七《设官》的记载，粤海常关各分口驻有"口书""家人""巡役"等人员。因为缺少确切资料佐证，暂时只能推断"口书"或许是晚清时期粤海常关各分卡的负责人员，因此，"Head Shupan"或可译为"口书"。参见梁廷枏《粤海关志》，《近代中国史料丛刊（续编第 19 辑）》，文海出版社，1975，第 453～456 页。

"Despatch"中另一类提供理解日常口岸事务的资料,是"月度口岸时事报告"。"月度口岸时事报告"源自"通令·1869年第16号"(1869年6月30日)指示的"月度报告"(Monthly Report):

> 每月的最后一天,你必须向总署发送一份申呈,其内容的第一部分是列明当月经征税项的总数,同时指明与前一年相应月份相比,减少或增加的数额。此外,也应报明经费支出总额,但不包含汇送总署的余款。该份申呈的第二部分,要报告你所在口岸因莅任、离任,或因生病、休假而暂缺所出现的所有人事异动。此外,会影响海关及其关员,且应当引起我注意的一般事件也应报告。①

不过从1875年1月的月度报告开始,赫德(Robert Hart)指示不要再将经征税项与经费支出的数额,以及发生的一般事件等两类事项都放在同一件"Despatch"(申呈)中报告。取而代之的是,改分开在两件"Despatch"中报告。② 也正是由此开始,确立了"月度口岸时事报告"的名称。

对于"月度口岸时事报告"的内容,"通令·1874年第23号"(1874年10月1日)指示包括:会引起总税务司注意的任何事件,例如,涉及关产关物的细节,以及未在贸易季度报告或专题性"Despatch"报告的公众事务。③ 为了更能具体理解究竟哪些是会"引起总税务司注意"而值得报导,以下便来实际检视粤海关1902年5月的"月度口岸时事报告"中对这类时事的记载:

> 久旱不雨,导致许多县属作物歉收。多处米商店铺,因为趁机从中抬价谋利,结果遭遇闯入、偷盗的情况。
>
> 5月8日夜晚,一场降水量超过4.46英寸的雨解除了旱情。在一整个月里,下雨天数共23天。据测雨器的标记,或多或少不断地降下共18.99英寸的雨量。结果,这又不利于各县属的作物。一些地方因雨

---

① Circular No. 16 of 1869, *Inspector General's Circulars, First Series. 1861–1875*, 214, 中华人民共和国海关总署办公厅编《中国近代海关总税务司通令全编》第1卷,第232页。

② Circular No. 25 of 1869, *Inspector General's Circulars, First Series. 1861–1875*, 537, 中华人民共和国海关总署办公厅编《中国近代海关总税务司通令全编》第1卷,第555页。

③ Circular No. 23 of 1874, *Inspector General's Circulars, First Series. 1861–1875*, 535, 中华人民共和国海关总署办公厅编《中国近代海关总税务司通令全编》第1卷,第553页。

水过多而出现水灾。

署理三等总巡樊古肯（A. E. Pfankuchen）先生的六岁儿子，在几周前遭当地一条狗咬伤，并于 5 月 17 日死于狂犬病。樊古肯本人也遭另一条狗咬伤，并受准休假前往西贡接受巴斯德杀菌疗法。樊古肯由本地一位法国籍医生梅斯尼（Mensy）陪同。梅斯尼因樊古肯儿子口腔中的泡沫渗入他手指的伤口，并显示受到毒性感染，所以已前往西贡接受治疗。

5 月 20 日，拖轮雇用拖往来内地客船的船夫爆发罢工。这些船夫抗议为了支付士兵护航他们的开销，而须额外缴纳 10% 的费用。就在不久后几天，罢工结束。至此，成功建立一项避免海盗的有效保护措施。

5 月 30 日下午 4 点钟，遭遇一场严重暴风雨的袭击。港内几艘舢板倾覆。此外，一艘满载妇女的客船也倾覆，当时它正与轮船"香港号"并列。当时正在"香港号"上值勤的海关巡役边地路（E. M. Bentel），以及机师长协助营救一些人。但不幸有三名妇女与一名女孩溺毙。现已发现她们，并打捞上法国兵船"阿古师号"。虽然用尽一切方法试图让她们苏醒，但都无济于事。①

从笔者抄录 1902 年 5 月至 1911 年 12 月的粤海关"月度口岸时事报告"来看，税务司认为值得"引起总税务司注意"的时事包罗万象。概括来说有：气象灾害、人为意外事件（火灾与船只冲撞是其中焦点）、华洋冲突、关员与低阶华籍官吏冲突、关员与民众冲突、中国官场秘闻、华洋官员应酬、地方行政事务改革、公共建设、新式教育、戒烟运动、治安问题（海盗是其中焦点）、军队哗变、革命与叛乱、商人与行会活动、商业情形与市场景气、实业创办、铁路修筑、饥荒、瘟疫与流行病、慈善救助、沙面租界、节庆活动等等。透过粤海关税务司的时事报导，必能丰富近代广州城市史的研究。

在那些值得报导的时事之后，在"月度口岸时事报告"中还会固定报告四类事项。第一类是当月所在口岸华籍官员与外籍领事的异动名单、日期。第二类是派驻所在口岸各国兵船于当月中的巡航日期、地点，以及返回日期。第三类是海关各类巡船与巡艇的四项记录：（1）巡航与在港日期；（2）巡航时数；（3）煤炭的总耗量与每小时耗量；（4）封火（under banked

---

① "Despatch No. 5016 from Canton," Morgan to Hart, 1902 年 6 月 9 日，广东省档案馆藏，《粤海关》，档号 94 - 1 - 683，"呈总税务司文第 4986 ~ 5214"。

fires）时数；（5）封火所耗煤炭的总量与每小时耗量；（6）锅炉升汽
（raising steam）与炼焦煤（cooking coal）所耗煤炭量；（7）各项所耗煤炭
总量。第四类是当月的气象记录。具体记载如下：

> 气压计：最大值，30.19，于 5 月 2 日；最小值，29.77，于 5 月 22 日。
> 温度计：最高温，华氏 99 度，于 5 月 7 日。
> 最低温：华氏 67 度，于 5 月 11、12 日。
> 降雨量：18.99 英寸；降雨日：23 天。
> 风　速：最高风速每小时 19.4 英里，于 5 月 11 日，风向为西南风。[①]

除了固定性的"非急件汉文公函"与"月度口岸时事报告"，粤海关税
务司还会针对不同时期特有的各种主题性地方事务，持续分别以
"Despatch"向总税务司做专门报告。例如，因为 1902 年江门开放为通商口
岸后，该处设立海关一事粤海关税务司亦参与其中，所以 1902～1904 年的
"Despatch"便有一系列关于准备设立江门海关的报告。

表 5　粤海关 Despatch 中有关江门设关的统计

1902 年 5～12 月				1903 年 1～12 月				1904 年 1～12 月			
件数	页数	附件数	附件页数	件数	页数	附件数	附件页数	件数	页数	附件数	附件页数
2	6	2	5	3	9	4	24	2	8	0	0

资料来源：1902 年 5 月 12 日到 1904 年 12 月 31 日，粤海关档案 683～686，广东省档案馆藏。

表 5 中，1902 年与江门设关有关的两件"Despatch"主要是报告挑选、
租赁土地建造关舍的考虑与费用；1903 年三件"Despatch"主要是报告从珠
江入海口上行至江门的航线问题、轮船管理、江门开放对三水与甘竹两地的
影响、江门开放的贸易前景；1904 年两件"Despatch"主要是报告关员选任
与配置（特别是从粤海关抽调人员），以及税务、港务等问题。粤海关
"Despatch"关于设立江门海关的报告，不仅显示粤海关税务司的观点，而
且间接呈现江门设关对粤海关的影响。这些报告显然能与伦敦大学亚非学院

[①] "Despatch No. 5016 from Canton," Morgan to Hart, 1902 年 6 月 9 日，广东省档案馆藏，《粤海关》，档号 94-1-683，"呈总税务司文第 4986～5214"。

藏江门关首任税务司梅乐和（F. W. Maze）档案之中关于江门设关的部分相互补充，从而能从更为整体的视角检视江门的开放通商。[①]

在粤海关"Despatch"报告的各种主题性地方事务中，西江通商这一主题应当说是最值得注意的。西江先于 1897 年开放通商，继而于 1902 年中英《续议通商行船条约》扩大通商范围，因而有必要制订更为完善的西江通商章程。与设立江门海关一样，粤海关税务司也参与对西江通商章程的完善，而且在笔者抄录的 1902 年 5 月至 1911 年的晚清最后十年期间，始终没有中断。为了完善西江通商章程，历任粤海关税务司有必要了解整个西江流域的人口、商业、航运、货物等情况，因而展开多项调查。例如，粤海关外班署副税务司倪额森（Albert Nielsen）便根据粤海关税务司马根（F. A. Morgan）的指示，在 1902 年 5 月 16 日搭乘由海关头号巡艇"虎门仔号"（Fumuntsai）拖拉的民船航行西江，对罗定口（属广东省罗定州）、白土墟（属广东省肇庆府高要县）两地进行贸易调查，并于同月 20 日返回广州途中撰写此行的报告。对倪额森的调查结果，马根撰写共 4 页、700 余字的"Despatch"向赫德报告，同时将倪额森长达 14 页的报告作为附件一起上呈。马根与倪额森的说明，详细描述了罗定口、白土墟两地的人口、产品、商业情况、交通位置、邻近市镇、航运条件、地方税收机构。[②]

表 6　Despatch 有关西江通商的统计

1902 年 5 ~ 12 月				1903 年 1 ~ 12 月				1904 年 1 ~ 12 月			
件数	页数	附件数	附件页数	件数	页数	附件数	附件页数	件数	页数	附件数	附件页数
4	9	2	17	3	10	12	8	8	27	4	25

资料来源：1902 年 5 月 12 日到 1904 年 12 月 31 日，粤海关档案 683 ~ 686，广东省档案馆藏。

表 6 仅是目前笔者对 1902 年 5 月至 1904 年"Despatch"之中与西江通商有关的件数与附件数的统计。比照上述马根发送的"Despatch"，以及所

---

① SOAS，档号：PPMS2 Semi - Official Letters Volume 1，"Semi - Official Letters Volume 1 - Kongmoon"。

② "Enclosure in Despatch No. 5003 from Canton," Morgan to Hart, 1902 年 5 月 26 日，广东省档案馆藏，《粤海关》，档号 94 - 1 - 806，"呈总税务司文附件第 1 ~ 78"；"Despatch No. 5003 from Canton," Morgan to Hart, 1902 年 5 月 26 日，广东省档案馆藏，《粤海关》，档号 94 - 1 - 683，"呈总税务司文第 4986 ~ 5214"。

属附件的倪额森调查报告，不难想象其他"Despatch"也将有许多关于西江通商的丰富信息。

四 Despatch 与通令、半官函、出版品的比较

通过以上"Despatch"呈现的海关内部人事、组织情况，以及提供的海关所在口岸的各种地方性信息，可以发现"Despatch"能与通令、半官函等海关内部公文，以及年度贸易报告、十年度贸易报告、医疗报告等海关出版品，形成相互补充的效果。

先来比较"Despatch"与通令。通令的目的是要使各关执行标准化、一致性的总税务司命令，所以它传递信息的方向是从中央到地方，显示自上而下贯彻总税务司意志的权威性。这不表示通令上看不到来自税务司的信息，因为有时总税务司会将某些税务司发送的"Despatch"作为通令的附件，但这也显示要了解税务司的立场、视角，以及各关所在口岸的地方性，就必须透过"Despatch"。

以《辛丑条约》后海关接管常关为例，为接管而发布的一系列通令呈现的是赫德主导的接管政策，其中的主要考虑则是稳定接管过程的秩序、透过接管改革常关、增加常关税收。可以说，从通令看到的接管主要是海关对常关的影响，但"Despatch"却可见到海关也是遭受影响的一方，因为马根与马士（H. B. Morse）相继在 1902～1903 年出任粤海关税务司，透过"Despatch"向赫德呈述原本人力不足以处理日益繁忙的广州口岸贸易事务的情况，因接管粤海常关而更加恶化。例如，马根称：

> 现已由粤海关监督将临近广州城的 5 个常关分卡移归我们管辖。我发现有必要指派三等验货员邓坚（W. Duncan）负责这些常关分卡的业务。同时，我有幸向您请求派任一名三等验货员或一名头等铃字手，来负责原本邓坚负责的业务。目前粤海关外班人员的人数仅勉强应付日益成长的贸易，而因停职导致职位空缺，以及进口货税增至切实值百抽五，则又引起额外工作量。
>
> 伴随扩增的常关业务，我不得不雇用四到五名华籍同文供事到接管的常关分卡办事，并预为培训派驻不久的未来或将接管的佛山与陈村等常关分卡。
>
> 本关内班人员不足以应付不断增加的业务量。我确信应尽快派任一

名帮办以补足贾尔多（L. M. J. Cardot）先生的空缺。①

马根所述，显示还有必要注重地方海关与税务司的立场，透过探讨接管对海关与常关的双向作用，展开更为深化的研究。

接着比较梅乐和在 1911 年任职粤海关税务司期间所写"Despatch"与半官函。如上所述，每件"Despatch"只谈论一个主题，但表 7 显示每件半官函经常涉及多个主题。

表 7　1911 年 4～8 月梅乐和撰半官函

梅乐和原编半官函号码	日期	主题	页数
4	4 月 15 日	新任广东学政秦树声,西江通商章程,温生才行刺署理广州将军孚琦	3
5	4 月 29 日	革命党攻击两广总督衙署	3
6	5 月 9 日	革命党起事的影响	2
7	5 月 18 日	香州开埠,改建验货厂	5
8	5 月 25 日	西江通商章程,沙面租界自主防卫团	2
9	6 月 1 日	河轮章程改订	2
未见	6 月 6 日	改建验货厂,河轮章程改订	3
10	6 月 13 日	拟新建粤海关大楼,改建聪货厂,检疫章程,领事回应"汽船"争议,广九铁路,杂论 4 月革命后广州城情况	7
11	6 月 28 日	拟新建粤海关大楼,西江通商章程,杂论 4 月革命后广州城情况	4
12	7 月 4 日	河轮章程改订,拟新建粤海关大楼	3
14	7 月 12 日	拟新建粤海关大楼	2
15	7 月 27 日	杂论 4 月革命后广州城情况	4
16	8 月 11 日	杂论革命后广州城情况,拟新建粤海关大楼	2
17	8 月 14 日	革命党行刺广东水师提督李准	2
18	8 月 21 日	西江通商章程,杂论 4 月革命后广州城情况,拟新建粤海关大楼	4
19	8 月 28 日	收购新建海关大楼用地、河南外班房舍、帮办房舍,杂论 4 月革命后广州城情况	3

资料来源：Semi – Official Letters Volume 2 – Canton, No. PPMS2 Semi – Official Letters Volume 2, School of Oriental and African Studies（SOAS）, London. 转引自 *China：Trade, Politics and Culture, 1793 – 1980*（database on – line）, Marlborough, Wiltshire：Adam Matthew Digital, 浏览日期：2019 年 9 月 28 日。

---

① "Despatch No. 4999 from Canton," Morgan to Hart, 1902 年 5 月 19 日；"Despatch No. 5019 from Canton," Morgan to Hart, 1902 年 5 月 26 日；广东省档案馆藏,《粤海关》, 档号 94 – 1 – 683, "呈总税务司文第 4986～5214"。

经过比对，可以发现对于同一件事情，梅乐和经常会在"Despatch"与半官函这两种文件中谈论，尽管呈送的时间有先后不同。例如，关于拟新建粤海关大楼的规划是在 4 月 22 日发送"Despatch"报告，半官函则是 6 月 13 日后才开始谈论。又如 4 月 8 日温生才行刺署理广州将军孚琦一事，梅乐和先在 4 月 15 日发送的半官函简述他所听传闻，之后在 5 月 5 日提交的 1911 年 4 月"月度口岸时事报告"做整体性的补述。值得一提的是，4 月 27 日发生革命党攻击两广总督衙署这重大事件，梅乐和同时在 4 月 29 日发送 9 页"Despatch"与 3 页的半官函进行报告。① 比对"Despatch"与半官函的内容记述，可以发现两种文件均对事件与人物给予丰富、详细，且更具个人性的观点。

最后，以海关出版品中的年度贸易报告、医疗报告为例，检视"Despatch"能与其相互搭配之处。粤海关 1902 年度贸易报告有段记载当年春季广州流行霍乱、瘟疫的情况：

> 本年甚多疾病。上半年起一霍乱症，染之多死。是以居住本处之人，均有戒心。盖春夏之交，旱既太甚，以致井水有毒，因而害人甚多。迨正月二十日左右时，洋人亦染此症。洋人之因染霍乱症而死者，共有十人。及至霍乱症之势力稍衰，而瘟疫症之恶焰又炽，其势亦甚利害。至其死亡实数，无可稽查，不能确举。但闻本处人言，约计省城与附近一带地方每日死亡者数百。②

贸易报告所记霍乱一事，自然在 3 页篇幅的粤海关医疗报告（半年刊）有充分记述。此份医疗报告是由关医凌尔（B. Stewart Ringer）撰写，其中详述造成霍乱的气候因素、环境条件、卫生情况，同时对外国患者的病情、

① "Despatch No. 8176 from Canton," Maze to Aglen, 1911 年 4 月 22 日；"Despatch No. 8182 from Canton," Maze to Aglen, 1911 年 4 月 29 日；"Despatch No. 8185 from Canton," Maze to Aglen, 1911 年 5 月 5 日；广东省档案馆藏，《粤海关》，档号 94 - 1 - 699，"呈总税务司文第 8083 ~ 8226"。"S/O Letters No. 4 from Canton," Maze to Aglen, 1911 年 4 月 15 日；"S/O Letters No. 5 from Canton," Maze to Aglen, 1911 年 4 月 29 日；"S/O Letters No. 10 from Canton," Maze to Aglen, 1911 年 6 月 13 日；SOAS, 档号：PPMS2 Semi - Official Letters Volume 2, "Semi - Official Letters Volume 2 - Canton"。
② 湛参（J. C. Johnston）：《光绪二十八年广州口华洋贸易情形论略》，《光绪二十八年通商各关华洋贸易总册》，第 83a 页，上海通商海关造册处编《中华民国海关华洋贸易总册（民国纪元前 10 年）（1902）》，台北国史馆史料处，1982。

症状、治疗方式也详加分析。① 因为此份医疗报告的时段是 1901 年 10 月至
1902 年 3 月，所以并未记述霍乱结束后另又流行的瘟疫。

　　不同于贸易报告与医疗报告的是，时任税务司的马根在 5 页篇幅的
"Despatch" 中着重记述霍乱造成的粤海关关员病亡，为防止霍乱对关员的危
害而采取的措施，关员协力预防霍乱与看护受病关员的行为，针对霍乱而开
销的金额，以及提出规划方案以应付将来再有类似情况出现时能够保护关员
的健康与生命。透过马根的 "Despatch"，我们发现除了中国地方官与外国领
事，海关的日常运作也受到疾病的影响。至于贸易报告提到霍乱之后的瘟疫，
马根以 "Despatch" 呈送的 1902 年 6 月 "月度口岸时事报告" 更为具体地指
出："瘟疫在省城、河南、佛山蔓延。后一地自年初起已有千余人死亡。广州
城中死亡者也有广州将军的一名儿子，以及广东巡抚的一名家属。"②

　　"Despatch" 能与海关出版品相互搭配的主因，无非海关出版品正是由
"Despatch" 编纂而成。表 8 便列出海关出版品之中，汇集各地海关的
"Despatch" 而成的特定主题的书籍册，显示 "Despatch" 与海关出版品有
着直接而密切的关系。

表 8　由 "Despatch" 汇集而成的海关出版品

所属系列	书编号与名称	出版年	"哈佛微缩版"	"哈佛未刊版"
特别系列（Special Series）	第 3 号:《丝》(*Silk*)	1881	无	有
	第 4 号:《鸦片》(*Opium*)	1881	有	有
	第 9 号:《土药,1887 年》(*Native Opium*,1887)	1888	有	有
	第 10 号:《生、熟洋药》(*Opium*:*Crude and Prepared*)	1888	有	有
	第 11 号:《茶,1888 年》(*Tea*,1888)	1889	有	有
	第 17 号:《宜昌到重庆,1890 年》(*Ichang to Chungking*,1890)	1892	有	有

① *Medical Reports*, *for the Year ended 30th September* 1902, 63rd and 64th Issues（Shanghai:
Statistical Department of the Inspectorate General, 1903）24 – 26，吴松弟整理《美国哈佛大学
图书馆藏未刊中国旧海关史料》第 206 册。

② "Despatch No. 5045 from Canton," Morgan to Hart, 1902 年 7 月 12 日，广东省档案馆藏，《粤
海关》，档号 94 – 1 – 683，"呈总税务司文第 4986 ~ 5214"。

续表

所属系列	书编号与名称	出版年	"哈佛微缩版"	"哈佛未刊版"
杂项系列（Miscellaneous Series）	第 20 号：《防台锚地》（*Typhoon Anchorages*）	1893	无	无
官署系列（Office Series）	第 4 号：《镇江：太古行趸船"加的斯号"》（*Chinkiang：China Navigation Company's Hulk "Cadiz"*）	1877	有	有
	第 7 号：《海关税务司对 1865 – 1872 年税则修订相关问题之报告》（*Reports of the Commissioners of Customs on Questions Connected with Tariff Revision，1865 – 72*）	1872	有	有
	第 8 号：《海关税务司关于 1869 年各港存在的特权和影响商业的问题的报告》（*Reports of the Commissioners of Customs on the Practice at Each Port in the Matter of Privileges Conceded and Facilitation of Business Generally，1869*）	1872	无	有
	第 12 号：《通商口岸海关银号制度及当地货币》（*Reports on the Haikwan Banking System and Local Currency at the Treaty Ports*）	1879	有	有
	第 27 号：《广东的走私：税务司申呈等，1871 ~ 1885 年》（*Reports on Smuggling at Canton：Commissioners' Despatches，etc.，1871 – 1885*）	1888	有	有
	第 71 号：《岳州》（*Yochow*）	1900	有	有
	第 81 号：《盐：生产和税收》（*Salt：Production and Taxation*）	1906	无	有
总署系列（Inspectorate Series）	第 3 号：《对长江通商章程修订的建议》（*Suggestions for Revision of Yangtze Regulations*）	1890	有	有

注："哈佛微缩版"是指美国的中国研究资料中心（Center for Chinese Research Materials）于 20 世纪 70 年代将哈佛大学图书馆藏各类海关出版品编制了 100 卷的微缩胶卷，命名为"China，the Maritime Customs Publications"。"哈佛未刊版"是指吴松弟教授整理哈佛大学图书馆藏各类海关出版品而出版的 283 册《美国哈佛大学图书馆藏未刊中国旧海关史料》。

资料来源：*China，The Maritime Customs Publications*，Washington，D. C.：Center for Chinese Research Materials，1970s，microfilm，reel 94 – 95，99 – 100，台湾中研院近代史研究所郭廷以图书馆藏。吴松弟整理《美国哈佛大学图书馆藏未刊中国旧海关史料》第 200、207 ~ 209、252 ~ 254、256 册，广西师范大学出版社，2016。

结　语

面对"Despatch"与通令、半官函、海关出版品存在相互补充的情况，出现一个问题：要如何有效利用近代海关资料？虽然每一种类的海关资料都能提供不同视角，但彼此关注的面向各有侧重，描述的篇幅也繁简不一。结果，若只是偏重其中一类海关资料的话，那将容易失去深化探讨与丰富想象的可能性。此外，许多国内档案馆还保存有极为丰富但尚未挖掘、利用的海关档案。如此丰富的海关档案对于国内外学界而言当然是件福音，但如何分类、整理，以求进行整体利用，却也始终困扰着研究者。有鉴于此，以下归纳出"Despatch"的三项特点，显示"Despatch"在如何有效利用海关资料的问题上，将发挥关键性作用。

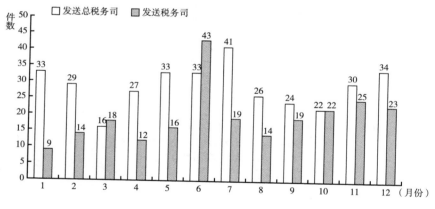

图4　1903年粤海关每月发送"Despatch"件数

"Despatch"的第一项特点是发送的频繁程度几乎以"日"为单位。根据笔者逐件排查、抄录晚清最后十年粤海关"Despatch"的心得，虽然"Despatch"并不会连续每日发送，但可以确定除了数据统计报表，每个月之内"Despatch"发送的频繁程度，应该很少有其他海关文字性资料能相比。以图4所示1903年每月粤海关税务司与总税务司往返发送"Despatch"的数量进行计算，每月平均每日发送"Despatch"的件数是：1月为1.35件、2月为1.54件、3月为1.1件、4月为1.3件、5月为1.58件、6月为

2.53 件、7 月为 1.94 件、8 月为 1.29 件、9 月为 1.43 件、10 月为 1.42 件、11 月为 1.83 件、12 月为 1.84 件。这显示"Despatch"的信息更新不仅快速而且即时。透过每日、每件"Despatch"所述海关与口岸的日常动态的不断积累，将比过往更能具体而微地理解长期发展趋势下每一次海关的大、小转变，并从中深入接触许多不同类型的海关资料。

如果说图 4 的平均数缺少比较基准的话，那么图 5 比较梅乐和自 1911 年 4 月 8 日任粤海关税务司至当年 12 月 31 日期间，每月平均每日发送"Despatch"与半官函给总税务司的件数，至少显示"Despatch"发送的频繁程度是值得重视的。

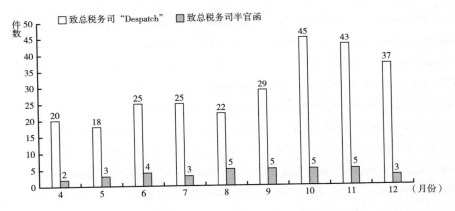

图 5　1911 年梅乐和每月发送"Despatch"、半官函件数

"Despatch"的第二项特点是几乎包含所有类别的主题。最好的说明是本文表 1 所列的 11 项类别：人事、组织架构、收支账款、关产关物、关舍租赁、港务河道、贸易税务、常关、同文馆、邮政、地方事务。可以说，要快速掌握每月地方海关（甚至是口岸）的整体动态，透过"Despatch"将会是最好的切入点。

"Despatch"的第三项且最重要的特点是它具备通往各类海关内部公文的中心地位。笔者目前所见广东省档案馆藏 1902 ~ 1911 年粤海关"Despatch"，每件税务司申呈页面的左右两边空白处不时会标明相关的其他海关内部公文的编号，甚至直接将其他相关公文的全文作为附件。此做法不仅便于当时海关人员或现在研究者参阅其他类海关公文，更重要的是显示以"Despatch"为中心而将许多不同种类海关公文串联为一个完整的海关公文体系。可以说，税务司申呈好比一棵树木的主干，紧密地联结如同枝叶茂密般而数量巨大的海关内部公文，这也是本文名为"以 Despatch 为中心的海关资料体系"的原因。

Systematic Historical Materials of Chinese Maritime Customs Service Centering on "Despatch"

Hou Yanbo

Abstract : " Despatch " is the most important component of historical materials belonging to Chinese Maritime Customs Services (CMCS), corresponding between the Inspector General (IG) and Commissioners. Many Chinese Customs Publications were compiled by "despatch", which rendered us opportunities for the supplement of missing information in reverse. Another feature of the "despatch" is that it constantly reveals the serial numbers of other relevant CMCS documents, such as Circulars from IG as well as official correspondences between the Commissioner and other Departments of CMCS, Chinese officials of local government, Foreign Consuls. We should be capable of realizing the most optimized efficiency for the utilization of the extremely bulky and complicated CMCS documents through " despatch ". Nonetheless, the significance of "despatch" had long been neglected. This paper roots upon thorough comparison between the "despatch" and other CMCS documents, meanwhile reflecting the richness of information which " despatch " could provide, especially those concerning the administration of CMCS and miscellaneous local and regional affairs.

Keywords: Chinese Maritime Customs Service; Chinese Customs Publications; Circular; Semi－Official Correspondence; "Despatch"

（执行编辑：江伟涛）

海洋史研究（第十五辑）

2020 年 8 月　第 489～505 页

中国海图史研究现状及思考

韩昭庆[*]

一

　　早期海图多为航海所用。中国地处世界最大陆亚欧大陆东部，东临世界最大洋太平洋，具有绵长的海岸线，这样的地理位置决定了历史上我国沿海人民很早就有航海实践。史料记载，春秋时代的孔子曾感叹其思想难行于中国，曾寄希望于乘着小筏子渡于海，将其传播四方。[①] 战国时期中国沿海出现吴、越、齐等强大的诸侯国，造船业在广泛应用中得以迅速发展。秦代之前船上已经使用的风帆利用自然风力作为船舶动力，为船舶航行提供动力资源，使之更便于海上远距离行驶。[②] 秦汉时期有许多著名的造船基地，能建造载人逾千的大船，并开辟了一些固定航线。[③] 徐福东渡的史实说明秦代不仅有近岸航行，更有对远航的期望和试航。据史料分析，徐福最后一次东渡，秦始皇帝"遣振男女三千人，资之五谷种种百工而行"，[④] 说明徐福当时率领的是一个大型的船队。章巽通过对《汉书·地理志》中有关东南沿海航行途中地名的考证发现，两千年前就存在一条由我国南海沿岸的徐闻、合浦等地出发，沿中南半岛和马来半岛南下，转过马六甲海峡北上，绕孟加

---

* 作者韩昭庆，复旦大学历史地理研究中心教授。

① "道不行，乘桴浮于海"，载《论语注疏》解经卷第五，清嘉庆二十年南昌府学重刊宋本《十三经注疏本》。

② 张良群：《从秦代航海条件看徐福东渡的可能性》，《日本研究》1998 年第 1 期，第 58～62 页。

③ 王子今：《秦汉交通史稿》，中共中央党校出版社，1994，第 182～242 页。

④ 《史记》卷一一八《淮南衡山列传》，中华书局，2002，第 3086 页；徐福东渡的考证另见赵志坚《〈史记〉中有关徐福史料的考察》，《古籍研究》1995 年第 4 期，第 31～34 页。

拉湾而至印度半岛南部以及斯里兰卡岛的航线。① 现存汉代马王堆地形图已可以找到南海的踪迹。② 南海贸易的研究也佐证，早在公元 3 世纪来自马来世界的林产品被运往中国各个港口，以宗藩国向宗主国朝贡的名义进行贸易。③

古代的航海活动还可从政区沿革得到佐证。至迟，到西汉末年已经在闽江口和灵江口各设置一个县城，一个是闽江口的治县（今福州市），一个是灵江口的回浦县（今台州市），两个县城皆孤悬海滨，与内地往来全靠海路。④ 此后，唐、宋、元代的海上运输也非常活跃，留下许多记载，学者也进行了一些研究。⑤ 北宋时期成图的《九域守令图》上一艘行进在今海南岛东部海域惊涛骇浪中的帆船，以及南宋时期石刻《舆地图》上标注在今淮河口东侧的海洋面上的"海道舟船路"文字皆是宋代海上运输的图证。元代定都大都，每年都要从南方调运大量粮食，南粮北运先是采取水陆联运的方法，从 1283 年开始采用海运，开辟了多条从刘家港到大沽口的航线，海运成为元代主要运输方式。⑥ 明代更有众所周知的郑和下西洋的壮举，其至今仍是中国航海史上一个值得着重书写的事件。有学者把中华海洋文明的演进划分为先秦东夷百越时代中华海洋文明的兴起、秦汉到明代宣德年间传统海洋时代的繁荣、1433 年罢下西洋到 1949 年海国竞逐时代中华海洋文明的顿挫，以及 1949 年以来的复兴四个阶段。⑦ 由此可见，从先秦到近代，我国海洋活动的历史连绵不断，史料中也有许多关于航海的记载，但是与文字资料相比较，留传至今的实物航海图却很晚，这是因为我国古代

---

① 章巽：《我国古代的海上交通》，商务印书馆，1986，第 18 ~ 19 页。
② 张修桂：《中国历史地貌与古地图研究》，社会科学文献出版社，2006，第 444 ~ 445 页。
③ Derek Heng Thiam Soon, "The Trade in Lakawood Products between South China and the Malay World from the Twelfth to Fifteenth Centuries AD," *Journal of Southeast Asian Studies*, Vol. 32, No. 2 (Jun. , 2001), pp. 133 ~ 149.
④ 周振鹤：《从历史地理角度看古代航海活动》，《历史地理研究》第 2 辑，复旦大学出版社，1990，第 304 ~ 311 页。
⑤ 章巽：《我国古代的海上交通》，商务印书馆，1986；李金明：《唐代中国与阿拉伯海上交通航线考释》，载李庆新主编《海洋史研究》第一辑，社会科学文献出版社，2010，第 3 ~ 17 页；叶显恩：《唐代海南岛的海上贸易》，载李庆新主编《海洋史研究》第七辑，社会科学文献出版社，2015，第 9 ~ 17 页；楼锡淳、朱鉴秋：《海图学概论》，测绘出版社，1993，第 72 ~ 74 页。
⑥ 赖家度：《元代的河漕和海运》，《历史教学》1958 年 5 月号，第 23 ~ 26 页。
⑦ 杨国桢主编《中国海洋文明专题研究》第一卷"海洋文明论与海洋中国"，人民出版社，2016，第 101 ~ 112 页。

航海图作为"舟子秘本",世所罕见。《海道指南图》是目前所知最早的实物航海图,[①] 成图年代或为永乐九年（1411）至永乐十三年（1415）之间。[②]

二

目前有关中国海图史研究很少关注海图定义及分类问题,已有海图史研究亦缺乏全面性和系统性,笔者认为,理清这个问题将有助于海图史研究的深入。按照《地理学词典》的定义,海图是专题性地图,"根据航海和开发海洋等需要测制或运用各种航海资料编制的地图。包括海岸图、港湾图、航海图、海洋总图、专用图等。一般采用墨卡托投影,着重表示海岸性质、海底地貌、底质、海洋水文、航海要素（如沿岸显著目标、航路标志、航行障碍物、地磁偏角）等"[③]。该定义言简意赅,同时充分考虑到海图的内容,但是也要看到,这是对现代海图的定义,并不完全适合历史时期尤其是古代的中国海图。因为海图是地图的一种,而地图随着时代和社会的演进,尤其是科技进步,地图载体、绘制方式、内容及用途皆处于不断变化之中。海图与地图一样,其定义、绘制方式、内容及用途等亦会随着人们对所处地理环境认知的深入、科技的发展、社会的进步而不断变化,早期的海图主要与航海和海防有关,故主要为航海图、航海指南和海防图等。理查德·弗莱德勒对航海图的定义较为全面:"海图是以海洋及其主要特征为主要描绘对象的一种特殊的地图类型,海岸线在描绘海洋边界时最为重要,陆地的地位退居其次,往往留着空白;海图覆盖的范围或大到可以囊括一个大洋,或小到一片海湾甚至一个海口,但不管其描述范围大小,描述内容一般都相同。这些信息包括海岸线的形状及类型、水深数字、航行危险的地方、表示方向或位置的指示物,如玫瑰罗盘或经纬度的比例尺等。这些海图技术含量很高,其主要目的一般都是保证从一处海岸尽快安全地航行

---

① 《海道经》所见的最早版本是明代嘉靖袁褧编纂的《金声玉振集》本,据目录页,系明代崔旦撰,但序言称,"照旧刻二本校过模画",载〔明〕袁褧编《金声玉振集》史部政书类总目卷八十四第84号政书存《海运编》二卷,明嘉靖时期袁氏嘉趣堂刊本,哈佛大学图书馆藏。

② 章巽:《论〈海道经〉》,《章巽全集》,广东人民出版社,2016,第1382～1390页。

③ 《地理学词典》,上海辞书出版社,1983,第613页。

到另一处海岸。"①

近几十年来，受海洋资源开发动力的驱动，海洋工程迅速兴起，而海图的内容也更加丰富多彩，出现许多历史时期没有的内容，如海底地质构造图、海洋重力图等。与海图的发展相适应，不同历史时期，不同地区或国家对海图亦有不同的分类方法，在只有航海图的漫长历史时期，只能对航海图进行分类，如俄国从 18 世纪初到 19 世纪末，把海图分成总图、分图和平面图三类。我国到 20 世纪 50 年代仍为航海图分类法，将其分为总图、航洋图、航海图、海岸图及港湾图五类。这些海图又被称为普通海图，当时出现的一些航海图以外的海图新品种则被称为特种海图或专用海图。② 现代海图的内容已远超出传统海图的范畴，其利用范围也得到很大的拓展。海图按不同的标准有不同的分类方法，目前按照用途可分为通用海图、专用海图和航海图三类，其下又分为若干类，如图 1 所示。

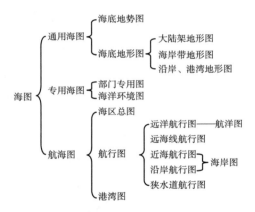

图 1　按照用途划分的海图类型

资料来源：楼锡淳、朱鉴秋：《海图学概论》，第25 页。

按照内容则可把海图分为普通海图、专题海图和航海图三类，如图 2 所示。

---

① Richard Pflederer, *Finding Their Way at Sea: The Story of Portolan Charts, the Cartographers Who Drew Them and the Mariners Who Sailed by Them*, The Netherlands: HES & De Graaf Publishers Bv, Houten, Netherlan, 2012, p. 17。

② 楼锡淳、朱鉴秋：《海图学概论》，测绘出版社，1993，第18 页。

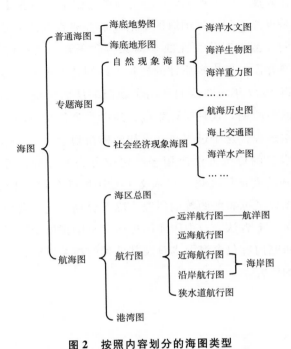

图2　按照内容划分的海图类型

资料来源：楼锡淳、朱鉴秋：《海图学概论》，第27页。

　　由上面的分类可知，无论是按照用途还是内容进行的分类皆以航海图为独立的一类地图。同时，也要注意到，按照目前海图分类，许多种类以前是没有的，它们的出现是近百年或几十年的事，故在谈中国海图史研究现状前，我们还需要先对我国海图史的发展进行分期。

　　楼锡淳、朱鉴秋的《海图学概论》把中国海图发展简史分成五个阶段，即中国早期的海图，这种山屿岛礁图是我国古代原始类型的航海图；明代《郑和航海图》、海防图及海运图，《郑和航海图》综合运用多种定位方法，把航海技术提到一个新的高度；清代的海图，与明代相比，出现了体现世界地域观念的《四海总图》，而沿海形势图的内容比明代海防图更加详细、准确，清代中期出现了外国人在华测绘航海图的情况；民国时期海图的测绘于民国十八年（1929）发生了重大变化，即民国政府正式成立海军部，测绘科隶属海政司，同年11月公布《海道测量局暂行条例》，从此中国水道测绘统一由海军部海道测量局主持；最后一个阶段是1949年以来海图绘制向标准化、国际化发展。[①] 这种分期方法充分考虑到中国海图史上几个重要的发展阶段，但是也要看到，中国海图史的发展并非直线式上升发展，即便早期分成古代、明、清等时代，在缺乏国家行政干预，实行统一的标准化之前，海图的绘制并没有发生本质性的变化，绘制特点也呈现多样化特点。笔者认为，或可以 1929 年海图绘制开始实现国家层面的统一管理为界，把中国海图史分成前后两期。这种时代划分，还考虑到传统海图绘制对近代西方测绘方法的接纳过程，这个过程是从最初的模仿到学习，并逐渐摒弃应用海道针经和山形水势的传统方法改用经纬定位方法的过程；可以认为，1929年海图绘制已开始实现标准化。故本文主要评析已有有关 1929 年前绘制的航海图、海防图以及方志海图等的研究。除了分期，还需要对中国海图史研究范围进行界定。笔者认为，中国海图史研究范围指以中国沿海及近海地区为主的区域，研究内容包含海图本身及其外延的相关研究，如航海史、贸易史及海防史等的研究。

三

据邹振环研究，拉开近代郑和研究序幕的文章是发表在光绪二十九年八月初十日（1903 年 9 月 30 日）出版的《大陆报》上的《支那航海家郑和传》一文。[②] 其后，梁启超也对郑和航海展开研究。[③] 由此角度看，中国学者对航海史研究已有一百多年的历史。相比而言，中国学者对于航海图及图经的研究要晚半个世纪。徐玉虎在 20 世纪 50 年代梳理过之前国内外学者对《郑和航海图》的研究，认为菲力卜思（Philips）在其论文 *The Seaports of India and Ceylon* 中首次转载《郑和航海图》，系最早研究该图的学者，继有伯希和等，而国内最早对之进行研究的是 1943 年出版的范文涛的《郑和航海图考》。他还根据《郑和航海图》用了近一半长度地图表示中国沿海的情况推测，绘图者一为中国人，一为熟悉中国沿海地理者。[④] 范氏的研究由郑

---

① 楼锡淳、朱鉴秋：《海图学概论》，第 72 ~ 119 页。
② 邹振环：《〈支那航海家郑和传〉：近代国人研究郑和第一篇》，《社会科学》2011 年第 1 期，第 146 ~ 153 页。
③ 梁启超：《祖国大航海家郑和传》，《新民丛报》第 3 卷第 21 期，1904，见《饮冰室专集之九》第 1 ~ 12 页，载《饮冰室合集》专集第三册，中华书局，民国二十五年。
④ 徐玉虎：《郑和航海图》，《大陆杂志》（台北）第 9 卷第 3 期，1954 年。

和之生平、航海确期、航海图说明、释航海图、结论及附录组成。利用相关资料考证了郑和生平、郑和七次下西洋出发及返京的确切日期，此外就航海图中个别字眼如"取"、"平"及"丹"的含义进行诠释，考证了马来半岛一带四十处地名意义及今地地名，指出这些地名有自创、音译、意译、音意合译者。①

若以范文涛首开中国海图史研究之滥觞，至今中国海图史研究已逾七十年，取得许多丰硕的成果，这些成果特点及内容可简述如下。

其一，研究对象相对集中。目前开展的海图研究对象主要是航海图和海防图两类。航海图中研究最多最深入的非《郑和航海图》莫属。据笔者统计，到 2003 年为止，包含该图名称的文章少说也有 50 篇，②之后又发表一些相关成果，以中国知网为例，若以"郑和航海图"作关键词，2003 年后可检索到 11 条文献，近期研究除了继承传统的对图中地名的今地复原，还探讨了郑和当时所用的导航技术。③由于中国留传至今的古航海图数量十分匮乏，故每当发现新图，便会掀起一阵关于研究海图的热潮。如章巽对 20世纪 50 年代意外发现的一套古海图的研究；近年分别在耶鲁大学和牛津大学发现两种海图，也引发学者们从不同角度对这两幅海图进行研究。此外，是对诸如《海道指南图》或相关的航海手册的零星研究和整理，国内学者向达整理出版的《两种海道针经》首开风气，《两种海道针经》包括《顺风相送》和《指南正法》两书，原件藏于英国牛津大学的鲍德林图书馆，向达先生发现后将其抄录下来，带回国内、整理校注，1961 年由中华书局出版。除了航海图和指南，中国沿海地区的海防图、方志中的地图构成中国海图的另两个重要体系，但直到最近才引起学者的关注，形成海图的另一个研究热点。④

其二，研究内容与方法以古地名的考证为主。梁启超首启这项工作，他通过对《瀛涯胜览》和《星槎胜览》中记载的四十国国名的考证，推定郑和航线从中国南海出发，经越南、泰国、马来西亚、苏门答腊群岛、斯里兰

---

① 范文涛：《郑和航海图考》，商务印书馆，1943。
② 朱鉴秋主编《百年郑和研究资料索引》（1904～2003），上海书店出版社，2005。
③ 如张箭《郑和航海图的复原》，《四川文物》2005 年第 2 期，第 80～83 页；张江齐《郑和牵星图导航技术研究》，《地理信息世界》2017 年第 5 期，第 86～96 页。
④ 曹婉如：《郑若曾的〈万里海防图〉及其影响》，《中国古代地图集》（明代），文物出版社，1995，第 69～72 页；成一农：《明清海防总图研究》，《社会科学战线》2020 年第 2期，第 137～150 页。

卡等地，"掠马达加斯岛之南端回航"。根据其他文献分析，郑和足迹亦达中国台湾、吕宋、文莱等地。① 尽管这只是对文献记载的考证，实开启了古地今释之风，只不过后来学者考证的对象变成海图上的地名而已，如范文涛对马来半岛的地名考释，章巽对现存古海图上的地名考释等，② 地名考证及今释仍然是目前中国海图研究的主要内容。③ 陈佳荣等的《古代南海地名汇释》系南海地区地名研究的集大成之作。④

其三，除了对地名考证，对图面内容的研究还集中在图名、成图时间及绘图人员的研究。现存多数中国古代绘制地图的图名、绘制时间和绘图人员的信息往往是缺失的，海图也不例外，故对这些内容的考辨也是海图研究的内容。如最早被发现的耶鲁藏航海图，⑤ 随着研究人员视角和关注点的不同，分别被赋予《中国古航海图》、《中国古航海图集》、《十九世纪中国航海图》、《东亚海岸山形水势图》、《清代唐船航海图》、《中国北直隶至新加坡海峡航海针路图》以及《清代东南洋航海图》等名称。⑥ 由于航海图册画出了在海中航行的船体从不同角度下观察到的近岸山形和海中岛屿等目标物的轮廓特征，并注记了水深和海底底质等情况，故该图又被赋予《耶鲁藏中国山形水势图》的图名。⑦ 这些论著在对该图命名的同时，也对该图绘制的时代和制图人进行了探讨。

2008 年来自美国的巴契勒（Robert Bachelor）在英国牛津大学鲍德林图书馆发现了一幅中国航海古地图，因捐赠人约翰·雪尔登（John Selden）得

---

① 梁启超：《祖国大航海家郑和传》，《新民丛报》第 3 卷第 21 期，1904 年，见《饮冰室专集之九》第 1~12 页，载《饮冰室合集》专集第三册，中华书局，民国二十五年。
② 章巽：《古航海图考释》，海洋出版社，1980；范文涛：《郑和航海图考》，商务印书馆，1943。
③ 如周运中《明代〈福建海防图〉台湾地名考》，《国家航海》第 13 辑，第 157~174 页；丁一《耶鲁藏清代航海图北洋部分考释及其航线研究》，《历史地理》第 25 辑，第 431~455 页；陈佳荣《〈明末疆里及漳泉航海通交图〉编绘时间、特色及海外交通地名略析》，《海交史研究》2011 年第 2 期，第 52~66 页；郑永常《〈耶鲁藏山形水势图〉的误读与商榷》，《海洋史研究》第九辑，社会科学文献出版社，2016，第 175~192 页。
④ 陈佳荣、谢方、陆峻岭：《古代南海地名汇释》，中华书局，1986。
⑤ 李弘祺：《美国耶鲁大学图书馆珍藏的古中国航海图》，《中国史研究动态》1997 年第 8 期，第 23~24 页。
⑥ 钱江、陈佳荣：《牛津藏〈明代东西洋航海图〉姐妹作——耶鲁藏〈清代东南洋航海图〉推介》，《海交史研究》2013 年第 2 期，第 1~101 页。
⑦ 刘义杰：《〈耶鲁藏中国山形水势图〉初解》，《海洋史研究》第六辑，社会科学文献出版社，2014，第 18~32 页；

名《雪尔登中国地图》（或称《塞尔登中国地图》）。该图由钱江率先引介于国内，他建议更名为《明中叶福建航海图》，认为系中国现存最早手工绘制的彩色航海图①。随着研究深入，郭育生等学者结合地图描绘的区域，建议更名为《东西洋航海图》，认为该图绘制时间在 1566～1602 年。② 陈佳荣把该图命名为《明末疆里及漳泉航海通交图》，认为该图绘制于 1624 年，并对图上所有海外交通地名进行了初步的注解，随后又依据该图中国部分源自《二十八宿分野皇明各省地舆全图》以及收录此图的《学海群玉》的刊刻时间，认为该图成图不可能早于万历三十五年（1607）之前。③ 龚缨晏根据图上注记和地名的考证，把该图的成图时间修正为 1607～1624 年，图名相应更正为《明末彩绘东西洋航海图》。④ 卜正民的著作主要探讨了该图的来历及产生的时代背景，以及与地图密切相关的人员及其故事。⑤ 有学者认为，该图表示海区与相关陆地的概貌，供研究海区形势和制定航行计划之用，其比例尺应为 1∶500 万～1∶400 万，皆小于今日航海总图 1∶300 万的标准，指出该图系中国古代航海总图的首例，⑥ 这是很有创见的看法。除此之外，最近兴起关乎港区图出版日期、作者、刊者及影响的研究。⑦

其四，有关海图的通史研究。前述楼锡淳、朱鉴秋的《海图学概论》把中国海图发展简史分成早期、明代、清代、民国及新中国成立以来五个阶段。在另一篇文章中进一步阐述了中国古代航海图由明代以前、明代及清初

① 钱江：《一幅新近发现的明朝中叶彩绘航海图》，《海交史研究》2011 年第 1 期，第 1～7 页；关于此图近年的研究综述详见龚缨晏、许俊琳《〈雪尔登中国地图〉的发现与研究》，《史学理论研究》2015 年第 3 期，第 100～105 页。
② 郭育生、刘义杰：《〈东西洋航海图〉成图时间初探》，《海交史研究》2011 年第 2 期，第 67～81 页。
③ 陈佳荣：《〈明末疆里及漳泉航海通交图〉编绘时间、特色及海外交通地名略析》，《海交史研究》2011 年第 2 期，第 52～66 页；陈佳荣：《〈东西洋航海图〉绘画年代上限新证——〈二十八宿分野皇明各省地舆全图〉可定 "The Selden Map of China"（《东西洋航海图》）绘画年代的上限》，《海交史研究》2013 年第 2 期，第 102～109 页。
④ 龚缨晏：《国外新近发现的一幅明代航海图》，《历史研究》2012 年第 3 期，第 156～160 页。
⑤ 〔加〕卜正民：《塞尔登的中国地图——重返东方大航海时代》，刘丽洁译，中信出版集团股份有限公司，2015；张丽玲：《卜正民〈塞尔登的中国地图——重返东方大航海时代〉评述》，《海洋史研究》第九辑，社会科学文献出版社，2016，第 377～393 页。
⑥ 孙光圻、苏作靖：《中国古代航海总图首例——牛津大学藏〈雪尔登中国地图〉》研究之一，《中国航海》2012 年第 2 期，第 84～88 页。
⑦ 金国平：《关于〈亚马港全图〉的若干考证》，《海洋史研究》第八辑，社会科学文献出版社，2015，第 124～131 页。

三个阶段构成的观点，肯定明代的《郑和航海图》是我国航海图发展史上一个重要的里程碑。清代早期的航海图可以"旧抄本古航海图"为代表。①除了对航海图的通史研究，还有对特定区域海图发展史的介绍，如汪家君按照时间顺序分别介绍了自清嘉庆（1796～1820）到清末浙江海区的近代海图发展简史②。

其五，方志海图是我国特有的海图类型，直到最近才引起有关学者的注意，但主要是对这类海图的收集整理，其深入研究还有待开展。方志海图指方志中主要描绘海洋及其毗邻陆地的舆图，分为专门的海图和陆海图，前者又分海疆图、海防图、海岛图、港口海道图、海塘图以及迁海展界图等，后者描绘重点在陆不在海，这类舆图给出的海洋部分不多，但包含了一些重要的海洋信息。③据统计，方志海图中海防图最多，其次是海岛图、海疆图和海塘图。海防图内容包括沿海府县、卫所、墩汛寨台以及海中重要的岛礁④。

其六，利用海图进行相关问题研究，这是近年海图史研究的一个新兴领域。如丁一和郑永常在考释图中地理名词的基础上，借助 GPS 定位诸山与岛屿现今相对位置，复原图中显示的航线，并藉此海图与航线，勾勒出明代中叶以降，中国海商移民东亚各港口形成的东亚海域贸易网络。⑤廉亚明通过考察《郑和航海图》对宋代第一次提到的阿曼海岸线罗列了一大批地名的事实，推知中国在 15 世纪初已经对该地的地理情况有了相当全面的认识。⑥周鑫通过对宣统元年石印本《广东舆地全图》中《广东全省经纬度图》中"东沙岛""西沙群岛"的资料来源的考订反映晚清以来中国海疆理念、海疆知识的活力与不足。⑦龚缨晏利用《郑和航海图》《章巽航海图》《清代东南洋航海图》等古航海图和文献来破解 2014 年在浙江省象山县渔

①　朱鉴秋：《中国古代航海图发展简史》，《海交史研究》1994 年第 1 期，第 13～21 页。
②　汪家君：《浙江海区近代历史海图初探》，《中国航海》1989 年第 1 期，第 67～75 页。
③　何沛东：《清代浙闽粤三省方志海图的整理与研究》，复旦大学博士学位论文，2018，第 17～18 页。
④　何沛东：《清代浙闽粤三省方志海图的整理与研究》，第 21～26 页。
⑤　丁一：《耶鲁藏清代航海图北洋部分考释及其航线研究》，《历史地理》第 25 辑，第 431～455 页；郑永常：《明清东亚舟师秘本：耶鲁航海图研究》，远流出版公司，2018。
⑥　廉亚明：《汉语文献中的阿曼港口》，载《海洋史研究》第六辑，社会科学文献出版社，2014，第 3～17 页。
⑦　周鑫：《宣统元年石印本〈广东舆地全图〉之〈广东全省经纬度图〉考——晚清南海地图研究之一》，载《海洋史研究》第五辑，社会科学文献出版社，2013，第 216～276 页。

山列岛的小白礁附近发现的一艘清代沉船的航行之谜。① 他还认为，《雪尔登中国地图》的出现迫使我们重新研究中国沿海民众对海外贸易的反应问题，重新审视中国在世界贸易体系形成初期所起的作用。② 在杨国桢的带领下，周志明的研究按照先图后说，尝试用图来研究中国古代海洋文明，他的方法是在介绍历史海图的基础上，提取图中的航海文明、海洋贸易、海洋开发管理信息，并利用历史海图讨论海洋生存发展空间的问题，期望从观念深处提升读者的海洋意识。③ 此外，一些绘制有争议地区岛屿的"海图"④ 为各国学者争取本国海洋权益的诉求提供宝贵的历史图证，我国学者也曾利用这类"海图"和更路簿为钓鱼岛、黄岩岛以及南沙群岛的归属问题进行了富有现实意义的探讨。⑤

四

早期中国地图史研究中，由于研究人员多采用陆地视角，海图往往是缺失的内容。如在中国地图史的开山之作《中国地图史纲》中，王庸除了在"纬度测量和利玛窦世界地图"一章里提到《郑和航海图》和《广东舆地全图》中的《海夷图》的图名，⑥ 再看不到其他海图之名，更谈不上利用专篇来讨论海图了，此后成书的《中国地图史》也无专篇讨论海图史的绘制⑦。放眼世界的李约瑟博士，把"中国的航海图"作为单独的一节，⑧ 对《郑和

---

① 龚缨晏：《远洋航线上的渔山列岛》，《海洋史研究》第十辑，社会科学文献出版社，2017，第 365～377 页。

② 龚缨晏、许俊琳：《〈雪尔登中国地图〉的发现与研究》，《史学理论研究》第 3 期，第 100～105 页。

③ 周志明：《16～18 世纪的中国历史海图》，载杨国桢主编《中国海洋文明专题研究》第二卷，人民出版社，2016，第 4 页。

④ 这里的"海图"打了双引号，因为它们往往包含一片海域附近的多个国家，是与海洋有关的地图，虽然画出海域，但描绘对象主要还是陆地国家。

⑤ 韩昭庆：《从甲午战争前欧洲人所绘中国地图看钓鱼岛列岛的历史》，《复旦学报》2013 年第 1 期，第 88～98 页；李孝聪：《从古地图看黄岩岛的归属——对菲律宾 2014 年地图展的反驳》，《南京大学学报》2015 年第 4 期；张江齐、宋鸿运、欧阳宏斌等：《〈更路簿〉及其南沙群岛古地名释义》，《测绘科学》2017 年第 2 期。

⑥ 王庸：《中国地图史纲》，生活·读书·新知三联书店，1958，第 78 页。

⑦ 如陈正祥《中国地图学史》（商务印书馆香港分馆，1979）、卢良志《中国地图学史》（测绘出版社，1984）。

⑧ 〔英〕李约瑟：《中国科学技术史》第五卷《地学》第一分册中的制图学，《中国科学技术史》翻译小组译，科学出版社，1976，第 159～181 页。

航海图》产生的时代背景和内容也只是做了非常简要的介绍。① 直到 21 世纪出版的《中国测绘史》，才开辟专门章节，并按时间顺序介绍自先秦至今历代航海测绘的情况以及相关的地图资料。② 与三十年前的研究相比，中国海图史近年来取得十分显著的成绩，进步迅速。由于古代中国航海图没有使用经纬坐标或直角坐标，航海图的地理位置全部由图中的岛礁名及表示近岸地形或地物等的小地名来定位，因此，除了通过地名定位的方法，几乎别无他法，故对近代西方测绘方法传入前绘制的海图中岛礁小地名的考证、复原研究仍然是今后海图主要的研究方法和重要内容。但是也要看到，以往这些研究多专注于对某种图或某几幅图图面内容的考证或分析，尽管这种研究从多方面展开，每个研究人员针对图的某个或几个要素进行研究，可以立体全方面复原该图的绘制背景、内容、作用等，但是我们也看到，由于缺乏对长时段、多源海图的综合研究，以往研究缺乏全面性和系统性，或规律性的总结，近来有学者开始注意到此问题。③

基于前人的研究，本人对今后中国海图史研究提出以下几点不成熟的思考或建议，供大家讨论斧正。

其一，可以 1929 年为界，把中国海图史分成两期，在对现存 1929 年前中国海图分类的基础上，对海图开展收集整理和命名工作。海图的收集整理长期以来一直落后于陆上地图的整理，或者成为陆图的附属品。当代汇编的古代地图集或以时代为序，如《中国古代地图集》④ 《中华古地图珍品选集》⑤，或以地区为分类，如《舆图要录》是北京图书馆（现改为国家图书馆）藏6827 种中外古旧地图目录，其编纂方式先按照地图表示的地区排列，再按照地图内容排列，由此分为世界地图和中国地图两大类，世界地图按世界总图和各洲总图及各国分图顺序排列，中国地图下分中国总图和六大地区，同一地区地图依普通地图、专题地图顺序排列，专题地图再按照自然、

① 〔英〕李约瑟：《中国科学技术史》第五卷《地学》第一分册中的制图学，第 88～95 页。
② 《中国测绘史》编辑委员会编《中国测绘史》第一卷、第二卷、第三卷，测绘出版社，2002。
③ 钟铁军在简单分类的基础上对现存明清沿海舆图图目开展了一些整理工作，见《明清传统沿海舆图初探》，载李孝聪主编《中国古代舆图调查与研究》，中国水利水电出版社，2019，第 262～286 页。
④ 曹婉如、郑锡煌、黄盛璋、钮仲勋等编《中国古代地图集》，文物出版社，分战国至元（1990 年出版）、明（1995 年出版）、清（1997 年出版）三册。
⑤ 中国测绘科学研究院编纂《中华古地图珍品选集》，哈尔滨地图出版社，1998。

社会经济、政治军事、历史、名胜古迹等顺序排列。① 按照该分类，《郑和航海图》被列到世界地图的亚洲总图之下，而像《万里海防图》《七省沿海全图》等皆列入中国地图的总图之下。最近出版的《舆图指要：中国科学院图书馆藏中国古地图叙录》开始对编纂的地图分类，分成全国总图、历史地图、区域地图、专题图等，在卷四专题图下，分河流、海洋和水利图，列入《中国沿海图》《七省沿海全图》等海洋图，② 故海图仍未单独成为一个体系。近来已开展一些有关港口、特殊岛屿或近海区域的海图整理工作。目前整理出版的地图集有《钓鱼岛图志》，编者从古今中外历史、地理资料中，选择整理有关钓鱼岛的重要地图 400 多幅，并对地图内容及历史背景加以简要说明。③ 《南海地图选编》系我国首次以地图为主论证南海归属问题的成果，书中搜集、整理了古今中外与南海相关的代表性地图，共 200 余幅。④ 《驶向东方——全球地图中的澳门》，⑤ 以及续图《明珠星气，白玉月光——全球地图中的澳门》⑥ 系统收集了世界各地绘制地图中含澳门的系列地图，与之相应的还有《16～19 世纪西方绘制台湾相关地图》，收录台湾相关地图 300 多幅。⑦ 牛津大学珍藏明代海图图录《针路蓝缕——牛津大学珍藏明代海图及外销瓷》，主要收集了包括《明代东西洋航海图》《郑和航海图》《坤舆万国全图》等在内的明代海图和海道针经等。⑧

　　已有海图整理相对我国现存海图数量、种类是很不够的，也不成系统，我们需要对整理工作有个总体规划，笔者觉得，开展在海图分类基础上的全面整理有助于我们达到这个目的。为此，我们可以 1929 年分两个阶段，先对海图绘制实行标准化前的海图进行整理。前期海图主要为航海图、航海指

① 北京图书馆善本特藏部舆图组编《舆图要录》前言，北京图书馆出版社，1997。

② 孙靖国：《舆图指要：中国科学院图书馆藏中国古地图叙录》，中国地图出版社，2012。

③ 徐永清、宁镇亚编撰《钓鱼岛图志》，国家测绘地理信息局测绘发展研究中心，2015。

④ 《南海地图选编》编委会编《南海地图选编》，国家测绘地理信息局，2012。

⑤ 张曙光、戴龙基、杨迅凌、龚缨晏：《驶向东方——全球地图中的澳门》，澳门科技大学，2014。

⑥ 戴龙基、杨迅凌：《明珠星气，白玉月光——全球地图中的澳门》，澳门科技大学出版，2017。

⑦ 吕理政、魏德文：《16～19 世纪西方绘制台湾相关地图》，台湾历史博物馆·南天书局有限公司，2011，第二版。

⑧ 焦天龙总编《针路蓝缕——牛津大学珍藏明代海图及外销瓷》，香港海事博物馆有限公司、中华书局（香港）有限公司，2015。

南和海防图等。航海图又可分为海区总图、航行图和港湾图，航行图又可按照航行的距离和地区细分为远洋、远海航行图和近洋、近海图，以及沿岸航行图等。由于有的海图具有不同特征，可同时分属不同类型。以此划分，则《郑和航海图》既属沿岸航行图，也可归为远洋航行图。以哪种为主，还需要进一步讨论。海图还包括方志海图和海防图。方志中的海防图可以划出，归入专门的海防图。分好类后，再对海图进行分门别类的整理。除了对我国绘制的古海图进行分类，还应广泛收集外国人绘制的中国沿海及中国海域的总图及航海图等，它们很早就采用与今日相同的测绘理论，完全不同于我国传统绘制的方法，并对我国海图绘制的发展产生巨大影响，事实上，1929年前的中国海图就包括一部分向西方学习测绘方法或者直接模仿西方绘制的地图产生的地图，而这方面的研究还较少，需要加强。

此外，鉴于上述耶鲁大学藏图和牛津大学藏图的图名皆众说纷纭、莫衷一是，同一幅海图往往会有众多图名，既会给人们带来困惑，也不便于海图的研究。笔者认为，学界今后应该就类似海图的命名问题进行研究，并提出众人认可的规范，相信随着交流的增多，没有名称的海图还会不断涌现，这样将有助于对这些海图的命名。

其二，在分类整理海图的基础上，加强对相同谱系海图的比较研究。所谓地图谱系指的是由于同源性在内容和绘制风格上相似的不同时代的地图系列。海图的绘制如同陆图绘制一样，在未实行标准化的年代之前，其方向、内容、绘制方法等没有一定规律可循，故对这些地图绘制特点进行总结归纳，注定会遭遇尴尬的局面。如曾有学者根据郑若曾的海防图方向是"以海居上、地居下"，且以郑若曾的话证明海防图考虑到内外有别，归纳出海上陆下的方向规律。事实上，这个结论并不完全正确，因为明清海防图方向并不完全一致，而且如果考虑到受印刷格式的限制，以及古代由右到左的读图习惯，那么，海防图的方向应该更多地受制于绘制的起点，郑若曾的海防图以广东为起点，即右为南，故海居上；有的海防图以辽东为起点，即右为北，则陆变而为上。但是针对同源性的地图，我们可以总结出一些规律性的东西，只要我们判断的方法和选择的要素得当，则可以对同源地图进行研究，发现相互之间的继承性，并从中找出变化的特点，再结合时代特点分析这些变化，既可以丰富海图史研究，而且可以从海图的变化反映当时的一些历史背景。尤其历史时期的航海图，它们有着一个共同的特点，即实用性，海图绘制虽然没有官方的规定，但是实用性使得不同时期不同的人绘制的海图具有实用的目的、航海的目的和长期固定的路线，因此具有相同的特点，并构成一定的承前启后的谱系。所以，如果从实用性的角度去研究这些航海图，则可期待一些规律性的发现。事实上，已有学者将谱系的研究方法引入地图史研究和海图史的研究。① 但是判断不同时代、不同作者绘制的海图之间是否存在承继关系，抑或是不是同一谱系的海图时，需要细化同一谱系的独特之处。

其三，关注历史时期海图与沿海地图的界定，这也是目前很少涉及的问题。如何界定历史时期的中国海域？海洋广袤无垠，古代中国除了沿海极少数居民，其他绝大多数人并不直接与海洋产生联系，故不会想到给海洋划界的问题，只有受到来自海洋其他居民的物质诱惑的引力或者武力掠夺的压力之后，为了贸易或者防御的需要，才会对海洋产生划界的想法，由此产生航海图和海防图的类型。早期中国对东部海区只有"东海"、"东北海"或"南海"等大方位的概念，并没有专门明确对某一海域的划定。宋代出现"南北洋"、"南洋"和"北洋"的专称，或以长江口为划分南北洋的分界。明代在"南洋""北洋"之外出现了"东西洋""东洋""西洋""内洋""外洋"等海域名称，且有更加明确的方位和空间范围，但是并不统一。如东、西洋或以文莱所在加里曼丹岛为界，其以北、以东为东洋，以西、以南属西洋，但也有以福建的漳州和泉州为界的；南北洋的分界或以山东半岛的成山角为界，或以浙江的嵊泗列岛为界。② 清代把接近大陆海岸和岛屿的海域由近及远划分成内洋、外洋以及深水洋或黑水洋。③ 清代方志舆图中也把中国领海内的界线分为三种，一是省、府、州、县的辖境海界，一是水师营汛的巡防海界，另一种是内外洋界，主要用来划分地方与水师、内洋水师与外洋水师管辖和防御的界线，④ 规定不同界线是为了明确不同官员的职权。

由上可知，明代开始慢慢形成有空间范围的海疆的认识，并出现相应的

---

① 钟翀：《中国近代城市地图的新旧交替与进化系谱》，《人文杂志》2013 年第 5 期，第 90 ~ 104 页；石冰洁：《大清万年一统地图研究》，复旦大学 2017 年硕士学位论文；陈佳荣：《再说顺风相送源自吴朴的〈渡海方程〉》，《海洋史研究》第十辑，第 354 ~ 363 页；李新贵、白鸿叶：《明万里海防图筹海系谱研究》，《文献》2019 年第 1 期，第 176 ~ 191 页。

② 李孝聪：《中国历史上的海上空间与沿海地图》，载李孝聪主编《中国古代舆图调查与研究》，中国水利水电出版社，2019，第 287 ~ 303 页。

③ 王宏斌：《清代内外洋划分及其管辖问题研究——兼与西方领海观念比较》，《近代史研究》2015 年第 3 期，第 67 ~ 89 页。

④ 何沛东：《清代浙闽粤三省方志海图的整理与研究》，第 165 页。

海防图，目前有人把中国历史上绘制的王朝疆域图直接等同于海疆图，因此，宋代《禹迹图》变成了"最早最精确的海疆地图"，康熙时期绘制的《皇舆全览图》也成为中国古代海洋地图。[①] 这种把陆疆等同于海疆的看法很成问题，既不符合历史发展规律，就现实意义而言，亦与《联合国海洋法公约》相背，大大缩减了我国的海洋权益。按照 1994 生效的《联合国海洋法公约》，中国拥有领海海域 38 万余平方公里，专属经济区 300 万平方公里。所谓领海是指与海岸平行并具有一定宽度的带状海域，沿海国对领海拥有全部主权，领海的宽度为 12 海里；专属经济区是在领海之外并接领海的海域，从领海基线起算不超过 200 海里，相当于 371 公里。清朝的内洋有点类似于今日的领海，外洋似专属经济区，外洋之外才是公海。那么我们如何来区分早期的海图与绘制了部分海域的地图？首先依据海图的分类来确定；对于无法明确分类的海图，采用图名中是否含有"海"字来界定较为可行；对于面状的绘制海洋的区域总图和方志海图应该视图面上海面占据的百分比来定，若这个比例超过 50%，则属海图；但这个比例仍须依照该图重点表示的内容来定，如果重点表示海陆形势，则这个比例或可适当缩小；对于线状的航海图，只要以中国为起讫点的线状航线图皆属中国海图史研究范围。

其四，开展与世界海图史的比较研究。航海活动尤其是远洋航行都是跨界的，我国与东亚、东南亚一带很早就有贸易往来，虽然中国海图史研究区域有所侧重，但是如果把我们的视野放到邻近国家甚至世界范围内进行同类海图的比较分析，通过他人视野和比较的方法，就同一海域的绘制特点进行同时或历时的比较，既可深化海图史研究，亦可借助海图的研究发现新的历史问题。

最后应加强海图史研究在历史学及其他学科中应用的研究，范文涛曾在半个多世纪前指出，研究地图的意义在于"吾人自今溯昔，按昔推今，是图又为一桥梁焉"[②]，故研究海图史不止于海图本身，而应在此基础上推动其他相关的历史研究，这才是海图史研究的意义所在。

---

① 梁二平：《中国古代海洋地图举要》，海洋出版社，2011
② 范文涛：《郑和航海图考》，商务印书馆，1943，第 46 页。

An Introduction of the Study of Chinese Sea Chart History and Suggestions for its Future

Han Zhaoqing

Abstract：Early Chinese sea charts have changed greatly in their contents and their ways of mapmaking compared to contemporary Chinese sea charts. This article suggests that the development of Chinese sea chart can be divided into two phases by 1929. After a general review of previous research, this paper provides five suggestions for the study of Chinese sea chart history in the future. Firstly, conduct a systematic collection of the early sea charts based on chart classification of China. Secondly, enforce comparative studies of sea charts with same or similar origins. Thirdly, focus on the differences between sea chart and those maps of coastal area. Fourthly, conduct comparative studies of sea charts in South East Asian and the rest of the world. Lastly, strengthen the application of sea charts in the studies of other disciplines.

Keywords：Chinese Sea Chart; Study of Sea Chart; Division of Sea Chart by Time Periods; Classification of Sea Chart

（执行编辑：申斌）

海洋史研究（第十五辑）
2020 年 8 月　第 506～523 页

2019 年中国海洋史研究综述

杨　芹[*]

2019 年，中国海洋史研究取得多方面的新成果和新进展，年度出版发表相关中文论著（含海外学者的中文成果、研究生学位论文）共约 330 篇（部）。本文对此做一简要综述，疏漏、不当之处，尚祈方家正之。

海洋政策与海防研究

海洋政策是国家处置海洋事务的意志及行动准则的体现，中国历代海洋政策一直是海洋史研究的重要内容。刘正刚考察了《皇明成化条例》中不断出台的"条例"，揭示明朝加大对违禁走私非法行为的处罚力度，介入对海上贸易的管控，反映了成化年间海洋走私贸易已相当活跃。[①] 韩毅、潘洪岩从官商、外商、国内私人海商等利益集团的角度，分析了影响明代海禁政策变迁的诸种因素。[②] 解扬聚焦乾隆初年政府对南洋洋米和黑铅贸易的管

　*　作者杨芹，广东省社会科学院海洋史研究中心副研究员。
　　本文在前期的资料搜集过程中，得到广东省社会科学院历史学硕士研究生孙卓、黎荣昇、钟青、何爱民的大力帮助，特此致谢！
　①　刘正刚：《明成化时期海洋走私贸易研究——基于条例考察》，《暨南学报》（哲学社会科学版）2019 年第 8 期。
　②　韩毅、潘洪岩：《利益集团与明代海禁政策变迁（1508～1567）》，《辽宁师范大学学报》（社会科学版）2019 年第 4 期。

理，展示清朝处理南洋商务有一定务实性和灵活性。① 李健、刘晓东考析了洪武十六年明朝往琉球市马的史实，发现明朝尝试借助市马影响高丽、日本，以构建东北亚地缘政治秩序的政治外交努力。② 林炫羽关注争贡之役与明朝海防改革之间的关系，尤其表明浙江巡抚之设，具有防范日本贡使的目的。③ 卢正恒探索明清鼎革之际郑氏运作谍报网络以窥探清朝，而清朝也透过该谍报网络刺探台湾和沿海海岛情报的互动较劲的有趣过程。④ 徐素琴探讨了清政府在中西通商贸易中对澳门葡人实行的约束机制和管理制度。⑤

　　明清时期海洋政策尤其是海防，对沿海秩序管控、社会治理与海洋发展均具有重要意义。杨培娜指出，明初沿海卫所作为濒海地区备倭、防寇的驻防堡垒而设立，然而随着与在地社会各色人群的互动，卫所的军事色彩日益淡化，出现民居化趋势，明中期以后逐渐形成以卫所城池为中心的社会网络，而且不同区域的社会经济态势也造成民居化路径出现差异。⑥ 杨培娜另外关注明清华南沿海渔民管理机制的演变，指出以舟系人与滩涂经界相结合，构成清朝对濒海人群和海洋管理的基本策略，建构起 18 世纪以降沿海社会秩序。⑦ 韩虎泰观察镇守广东总兵、副总兵的设置及其驻地变迁，与明代南海区域以镇压"瑶乱"为主的陆防和以平靖"倭乱"为主的海防二者重心的时空演变格局有直接关联。⑧ 这方面的研究成果还有对 20 世纪 50 年

---

① 解扬：《乾隆初年南洋米铅贸易探析》，《历史档案》2019 年第 4 期。

② 李健、刘晓东：《洪武十六年明朝往琉球"市马"的目的探析》，《海交史研究》2019 年第 1 期。

③ 林炫羽：《从争贡之役到设立巡抚：明嘉靖年间浙江海防改革》，《西南大学学报》（社会科学版）2019 年第 3 期。

④ 卢正恒：《贼谍四出广招徕：郑氏谍报网、清帝国初期的东南海岛认识与〈台湾略图〉》，《台湾史研究》第 26 卷第 1 期，2019。

⑤ 徐素琴：《清政府"夷务"管理制度中的澳门葡人》，李庆新主编《学海扬帆一甲子——广东省社会科学院历史与孙中山研究所（海洋史研究研究中心）成立六十周年纪念文集》，科学出版社，2019，第 391～403 页。

⑥ 杨培娜：《谁的堡垒——明代闽粤沿海卫所的民居化路径比较》，《国家航海》2019 年第 1 期。

⑦ 杨培娜：《从"籍民入所"到"以舟系人"：明清华南沿海渔民管理机制的演变》，《历史研究》2019 年第 3 期。

⑧ 韩虎泰：《明代南海区域陆海防御格局的演变》，《历史档案》2019 年第 4 期。

代中国渔民行政区置废的考察等。①

战船在古代海防体系中具有不可或缺的重要作用。谭玉华从技术史角度梳理了明清时期"广船"500多年的演变历史，尤其对明朝战船的系列变革进行系统考察，指出"重利炮，轻坚船"的技术偏好乃植根于火炮、船舶技术传统与欧洲技术传统的兼容和有选择的扬弃，可谓事出有因。另外，明朝"蜈蚣船"原型为东南亚的兰卡桨船，其传入和仿制为中外船舶技术交流的又一例证。② 此外，陈晓珊、蔡薇、赵万永、王宏斌、耿健羽等对明代"遮洋船"、戚继光水师战船和清代主力战舰赶缯船的研究均各有突破，展示了同一时代东西方战船的特点以及军事装备的差距。③

海洋维权与海洋开发研究

海洋发展、海洋维权等海洋历史与现实问题，近年来一直是多学科关注的热点。李国强从理论高度思考海洋史与海疆史的关系，强调二者理论边际渐趋淡化，呈现出越来越明显的相互交叉与交融，相互渗透与浸染的趋势，

---

① 宋烜、宋绎如：《最早的海军基地——明代海防水寨设置考》，《国家航海》2019年第1期；石坚平：《明代江门海防体制初探——以沿海舆图为中心的考察》，《五邑大学学报》（社会科学版）2019年第1期；李强华：《晚清海防战略的嬗变历程、制约因素及其启示》，《海南师范大学学报》（社会科学版）2019年第5期；陈贤波：《华南海盗与地方士人的应对策略——以黄蟾桂〈立雪山房文集〉为探讨中心》，《国家航海》2019年第1期；杨园章、谢继师：《〈答郡邑大夫问海上事宜状〉所见陈让海防策略论述》，《海交史研究》2019年第2期；廖望：《明清粤西州县佐杂的海防布局探论》，《海洋文明研究》第四辑，中西书局，2019年；陈冰：《20世纪50年代中国渔民行政区置废初探》，《中国历史地理论丛》2019年第3期；张宏利：《宋代沿海地方社会控制与涉海群体的应对》，《温州大学学报》（社会科学版）2019年第2期；刘利民：《近代中国收回海关代办航政管理权探论（1909~1931）》，《史学月刊》2019年第5期。

② 谭玉华：《岭海帆影——多元视角下的明清广船研究》，上海古籍出版社，2019；《明朝海防战船欧化变革的历史考察》，《中山大学学报》（社会科学版）2019年第5期；《汪铉〈奏陈愚见以弭边患事〉疏蜈蚣船辨》，《海交史研究》2019年第1期。

③ 陈晓珊：《从遮洋船特征看明代战船上的防御设备》，《国家航海》2019年第1期；蔡薇、赵万永：《论戚继光水师战船与同时代西方风帆战舰的船型》，《北部湾大学学报》2019年第8期；王宏斌、耿健羽：《清朝福建水师赶缯船兴衰探析》，《河北大学学报》（哲学社会科学版）2019年第6期；刘致《北洋海军第一级鱼雷艇考证》，贾浩《庚子大沽口之战再分析——以大沽炮台火炮装备及使用情况为中心》，陈一川《瓦瓦司钢炮考》，均刊于《国家航海》2019年第1期。

要努力打造和创新中国海洋史与海疆史的学术体系和话语体系。① 刘永连、常宗政探讨晚清两广总督府收复东沙群岛之后，在东沙、西沙群岛实施海洋资源调查，制定开发建设规划，开展招商、官办及合办开发活动，酝酿无线电台和气象台建设等事宜，为维护南海主权与海疆开发做出重要贡献。② 郭渊、王静分别讨论了两广总督派员初勘西沙群岛的原因、经过，清末两广总督派舰复勘西沙、筹划岛务开发之举，以及广东地方高校对西沙群岛资源的调查情况。③

　　学者对南海争端的阶段性及各个阶段争端演变的特点和成因研究有新的进展。④ 王子昌等对 20 世纪 30 年代法国制造"九小岛事件"的背景、经过，以及国民政府的回应做了详细梳理考析。⑤ 郭渊通过解读 20 世纪 30 年代前后法国、日本文献关于南沙自然人文景观的记载，认为南海仲裁庭在对文献的解读运用上存在明显错误。⑥ 栗广围绕"旧金山对日和会"对南海诸岛若干处置问题，评估美国在对日媾和期间的所作所为。⑦ 孙晓光、张赫名、王巧荣分别讨论了美国在不同历史时期的南海政策。⑧ 王涛利用英国发行的台湾古地图、航海指南、航海杂志等资料，系统探讨了英国调查台湾水

---

① 李国强：《关于海洋史与海疆史学术界定的思考》，李庆新主编《学海扬帆一甲子——广东省社会科学院历史与孙中山研究所（海洋史研究研究中心）成立六十周年纪念文集》，第 432 ~ 448 页。

② 刘永连、常宗政：《晚清两广总督府开发建设东沙、西沙群岛述要》（上），《海南热带海洋学院学报》2019 年第 6 期。刘永连、常宗政：《晚清两广总督府开发建设东沙、西沙群岛述要》（下），《海南热带海洋学院学报》2020 年第 1 期。

③ 郭渊：《清末初勘西沙之中外文献考释》，《南海学刊》2019 年第 1 期；王静：《清末两广总督派舰复勘西沙及法国认知之演变》，《南海学刊》2019 年第 1 期；王静：《广东地方高校与西沙群岛资源的调查——以 1928 年西沙调查活动为考察中心》，《中国边疆史地研究》2019 年第 3 期。

④ 庞卫东：《南海争端：阶段、特点及成因》，《史学月刊》2019 年第 4 期。

⑤ 王子昌、王看：《20 世纪 30 年代初中国对法国强占南沙岛礁的回应及其证据意义》，《中国边疆史地研究》2019 年第 1 期。任雯婧：《法国南沙群岛政策与"九小岛事件"再研究》，《中国边疆史地研究》2019 年第 3 期。

⑥ 郭渊：《论法国人对南沙群岛渔民和地理景观的记述——兼论"南海仲裁案"对某些史实的不确之说》，《海南热带海洋学院学报》2019 年第 1 期。郭渊：《论日本人对南沙群岛海南渔民和地理景观的记述——兼论南海仲裁案对某些史实的不确之说》，《海南热带海洋学院学报》2019 年第 6 期。

⑦ 栗广：《美国与"旧金山对日和会"对南海诸岛问题的处置——对若干问题的释疑》，《中国边疆史地研究》2019 年第 3 期。

⑧ 孙晓光、张赫名：《试论冷战结束以来美国的南海政策》，《史学月刊》2019 年第 6 期。王巧荣：《奥巴马执政时期美国的南海政策》，《史学月刊》2019 年第 10 期。

文、攫取信息的过程。① 王国华、张晓刚对近代日本海洋渔业扩张历史做了深入剖析，指出日本渔业入侵对中国海权造成的实质性侵害。②

黄启臣从长时段与整体视野考察广东自汉代至明清时期的经济发展从江河到海洋的大趋势，明清时期广府地区海洋经济繁荣，使广东经济跻身先进地区之列。③ 王潞对明清朝廷经略南澳岛的措施做了翔实梳理和考证，阐释南澳从一个海隅孤岛转变成成熟行政区划的过程。④ 刘义杰从文献及古舆图论证南海海道的开拓发展史，体现了从涨海、石塘（堂）到千里长沙、万里石塘、南澳气及对南海诸岛从朦胧到清晰的认知过程。⑤ 羽离子、陈亚芊考察中国历史上第一次绘制渔业海图——晚清绘制《渔海全图》的始末和情况，认为其反映了中国渔权、海权意识的觉醒。⑥ 赵书刚、林志军认为台湾建省成功的主要驱动力，是中国日益增长的海权意识。⑦ 王利兵阐释地图的绘制以及"家国"叙事等话语制造，对国家海洋边界建构发挥了积极作用。⑧ 夏帆关注民国时期知识阶层的海权认知与维护海权的宣传方式，指明这些活动为抗日战争后国民政府积极收回南海诸岛主权提供了思想基础和舆论氛围。⑨

《更路簿》是海南渔民在南海活动的经验总结，蕴含着中国人民开发南海、经略南海、维护南海主权的历史文化信息，近年李国强、周伟民等学者有倡建"更路簿学"之议。阎根齐指出《更路簿》记录了海南渔民在南海

---

① 王涛：《清代英国在台湾水域的水文调查》，《中山大学学报》（社会科学版）2019 年第 3 期。
② 王国华、张晓刚：《近代日本远洋渔业扩张与侵害中国海权的历史考察》，《日本研究》2019 年第 4 期。
③ 黄启臣：《从江河到海洋——广东古代经济发展的路向》，李庆新主编《师凿精神忆记与传习——韦庆远先生诞辰九十周年纪念文集》，科学出版社，2019，第 851～870 页。
④ 王潞：《论 16～18 世纪南澳岛的王朝经略与行政建制演变》，李庆新主编《学海扬帆一甲子——广东省社会科学院历史与孙中山研究所（海洋史研究研究中心）成立六十周年纪念文集》，第 432～448 页。
⑤ 刘义杰：《南海海道初探》，《南海学刊》2019 年第 4 期。
⑥ 羽离子、陈亚芊：《晚清绘制〈渔海全图〉初考》，《海交史研究》2019 年第 2 期。
⑦ 赵书刚、林志军：《清末台湾建省成功的海权因素》，《江苏师范大学学报》（哲学社会科学版）2019 年第 6 期。
⑧ 王利兵：《地图与话语：海洋边界建构的国家实践》，《云南师范大学学报》（哲学社会科学版）2019 年第 6 期。
⑨ 夏帆：《论民国知识阶层的海权认知与宣传》，《边界与海洋研究》2019 年第 3 期。

航行的航海技术以及天文、地文、水文等导航资料。① 海南"更路经"为南海地名来源提供了重要依据。② 李文化等利用数字化手段对南海《更路簿》做了较为科学精确的解读。③ 李彩霞对《顺风相送》存疑地名和航路，以及苏承芬本《更路簿》所涉外洋地名做了详细的考证。④ 王利兵认为应重视对《更路簿》的保护与传承，充分发挥渔民的主体性，让渔民在真实的文化空间和海洋实践中自觉传承《更路簿》。⑤ 此外，有学者对《更路簿》的版本、历史与现状等相关问题进行了梳理、总结。⑥

海上丝路与海洋贸易研究

对海上丝绸之路与跨区域或国际性海洋贸易的考察，本年收获甚丰。张国刚从全球史、世界史眼光，全面系统考察数千年来中西文化关系的发展大势，分为两大阶段（远古时代到郑和下西洋，大航海以后即晚明和盛清时期），皆翔实介绍海陆交通、对外关系、商贸互动、文化交流、异域宗教等问题，完整呈现出中西方文化交往和对话的宏大史迹和丰富内容。⑦ 德国汉学家普塔克（Roderich Ptak）聚焦自远古到葡萄牙殖民时代的印度洋及太平洋各个海域历史，分析影响古代航路变迁的各种要素、"海上丝绸之路"沿线各文明兴衰的原因及彼此之间联系等，构建起以亚洲人为主体的海洋世界历史。⑧ 他还以"海上丝绸之路"为例，从理论上阐述海洋航线本质上是基

---

① 阎根齐：《论海南渔民的航海技术与中国对南海的历史性权利》，《吉林大学社会科学学报》2019 年第 2 期。
② 阎根齐：《论海南渔民的口传"更路经"》，《中华海洋法学评论》2019 年第 1 期。
③ 李文化：《南海"更路簿"数字化诠释》，海南出版社，2019；李文化、陈虹、夏代云：《南海更路簿航速极度存疑更路辨析》，《南海学刊》2019 年第 2 期；李文化、陈虹、孙继华、李冬蕊：《南海〈更路簿〉针位航向极度存疑"更路"辨析》，《海南大学学报》（人文社会科学版）2019 年第 2 期。
④ 李彩霞：《〈顺风相送〉南海存疑地名及针路考》，《海交史研究》2019 年第 2 期；《苏承芬本〈更路簿〉外洋地名考证》，《海南大学学报》（人文社会科学版）2019 年第 2 期。
⑤ 王利兵：《记忆与认同：作为非物质文化遗产的南海〈更路簿〉》，《太平洋学报》2019 年第 3 期。
⑥ 林勰宇：《现存南海更路簿抄本系统考证》，《中国地方志》2019 年第 3 期；李文化、陈虹、孙继华、李冬蕊：《不同版本〈王诗桃更路簿〉辨析》，《海南热带海洋学院学报》2019 年第 3 期；温小平：《更路簿研究的历史、现状及未来展望》，《南海学刊》2019 年第 2 期。
⑦ 张国刚：《中西文化关系通史》，北京大学出版社，2019。
⑧ 〔德〕普塔克：《海上丝绸之路》，史敏岳译，中国友谊出版公司，2019。

于风向、洋流、潮汐、航向等基础知识构建出来的心理路线，探讨了与海洋空间相关的诸多议题。①

马建春系统梳理了公元 7～15 世纪波斯、大食、回回商旅在海上丝绸之路贸易中的活动，以及他们对海上交通网络、沿海港口发展等所发挥的作用。② 陈支平从明代朝贡体系、明中后期朝野对"大航海时代"的应对，以及文化传播等角度，对明代"海上丝绸之路"发展模式做出历史反思。③ 万明通过对明代永宁寺碑的考释，确证了亦失哈七上北海的史实，揭示出明代东北亚丝绸之路的发展。④ 李德霞考察 16～17 世纪中拉海上丝绸之路的形成与发展。⑤ 周大程、吴子祺则关注近代中越关系与海上交通的联系，对晚期中国国际关系研究有一定价值。⑥

普塔克、孟玉华（Ylva Monschein）分别对山东、琅琊在海上丝绸之路中的地位、作用进行详细考释和理论阐释。⑦ 金国平利用西班牙航海家弗朗西斯科·加利的航海日记，揭示了西班牙人 1584～1585 年首次从澳门始发航向美洲阿卡普尔科的航程，指出这条航线连接亚、美、欧三大洲，拉开了真正意义上的"全球化"序幕。⑧ 王日根利用李氏朝鲜《备边司誊录》史料，揭示出明清东亚海域北段沿海贸易虽然仍断续开展，但层次偏低，贸易风险较高，贸易商品种类也很有限，乘船人员比较复杂。⑨ 汤开建、郭姝伶利用中西文档案文献，探讨 17 世纪末至 19 世纪中期澳门进口巴西烟草，巴西引进中国茶叶和茶叶种植技术的双向互动关系，填补了中国与南美洲交流

① 〔德〕普塔克：《航海路线的心理建构：语义特点与假定功能》，王俊杰、吴婉惠译，李庆新主编《学海扬帆一甲子——广东省社会科学院历史与孙中山研究所（海洋史研究中心）成立六十周年纪念文集》，第 714～726 页。
② 马建春：《公元 7～15 世纪"海上丝绸之路"的中东商旅》，《中国史研究》2019 年第 1 期。
③ 陈支平：《明代"海上丝绸之路"发展模式的历史反思》，《中国史研究》2019 年第 1 期。
④ 万明：《明代永宁寺碑新探——基于整体丝绸之路的思考》，《史学集刊》2019 年第 1 期。
⑤ 李德霞：《16～17 世纪中拉海上丝绸之路的形成与发展》，《历史档案》2019 年第 2 期。
⑥ 周大程：《晚清中越官方海上交通——以 1883 年阮述使华为例》，《越南研究》2019 年第 1 期；吴子祺：《法国殖民扩张前后的中越海上联系：以雷州半岛为中心》，《海洋文明研究》第四辑，中西书局，2019 年。
⑦ 〔德〕普塔克：《山东与海上丝绸之路》，蔡洁华译；〔德〕孟玉华：《琅琊港：古代"海上丝绸之路"最早的起点之一？》，李健鸣译，均载《海洋史研究》第十三辑，社会科学文献出版社，2019。
⑧ 金国平：《1584～1585：澳门—阿卡普尔科首航》，李庆新主编《师凿精神忆记与传习——韦庆远先生诞辰九十周年纪念文集》，第 851～870 页。
⑨ 王日根：《由〈备边司誊录〉看清代东亚海域北段沿海贸易实态》，《淡江史学》第 31 期，2019 年。

的若干空白。① 万朝林、范金民对康熙开海后至乾隆十四年间由广州入口的洋船数量及其载运的商品与白银等做出估算，勾勒开海之初的贸易格局，填补清代早期中西贸易的某些缺环。② 美国学者范岱克（Paul A. Van Dyke）通过 1772 年《广州十三行洪氏卷轴》考订广州商馆区外洋行与本港行之间的关系，并对画中每一座建筑进行翔实的讨论。③ 松浦章考察 19 世纪后半期"轮船时代"的到来，指出西欧轮船成为连接中国和欧美各国的重要交通工具，实现了物资和人员在更广阔范围内的移动。④

学界对一些特种商品及相关问题也取得了别开生面的成果。俄国学者谢尔盖·拉普捷夫（Sergey Lapteff）结合考古发现与东西方文献，探讨公元前三千纪至前一千纪从中亚到印度洋、东南亚海域之间稀有商品青金石、玻璃的海陆贸易网络与远程跨国传播实态。⑤ 万翔、林英研究公元初几个世纪贵霜古钱币，展示了贵霜帝国通过货币流通控制丝绸之路商业贸易的史实。⑥ 王洪伟考察了明清时期中国与朝鲜、日本、东南亚的海路交通和医药交流与药材贸易的历史。⑦ 李庆探寻 16 ~ 17 世纪梅毒良药土茯苓在海外的流播并由此带动的中医西传，反映了近代早期区域性物种在全球化浪潮中成为重要国际商品。⑧ 张学渝、蔡群对清朝西洋钟表的入华、制作、技术交流等过程也做了相当详尽的考述。⑨

---

① 汤开建、郭姝伶：《烟草与茶叶：17 世纪末至 19 世纪中期澳门与巴西的商业贸易》，《中国经济史研究》2019 年第 1 期。

② 万朝林、范金民：《清代开海初期中西贸易探微》，《中国经济史研究》2019 年第 4 期。

③ 〔美〕范岱克：《1772 年的〈广州十三行洪氏卷轴〉与广州商馆区背后的面孔》，张楚楠译，李庆新主编《学海扬帆一甲子——广东省社会科学院历史与孙中山研究所（海洋史研究研究中心）成立六十周年纪念文集》，第 293 ~ 338 页。

④ 〔日〕松浦章：《近代中国汽船时代的到来与文化交流的变容》，杨蕾、肖义峰译，李庆新主编《学海扬帆一甲子——广东省社会科学院历史与孙中山研究所（海洋史研究研究中心）成立六十周年纪念文集》，第 861 ~ 874 页。

⑤ 〔俄〕谢尔盖·拉普捷夫：《公元前三千纪至公元前一千纪稀有商品贸易网络中的中亚——以青金石与玻璃为中心的探讨》，冯筱媛译，《海洋史研究》第十三辑，社会科学文献出版社，2019。

⑥ 万翔、林英：《公元 1 ~ 4 世纪丝绸之路的贸易模式——以贵霜史料与钱币为中心》，《海洋史研究》第十三辑，社会科学文献出版社，2019。

⑦ 王洪伟：《明清时期中国药业对外交流与贸易——以朝鲜、日本及东南亚各国为考察对象》，《中国农史》2019 年第 5 期。

⑧ 李庆：《16 ~ 17 世纪梅毒良药土茯苓在海外的流播》，《世界历史》2019 年第 4 期。

⑨ 张学渝、蔡群：《呈进、采办与造办：清代西洋机械钟表入华与技术传播》，《海洋史研究》第十三辑，社会科学文献出版社，2019。

港口、航路是海洋贸易与海上交通的基本空间和重要依托。韩国海洋史学家金康植（Kim Kang-sik）考察了宋朝与高丽之间横渡黄海的海上航线、南方海上航线，以及取道济州岛（古称耽罗）的海上航线，指出其不仅是两国使节的外交路线，更主要的是作为商业和文化交流的通道，在东亚贸易区发展中起着重要作用①。陈冬梅分析了宋元时期泉州港成为"世界第一大港"的成因，认为蒲寿庚发挥了重要作用。② 张剑光分析宋元之际青龙镇港口衰落的原因，认为商品集散不通畅、政府政策及周边小市镇兴起、运输货物品种变化等因素都影响到青龙镇商业地位，并促使上海港地位上升。③ 周鑫通过系统考察明初广州"舶口"的移散及民间海洋力量的起伏，探讨了南海海洋网络的变迁过程。④ 孙靖国利用清代彩绘地图《山东至朝鲜运粮图》，展示了明清时期直隶、山东、辽东等地以及与朝鲜之间的海上航线。⑤李效杰、刘春明、陈国威分别考析了"德物岛"和"得物岛"、"钓鱼台"与"薛坡兰"、"两家滩"等在海洋史上具有特殊意义的历史地名，解决了相关历史问题。⑥ 此外，宋时磊、刘再起以汉口交通为中心，考察了晚清俄商利用水路运输，调整中俄茶叶贸易，将汉口茶叶利用长江内河、中国东部沿海运输至天津再陆路运至恰克图，或者运往俄国东部港口海参崴再使用铁路运输至欧俄的演进过程。⑦

法国学者奥利维耶·勒·卡雷尔、日本学者宫崎正胜将航海地图的演变

① 〔韩〕金康植：《高丽和宋朝海上航线的形成和利用》，吴婉惠、江伟涛、杨芹译，李庆新主编《学海扬帆一甲子——广东省社会科学院历史与孙中山研究所（海洋史研究研究中心）成立六十周年纪念文集》，第 752~770 页。

② 陈冬梅：《全球史观下的宋元泉州港与蒲寿庚》，《复旦学报》（社会科学版）2019 年第 6 期。

③ 张剑光：《宋元之际青龙镇衰落原因探析——兼论宋元时期上海地区对外贸易的变迁》，《社会科学》2019 年第 3 期。

④ 周鑫：《14~15 世纪广州"舶口"移散与南海海洋网络变迁》，李庆新主编《学海扬帆一甲子——广东省社会科学院历史与孙中山研究所（海洋史研究中心）成立六十周年纪念文集》，第 272~292 页。

⑤ 孙靖国：《〈山东至朝鲜运粮图〉与明清中朝海上通道》，《历史档案》2019 年第 3 期。

⑥ 李效杰：《唐代东亚海上交通网中的"德物岛"海域》，《烟台大学学报》（哲学社会科学版）2019 年第 2 期；刘春明：《〈台海使槎录〉所记"钓鱼台"与"薛坡兰"考析》，《边界与海洋研究》2019 年第 4 期；陈国威：《明代郑若曾〈万里海防图〉中"两家滩"考析——兼论雷州半岛南海海域十七、十八世纪域外交往史》，《海交史研究》2019 年第 1 期。

⑦ 宋时磊、刘再起：《晚清中俄茶叶贸易路线变迁考——以汉口为中心的考察》，《农业考古》2019 年第 2 期。

与世界历史进程紧密地联系起来①，展示了地图史研究方兴未艾的发展方向和成功范式。李孝聪援引不同时期绘制的中外古地图，展示古地图所表现的海上丝绸之路的航线。② 孙靖国以郑若曾系列地图为例，指出地图对岛屿的表现形式主要源于观测者在实际生活与航行中对中国岛屿形态的认知，也是中国古代沿海地图对岛屿地貌的重要表现方式。③ 龚缨晏对李兆良关于郑和绘制《坤舆万国全图》、"郑和发现美洲"等系列观点进行论辩，指出其严重违背史实，重申历史学研究的科学性。④ 李新贵、白鸿叶、何沛东对明代《万里海防图》、方志舆图等问题做了有益探索。⑤

涉海人群与海洋社会研究

涉海人群是海洋社会活动的主体，海洋文明的创造者。刘晓东、陈钰祥、王华锋等讨论了 16 世纪"倭寇"、清代粤洋海盗、海商与海盗冲突或媾和等一系列问题，以及相关海上秩序、国际关系等问题。⑥ 李毓中以第一手的西班牙文史料，详细叙述了一个澳门华人参与西班牙在菲律宾的军事行动，以及西班牙人在中南半岛拓展的历史。⑦ 荷兰历史学家包乐史（Leonard Blussé）探讨 18 世纪中后期吧城的荷兰东印度公司在返航荷兰的商船上雇

---

① 〔法〕奥利维耶·勒·卡雷尔：《纸上海洋：航海地图中的世界史》，刘且依译，华中科技大学出版社，2019；〔日〕宫崎正胜：《从航海图到世界史：海上道路改变历史》，朱悦玮译，中信出版集团股份有限公司，2019。

② 李孝聪：《中外古地图与海上丝绸之路》，《思想战线》2019 年第 3 期。

③ 孙靖国：《郑若曾系列地图中岛屿的表现方法》，《苏州大学学报》（哲学社会科学版）2019 年第 4 期。

④ 龚缨晏：《〈坤舆万国全图〉 与 "郑和发现美洲"——驳李兆良的相关观点兼论历史研究的科学性》，《历史研究》2019 年第 5 期。

⑤ 李新贵、白鸿叶：《明万里海防图筹海系研究》，《文献》2019 年第 1 期；李新贵：《明万里海防图之章潢系探研》，《史学史研究》2019 年第 1 期；何沛东：《方志海图的 "越境而书"——以清代〈镇海县志·寰海岛屿图〉为中心的探讨》，《中国地方志》2019 年第 3 期。

⑥ 刘晓东：《"倭寇"与明代的东亚秩序》，中华书局，2019；陈钰祥：《海氛扬波：清代环东亚海域上的海盗》，厦门大学出版社，2019；王华锋：《冲突抑或媾和：乾嘉时期海盗与海商关系析论》，《西南大学学报》（社会科学版）2019 年第 3 期。

⑦ 李毓中：《Antonio Pérez——一个华人雇佣兵与十六世纪末西班牙人在东亚的拓展》，李庆新主编《学海扬帆一甲子——广东省社会科学院历史与孙中山研究所（海洋史研究中心）成立六十周年纪念文集》，第 781～800 页。

用中国水手这一举措形成的背景、实行情况及规范管理的相关规定。① 李庆新探讨了明清鼎革中活跃在珠江口以西至北部湾海域的反清复明武装，以海洋为舞台，成为台湾郑氏之外另一支坚持反清的南明武装力量。② 吴敏超讨论了最早到达新西兰的华人在淘金热中的贡献，思考新西兰华人与海上丝绸之路的关系。③ 黎相宜利用长期对华南侨乡及美洲、东南亚移民社会实地调研、搜集的一手材料，探讨移民与祖籍地、华侨华人与中国的互动关系。④ 越南学者阮玉诗（Nguyen Ngoc Tho）、阮氏丽姮（Nguyen Thi Le Hang）采用现代人类学理论与方法，对越南金瓯市潮州人天后信仰仪式之转变与在地化做了相当深入翔实的调查研究⑤。水海刚通过对新加坡"白三春"茶行的个案研究，考察二战以前海外小微华商企业经营策略。⑥ 法国东南亚史、华侨史专家苏尔梦（Claudine Salmon）关注 19 世纪末 20 世纪初东爪哇华人绅商使用孔诞纪年及将文昌祠改为祭祀孔子的文庙的历史，认为这是泗水的改良派与革命派不同政治力量的博弈与不得不选择合作的结果。⑦ 日本历史学家滨下武志（Takeshi Hamashita）分析 20 世纪 30～40 年代日本对于东南亚华侨华人研究的流派和特征，着眼于华侨的政治性、经济性、本土性等复合性质考察二战前华侨调查与研究所触及问题的本质。⑧

　　鲁西奇考察了汉唐时期朐山—郁洲滨海地域围绕东海庙、谢禄庙（石

① 〔荷〕包乐史：《受雇于荷兰东印度公司的中国水手》，蔡香玉译，李庆新主编《学海扬帆一甲子：广东省社会科学院历史与孙中山研究所（海洋史研究中心）成立六十周年纪念文集》，第 801～809 页。

② 李庆新：《清初粤西沿海的南明武装》，向群、万毅编《姜伯勤教授八秩华诞颂寿史学论文集》，广东人民出版社，2019，第 266～292 页。

③ 吴敏超：《新西兰华人与海上丝绸之路——以陈达枝为中心的探讨》，《广东社会科学》2019 年第 2 期。

④ 黎相宜：《移民跨国实践中的社会地位补偿：基于华南侨乡三个华人移民群体的比较研究》，中国社会科学出版社，2019。

⑤ 〔越〕阮玉诗、阮氏丽姮：《"雨下拨水"：越南金瓯市潮州人天后信仰仪式之转变与在地化》，李庆新主编《学海扬帆一甲子——广东省社会科学院历史与孙中山研究所（海洋史研究中心）成立六十周年纪念文集》，第 988～1000 页。

⑥ 水海刚：《国家与网络之间：战前环南中国海地区华侨小微商号的经营策略》，《中国经济史研究》2019 年第 2 期。

⑦ 〔法〕苏尔梦：《印尼泗水的改良派与革命派（1880 年代至 1906 年前后）》，李庆新主编《学海扬帆一甲子——广东省社会科学院历史与孙中山研究所（海洋史研究中心）成立六十周年纪念文集》，第 1015～1025 页。

⑧ 〔日〕滨下武志：《帝国与殖民地关系中的华侨——1930～1940 年代日本的南洋经济政策》，张传宇译，李庆新主编《学海扬帆一甲子——广东省社会科学院历史与孙中山研究所（海洋史研究中心）成立六十周年纪念文集》，第 1026～1052 页。

鹿山神庙）、海龙王庙等庙宇而展开的社会结构和文化形态，反映滨海地域
社会是海陆人群共同营构的社会，滨海地域的文化也是一种海陆文化。① 谢
湜以中西比较方法，探讨在 15～17 世纪莱茵河三角洲与长江三角洲开发中
的人地关系、技术选择、经济发展等问题。② 陈博翼从全球、国家与地方等
层面探讨南海东北隅这一区域在近代早期的联动及变化，强调区域本身即有
自己的秩序，并会基于这种秩序因应外界变化而演化出既带有"特殊性"
又与更广泛区域共享"普遍性"的新的自在性秩序。③ 郑俊华、陈辰立分别
考察明清时期岛屿开发情况，思考海岛民众与国家政策的互动、海岛社会秩
序建构以及海岛开发在古代海洋经济发展历程中之意义。④ 王日根、叶再
兴、陈辰立、水海刚等对沿海区域海洋灾害、官民应对、海洋渔业等问题进
行了较深入的研究。⑤

海洋文化与海洋考古研究

中国海洋文化历史久远，内容丰富。在 16 世纪初欧洲人进入东亚之前
一两千年间，包括中国人在内的东亚民族已经在亚洲海域内来来往往，其间
也发生了观念的交换。陈国栋以舶、卤股等汉语借词为例，探索其语源，证
明海洋交通对不同民族间的文化交换带来持久影响。⑥ 王子今阐述了汉代

---

① 鲁西奇：《汉唐时期滨海地域的社会与文化》，《历史研究》2019 年第 3 期。

② 谢湜：《风车与纺车：15～17 世纪莱茵河三角洲、长江三角洲开发中的人地关系与技术选
　择》，《海洋史研究》第十三辑，社会科学文献出版社，2019。

③ 陈博翼：《限隔山海：16～17 世纪南海东北隅海陆秩序》，江西高校出版社，2019。

④ 郑俊华：《清代外洋岛屿地域秩序之成立——以浙江衢山岛为例》，《浙江海洋大学学报》
　（人文科学版）2019 年第 1 期；陈辰立：《明清传统时代大东海渔业活动对岛屿的利用》，
　《中国社会经济史研究》2019 年第 1 期。

⑤ 王日根、叶再兴：《明清东部河海结合区域水灾及官民应对》，《福建论坛》（人文社会科学
　版）2019 年第 1 期；陈辰立：《跨界采捕与权力僭越：清代闽船入浙捕捞行为下的官民博
　弈》，《福建师范大学学报》（哲学社会科学版）2019 年第 2 期；水海刚：《口岸贸易与腹
　地社会：区域视野下的近代闽江流域发展研究》，厦门大学出版社，2019；李爱丽、罗家
　辉：《全球视野下的近代宁波渔业——1880 年柏林渔业博览会上的宁波展品》，《国家航海》
　2019 年第 2 期；冯由林：《近十年中国渔业史的回顾与展望》，《海洋文明研究》第四辑，
　中西书局，2019；辛月、王日昌：《近年来粤闽海洋渔业史研究概况》，《农业考古》2019
　年第 3 期。

⑥ 陈国栋：《海洋世界的观念交换：以几个汉语借词为例》，李庆新主编《学海扬帆一甲
　子——广东省社会科学院历史与孙中山研究所（海洋史研究中心）成立六十周年纪念文
　集》，第 727～740 页。

《论衡》关于海洋气象、水文、生物知识及航运、信仰等记载，体现了作者王充因出生与久居滨海之地而形成的海洋情结，及开放进取、重实学的海洋意识。① 程方毅探究明末清初《职方外纪》《坤舆图说》"海族"（海洋生物知识）的知识源头，认为既来源于古希腊罗马自然史传统，又受基督教神学和基督教动物故事集文本的影响，还有大航海时代以来建立的"科学""新"知识，整体上呈现了当时欧洲知识界的面貌。② 赵殿红从乾隆年间澳门"唐人庙事件"入手，辨析清前期禁教政策与澳门政治、宗教势力的力量对比和观念交锋。③ 陈波关注清代赴日贸易的中国船员口述的日文笔录"风说书"，揭示这种异域风闻对"明清鼎革"历史叙事的局限性。④ 金国平介绍"腰果"（又称为"槚如"）从巴西传入葡属印度殖民地果阿，再传入亚洲，经澳门传入中国的过程，辨析"槚如"来源于巴西印第安人图皮语，也由葡萄牙人通过澳门传入中国。⑤ 吴义雄考察了 18～19 世纪中叶"广州英语"的形成、特点及其在一个多世纪中西关系中扮演的重要角色，充当了"中国人与外国人之间的共同语言"。⑥ 李庆新探讨了18～19 世纪广州地区刻书业及其与越南的书籍交流，认为广州与嘉定之间的书籍刻印—销售的商业网络，可称为"海上书籍之路"。⑦ 有些文章从思想史、文学史角度观察晚清士大夫的海洋书写、《廿载繁华梦》中的粤海关、鲁迅与海洋文学、小说《曼斯菲尔德庄园》中的海洋元素等话题，开创了海洋文学研究

---

① 王子今：《〈论衡〉的海洋论议与王充的海洋情结》，《武汉大学学报》（哲学社会科学版）2019 年第 5 期。

② 程方毅：《明末清初汉文西书中"海族"文本知识溯源——以〈职方外纪〉〈坤舆图说〉为中心》，《安徽大学学报》（哲学社会科学版）2019 年第 6 期。

③ 赵殿红：《华人入教与政治博弈——乾隆年间澳门"唐人庙"事件解析》，李庆新主编《师凿精神忆记与传习——韦庆远先生诞辰九十周年纪念文集》，第 871～888 页。

④ 陈波：《风说书的世界——异域风闻所见之明清鼎革》，《海洋史研究》第十三辑，社会科学文献出版社，2019。

⑤ 金国平：《"槚如果子"飘洋过海——从巴西到中国》，李庆新主编《学海扬帆一甲子——广东省社会科学院历史与孙中山研究所（海洋史研究研究中心）成立六十周年纪念文集》，第 841～848 页。

⑥ 吴义雄：《"广州英语"与鸦片战争前后的中西交往》，李庆新主编《学海扬帆一甲子——广东省社会科学院历史与孙中山研究所（海洋史研究研究中心）成立六十周年纪念文集》，第 339～357 页。

⑦ 李庆新：《18～19 世纪广州地区刻书业及其与越南书籍交流》，李庆新主编《学海扬帆一甲子——广东省社会科学院历史与孙中山研究所（海洋史研究研究中心）成立六十周年纪念文集》，第 966～987 页。

的新视角、新领域。① 莆田学院学刊《妈祖文化研究》刊载一系列妈祖、水尾圣娘信仰研究的成果。②

关于海洋考古与文化遗产保护，相关研究成果颇多。《海洋史研究》（第十三辑）组织刊发了一组中国古代外销器物的专题文章，探讨"中国铁""中国石"等古代中国铜铁器西传、东南亚海域 10～14 世纪沉船出水锡锭之用途、18 世纪中国外销银器等问题。③ 全洪、李灶新探索南越宫苑遗址八角形石柱等建筑构件及技法的海外建筑文化的源流关系。④ 还有学者撰文介绍广西北海合浦汉墓及出土的外来玻璃器皿。⑤

英国考古学家安德鲁·乔治·威廉姆森（Andrew George Williamson）1968～1971 年在波斯湾北岸伊朗南部地区展开了为期 3 年的考古调查，取得丰富的阶段性成果，故宫博物院与英国杜伦大学首次对其中的中国瓷片做了全面介绍，分析古代中国与波斯湾北岸地区的陶瓷贸易发展情况。⑥ 魏峻对 13～14 世纪亚洲东部的海洋陶瓷贸易做了宏观描绘，指出中国东南地区的青瓷、青白瓷和黑釉、绿釉陶瓷器等品类逐渐形成专供外销的生产体系，并销售到亚洲和非洲东部等地。⑦ 李庆新对东亚海域古代沉船发现货币及相

① 陈绪石：《士大夫的海洋书写与近代国民的观念转变》，《学术探索》2019 年第 4 期；董圣兰：《影射叙事：晚清〈廿载繁华梦〉中的粤海关库书及其顶充》，《海交史研究》2019 年第 2 期；倪浓水：《"海洋"：鲁迅〈补天〉中阐释"人和文学缘起"的核心符码》，《浙江海洋大学学报》（人文科学版）2019 年第 1 期；段汉武、陈慧婷：《〈曼斯菲尔德庄园〉中的海洋元素研究》，《宁波大学学报》（人文科学版）2019 年第 4 期。
② 王小蕾：《女神信仰·海洋社会·性别伦理——对水尾圣娘信仰的性别文化考释》，《海交史研究》2019 年第 1 期。陈支平：《元代天妃文献史料辑录》，《妈祖文化研究》2019 年第 1 期。等等。
③ 陈春晓：《"中国石"、"中国铁"与古代中国铜铁器的西传》，杨晓春：《东南亚海域 10～14 世纪沉船出水锡锭用途小考》，席光兰、万鑫、林唐欧：《"南海 I 号"船载铁器与相关问题研究》，黄超：《中国外销银器研究回顾与新进展——兼论 18 世纪广州的银器外销生意》，均刊发在《海洋史研究》第十三辑，社会科学文献出版社，2019。
④ 全洪、李灶新：《南越宫苑遗址八角形石柱的海外文化因素考察》，《文物》2019 年第 10 期。
⑤ 中国社会科学院考古研究所、广西壮族自治区文化厅、广西文物保护与考古研究所编著《汉代海上丝绸之路考古与汉文化》，科学出版社，2019。
⑥ 故宫博物院考古研究所、英国杜伦大学考古系：《英藏威廉姆森波斯湾北岸调查所获的中国古代瓷片》，《文物》2019 年第 5 期。
⑦ 魏峻：《十三至十四世纪亚洲东部的海洋陶瓷贸易》，李庆新主编《学海扬帆一甲子——广东省社会科学院历史与孙中山研究所（海洋史研究中心）成立六十周年纪念文集》，第 771～780 页。

关海洋贸易、货币流通、"东方货币文化圈"等问题做了专题梳理和思考①。李岩以亲身经历、独到视角，对"南海Ⅰ号"沉船发掘研究进行了全程记录及专业解读。②各地考古工作者对广州、南京、舟山、泉州、阳江等地海洋文化遗产进行了调查与整理。曲金良出版了国内首部关于海洋文化遗产研究的专著。③

在海洋文献史料汇编与整理方面，张杰、程继红主持的明清时期浙江海洋文献总目整理，分为海洋史地（67种）、交通（33种）、军事（108种）、经济贸易（17种）、科技（46种）文献5类，内容包括作者生平、文献内容、版本源流、著录情况、文献价值等，为区域性海洋文献整理建构起可资借鉴的框架结构。④此外，冷东、苏黎明、吴绮云等对海外收藏的天宝行（广州十三行行商之一）原始档案、闽粤两省迁居南洋家族的60多部族谱、明代月港资料加以整理出版，成为海洋史研究难得的基础史料。⑤

国外海洋史研究

本年度学者对其他国家和地区海洋史的研究也有不少值得关注的成果。德国海洋史学家廉亚明（Ralph Kauz）从历史地理角度观察霍尔木兹海峡，指出其连接一个半封闭式的海（波斯湾）和一个开放的海（印度洋），是一个从封闭走向开放的通道，也是一个由于周边的商品流通而形成的商业中心。⑥钱江考察古代波斯湾地区处于社会底层的普罗大众和黑奴在海湾采珠史上的重要地位，在逐步完善的严密的制度运作体系中，哪哒、采珠人（黑奴）、水手和商人是波斯湾采珠史的创造者。⑦李塔娜考察18世纪广州

① 李庆新：《东亚海域古沉船发现货币及相关问题》，《光明日报》（理论版）2019年2月25日。
② 李岩：《解读南海Ⅰ号——打捞篇》，科学出版社，2019。
③ 曲金良：《中国海洋文化遗产保护研究》，福建教育出版社，2019。
④ 张杰、程继红：《明清时期浙江海洋文献研究》，海洋出版社，2019。
⑤ 冷东等主编《广州十三行天宝行海外珍稀文献汇编》，广东人民出版社，2019；苏黎明、吴绮云主编《闽粤下南洋家族族谱资料选编》，厦门大学出版社，2019；中共龙海市委党史和地方志研究室编《月港海丝资料汇编》，海峡书局，2019。
⑥ 〔德〕廉亚明：《霍尔木兹海峡的形成》，罗燚英译，李庆新主编《学海扬帆一甲子——广东省社会科学院历史与孙中山研究所（海洋史研究研究中心）成立六十周年纪念文集》，第741~751页。
⑦ 钱江：《哪哒、采珠人与海底采珠：波斯湾珠史札记之一》，《海交史研究》2019年第1期。

贸易系统与交趾支那的紧密关系，华人帆船贸易给交趾支那带来的活力、财富、繁荣和城镇化，交趾支那成为越南重要的华人经济作物生产地区，但西山起义给这一地区带来沉重毁坏，也改变了越南发展历史的方向。① 马来西亚学者杜振尊介绍长期生活在廖内群岛的海人（Orang Laut）群体，指出室利佛逝王国、马六甲王国和柔佛王国得到海人的效忠，掌控马六甲海峡，依靠贸易使国家强大起来。②

徐松岩、李杰探讨了罗马共和国晚期海盗活动的基本状况及海盗行为在罗马向东地中海地区扩张以至建立帝国过程中的作用等。③ 陈思伟、祝宏俊关注了古典时代雅典海事贷款抵押制度、斯巴达海军与霸业问题。④ 王志红考察伊比利亚联合王国时期（1580～1642）葡萄牙和西班牙人在东方贸易中的竞争与合作情况。⑤ 张倩红、艾仁贵采取跨大西洋史视角分析近代早期以来港口犹太人的殖民活动与全球性贸易网络的建构及其历史意义。⑥ 张宏宇梳理了美国捕鲸史的兴衰发展历程。⑦ 李贵民关注越南阮朝嘉隆帝、明命帝（1820～1840）统治期间商舶制度的流变，认为其是一个由内而外管理权责专业化的改变，是一个从中央（皇室）到地方财政支配健全化的过程。⑧

中南半岛东部濒海古国占婆具有悠久的海洋历史，15 世纪以前为典型的印度化王国，17 世纪后马来人带来了伊斯兰文化，占婆成为多元文化交融的濒海国家。占族人谙熟航海贸易，在古代东南亚地区史、海洋史与东西方交流史上均占有重要地位。进入 21 世纪以来，国际学界对占婆历史的研究逐渐增多，成为东南亚地区史与海洋史研究的崭新课题。本年度《海洋

---

① 〔澳〕李塔娜：《十八世纪的交趾支那：经济作物、华人和西山》，张楚楠译，李庆新主编《学海扬帆一甲子——广东省社会科学院历史与孙中山研究所（海洋史研究研究中心）成立六十周年纪念文集》，第 861～874 页。
② 〔马来西亚〕杜振尊：《亦兵亦盗：历史上廖内群岛的海人》，《海交史研究》2019 年第 2 期。
③ 徐松岩、李杰：《共和国晚期罗马与海盗的博弈》，《古代文明》2020 年第 1 期。
④ 陈思伟：《古典时代雅典海事贷款抵押制度初探》，《海交史研究》2019 年第 3 期；祝宏俊：《海军与斯巴达霸业兴衰》，《史学集刊》2019 年第 2 期。
⑤ 王志红：《伊比利亚联合王国东方贸易中的西葡竞争与合作（1580～1642 年）》，《古代文明》2019 年第 3 期。
⑥ 张倩红、艾仁贵：《港口犹太人贸易网络与犹太社会的现代转型》，《中国社会科学》2019 年第 1 期。
⑦ 张宏宇：《世界经济体系下美国捕鲸业的兴衰》，《世界历史》2019 年第 4 期。
⑧ 李贵民：《由内而外：十九世纪越南阮朝商舶制度的流变》，《淡江史学》第 31 期，2019。

史研究》集中刊发了国内外占婆史专家牛军凯、蒲达玛（Po Dharma）、新江利彦、尼古拉·韦伯（Nicolas Weber）对法藏占婆手抄文献目录、《占王编年史》与占城南迁宾童龙、占婆覆灭及被同化、流亡到柬埔寨的占婆国王考释的力作，均为当前国际占婆史研究的前沿研究成果。①

学术交流及其他

本年度国内高校和相关研究机构先后举办了为数不少的海洋史学会议和论坛，构筑起一系列各种形式的学术交流的平台。不能不提的是，3 月 30 ~ 31 日，厦门大学人文学院与中山大学历史系联合主办"海洋与中国研究"国际学术研讨会，汇聚全球高水平学术精英，就"海洋史学理论""海域史研究""海洋史学术团队建设"等方面展开了讨论，堪称近年来难得一见的海洋史学盛事。11 月 9 ~ 10 日，广东省社会科学院海洋史研究中心、中国海外交通史研究会等机构联合主办"大航海时代珠江口湾区与太平洋—印度洋海域交流"国际学术研讨会暨"2019 海洋史研究青年学者论坛"，为又一场高水平、高规格的国际海洋史学盛会，也是国内青年海洋史学工作者切磋交流的重要平台，一批经过正规专业训练，具有扎实史学功底、较强国际学术交流与对话能力的青年学人崭露头角，成为海洋史研究的重要力量。

海洋史研究的相关刊物发表了不少颇有质量的创新成果，对海洋史学发展起着推动和引领作用。2019 年广东省社会科学院海洋史研究中心纪念中心成立十周年，将《海洋史研究》第 1 ~ 10 辑以合集形式重新整理出版。②《海交史研究》以专题形式组织发表近 40 年来海外交通史研究重要议题的回顾与展望③，均在学界产生良好的反响。

总的看来，2019 年越来越多的研究者投身于海洋史学领域，促使海洋

---

① 牛军凯编译《法藏占婆手抄文献目录》；〔法〕蒲达玛：《流亡柬埔寨的一位占婆国王》，单超男译；〔日〕新江利彦：《关于〈占王编年史〉与占城南迁宾童龙的考察》，黄胤嘉译；尼古拉·韦伯：《从占婆长诗看占婆的覆灭与被同化（1832 ~ 1835）》，杨丽叶译，以上文章均载《海洋史研究》第十三辑，社会科学文献出版社，2019。
② 李庆新主编《海洋史研究》（1 ~ 10 合辑），社会科学文献出版社，2019。
③ 孟原召：《40 年来中国古外销瓷的发现与研究综述》；陈尚胜等：《地区性历史与国别性认识——日本、汗国、中国有关壬辰战争研究述评》；李昕升：《近 40 年以来外来作物来华海路传播研究的回顾与前瞻》；聂德宁：《近 40 年来中国与东南亚海上交流史研究回顾与展望》；陈晓珊：《近 40 年来中国航海技术史研究回顾与展望》；陈辰立：《近 40 年来中国海洋渔业史研究的回顾与前瞻》，均发表于《海交史研究》2019 年第 4 期。

史学术探索日渐兴盛起来。中国海洋史研究无论在传统议题、新研究领域还是在理论探索方面，均取得可喜进展。一些国际前沿领域如海洋环境、海洋知识以及大洋洲、南太平洋、印度洋史研究引起重视。正如学者所言，20世纪90年代以来全球史、海洋史等新的史学研究范式给太平洋史研究带来冲击，催生出以"太平洋世界"路径为代表的整体、开放的"太平洋的历史"。①

　　毫无疑问，海洋史学是国内备受学界瞩目的热门学问。在国家发展新形势、学术发展新潮流的激荡下，加强跨学科整合与多学科融通合作，加强与国际海洋史学对话交流，促进新兴学科和前沿学术发展，推进与亲缘学科的亲密合作，拓宽研究新边界，特别是海上丝绸之路史、海疆史、海关史、海图史、华侨华人史、海洋考古等学科领域合作，为海洋史学增添新的方法理论，建构中国海洋史学体系，是海洋史学界需要共同面对的话题和努力方向。

（执行编辑：罗燚英）

---

① 王华：《太平洋史：一个研究领域的发展与转向》，《世界历史》2019 年第 3 期。

海洋史研究（第十五辑）
2020 年 8 月 第 524～538 页

"海洋与中国研究"国际学术研讨会综述

于 帅[*]

　　中国既是一个大陆国家，也是一个海洋国家。随着中国海洋史学研究的不断深入，中国海洋人文社会经济史的研究和建立中国海洋人文社会学科的呼吁正在成为现实。中国提出"一带一路"倡议与加快建设海洋强国战略，需要中国海洋文明的历史经验，释放历史积累的能量。继承弘扬中华海洋文明，挖掘中国海洋的历史与文化资源，是中国海洋强国必走的一条路。正如习近平主席在 2019 年初的讲话："海洋对于人类社会生存和发展具有重要意义。海洋孕育了生命、联通了世界、促进了发展。我们人类居住的这个蓝色星球，不是被海洋分割成了各个孤岛，而是被海洋连结成了命运共同体。"2019 年，随着新资料的大量公布，新问题、新观点的不断涌现，中国海洋史研究持续深入，学界与时代紧密互动，以多种多样的方式梳理、反思各个领域的研究成果，3 月 30～31 日在厦门大学成功举办的"海洋与中国研究"国际学术研讨会，顺应时代潮流和"双一流"学科建设的迫切需要，对中国海洋史发展征程做适时的总结，提出创新性的研究议题和成果，展示未来发展的方向，对增强国民的海洋意识，构建中国的海洋话语权，具有多方面的价值和意义。

---

* 作者于帅，厦门大学历史系博士生。

中国海洋史研究理论方法

　　中国海洋史研究的理论方法，是会议的热议话题。中国传统学术没有海洋史的概念，海洋与中国研究是近代一个受西方海洋国家历史经验启发构建的学科领域。改革开放以来，涉及海洋的中国历史研究，从海外交通史到中国海洋史学，经历了天翻地覆的理论与范式转移。张海鹏（中国社会科学院）认为，杨国桢提出"海洋本位"和"科际整合"的新方向和新路径，推动海洋史从涉海历史向海洋整体史转型。"海洋本位"的这一研究理路，对于海洋史基本理论的建立具有重要意义。陈春声（中山大学）认为，杨国桢提出要走出"海洋迷失"的误区，不能从农业文明的本位出发去观察海洋活动；要以"科际整合"方法，厘清中国海洋经济、海洋社会、海洋文化发展的历史脉络。这些论述和工作，具有重要的方法论意义。杨国桢老师在长期研究中国社会经济史丰厚学术积累的基础上，在海洋人文社会科学和中国海洋社会经济史的学科建设、理论建构与实证研究等各个方面，做出了具有奠基意义的影响深远的贡献。李国强（中国社会科学院中国历史研究院）认为在中国海洋史学术领域诸多贡献良多值得尊敬的学者中，杨国桢先生是居功至伟的优秀代表。杨先生的学术成果不仅廓清了海洋文明的基本概念，而且建构了海洋文明的四种基本形态，同时提出了"以海洋为本位的研究方法"，其理论创新价值和学术指导意义十分显著，字里行间显现了杨先生深厚的史学功力和对海洋史的宏观把握，体现出"经世致用"优良传统的代际传承和老一代学者的责任担当。包乐史（Leonard Blussé，荷兰莱顿大学）以"他者的视角"指出海洋领域在过去的中国历史编撰中几乎被遗忘，他认为杨国桢认识到历史对于构筑一个雄伟的海洋国家的必要性，并采取了一系列行动以重新书写中国海洋史，继而重构国家的海洋传统，有很大的贡献。李庆新（广东省社会科学院）认为杨国桢先生是一位充满理想主义激情、大智大勇的海洋文明先行探索者、领航人。他提出以海洋为本位，以海洋思维深究中国海洋历史，建构中国海洋文明体系，开风气之先。杨先生对海洋文明理论的鲜明主张和独特见解，展示了中国学者对海洋文明研究的话语权。刘志伟（中山大学）认为杨国桢教授多年大力提倡从海洋的视角来研究中国历史，具有极大的学术意义，超越了以往中外交通和海上贸易的传统，不但扩大了历史视野，更在历史认识上引出了新的眼光和新的解释范式。汪征鲁

（福建师范大学）强调杨国桢先生的"中国海洋文明论"是在对西方海洋文明理论扬弃基础上的一种创新，具有发凡起例之功。

众多学者对"以海洋为本位"的概念和内涵做了扩充和延伸。滨下武志（日本东京大学）认为，以前学者多以陆地为中心来看历史，如果从海的观点来思考，不但海洋本身应该被当作检讨的对象，并且在摸索陆上新的地域关系时，海域应该也可以对新的地域关系提供一种方法上的尝试。王国斌（美国加州大学洛杉矶分校）认为中国海洋史有必要从本地（中国）视野、区域（亚洲）视野和全球视野进行多角度、多层次的研究。通过观察500年来中国、亚洲和全球历史中的海洋中国，他提出中国的早期现代海洋经济可以被视为明清政治经济的一部分，还是亚洲区域海洋贸易网络的关键部分，也是早期现代全球贸易的紧要部分。黎志刚（澳大利亚昆士兰大学）以贸易、移民与华商为线索，考察了海洋视野下的中国与世界。他认为通过海上丝绸之路与近代以来区域社会经济发展的探讨，不但可以了解中国在全球资本主义和全球商业发展中的角色，更有助于推动中国近代经济史、企业史的认识和学科的发展。吉浦罗（François Gipouloux，法国国家科学研究中心）探讨了16～18世纪中国的海洋贸易组织与地方精英的关系，强调地方精英（商人、地主、高级军人）在对外贸易投资中发挥了至关重要的作用。

中国海洋史学未来的发展方向也是学者们讨论的重要话题。李国强重点梳理了中国海洋史作为一门新学科在国内的发展历程，并提出了几点建议：首先要遵循客观规律，着力于中国海洋史学科体系创新；其次要合乎学术规范，着力于中国海洋史学术体系创新；再次要顺应时代要求，着力于中国海洋史话语体系创新。刘宏（新加坡南洋理工大学）提出要重视制度因素在海洋亚洲的作用，认为海洋亚洲作为一个流动的空间，个人、社会、国家与制度都发挥了不同的作用。侨批以及在此基础上建立的侨批网络是联系海洋亚洲的重要制度化纽带。苏基朗（澳门大学）建议关注中国海洋制度古今之变的研究，一方面包括国家制定的直接间接法律规范、政府政策、方略以及各级行政细则条例，另一方面也涉及民间形成的各色乡规民约以及风俗人情习惯，以及与中国往来的海外地区、社会及政体相关的法律及民间规范，进一步创新海洋中国的理念内涵、体制框架。庞中英（中国海洋大学）认为海洋和平取决于海洋治理，海洋治理依靠海洋国家以及非国家的海洋行动者的协和体系，中国是多边的海洋治理的关键，而多边的海洋治理决定21世纪的海洋和平。

杨国桢教授的学术理路

杨国桢教授在明清史学界耕耘数十年，在林则徐研究、明清土地契约、海洋史方面都做出了卓越的贡献。他所撰写的《林则徐传》，至今仍是最好的林则徐传记之一。作为傅衣凌中国社会经济史学派的承上启下者，杨国桢提出了中国封建土地所有权具有多重性结构的"封建土地所有论"，并在契约文书体系、契约文化和契约学领域做出了一系列重要贡献。张海鹏、陈春声指出，无论是林则徐研究还是明清土地契约研究中，杨国桢思考问题的深度和广度都是超越同时代的学人的。其中，关于中国传统土地权利多重性的认识，即使在今天契约研究繁盛的局面下，他的观察仍然有着深刻意义。20世纪90年代，《联合国海洋法公约》在中国生效，杨老师敏锐地注意到这是中国现代海洋国家地位确立的标志，由此开始了自己学术探索的新路向和新历程。海洋史研究从无人问津到成为"显学"，杨国桢的提倡与研究有着明显的推动作用。

赵世瑜（北京大学）把杨国桢先生的学术理路概括为"从山而海"，认为在傅衣凌先生开创的厦门大学社会经济史传统中，杨国桢先生起着承上启下的作用。吴小安（北京大学）认为杨老师的学术特点与贡献至少有三点：其一，从陈嘉庚到林则徐，从明清史到中国社会经济史，再从中国社会经济史到极力倡导中国海洋史研究，杨老师的学术转型拓展脉络与中国改革开放发展的轨迹高度契合；其二，立足福建，深耕民间地方社会，面向台湾与海外，是杨老师的一贯学术关怀；其三，杨老师继承了傅先生开创的中国社会经济史学术传统，并出色地完成了这一代际传承的历史使命。范金民（南京大学）认为杨国桢老师的研究领域主要在晚清民国人物、明清社会经济、中国海洋文明。《林则徐传》特别体现出了他的聪明和史笔之美，《明清土地契约文书研究》则特别反映了杨老师的史学功力和底蕴，真正、自如地用他的妙笔介绍了明清土地契约文书的形式和内容，还提出了许多命题。而近30年来由他倡导和领航的中国海洋文明研究最能体现他的学术眼光和境界。常建华（南开大学）认为，《明清土地契约文书研究》对于认识日常生活史特别是农民生活的研究具有重要的参考价值，对于认识"共同体"问题，提供了土地所有权的路径，很有启发性。杨培娜（中山大学）认为，传统史学注意力集中于国家文物典制、军政大事及帝王将相，而20世纪新史学则将视野拓展到整个社会。史学视野的拓展需要史料扩充的支撑，在这方面，傅衣凌先生、杨国桢先生以契约文书为突破口，做出了开创性和奠基性贡献，为我们后人树立了典范。森正夫（日本名古屋大学）追忆 20 世纪 80 年代在厦门和名古屋向杨国桢教授学习和交流的往事，步德茂（Thomas Buoye，美国塔尔萨大学）以社会经济史研究为例，阐述了杨国桢教授对海外学者的长期影响。

台湾海峡与海洋史

横亘在大陆与台湾之间的海峡，是先民海洋活动的重要区域。刘璐璐（中山大学）通过考察明清针路簿中所记载的经过澎湖的各航路，包括自东南沿海各港澳经澎湖往台湾的横洋路线、泉州经澎湖往菲律宾的航路、日本长崎往菲律宾途经澎湖的航路、倭寇经澎湖分艇来犯东南沿海的入寇路线等，以及活跃在澎湖航线的海洋活动群体，看到在 16～17 世纪东亚海域贸易网络中澎湖的实际地位与控制澎湖的价值。陈思（厦门大学）以 17 世纪前期荷兰两次侵占澎湖期间明朝的应对为例，指出在两次荷兰侵占澎湖事件中，明政府多采用"羁縻"外交手段解决争端，"羁縻"逐渐成为明朝用于处理与西方殖民者之间关系的常用手段。17 世纪中期台湾海峡两岸贸易网络关系逐渐建立并不断拓展延伸，杨彦杰（福建省社会科学院）认为以郑芝龙为代表的闽南海商在两岸贸易中实则扮演着重要角色，海峡两岸贸易网络的拓展延伸是明末清初中国海洋社会成长的标志。段芳（厦门大学）认为台鲁之间的经贸联系可追溯到明郑海商集团在山东设立山海路"五商十行"，经过对渡时期"行郊"的经营，开港之后外国势力的渗透，台湾与山东之间经贸往来日益紧密。朱勤滨（闽江学院）认为清朝为了加强对帆船出入台湾的管理，出台了闽台指定口岸航行的"对渡制度"，并不断就对渡制度的运行适时做出调整。

岛屿、列岛（群岛）是海洋社会经济开发利用的基础空间单元之一。陈辰立（厦门大学）对明清传统时代大东海渔业活动对岛屿的利用做了探讨，指出明清时期沿海渔民活动范围逐渐由近海走向远洋，进而论述了海岛开发在古代海洋经济发展历程中的意义。乾隆年间，地方士绅借开垦升科之名对福建东北部沿海岛屿进行了丈量，请求开禁。保守派官员惧怕海上势力膨胀引发海洋骚乱，反对在海洋积极开拓。王潞（广东省社会科学院）对福建东北部的竿塘诸岛封禁案进行了剖析，认为这起封禁案不仅牵涉乾隆君臣对于"洋利"的态度、国家禁律，还掺杂着府城绅士与沿海各县澳主、渔户之间的利益之争，实则是各方势力利益角逐的结果。

卢正恒（美国埃默理大学）通过对清代内阁大库档案中关于班兵在台湾海峡遭遇风难的记录，探讨环境变化对于班兵渡海及台湾历史产生的影响。也许因为人口成长和砍伐森林的关系，18世纪全球气温抵达暖化的高峰，并且在19世纪开始快速下降，气温的变化同时影响台湾海峡夏季的黑潮流速和冬季东北季风的强度，致使班兵在18世纪初和19世纪中叶产生两波海难高峰，虽然班兵渡海航线已是众多航线中相对安全的，但澎湖和台南沿岸仍发生许多船难。

鸦片战争后，福建巡抚徐继畬在福州刊刻《瀛寰志略》。而通过对《瀛寰志略》的再次解读，盛嘉（厦门大学）从四个方面重新评价了徐继畬超越自我地理疆界和令人惊叹的政治视野。

此外，钱奕华（台湾联合大学）独辟蹊径，以近五年台湾老子学著作为中心，讨论台湾老子学海洋思维的历史阐释。通过对台湾家谱的搜集与整理，黄亦锡（台湾空中大学）对台湾彰化谱学与黄氏宗亲史加以研究，指出台湾宗谱学研究的意义。

中国东南区域海洋社会经济史

中国东南地区不仅是历代王朝的财赋重镇，其依山面海的自然地理环境决定了东南沿海城市成为中国与世界交流的"门户"。港口作为船舶聚集地，既是航船的起点，也是海洋贸易的中转站，同时也是航行目的地。港口城市的兴起，依靠的不是土地、矿产资源。科大卫（香港中文大学）指出，19世纪以来香港兴起的关键因素是其重要的海港位置。他强调，香港在20世纪的发展既因为其货物出口量巨大，也受益于香港良好的商业制度。刘石吉（台湾中研院）认为上海的优势在于位居长江水运的吞吐口，以及中国沿海航线的中点，可联系内地与东亚水域的商贸往来。上海港从青龙镇、十六铺到小洋山的演变，即"从上海到海上"实则是由传统河港发展至当代远洋航运巨港的一个变迁过程。苏智良（上海师范大学）回顾了上海从面海而生到临海而兴的历程，承前启后的每一个港口，都承载着上海远行的梦想。他认为上海史在中国城市史研究中比较兴盛，但上海史研究缺少一个鲜明的海洋史的视角，必须大力推广"海洋史学"理念。毕旭玲（上海社会科学院）通过对明清以前古徐州港口群的重构，指出古徐州港口群在中国古代海上丝绸之路的发展中起到过重要作用。刘志伟从海洋视角看广州口岸的空间概念，认为在宏观上广州是内陆中国的海上门户，更是南海海域北部的湾泊地之一；在微观上广州口岸应包括珠江口向东西海岸延伸的海岸泊地。冷东（广州大学）以1801年美国"太平洋商人号"商船自澳门寄往广州的一封信件为线索，管窥清中叶广州口岸的信息传递，梳理了信息传递与国事、外交、经贸、文化、生活的关系。武文霞（广东省社会科学院）认为，1893～1939年，海外华商投资广州近代工业、金融、商业和城市建设，多领域、多层次、多维度地推动了广州城市近代化。

刘序枫（台湾中研院）对明清时期海上商贸活动中"公司"的组织及形态进行再考察，尝试透过对目前所见明清时期闽台及海外地区相关史料中留存的"公司"记载及田野调查记录，由中国东南沿海各地的传统社会追寻"公司"的各种形态，并与传统地方社会中使用"公司"的组织加以对比研究。明清时期大量海舶香药的输入，在提升了时人健康、饮食水平，丰富了女性审美观念的同时，亦助长了社会上造假风气的兴盛，同时也出现了专业性的辨假类药书。涂丹（南京信息工程大学）对这一现象做了分析，进而揭示了香药造假盛行的深层次原因。赵思倩（日本关西大学）以19世纪前期茶叶消费大国的英国市场为主要研究对象，通过英国海关和东印度公司的相关数据资料来探究英国市场的高仿茶叶的一些特征和问题，由此来探讨近代中国绿茶市场的海外动态。程美宝（香港城市大学）以清代小人物"Whang Tong"的故事为视角，从18世纪一个越洋赴英的普通中国人的事迹展现出中外交往史的一个侧面。

"临海贩盐"一直是海边人群的重要生计之一。陈锋（武汉大学）研究了清代海盐产区的管理系统，指出盐务官员在清代的行政机构中是一个相对独立的序列，特别是海盐产区的管理系统。其中巡盐御史、盐运使、盐场大使尤为重要。吕小琴（河南师范大学）从私盐不"私"看明清近场私盐的治理困境，认为私盐问题作为历代社会治理的痼疾在明清"被治理化"的过程，实质上反映了明清两朝国家治理体系的缺陷及国家治理能力的不足。

海岛社会是海岛经济开发的成果，谢湜（中山大学）认为明清浙江的海疆政策经历了强制移民、例行肃清到永远封禁的转变，治理方式则经历了民政撤离、军事管制和坚壁清野三个阶段。但其间边疆界址的内缩并不意味着政府放弃了海疆领土,实则是另外一种方式下的空间监控和人口管制。通过对海岛上各类文献的发现,并从人群的接触和冲突的实态及社会的组织和再组织入手,可以重构东南海域的动态社会和人群历史。

对于中国海洋社会经济史的发展,"明代的朝贡体系"一直颇受人诟病。陈支平(厦门大学)做了历史反思,他强调国与国之间的外交关系与国与国之间的经济贸易关系并不能完全等同起来,如果只意识到"得不偿失",实则是大大低估了明朝历代政府所奉行的和平共处的国际关系准则。杨强(中国海洋大学)通过对"中国海洋经济史"的概念厘清和现状分析,认为当前中国海洋经济史研究,存在"经史分离"(经济学范式的经济史研究与历史学范式的经济史研究的分离),对话较少;研究角度错位,"裂海寓农",缺少海洋视角的研究;抱残守缺,缺少海洋意识等问题,并提出了相关建议。卢华语(西南大学)对20世纪以来丹砂研究做了学术史回顾。郑炳林(兰州大学)评论敦煌归义军节度副使安景文是粟特人。刘进宝(浙江大学)对李希霍芬"丝绸之路"命名做了辨析。徐慕君(厦门大学)认为"海上丝绸之路"研究应该摈弃传统研究范式,克服以陆地为本位和以中国为本位的单向思维,回归海洋本位。

中国南海海贸与海防

海上丝绸之路由交错的商贸网络组成,特别是中国南海海域,存在大宗的商品流动,在早期贸易全球化中扮演着重要角色。

海洋贸易是海洋经济的重要内容。黄纯艳(云南大学)通过对《南海Ⅰ号沉船考古报告之二》的贸易史解读,认为南海Ⅰ号是艘福建船,在宋代属于上等船、大型船,操作人员应该在60人以上;船上装载的金银和铁器确凿无疑构成了走私,发舶方式应该是用甲板表面即舱内瓷器等合法商品接受市舶港的检控,然后到外海装载私货。从航路和发舶制度看,广州发舶的可能性最大。袁晓春(蓬莱市蓬莱阁景区管理处)对南海西沙群岛宋代沉船"华光礁Ⅰ号"发现建有6层外板的造船技术进行了探究,认为明朝廷海禁与禁造二桅以上海船的政策,直接限制中国海船大型化发展之路,导致宋元时期中国海船多层外板技术的传承不继,渐致失传。

周鑫(广东省社会科学院)通过重建洪武朝至弘治朝广州"舶口"移散的过程,结合民间海洋力量的兴起,探讨了14~15世纪南海海洋网络的变迁。罗一星（广州市东方实录研究院）从生活贸易品入手，探讨了广州铁锅在明清两代的出口情况。他以明清各个重大历史节点为突破口，重构了广锅从国家礼品到民间用器的变迁过程，阐述了广锅在南海诸国物质文明进程中的影响。刘正刚（暨南大学）认为明代海洋走私贸易至少从宣德年间开始一直和朝贡贸易相伴随，他在整理天一阁和台北傅斯年图书馆藏明代孤本《皇明成化条例》时发现"接买番货例"，指出成化时期已出台了以"条例"为形式的法律来惩处海洋走私行为，从侧面反映了这一时期海洋走私的普遍。聂德宁（厦门大学）探讨了 17～18 世纪中国民间海外贸易航路的变化发展历程，从明后期漳州海澄月港一口出洋到明末清初东南沿海地区的多口出洋通商格局的形成，从东西二洋航路到东洋、东南洋和南洋三大航路的全面展开，乃至中国—东南亚—日本多边贸易航线的开辟，这一系列的变化发展，奠定了中国民间海商在当时东亚及东南亚海上贸易活动发展中的重要地位，进而展现了其在促进中国乃至东亚及东南亚国家和地区社会经济发展中所发挥的积极作用和影响。周翔鹤（厦门大学）认为由于商人大多有购买檀香等香料进行贸易的需求，故而中国航船多绕东部南洋行驶，而不直接取直线距离南下。

范金民（南京大学）依据一批尚未见人引用的档案，考察康熙开海后至乾隆十四年间由广州入口的洋船数量及其载运的商品与白银等，探讨开海之初中西贸易的制度安排，进而链接了清代前期开海后中西贸易的缺环，为完整考察清代中西贸易历程打下了基础。松浦章（日本关西大学）考察乾隆年间棉花贸易从原来的出口变成依赖广州贸易，开始从海外进口印度棉花，虽然政府实施了禁止从国外进口棉花的禁令，但棉花进口量不但没有减少反而逐渐增多，并持续稳定地占据着广州市场。

蔡志祥（香港中文大学）关注清末汕头通商口岸与跨国贸易网络，他尝试从英国驻汕头领事的报告，阐明"香叻暹汕郊"跨国贸易网络成立的关键。一方面讨论汕头开埠以来，生产、土地利用、价格等影响米粮贸易的因素；另一方面，从谷米贸易的不稳定性，探讨跨域贸易网络的形成。

李培德（香港大学）以香港金山庄华英昌号 1899～1905 年账簿为中心，分析华英昌号的金融汇兑业务，认为华英昌号拓展香港与内地台山，远至北美的商业网络，使其崛起为香港最早的华人商业之一。

传统中国的海防以缉盗和缉私为主，明清时期还在临海沿岸实行"海禁"政策。黄顺力（厦门大学）以明清两朝朝野对"海防"认知的传承及第一次鸦片战争爆发后国人对这一认知的变化为题,简要梳理了其思想意识观念的发展脉络,探究了其"传承"与"衍变"的内在理路。陈尚胜(山东大学)以明人张邦奇的两篇诗序为中心,对明代正德年间浙江市舶司提举与海防事务做了深入考察。黄友泉(泉州师范学院)以月港士绅谢彬为例,分析明代东南沿海士绅在海疆政策调整中发挥的作用。邱澎生(上海交通大学)认为晚明国防政策因为重视安全问题故而倾向于禁止人员与财货流动,但经济政策则因为偏重政府税收与百姓生计而侧重支持人员与财货流通,两者这种矛盾关系在晚明的海禁政策辩论上颇为显著。作者通过对当时"严禁派"与"弛禁派"官员言论的考察,进而探析了晚明政府处理国防与经济事务的演进过程。

赵珍(中国人民大学)对清代东南沿海巡洋会哨的洋面范围、会哨时间及规程、海洋岛屿风浪等因素进行了分析,并强调巡洋会哨作为清代海疆治理的一项重要制度在维护与稳定东南沿海洋面日常秩序中起到了重要作用。布琼任(Ronald C. Po,英国伦敦政治经济学院)利用现存于大英图书馆的马礼逊档案(Dr. Morrison Collection)中,估计是第四代阿伯丁伯爵于19世纪30年代从中国收集的系列的营汛图,探讨清政府在治理海疆方面的政策与方针,说明清代筹海思维的系统性与复杂性。

王昌(中共福建省委党校)探讨了郭寿生的海权思想,认为郭寿生接受、理解了马汉的"海权论",将之与中国的实际结合起来,认为海权丧失乃近代中国受挫的重要原因。

东北亚海域与海洋史

海洋是中华民族生存和发展的一个重要环境,东北亚沿海地区是中国向海洋发展活跃的地区之一,尤其与日、韩等半岛、岛屿国家的互动。

马光(山东大学)将山东海洋置于东亚区域大背景下,系统考察了元明时期山东官方海运的延续,揭示山东沿海在中日韩交流史中的重要地位,厘清了明初山东海防体系的逐步构建过程。指出元末明初山东海洋史的变迁,既有延续,也有渐变,又有裂变,是一个复杂多变的过程,而非简单的变与不变的二元对立。

嘉靖朝长达四十五年的时间,是明代中国与日本贸易兴起的第一个高潮,也是环球贸易体系初成时代重要的一环。徐晓望(福建省社会科学院)

认为，其时美洲白银尚未直接进入亚洲市场，许多变化是由亚洲内部市场变化决定的。虽说这一时期葡萄牙商人介入中国与日本的贸易，但市场前进的动力主要来自中国与日本两国经济的互动。

从清康熙后期至道光年间，由于解除对近海贸易的禁令，中国沿海地区的私人海上贸易得到了迅速的发展。张彩霞（厦门大学）分析山东沿海地区商贸的繁盛，促使民间商业力量的增强，往来于山东贸易的福建商人和山东官员以及本地海商是修建天后宫的积极推动者，共修建了 37 座天后宫，使妈祖信仰在山东沿海地区的传播达到鼎盛。

日本江户时代（明万历至清同治年间），长崎作为当时日本唯一能够同中国及荷兰直接进行贸易往来的港口，也是中日经济文化交流的窗口。林翰（泉州海外交通史博物馆）以日本江户时代长崎版画、古地图、图书插图、长卷图绘中的唐船画像为研究对象，对日本长崎唐船图像的产生、绘制者、图像所反映的中国帆船细节信息及时代印记做了探讨，指出重新检视这一批长崎唐船图像，对于我们了解唐船构造、唐船贸易乃至中日文化交流等相关议题都具有重要的价值。白蒂（Patrizia Carioti，意大利那不勒斯东方大学）探讨了 16～18 世纪唐人在长崎的国际角色，以三个具体时段分析了长崎华人的角色转变过程，并认为其在 16～18 世纪远东地区的中日交往中发挥了重要作用。曹悦（日本关西大学）以江户时代日本的江户和大阪出版的有关篆书的书目为例，探究其成因以及当时日本对于中国篆书书法的接受情况。

以稀见的法国藏《燕行事例》抄本为据，王振忠（复旦大学）分析了 19 世纪前后中朝贸易的实态。他指出，从"杭货"以及"燕贸"这样的通俗常言可以看出，包括江南一带的中国商品，通过北京源源不断地流往朝鲜，也曾由朝鲜转卖到日本，涉及整个东北亚地区的中朝贸易、朝日贸易以及中日贸易。另外，该书系由朝鲜燕行使团译官、著名诗人李尚迪编订，故这一文本对于研究其人的燕行译官生涯，亦提供了一种未为人知的新史料。

王重阳（高雄空中大学）从海洋意识的概念诠释了日本明治维新如何从传统时期的大陆文化转向近现代时期的海洋文化，吞并琉球的过程体现了近现代日本海洋意识下的琉球史观的发展。在清末的币制改革中，由于印刷技术的落后，清朝政府多选择从日本引进日本版纸币，何娟娟（日本关西大学）对各省引进日本版纸币的过程做了简述。

长崎华商泰益号关系文献丰富，以商业书信来说，记录时间大约自 19

世纪80年代至1962年，邮递地区覆盖了东北亚与东南亚的重要港市。朱德兰（台湾中研院）在编辑出版《泰益号商业书简资料集》的基础上，将与厦门大学合作，重新编辑手边所保存的商业书信复制本、账簿微卷，出版一套文献丛书，在论文中详细介绍了长崎华商泰益号关系文书的史料价值。

20世纪初，大连和青岛相继被日本占领。自1915年开始，南满洲铁道株式会社、大阪商船会社、大连汽船会社、阿波共同汽船等日本轮船公司纷纷开通了两地之间的海运航线。杨蕾（山东师范大学）通过相关新闻报导、轮船会社社史、报纸广告等资料的分析，考察了日本海运扩张过程中青岛和大连间轮船航线的开通和运行情况，认为这些航线的建立是日本建立东亚海运体系的重要一环，既是两港在各自区域内快速发展后加强区域间联络的客观要求，也是日本政府统一布局、增强殖民地间联系的必然结果。

龙登高（清华大学）利用尘封近百年的天津海河工程局和浚浦工程局的英文档案，细致梳理了近代津沪疏浚机构的四次制度变迁，首次提出和论述了"官督洋办"与"公益法人"等为人忽视或误解的制度创新，并再现了中外官商利益群体之间合作与博弈的具体过程和制度成果。

海洋史学视野下的中国与东南亚

东南亚等地的侨民华商群体，在中外海洋贸易发展史中曾扮演着重要角色。刘宏把"海洋亚洲"看作一个流动的空间，并认为制度因素在海洋亚洲空间发展中发挥了重要作用。他以侨批为例，认为侨批作为一种机制，在过去一个多世纪以来，把华人社会以及居住国和祖籍国社会的机制有机地结合在一起。华人社团账本是东南亚华人社会历史最基本与最重要的经济档案与文本文献。曾玲（厦门大学）透过对殖民时代新加坡华人社团账本的收集、整理与研究，在反思现有研究的基础上，提出建构新加坡华人社团经济史，进一步拓展东南亚华人社会历史研究的新视角与新领域。

对东南亚各国新材料的发现及对人群社会的探究成为大会的热点。钱江（香港大学）利用16世纪末《马尼拉手稿》的记述，观察并分析了16世纪末西班牙人视野中的亚洲海洋世界，以及当时欧洲人对中国社会及作为中国民间海外贸易重镇之福建的描述和看法。李毓中（新竹清华大学）以新发现的《奥古斯特公爵图书馆菲律宾唐人手稿》中的相关华人书信，验证与探讨了17世纪初张燮《东西洋考》中有关闽南华商在"东洋"一带贸易网络的记载，并藉由首次见到的明代华商海外账册探讨和分析闽南商人在菲律宾经商的模式及其商品内容。陈博翼（美国圣路易斯华盛顿大学）选编了环南海地区 40 种稀见的原始文献，包括地图、书信、调查报告、档案记录、游记、商贸清单等精彩的一手观察和资料汇编、文献目录和注解，涵盖了近代以来五百年间环南海地区各强权和势力的纵横捭阖及兴衰。

牛军凯（中山大学）研究越南"神敕"文献中的宋杨太后信仰，认为崖山海战之后，杨太后跳海殉国的事迹传入越南，形成以杨太后为核心的南海四位圣娘信仰，越南历代朝廷多次褒封各地乡村的南海四位圣娘神灵，官方认可并推动了该信仰的传播，"神敕"见证了这一存续多年的文化现象，是中越文化密切交流的体现。尼古拉斯·韦伯（Nicolas Weber，中山大学）研究了马来文媒介所见的占婆人。

此外，倪月菊（中国社会科学院）以澜湄地区为例，简述了"一带一路"背景下此地区的纺织服装产业价值链的发展。李德霞（厦门大学）按照历史发展的进程，分五大阶段来梳理中国漫长而曲折的南海维权史，并在此基础上总结中国南海维权的发展变化特点。夏玉清（云南师范大学）分析了 1939~1945 年昆明国民政府对归国侨团管理的限制与引导，认为其对归侨社团的管理经历了一个职权清晰的过程，并且开创了战时侨务管理工作的新模式。

海洋生活与文化传播

中华文明的海外流播既是文化史又是海洋史的课题。文化传播的路线与航海的路线相契合，文化传播的内容最先是海洋生活的航海者的语言、文字、信仰、风俗习惯和地方民俗文化，近现代华人的海洋空间的文化基因，来自数百年来在福建、广东、东南亚和太平洋活跃的华人移民和华人企业中间。

王荣国（厦门大学）用海洋人文的视野对法显《佛国志》做了再探讨，认为该书不但保存了大量古印度诸国佛教信仰以及风土人情的资料，还保留了古代中国早期的海洋人文的历史资料。这些海洋人文信息虽然是片段的、不成系统的，却十分珍贵。金昌庆（韩国釜庆大学）探讨了魏晋南北朝海洋诗歌中的生命意识，他认为魏晋南北朝时期文士们在社会大背景中逐渐觉醒的自我意识和生命意识也凸显在海洋诗歌中，并从"悲""喜"两重生命基调进行解读。谢必震（福建师范大学）论古代诗画中的海上丝绸之路，认为一类诗歌的作者并没有亲身经历过航海，仅仅是根据自己所生活的时代、自己的所闻所见，将同时期人们与海上丝绸之路相关的活动，用诗歌的形式表达出来。还有一类诗歌，这些诗歌的作者都经历了远洋航行，他们是在下西洋、出使琉球的航海过程中创作了吟诵至今的诗句。中国古代航海，也留下与海上丝绸之路发展有关的航海绘画。

海洋图书是海洋文化的载体，章文钦（中山大学）认为张燮的《东西洋考》是一部具有时代特点的海外贸易"通商指南"，对南海海洋文化也有着内容丰富的记述，并从航路、信仰、税饷、税使等方面展开分析。江滢河（中山大学）对清代广州海幢寺外销画册进行了分析，认为这套外销画册饱含丰富的历史信息，反映出全球化发展的历史进程，可以说是广州上千年通海历史的缩影。潘茹红（闽南师范大学）从文献学的视角，分析中国传统海洋图书的演变与发展，认为自郑和下西洋后中国的海洋发展进入了转型期，海洋图书的编撰内容和传播方式也随之改变，透过对变动中传统海洋图书的研究与梳理，可以看到明清沿海社会走向海洋、融入世界的进程。王苑菲（美国乔治亚大学）从语言学的视角，分析晚明对爪哇认知的话语。在明代海洋史上扮演重要角色的爪哇国，在晚明的野史、小说中，作为外来语被纳入中国文化的体系，音译为一个双关语"爪洼国"。把哇写成洼，爪洼到底是一个遥远的国度还是一个近在咫尺的水坑？这个问题表现了描述他者是如何影响了语言本身的。《平海纪略》刻画的嘉庆朝名臣百龄在底本与定本中大相径庭，陈贤波（华南师范大学）结合相关文献，考察其编纂过程、刊布原委和主要内容，发现其努力刻画的百龄名臣形象当中，包含了曲折复杂的人事关系和政治过程，鲜为以往研究者所注意。

曾少聪（中国社会科学院）通过东南沿海地区的海洋发展看海洋特性，提出东南沿海地区的海洋发展培育了海洋文化，而海洋文化又推动了东南沿海地区的海洋发展。薛菁（闽江学院）从对外贸易、造船技术、对外移民等方面分析闽都文化的海洋性特质，认为负山面海的闽都地带是一直兼具内陆性与海洋性特质的地域文化。蓝达居（厦门大学）在福建泉州市泉港区土坑村进行港市海洋生计的历史田野调查，将土坑村定义为一个历史港市聚落，即是人们集中从事海洋贸易活动的海洋生态聚落与人文空间，是一种集中度高的、海洋性的文化社区；而港市的文化就是一种海洋文化。

闽南各地的祠堂和庙宇中，现存大量涉及海外移民的碑刻和铭文。郑振满（厦门大学）指出这些祠庙碑铭反映了闽南地区与海外世界的广泛联系，展现了以闽南为中心的东亚国际网络。深入解读这些碑铭资料，不仅有助于揭示东亚国际网络的建构过程与运作方式，而且有助于探讨近代闽南侨乡的社会变迁。雷州半岛是中国南海海上活动的枢纽，各类人群跨越国界、超越种族来往生计，多种文化在这里交流、碰撞与融合，铸就了独特的濒海文化形态。杨培娜整理利用雷州地方庙宇和宗祠之中现存碑刻文献，分析其所见濒海社会，如乡村生活、官民互动、海外贸易移民等方面，以求厘清雷州乃至北部湾东岸的历史发展与地方社会组织、海洋活动与商业经营等问题。

　　人类对海洋的认识存在巨大的时空差异性。张连银（西北师范大学）分析前现代社会"内地人"的海洋意象，认为从神话传说到书籍，是他们认识海洋最主要的途径，接受海洋知识是被动的。随着海产品内输或亲身海上经历增加，"内地人"对海洋的认识逐渐加深，但大多数人间接认识海洋的方式并没有改变。单一的方式决定了"内地人"的海洋意象呈现出破碎、神秘、模糊等特征，与沿海居民形成了巨大差距。陈明德（嘉南药理大学）从顾炎武"经世致用"的读书观，谈儒家治学方法的返本开新。邢继萱（日本关西大学）以日本神户海洋博物馆和中国台湾海洋科技博物馆之常设展为例，分析不同的文化间以何种观点来看待海洋，研究展示海洋文化方式的异同。

（执行编辑：徐素琴）

海洋史研究（第十五辑）
2020 年 8 月　第 539～553 页

安乐博教授向广东
海洋史研究中心赠送藏书

王一娜　等*

　　2018 年 12 月 13 日，著名海洋史学家安乐博（Robert Antony）教授向广东海洋史研究中心赠送藏书 228 本，其中中文书籍 89 本，外文书籍 139 本，内容涉及世界海洋史上的海盗、帆船与航运、海上丝绸之路、郑成功与台湾等众多领域。这批珍贵赠书，大大丰富了本中心中外文图书资料库藏，对推进海洋史研究和研究生教学，将发挥重要的作用。

　　安乐博教授，生于美国新奥尔良。新奥尔良大学历史学硕士，主修中美关系。美国夏威夷大学博士，主修中国历史。博士毕业后在西肯塔基大学任教多年。兼任美国亚洲研究协会（Association for Asian Studies）理事、二十世纪中国历史学家协会（Association of Historians of Twentieth‐Century China）理事、国际历史荣誉协会兄弟会（Phi Alpha Theta, International History Honors Society）理事、国际荣誉协会兄弟会（Phi Kappa Phi, International Honor Society）理事、中国《国家航海》（National Maritime Research）顾问。

　　安乐博教授曾在美国加州大学（University of California, Irvine, USA）、英国剑桥大学（Cambridge University）、美国约翰杰伊刑事司法大学（John

---

　　* 作者王一娜，广东省社会科学院海洋史研究中心副研究员。
　　"安乐博（Robert Antony）教授赠书目录"整理人员为广东省社会科学院海洋史研究中心硕士研究生温芷莹、张楚楠、黎荣昇、郭文浩、孙卓、张璐瑶等。

Jay College of Criminal Justice, City University of New York, USA)、佩斯大学孔子学院（Confucius Institute, Pace University, New York, USA）等高校任教或从事研究。他亦曾在中国台北故宫博物院、台北中研院、中国第一历史档案馆、中国人民大学等研究机构和高校访学、研究。

安乐博教授曾多次访问本中心，开展学术合作与交流。2006 年起，他任澳门大学历史系教授，2016～2018 年任广州大学十三行研究中心特聘教授、研究员及海洋史（海上丝绸之路）学术带头人。

安乐博教授长期从事亚洲与世界海洋历史、中国明清时期犯罪史及法律的比较史研究，是国际学界公认的最有影响的海盗史研究专家之一。他把明清时期（1368～1911 年）的东亚海盗史作为一个整体，称之为"中国海盗的黄金年代"，在这期间海盗活动共出现过三次高峰：第一次发生在 1522～1574 年，第二次发生在 1620～1684 年，第三次则出现在 1780～1810 年。这三次大规模的海盗势力的迅增，呈现出以强大的海盗组织形式称霸海上世界，并遮蔽了明清两朝海上力量的光芒等共同特征。随着海盗组织类型的变化及其势力的兴衰，明清政权也相应地制定海防政策，来维持其沿海防御及处理海盗问题。

对于"清朝盛世"之后中国南海刮起的大规模海盗活动浪潮，即时下学界热议的"华南海盗"，安乐博教授推出《浮沤著水：中华帝国晚期南方的海盗与水手世界》（Like Froth Floating on the Sea: The World of Pirates and Seafarers in Late Imperial South China）等研究专著，以"自下而上"的研究视角，"自草根阶级而上"（bottom-up）的研究方法，探讨活动于台湾、福建、广东这一片辽阔水域及沿海地区的海盗，重点关注他们的生活方式和社会文化习俗，从海盗的生活方式与理想抱负中，重塑他们的面目，让默默无闻的他们在历史舞台上凸显出来。安乐博教授主张，中国水域上的不法行为（海盗活动）是海洋社会文化中不可分割的一部分。而参与海上不法活动的人们，主要是暂时性的、偶尔为生存所迫的人们，他们为求生存而成为海盗。海盗们创造了一个"不同于主流文化，独立自外于传统社会"的底层（下层社会）文化，并挑战陆地上的政府公权。

安乐博教授对海盗史研究的贡献还在于深入探讨了当时海盗及其活动所建构的庞大的"黑市贸易"（shadow economy）网络。黑市贸易是一个与合法经济体系并行、市场功能相同的非法经济体系。海盗所掌控的地下经济体系，对沿海地区的经济发展有着重要的影响，为偏远的沿海地区提供经济支撑，也能为无数的村民和渔民提供劳动机会；这些资源及功能，是传统合法的贸易经济体系（市场）所无法提供的。安乐博教授也认为，海盗及其非法活动（piracy），究其本质，其实就是一种大规模的"买与卖"的"商业行为及组织"（business enterprise）。简而言之，海盗为金融收益和创造新型市场提供了新的途径，海盗帮助了那些正常贸易途径所无法波及的地区实现经济发展的梦想。正是这些积极正面因素的存在，海盗及其活动（黑市贸易）才得以持续和扩张。而清政府无法有效地管理和应对中国东南沿海的多重危机（如人口过剩、地方政府管理不善等），也间接导致海盗和黑市贸易的增长。

安乐博教授长期在澳门、广州等地从事教学研究，多次前往广东西部雷州半岛、东部汕尾，广西合浦、钦州等沿海地区，以及广东北部韶关、连州等山区进行田野调查，以海陆互动视角，关注沿海与内陆地区社会变迁、经济活动、日常生活、民间信仰，从地方发现历史，开拓出广东沿海地区与南海海洋社会的诸多新课题。透过这些调研成果，还可以看到这些地区历史发展与现实的传承与延续，展示历史传统对现今社会发展的重要性。他与加拿大英属哥伦比亚大学潘仕钧（Sebastian Prange）教授联合编辑的《早期近代史学刊》（*Journal of Early Modern History*）两期特别号（第16期及第17期）中收入的8篇关于14~19世纪中叶亚洲区域海盗的专题文章，正是在这一研究背景下形成的前沿成果。

安乐博教授著述宏富，主要著作有《浮沤著水：中华帝国晚期南方的海盗和水手世界》、《帆船时代的海盗》（*Pirates in the Age of Sail*）、《海上风云：南中国海的海盗及其不法活动》等，在 CSSCI、SSCI 及 AHCI 等知名学术期刊发表中英文学术论文60余篇。

附　安乐博教授赠书目录

作者	书名	出版社	出版年份
〔美〕马士	东印度公司对华贸易编年史（一套五册）	广东人民出版社	2016
广东省人民政府参事室等编	广东海上丝绸之路史料汇编（秦汉至五代卷）（宋元卷）（明代卷）（清代卷）	广东经济出版社	2017
姜亚沙编	剿平蔡牵奏稿（第一至第四册）（国家图书馆藏历史档案文献丛刊）	全国图书馆文献缩微复制中心	2004
周文郁、不著编者	边事小纪、倭志（玄览堂丛书续集）	"国立"中央图书馆	1985

续表

作者	书名	出版社	出版年份
谢杰、钟薇	虔台倭纂、倭奴遗事（玄览堂丛书续集）	台北"中央"图书馆	1985
安乐博、张兰馨	南中国海海盗风云	三联书店（香港）	2014
松浦章	东亚海域与台湾的海盗	博扬文化	2008
高扬文、陶琦等	明代倭寇史略（戚继光研究丛书）	中华书局	2004
王仪	明代平倭史实	台湾中华书局	1984
〔日〕松浦章著，谢跃译	中国的海贼	商务印书馆	2011
〔日〕松浦章	清代帆船东亚航运与中国海商海盗研究	上海辞书出版社	2009
〔日〕松浦章编著，卞凤奎编译	清代帆船东亚航运史料汇编［关西大学亚洲文化交流研究中心海外论丛（第三辑）］	乐学书局	2007
谢清高口述、杨炳南笔录，安京校释	海录校释	商务印书馆	2002
台湾银行经济研究室编	台湾中部碑文集成［台湾历史文献丛刊·清代（史料类）］	台湾省文献委员会	1999
台湾银行经济研究室编	台湾南部碑文集成（上、下）［台湾历史文献丛刊·清代（史料类）］	台湾省文献委员会	1999
林焜煌	金门志［台湾历史文献丛刊·清代（方志类）］	台湾省文献委员会	1999
台湾银行经济研究室编	雍正朱批奏折选辑［台湾历史文献丛刊（清代史料类第二辑）］	台湾省文献委员会	1999
周玺	彰化县志［台湾历史文献丛刊·清代（方志类）］	台湾省文献委员会	1999
姚莹	东溟奏稿［台湾历史文献丛刊（清代史料类第二辑）］	台湾省文献委员会	1999
周钟瑄	诸罗县志［台湾历史文献丛刊·清代（方志类）］	台湾省文献委员会	1999
沈茂荫	苗栗县志［台湾历史文献丛刊·清代（方志类）］	台湾省文献委员会	1999
台湾银行经济研究室编	郑氏史料三编［台湾历史文献丛刊（明郑史料类）］	台湾省文献委员会	1999
台湾银行经济研究室编	郑成功传［台湾历史文献丛刊（明郑史料类）］	台湾省文献委员会	1999
朱景英、翟灏	海东札记、台阳笔记［台湾历史文献丛刊（地理类）］	台湾省文献委员会	1999
黄宗羲	赐姓始末［台湾历史文献丛刊（明郑史料类）］	台湾省文献委员会	1999

续表

作者	书名	出版社	出版年份
台湾银行经济研究室编	台湾舆地汇钞［台湾历史文献丛刊（地理类）］	台湾省文献委员会	1999
徐珂	清稗类钞选录［台湾历史文献丛刊（地理类）］	台湾省文献委员会	1999
诸家	海滨大事记［台湾历史文献丛刊（清代史料类第二辑）］	台湾省文献委员会	1999
吴子光	台湾纪事［台湾历史文献丛刊（地理类）］	台湾省文献委员会	1999
董天工	台海见闻录［台湾历史文献丛刊（地理类）］	台湾省文献委员会	1999
台湾银行经济研究室编	清仁宗实录选辑［台湾历史文献丛刊（实录类）］	台湾省文献委员会	1999
黄叔璥	台海使槎录［台湾历史文献丛刊（地理类）］	台湾省文献委员会	1999
台湾银行经济研究室编	清职贡图选［台湾历史文献丛刊（地理类）］	台湾省文献委员会	1999
朱仕玠	小琉球漫志［台湾历史文献丛刊（地理类）］	台湾省文献委员会	1999
谭棣华	广东历史问题论文集（史学丛书系列8）	稻禾出版社	1993
广东历史学会	明清广东社会经济形态研究	广东人民出版社	1985
明清广东省社会经济研究会	明清广东社会经济研究	广东人民出版社	1987
蔡鸿生	广州与海洋文明	中山大学出版社	1997
张伟湘、薛昌青	广东古代海港	广东人民出版社	2006
邓端本	广州港史（古代部分）	海洋出版社	1986
程浩	广州港史（近代部分）	海洋出版社	1985
徐承恩	城邦旧事：十二本书看香港本土史	红出版（青森文化）	2014
萧国健	清初迁海前后香港之社会变迁（岫庐文库〇九五）	台湾商务印书馆	1986
黄金河	珠海水上人（珠海人文风物丛书）	珠海出版社	2006
莫世祥、虞和平、陈奕平	近代拱北海关报告汇编（一八八七～一九四六）（濠海丛刊）	澳门基金会	1998
欧阳宗书	海上人家：海洋渔业经济与渔民社会（海洋与中国丛书）	江西高校出版社	1998
杨国桢	闽在海中：追寻福建海洋发展史（海洋与中国丛书）	江西高校出版社	1998
胡希张、莫日芬、董励	客家风华（岭南文库）	广东人民出版社	1997

作者	书名	出版社	出版年份
郁永河	裨海纪游［台湾历史文献丛刊（地理类）］	台湾省文献委员会	1996
刘文三	台湾宗教艺术	雄狮图书	1986
高致华	郑成功信仰（台湾历史文化研究丛书）	黄山书社	2006
厦门大学台湾研究所等	郑成功满文档案史料选译（清代台湾档案史料丛刊）	福建人民出版社	1987
蒋维锬	妈祖文献资料	福建人民出版社	1990
徐晓望、陈衍德	澳门妈祖文化研究	澳门基金会	1998
张震东、杨金森	中国海洋渔业简史	海洋出版社	1983
萧德浩、黄铮	中越边境历史资料选编（上、下册）	社会科学文献出版社	1993
尤中	中国西南边疆变迁史	云南教育出版社	1987
《太平天国革命时期广西农民起义资料》编辑组	太平天国革命时期广西农民起义资料（上、下册）	中华书局	1978
陈周棠	广东地区太平天国史料选编（广东近代史料丛书）	广东人民出版社	1986
韦庆远	中国政治制度史	中国人民大学出版社	1990
中山大学历史系、中国近代现代教研组研究室	林则徐集·公牍	中华书局	1963
宋湘	红杏山房集	中山大学出版社	1990
蔡鸿生	学境	博士苑出版社	2001
樊颖	樊颖画集	中国新世纪出版社	2007
吴小玲	环钦州湾历史文化研究	广西人民出版社	2009
祝宇、庞德宜	湛江傩舞（湛江历史文化丛书）	中国文史出版社	2010
台北故宫博物院、故宫丛刊编辑委员会	故宫档案述要（故宫丛刊甲种之廿九）	台北故宫博物院	1983
台北故宫博物院	"国立"故宫博物院清代文献档案总目	台北故宫博物院	1982
香港科技大学华南研究中心、中山大学历史人类学研究中心	田野与文献：华南研究资料中心通讯（季刊第四十六期）	香港科技大学华南研究中心	2007
中国科学院北京天文台	中国地方志联合目录	中华书局	1985
郑俊修、宋绍启纂	海康县志（影印本）	成文出版社	1974
曹志遇等纂修；欧阳保等纂修	（万历）高州府志，（万历）雷州府志（影印本上、下）	书目文献出版社	1990
苑书义	中国历史大事典	河北教育出版社	1989

续表

作者	书名	出版社	出版年份
《古汉语常用字字典》编写组	古汉语常用字字典（修订版）	商务印书馆	1993
郑鹤声	近世中西史日对照表	"国立"编译馆	1978
G. M. H Playfair	The Cities and Towns of China：A Geographical Dictionary（second edition）	Shanghai Kelly & Walsh. Limited	1978
Leland P. Lovette	Navel Customs：Traditions and Usage（third edition）	United States Naval Institute	1939
Wm. Theo dore de Bary，Wing-tsit Chan，Burton Watson；With Contributions by Yi-pao Mei，Leon Hurvitz，T'ungtsu Ch'u，Chester Tan，John Meskill	Sources of Chinese Tradition	Columbia University	1960
Eric Tagliacozzo	Secret Trades, Porous Borders：Smuggling and States along a Southeast Asian Frontier, 1865-1915	Yale University Press	2005
Ronald Findlay, Kevin H. O' Rourke	Power and Plenty：Trade，War，and the World Economy in the Second Millennium	Princeton University Press，Princeton and Oxford	2007
Stanley Lane-Poole	The Story of the Nations		
Association of Vietn-amese Historians，People's Administrative Committee of Haihung Province	Pho Hien：the Center of International Commerce in the XVII th – XVII th Centuries	The Giol Publishers	1994
Pter Borschberg	The Singapore and Melaka Straits：Violence，Security and Diplomacy in the 17th Century	Nus Press，Singapore	2010
Wim Klooster, Alfred Padula	The Atlantic World：Essays on Slavery，Migration，and Imagination	Pearson Education Inc.	2005
Hsin-pao Chang	Commissioner Lin and the Opium War	Harvard University Press	1964
Felipe Fernádez – Armesto	Pathfinders：A Global History of Exploration	W. W. Norton & Co-mpany	2007
Robert B. Marks	Tigers，Rice，Silk and Silt：Environment and Economy in Late Imperial South China	Cambridge University Press	1998

作者	书名	出版社	出版年份
Arturo Giraldez	The Age of Trade: the Manila Galleons and the Dawn of the Global Economy	Rowman & Littlefield	2015
Peter Linebaugh/ Marcus Rediker	The Many – Headed Hydra: Sailors, Slaves, Commoners, and the Hidden History of the Revolutionary Atlantic	Beacon Press, Boston	2000
Lynn A. Struve	The Southern Ming 1644 – 1662	Yale University Press, New Haven and London	1984
Kenneth Pomeranz	The Great Divergence: China, Europe, and the Making of the Modern World Economy	Princeton University Press, Princeton and Oxford	2000
Jonathan D. Spence	The Searchfor Modern China(Second Edition)	W. W. Norton & Company, New York. London	1999
Tonio Andrade	The Gunpowder Age: China, Military Innovation, and the Rise of the West in the World History	Princeton University Press, Princeton and Oxford	2016
Tim Fulford/Peter J. Kiston	Travels, Exploration and Empires: Writings from the Era of Imperial Expansion, 1770 – 1835 (volume 2 Southeast Asia)	London Pickering & Chatto	2001
Hubert Seiwert; Ma Xisha	Popular Religious Movement and Heterodox Sects in Chinese History	Brill	2003
Ping-ti Ho	Studies on the Population of China	Harvard University Press, Cambridge, Massachusetts	1959
H. S. Bbunnert; V. V. Hagelstrom	Present Day Political Organization of China	Ch'eng Wen Publishing Company	1978
瞿同祖	Law and Society in Traditional China(《传统中国之法律与社会》)	虹桥书店	1979
M. Huc	Recollections of a Journey, through Tartary, Thibet, and China, during the Years 1944 ~ 46	Ch'eng Wen Publishing Company	1971
Edward Brown	Cochin – China, and My Experience of It	Ch'eng Wen Publishing Company	1971
Alexander O. Exquemelin	The Buccaneers of America	Dover Publication, Inc. Mineola, New York	2011

续表

作者	书名	出版社	出版年份
（edited by）Jim Masselos	The Great Empires of Asia	University of California Press	2010
Bernard Bailyn	Atlantic History – Concept and Contours	Harvard University Press	2005
Laura Hostetler	Qing Colonial Enterprise – Ethnography and Cartography in Early Modern China	The University of Chicago Press	2001
Kenneth Pomeranz and Steven Topik	The World That Trade Created – Society, Culture, and World Economy, 1400 – the Present	M. E. Sharpe, Inc.	1999
Brian E. MCK Mcknight	Village and Bureaucracy in Southern Sung China	The University of Chicago Press	1971
David M. Robinson	Bandits, Eunuchs, and the Son of Heaven: Rebellion and the Son of Heaven	University of Hawaii Press	2000
Thongchai Winichakul	Siam Mapped: A History of the Geo – Body of a Nation	University of Hawaii Press	1997
Timothy Brook	The Confusions of Pleasure: Commerce and Culture in Ming China	University of California Press	1998
Chun – Shu Chang	Premodern China: A Bibliographical Introduction	Center for Chinese Studies, The University of Michigan	1971
Andrew J. Nathan	Modern China, 1840 – 1972: A Introduction to Sources and Research Aids	Center for Chinese Studies, The University of Michigan	1973
Hugh R. Clark	Portrait of a Community: Society, Culture, and the Structures of Kinship in the Mulan River Valley(Fujian) from the Late Tang through the Song	The Chinese University Press	2007
Austin Coates	Macao and the British, 1637 – 1842: Prelude to Hong Kong	Hong Kong University Press	2009
Linda Colley	Captives Britain, Empire, and the World, 1600 – 1850	Pantheon, Books, New York	2003
Gall Hershatter, Emily Honig, Jonathan N. Lipman, and Randall Stross	Remapping China: Fissures in Historical Terrain	Stanford University Press	1996
John E. Wills Jr.	The World From 1450 to 1700	Oxford University Press	2009

作者	书名	出版社	出版年份
James Francis Warren	The Sulu Zone 1768 – 1898 (second edition): the Dynamics of External Trade, Slavery, and Ethnicity in the Transformation of a Southeast Asian Maritime State	University of Macau Library	2007
Alan Roland	Journeys to Foreign Selves: Asians and Asian Americans in a Global Era	Oxford University Press	2011
ĐƠ PHƯƠNG QUY` NH	Traditional Festivals in Viêt Nam	THẾGIỚI	2008
Ralph C. Croizier	Koxinga and Chinese Nationalism History, Myth, and the Hero	East Asian Research Center, Harvard University	1977
Jeannette Mirsky	The Great Chinese Travelers	The University of Chicago Press	1974
Robert I. Hellyer	Defining Engagement: Japan and Global Contexts, 1640 – 1868	Harvard University Press	2009
Frederic Wakeman, Jr.	The Fall of Imperial China	The Free Press	1977
Peter C. Perdue	China Marches West: the Qing Conquest of Central Eurasia	The Belknap Press of Harvard University Press	2005
Owen & Eleanor Lattimore	Silks, Spices and Empire: Asia Seen through the Eyes of its Discoverers	Delacorte Press	1968
John Mack	The Sea: A Cultural History	Reaktion Books Ltd.	2011
Marcus Rediker	Between the Devil and the Deep Blue Sea	Cambridge University Press	1993
Paul Van Dyke	The Canton Trade	Hong Kong University Press	2007
Bernhard Klein; Gesa Mackenthun	Sea Changes: Historicizing the Ocean	Routledge	2003
Peter Andreas	Smuggler Nation	Oxford University Press	2013
L. C. Arlington	Through the Dragon's Eyes	London Constable & Co Ltd.	1931
N. A. M. Rodger	The Wooden World: An Anatomy of the Georgian Navy	Fontana Press	1988

续表

作者	书名	出版社	出版年份
Richard Hakluyt	Voyages and Discoveries	Penguin Classics	1972
Michael J. Crawford	The Autobiography of a Yankee Mariner: Christopher Prince and the American Revolution	Brassey's Inc.	2002
Paul A. Gilje	Liberty on the Waterfront	University of Pennsylvania Press	2003
John R. Gillis	The Human Shore	University of Chicago Press	2012
Jerry H. Bentley, Renate Bridenthal, Karen Wigen	Seascapes: Maritime Histories, Littoral Cultures, and Transoceanic Exchanges	University of Hawai'i	2007
Macabe Keliher	Small Sea Travels Diaries(《裨海记游》)	SMC Publishing Inc.	2012
W. Jeffrey Bolster	Black Jacks: African American Seamen in the Age of Sail	Harvard University Press	1997
Christopher Lloyd	English Corsairs on the Barbary Coast	Collins St James's Place, London	1981
Ota Atsushi	Changes of Regime and Social Dynamics in West Java: Society, State and the Outer World of Banten, 1750 – 1830	Brill Academic Pub	2005
Linda Rupert	Creolization and Contraband: Curaçao in the Early Modern Atlantic World	University of Georgia Press	2012
Greg Dening	Beach Crossings: Voyaging Across Times, Cultures, and Self	University of Pennsylvania Press	2004
Hans Konrad Van Tilburg	Chinese Junks on the Pacific: Views from a Different Deck	University Press of Florida	2013
Gustave Schlegel	Thian Ti Hwui: The Hung League or Heaven – Earth – League, a Secret Society With the Chinese in China and India	Ams Press Inc. New York	1973
Capt. George Shelvocke	A Voyage Round the World: By the Way of the Great South Sea, Perform'd in the Years 1719, 20, 21, 22	Heritage Books Inc.	2003
Woodes Rogers	A Cruising Voyage Round the World: The Adventures of an English Privateer	The Narrative Press	2004
Alan L. Karras	Smuggling: Contraband and Corruption in World History	Rowman & Littlefield	2010

作者	书名	出版社	出版年份
Charles Tyng	Before the Wind: The Memoir Of an American Sea Captain, 1808 – 1833	Viking	1999
Lisa Norling	Captain Ahab Had a Wife: New England Women & the Whalefishery, 1720 – 1870	The University Of North Carolina Press	2000
James Francis Warren	Iranun and Balangingi: Globalization, Maritime Raiding and the Birth of Ethnicity	Singapore University Press	2002
R. J. Barendse	The Arabian Seas: The Indian Ocean World of the Seventeenth Century	M. E. Sharpe	2002
Philip E. Steinberg	The Social Construction of the Ocean	Cambridge University Press	2001
Kenneth R. Andrews	Trade, Plunder and Settlement: Maritime Enterprise and the Genesis of the British Empire, 1480 – 1630	Cambridge University Press	1984
Ivy Maria Lim	Lineage Society on the Southeastern Coast of China: The Impact of Japanese Piracy in the 16th Century	Cambria Press	2010
Dian H. Murray	Pirates of the South China Coast 1790 – 1810	Stanford University Press	1987
Jan Rogozinski	Honor among Thieves: Captain Kidd, Henry Every, and the Pirate Democracy in the Indian Ocean	Stackpole Books	2000
Hans Turley	Rum, Sodomy, and the Lash: Piracy, Sexuality, and Masculine Identity	New York University Press	1999
Kwan-wai So	Japanese Piracy in Ming China during the 16th Century	Michigan State University Press	1975
Henry A. Ormerod	Piracy in the Ancient World: An Essay in Mediterranean History	The Johns Hopkins University Press	1997
Daniel Defoe	A General History of the Pyrates	Dover Publications	1999
Bruce A. Elleman, Andrew Forbes, David Rosenberg	Piracy and Maritime Crime: Historical and Modern Case Studies	Naval War College Press	2010
Douglas R. Burgess, JR.	The Pirates' Pact – the Secret Alliances Between History's Most Notorious Buccaneers and Colonial America	McGraw – Hill	2009

续表

作者	书名	出版社	出版年份
Peter T. Leeson	Invisible Hook: The Hidden Economics of Pirates	Princeton University Press	2009
Marcus Rediker	Villains of All Nations: Atlantic Pirates in the Golden Age	Beacon Press	2004
Robert E. Lee	Blackbeard the Pirate: A Reappraisal of His Life and Times	John F. Blair, Publisher	1974
Jo Stanley	Bold in Her Breeches: Woman Pirates Across the Ages	Paul & Co. Pub Consortium	1995
Bok	Vampires of the China Coast	Herbert Jenkins Limited	1932
Fanny Loviot	A Lady's Captivity among Chinese Pirates in the Chinese Seas	The National Maritime Museum, Greenwich	2008
M. Sheridan Jones	The "Shanghai Lily": A Story of Chinese Pirates in the Notorious Regions of Bias Bay	Wright and Brown	1934
E. J. Hobsbawn	Bandits	Pantheon Books	1981
Adam J. Young	Contemporary Maritime Piracy in Southeast Asia: History, Causes and Remedies	ISEAS — Yusof Ishak Institute	2007
Janice E. Thomson	Mercenaries, Pirates, and Sovereigns	Princeton University Press	1996
Peter D. Shapinsky	Lords of the Sea: Pirates, Violence, and Commerce in Late Medieval Japan	University of Michigan Center For Japanese Studies	2014
Kris E. Lane, Robert M. Levine	Pillaging the Empire: Piracy in the Americas, 1500 – 1750	Routledge	1998
Margaret S. Creighton, Lisa Norling	Iron Men, Wooden Women: Gender and Seafaring in the Atlantic World, 1700 – 1920	Johns Hopkins University Press	1996
Frank Sherry	Raiders and Rebels: The Golden Age of Piracy	Hearst Marine Books	1986
C. R. Pennell	Bandits at Sea: A Pirates Reader	New York University Press	2001
Joel H. Baered.	British Piracy in the Golden Age: History and Interpretation, 1660 – 1730 (Volume 1 – 4)	澳门大学图书馆（复印本）	2007
Philip de Souza	Piracy in the Graeco – Roman World	Cambridge University Press	1999

作者	书名	出版社	出版年份
Bok	Piracies, Ltd.	香港大学图书馆（复印本）	1938（首印）
OWEN RUTTER, F. R. G. S	The Pirate Wind: Tales of the Sea – Robbers of Malaya	Oxford University Press	1986
George Francis Dow, John Henry Edmonds	The Pirates of the New England Coast 1630 – 1730	Dover Publications, INC	1996
Robert C. Ritchie	Captain Kidd and the War against the Pirates	Harvard University Press	1986
David Cordingly	Seafaring Women: Adventures of Pirate Queens, Female Stowaways, and Sailors' Wives	Random House Trade Paperbacks	2001
Tamare J. Eastman, Constance Bond	The Pirate Trial of Anne Bonny and Mary Read	Fern Canyon Press	2000
Peter Lamborn Wilson	Pirate Utopias: Moorish Corsairs European Renegadoes		2003
C. M. Senior	A Nation of Pirates	David & Charles Newton Abbot	1976（首版）
Stefan Eklöf	Pirates in Paradise: A Modern History of Southeast Asia's Maritime Marauders	Nias Press	2006
Kevin P. McDonald	Pirates, Merchants, Settlers, and Slaves: Colonial America and the Indo – Atlantic World	University of California Press	2015（首版）
Wensheng Wang	White Lotus Rebels and South China Pirates: Crisis and Reform in the Qing Empire	Harvard University Press	2014
Peter Earle	The Pirate Wars	Thomas Dunne Books	2005
Lindley S. Butler	Pirates, Privateers, and Rebel Raiders of the Carolina Coast	The University of North Carolina Press	2000
Marine Research Society	The Pirates Own Book: Authentic Narratives of the Most Celebrated Sea Robbers	Dover Publications	1993
Antony R.	Pirates, Bandits, and Brotherhods: A Study of Crime and Law in Kwangtung Province, 1796 – 1839	U. M. I Dissertation Information Service	1988

续表

作者	书名	出版社	出版年份
Daniel Vitkus	Piracy, Slavery, and Redemption: Barbary Captivity Narratives from Early Modern England	Columbia University Press	2001
Robert J. Antony	Like Froth Floating on the Sea: The World of Pirates and Seafarers in Late Imperial South China	Institute of East Asian Studies	2003
Gerry Geddes Buss Watters	Privateers, Pirates and Beyond: Memoirs of Lucy Lord Howes Hooper, 1862 – 1863, 1866 – 1909:	Dennis Historical Society	2003
A Hyatt Verrill	The Real Story of The Pirate	D. Appleton and Company	1923
Willard Hallam Bonner	Pirate Laureate: The Life & Legends of Captain Kidd	Rutgers University Press	1947
Kathlene Baldanza	The Ambiguous Border: Early Modern Sino – Viet Relations（博士学位论文）	University of Pennsylvania	2010
Kathlene Baldanza	Loyalty, Culture, and Negotiation in Sino – Viet Relations, 1285 – 1697（论文）	The Pennsylvania State University	2014
Frank H. H. King, Prescott Clarke	A Research Guide to China – Coast Newspaper（复印本）	Harvard University	1965
Peter Earle	Corsairs of Malta and Barbary（复印本）	Sidgwick & Jackson	1970
Laai, Yi-faai	The Part Played by the Pirates of Kwangtung and Kwangsi Provinces in the Taiping Insurrection（博士学位论文）	University of California	1950
Grant A. Alger	The Floating Community of the Min: River Transport society and the State in China, 1758 – 1889（博士学位论文）	Johns Hopkins University	2002
Nguyễn, Thế Long Phạm, MaiHùng	130 Pagodas in Hà Nội	THẾGIỚI	2003
Francis Russell	A Collection of Statutes Concerning the Incorporation, Trade, and Commerce of the East India Company, and the Government of the British Possessions in India, with the Statutes of Piracy	Gale ECCO	2010
豊岡康史	海賊からみた清朝：十八～十九世紀の南シナ海	藤原書店	2016
松浦章	清代内河水運史の研究	関西大学出版部	2009

（执行编辑：吴婉惠）

海洋史研究（第十五辑）
2020 年 8 月　第 554～559 页

庆祝广东海洋史研究中心成立十周年
座谈会在京举行

申　斌　吴婉惠

  2019 年 12 月 28 日，广东省社会科学院历史与孙中山研究所（海洋史研究中心）、科学出版社历史分社在北京联合举办了庆祝广东海洋史研究中心成立十周年暨《广东省社会科学院历史与孙中山研究所成立六十周年纪念文集》《韦庆远先生诞辰九十周年纪念文集》首发座谈会，来自首都高校、科研、文博、出版机构的学者、嘉宾以及韦庆远先生的弟子共 30 余人出席会议。

大会现场

　　座谈会由广东省社会科学院历史与孙中山研究所（海洋史研究中心）周鑫、科学出版社历史分社李春伶主持。科学出版社总编辑李锋代表科学出版社对广东海洋史研究中心成立十周年和两本文集的出版表示祝贺。他指出，过去十年是我国海洋史学科快速发展的十年。在这十年中，广东省社会科学院历史与孙中山研究所从传统的政治史研究发展成为兼具政治史、广东地方史和海洋史的多学科并进的学术重镇，他们主编的《海洋史研究》更是异军突起，成为国内海洋史研究的一面旗帜。该所成立六十周年纪念文集内容涉及史学理论、中国古代史、中国近现代史、海洋史、华侨史、东南史等多个领域，作者队伍强大，佳作颇多。韦庆远先生是蜚声国际的历史学家和档案学家，中国人民大学档案学院教授，退休后为广东省社会科学院历史与孙中山研究所客座研究员，在明清史研究上多有建树，桃李满天下。纪念韦庆远先生诞辰九十周年纪念文集收录文章多为名家的扛鼎之作。此外文集中还首次公开披露韦庆远先生捐赠给广东省社会科学院历史与孙中山研究所的 2549 种图书的目录。李锋表示，我们乐见中国海洋史研究有更好的发展，希望我国老一辈学者执着于学术研究和传道授业的精神能够薪火相传，不断弘扬光大。

　　广东省社会科学院历史与孙中山研究所（海洋史研究中心）所长李庆新在致辞中向为两种文集提供大作、一直关心支持历史所发展的专家学者致以崇高的敬意和衷心的谢意。他表示，编辑出版这两种纪念文集，有一个共

同的目的和心愿，就是继承、弘扬历史所六十余年来所形成的求真务实、艰苦奋斗、积极进取的优良学术传统，缅怀、学习前辈学者坚持真理、潜心学术、甘坐冷板凳、严谨认真等优良学风和治学风范。韦先生毕生以教书育人、著书立说为志业，孜孜不倦，锲而不舍，成就斐然，堪称楷模。韦先生与历史所有深厚的学术渊源。他退休后回到广东，担任历史所客座研究员，关心支持学科建设，为明清史、海洋史、经济史、港澳史等研究倾注了大量心力，做出重要贡献。晚年多次表示要将藏书赠送给本所，作为科研教学之用。其大公无私之心，嘉惠后学之举，令人感奋不已，感激不尽。2009 年 5 月先生不幸辞世，家人遵嘱将先生所藏古籍、近人著述、手稿、期刊、图片资料等共 2549 种，悉数捐赠给历史所。今天在座各位学者都是学界耆宿和学术大家，与韦先生均有交谊，几位老师还是先生的高足，亲承先生的教导。大家一起缅怀前辈风范，畅谈学术，传承传统，是十分有意义的事。李庆新表示，2019 年是广东海洋史研究中心成立十周年。十年来，在国内外学界的支持下，我们在海洋史学研究上取得一定成绩，主办《海洋史研究》集刊有一定影响。面对国家发展与海洋事业需求，面对学术潮流与发展趋势，海洋史学如何与时俱进、开拓创新，刊物如何发展，如何在现有基础上更上一层楼，走得更高更远，做得更大更强，为我国海洋史学发展，为建构具有中国特色的海洋史学学科体系、学术体系和话语体系，做出应有的贡献，是我们需要面对、认真思考、共同努力的大问题、大方向。

与会学者回顾和缅怀韦庆远先生的学术人生以及受教于韦庆远先生的事迹。韦庆远先生的弟子、原国家人事部侯建良副部长，中国人事科学研究院余兴安院长，中国人民大学历史学系毛佩琦教授深情回忆了师从韦先生读书的情形。毛佩琦先生认为，韦先生是中国真正利用清宫档案进行学术研究的先行者和开创者，他不做"回锅肉学问"和"下笨功夫就是硬功夫"的治学精神，值得我们进一步发扬。韦庆远先生胸怀宽广，平易近人，关心后学，名师风范，与会学者无不交口称赞。南开大学徐泓教授回顾了与韦庆远先生的深厚友谊。20 世纪 80 年代以后，韦先生联络海峡两岸学者，为推动两岸明清史学术交流和南方（含台港澳地区）史学发展做出重大贡献，产生深远的影响，推动了华南研究、澳门史研究，广东海洋史研究中心也是在他的启示和鼓励下创建起来的。韦先生在台湾期间阅读大量明代善本文集，为张居正研究奠定了史料基础。他曾经在香港科技大学、台湾政治大学授课，培育了很多学生和青年教师。暨南大学金国平教授强调韦庆远先生对澳门史研究的早期开拓也有重大贡献，《明清时期澳门问题档案文献汇编》就是在他的建议下编纂的。南开大学常建华教授指出韦先生有多方面的学术贡献，是著名的历史学家、档案学家，其明清史研究非常精深，他的《明代黄册制度》《张居正与明代中后期政局》是明史研究值得重视的重要著作，他做学问最大的特点就是用档案研究清史，他对内务府的研究，对宫廷的研究，把清代的矿业政策和清代及其他的问题多方联系，非常有启发性。他晚年回广东以后又继续为学术做贡献，把自己的藏书都捐给广东省社会科学院历史所，而历史所对韦先生也非常敬重，出版了这么厚重的纪念文集，展现出浓厚的家乡情义、学术情义。

广东省社会科学院历史与孙中山研究所是全国最早成立的省级史学研究机构之一，六十年余来两三代学人薪火相传，共同努力，紧紧围绕国家和地方发展的需要，推动了历史研究的发展，在中国古代史、近代史特别是广东地方史、孙中山与康梁研究、经济史、港澳史等领域取得引人瞩目的成就，走在各省市历史研究的前列。中国历史研究院古代史研究所卜宪群所长、万明研究员、中国社会科学院经济研究所魏明孔研究员、中国社会科学院工会副主席黄春生研究员、北京大学梁志明教授、常建华教授、中国科学院自然科学史研究所韩琦研究员、故宫博物院章宏伟教授、北京海天航空大学张丽教授、北京外国语大学柳若梅教授、社会科学文献出版社人文分社宋月华社长、海洋出版社刘义杰教授、中国人民大学报刊资料中心柴英教授等在发言中都充分肯定了海洋史研究中心为推动我国海洋史学发展与海上丝绸之路研究所取得的成就和所做贡献。高度赞扬海洋史研究中心中心编辑出版《海洋史研究》集刊，团结国内外海洋史研究者，举办各种形式的学术会议，促进中外海洋史研究与学术交流，起到了引领作用，"不仅是一个广东的海洋史研究中心，也是一个全国的海洋史研究中心"。中心主办的《海洋史研究》，视野开阔，具有全球史视野，选题新颖，无论是在从涉及问题的广度还是深度上，均有独到过人之处，是一本在世界上具有重要学术影响力的国际化刊物，成为海洋史学科的一面旗帜。北京大学李伯重教授还指出，十年来国内高校科研机构建立了不少历史学研究中心，但消亡的实在也不少，海洋史研究中心坚持下来了，我们说十年树人，十年前是个小孩，现在已经是活蹦乱跳了。现在学术界比较浮躁，特别是海洋史又是一个热门，在这样的环境下海洋史研究中心还能坚持，还能做实学，实在不容易。

专家合影

　　与会专家还畅谈了中国海洋史学发展的路径方向与理论建构等问题，对进一步办好《海洋史研究》集刊提出许多建设性意见。

　　中国历史研究院古代史研究所李锦绣研究员认为，未来海洋史研究除了进一步挖掘传统史料，更应充分运用域外材料，例如就中古史而言，除了波斯文史料，还要关注阿拉伯文献史料；其次要重视与考古特别是水下考古的密切结合；再次是要在视野与方法上有新的拓展，把陆上丝绸之路和海上丝绸之路结合思考。

　　关于海洋史的史料挖掘，国家第一历史档案馆李国荣教授介绍说，一史馆正与中国历史研究院古代史研究所合作承担一个社会科学基金项目——明清宫藏丝绸之路档案整理研究。整理出明清时期丝绸之路档案7万余件，涉及53个国家，根据档案梳理出8条丝绸之路：陆上丝绸之路除了传统的西域沙漠之路，还包括鸭绿江过江之路、北面草原之路和南疆以茶马古道为主的高山之路；海上丝绸之路除了传统的郑和下西洋的西洋之路，还包括和日本、琉球联系的东洋之路，从印尼一直到澳大利亚、新西兰的南洋之路，以及和巴西、智利、美国联络的美洲之路。档案也将根据这8条线路分类编排为八卷本史料集出版。

　　长期从事水下考古的姜波研究员指出除了重视考古对历史研究的意义，也需要重视档案研究对水下考古的重要性，沉船考古要与陆地考古互相结合，并且从考古发现出发，强调需要重视对大航海时代之前中国与波斯、阿拉伯等地区跨越印度洋交流的研究。水下考古研究所编制了荷兰东印度公司的沉船档案，全世界荷兰东印度公司沉船 700 多艘，中国相关海域的有 30 多艘。每一艘沉船都是一个海上贸易的宝库，沉船档案对挖掘、研究的支撑作用非常大。海上贸易商品最为人熟知的是瓷器，但是南海 I 号沉船告诉大家铁的贸易也是很重要的。泉州港出发的船货里面，铁跟瓷器是可以等量齐观的，于是要思考泉州在宋元时期的铁矿业、铁器加工情况。现在反过来做考古调查，就发现了规模巨大的铁矿遗址、冶炼遗址，修正了对泉州港的认识，它不但贸易发达，工业也很发达。水下文化遗产保护中心与沙特阿拉伯合作对红海之滨的塞林港进行考古发掘，发现很多中国的瓷器，可见跟中国有密切关联。印度洋贸易里面的青金石贸易、玻璃器贸易、陶瓷贸易、象牙贸易等都反映出古代中国与印度洋之间的交流非常密切。

海洋出版社的刘义杰教授展示了在著名的"南海 I 号"沉没海域附近发现的"上帝蟹（花蟹）"及相关天主教在华传播的故事，指出除了海洋考古资料，现实生活中的海洋生物也是有趣的资料。他介绍说耶稣会传教士卜弥格（Michel Boym）在沿海看到这种螃蟹，发现螃蟹背上有类似十字架的花纹，认为是上帝显灵了，并与南明皇室受洗入教联系起来，把这种螃蟹画进了他绘制的《中国地图集》。

海洋史研究需要世界的视野。北京大学包茂红教授介绍了北京大学海洋史研究的拓展历程，北大海洋史研究起步于世界史，从世界史的角度认识海洋，何芳川教授在 20 世纪 80 年代就出版了《崛起的太平洋》《太平洋贸易网 500 年》，目前注重从海洋环境史、海陆和合等角度审视民族国家的历史，希望今后与海洋史学各方有更多密切的交流合作。首都师范大学全球史研究中心夏继果教授指出 20 世纪 80 年代中期地中海史、印度洋史开始成为学术热点，这与全球化的推进是有联系的。他以地中海史为例指出地中海史有不同类型：一种是地中海周边史，并非从海洋的角度出发，其实与地中海关系不大；另一种是地中海本身的历史，通过引入海洋的视角，不但可以从总体上研究地中海，而且可以从海洋角度观察周边地区的历史。比如说意大利文艺复兴史研究，以前主要是从陆地的角度来看，但是从地中海的角度来看意大利文艺复兴就可以得出完全不同的认识，就可以看到通过以地中海为媒介的交流，犹太文化、阿拉伯文化传播对意大利复兴起到重要作用。

（执行编辑：王一娜）

海洋史研究（第十五辑）
2020 年 8 月　第 560~561 页

后　记

　　2019 年是广东海洋史研究中心成立十周年。十年来，在海内外学界的支持下，中心同人精诚合作，积极进取，开拓创新，承担了多个重大研究项目，编辑出版《海洋史研究》（*Studies of Maritime History*）集刊，至今已出版至第 15 辑，成为中国社会科学研究评价中心"中文社会科学引文索引（CSSCI）"来源集刊和社会科学文献出版社 CNI 名录集刊，为我国海洋史学发展、国际学术交流做出积极贡献。为总结经验，面向未来，推动海洋史学更上一层楼，中心组织编辑本专辑，得到海内外同行的鼎力支持，共收到专题笔谈、论文、述评等 28 篇，均为最新研究成果、研究心得或学术信息。

　　"专题笔谈" 2 篇，普塔克（Roderich Ptak）教授从学术史角度和理论高度，审视本中心主办的《海洋史研究》在办刊宗旨、学术担当、质量控制、应对竞争、开拓引领、国际意识、团队协作等方面的独到之处，在面向未来、可持续发展上就刊物内容与区域聚焦、语言文本抉择、版面安排乃至风格模式的建构等方面，提出富有建设性、启发性、前瞻性的意见和观点。张烨凯博士通过探析荷兰早期尼德兰史与大西洋史名家威姆·克娄斯特（Wim Klooster）的名著《尼德兰时刻》的内容结构、方法视野、理论思维、史料发掘等方面的卓越建树和真知灼见，揭示这一名著对推进海洋史、欧洲史特别是大西洋史研究的多方面学术价值和借鉴意义。

　　"专题论文"共 17 篇，包括万志英（Gichard von Glahn）、王国斌、吉浦罗（François Gipouloux）、包乐史（Leonard Blussé）、中岛乐章、白蒂（Patrizia Carioti）、杨迅凌、范岱克（Paul A. Van Dyke）、黄英俊（Hoàng Anh Tuấn）、阮玉诗（Nguyễn Ngọc Thơ）、徐冠勉、钟燕娣、苏尔梦（Claudine Salmon）、金国平、李塔娜、宋燕鹏教授等提交的大作，内容十分宏富。既有从海域/地区史、世界史视野考察 13～17 世纪东亚海上贸易世界变迁，长时段梳理五百年海洋中国与世界发展大势，近世中国海洋贸易组织发展及其局限、南海贸易史上的中国角色等重大问题的宏观研究，展示了当下海洋史学宏大叙事的全球视野、开阔思维和前沿水平；也有对大航海时代琉球与"龙脑之路"、明郑政权与日本德川幕府关系、东亚海域瓷器贸易与东西方制瓷技术交流、英国来华航船上的中国水手与法国来船的华南沿海地图绘制、中国南海及周边地区的沟通语言、"中国因素"与越南历史、东南亚佛教造像与海洋信仰、华族社群文化与本土化等专题问题的微观研究，以小见大，见微知著，堪称上乘。

"学术述评" 9 篇，井上彻教授介绍了东京大学"东亚海域交流与日本传统文化的形成——以宁波为焦点开创跨学科研究"（简称宁波项目）的内容和结集成果，刘耿、董少新教授对《1621 年耶稣会中国年信》的译介，黎俊忻、侯彦伯博士关于华侨史料及海关史料的研究，韩昭庆教授对中国海图史研究现状的介绍及对未来研究提供的建设性意见，杨芹博士对中国海洋史学研究状况的述评及对一些重要学术活动的报导，均具有重要史料价值和学术价值。

近年来，海洋史学越来越成为海内外学界瞩目的热门学问，2018 年更成为"中国十大学术热点"和"中国历史学研究十大热点"之一。可以预料，未来相当长时间海洋史学仍将是学界的关注热点和发展方向。海洋史研究中心同人期待与海内外同行携手共进，不断推进理论建构与学术创新，为海洋史学发展多做贡献。

编者

2019 年 12 月 28 日

征稿启事

　　《海洋史研究》是广东省社会科学院海洋史研究中心主办的学术辑刊，每年出版两辑，由社会科学文献出版社（北京）公开出版，为中国社会科学研究评价中心"中文社会科学引文索引（CSSCI）"来源集刊、社会科学文献出版社 CNI 名录集刊。

　　海洋史研究中心成立于 2009 年 6 月（原名广东海洋史研究中心，2019 年改现名），以广东省社会科学院历史与孙中山研究所为依托，聘请海内外著名学者担任学术顾问和客座研究员，开展与国内外科研机构、高等院校的学术交流与合作，致力于建构一个国际性海洋史研究基地与学术交流平台，推动中国海洋史研究。本中心注重海洋史理论探索与学科建设，以华南区域与中国南海海域为重心，注重海洋社会经济史、海上丝绸之路史、东西方文化交流史、海洋信仰、海洋考古与海洋文化遗产等重大问题研究，建构具有区域特色的海洋史研究体系。同时，立足历史，关注现实，为政府决策提供理论参考与资讯服务。为此，本刊努力发表国内外海洋史研究的最近成果，反映前沿动态和学术趋向，诚挚欢迎国内外同行赐稿。

　　凡向本刊投寄的稿件必须为首次发表的论文，请勿一稿两投。请直接通过电子邮件方式投寄，并务必提供作者姓名、机构、职称和详细通信地址。编辑部将在接获来稿两个月内向作者发出稿件处理通知，其间欢迎作者向编辑部查询。

　　来稿统一由本刊学术委员会审定，不拘中、英文，正文注释统一采用页下脚注，优秀稿件不限字数。

　　本刊刊载论文已经进入"知网"，发行进入全国邮局发行系统，征稿加入中国社会科学院全国采编平台，相关文章版权、征订、投稿事宜按通行规则执行。

　　来稿一经采用刊登，作者将获赠该辑书刊2册。

　　本刊编辑部联络方式：

　　中国广州市天河北路618号　邮政编码：510635

　　广东省社会科学院海洋史研究中心

　　电子信箱：hysyj@ aliyun. com

　　联系电话：86 – 20 – 38803162

Manuscripts

Since 2010 the *Studies of Maritime History* has been issued per year under the auspices of the Centre for Maritime History Studies, Guangdong Academy of Social Sciences. It is indexed in CSSCI (Chinese Social Science Citation Index).

The Centre for Maritime History was established in June 2009, which relies on the Institute of History to carry out academic activities. We encourage social and economic history of South China and South China Sea, maritime trade, overseas Chinese history, maritime archeology, maritime heritage and other related fields of maritime research. The *Studies of Maritime History* is designed to provide domestic and foreign researchers of academic exchange platform, and published papers relating to the above.

The *Studies of Maritime History* welcomes the submission of manuscripts, which must be first published. Guidelines for footnotes and references are available upon request. Please specify the following on the manuscript: author's English and Chinese names, affiliated institution, position, address and an English or Chinese summary of the paper.

Pleasesend manuscripts by e-mail to our editorial board. Upon publication, authors will receive 2 copies of publications, free of charge. Rejected manuscripts are not be returned to the author.

The articles in the *Studies of Maritime History* have been collected in CNKI. The journal has been issued by post office. And the contributions have been incorporated into the National Collecting and Editing Platform of the Chinese Academy of Social Sciences. All the copyright of the articles, issue and contributions of the journal obey the popular rule.

Manuscripts should be addressed as follows:

Editorial Board *Studies of Maritime History*

Centre for Maritime History Studies

Guangdong Academy of Social Sciences

510635, No. 618 Tianhebei Road, Guangzhou, P. R. C.

E-mail: hysyj@ aliyun. com

Tel: 86 – 20 – 38803162

图书在版编目（CIP）数据

海洋史研究. 第十五辑 / 李庆新主编. -- 北京：
社会科学文献出版社，2020.8
ISBN 978 - 7 - 5201 - 6745 - 1

Ⅰ.①海…　Ⅱ.①李…　Ⅲ.①海洋 - 文化史 - 世界 -
丛刊　Ⅳ.①P7 - 091

中国版本图书馆 CIP 数据核字（2020）第 092923 号

海洋史研究（第十五辑）

主　　编／李庆新

出 版 人／谢寿光
组稿编辑／宋月华
责任编辑／胡百涛

出　　版／社会科学文献出版社·人文分社（010）59367215
　　　　　　地址：北京市北三环中路甲 29 号院华龙大厦　邮编：100029
　　　　　　网址：www. ssap. com. cn
发　　行／市场营销中心（010）59367081　59367083
印　　装／三河市东方印刷有限公司

规　　格／开 本：787mm × 1092mm　1/16
　　　　　　印 张：35.75　字 数：617 千字
版　　次／2020 年 8 月第 1 版　2020 年 8 月第 1 次印刷
书　　号／ISBN 978 - 7 - 5201 - 6745 - 1
定　　价／358.00 元